소스필드

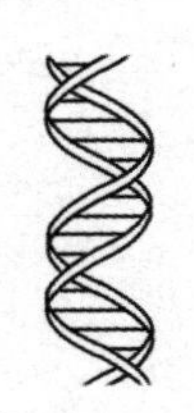

소스필드

그 모든 의문, 그 모든 미스터리에 대한 해답

데이비드 윌콕 지음 | **박병오** 옮김

라의눈

공간, 시간, 물질, 에너지, 생명과 의식을 지어내는
지금 잠시 인간의 모습으로 이 글을 읽고 있는
당신, '하나인 무한한 창조자'에게 이 책을 바칩니다.

Contents

추천의 글_그레이엄 핸콕, 《신의 지문》 저자 — 9

소개의 글_제임스 V. 하트, 시나리오 작가 — 15

서문 — 19

1부 마음과 몸

1장 모든 생명체는 대화하고 있다 — 27
: 백스터효과와 프리에너지

2장 의식은 더 큰 전체에 연결되어 있다 — 50
: 심령치료와 의식의 전이현상

3장 영혼은 실재한다, 솔방울샘에 — 65
: 솔방울샘에 대한 고대의 상징과 현대의학적 연구

4장 마음은 육체 이상으로 강력하다 — 96
: 원격투시, 유체이탈과 임사체험

5장 자각몽을 통해 소스필드에 접속하다 — 116
: Dr. 라버지의 자각몽 의식 유도 기술

6장 파괴와 종말이 지구의 운명인가? — 135
: 지구세차운동과 고대의 예언들

7장 고대 과학은 소스필드를 이해했다 — 157
: 대피라미드에 숨겨놓은 메시지

8장 피라미드 파워로 지구 재앙을 극복하다 — 182
: 피라미드 형상 에너지

9장 소스필드는 DNA 속에서 작동되고 있다 — 203
: DNA 유령효과와 홀로그램 두뇌

10장 다윈의 진화론은 완전히 틀렸다 — 235
: 은하 시소운동과 유전자 코드

2부 시간과 공간

11장 시간은 규칙적으로 흐르지 않는다 277
: 우주의 딸꾹질과 지구의식 프로젝트

12장 우리는 중력이 무엇인지 모르고 있다 305
: 우주의 동력과 순간이동

13장 물질은 생각보다 쉽게 비물질화될 수 있다 333
: 평행현실과 타임슬립

14장 회전운동은 중력을 무력화한다 354
: 토네이도 효과와 공중부양

15장 기하학은 황금시대로 들어가는 열쇠다 388
: 버뮤다 삼각지대와 20면체의 비밀

16장 평행현실의 문이 열리는 시간과 공간이 있다 421
: 마야력과 TLR(일시적 지역 위험)

17장 왜 어떤 물체는 갑자기 사라지고 갑자기 나타날까? 450
: 물고기 비(Fish Fall)와 오파츠 미스터리

18장 기상 이변은 공해 탓만이 아니다 483
: 은하시계의 경종과 니네베 상수

19장 황금시대의 예언은 진행되고 있다 517
: 황금인종의 출현과 무지개 몸

20장 우리는 곧 외계존재와 재회하게 될 것이다 542
: 서클메이커와 불멸의 삶

후기 573

그림 차례 576

인용 문헌 581

: 추천의 글 :

2012년 12월 21일에 세상이 끝난다는 '마야의 예언'을 처음 알게 된 것은, 1990년대 초 《신의 지문》을 쓰기 위해 연구하고 있을 때였다.

그 뒤로 '예언'을 읽는 방법이, 감사하게도 한 가지만 있는 게 아니라는 점이 뚜렷해졌다.

어떤 사람들은 여전히 암울하고 절망적인 미래를 좋아하지만, 그래도 점점 많은 사람들이 2012년 예언을 특정 날짜가 아닌 이미 시작된 **하나의 시대** *an epoch*로 해석해야 하는 충분한 이유들을 찾아내고 있다. 비록 심판과 고난이 있을지라도, 우리가 의식의 더 높은 수준을 밝히고 우리의 온전한 잠재력을 깨치게 해주는, 새로운 밝은 미래가 인류에게 동터올 30년, 50년, 심지어 100년의 기간으로 말이다.

데이비드 윌콕은 후자의 사람들 중에서도 앞서가는 사상가이며, 다음에 이어질 장들에서 황금시대가 정말로 손에 닿을 듯 가까운 곳에 있어서, 우리가 그렇게 하기로 선택만 하면 현실로 드러나게 할 수 있다는 점을 감동적으로 증명해 보인다. 이에 대해 회의론자들은 그런 비정통적 개념을 내놓는 사람들에게 야만적인 공격으로 응수할 것이고, 이 책이 널리 읽힘에 따라 데이비드는 비판의 집중포화를 각오해야만 한다. 기득권층이 예상대로 행동할 경우, 아주 영리한 사람들이 무더기로 데이비드가 여기서 말하는 모든 것들을 이 잡듯 뒤져서 실수와 약점들을 찾아내려 할 것이다. 그들이 뭐라도 찾아내면 —책을 쓰면서 최소한의 몇 가지 실수를 저지르지 않는 작가는 없었다— 그것은 이 책에 있는 다른 내용들도 죄다 틀렸다고 주장하는 데 이용될 것이다.

좌절하지 않길 바란다. 이 책에는 엄청난 분량의 좋은 과학이 있고, 그 많은 부분은 러시아 과학자들의 연구라서 서구 독자들에게는 낯설 것이다. 데이비드는 이 모든 자료들을 처음으로 한데 모으는 굉장한 일을 해냈다. 몇몇 경우는 러시아 과학자들의 연구가 갖는 의미가 너무도 급진적이라서 이미 주류과학이 금지시키거나 묵살한 것들이다.

마음을 계속 열어놓고 —특히 기득권자들이 "아니"라고 말하는 것들에— 데이비드의 초대를 받아들여 더 깊숙이 사실들을 파고 들어가다 보면, 모든 것들이 당신의 눈앞에서 연결되기 시작하고 전에는 결코 생각지도 못했던 완전히 새로운 패턴으로 바뀌는 모습을 오래지 않아 보게 될 것이다.

새로운 발상으로 가득한 이 책의 놀라운 개념들 모두를 논평하고자 하는 것은 아니지만, 데이비드가 보여주는 내용들 가운데 —모두가 밀접하게 연결되어 있다— 특히 두드러지는 세 가지 개념은 다음과 같다.

1. 눈에 보이는 물질 영역—우리 모두가 '현실세계'라 부르기로 한 집단적 경험—은 보이지 않는 평행우주가 3차원 공간에 방사*emanation*된 것이다. 우리는 '현실세계'가 만들어져 나오는 숨겨진 영역을 생각하지 않고는 '현실세계'를 온전히 이해한다고 말하지 못한다.

2. 눈에 보이는 물질 영역은 정확히 하나의 방사이기 때문에 —어떤 의미

에서는 환영이나 홀로그램과도 같은— '현실세계'는 직접적인 물리 기계적 작용으로만 바꿀 수 있는 고정되고 확고한 불변의 구조가 아니다. '현실세계'는 가끔 생각과 상상의 힘으로 바꿀 수 있는 자각몽*lucid dream*과 더 비슷한 방식으로 작용한다.

3. 그러므로 '생각'은 곧 '사물'이며, 우리는 자신의 생각들이 '현실세계'에서 눈에 보이는 모습으로 드러날 수 있음을 알아야 한다.

어떤 의미에서 데이비드가 여기서 탐구하고 있는 이런 내용은 매우 현대적이고 21세기적 생각들이며, 양자물리학과 의식연구 등의 분야에서 최첨단의 개념들이다. 하지만 무엇보다 내 마음을 끄는 것은 이 모든 내용이 고대의 전통 지혜들과도 깊게 공명한다는 점으로, 진리는 언제 어디서나 항상 진실이며 나뉘지 않는다는 사실을 되새기게 된다.

예컨대 '현실세계'란 숨겨진 영역이 방사되거나 드러나는 것이라는 개념은 《피라미드 텍스트*Pyramid Texts*》(B. C. 2200년경)만큼이나 오래된 문서들에 표현된 고대 이집트인들의 현실의 본질에 대한 사상에서 핵심적인 내용이다. 같은 사상이 《코핀 텍스트*Coffin Texts*》, 《지하세계의 서*the Book of What Is in the Duat*》, 그리고 《사자의 서*Book of the Dead*》의 여러 교정본들을 거치면서 정리되고 다시 언급되며, 마침내는 A. D. 1세기경에는 그리스어와 라틴어로 편찬되기 시작한 영지주의 및 헤르메스*Hermetic* 문서들로 흘러 들어가 기독교 신비주의에 지대한 영향을 주었다.

이 고대 사상의 정수는 간명하고 아름다운 헤르메스 금언 "위에서와 같이 아래에서도*As Above So Below*"로 요약되는데, 이것은 '현실세계'—헤르메스 문서들에서 '느낄 수 있는 우주*sensible Kosmos*'라고 말한—의 여기 땅 위에 있는 사물들의 양상은, 상위의 보이지 않는 영역에서의 작용이 드러난 것이라는 점을 깨달아야만 제대로 이해할 수 있다는 말이다.

> "전체를 바라보면, 느낄 수 있는 우주 그 자체는 그 안에 들어 있는 모든 것과 더 높은 우주에 의해 한 벌 옷처럼 짜인다는 사실을 알게 되리라."[1]

> "달리 말하면, '느낄 수 없는' 우주가 존재한다. 이 느낄 수 있는 우주[곧 '현실세계']는 바로 그 다른 우주의 이미지대로 지어지고, 복제한 우주에 영원을 재현해낸다."[2]

헤르메스주의에서 말하는 '느낄 수 없는' 우주—보이는 우주를 마치 옷을 짜듯 엮어내는—와 데이비드의 '소스필드*Source Field*'라는 개념 사이에 아무런 차이도 찾을 수 없다. '느낄 수 없는' 우주는 종래의 과학 계기들로는 아직 감지되지 않지만, 우리 현실의 모든 측면들을 빚어내고 드러내고 있다.

헤르메스 문서들이 말하는 시간의 주기적인 본질과 물질과의 상호관류 또한 이 책에서 데이비드가 묶어놓은 주제의 최근 과학과도 멋지게 맞아떨어진다. 여러분이 이 책을 다 읽고 나서, 여기로 돌아와서 헤르메스 문서에 나오는 아래 세 문단을 다시 읽어보면 내가 무슨 말을 하는지 알게 되리라고 장담한다.

> 우주에는 시간이 들어 있으며, 시간이 진행하고 움직이면서 우주의 생명이 유지된다. 시간의 진행은 정해진 질서로 조절되며, 그 질서정연한 과정을 따라가며 시간은 우주의 모든 것들을 변화시켜서 새롭게 한다.[3]

> 우주는 영원히 움직이면서 회전한다. 이 움직임은 시작도 없었고, 끝도 없을 것이며, 우주의 부분 부분들에서 차례로 홀연히 나타나고 사라진다. 시

> 간의 변화무쌍한 흐름을 따라 이 움직임은 전에 사라졌던 바로 그 부분에서 거듭거듭 새롭게 나타난다. 그것이 순환하는 움직임의 본질이다. 원의 모든 점들은 함께 연결되어 있으므로, 이 움직임이 어디서 시작되는지 찾을 길이 없다. 움직이는 선에 있는 모든 점들은 영원히 앞으로 나아가고 서로를 뒤따르기 때문이다. 시간은 이런 식으로 회전한다.[4]

> 현재 시간이 과거 시간과, 그리고 미래가 현재와 떨어져 있다고 생각한다면, 그대는 어려움에 빠지고 말리라. 과거가 생기지 않고서는 현재도 생기지 않으며(현재가 생기지 않으면 미래도 생기지 않으며), 현재는 과거로부터 나오고 미래는 현재로부터 나오기 때문이다. 과거는 현재에, 현재는 미래에 이어지므로, 과거와 현재와 미래는 하나로 계속된다. 그러므로 서로 떨어져 있지 않다.[5]

'현실세계'가 실은 의지나 상상력의 작용으로 바꿀 수 있는 자각몽의 한 형태일지도 모른다는 데이비드의 아주 유용하고 흥미로운 개념은 헤르메스 문서에도 예시되어 있다. 헤르메스 문서는 "환상은 현실의 작용으로 빚어지는 것이다."라고까지 말했다.[6]

헤르메스주의의 관점에서는 우리가 머물러 사는 육체마저도 실재가 아니다.

> 그대는 언제나 존재하는 것, 그것만이 실재임을 이해해야 한다. 인간은 언제나 존재하지는 않으므로 실재가 아니라, 잠깐 나타난 모습에 불과하다.[7]

생각은 그야말로 사물이고, 우리는 자신이 하는 생각들을 잘 살펴야 하지만, 24시간 내내 인류 최악의 모습들을 보여주는 뉴스들을 보면서 그러기는 쉽지가 않다. 우리들 가운데 너무 많은 사람들이 너무나 오랫동안 절망과 파괴에 주의를 모은다면, 너무 많은 사람들이 증오와 시기 같은 부정적 감정 속에 계속 빠져 있다면, 너무도 많은 사람들이 사랑과 감사를 표현하지 않고 용서를 구하려고 하지를 않는다면, 그때 우리의 자각몽을 지구상의 지옥으로 바꾸는 일은 금방일 것이다.

그렇게 될 필요는 없다.

이 책과 많은 고대의 지혜들이 가르치는 본질적인 메시지는 우리들이 우리 현실의 공동창조자이며 따라서 황금시대는 우리 모두에게, 언제나, 가까이에 와 있다는 것이다. 황금시대를 받아들이려면 과거의 부정적인 방식과 틀들을 제쳐놓고, 더 이상 도움이 되지 않는 생각의 굳은 습관들은 버리고, 모든 것들을 보는 시각이 영구적으로 바뀌는 것을 받아들이겠다는 마음을 내야 한다.

황금시대가 오기까지 그토록 오랜 시간이 걸리고 있다는 사실이야말로 이 일이 얼마나 어려운지를 말해주는 증거다. 데이비드가 옳다면, 우리가 현실이라 부르는 자각몽을 만들어내는 보이지 않는 소스필드는 몇 년 안에 스스로의 존재를 드러내고 엄청난 힘과 지속적인 영향을 주리라고 기대해도 되겠다.

우리가 우주—보이는 우주와 보이지 않는 우주 둘 다—에 깊은 관심을 가지고 바라볼 시간이 온 것 같다. 하릴없이 우리에게 신호를 보내고 불가사의한 일들을 보여주거나 꿈과 환시로써 우리에게 말 걸어오는 것이 아닌, 아낌없이 우리의 안녕을 베풀어주고 우리가 바른 길을 가도록 언제나 이끌어주는 그런 우주를.

그레이엄 핸콕 《신의 지문》 저자

www.grahamhancock.com

⁝ 소개의 글 ⁝

데이비드 윌콕이 당신을 미래로 초대하기에 앞서, 잠시 나와 함께 시간을 거슬러 가보길 바란다. 때는 2009년 9월 28일 월요일 밤 1시, 세상이 끝난다는 2012년 12월 21일로부터 정확히 3년 84일 10시간 11분 11초 전이다. 뉴욕주 파운드리지에 있는 허름한 집에서, 나는 위대한 인물이었던 고(故) 칼 세이건과 함께 영화 「콘택트*Contact*」의 대본을 쓰는 행운을 누렸던 일 이후로, 내가 참여했던 일들 가운데 단연 최고의 작품이라 생각하며 대본을 쓰고 있다. 그때 캘리포니아에 사는 내 동료 어맨다 웰리스가 보낸 이메일을 받는다. 어맨다는 내게 유튜브 사이트 하나를 알려주고, 나는 거기서 예지자, 과학자, 철학자이자 드림리더*dream reader*인 데이비드 윌콕을 처음 알게 된다. 데이비드는 내가 대본을 썼던 두 편의 영화 「콘택트」와 「라스트 밈지*The Last Mimzy*」에 나오는 구절들을 인용하면서 마치 그 영화 내용이 우주의 비밀을 풀어헤치는 실마리에 맞먹는 것처럼 말한다. 나는 신탁(神託) 사제 같으면서도 우주적 코미디언 같기도 한 이 젊고 말쑥한 현자가, 내가 작가로 참여했던 놀라운 영화 「콘택트」와 그보다는 못하지만 「라스트 밈지」같은 영화에서 엄청난 의미를 찾아냈다는 사실에 감동 받았다.

나는 데이비드에게 연락했고, 그렇게 해서 2012년이라는 안개 속으로, 그리고 분명히 그 너머로 이어지는 정말이지 우연과도 같은 여행이 — 나 자신에게나 내 동료 어맨다에게나 — 시작되었다.

나는 당신이 누군지 모르지만, 2013년 1월 1일에 내가 어디에 있게 될지는 안다. 그리고 세상은 화산재와 쓰나미에 쓸려온 진흙 아래 묻히거나 높이가 16킬로미터나 되는 해일에 산산조각 나지는 않을 것이다. 그런 건 믿지 않는다. 나는 데이비드 윌콕이 있는 곳에 함께 있을 것이다. 새로운 '황금시대*the Golden Age*'의 탄생을 축하하면서, 그리고 그 모든 소중한 순간들을 만끽하면서.

당신이 암울한 비극을 원한다면, 또 인류 생존의 고통스러운 종말이 재현되기를 바란다면, 그것은 멀티플렉스 극장에 이미 넘쳐난다. 당신이 희망도 없고 의식의 힘을 믿지도 않으며, 그 어쩌고저쩌고하는 일들이 일어날 거고, 생물 종(種) 중 하나일 뿐인 우리가 할 수 있는 일은 아무것도 없다고 생각한다면 더 읽어나갈 필요도 없다. 당신이 정말로 우주에서 우리가 혼자라고 믿는다면 지금 여기서 멈추시라. 내가 칼 세이건의 멋진 소설을 바탕으로 「콘택트」의 대본을 쓸 때, 우주가 지적인 생명으로 넘쳐나느냐 아니냐를 두고 이렇게 썼다. "우리가 우주에서 혼자라면, 엄청난 공간의 낭비가 아닌가."

그러나 나는 여기서 말한다. 우리는 이 우주에서 혼자가 아니다. 또 데이비드 윌콕이 그것을 증명해주고, 우리를 이 황금의 예언으로 이끌어준다.

그날 밤 1시에 유튜브의 「2012년의 수수께끼*The 2012 Enigma*」에 나오는 데이비드 윌콕을 처음 본 바로 그때부터, 드디어 여기 인류를 서로 연결하고, 인류와 우주의 나머지를 연결하려 애쓰는 사람이 있다는 사실을 아주 분명히 알 수 있었다. 우리 인류가 마침내 은하계의 시민이 되도록 준비시키려는 사람이 있다는 사실을 말이다.

이것은 칼 세이건의 소망이기도 했다. 이 너그럽고 예지력 있는 과학자와 보냈던 시간은 데이비드 윌콕과의 이 장대한 모험을 위해 나를 준비하는 시간이었다. 세이건은 UFO와 초록색 난쟁이들을 믿지 않았지만, 우주에는 풍부한 생명들로 가득함을 믿었다. 우리가 그 가능성에 마음을 열고, 서로를 적대시하는 종교들, 속 좁은 신들과 증오하고 분열시키는 교리, 정치적 광기로 서로를 파괴하는 짓을 멈춘다면, 우리에겐 그런 생명으로 가득한 공동의 우주에 함께할 잠재력이 있음을 세이건은 믿고 있었다. 데이비드 윌콕은 우주와 그 안에서의 우리 자리에 대한 자신의 통찰에 인류를 위한 칼 세이건의 희망을 덧붙였다.

우리가 진화해나갈 2012년 너머의 세상에 펼쳐질, 인류 집단의 미래에 대한 데이비드의 독창적인 작업을 소개하는 이 글을 쓰면서, 나는 그다음에는 무슨 일이 일어날까 하는 한결같은 경외감과 아이 같은 호기심으로 몹시도 설렌다. 한 종으로서의 우리를 기다리고 있는 것은 무엇일까? 우리가 껴안고 신나 할 그것은. 우리가 아무 일 않고 기다리기만 한다면 그 일은 일어나지 않을 것이다. 우리는 2012년 12월 21일에 시작될 이 놀라운 기회를 앞두고 우리의 역할이 무엇인지를 지금 이해해야만 한다.

2013년에 개봉될 예정으로 지금 폭스사에서 제작하고 있는 새 애니메이션 서사 영화를 위해 내가 10년 전에 썼던 대사 한 줄이 떠오른다. 이 한 줄 대사는 내가 데이비드 윌콕이 우주로부터 가져와 인류에게 전하고 있다고 확신하는 그 진실을 요약해준다.

"하나의 가슴이 모두를 위해 뛰고…… 모든 가슴은 하나를 위해 뛴다."

고마워요, 데이비드 윌콕, 희망을 되돌려줘서.

주목하시라, 인간들이여. 그리고 당신의 업보를 계속 지워나가시라.

뉴욕 주 파운드리지에서

제임스 V. 하트, 시나리오 작가

: 서문 :

여기 지구 위에서 인류가 자기인식에 눈뜰 무렵부터, 우리는 '커다란 질문들'을 끊임없이 던져왔다. "나는 누구인가?" "나는 어디서 왔는가?" "여기에 어떻게 와 있는가, 그리고 어디로 가고 있는가?" 그 해답을 가졌노라며 많은 스승이 우리에게 왔고, 이 심오한 질문에 대한 의견 차이로 인해 인류 역사상 엄청난 슬픔과 끔찍한 참극이 초래되기도 했다. 그럼에도 불구하고 거의 모든 영적 전통들에서는 몇 가지 주제가 끊임없이 언급되어왔는데, 그중 하나가 우주는 '죽은' 비활성 물질로 이루어지기보다는 오히려 살아 있고 의식을 가진 '존재'라는 생각이다. 이 초월적 지성이 공간, 시간, 에너지, 물질, 생명, 의식이라는 가닥들을 '자신'의 이미지대로 함께 엮어냈고, 우주의 광대함에도 불구하고 우리 모두는 이 장엄한 '존재'에 하나하나 연결되어 있으며, 우리는 육체가 죽은 뒤에도 오래도록 살아갈 것이라고 한다.

영적 가르침 대부분은 우리가 결국 이 '하나임*Oneness*'과 다시 합쳐지고 — 이런 위대한 사실을 까맣게 모르고 살아갈 때마저도 보이지 않는 영적인 교육과정이 우리 삶에 영향을 미치고 있으며— 마침내 우리를 다시 '집'으로 이끌어가리라고도 말해준다. 우리는 또 예수, 붓다, 크리슈나 같은 자애로운 초월 존재들이 인류의 역사에 직접 관여하여 이 위대한 '진실'에 이르는 길을 찾도록 도왔다고 끊임없이 들어왔다. 그레이엄 핸콕, 제카리아 시친*Zecharia Sitchin*과 같은 사람들이 알려준 바와 같이, 많은 오래된 문화들이 인류에게 언어, 수학, 천문학, 농업, 목축, 윤리, 법률과 건축—어떤 유용한 목적을 위한 것으로 보이는 불가능할 정도로 무거운 수십 톤의 석재로 건설한 거대한 석조 건물들을 포함해서—과 같은 실용적인 도움을 주었던 '신들'에 대해 말한다. 현대 기술로도 감히 재현하기가 어려운 이 '거석' 구조물들은 세계 도처에서 발견된다.

우리가 사는 '현대'에 이르러 세상의 큰 종교들과 영적 전통들의 경이로운 본래 가르침들은 대개는 신화와 미신으로 폄하되어버렸다. 이 다양한 철학 체계들과, 갈수록 증명할 수 있는 정보를 원하는 우리 욕구 사이의 좁히기 힘들어 보이는 차이들 때문에, '과학'이 많은 사람들의 마음속에서 '진리'의 궁극적인 결정권자였던 '종교'의 자리를 대신하게 되었으며, '신성한 우주'라 는 옛날의 그 장대하고 놀라운 시각은 묵살되고 말았다. 우주는 이제 죽고 텅 빈 '것들' 을 모아놓은 거대한 무언가가 되어버렸다. 우리의 마음과 생각과 감정은 이제 생각하지도, 느끼지도 않고, 무한한 차가움과 우울함으로 가득한 빈 공간 속에서 순전히 우연의 일치로 생겨난 결과들로 보게 되었다. 우리 삶에는 별 의미가 없고, 죽은 후 기대할 것은 아무것도 없다. 또 윤리나 도덕성의 필요조차도 철학적 논쟁거리에 불과한 것이 되어버렸다. 우리가 죽음을 피하지 못하고, 존재할 기회는 이번 한 번뿐이라고 한다면, 최대한의 쾌락을 추구하는 일에 삶을 쏟아부어야 하지 않을까? 돈과 권력과 명예를 위한 쾌락주의적 욕망에 전적으로 그리고 철저히 몰입해야 하지 않겠는가? 또 그런 것들을 우리 몸에서 창조된 아이들에게 그대로 물려주기를 바라야 하지 않는가 말이다.

우리가 많이 알고 있다고 생각할수록 삶은 더 외로워지는 듯하다. 마법은 벗겨져버렸다. 우리에겐 아무런 특별한 능력이나 신비로운 힘이 없다. 우리가 죽은 다음에 기대할 것은 아무것도 없다. 우주에서 마주칠 사람도 전혀 없다. 그리고 뭔가 지속 가능한 방식으로 우주공간을 여행할 기회를 얻기도 전에, 전 지구적 재앙으로 우리 모두가 사라질지도 모른다. 대량파괴무기에 의해서, 혹은 우리가 어떻게 해도 조절하거나 막지 못하는 자연재해에 의해서 말이다. 끝도 없이 제작되는 블록버스터 재난영화들이 인류 멸망이라는 위협으로 관객을 즐겁게 해준다. 지금쯤 여러분은 그런 '파멸을 다룸으로써 얻는 이익'에 대해 좀 더 조심스레 귀를 기울일지도 모른다. 그러고는 사실은 모든 것이 잘되고 있는 것은 아닐까 하고 생각할지도 모른다.

여러분이 이 책의 초안이 되었던 유튜브 강의 「2012년의 수수께끼」[1]와 웹사이트 '신성한 우주*Divine Cosmos*'[2], 또는 내가 한 텔레비전 대담을 보았다면, 내가 암울하고 끔찍한 대재앙의 미래를 믿지 않음을 알 것이다. 나는 보이지 않는 지성, 다시 말해 우주 전체가 만들어져 나오는 살아 있는 에너지장이 지구 위에서의 우리 운명을 조심스럽고 세심하게 안내하고 있다는 생각이 든다. 많은 위대한 연구자들이 이 보이지 않는 우주적 힘을 독자적으로 발견하고 제각기 이름을 붙였지만 통일된 기준은 없다. 이 힘이 우주의 모든 공간, 시간, 물질, 에너지, 생명, 의식의 원천임이 틀림없어 보이므로, 내가 사용하는 가장 단순하고 포괄적인 용어는 바로 '소스필드'다.

이 책은 철학 책도 아니고, 어림짐작이나 희망사항을 이야기하는 책도 아니다. 소스필드를 다룬 방대한 연구들을 취합해놓은 책이다. 이 연구들 거의 대다수가 인가받은 대학들로부터 박사 학위를 받은 연구자들이 발견한 것이므로, 나는 이 책을 쓰면서 그들의 업적에 큰 빚을 지고 있다. 그들의 발견은 대개의 경우 동료, 고용주, 그리고 많은 주류 세상으로부터 따돌림을 당했다. 어느 과학자나 연구소가 주목할 만한 업적을 이루고 이것이 주류 언론에 제공되었던 사례들도 많다. 그러나 언론은 그것이 다른 관련 연구들과 얼마나 잘 맞아떨어지는지를 알아보지도, 이해하지도 않았다. 하지만 러시아는 늦어도 1950년대부터 소스필드 연구에 일관되고 집중적인 노력을 기울여왔다. 그러나 1991년 소련이 붕괴될 때까지는 이 모든 연구 성과들 대부분이 국가 안보를 위해 비밀에 부쳐졌다. 1996년 한 해에만 소스필드와 관련된 1만 건이 넘는 논문들이 발표되었는데,[3] 그 과반수가 러시아에서 나왔다. 그들의 발견이 갖는 함의는 너무도 엄청나기 때문에, 여러분은 우리가 이 보이지 않는 힘에 대해 이미 많은 걸 알고 있다는 사실에 놀랄 것이 틀림없다. 우리가 보고 듣고 행동하고 그리고 믿는 모든 것들에 절대적인 영향을 미치는 이 힘을 말이다.

내가 이 방대한 양의 자료들을 모으며 연구하는 데 30년이 넘는 세월이 걸렸다. 특히 1993년부터는 과학을 이런 급진적인 방식으로 재검토하느라 가능한 한 많은 시간을 보냈다. 1998년 여름, 자영업을 하면서부터 나는 하루 14시간, 일주일 내내 소스필드 현상을 연구하기 시작했다. 듀튼북스의 사장 브라이언 타트가 이 연구를 책으로 출판하자고 제안해온 뒤로, 이 책을 엮는 데 거의 2년 동안의 집중적인 노력이 필요했다. 마침내 내가 찾아냈던 모든 것들 중에서 최고의 내용들을 하나의 비전에 꿰어맞추기 시작했을 때, 놀라운 새 연결고리들이 끝도 없이 불거져 나왔다. 이 연구 성과들이 상식이 되고 실용기술로 발전된다면 ―그리고 이 원리들을 이미 사용하고 있는 기술들이 기밀 해제되어 공개되거나, 기밀에서 해제되기만 해도― 우리는 가장 상상력이 풍부한 공상과학영화와 소설들이 묘사하는 내용과 엇비슷하거나 그것을 훨씬 넘어서는 세상을 맞이하게 될 것이다.

내가 공간, 시간, 에너지, 물질, 생명과 의식의 심오한 미스터리로 들어가는 여행으로 여러분을 안내하면서, 우리는 반(反)중력, 비물질화, 순간이동, 3차원적 시간의 평행현실, 양자기하학, 선박과 비행기들이 사라지는 자연의 '볼텍스 포인트*vortex point*', 시간여행의 실제 사례, 이 '입구'들이 열리는 시간을 계산하는 도구인 마야력, 그리고 우리의 육체적, 생물학적, 영적 진화를 위해 은하계가 우리가 경험하는 여러 주기들을 어떻게 이끌어가는지와 같은 흥미진진한 주제들도 탐험할 것이다. 이 과학을 기술적으로 응용할 수 있는 잠재력은 믿기 어려울 정도다. 게다가 앞으로 알게 되겠지만 은하계의 이 새로운 에너지 영역으로 완전히 들어가면 우리는 공간과 시간의 속성 자체가 근본적으로 바뀌는 현실을 보게 될지도 모른다.

소스필드는 이 모든 미스터리들을 풀고, 우리 앞에 놓인 큰 의문들 — 우리는 누구이며, 어디서 왔으며, 또 여기에 어떻게 와 있으며, 어디로 가고 있는가 하는 질문들 — 을 궁극적으로 이해하는 열쇠다. 이 책 속으로의 우리 여행은 다음 장에서 클리브 백스터*Cleve Backster* 박사의 연구에서 시작된다. 그는 '마음*Mind*'의 진정한 본질을 이해하도록 도와준 선구자다. 우리는 '의식'의 구조와 정체성과 목적에 대해 더 이상 아무것도 모른 채로 남아 있을 필요가 없다. 이것은 단순히 생물학적인 현상이 아니다 — 의식은 우주 그 자체의 에너지 안에 깃들어 있다.

데이비드 윌콕

1부
몸과 마음

1장

모든 생명체는 대화하고 있다
: 백스터효과와 프리에너지

거실에 놓인 화분, 냉장고에서 꺼낸 무정란과 시금치,
요쿠르트의 유산균, 개수대에 사는 박테리아……
살아 있는 모든 것들은 함께 고통을 나눈다.
거짓말탐지기의 그래프가 그것을 명백하게 증명한다.

우주의 모든 공간, 시간, 에너지, 물질, 생물학적 생명과 의식이 소스필드의 산물일 수 있을까? "하늘에서와 같이 땅에서도"라고 말한 고대의 영적 가르침과 철학들이 정말로 맞는 걸까? 눈에 보이는 우주에서 우리가 보는 모든 것이 결국 크나큰 '마음'이 결정화된 것이라면 어떨까? 하나의 정체성과 자각을 가진 그 '마음'이 말이다. 우리는 기억상실 속에서 살아가는 것은 아닐까? 마침내 온전히 깨어나서 이 무한한 의식의 광대함 속으로 들어가도록 우리를 이끌어갈 경험들을 겪어가면서?

이 책은 의식이 오로지 우리 뇌와 신경계에 갇혀 있지 않다는 강력한 증거들로 시작되어야 한다. 생각이 환경과 끊임없이 상호작용하면서 그 주위 환경에 영향을 준다는 확실한 증거를 눈여겨볼 필요가 있다. 소스필드의 개념이 옳다면, '마음'은 생물학적인 생명 형태들에 한정되지 않고 이른바 "빈 공간"을 거쳐 그들 사이를 지나다니는 에너지 현상이 될 것이다.

서구 세계의 다양한 과학자들과 학자들이 소스필드의 존재를 보여주는 발견들을 했는데, 심리학의 아버지 지그문트 프로이트의 제자이자 숱한 논란의 대상인 빌헬름 라이히*Wilhelm Reich*가 그 한 사람이다. 이제, 클리브 백스터 박사와 함께 소스필드 연구를 시작해보자. 백스터는 자신의 놀라운 일생일대의 작업을 2003년의 책 《일차 인식*Primary Perception*》[1]에 정리했다.

최면의 놀라운 힘

러트거스 대학교의 예비학교에 다니는 동안, 백스터는 한 친구가 교수로부터 막 배운 최면기법을 설명하는 것을 듣고 매료되었다. 백스터는 룸메이트에게 이 기법을 시도해보기로 했고, 그 친구는 이내 깊은 트랜스*trance* 상태에 빠져들었다. 백스터는 친구에게 말했다. "이제, 깨어나지는 말고 눈을 떠봐. 아래층으로 내려가서 늦게까지 불을 켜놔도 된다는 허락을 받아와."[2] 이 예비학교의 학생들은 특별 허가가 없으면 밤 10시에 불을 꺼야 했다. 최면에 걸린 친구는 눈을 떴고, 일어나서, 아래층으로 내려가 당직 교수로부터 허락을 받았다. 친구는 일지에 서명하고 방으로 돌아왔다. 백스터가 친구를 최면에서 깨어나게 했을 때, 그 친구는 자신에게 무슨 일이 있었는지 전혀 알지 못했다. "봤지? 아무 일도 없잖아. 이 최면이라는 건 다 허튼수작일 뿐이라고."[3] 두 사람은 당직 교수에게 갔고, 교수는 백스터의 룸메이트가 몇 분 전에 와서 허가를 구했음을 확인해줬다. 그래도 친구는 믿으려 하지 않았다. 그리고 일지에 적힌 자신의 서명을 보고 충격을 받았다.

백스터는 최면을 연구하기 시작했고 —1930년대 말에는 흔치 않았던 이 주제를 다룬 책이란 책은 모두 읽었다— 성공적인 실험들을 더 했다. 1941년에 충격적인 진주만 기습 사건이 일어나자, 텍사스 A&M 대학교에서 학군단 프로그램에 자원했고, 거기서 더 많은 청중들에게 최면 강의를 하기 시작했다. 전형적으로 청중의 3분의 1 정도가 여러 트랜스 수준들로 들어갔고, 백스터는 더 수준 높은 작업을 하려고 가장 깊은 최면에 들어가는 피술자들을 골라냈다. 한 남성에게는 최면에서 깨어나서 30분 동안 같은 방에 있는 자신(백스터)을 볼 수 없다는 암시를 주었다. 정말로 최면에서 깨어난 이 남성에게는 백스터가 전혀 보이지 않았다. 이 실험이 어느 정도까지 되어가는지 알아보려고, 백스터는 담배를 피우지 않는데도 담배 하나에 불을 붙이고 연기를 내뿜었다. 이 남성은 그 담배가 공중에 떠서 연기를 내는 모습을 보았지만, 그것을 들고 있는 사람이 보이지 않는 데 무척 놀랐다. 방을 나가고 싶어 하는 그 사람을 청중들이 막았다. 30분이 지나자, 그에게 백스터가 다시 나타났다. 이 남성은 후최면암시를 완벽하게 따랐고, 자신이 무슨 말을 들었는지 의식적으로는 아무것도 기억하지 못했다.[4]

내가 최면의 힘을 알게 된 것은 인상적인 유체(幽體) 이탈 경험을 한 뒤였다. 다섯 살밖에 되지 않았던 어느 날 밤, 잠에서 깨어보니 내가 몸의 1미터 쯤 위에 떠 있었다. 작은 소년은 침대에 누워 평소와 다름없이 숨 쉬고 있었다. 누워 있는 내가 '나'라면 대체 이 나는 누구일까? 나는 무서워지기 시작했고, 곧바로 내 몸으로 서둘러 돌아왔다. 그 후 2년 동안 이 대담하고 새로운 경계를 모험할 또 다른 기회를 기대했지만, 아무 일도 일어나지 않았다. 마침내 어머니께 이 일에 대해 더 배울 수 있는 방법을 여쭈었을 때, 어머니는 지하실로 나를 데려가시더니 가지고 있던 ESP, 곧 초감각적 지각을 다룬 책들을 읽어보라고 권하셨다. 처음 읽은 책은 해럴드 셔먼*Harold Sherman*의 《ESP실습서》[5]였다. 셔먼은 다른 사람에게 최면을 걸면 내가 경험한 유체 이탈을 하게 해서 놀라운 결과를 얻을 수 있다고 했다.

트랜스 상태가 깊을수록, 피술자의 초감각 능력이 더 많이 깨어난다. 이 상태에서, 안내에 따라 그 사람은 몸을 떠나서 어떤 사람이나 장소를 방문하고, 자신이 보고 듣는 것을 보고할 수 있다.

최면술과 아스트랄 투사Astral Projection

제1차 세계대전 때 전투신경증*shellshock*으로 고통 받는 군인들을 치료한 선구적인 최면요법가 토머스 개럿*Thomas Garrett* 박사는 자신의 환자들과 겪었던 놀라운 경험을 들려주었다. 어느 유명한 브로드웨이 극작가의 젊은 아들이 파혼의 상처를 안고 개럿 박사를 찾아왔다. 그 친구는 최면술을 받아들였고, 웰슬리 대학 학생이던 약혼녀와 사소한 일로 틀어져서 자신이 준 반지를 돌려받았다고 털어놓았다.

개럿 박사는 충동적으로, 최면에 걸린 젊은이에게 사랑했던 약혼녀를 찾아가서 그녀가 지금은 자신을 어떻게 느끼고 있는지 알아볼 수 있다고 말했다. 개럿 박사는 젊은이에게 아스트랄 형태로 육체를 떠날 수 있는 힘이 있다고 설명하고는 곧바로 약혼녀가 있는 웰슬리의 여학생 기숙사로 가라고 했다. 잠시 침묵이 흘렀다. 그때 젊은이는 자신이 약혼녀의 닫힌 문 앞에 서 있다고 말했다.

"문은 신경 쓰지 말아요." 개럿 박사가 말했다. "문을 곧장 지나갈 수 있어요. 방에 들어가서 그녀가 뭘 하는지 말해줘요."

잠시 후 젊은이가 말했다. "책상에 앉아서 편지를 쓰고 있어요."

"좋아요." 개럿 박사가 말을 이었다. "그녀의 어깨 너머로 보고 무슨 글을 쓰고 있는지 읽어줘요."

거의 순간적으로 최면에 빠진 젊은이가 놀라워하며 기쁜 표정을 지었다. "이럴 수가, 제게 편지를 쓰고 있어요."

개럿 박사는 연필을 집어 들고 물었다. "뭐라고 쓰고 있어요?"

젊은이는 몇 문장을 그대로 읽어주었는데, 그의 연인이 자신에게도 잘못이 있었음을 사과하고, 용서를 구하고 있으며, 화해하길 바란다는 내용이었다. 젊은이는 무척이나 흥분해서 그녀를 껴안으려 했고 몸도 같은 동작을 보이자, 개럿 박사는 서둘러 아스트랄 여행을 끝내고 돌아오게 하고는, 최면에서 깨우면서 일어난 일을 모두 기억하도록 암시를 주었다.

다음 날 늦게, 이 젊은이는 연인이 속달로 보낸 편지를 받았다 — 자신이 아스트랄체 상태에서 혹은 정신감응으로 봤던 바로 그 편지였다. 개럿 박사는 젊은이의 진술을 받아 적은 기록과 함께 이 편지를 보관하고 있다. 기록과 편지 사이에는 겨우 몇 단어의 차이가 있을 뿐이었다.[6]

이보다도 더 놀라운 최면 이야기가 마이클 탤보트*Michael Talbot*의 역작 《홀로그램 우주(한국어판)》에 실려 있다. 이 책은 지금껏 출판된 소스필드 연구를 집대성한 저작들 중 최고의 책이다. 탤보트는 1970년대 초에 어느 전문가가 아버지의 친구 탐에게 최면을 걸었던 일을 목격했다. 최면술사는 탐에게 최면에서 깨어나면 그의 딸 로라가 보이지 않을 거라고 말했다. 로라는 아버지 바로 앞에 서 있었다. 최면에서 깨어나서 방을 둘러보았을 때, 탐은 딸의 몸을 투과해서 보고 있는 듯했다. 그리고 로라가 키득거리는 소리도 듣지 못했다. 최면술사는 주머니에서 시계를 꺼내 그것이 무엇인지 아무도 모르게 손안에 꼭 쥐고는 재빨리 로라의 등 뒤에 감췄다. 그리고 탐에게 자신이 쥐고 있는 것이 무엇인지 볼 수 있느냐고 물었다.

> 탐은 마치 로라의 배 속을 뚫어져라 들여다보는 듯 몸을 앞으로 기울이더니 시계라고 말했다. 최면술사는 고개를 끄덕였고 시계에 새겨진 글씨를 읽을 수 있느냐고 물었다. 글씨를 읽으려 애쓰는 것처럼 눈을 가늘게 뜨고 들여다보던 탐은 시계에 새겨진 이름(방 안에 있는 그 누구도 모르는 사람임이 확인됐다)과 글귀를 읽어냈다. 그러자 최면술사는 그것이 시계가 맞음을 보여주고 탐이 시계에 새겨진 글씨를 정확히 읽었다는 사실을 모두가 확인하도록 돌려 보게 했다. 나중에 탐에게 물어보았더니, 자신의 딸이 전

> 혀 보이지 않았다고 했다. 탐이 본 것은 손에 시계를 감싸 쥐고 서 있는 최면술사뿐이었다. 그때 일어난 일을 최면술사가 탐에게 말해주지 않았더라면, 그는 자신이 객관적 현실을 정상적으로 지각하고 있지 않았다는 사실을 결코 몰랐을 것이다.[7]

1995년에 읽은 이 글은 내게 아주 깊은 인상을 남겼다. 최면에 걸린 탐의 마음은 딸이 그곳에 없는 듯 투과해서 볼 수 있었고, 회중시계에 새겨진 글씨들을 자세히 읽었다. 사실이라면 이 사례는 우리가 물체에 대해 알고 있다고 생각하는 모든 것들을 뒤흔든다. 그리고 우리 대부분에게 지금껏 인식했던 것보다도 훨씬 더 큰 능력을 가진 마음의 일부분이 있다는 점을 보여준다. 우리가 본다고 생각하는 것이 어쩌면 우리가 그렇게 보기로 하는 집단적 결정의 결과물에 불과할지도 모른다. 집단 최면의 형태로 말이다. 기억하기 바란다. 우리는 최면에 걸려서도 걷고, 말하고, 세상과 상호작용하고, 몸을 떠나 여행하며 정확히 관찰할 수 있고, 최면에서 빠져나와서는 우리가 했던 일들을 의식적으로 기억하거나 또는 기억하지 못한다. 우리는 또 깨어나서 어떤 식으로 움직이고, 생각하거나 행동하도록 후최면암시를 받을 수도 있다. 이런 암시는 또 다른 정상적인 의식 상태에서 어떤 사람이 전혀 보이지 않게 할 정도로 강력해 보인다. 보통의 사람들이 이렇게 최면에 걸릴 수 있다는 사실을 발견하면, 우리는 전형적으로 이것이 '잠재의식의 마음'이 작용한 것으로 간주해버린다. 그러나 우리는 이것이 정확히 무엇인지, 또는 왜 그런 일이 생기는지를 아직도 이해하지 못하고 있다. 잠재의식은 지시를 듣고 그대로 행동하도록 고도로 길들여진 것처럼 최면 명령을 자동적으로 따르는 듯하다.

클리브 백스터는 대학교를 졸업하고 결국 미국 방첩부대에 들어갔고, 타국 정부의 인사들로부터 기밀 정보를 빼내기 위해 최면술을 사용하는 적대국의 잠재적 위험에 대해 강의했다. 백스터는 군대의 한 고위 장성에게 이 문제의 심각성을 보여주기 위해 큰 위험을 무릅썼다. 피술자의 동의를 얻고, 백스터는 방첩부대 사령관의 여비서에게 최면을 걸었다. 그는 최면에 빠진 비서에게 사령관의 잠겨 있는 서류함에서 높은 기밀등급의 문서를 빼내라고 요구했고, 비서는 그렇게 했다. 백스터는 또 비서에게 최면에서 깨어나면 자신이 무슨 일을 했는지 기억하지 못할 거라는 암시를 주었다. 아니나 다를까, 비서는 깨어나서 자신이 방금 아주 민감한 정보를 누출했다는 사실을 전혀 알지 못했다.

> 그날 밤 나는 그 문서를 내 금고에 보관했고 다음 날 사령관에게 가져다 주었다. 나는 내가 군법회의에 설 수도 있지만, 대신 내 연구의 중요성이 더 많이 알려지기를 바란다고 설명했다. 군법회의에 회부되는 대신, 나는 1947년 12월 17일 사령관으로부터 호의 가득한 추천장을 받았다. 거기에는 내 연구가 '군사정보에 매우 중요한' 것이라고 쓰여 있었다. 그때부터 좋은 일들이 일어나기 시작했다.[8]

거짓말탐지기의 선구자

워싱턴 D. C.의 월터 리드 병원에서 최면과 '자백유도제'인 펜토탈나트륨*sodium pentothal*을 다룬 10일 동안의 강의를 마친 뒤, 백스터는 1948년 4월 27일부터 중앙정보국CIA에서 일하기 시작했다. CIA에 들어간 지 얼마 후부터 백스터는 거짓말탐지기의 선구자인 레오나드 킬러*Leonarde Keeler*와 함께 연구를 시작했다.

"다른 정규 활동 말고도, 나는 특별한 심문 기술들의 사용 가능성을 분석하기 위해 외국의 어디라도 갈 준비가 돼 있는 CIA 전담반의 핵심 요원이었다. 내가 담당한 기술은 내 원래 관심 분야를 비롯하여 주로 최면 심문과 마취 심문이었다. 그 무렵 워싱턴 D. C.에서는 내가 만든 거짓말탐지기 사용 기술이 CIA 채용 지원자들을 걸러내고, 핵심 요원들을 일차로 선별하는 데 사용될 만큼 유행하게 되었다. 일상적인 거짓말탐지기 실험 일정이 점점 늘어가면서 더 창조적인 연구에 대한 나의 관심들이 방해받기 시작했다."[9]

레오나드 킬러가 죽고 얼마 지나지 않은 1951년, 백스터는 CIA를 떠나서 시카고의 킬러 거짓말탐지기 연구소*Keeler Polygraph Institute* 소장으로 갔다. 당시에는 이 연구소가 거짓말탐지기 사용법을 가르치는 유일한 학교였다. 백스터는 이어서 워싱턴 D. C.에서 몇몇 정부 정보기관들을 대상으로 한 자신만의 컨설팅 사업을 시작했고, 메릴랜드 주 볼티모어에 두 번째 사무실을 열었다. 1958년 백스터는 본격적으로 거짓말탐지기 연구를 시작할 수 있는 시간을 내게 되었고, 거짓말탐지기 기록지의 수치평가를 위한 첫 번째 표준화 시스템을 개발했는데, 이것은 지금도 사용되고 있다. 이듬해에는 뉴욕 시로 옮겨서 상업적인 거짓말탐지기 사업을 계속했다. 그로부터 7년이 지나, 백스터는 획기적인 사건을 맞게 된다.

1966년 2월, 인식의 패러다임을 바꿈으로써 내 연구의 모든 초점을 확장시켜줄 사건이 일어났다. 그때까지 나는 사람에게 거짓말탐지기를 사용하는 분야에서 18년 동안 일하고 있었다.[10]

백스터의 비서가 폐업 처분하고 있는 한 가게에서 고무나무와 드라세나*dracaena*를 사 왔다. 백스터가 식물을 키우기는 이때가 처음이었다. 1966년 2월 2일 아침 7시, 실험실에서 밤새워 일한 백스터는 그때서야 커피를 마시며 쉬었다. 피곤에 지친 상태에서 생각 하나가 떠올랐다. 새로 온 드라세나에게 거짓말탐지기를 연결해보고 무슨 일이 일어나는지 보자는 생각이었다. 놀랍게도, 이 식물의 전기 활동은 완만하고 평탄한 형태를 보이지 않았다. 그것은 들쭉날쭉하고 살아 있으며, 매 순간 바뀌고 있었다. 백스터가 넋을 잃고 바라보고 있을 때, 드라세나는 더더욱 흥미로운 반응을 보였다.

> 1분 정도의 기록에서 그래프 형태가 단기적으로 변하는 모습을 보였다. 이것은 거짓을 들킬까 봐 두려워하는 피술자가 보이는 전형적 반응유형과 비슷했다.[11]

간단히 말하자면, 이 식물의 전기 반응은 거짓말하기 시작하는 사람에게 얻은 그래프와 비슷해 보였다. 백스터는 누군가의 거짓말을 캐내려면 그들이 숨기는 사실과 마주하게 해야 한다는 점을 알고 있었다. 질문 때문에 그들이 위협감과 걱정을 느낀다면, 피부의 전기 활동은 훨씬 강해진다. 백스터는 어떤 식으로든 이 식물의 안녕을 위협해서 사람과 같은 반응을 얻을 수 있는지 궁금해졌다.

> 사람에게 거짓말탐지기 실험을 할 때 우리가 하는 방식의 예를 하나 들면 "당신이 총을 쏴서 존 스미스에게 치명상을 입혔나요?"처럼 묻는 것이다. 만일 그들이 범죄를 저질렀다면, 이 질문은 그들의 안녕을 위협하게 되고 그에 따라 기록지에 나타나는 반응을 생성하게 된다.[12]

백스터는 잎 하나를 뜨거운 커피에 담가봤다. 아무 일도 일어나지 않았다. 이번에는 펜으로 잎 하나를 두드려봤다. 거의 아무 반응도 보이지 않았다.

기록지 시간이 14분쯤 지난 뒤에, 이런 생각이 떠올랐다. '식물에게 확실하게 위협을 주려면 전극이 연결된 잎을 성냥불로 태우면 되겠군.' 그때 드라세나는 내가 서 있는 곳에서 5미터쯤 떨어져 있었다. 달라진 건 이 생각을 한 것뿐이었다.[13]

그다음에 일어난 일은 과학의 역사를 영원히 바꿔버릴 만한 것이었다. 그리고 우리는 아직도 그 충격을 보편적으로, 대중적으로 인식하지 못하고 있다.

잎사귀를 태워야겠다는 생각이 든 바로 그 순간, 거짓말탐지기의 기록 바늘이 순식간에 기록지 맨 끝까지 올라갔다! 말도 하지 않았고, 식물을 만지지도 않았고, 성냥불을 붙이지도 않았으며, 잎사귀를 태워야겠다는 뚜렷한 의도를 가졌을 뿐이었다. 식물의 기록은 극적인 흥분을 보여주는 것이었다. 내게 이것은 강력하고도 확실한 관찰 결과였다. 1966년 2월 2일의 이

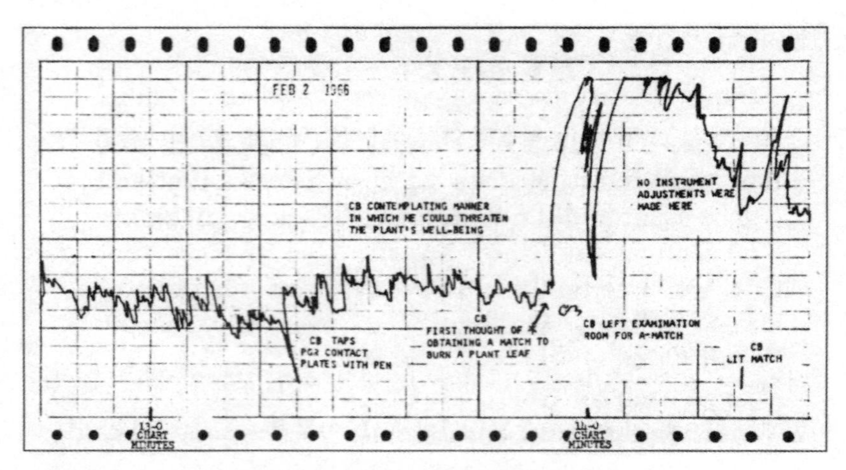

【그림1】 잎을 태우겠다는 클리브 백스터 박사의 생각에 바로 전기 반응을 보인 드라세나의 그래프

> 13분 55초의 기록으로 내 의식 전체가 바뀌어버렸다는 사실을 말해야겠다. 그때 나는 생각했다. '오 이런, 이 식물이 내 마음을 읽는 것 같아!'[14]

식물이 엄청나고 극심한 공포에 떠는 듯한 반응을 계속 보이자, 백스터는 비서의 책상으로 가서 성냥을 가져왔다.

> 내가 돌아왔을 때도 식물은 여전히 눈에 띄는 반응을 보이고 있었다. 나는 불붙인 성냥으로 잎을 살짝 스쳐보았지만, 정말로 식물에 해를 끼칠 생각은 없었다. 위협을 멈추고 식물이 안정을 되찾는지 지켜보는 것이 좋겠다는 생각이 들었다. 성냥을 다시 비서의 책상에 갖다 놓자, 마침내 식물의 반응은 잎을 태우겠다는 결정을 내리기 전에 보였던 평온한 상태로 돌아갔다.[15]

오전 9시가 되어서 출근한 동료 밥 헨슨은 백스터가 발견한 사실을 듣고 놀라워했다. 헨슨이 그 실험을 재현해서 위협을 가하자 식물은 동일한 반응을 보였다. 백스터는 이제 식물에게 동정심을 느끼고는 헨슨이 정말로 잎을 태워버리지는 못하게 했다. 사실, 백스터는 식물을 태우거나 위협을 주는 실험을 다시는 하지 않았다.

백스터 효과를 체험하다

2006년 나는 샌디에이고에 있는 백스터의 연구소에 전화를 걸어 현대적인 강의실 환경에서 이 일을 극화하는 영화 촬영에 참여해줄 수 있는지 물었다. 실제로 그와 통화하면서도, 나는 그날이 백스터가 이 발견을 했던 1966년으로부터 정확히 40년이 지난 2006년 2월 2일이라는 사실을 까맣게 모르고 있었다. 백스터는 내 영화에 함께하겠다고 동의했다. 몇 달이 지나 우리는 그를 로스앤젤레스로 모셔 와서 전문적인 할리우드 수준의 촬영을 위해 투자자의 건전한 자금을 아끼지 않고 썼다.

이 중요한 장면에서 백스터는 그의 초기 실험을 놓고 토론하기 위해 한 대학의 강의실에 초대되는데, 거짓말탐지기가 연결된 살아 있는 식물과 함께였다. 청중석에 있던 한 반항적인 학생이 흥분해서 참질 못하고 '백스터 효과*Backster Effect*'를 직접 다시 확인해보겠다고 한다. 그 학생은 손에 라이터를 들고 자리에서 뛰쳐나와서 식물을 태워버릴 생각으로 달려가지만, 내가 막아선다. 식물은 태워진다는 두려움으로 여전히 "비명을 지르고", 이것으로 백스터 효과가 정말로 작용한다는 사실을 모든 학생들에게 증명한다.

여기까지가 내가 쓴 극본이었다. 내게는 투자자가 준 많은 액수의 자금이 있었고, 백스터는 배우가 되어 극본을 따르겠다고 약속했었다. 놀랍게도, 그는 내가 그 학생을 막아설 때마다 식물이 매번 공포스러운 반응을 보이는 '것처럼' 연기하기를 거부했다. 우리는 그 장면을 찍고 또 찍었지만, 백스터는 전혀 자신의 역할을 하려 들지 않았다. 40년 전의 처음 발견에서처럼 그래프가 실제로 미친 듯이 움직이지 않는다면, 백스터는 카메라 앞에서 그 어떤 진짜 반응도 보이지 않으리라는 점이 확실했다. 그때 나는 내 필름을 아끼는 유일한 방법은 백스터 효과를 내 스스로 이용해보는 것임을 알았다.

그때까지만 해도, 우리는 그저 연기를 하고 있었다. 격렬한 감정이 전혀 없었다. 그 학생은 정말로 식물을 태워버릴 생각이 없었고, 정말로 나를 밀쳐버리고 시도할 생각이 없음을 나는 알고 있었다. 그 식물은 실제로 위험한 상황이 아님을 '알고' 있었다. 따라서 그 결과로 그래프는 평온하고 부드러운 채로 머물렀다. 나는 뭔가를, 그것도 빨리 해야 함을 알았다. 다시 그 장면을 찍을 때, 나는 내가 할 수 있는 한 가장 나쁘고, 가장 어두운 생각을 식물에게 보냈다. 바로 그 학생을 막아서면서 그렇게 했다. 나는 정말로 내 마음 깊은 곳에서 그 생각을 느꼈다. 철저하게 그 식물을 증오했다. 갈가리 찢어버리고 바삭바삭 태워버리고 싶었다. 정확히 바로 그 순간, 거짓말탐지기 바늘이 완전히 미친 듯이 움직였다. 마치 공포로 비명을 지르는 사람처럼. 카메라가 여전히 돌아가는 동안, 백스터는 말했다. "우아, 정말로 반응이 일어났네요!" 나는 필름을 아꼈고, 백스터 효과가 정말이라는 것을 내 스스로 증명했다.

그런 뒤에 나는 식물에게 미안했다고 말했고, 진실한 느낌의 사랑을 보냈다. 그 식물이 어떻게든 그것을 듣고 느낄 수 있다면 말이다. 그래프는 바로 정상으로 돌아왔다. 백스터는 이 놀라운 사건이 담긴 그 기록지를 내게 주었고, 나는 그날 촬영에서 올린 성과에 대한 모든 청구서들과 함께 그것을 상자에 담아 지금도 가지고 있다. 그 뒤로 대본은 더 많이 바뀌었고 우리는 직업적으로 홍보용 장면을 결코 써먹지 못했지만, 나는 실제 주인공과 함께 백스터 효과를 체험할 기회를 갖게 되어서 정말로 행복했고, 마음 깊은 곳에서 그것이 작용한다는 것을 진실로 알게 되었다. 나는 또 내 집주인 아주머니와 10살 된 아주머니 딸에게 백스터의 놀라운 발견을 이야기해주던 때를 절대 잊지 못할 것이다. 아주머니의 딸은 갑자기 밖으로 뛰어나가더니 잔디 위를 데굴데굴 구르기 시작했고, 정말로 황홀해하며 말했다. "넌 내 말을 들을 수 있구나! 들을 수 있어!"

그들은 언제나 듣고 있다

1966년에 첫 발견을 한 후 백스터는, 우리가 식물 하나를 가꾸기 시작하면 그 식물은 우리의 생각과 느낌을 뒤쫓는 것처럼 보인다는 사실을 알아냈다.

> 식물의 반응을 연구하던 기간 중에, 일을 보러 실험실을 떠났다가 그 식물이 있는 곳으로 돌아가겠다고 결정한 순간, 식물은 정말로 의미 있는 반응

을 보이는 경우가 많다는 사실을 알았다. 특히 돌아가겠다는 결정을 스스로 내렸을 때 그랬다.[16]

백스터는 자신이 결정을 내리는 바로 그 순간 식물이 반응한다는 점을 증명하려고 시간을 서로 정확히 맞춘 시계들을 사용했다. 또 다른 사례에서 백스터는 뉴욕에 식물 실험을 준비해놓고, 동료인 밥 헨슨과 뉴저지 주 클립턴으로 여행했다. 그때 헨슨은 아내가 결혼기념일을 축하하는 깜짝 파티를 준비했다는 사실을 모르고 있었다. 백스터는 자신과 헨슨이 여행의 여러 과정을 겪는 동안 식물이 몇 번의 강한 반응을 보였음을 알게 되었다. 그들이 항만관리청에 다가갔을 때, 클립턴으로 가는 버스를 탔을 때, 버스가 링컨 터널로 들어갔을 때, 그리고 클립턴으로의 여행 마지막 부분에 있었을 때 그랬다. 두 사람이 헨슨의 집에 들어간 순간 모든 사람들이 "서프라이즈!" 하고 외쳤는데 식물은 그것을 느낀 것이 분명했다. 백스터는 말했다. "정확히 같은 시간에 큰 반응을 보였다."[17]

백스터는 식물에 전극을 연결해놓은 채 아무 일도 하지 않고 그냥 놔두기 시작했다. 그저 식물의 반응을 지켜보다가 그 반응들을 일으킨 원인이 무엇인지를 알아보기로 한 것이다. 하루는 매우 강한 반응을 목격했는데, 마침내 그것이 바로 자신이 실험실 개수대에 한 냄비의 끓인 물을 쏟아부었을 때 일어났음을 알게 되었다. 나도 백스터의 실험실에 가본 적이 있어서 그런 개수대가 얼마나 역겨워질 수 있는지 잘 안다. 나중의 실험에서 실험실의 개수대가 박테리아로 우글댄다는 사실이 밝혀졌고 — "영화 「스타워즈」에 나오는 술집 장면과 비슷하다고 할 수 있을 정도로"[18]— 사람 손이 델 정도로 뜨거운 물에 박테리아들이 갑자기 죽었을 때, 식물은 자신에 대한 위협을 감지하고는 '비명을 질렀다'.

백스터는 나중에 이 효과를 표준화하기 위한 실험을 고안했다. 그는 가장 적절한 소모용의 생물체를 찾으려 머리를 짜냈고, 결국 물고기 밥으로 흔히 쓰는 브라인 슈림프*brine shrimp*를 골랐다. 백스터는 끓는 물에 임의적인 시간 간격으로 슈림프를 부어 넣는 기계를 고안했다. 식물들은 슈림프가 죽어갈 때 정말로, 그것도 강하게 반응했지만, 실험실에 사람이 아무도 없는 한밤중에 이루어진 실험에서만 그랬다. 그렇지 않으면 식물들은 슈림프에 '흥미를 잃은' 듯했다. 보통 사람 한 명의 에너지장이 훨씬 더 강했던 것이다. 회의론자들이 나중에 이 실험을 반복해보았지만 그들은 백스터의 실험 원칙을 따르지 않았다.

> 우리가 알아낼 수 있는 한 실험을 재현하려 한 사람들은 인간의 의식을 실험에서 어떻게 배제하고 자동화해야 하는지를 전혀 이해하지 못했다. 그들은 벽 뒤로 가서 실험 과정을 폐쇄회로를 통해 지켜보면 된다고 생각했다. 식물과 인간 사이의 동조*attunement*가 관련되는 한 그 벽은 아무런 의미가 없다.[19]

이 연구는 〈전자기술*ElectroTechnology Magazine*〉지에 간략한 논평 기사로 실렸고, 무려 4,950명의 과학자들이 백스터에게 편지를 써서 더 많은 정보를 요청했다.[20]

그 무렵인 1969년 11월 3일에 백스터는 예일 대학교 언어학부에서 이 효과에 대해 시범을 보였다. 아이비의 잎을 하나 따서 거짓말탐지기에 연결했다. "그런 다음 나는 식물의 반응을 자극하는 용도로 쓸 만한 곤충이 주변에 있는지 물었다." 학생들이 거미 한 마리를 잡았다. 사실 거미는 백스터가 지적한 대로 곤충이 아닌 절족류의 동물이다. 학생들은 거미를 탁자 위에 놓고 한 학생이 손으로 감싸서 도망가지 못하게 했다. 그러는 동안 아이비 잎은 반응하지 않았다.

> 그러나 학생이 손을 치웠을 때 거미는 도망갈 수 있음을 알게 되었고, 달아나려는 시도를 하기 직전에 기록지에 큰 반응이 나타났다. 이 과정은 몇 번이나 반복되었다.[21]

백스터는 곧이어 자니 카슨*Johnny Carson*, 아트 링크레터*Art Linkletter*, 머프 그리핀*Merv Griffin*, 데이비드 프로스트*David Frost*와 같은 사람들이 진행하는 여러 텔레비전 쇼에 나와서 이 효과를 보여주었다.[22] 프로스트는 백스터에게 그의 식물이 남성인지 여성인지를 물었다. 조금은 사적인 이 질문에 백스터와 그의 식물 모두 흥미로운 반응을 보였다.

> 나는 프로스트에게 가서 잎 하나를 잡고 그것을 따보라고 제안했다. 프로스트가 그 식물에 다가가기도 전에 식물은 거친 반응을 보였고, 스튜디오 방청객들은 아주 재미있어했다.[23]

백스터의 연구 결과는 1972년 러시아 과학자 V. N. 푸시킨*Pushkin*이 EEG(뇌전도) 장치를 사용해서 재현했다. 최면에 걸린 사람들은 강력한 감정 자극 상태로 들어갔고, 근처에 있는 제라늄은 사람들에게 감정 자극이 일어날 때마다 강한 반응을 보이곤 했다.[24] 온갖 흥미로운 결과들이 나왔음에도, 과학계는 예상대로 혹독한 비판을 퍼부었다. 하버드 대학교 생물학과의 오토 솔브리그*Otto Solbrig* 박사는 놀라지도 않았다.

> 시간 낭비다. 이 연구는 과학을 별로 발전시키지 못할 것이다. 우리는 식물에 대해 이미 충분히 알고 있다. 그래서 누군가 이런 것들을 가지고 나타나면, 우린 돌팔이 짓이라고 말한다. 우리가 편견을 가졌다고 말할지도 모른다. 어쩌면 그럴 것이다.

예일 대학교의 아서 갈슨*Arthur Galtson*은 그나마 조금 더 공손했지만, 여전히 지지하지는 않았다.

> 나는 백스터 효과가 불가능하다고는 말하지 않는다. 다만 연구할 가치가 더 많은 다른 것들이 널려 있다고 말한다. 식물들이 우리 말을 듣고 있다거나 기도에 반응한다는 생각이 멋진 일이기는 하지만, 거기에는 아무것도 없다. 식물에게는 신경계가 없다. 느낌이 전달될 만한 방법이 전혀 없는 것이다.[25]

그 밖에 스탠퍼드 연구소의 할 푸토프*Hal Puthoff* 박사 같은 사람들의 생각은 더 고무적이다.

> 백스터의 연구를 돌팔이 짓이라고는 생각하지 않는다. 그의 실험 방법은 아주 훌륭하다. 이 연구가 쓸모없다고 여기는 대부분의 사람들이 믿는 것처럼 엉성하지 않다.[26]

끊임없이 "대화"하는 자연

백스터는 또 요구르트 박테리아, 냉장고에서 꺼낸 보통 달걀, 그리고 심지어 살아 있는 인체 세포도 거짓말탐지기에 연결시켜 보았고, 놀라운 결과들은 이어졌다. 한결같이 백스터는 살아 있는 모든 것이 그 환경과 밀접하게 동조한다는 사실을 알게 되었다. 어떤 스트레스, 고통 또는 죽음이 생기면, 주변에 있는 모든 생명체들이 곧바로 전기 반응을 보인다. 마치 그 고통을 함께 나누는 것처럼.

아침 식사를 위해 달걀 하나를 깼을 때 필로덴드론*philodendron*이 강한 반응을 보이는 모습을 보고, 백스터는 먼저 달걀에 전극을 감아보자는 생각을 하게 됐다.[27] 흔한 무정란을 가지고 실험했음에도, 전극을 감은 달걀은 예상치 못했던 행동을 보였다. EEG(뇌전도)에 나타나는 심박동, 그리고 EKG(심전도)에서 보이는 복잡한 '주기 속의 주기'를 비롯해서 말이다.[28] 백스터가 깊이 잠든 샴 고양이 샘을 깜짝 놀라 깨어나게 했을 때, 전극을 연결한 달걀 하나가 갑자기 충격을 받았다. 더더욱 인상 깊은 것은 함께 있던 달걀들이 끓는 물에 하나씩 하나씩 들어갈 때마다 전극을 연결한 달걀의 그래프가 "비명을 지르고" 있었다는 점이다. 이 달걀은 안쪽에 납을 대서 모든 전자기장을 차단하는 상자 안에 있었다. 이 효과가 그 어떤 전파나 마이크로파, 그 외 전자기 주파수들 때문에 생긴 일이 아니라는 뜻이다.[29] 이런 실험을 하면서 백스터는 전자기장 차단의 중요성을 확실하게 이해했다.

> 일부 과학자들, 특히 물리학자들에게 하는 제안으로, 나는 나중에 구리로 만든 상자[패러데이*Faraday* 상자로도 알려진]를 이용해서 전극을 연결한 더 작은 식물들을 전자기적 간섭으로부터 차단해보았다. 식물들은 마치 아무런 방해물이 없는 듯 행동했다. 훨씬 더 후에 나는 최신식의 차폐실을 이용해서 이것을 확인할 수 있었다. 식물, 박테리아, 곤충, 동물과 사람 사이의 정보 교환이, 알려진 전자기 주파수들, AM, FM, 또는 통상적인 방법으로 차단할 수 있는 그 어떤 형태의 신호로는 이루어지지 않는다는 것이 확실하다고 느꼈다. 거리는 아무런 문제가 되지 않는 듯했다. 나는 이 신호가 수십 킬로미터, 심지어 수백 킬로미터 떨어진 곳까지 전달되는 것을 관찰했다. 이 신호는 전자기 스펙트럼의 범위에 들지 않는 듯했다. 그렇다면, 이것은 틀림없이 중대한 의미를 함축하고 있을 것이다.[30]

이것은 소스필드가 전자기적인 것이 아님을 증명하는 많은 연구들 가운데 하나다. 모든 과학자들은 전자파가 납을 댄 상자, 구리로 차단된 패러데이

이 상자와 차폐실 둘 다 또는 어느 하나를 뚫고 지나지 못함을 알고 있다.

인체 세포를 가지고 했던 백스터의 실험으로 그의 발견은 사람들에게 훨씬 더 친근하게 느껴질 수 있게 되었다. 이 실험들에서 백스터는 다른 사람에게 조금의 물로 입안을 헹구고 시험관에 뱉게 해서 살아 있는 세포를 얻고는 했다. 이 시험관을 원심분리기에 넣으면 살아 있는 백혈구 세포가 위로 올라오는데, 백스터는 이것을 스포이트로 추출했다. 그런 뒤 세포들을 작은 1밀리리터 시험관에 옮기고 아주 가는 금으로 된 전극을 연결했다.[31] 이 샘플들은 여기에서 10~12시간 동안 살아 있었고,[32] 그동안 매우 민감한 반응들을 보였다.

백스터가 인체 세포로 했던 실험들 가운데 내가 가장 좋아하는 사례는 1988년 미국항공우주국(NASA) 우주비행사인 브라이언 오리어리*Brian O'Leary* 박사와 했던 실험으로, 오리어리 박사는 코넬 대학, 캘리포니아 기술연구소, 캘리포니아 대학과 프린스턴 대학의 교수를 역임했다. 오리어리는 전 여자 친구를 데리고 실험실에 왔고 두 사람은 아주 확실한 기록지 반응을 직접 볼 수 있게 해달라고 우겼다고 한다.[33] 그러고서 오리어리는 480킬로미터 정도 떨어진 애리조나 주 피닉스로 돌아가기 위해 샌디에이고 공항으로 떠났다. 그는 백스터와 시계를 정확히 맞췄고, 그의 세포들의 반응은 실험실에서 내내 기록되고 있었다.

> 오리어리 박사는 순간적으로 불안을 느끼게 되는 사건들을 정확하게 기록하겠다고 미리 동의했다. 렌터카로 공항에 가다가 고속도로에서 길을 잃은 일, 공항 발권 창구에 줄이 너무 길어서 비행기를 놓칠 뻔했던 일, 비행기가 이륙하고 피닉스에 착륙하던 때, 아들이 공항에 때맞춰 도착하지 못한 일, 그리고 다른 많은 사건들이 기록되었다. 기록된 사건들이 거짓말탐지기의 기록과 일치하는 부분들을 나중에 비교해보니, 세포의 반응기록과

불안을 느낀 거의 모든 순간의 시간 기록에 충분한 상관성이 있었다. 기록지는 오리어리가 집으로 돌아가서 잠자리에 든 뒤에야 아주 고요해졌다.[34]

나는 오리어리 박사와 스위스 취리히에서 저녁을 먹으며 이 실험을 놓고 토론했고 —우리는 그곳의 한 콘퍼런스에 둘 다 발표자로 참석했었다— 그는 이 결과에 무척 놀랐다고 말해주었다. 오리어리의 마음은 정보의 파장을 보내고 있었고, 그의 살아 있는 세포들은 480킬로미터나 떨어진 실험실에서 그 신호들을 수신하고 있었다. 세포들이 차폐실에 있더라도 이 효과는 마찬가지로 작용하는데, 이것으로 신호들이 전자기 에너지로 보내지지 않는다는 사실이 다시 증명된 셈이다. 우리 생각이 공간을 가로질러 —심지어 아주 먼 거리일지라도— 퍼지게 만드는 무엇, 어떤 에너지장이 '거기' 있다. 이 사실이 갖는 함의는 놀라운 것이다. 특히 자연의 살아 있는 모든 존재들이 다른 모든 것들에게 어떻게 귀 기울이고 있는지 생각해보면 더욱 그렇다. 우리도 이 과정에서 결코 예외가 아니다.

나는 이 주제를 놓고 많은 강의를 했고, 여기서 채소, 과일, 요구르트, 달걀과 날고기의 살아 있는 세포들 모두가 요리되거나 먹힐 때 모두 "비명을 지르고" 있다는 사실을 알게 되면 청중들은 한결같이 신음 소리를 냈다. 스스로를 '잔인하지 않은' 식사를 하는 사람으로 여기는 철저한 채식주의자와 생식하는 사람들마저도 이제 자신이 먹는 음식이 꽤 큰 고통을 겪어야 한다는 사실과 마주하게 되었다. 적어도 인간의 관점에서는 그렇다. 채소들을 요리하지 않는다 해도 우리의 소화 활동은 여전히 '불에 태우는' 효과를 낸다. 백스터가 내게 말해준 대로라면, 우리가 음식에게 긍정적이고, 사랑스러운 생각을 보내면서 '기도'하면, 음식은 우리를 살아 있도록 돕는 자신의 역할을 받아들이는 듯하다. 그리고 그래프에는 격렬한 반응이 더 이상 일어나지 않는다.[35] 많은 문화권과 영적 전통들이 "음식에게 감사하라"고 권한다.

백스터의 연구로 우리는 이제 별로 중요해 보이지 않는 이 행위가 —과학적인 입장에서— 우리의 새 모형에 있어서는 분명한 목적이 있음을 알게 된다.

프리에너지, 그리고 그 결과

취리히의 콘퍼런스에서 브라이언 오리어리 박사는 '프리에너지*free energy*' 장치들이 계속해서 발명되어왔지만, 거대 기업들에 의해 하나같이 억압당하고 있다는 많은 정보들을 발표했다. 1997년 신에너지연구소*Institute for New Energy*의 발표를 보면, "미국 특허국은 비밀유지명령인 미국 법전(1952) 35장 181-188항에 의거, 3,000개가 넘는 특허장치 또는 그 응용기술을 기밀에 부쳤다."[36] 미국 과학자연맹*Federation of American Scientists*은 2010년까지 이 숫자는 5,135건으로 늘어났고, 20퍼센트 이상 효율이 더 높은 태양전지, 또는 에너지를 전환하는 데 70~80퍼센트 이상 더 효율적인 발전 시스템들은 모두 "재심사 및 제한 가능" 분류에 포함되었다고 밝혔다.[37] 오리어리 박사의 말대로라면, 일부 연구자들은 매수당해서 그들의 발명품들에는 먼지만 쌓여가고 있다. 그렇지 않은 사람들은 굴복하도록 협박당하거나 의심쩍은 상황에서 죽어간다. 그때 오리어리 박사는 토론을 위해 나를 무대 위로 불러 올렸고, '유럽 프리에너지 운동의 수장'인 스테판 마리노프*Stefan Marinov* 박사가 오스트리아의 그라츠 대학교 도서관 건물 10층에서 뛰어내려 죽었다고 주장되는 사건을 언급했다. 마리노프는 마치 다른 사람이 떠민 것처럼 뒤로 떨어졌다. 오리어리 박사는 "마리노프는 유서도 남기지 않았고, 내가 지금껏 만난 사람들 가운데 가장 긍정적이고 진취적인 기상을 가진 사람의 하나였다."라고 말했다.[38] 오리어리는 대체에너지 연구 분야에서 단연 세상을 이끄는 인물인 유진 맬로브*Eugene Mallove* 박사의 이야기도 함께 말했다.

나는 맬로브 박사와의 개인적인 경험에 대해 말하다가 감정에 복받쳐서

400명이나 되는 청중 앞에서 흐느끼고 말았다. 이 일이 일어났을 때 무대 위 내 곁에 있던 식물들의 전기반응이 엄청나게 치솟았으리라고 확신한다. 맬로브 박사는 매사추세츠 공과대학교(MIT) 학술지의 편집장으로 출발했다. 맬로브는 상온 핵융합의 연구를 억누르라는 명령을 받았다고 주장했는데, 그때가 연구소에서 융합반응으로부터 프리에너지가 나온다는 긍정적인 결과들을 얻고 있을 때였다.[39] 그 시점에서 맬로브는 일을 그만두고 〈무한에너지*Infinite Energy Magazine*〉[40]를 펴내기 시작했고, 단연 최고의 코디네이터, 출판인, 그리고 세계의 대체에너지 발명가들의 연락 창구가 되었다.

2004년 5월 15일 나는 미국 최대의 야간 라디오 토크쇼인 「코스트 투 코스트*Coast to Coast AM*」의 한 방송분에 아트 벨*Art Bell*, 리처드 호글랜드*Richard Hoagland*와 함께 출연했다.[41] 방송 며칠 전 맬로브 박사가 우리의 특별 손님으로 깜짝 출연한다는 사실을 나는 알았다. 우리는 놀라운 발표를 할 참이었다. 호글랜드와 맬로브는 그다음 주에 실제로 작동하는 탁상용 프리에너지 장치를 워싱턴 D. C.에 가져가려고 했다. 내가 듣기로 이 장치는 그저 바라보고만 있으면 회전하기 시작하고 그 어떤 재래 동력원도 쓰지 않았다고 했다. 나는 그것이 어떻게 작동하는지 확실히 알지는 못했지만 놀라운 일로 들렸고, 내가 이미 하고 있던 소스필드 연구로부터 그런 일이 이론적으로 가능함을 알고 있었다. 호글랜드는 여러 상원과 하원의원들을 잇달아 만나면서 그 장치에 대해 설명해주고, 연구와 상업적 응용을 위해 이 성과를 대중에게 공개하라고 압박했다.

생방송에 나가기까지 24시간도 채 남지 않았을 때, 맬로브 박사는 그의 부모님의 집 밖에서 구타를 당해 사망했다.[42] 나는 이 사건이 맬로브 박사의 비밀 장치가 방송으로 발표되기 직전에, 그리고 의회에서의 정치적 일정이 임박한 상황에서 일어났다는 점이 무척 의심스러웠다.

일부 집단들이 소스필드 연구를 억압하는 데 중대한 역할을 하는 것으로 보인다. 나는 이런 주제들에 대해 입을 열면 하나같이 "피해망상에 빠진 괴짜"라는 딱지가 붙는다는 사실을 알고 있지만, 맬로브 박사의 죽음을 둘러싼 사건들은 내가 그것을 더더욱 직접적으로 겪게 해주었다.

소스필드 연구와 관련될 수도 있는 회의론, 비아냥거림, 비웃음, 굴욕, 그리고 위협들이 있음에도 불구하고 찾아내야 할 진실이 있다. 그것은 오늘날, 모든 사람을 위한 더 밝은 미래를 만들기 위해서 알 필요가 있는 자연과학이다. 그리고 무엇보다도, 이 발견들은 더없이 긍정적이다. 결국 신은 사랑으로 가득하다는 대부분 사람들의 생각이 실제로 여전히 유효하며 온당하다는 것을 증명해주기 때문이다.

2장
의식은 더 큰 전체에 연결되어 있다
: 심령치료와 의식의 전이현상

우리는 의식을 집중하는 것만으로
수백 킬로미터 떨어진 곳의 사람에게 고통이나 감정을 전할 수 있고,
전기뱀장어의 자세를 바꿀 수 있으며,
적혈구 세포가 파괴되지 않도록 보호할 수 있다.

우리는 지금 소스필드가 정말로 존재하는지를 알아내기 위한 탐구를 하고 있다. 그리고 놀라운 정보를 공개하기 시작했다. 클리브 백스터 박사의 연구는 살아 있는 모든 것들—박테리아, 식물, 곤충, 동물, 새, 물고기, 그리고 사람—이 서로 어떤 형태로든 끊임없이 소통하고 있다는 사실을 설득력 있게 보여준다. 이 소통에는 존재하지 않는다고 여겨지는 장(場)이 이용되고 있다. 그렇게 여겨지는 이유는 이러한 소통의 동력을 전통적인 가시광선의 전자기 스펙트럼, 전파, 적외선, 마이크로파, X선과 그 밖의 것들에서도 찾을 수 없기 때문이다. 더욱이, 백스터는 트랜스 상태에서 우리가 무언가를 보거나 듣지 못할 것이라는 말을 듣는 것만으로도, 우리는 우리를 둘러싼 환경의 신호들을 전혀 지각하지 못하게 된다는 사실을 발견한 많은 최면연구자들 가운데 한 사람일 뿐이다. 모든 살아 있는 것들이 서로 끊임없이 정신적으로 함께 동조하고 있다 한다면, 우리 마음은 제정신을 유지하려고 이 정보들 대부분을 고의적으로 걸러내 버리고 있는지도 모른다.

멕시코에는 "파치타*Pachita*"라고 하는 —본명은 바바라 게레로*Barbara Guerrero*— 뛰어난 여성 치유사가 살았다. 그녀는 심령치유사였다. 파치타는 어렸을 때 자신의 큰 치유 능력을 찾아냈고, 서커스단에서 줄타기 곡예사로 일하면서 동물들을 치료했다. 파치타는 10대에 멕시코의 혁명가 판초 비야*Pancho Villa*의 곁에서 싸우기도 했고, 30세의 주부가 되어 자신의 능력을 되찾기 전에는 카바레에서 노래를 부르기도 하고 복권을 팔기도 했다. 그 뒤로 47년 동안 파치타는 환자들에게 시술하고, 치료가 불가능해 보이는 문제들을 가진 많은 사람들을 도우면서도 철저하게 언론을 피했다. 1977년 말이 되어서야 파치타는 자신의 재능이 과학적으로 연구되어야 한다는 생각에 마음을 열게 되었고, 안드리아 푸하리히*Andrija Puharich* 박사에게 미국에서 온 전문가들과 함께 자신의 심령치유력을 연구해달라고 부탁했다.[1]

칼라 루커트*Carla Rueckert*는 《하나의 법칙*The Law of One*》 1권에 파치타의 치유술에 대해 직접 적었다.

> 1977년 말과 이듬해 초에 우리는 안드리아 푸하리히 박사의 연구진과 함께 멕시코의 한 여성 심령수술사를 조사하기 위해 멕시코시티에 갔다. 그녀는 파치타라고 불리는 78세의 여성으로 오랜 세월 동안 환자들을 보아왔다. 파치타는 날이 13센티미터 정도 되는 아주 무딘 칼을 썼다. 파치타는 그것을 연구진 모두가 돌려 보게 하고는 우리, 특히 실험 대상인 내 반응을 살피고 있었다. 내가 엎드려서 그녀의 '수술'을 받았으므로 무슨 일이 있었는지 직접 설명하지는 못하지만, 내 동료 단*Don*은 그 칼이 10센티미터 정도 내 등으로 들어간 듯 보이더니 빠르게 등뼈를 가로질러 움직였다고 말해줬다. 이 일이 몇 번 되풀이되었다. 파치타는 자신이 내 콩팥을 치료하고 있다고 했다. 또다시 우리는 그 '증거'라는 것이 아무런 소용이 없을 것임을 알았으므로 그것을 확보하려는 어떤 시도도 하지 않았다. 많은 사람들이 그 결과

를 분석해서 심령수술을 연구하려고 시도했고, 결정적인 증거나 그 어떤 결과도 찾아내지 못했으므로, 심령수술이 사기라고 기소하고 있다.[2]

나는 실제로 그 느낌이 어땠는지 정말 궁금해서, 칼라와 대담했을 때 맨 처음 그것을 물었다. 그 수술 과정은 칼라에게 아주 큰 고통을 줬다고 했다. 피도 조금 흘렀지만, 파치타가 칼을 빼자마자 기적과도 같이 상처가 아물었다고 했다. 이것이 미친 소리처럼 들리리라는 걸 알지만, 이 광경은 방에 가득 들어선 노련한 과학자들이 모두 목격한 사실이다.

푸하리히 박사도 파치타에게 양쪽 귀의 이(耳)경화증*otosclerosis*(해면질 뼈의 과다 성장) 때문에 생긴 진행성 난청을 치료받았다. 틀림없이 파치타가 칼끝으로 양쪽 귀의 고막을 각각 40초쯤 곧바로 찔러서 박사는 엄청난 통증을 느꼈지만, 상처는 즉시 아물었고, 아주 조금의 출혈이 있었을 뿐 통증은 사라졌다. 전통적인 의학 상식으로는 이런 행위가 영구적인 청각 상실을 가져와야 했지만, 푸하리히는 치유 효과가 있음을 알고 할 말을 잃어버렸다.

내 머릿속에서 시끄러운 소음이 울리고 있었다. 나는 그 소리가 뉴욕 지하철 소음의 수준, 아니면 청력 역치를 넘는 90데시벨 정도쯤이라고 추측했다. 소음이 너무 커서 주위의 말소리를 구분하지 못했지만, 그 수술로 귀머거리가 되리라는 두려움은 없었다. 파치타는 성분을 알 수 없는 팅크제를 주면서 양쪽 귀에 날마다 한 방울씩 넣으라고 했다. 머릿속의 소음은 날마다 10데시벨 정도씩 줄어들었고, 수술 받은 지 8일째 되는 날 소음은 사라졌다. 그러나 내 청력은 너무 예민해져서 전화 통화로도 귀가 아플 지경이었고, 수화기를 편안한 거리까지 귀로부터 떼고 있어야 했다. 이 청각과민증은 2주일쯤 계속되었다. 수술 뒤 한 달이 지나 내 양쪽 귀는 정상적인 순음 청력을 갖게 되었다.[3]

파치타가 사실 어떤 식으로 집단 환각을 유도하는 최면술사일 뿐이었다고 해도, 그녀의 치료는 여전히 효과가 무척 좋았나 보다. 칼라 루커트는 파치타에게 받은 두 번의 수술에서 첫 번째 것만 서술했다. 두 번째 수술은 안드리아 푸하리히 박사가 H. G. M. 허먼*Herman*의 책에서 훨씬 더 자세하게 설명했다.

> 앞에서 말한 수술이 있었던 12일 뒤에, 파치타는 두 번째 수술을 할 준비가 되었다. 파치타는 부검을 한 어느 시신에서 콩팥 하나를 얻을 수 있었다. 콩팥은 소독되지 않은 단지에 담겨 물에 잠긴 채로 그녀에게 왔고, 부엌 냉장고에 보관되었다. 수술 당일 파치타는 피 묻은 손으로 단지에서 콩팥을 꺼냈다. 파치타는 그것을 세로로 잘라 두 개로 나누더니 각각의 반쪽을 따로 이식할 거라고 말했다. 이어서 그녀는 칼라의 옆구리 한쪽에 칼을 쑤셔 넣어 비틀더니, 나에게 그 구멍 속으로 반쪽짜리 콩팥 하나를 떨구어달라고 했다. 나는 내 손에 있던 콩팥이 환자의 몸으로 말 그대로 '빨려' 들어가는 것을 보고 크게 놀랐다. 콩팥이 '빨려' 들어간 자리를 만져보니 조직이 그 즉시 아물었고, 피부에는 아무런 구멍도 남지 않았다. 놀라운 일이었다! 이런 식으로 반쪽짜리 콩팥 두 개가 모두 이식되었다. 전 수술 과정에 걸린 시간은 92초였다. 한 시간이 지나 환자는 일어날 수 있었다. 칼라는 잠도 잘 잤고, 14시간이 지나자 정상적으로 소변을 보았다. 3일이 지나자 칼라는 비행기를 타고 미국의 집으로 돌아갔다.[4]

책의 저자는 이렇게 말했다. "안드리아는 파치타의 '즉석 수술'이 완전히 진짜이며, 자신과 동료들이 과학적으로 관찰하고 기록하고 있는 상황에서 그 어떤 속임수도 가능하지 않았다는 점을 확신했다."[5]

멕시코 신경과학자의 놀라운 발견

그것이 실제 수술 과정이었는지 아닌지를 떠나, 파치타의 치유 행위는 단연 으뜸으로 논란이 많은 멕시코의 신경과학자 자코보 그린버그-질버바움*Jacobo Grinberg -Zylberbaum*에게도 큰 영향을 주었다. 1977년 그린버그는 멕시코시티에 있는 국립멕시코자치대학교(UNAM)에서 강의를 하게 되었고, 학습과 기억, 시각인지 생리학과 생리심리학 분야에서 엄밀한 과학적 데이터를 풍부하게 만들어냈다. 같은 해에 그린버그는 파치타를 만났는데, 그녀는 그린버그가 생물학, 심리학과 의학 분야에서 알고 있다고 생각했던 모든 것을 완전히 바꿔놓았다. 샘 퀴논스*Sam Quinones*는 1997년의 글에서 파치타가 그린버그에게 미친 영향에 대해 적었다.

> 그린버그의 말에 따르면, 파치타는 마취도 하지 않고 산악용 칼로 성공적인 수술을 했다. 파치타는 병든 장기를 난데없이 나타난 다른 장기로 바꿨다. 그린버그는 몇 달 동안 파치타의 수술을 지켜보고 대화하고 함께 여행했다. 그는 파치타의 수술에 대한 자신의 묘사가 완전히 정신 나간 소리처럼 들린다는 점을 인정했지만, 자신이 그런 장면들을 직접 봤다고 주장했다.[6]

같은 글에서 그린버그는 결국 멕시코의 주술사들에 대한 일곱 권의 책을 썼고, 1980년대 중반에 이런 유형의 연구에 깊이 몰두했다고 했다. 자신이 확인했다고 믿었던 파치타의 수술 솜씨에 놀란 그린버그는 자신이 "신경장*neuronal field*"이라고 불렀던 것이 틀림없이 있다는 생각을 이론화했다. 이 신경장은 뇌에서 만들어져서 그가 '전공간구조*pre-space structure*'—모든 공간, 시간, 물질, 에너지, 생물학적 생명과 의식이 만들어져 나오는—라고 했던 것, 곧 소스필드와 상호작용한다. 좀 전문적이기는 하지만 그린버그의 설명을 직접 들어보자.

> 전공간구조는 홀로그램의 비국소적 격자*non-local lattice*로 의식의 속성을 가졌다. 뇌가 만들어내는 신경장은 이 격자를 왜곡하고, 하나의 이미지로 지각되는 그것의 부분적인 해석을 활성화한다. 오직 뇌-마음 시스템이 온갖 해석들로부터 자유로워질 때만, 신경장과 전공간구조는 동일해진다. 여기서 현실에의 지각은 일원화되어 에고는 없고 모든 이원성이 희미해진다. 이렇게 되면, 순수의식과 모두를 포용하는 합일의 느낌과 광휘를 '지각'한다. 영적인 지도자들이 발전시킨 모든 영적 체계들은 이 순수한 전공간구조를 직접 지각하게 하려는 목적을 가지고 있었다. 내가 발전시키고 싶은 의식의 과학은 위에서 말한 생각들을 이해하고, 공부하고, 또 연구하려고 시도할 과학이다.[7]

파치타와 같은 솜씨가 가능하다고 해도, 분명 그런 능력을 가진 사람들은 아주 드물다. 우리가 어떤 진정한 잠재력을 가지고 있는지를 일깨우기 위해서, 그린버그는 자신이 무언가 아주 간단하고 반복 가능한 것을 시작할 필요가 있음을 알았다. 이런 범주의 초기 실험들이 1987년에 시작되었다. 대개 남녀가 짝을 이룬 두 사람이 함께 앉아서 20분 동안 명상을 했는데, 이것은 서로 밀접한 연결감을 만들기 위한 것이다. 다음으로 두 사람은 따로따로 다른 방으로 들어갔고, 이 방들은 모든 전자기장으로부터 차단되었다. 두 참가자가 서로 떨어져 있는 동안에도 그들의 뇌파는 눈에 띄게 일치하기 시작했고, 그린버그는 EEG(뇌전도) 기록에서 그것을 측정할 수 있었다. 그린버그는 또 이 사람들 각자의 뇌에서 양쪽 반구들이 같은 패턴을 보인다는 점을 발견했는데, 이런 상태는 정상적으로 깊은 명상 상태에서만 생긴다. 게다가 가장 고르고 잘 구성된 뇌파를 가진 사람이 언제나 '이기는' 듯했다. 상대에게 더

큰 영향을 미친 것이다.[8]

1994년 그린버그는 이 효과를 보여줄 훨씬 더 설득력 있는 방법을 생각해냈다. 두 사람이 함께 20분 동안 명상하고 각자 전자기장이 차단된 다른 방으로 들어간다는 점은 같았다. 그러나 이번에 그린버그는 한쪽 참가자의 눈에 밝은 빛을 비춰서 갑작스러운 충격을 주었다. 이 실험을 진행하면서, 100번의 불빛을 무작위로 비췄다. 그린버그가 한 사람의 눈에 빛을 비춘 총 횟수의 25퍼센트에서, 다른 한 사람의 뇌파는 꽤 비슷한 '충격' 상태를 보였다. 그것도 정확히 같은 시간에. 통제집단에 속한 피실험자들은 그런 연관성을 보이지 않았다. 이것은 놀랄 만한 발견이었고, 그 결과는 권위 있고 상호 검토되는 학술지 〈물리학 에세이*Physics Essays*〉에 발표되었다.[9] 과학에서의 혁명은 얼핏 잘 되어가는 듯했다. 소스필드는 마침내 엄밀하고 임상적으로 증명 가능한 방식으로 주류가 돼가고 있었다. 백스터의 성과가 한 단계 더 높은 수준으로 발전했으니 말이다.

참사가 생긴 것은 바로 그때였다. 1994년에 그린버그의 논문이 발표된 지 얼마 지나지 않아, 그가 사라지고 말았다. 그린버그는 아직까지도 나타나지 않고 있고, 지금도 그를 찾고자 하는 페이스북 페이지도 있다.[10] 그린버그의 아내는 그가 사라진 뒤로 몇 번 눈에 띄었지만 1995년 중반이 마지막이었고, 그녀의 행동은 그때 일어난 일로 극도로 고통받고 있음을 보여주고 있었다.[11] 어떤 사람들은 이것으로 그녀가 그린버그를 살해했을지도 모른다고 의심했지만, 만일 그녀가 영원히 사라지지 않는다면 그녀도 남편과 같은 운명이 되리라고 협박받았을 가능성도 있다. 우리는 무슨 일이 일어났는지 결코 알지 못하겠지만, 획기적인 발견을 했다는 이유로 치명적인 협박에 맞닥뜨렸을 소스필드 연구자들의 목록에 그린버그-질버바움을 추가할 만한 이유는 충분하다. 이런 일이 우리가 이 연구에서 모든 조각들을 하나로 꿰어 맞추지 못하도록 가로막지 못한다는 점은 분명하다.

의식전이의 엄연한 실험실 증거

고맙게도, 사라지거나 협박받지 않고도 백스터의 성과를 더 입증하는 비슷한 실험들을 했던 과학자들도 있다. 버클리 대학의 찰스 타트*Charles Tart* 박사는 자기 자신에게 자동적으로 고통스러운 전기충격을 주는 별난 실험에 착수했고, '수신자'인 다른 사람에게 자신의 고통을 '보내는' 시도를 했다. 수신자에게는 심박동수, 혈액량과 여러 생리적 신호들을 측정하는 장치들이 연결되었다. 타트는 수신자의 심박동수가 늘어나고 혈액량이 줄어드는 식으로 정말로 충격에 반응한다는 사실을 알았다. 그러나 수신자는 타트 박사가 보낸 신호를 의식적으로는 알아차리지는 못했다.[12]

이런 종류의 실험에서 가장 위대한 현대의 선구자는 윌리엄 브로드*William Braud* 박사일 것이다. 린 맥타가트*Lynne McTaggart*가 《필드(한국어판)》에서 말한 바로는, 브로드 박사가 1960년대 말 한 실험을 시작했는데, 여기에서 그는 최면에 빠진 학생에게 자신의 생각을 보내는 시도를 했다. 브로드 박사가 자신의 손을 찌르면, 학생은 통증을 느꼈다. 박사가 자신의 손을 촛불 위로 가져가면, 그 학생도 뜨거움을 느꼈다. 또 배가 그려진 그림을 보고 있으면, 학생도 배에 대해 말했다. 브로드가 햇빛으로 들어가면, 학생은 햇빛에 대해 말했다. 거리는 아무런 문제가 되지 않는 듯했는데, 브로드가 몇 킬로미터 떨어져 있을 때도 결과는 같았다.[13] 이것은 틀림없이 백스터 효과가 하나의 시작일 뿐이었음을 말해준다. 우리는 신경계의 충격뿐만이 아닌 훨씬 더 많은 정보들을 서로 나누고 있다. 해가 가면서, 브로드 박사는 이 효과를 통제된 실험실 조건에서 연구할 방법들을 모색했고, 지금까지 전문 심리학 학술지들에 250편이 넘는 글을 발표하고 많은 책들을 집필했다.[14][15]

브로드의 엄격한 첫 실험에서는 자세를 바꿀 때마다 변하는 전기신호를 발산하는 전기뱀장어를 이용했다. 이 전기신호들은 뱀장어의 자세를 정확하게 파악하는 데 이용되고, 수조 측면에 부착한 전극으로 감지할 수 있다. 브로드의 실험 참가자들은 의식적인 의도만으로 뱀장어의 자세를 꾸준히 바꿀 수 있었다. 이와 비슷하게, 브로드는 다른 모든 요인들을 배제시킨 가운데 참가자들이 모래쥐가 쳇바퀴를 달리는 속도를 빠르게 할 수도 있음을 알아냈다. 브로드는 또 세포들을 파괴시키기에 충분한 염도의 소금물이 든 시험관에 사람의 적혈구 세포를 넣는 실험을 고안했다. 참가자들은 마음을 집중해서 적혈구들이 터지지 않도록 보호할 수 있었다. 이것은 용액에 빛을 비추었을 때 빛이 얼마나 투과하는지를 측정하면 쉽게 증명할 수 있다. 세포들이 더 많이 파괴될수록 용액은 더 투명해졌고, 빛이 덜 투과하면 더 건강한 세포들이 많다는 신호였다.[16]

여기서부터 브로드의 관심은 인간에게로 옮겨갔다. 누군가가 당신을 쳐다보고 있다는 느낌이 들어 돌아보고서 그 느낌이 옳았다는 경험을 해본 적이 있는가? 브로드는 이 효과를 실험실에서 연구할 수 있는지, 그리고 정말로 작용하는지를 알고 싶어 했다. 그는 한 사람을 작은 비디오카메라가 있는 독방에 들어가게 하고, 거짓말탐지기를 연결한 다음 편히 이완하라고 말했다. 브로드는 옆방에서 텔레비전 모니터로 이 참가자의 얼굴을 보고 있었다. 이제 두 번째 참가자에게는 모니터 속의 이 사람을 뚫어져라 바라보면서 주의를 끌어보라고 했다. 다만 컴퓨터화된 무작위 숫자 생성기가 신호를 보낼 때만 그렇게 했다. 말할 것도 없이, 응시를 당한 첫 번째 사람의 피부에서 꽤 큰 전기반응이 급증했다. 이 결과가 나타난 비율은 응시한 전체 횟수의 59퍼센트였다. 무작위적인 우연으로 일어날 확률이 50퍼센트인 것과는 차이가 있다.[17] 별 차이가 없는 것처럼 들릴지도 모르지만, 우연보다 9퍼센트가 더 많다는 사실은 꽤 큰 것으로 여겨진다.

그다음에 브로드 박사는 실험 방법을 바꿨다. 박사는 참가자들을 먼저 서로 만나게 했고, 그들이 대화하는 동안 서로의 눈을 일부러 들여다보도록 했다. 브로드는 참가자들이 서로 편안함을 느끼도록 격려했다. 이제 위와 같은 방법으로 다시 실험했을 때, 새로운 친구에 의해 응시당하는 사람은 몸의 전기반응이 눈에 띄게 이완된 것으로 나타났다.[18] 이것은 다른 사람들이 우리를 바라보고, 그들의 고통을 우리에게 보내고, 생각을 전달할 수 있다는 확실한 증거이고, 또 우리 몸이 육체적 수준에서 이 신호들에 반응할지라도, 우리는 보통 그때 일어나는 일들을 의식적으로는 전혀 자각하지 못한다는 점을 증명해준다. 전화벨이 울리고 누가 전화했는지 알 듯하다는 생각이 들 때, 그리고 느낌이 맞았음을 확인했을 때도 같은 일이 일어나는지도 모른다. 전화를 건 사람이 우리 얼굴을 시각화할 때, 우리는 무언가를 느낀다. 그리고 우리 마음이 충분히 고요하다면, 우리는 누구의 전화인지 정신적인 이미지를 얻을 것이다. 현대에 있어서 가장 유명한 소스필드 연구자의 한 사람인 루퍼트 쉘드레이크*Rupert Sheldrake*도 다수의 발표된 실험들에서 '누가 나를 보고 있다는 느낌'이 정말로 있음을 증명했다.[19]

의식공유의 외부적 한계

브로드 박사의 연구에서 신경과민과 집중력 부족 같은 경미한 불안장애들도 많이 호전되었다. 1983년부터 이루어진 실험에서, 브로드 박사와 머릴린 슐리츠*Marilyn Schlitz*라는 인류학자는 불안을 많이 느끼는 사람들과 함께 더 평온한 사람들의 집단을 연구했다. 먼저 각 집단의 불안도를 피부의 전기활동의 정도로 직접 측정했다. 한 실험에서는 두 집단 모두에게 공통적으로 이완 연습을 하도록 했고 그들 스스로 마음을 가라앉히도록 지시했다. 또 다른 실험에서 브로드와 슐리츠는 각자 다른 방에 들어가서 그저 참가자들을 생각하면서 그들의 마음을 가라앉혀주려고 노력했다. 원래 평온한 성격의 사람들은 그 기법을 연습하거나 '원격적인 영향'을 받은 두 경우 모두 거의 변화를 보이지 않았지만, 불안도가 높은 집단은 두 경우 모두에서 훨씬 더 평온해졌다. 놀랍게도, 브로드와 슐리츠가 불안도가 높은 집단에게 보낸 원격적인 영향이, 그들 스스로 했던 이완 연습의 결과와 거의 마찬가지로 효과가 있었다.[20] 이와 비슷하게 브로드와 슐리츠가 누군가의 주의 집중을 도우려고 그 사람에게 원격으로 집중했을 때, 대상자는 곧바로 집중력이 향상됐다. 마음이 가장 산만해지기 쉬웠던 사람들이 이 과정에서 가장 큰 도움을 얻었다.[21]

고맙게도, 브로드는 우리가 이런 타인의 원격적인 영향에 속수무책이지는 않다는 점도 발견했다. 즉 우리는 원하지 않는 영향을 차단할 수 있다.[22] 보호막, 금고, 장벽이나 차단막과 같이 편안함을 느끼게 해주는 무언가를 시각화하면 그런 영향이 당신에게 미치는 일을 정말로 막을 수 있다.[23] 멀리서 영향을 주는 사람들은 어느 참가자가 그들의 생각을 막으려고 하는지 알지 못했지만, 스스로를 보호하려고 했던 사람들 편에서는 성공적이었다.[24] 다른 증거들에서는 긍정적인 삶의 태도가 가장 좋은 보호막임을 알 수 있다. 앞으로 알게 되겠지만, 가장 높은 '결맞음 상태*coherence*'*가 이긴다.

스페리 앤드류스*Sperry Andrews*는 이 '집단의식' 실험을 세상에 보여줄 90초짜리 텔레비전 방영물 시리즈를 제작하겠다는 제안서를 마련했는데, 이 시리즈는 71만 1,000달러의 초기 투자를 이끌어내는 것이 목적이었다.

> '휴먼 커넥션 프로젝트*Human Connection Project*'에서는 많은 수의 사람들이 이 주제를 알려주는 대규모 언론매체의 발표와 프레젠테이션을 보고 나서 함께 커다란 연대의식을 공유할 것이다. 더 큰 전체에 연결되어 있다는 이

---

* 이 책에서 거듭 나오는 핵심어들 가운데 하나로, 물리학에서 '코히어런스', '간섭성'이라고 부르는 개념을 우리말로 풀어 쓰는 용어다. "결이 맞다"는 말은 "한결같다"라는 말에서 유추하듯이 시간적, 공간적으로 일정한 관계를 유지하는 파동의 성질을 가리킨다. 뇌파가 근원적인 의식 수준에 동조되는 명상 상태나, 멀리까지 퍼지지 않고 전달되는 레이저빔(간섭성 빛)이 '결맞음'을 보여주는 대표적인 예이다.

고양된 의식으로부터, 함께 나누는 지식과 자비와 창조력의 새로운 수준이 사람들에게서 싹트기 시작할 것으로 예측된다.[25]

이 제안서에서 앤드류스는 몇 가지 놀라운 사실들을 언급한다. 500개 이상의 서로 다른 과학적 연구들은 인간의 의식이 생물체는 물론 전자장치들에도 영향을 줄 수 있음을 증명했다.[26] 전자 실험에 대해서는 뒤에서 더 설명할 것이다. 슐리츠와 호노턴*Honorton*은 사람들이 물리적으로 서로 떨어져 있으면서 생각과 경험을 공유하는 데 성공했던 39개의 연구를 수행했다. 이런 효과들이 우연에 의해서만 생길 가능성은 통틀어 1조분의 1보다도 적었다.[27] 몇몇 연구에서는 보통 사람들이 선형적인 시간상 아직 일어나지 않은 일들을 감지하기도 했다.[28][29] 2004년부터 진행된 소스필드를 다룬 믿기 어려울 만큼 포괄적인 한 논문에서, 로버트 케니*Robert Kenny*는 하트매스연구소*Institute of HeartMath*가 뇌와 뇌 사이의 동조*entrainment*현상을 연구한 그린버그의 발견들을 훨씬 더 발전시켰다고 밝혔다.

생활이나 직업상 밀접한 관계에 있거나, 서로에 대한 감사, 보살핌, 공감 또는 사랑을 느끼는 참가자들은, 서로 다른 방에 들어가 있을 때도 심전도와 뇌파가 일치되거나 동조하게 되었다. [명상과 여러 기법들로] 내적으로 자신의 심전도와 뇌파를 동조시킬 수 있게 된 사람들은 다른 사람들의 심전도와 뇌파를 자신과 동조하게 만들 수 있었다. 동조 현상은 주의력을 늘리고, 고요하고 깊은 연결감을 느끼게 하며, 서로의 감각, 감정, 이미지, 생각과 직관을 원격 포착하도록 촉진하는 듯하다.[30]

이젠 돌이킬 수 없다. 이 발견들은 명백한 사실이다. 생각과 경험을 공유하는 우리 마음과 마음의 연결은 이제 증명되었다. 우연에 맞서서 1조분의 1보다는 많은 비율로 말이다. 회의론자들은 대담하게도 "증거가 없다."라고 끈질기게 주장하지만, "잘 알려진 내용이 아니다."라고 말하는 편이 더 나을 것이다. 획기적이고 문명을 진단하는 TV 시리즈를 제작하겠다는 스페리 앤드류스의 제안을 아무도 받아들이지 않았다. 이런 정보들 중 그 어떤 것도 신문, 잡지, TV 쇼 또는 영화에서는 다루지 않는다. 2006년에 영국 최고의 과학포럼은 일부 사람들이 전화를 받기 전에 누가 전화했는지를 안다는 사실을 보여주는 루퍼트 쉘드레이크의 연구를 특별히 다뤘는데, 참석한 과학자들의 격렬한 반발을 불러일으켰다. 닥터 피터 펜윅*Peter Fenwick*도 사람이 임상적으로 죽은 후에도 의식은 남아 있다는 자신의 결론을 발표했고, 데보라 델라노이*Deborah Delanoy*는 윌리엄 브로드와 비슷한 연구 결과를 이야기하면서 다른 사람을 생각할 때 그 사람에게 영향을 미칠 수 있음을 보여주었다. 옥스퍼드 대학교 화학 교수인 피터 앳킨스*Peter Atkins*는 이렇게 말했다. "이런 분야의 연구는 완전히 시간 낭비다. 텔레파시가 돌팔이들의 공상 이상의 것이라고 생각할 아무런 이유가 없다."[31]

이 책을 마지막으로 편집하던 바로 2011년 1월, 높은 권위를 인정받는 과학학술지인 〈성격과 사회심리학 저널*The Journal of Personality and Social Psychology*〉이 코넬 대학교 명예교수인 대릴 벰*Daryl J. Bem* 박사의 연구를 발표하겠다고 결정함으로써 엄청난 논쟁이 다시 벌어졌다. 이 연구가 논란의 대상이 된 이유는 인간의 의식이 미래에 일어날 사건에 직접 접근할 수 있음을 보여주는 가장 놀라운 증거를 담았기 때문이었다.

한 실험에서 벰 박사는 사람들이 단어들을 가지고 시험을 치른 다음 그때까지 공부한 적이 없었던 단어들을 '기억'하는지를 알고자 했다. 이 실험은 참가자들이 어떤 단어들을 외워야 하는 시험을 치르는 것으로 시작했다. 시험이 끝나자, 벰 박사는 일부 구체적인 단어들을 임의로 골랐고, 그것들을 참가자들이 면밀히 공부해서 단어의 정의를 배우고 그 단어들을 연습하고 익숙해지도록 했다. 그들이 미래에(시험이 끝난 뒤에) 공부한 단어들은 과거에(시험 도중에) 가장 쉽게 암기한 단어들로 나타났다. 또 다른 실험에서는 선정적인 사진을 보고 느낀 정서적인 충격이 실제로 시간을 거슬러 올라간다는 점을 증명했다. 이 실험에서는 컴퓨터 스크린에 두 개의 가려진 '커튼'을 보여주었다. 참가자에게 어느 한쪽 커튼 뒤에 사진이 있다고 말했고, 어느 쪽인지 추측해보라고 했다. 참가자가 추측한 다음에만 컴퓨터가 사진을 무작위로 선택했으므로, 이 추측 과정에는 컴퓨터 프로그램이 끼어들 여지가 없었다. 벰 박사는 컴퓨터가 선정적인 사진을 선택했을 때, 참가자들이 그에 앞서 어느 커튼 뒤에서 그것이 나타날지를 더 잘 추측해낸다는 점을 발견했는데, 그 비율은 평균 53퍼센트였다. 중간색이나 흑백사진에서는 이 효과가 나타나지 않았다.[32]

당연히, 이것은 우리가 과학과 물리학에 대해 안다고 생각하는 모든 것들을 뒤집어놓는다. 꽤나 많은 과학자들이 이를 두고 분명히 '모멸감을 느끼고', 그것이 '말도 안 되는 것일 뿐'이라고 믿는다.[33] 과학이란 진리를 찾아내는 일이어야 하고, 진리를 찾아내기 위해서는 열린 마음이 필요하다. 벰 박사의 연구는 믿을 만한 것으로, 우리 자신과 현실에 대해 대부분의 사람들이 아직 알지 못하는 새로운 사실들을 보여줄 뿐이다. 자료는 여기 있지만, 최근까지도 잘 알려지지 않았다. 바라건대, 벰 박사의 논문이 출판되면 새로운 트렌드를 시작하는 데 도움이 될 것이다.

분명히 우리가 가진 문제의 일부는 우리가 끊임없이 밀려드는 새로운 정보의 홍수 속에 있다는 점이고, 그 정보들 모두를 자세히 살펴보기는 점점 더 어려워지고 있다. 하지만 연예인들이 술에 취하고, 난동 부리고, 벌거벗거나 체포되거나, 또는 난처한 상황에서 사진에 찍히거나 하는 뉴스들보다는 분명코 이 연구가 훨씬 더 중요하다. 그러나 그런 사람들은 세간의 주목을 받는 데 중독되기라도 한 것처럼 보인다. 우리가 이제 알게 되었듯이 그들은 세상의 주의를 끌어서 정말로 큰 에너지를 얻는다.

백스터 효과는 백스터가 사람의 입안에서 얻은 백혈구 세포로 했던 연구에서처럼 세포 하나하나에서 모두 일어난다. 하지만 많은 고대 전통들은 소스필드로부터 생각과 이미지들을 끌어오고, 우리의 생각을 다시 내보내는 일을 하는 중요한 분비샘이 인체에 있다고 확고하게 말한다. 다음 장에서 우리는 이 흥미진진한 탐구를 이어나가면서, 현대 과학이 이 고대의 미스터리를 재조명할 수 있을지에 대해 알아볼 것이다.

3장

영혼은 실재한다, 솔방울샘에
: 솔방울샘에 대한 고대의 상징과 현대의학적 연구

외과적 절개를 통해
솔방울샘이 망막과 광감각 메커니즘을 가지고 있음이 밝혀졌다.
우리가 꿈을 꿀 때, 유체이탈을 할 때, 어떤 이미지가 섬광처럼 떠오를 때,
우리는 제3의 눈을 통해 실제로 보고 있는지도 모른다.

많은 여러 고대 전통들은 뇌 중심에 깊이 자리 잡은 분비샘이 있어서, 그곳에서 생각이 텔레파시로 전달되고 시각적인 이미지를 받는다고 말한다. 솔방울처럼 생긴 이 작은 분비샘은 상생체*epiphysis*, 송과체(松果體) 또는 솔방울샘*pineal gland*이라고 부르는데, 그 크기는 완두콩만 하다. 사실 'pineal'이라는 단어는 라틴어 '피나*pinea*'에서 왔고, '솔방울'을 의미한다. 전 세계의 고대 문화들은 솔방울과 솔방울샘 형상의 이미지에 마음을 빼앗겼고, 최상 형태의 영적인 미술품에 끊임없이 사용했다. 피타고라스, 플라톤, 이암블리코스*Iamblichos*, 데카르트와 여러 사람들은 이 분비샘을 크게 숭배하면서 그것을 두고 글을 썼다. 이것은 "영혼의 자리"라고 불려왔다. 이 '제3의 눈'이 소스필드로부터 직접적인 인상들을 받아들이고 있다 한다면, 분명히 우리는 그 메커니즘이 어떻게 일어나는지 아직 규명하지 못했지만, 그렇다고 꼭 고대인들이 틀렸음을 의미하지는 않는다.

솔방울샘은 엄밀히 말해 뇌의 일부가 아니다. 혈액-뇌 장벽*blood-brain*

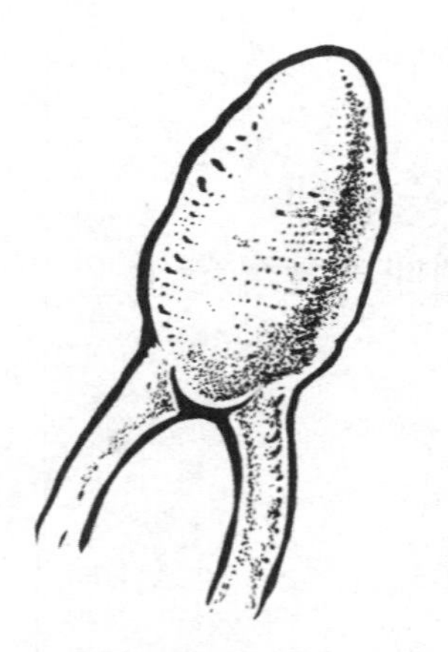

【그림 2】 많은 고대 문화들이 매료되었던 솔방울샘. 뇌의 기하학적 중심에 있는 완두콩 크기의 내분비샘이다. 솔방울 형태에 유의하기 바란다.

*barrier*으로 보호되지 않기 때문이다.[1] 이것은 거의 뇌의 기하학적 중심에 있으면서, 내부는 물 같은 액체로 가득 차 있고, 콩팥을 빼고는 몸의 어느 부분보다 많은 양의 혈액이 들어온다. 혈액-뇌 장벽의 보호를 받지 않기 때문에, 솔방울샘 내부의 액체는 시간이 지남에 따라 점점 더 많은 양의 미네랄 침전물 또는 '뇌모래(腦砂)'를 모아들이는데, 뇌모래의 특성은 우리 치아의 에나멜과 시각적으로나 화학적으로나 비슷하다.[2] 이 석회화 현상으로 인해 X선이나 MRI에서 뇌의 한가운데 뼈가 있는 것처럼 보인다. 의사들은 이 단단하고 흰색인 덩어리를 뇌종양 유무를 판단하

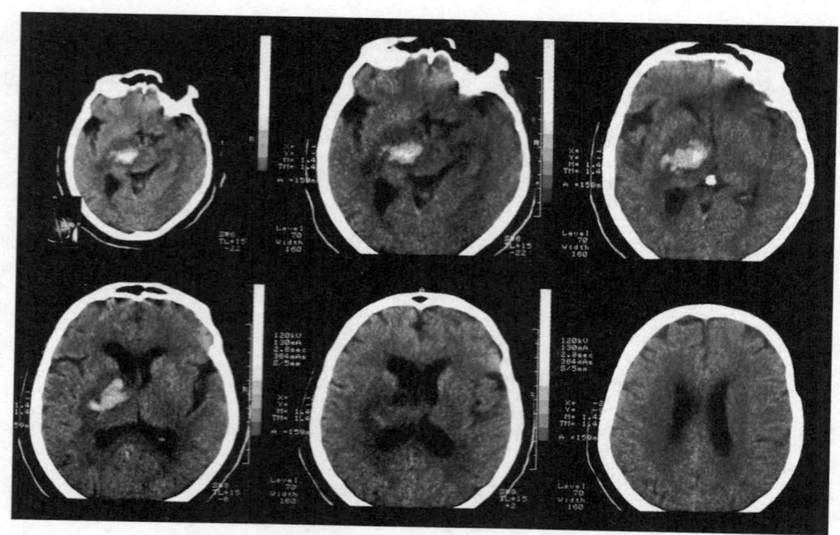

【그림 3】 좌뇌실의 종양을 보여주는 X선 사진들. 석회화된 솔방울샘은 오른쪽 위 이미지에서 둥글고 하얀 덩어리로 나타나는데, 종양에 의해 살짝 밀려나 있다.

는 데 이용한다. 만일 이 하얀 점이 스캔 이미지 상에서 한쪽으로 밀려나 보이면, 그들은 종양이 뇌의 형태를 바꾸었음을 안다.

내 다큐멘터리 「2012년의 수수께끼」[3]에서 상세히 다뤘지만, 솔방울은 전 세계의 종교 미술과 건축에서 두드러지게 나타난다. 솔방울샘에 대한 뚜렷한 경외의 표현인 것이다. 이것은 한 번도 적절히 설명되지 않은, 정말이지 놀라운 현상이다. "이교도들은 솔방울을 사랑하여 그들의 예술에 사용한다."라는 제목의 기독교 계통의 기사에는 이 점을 증명하는 많은 사진들이 실려 있다.[4]

- 로마제국 후기 디오니소스*Dionysus* 신비교단의 한 청동으로 만든 손에는 다른 기이한 상징들과 함께 엄지손가락에 솔방울이 올려져 있다.
- 멕시코의 신을 형상화한 조각상에서는 신이 솔방울과 전나무를 들고 있다.
- 이집트 태양의 신 오시리스*Osiris*의 지팡이—이탈리아 트리노의 한 박물관에 있는—에는 두 마리의 '쿤달리니 뱀*kundalini serpent*'이 서로 뒤엉키면서 끝에 있는 솔방울을 마주 보고 있다.
- 아시리아와 바빌로니아의 날개 달린 신 탐무즈*Tammuz*는 솔방울을 들고 있다.
- 그리스 신 디오니소스는 끝에 솔방울이 있는 지팡이를 들고 있다. 거기서 솔방울은 풍요를 상징한다.
- 로마의 주신(酒神) 바커스*Bacchus*도 솔방울 지팡이를 들고 있다.
- 가톨릭 교황이 들고 있는 지팡이에는 교황의 손 바로 위에 솔방울이 있고, 거기서 지팡이는 양식화된 나무 모습으로 뻗어나간다.
- 로마 가톨릭의 많은 촛대, 장신구, 장식과 건축 양식에 핵심 디자인 요소로

솔방울이 들어 있다.

- 바티칸 광장에는 세계에서 가장 큰 솔방울 조각상이 두드러지게 놓여 있는데, 이것은 '솔방울 중정(中庭)'에 있다.

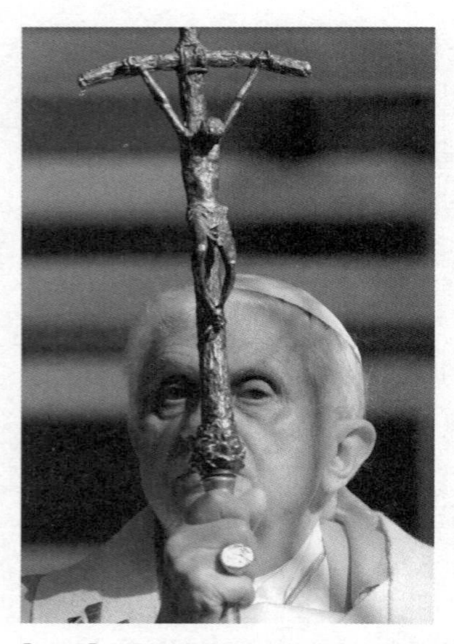

【그림 4】 교황 베네딕토*Benedict* 16세가 솔방울이 새겨진 교황십자가를 들고 있다. 솔방울샘을 거쳐 상위의 지성과 접촉하는 자신의 힘을 분명하게 상징한다.

이 놀라운 가톨릭의 사례는 잠시 뒤에 다시 다루겠다. 「2012년의 수수께끼」에서 나는 투탕카멘*Tutankhamen*의 황금 가면에서 이마의 솔방울샘이 있는 부위로부터 나오는 '우레우스*uraeus*' 또는 '쿤달리니 뱀'이 새겨진 것도 지적했다. 불상에는 흔히 미간에 둥근 모습의 제3의 눈이 불거져 있다. 부처의 머리카락 형태 또한 솔방울샘 형태가 표상화된 것으로 보인다. 힌두교의 거의 모든 신들과 여신들의 모습에는 미간에 '빈디*bindi*' 또는 제3의 눈이 그려져 있다. 많은 힌두교도들은 지금도 그런 상징을 그려 넣고 다닌다. 힌두의 신 '시바*Shiva*'의 머리카락 형태도 표상화된 솔방울샘처럼 보이고, '쿤달리니 뱀들'이 목을 휘감고 있다.[5]

「2012년의 수수께끼」를 내놓고 나서, 나는 중앙아메리카의 신 께찰꼬아뜰*Quetzalcoatl*이 뱀의 입에서 나오는 조각상을 발견했고, 여기서 뱀의 몸통은 정확히 솔방울샘 모습으로 꼬여 있다. 이 조각상에서 께찰꼬아뜰은 솔방울들을 꿰서 만든 목걸이를 걸치고 있다.[6][7] 더 흥미로운 것은, 이 솔방울들에는 바닥으로부터 솔방울들로 흘러 들어가는 에너지 파동이 있는 듯이 보인다는 점이다. 뱀의 입은 께찰꼬아뜰의 얼굴을 틀 지우고 있는데 마치 현대 우주비행사의 헬멧을 쓰고 있는 것처럼 보인다. 또한, 멕시코 떼오띠우아깐에 있는 께찰꼬아뜰 신전의 '깃털 달린 뱀' 그림들을 보면, 뱀 머리를 따라 새겨진 여러 솔방울들의 이미지를 쉽게 볼 수 있다.[8]

【그림 5】 뱀의 머리에서 나오는 께찰꼬아뜰의 조각상은 솔방울 모습의 물체들로 엮은 화환을 두르고 있다. 조각상 전체는 솔방울샘과 같은 모습이다.

성스러운 돌

고대 문화들은 솔방울샘을 상징하는 데 성스러운 돌들도 사용했다. 수메르에서는 이것을 '태초의 산*Primitive Mountain*'이라 불렀고, 하늘과 땅이 만들어지는 동안에 태초의 바다에서 솟아오른 첫 땅이라 여겼다. 이것은 솔방울샘이 어떻게 해서 사후의 비육체적 영역 '영의 바다*waters of Spirit*'에 의해 수축된 몸의 첫 번째 장소가 되는지를 말해주는지도 모른다. 바빌로니아 문화에서는, 이 같은 산이 '악시스 문디*axis mundi*', 곧 '세상의 축'을 상징했다. 이 축은 세상이 도는 중심 또는 지구의 배꼽이거나, 아니면 그 둘 다이기도 하다. 이곳은 신들이 나오고 다시 돌아가는 곳이며, 산꼭대기 바로 위에 서 있는 왕으로 묘사되었다. 이 가장 신성한 장소를 표시하기 위해 돌이 세워지기도 했는데, 이 돌은 모든 위도와 자오선은 물론 나침반의 방위 기점들을 결정했다.[9]

이집트인들에게도 세상의 중심을 표시하는 돌을 다룬 같은 신화가 있었는데, 그들은 이것을 '벤벤*Benben*'이라 불렀고, 아툼*Atum* 왕이 그 위에 서서 세상을 창조했다. 어떤 벤벤의 형태들은 정확히 솔방울샘처럼 생겼다. 피라미드 구조 그 자체와 마찬가지로, 피라미드의 갓돌*capstone*도 벤벤 석을 표현한 것이라고 믿고 있다.[10] 이것은 분명히 미합중국의 국새*Great Seal*에 대한 믿기 어려운 새로운 맥락을 보여준다. 국새에는 피라미드 위에 떠 있는 삼각형 안에 눈 하나가 그려져 있다. 피라미드와 벤벤과 '제3의 눈'의 관계에 비춰 보면, 미국 국새와 솔방울샘 사이의 상징적인 연결이 명백하게 드러난다. 이 수수께끼 같은 상징은 7장에서 다루려고 한다. 미국 국새의 초기 삽화에서는, 앞면에 있는 새가 독수리가 아니었다. 그것은 의도적으로 불사조를 그린 그림이었다.

이집트인들은 벤벤 석을 그리면서 그 양쪽 측면에 '베누*Bennu*'[11]라고 불렸던 새를 그려 넣었다. 이 새는 이집트인들의 자료에 따라 매, 독수리, 왜가리 또는 흰눈썹긴발톱할미새로 묘사되기도 하지만, 그리스 신화에서 베누는 불사조로 알려져 있다.[12] 이 신화 속의 생물은 불에 타 죽었다가 잿더미 속에서 스스로 다시 태어나는 것으로 보아, 베누는 심오한 영적 깨달음 그리

【그림 6】 미합중국 국새의 초기(1776~1782) 개념. 그림의 새는 불사조를 표상화한 것이고, 독수리와는 전혀 닮지 않았다.

고 변형과 분명하게 연관된다. '벤벤'과 '베누' 두 단어는 모두 같은 음절 '빈 *Bn*'에서 파생되었는데, 이집트어로 '상승' 또는 '일어나다'의 뜻이다.[13] 두 마리 뱀 또한 때로는 벤벤 석과 함께 묘사되기도 하는데, 이들은 힌두교의 '쿤달리니 뱀들'과 같은 의미, 곧 등뼈를 타고 올라가서 솔방울샘으로 들어가는 에너지 흐름의 상징으로 보인다.

이집트 신화에서 베누의 울음소리로 시간의 대주기들이 시작했다고 믿는다는 점도 흥미롭기는 마찬가지다. 이 주기들은 '신성한 지성'이 지정해왔다고 전하며, 태양신 호루스*Horus*와 베누는 시간을 나누는 일과 관련된 이집트의 신이 되었다.[14] 베누의 울음소리로 상징되는 주요한 시간 단위가 분점세차(分點歲差)*Precession of the Equinoxes*일 가능성이 높은데, 지구 자전축이 느리게 흔들거리는 것처럼 보이는 25,920년의 세차주기가 이 단위이다. 이것은 베누와 25,920년 주기 사이의 연관이 인류가 이 주기의 끝에서 불사조 같은 변형 효과를 경험하리라는 예언일 수도 있음을 강하게 시사한다. 이 개념을 뒷받침해주는 다른 고대 예언들도 앞으로 살펴보게 될 것이다(세차에 대한 자세한 내용은 6장에서 다룬다). 《이집트 사자의 서》에는 영적인 구도자가 자신을 —상징적으로 말해— 베누 또는 불사조로 변형시키는 방법을 일러주는 가르침이 담겨 있는데, 성공적으로 이룬다면 그 결과는 몹시 흥미로울 것이다.

> 나는 태곳적 베누들처럼 날아올랐다. 나는 신들의 걸음걸이로 성큼성큼 걸으며 영광 속에서 나타났다. 이 순수한 마법을 아는 이에게는, 이 일이 죽은 뒤의 세상으로 나가서 뜻대로 변형되었음을 뜻하는 것이다. 그리고 어떤 악함도 그를 지배하지 못하리라.[15]

힌두교에서 시바신의 몸을 상징하는 링감*lingam*은 정확히 솔방울샘처럼 생긴 돌이며, 신화적으로 시바신이 불길에 휩싸여 홀연히 나타난 세상의 중심과 관련된다.[16] 다시 한 번 되새기자면, 솔방울샘은 뇌의 기하학적 중심에 있으며 텔레파시로 정보를 교환하는 첫 번째 접점으로 여겨졌는데, 메시지를 주기 위해 신이 갑자기 나타난다는 생각과도 다르지 않다. 시바도 역시 세 번째 눈을 크게 뜨고 있는 모습으로 그려졌고, 쿤달리니 뱀들이 목을 휘감고 있으며 머리카락은 솔방울샘 같은 모습으로 묘사되었음을 잊지 않길 바란다.

그리스에는 옴팔로스*omphalos* 석이 있는데, 이것은 델포이 신전의 신탁을 받는 곳에 보관되었고, 역시 솔방울샘과 꼭 같은 모습을 하고 있다. 이 돌에는 아폴로*Apollo* 신이 산다고 믿었으며, 신탁자는 그 돌을 통해 아폴로와 소통하고 예언 능력을 더 키울 수 있었다. 어떤 옴팔로스 석들에는 돌을 감싼 '쿤달리니 뱀'이 뚜렷하게 그려져 있다. '옴팔로스'는 그리스어로 '땅의 중

【그림 7】 독수리/불사조와 생명의 나무가 자라는 옴팔로스 석이 묘사된 그리스 동전들(위). 날개 달린 신과 갓돌을 가진 피라미드 형태의 배틸 석(아래).

심'과 '배꼽'이라는 뜻인데, 이곳도 온 그리스 제국의 주요한 지리적 기준점이었다.[17]

이것과 같은 돌을 로마 제국에서는 '배틸*baetyl*'이라 했는데, 페니키아 단어인 이것은 나중에 '베델*Beth-el*'[18]로 쓰게 되었고, 기독교의 '초석'이 된 예수의 탄생지 베들레헴*Bethlehem*의 어근으로 보인다. 배틸 석은 신탁과 예언에 직접적으로 연관되었다. 놀라울 만큼 많은 수의 그리스와 로마 동전들에는 한쪽 면에 옴팔로스 또는 배틸 석이 뚜렷하게 나타나는데, 때로는 매나—베누 새를 그리는 고대의 묘사로서— 뱀이 수호하고 있다. 이 동전들 일부에는 '악시스 문디'를 다른 모습으로 상징하는 '생명의 나무*Tree of Life*'가 나타나는데, 돌 바로 위에서 자라거나 그 옆에서 자라고 있다.

다른 로마 동전들에는 삼각형의 배틸이 나타나는데, 구체적으로 바닥은 좁고 같은 길이의 긴 두 변이 있는 이등변삼각형이다. 이 삼각형은 피라미드와 오벨리스크*obelisk*의 중간 형태로, 재미있게도 좀 더 뾰족하기는 하지만 미국 달러 지폐에 있는 피라미드와 비슷하다. 훨씬 더 흥미로운 사실은 이 로마 동전들 일부에는 수평으로 잘린 삼각형의 꼭지 부분이 있다는 점인데, 이것은 작은 갓돌에 해당하는 형태이다.[19] 한쪽 면에 배틸 석이 있고 다른 면에 매나 독수리가 있는 로마 동전을 생각해본다면, 한쪽에 피라미드가 있고 반대쪽에 독수리가 있는 미합중국 국새에 훨씬 더 가까이 다가간 것이다. 이는

【그림 8】 옴팔로스 석에 앉은 아폴로 신이 새겨진 그리스 동전들. 솔방울처럼 표상화되어 있다.

우연의 일치로 보이진 않는다.

로마의 이 배틸 동전들 중에는 반대쪽에 날개 달린 천사의 모습이 있는 것이 많다. 이 천사의 디자인은 탐무즈 같은 날개 달린 바빌로니아 신들과 꽤나 비슷한데, 이 신들은 한 손에 솔방울을 들고 그것이 신비한 힘을 가지기라도 한 것처럼 솔방울을 가리켜 보이고 있다.

B.C. 246~227년에 만들어진 시리아의 한 동전에는 아폴로 신이 뚜렷한 솔방울 모습의 옴팔로스 석에 앉아 있다. 다른 두 개의 동전에는 훨씬 더 확실한 솔방울 모습의 옴팔로스에 앉은 아폴로가 보인다.[20]

이런 역사와, 그리스와 로마 동전에 옴팔로스와 배틸을 널리 사용한 것을 볼 때, 로마인들이 바티칸 성 베드로 광장의 한가운데에 거대한 청동 솔방울 조각상을 세우고, 교황의 지팡이에 솔방울을 새긴 이유가 이해된다. 교황은 하느님이 지목한 메신저로 추대된 것이고, 고대 전통들에서 이렇게 추대되기 위해서는 솔방울샘의 '각성'이 요구되는 것이다. '구글 이미지'에서 검색해보면 내가 「2012년의 수수께끼」에서 보여준 교황의 지팡이에만 솔방울이 있는 것이 아님을 알게 된다.

【그림 9】 바티칸의 솔방울 뒤에서 본 사진. 열려 있는 석관이 보이는데, 지금은 사람들이 들어가 눕지 못하도록 보호 유리를 덮어놓았다.

바티칸에 있는 거대한 청동 솔방울은 사람의 키보다 훨씬 더 크고, 이집트의 상징들이 둘러싸고 있다. 고대 전통을 따라 이 조각상은 바티칸을 로마 가톨

럭 세계의 중심—'악시스 문디'—으로 자리매김해놓았다. 이집트 상형문자가 새겨진 받침대에 올라앉은 이 조각상의 기부(基部)는 사자 두 마리가 지키고 있다. 조각상 그 자체의 측면에는 이집트 베누 새의 상징이 거의 확실한 두 마리의 새가 있지만, 그 어느 것도 설명되질 않았다. 솔방울 조각상의 뒤에는 이집트 양식의 뚜껑이 열린 석관이 놓여 있는데, 대피라미드*the Great Pyramid* '왕의 방'에서 발견된 것과 비슷하다. 바티칸의 다른 곳에는 꼭대기에 기독교의 상징들이 새겨져 있다고 하는 이집트 오벨리스크가 있다.

이 엄청나게 큰 청동 솔방울은 성 베드로 성당에 있는 대 르네상스 벨베데레*Belvedere* 중정의 북쪽 끝 '피냐*Pigna* 중정' 또는 '솔방울 중정'에 있다. 남쪽에는 교황 비오*Pius* 7세의 브라치오 누오보*Braccio Nuovo* 박물관이 있다. 동쪽으로는 치아로모니*Chiaromoni* 미술관이 보인다. 교황 이노켄티우스*Innocent* 8

【그림 10】 바티칸의 솔방울 중정. 거대한 솔방울 조각상(오른쪽)과 마치 눈처럼 표상화된 '구체 속의 구체'가 보인다.

세의 팔라체토*palazzetto*는 북쪽에 있고, 교황 식스투스*Sixtus* 5세의 바티칸 도서관*Apostolic Library* 미술관은 서쪽에 있다. 이 거대한 솔방울은 A.D. 1~2세기 푸블리우스 신시우스 살비우스*Publius Cincius Salvius*가 주조했고, 자신의 이름을 바닥에 새겼다. 8세기가 끝날 무렵, 이것은 성 베드로 성당의 입구 홀 한가운데로 옮겨졌고, 1608년에야 해체되어 지금 자리로 왔다.[21]

오래전 교회의 신부들은 이 솔방울을 바티칸에 그토록 두드러지게 세워 놓으면 지극히 중요한 상징이 되리라고 느꼈음이 틀림없다. 성경에서도 그 실마리를 찾아본다. 예수는 이렇게 말했다. "몸의 빛은 눈이니, 그러므로 그대의 눈이 하나가 되면 온몸이 빛으로 가득하리라."(마태복음 6장 22절)[22] 솔방울 중정에는 그 한가운데에 불가사의와도 같은 '구체 속의 구체' 조형물도 있다. 많은 이미지들이 담겨 있는데, 달걀 껍데기가 깨져 열리는가 하면, 두 행성이 서로 충돌하는 모습도 있고, 구체 속에 감춰진 톱니바퀴와 기계 장치

【그림 11】 바티칸 솔방울 중정에 있는 특이한 청동 조형물의 모습. 깨진 달걀과 그 밑에 숨겨진 기계 장치를 시사한다.

들이 구체 표면 밑으로 드러나는 모습 같기도 하다. 두 구체들은 서로 90도 각도로 엇갈려 있는데, 여러 물리학 모형들은 우리가 더 높은 차원들로 들어가기 위해서는 이와 같은 각도로 방향을 틀어야 한다고 제시했다. 그들은 이것을 "직교회전*orthogonal rotation*"이라 부른다. 아주 흥미롭게도 이 조형물은 표상화된 눈으로 보이기도 하는데, 이 점은 솔방울이 솔방울샘 또는 '제3의 눈'을 상징한다는 개념과도 맞아떨어진다.

이슬람 전통도 '카바*Ka'aba*'라고 하는 성스러운 돌을 중심으로 세워졌는데, 이 돌은 성지인 메카로 가는 순례에서 귀의의 중요한 대상이다. 카바는 또 이슬람 세계의 '악시스 문디'이기 때문에, 세상의 모든 무슬림들이 이곳을 보며 기도한다. 이 돌의 작은 구역은 순례자들이 입맞춤할 수 있게 노출되었고, 이 구역은 수직적으로 표상화된 제3의 눈처럼 보이는 광택 나는 금속 버팀대로 둘러싸여 있다. 카바는 고대 전통을 따르는 또 다른 솔방울샘의 상징일지도 모른다. 아일랜드에도 B. C. 200년까지 성립 연대가 거슬러 올라가는 같은 방식으로 추앙받는 돌들이 있다. 갈웨이 카운티에 있는 '투로*Turoe* 석'은 옴팔로스, 벤벤, 시바의 링감, 배틸과 흡사하며, 표면에 양식화된 불꽃과 같은 에너지 파동이 새겨져 있다.[23]

기록된 전설들

상징으로 가려지지 않고도 논의되는, 소스필드로 들어갈 수 있는 입구로서의 솔방울샘을 기록한 역사는 오컬티스트*occultist*인 헬레나 블라바츠키*Hellena Blavatsky*가 설명한 대로 피타고라스와 플라톤의 저술에서 시작된다. 블라바츠키가 말하는 '비교(秘敎)'는 고대 이집트와 먼 옛날의 여러 문명들로부터 이어져 내려온 "숨겨진 비밀 전통들"을 가리킨다. 이들 고대 전통들을 가르치는 '비교학파*mystery schools*'들이 오늘날까지 이어지고 있는 듯하다.

> 그것이 적용되는 특정 과학과는 관계없이, 피타고라스 학설 전체의 요지는 다양성 속의 통일에 관한 일반 공식, 곧 다수를 나아가게 하고 다수에 스며 있는 '하나*the One*'라는 관념이다. 피타고라스는 이것을 "숫자의 과학"이라 불렀다. 피타고라스는 이 과학—오컬티즘*occultism*의 모든 것들 가운데 최고인—을 '천상의 신들'이 인간에게 전했다고 가르쳤는데, 이들은 제3인종*the Third Race*의 신성한 교사들이었던 신인(神人)들이었다. 이 과학은 오르페우스*Orpheus**가 그리스인들에게 처음 가르쳤고, 수 세기 동안 비교학파 안에서 '선택된 극소수'에게만 알려졌다.

이암블리코스는 저서 《피타고라스의 삶*Life of Pythagoras*》에서 숫자의 과학을 연구하면 고대인들이 '지혜의 눈'이라 묘사했던 뇌 속의 기관, 지금은 생리학에서 솔방울샘으로 아는 기관이 각성되기가 쉽다고 말한 플라톤의 언급을 되풀이한다. 플라톤은 수학적 훈련에 대해 이야기하면서 《국가*The Republic*》(VII권)에서 이런 말을 한다. "이 훈련을 거치는 영혼은 정화되고 깨달은 기관을 갖는다. 이 기관은 형체를 가진 눈 1만 개보다도 훨씬 값진 것이다. 진리는 오로지 이것으로만 보이기 때문이다."[24]

다작(多作)과 많은 논란의 주인공이었던 프리메이슨*Freemason* 학자 맨리 파머 홀*Manly Palmer Hall*의 말을 빌리면, 프리메이슨은 이들과 같은 이집트 비교학파들로까지 거슬러 올라간다. 홀은 프리메이슨 최대의 비밀은 인간을 신성한 상태로 재생하는 것이라고 주장한다. 바로 솔방울샘의 각성을 통해서다. 메이슨의 33개 등급은 인간의 척주(脊柱) 하나하나와 상응하는데, 쿤달리니의 불이 등뼈를 타고 올라가서 솔방울샘과 하나가 되는 과정을 상징한다.

---

* 그리스 신화에서 하프를 연주하는 악인(樂人)으로 비교(秘敎)인 오르페우스교를 창시했다고 전한다.

> 인간재생을 다루는 과학은 정확히 프리메이슨의 '잃어버린 열쇠'다. '영의 불'이 33개의 단계 또는 등뼈 하나하나를 거쳐 올라가서, 머리뼈의 둥근 방으로 들어갈 때, 마침내 뇌하수체(이시스*Isis**)로 들어가서 라*Ra***(솔방울샘)를 불러내고 '성스러운 이름'을 요청하기 때문이다. '숙련 석공술*Operative Masonry*'은 그 용어의 온전한 의미에서 호루스의 눈을 뜨게 하는 과정을 말한다.
>
> 월리스 버지*E. A. Wallis Budge*는 죽은 자가 오시리스의 심판의 방으로 들어가는 입구를 그린 파피루스 그림에서, 죽은 자는 솔방울이 달린 관을 머리에 쓰고 있다고 말했다. 그리스 신비주의자들도 위쪽 끝이 솔방울 모습으로 된 상징적인 지팡이를 가지고 다녔는데, 이것을 '바커스의 지팡이'라 불렀다. 인간의 뇌에는 솔방울샘이라고 부르는 작은 분비샘이 있는데, 이것은 고대인들의 성스러운 눈으로, 키클롭스*Cyclops****의 제3의 눈과 일치한다. 솔방울샘의 역할에 대해서는 거의 알려지지 않았는데, 데카르트는 (자신이 알았던 것보다 더 현명하게도) 이것을 영*spirit*이 사는 곳일지도 모른다고 했다. 그 이름이 암시하는 대로 솔방울샘은 사람의 몸 안에 있는 성스러운 솔방울이며, '치람*CHiram*'(영의 불)이 '아시아의 일곱 교회'라고 부르는 성스러운 봉인들[또는 차크라들*chakras*]을 지나 올라갈 때까지는 열리지 않는 유일한 눈이다.[25]

홀은 메이슨의 이 깊은 비밀을 더 자세하게 다룬 내용을 《인간의 오컬트적 해부*The Occult Anatomy of Man*》에서 보여주었다.

---

* 고대 이집트의 풍요의 여신

** 고대 이집트의 태양신

*** 고대 그리스신화의 외눈박이 거인

힌두교에서는 솔방울샘이 '당마*Dangma*의 눈'이라고 하는 제3의 눈이라고 가르친다. 불교도들은 이것을 '모든 것을 보는 눈'이라 했고, 기독교에서는 '하나의 눈'이라고 말했다. 솔방울샘은 오일을 분비하도록 되어 있는데 이것이 '송진*resin*'으로 소나무의 생명이다. 이 단어 'resin'은 장미십자회 *Rosicrucians*의 기원과 관계되어 있다고 여겨지는데, 그들은 솔방울샘의 분비물에 관심이 있었고 '하나의 눈'을 여는 방법을 찾고 있었다. 성경에 "몸의 빛은 눈이니, 그러므로 그대의 눈이 하나가 되면 온몸이 빛으로 가득하리라." 하고 쓰여 있기 때문이다.
솔방울샘은 나중에는 본래 그랬던 것으로 돌아갈 운명의 영적인 기관이다. 곧, 인간과 신성을 잇는 연결고리다. 이 분비샘의 끝에서 진동하는 돌기는 이새*Jesse**의 지팡이요 제사장의 권위다. 동양과 서양의 비교학파들에 주어진 어떤 연습들은 이 작은 돌기를 진동하게 해서, 뇌에서 윙윙대고 웅웅거리는 소리를 만들어낸다. 때로는 매우 고통스러운 소리인데, 특히 너무도 많은 경우에 있어, 이 현상을 경험하는 사람이 자신이 무엇을 겪고 있는지 아무것도 모를 때 그렇다.[26]

프리메이슨과 또 다른 비밀사회들도 깨어난 솔방울샘을 "현자의 돌*Philosopher's Stone*"로 말했던 것 같다. 맥락을 살펴볼 때, 맨리 파머 홀의 설명은 이 점을 강하게 시사하는 많은 언급 가운데 하나일 뿐이다.

현자의 돌은 신성을 밝혀 완전해지고 새로 태어난 사람을 말하는 고대의 상징이다. 다이아몬드가 원석에서 처음 떨어져 나올 때는 무디고 생명이 없듯이, '추락한' 상태에 있는 인간의 영적 본성은 그 타고난 광휘를— 설

* 성경에 나오는 다윗 왕의 아버지

사 남아 있다 해도— 거의 드러내지 못한다. 현자의 돌을 갖는 자는 가장 큰 보물인 진리를 갖게 되고, 따라서 헤아리지 못할 만큼 부자다. '이성'이 죽음을 생각하지 않으므로 그는 불멸이며, '무지'로부터 치유된다. 모든 질병 가운데 가장 혐오스러운 질병으로부터 말이다.[27]

난해한 비교학파의 잘 알려진 학자 루돌프 슈타이너*Rudolf Steiner*는 '성배(聖杯)' —'생명의 물' 또는 '불사의 영약'으로 채워져 있다는—의 전설은 솔방울샘의 또 다른 상징이라고 주장했다.[28] 대부분의 역사적인 삽화들에서 성배의 그릇은 솔방울샘과 비슷한 모습이다. 다만 지금껏 말해왔던 것들과는 반대로 뒤집힌 모습일 뿐이다. 슈타이너의 글들을 엮은 최근의 책《성배의 미스터리들》에서는 성배의 전설들과 솔방울샘의 관계를 상세하게 설명했다.

성배는 우리 모두 안에, 바로 머리뼈라는 성안에 있고, 가장 정제된 물질적 영향이 아닌 다른 모든 것을 떨쳐버려서 우리의 가장 미묘한 지각들을 일깨운다. 슈타이너는 여기서 뇌 안의 솔방울샘을 말하고 있다.[29]

'우주알*Cosmic Egg*', '세계알*World Egg*'과 특히 '오르페우스알*Orphic Egg*'의 전설들도 솔방울샘과 관련된 것으로 보인다. 오르페우스알은 알을 휘감은 뱀과 함께 묘사되는데, 알의 모습이 솔방울샘의 형태와 비슷하다. 맨리 파머 홀은 다시 이 고대 상징의 의미를 통찰하게 해주는데, 그의 다른 글은 솔방울샘과의 관련성을 내비치고 있다.

오르페우스 비교의 고대 상징은 뱀이 휘감고 있는 알인데, 이것은 불같은 '창조의 영'이 둘러싼 우주를 암시한다. 알은 또 현자, 뱀, 비교(秘敎)의 영

> 혼을 나타낸다. 탄생의 시간에 껍질이 깨지고 이성적 재생의 태아기로 있었던 인간이 육체적 존재의 배아 상태로부터 태어난다.[30]

홀은 유니콘도 깨어난 솔방울샘의 또 다른 비교적 상징이라고 믿었다.

> 유니콘의 외뿔은 뇌에 있는 영적 인지의 중심인 솔방울샘 또는 제3의 눈을 나타내는지도 모른다. 비교 전통에서 유니콘은 가르침을 따르는 사람의 영적 본성이 밝혀진 상징으로 채택되었다.[31]

《스탠퍼드 철학백과사전》에 나온 바로는, 르네 데카르트는 인간이 두 가지 요소, 곧 몸과 영혼으로 이루어졌고, 솔방울샘은 이 둘이 만나는 접점이라고 믿었다. 데카르트의 시각에서 솔방울샘은 "감각, 상상, 기억에 관여하고 신체 운동의 원인"이 된다. 데카르트가 말한 것 중 많은 부분이 뇌에 관한 현대의 이해와 일치하지 않지만, 어떤 생각들은 고대의 비교학파들로부터 직접 가져온 것일 수도 있다.

> 영혼이 그 기능들을 직접 행사하는 신체의 부분은 심장이 결코 아니고, 뇌 전체도 아니다. 그것은 오히려 뇌의 가장 깊숙한 부분으로, 뇌의 한가운데 자리 잡은 아주 작은 분비샘이다. [영혼으로부터 나오는] 감각자극의 은근한 이미지가 솔방울샘 표면에 나타난다.[32]

솔방울샘 표면에 시각 이미지들이 나타난다는 데카르트의 개념은, 우리가 이제 막 찾아내려 하고 있듯이, 대부분의 사람들이 알고 있는 것보다 훨씬 더 정확할지도 모른다. 이 점은 데카르트가 스스로 이런 개념을 생각해내지 않았음을 시사하지만, 그가 자신에게 맡겨진 고대의 비밀들을 스스로의 생각도 뒤섞어서 누출했던 게 아닌가 싶다.

에드가 케이시의 리딩*Edgar Cayce Readings*에서도 솔방울샘이 여러 번 언급되었고, 이것이 뇌간의 중심에 있는 문자 그대로의 눈이며 영혼이 몸과 합치는 고정점이라는 데 동의했다.[33]

제3의 눈에 대한 의학적 연구

서던캘리포니아 대학(USC)의 학술지 〈건강과 의학〉에서 리처드 콕스*Richard Cox* 박사는 주장한다. "데카르트는 마음을 솔방울샘을 거쳐 표현되는 일종의 체외 경험이라고 여겼다."[34] 콕스는 솔방울샘이 가진 놀라운 사실들을 보여준다.

> 도마뱀 머리의 피부 밑에는 빛에 반응하는 '제3의 눈'이 있는데, 이것은 머리뼈 안에서 호르몬을 분비하는 인간의 솔방울샘에 해당한다. 인간의 솔방울샘에는 빛이 직접 닿지 않지만, 도마뱀의 '제3의 눈'처럼, 멜라토닌*melatonin* 호르몬을 밤 동안 더 많이 분비한다. 도마뱀의 솔방울샘을 절개해보면 그 모습과 조직이 눈(眼)과 상당히 비슷하다. 솔방울샘은 독특하게도 여전히 멜라토닌 순환의 주 원천으로서, 우리에게 밤에는 언제 자야 하고 아침에는 언제 일어나야 하는지를 알려준다. 빛이 있으면 솔방울샘의 멜라토닌 분비가 줄어들고, 어두워지면 촉진된다. 빛과 어둠이 이 분비샘의 호르몬 생산에 영향을 주므로, 솔방울샘은 일종의 생체 시계처럼 작용한다.[35]

파충류의 솔방울샘이 보통의 눈과 같은 모양과 조직을 가졌다는 것은 기이하기 짝이 없는 일이다. 고대인들이 솔방울샘을 문자 그대로 눈과 비슷한 생물학적 기능을 하는 인간 몸속의 제3의 눈이라 믿었다는 점을 생각하면 더구나 그렇다. 이 주제에 대해 연구하면 할수록, 나는 고대인들이 지금은 잃어버린 뭔가를 정말로 알고 있었을지도 모른다는 실마리들을 더 많이 찾아냈다. 〈사이언스뉴스〉에 실린 줄리 앤 밀러*Julie Ann Miller*의 글은 솔방울샘과 망막 사이의 생물학적 연관관계를 보여주기 시작했다.

> 망막과 솔방울샘은 일차적으로 외부의 빛을 몸이 감지하고 정교하게 처리하는 일을 담당하는 기관들이다. 최근까지도 포유류의 이 두 기관들은 공통점이 거의 없다고 여겨졌으므로, 서로 다른 집단의 과학자들이 연구했다. 그러나 새롭게 뜻을 모은 연구자들은 양쪽 분야의 유사성을 탐구하기 시작했다. 여러 집단의 과학자들이 함께 일하게 되면서, 두 기관 사이의 놀라운 유사성이 발견되기 시작했다.[36]

〈사이언스 데일리〉의 한 기사에는 국립아동보건/인간발달연구소 신경내분비학 부서의 수석연구원인 데이비드 클라인*David Klein* 박사의 놀라운 진술이 실려 있다. 많은 포유류의 아종들이 이미 솔방울샘으로 빛을 감지한다는 것이다. 세 번째 눈으로 말이다.

> 클라인 박사는 망막의 광수용체 세포들이 솔방울샘의 세포들과 닮았으며, 포유류 아종들(어류, 양서류, 조류와 같은)의 솔방울샘 세포들이 빛을 감지한다고 말했다.[37]

1986년에 전문 과학학술지 〈눈 실험연구〉에 게재된 A. F. 바이히만*Weichmann*의 논문에서 더더욱 놀라운 시사점을 찾을 수 있다.

> 솔방울샘과 망막 사이에는 어떤 상관관계가 있음이 분명하다. 발달과 형태학에서의 유사성들이 오랫동안 분명하게 확인되어왔다. 최근에 이 분야로 관심이 다시 모아지면서 이 두 기관 사이의 많은 기능적 유사점에 대해 더 많이 이해하게 되었다. 비록 포유류의 솔방울샘이 간접적으로만 빛을 감지한다고 여겨지기는 하지만, 일반적으로 망막에서 광변환 *phototransduction*[광감각]에 관여하는 단백질들이 솔방울샘에도 있다는 사실은 포유류의 솔방울샘에서 직접적으로 빛을 다루는 일들이 일어날 가능성을 높여준다. 이 가능성에 대해 더 많은 연구가 필요하다.[38]

바이히만은 '직접적으로 빛을 다루는 일들'—빛의 광자*photon*들의 번쩍임—이 솔방울샘에서 알려지지 않은 메커니즘을 따라 어떤 식으로든 일어나고 있을지도 모른다고 열린 마음으로 추론한다. 솔방울샘과 눈 망막의 유사함 때문에, 당신의 솔방울샘에 있는 세포들은 광자들을 감지하고 그것들을 뇌로 보내고 있을 수도 있다 — 광변환이라고 부르는 과정을 거쳐서 말이다.

상호 검토되는 과학학술지 〈신경화학연구*Neurochemical Research*〉에 실린 한 논문에서 R. N. 롤리*Lolley*의 연구진도 망막의 광감각 활동과 솔방울샘의 유사성에 주목했다. 망막이 실제 기능하는 방식을 밝힌 최근 성과들은 이 연관성을 과거 그 어느 때보다도 훨씬 명확하게 해주었다.

> 망막의 광수용 세포들에서 일어나는 광변환의 메커니즘이 더 분명해지면서, 솔방울샘 세포들*pinealocytes*이 광변환 다단계*phototransduction cascade*에 관여하는 선택적인 모둠의 망막 단백질들을 가지고 있다는 점도 똑같이 확실해졌다. 솔방울샘 세포들이 이 단백질들을 어떻게 이용하는지, 그리고 솔방울샘이 신호의 변환에 참여하는지 여부는 여전히 알려지지 않았다. 솔방울샘 세포들과 망막의 광수용체 세포들은 비슷한 일들을 하는 것

으로 보인다.[39]

솔방울샘의 내부가 칠흑처럼 어둡다는 것을 증명한 사람은 아무도 없었다. 데카르트가 제기했던 것처럼, 알려지지 않은 메커니즘을 따라 미량의 광자들이 나타나기도 한다. 솔방울샘은 시각 이미지들을 포착해서 뇌로 보내는 망막처럼 신호 변환을 위해 존재하는 것으로 보인다. 닭의 솔방울샘을 연구하는 다른 집단의 과학자들도 "솔방울샘이 망막의 간상체와 같은 광변환 다단계를 가지고 있을 수도 있다."는 결론을 내렸다.[40]

압력발광

거기에 우리가 찾아볼 게 아무것도 없다면, 왜 몸은 망막과 같은 조직들과 광감각 메커니즘을 가지고 제3의 눈을 만들려고 이토록 애쓰는 것일까? 우리가 꿈을 꿀 때나 유체이탈 경험을 할 때, 또는 어떤 이미지들이 갑자기 마음속에서 섬광처럼 떠오를 때 우리가 정말로 보고 있는 것은 무엇일까? 그리고 전 세계의 고대 문화들은 정신적 시야*psychic vision*의 중심으로서의 이 분비샘에 왜 그리 사로잡혔던 걸까? 2002년 〈생체전자기학*Bioelectromagnetics*〉 학술지에 발표된 연구를 보면, S. S. 바코니어*Baconnier*의 연구진이 그 답을 찾은 듯하지만, 정작 자신들은 그런 줄을 모르는 것 같다. 그들은 20개의 인간 솔방울샘을 절개해보고 그 안에서 1세제곱밀리미터(㎣) 당 100~300개의 미세 결정들이 떠 있음을 발견했다. 이것들은 대부분 방해석이라고 하는 보통의 광물질로 이루어져 있다. 이 결정들 각각은 2~20마이크로미터(㎛)의 길이에, 기본적인 형태는 6각형이며, 속귀에 있는 청사(聽砂)*라고 하는 결정들과

---

* otoconia. 속귀의 막성 미로에 있는 탄산칼슘 결정체.

아주 비슷했다. 이 청사들은 압전(壓電)의 성질을 가진 것으로 알려져 있는데, 이 말은 전자기장이 있을 때 그것들이 수축·팽창한다는 의미다.[41] 청사가 고막에 전달된 진동으로 움직이면서 소리와 맞부딪칠 때 속귀에 있는 털은 그 소리를 감지한다.

압전결정들은 전기 없이 라디오 방송을 듣는 데 이용되기도 한다. 우리 주위에서 요동치는 전자기파들은 이 결정들을 끊임없이 수축·팽창하게 한다. 그러면 이 운동들이 감지되어 소리를 만들기 위해 증폭된다.[42] 마이크도 소리 진동을 잡아서 곧장 전류로 바꾸는 압전결정들을 가지고 있다. 많지는 않더라도 어떤 압전결정들은 압력발광*Piezoluminescence*이라는 과정을 거쳐 다양한 양의 빛을 발산하기도 한다.[43] 이것을 라이터에서도 볼 수 있는데, 라이터의 버튼을 누를 때 켜지는 불꽃은 안에 있는 압전결정이 눌릴 때 나오는 것이다. 압력변색*piezochromism*이라는 과정을 거쳐서, 어떤 압전결정들은 그들이 받는 신호에 따라 다양한 색깔의 광자들을 방출한다. 지금까지 이 압전변색 현상들은 높은 압력을 받는 결정들에서만 발견되어왔다. 영국 왕립화학회에 따르면, 이 압전변색 현상들은 "소수 시스템들에서 관찰되어왔지만, 상업적으로는 전혀 활용되지 않았다".[44] 예컨대 지금껏 그 누구도 이것을 활용해서 현미경 컴퓨터 모니터나 비디오영사 시스템을 만들려 한 적이 없다.

바코니어의 방해석 결정들이 솔방울샘에 있어서 빛의 유일한 근원은 아닐 것이다. 닥터 릭 스트라스만*Rick Strassman* 같은 일부 과학자들은 솔방울샘이 DMT(디메틸트립타민)라는 향정신성 화학물질—아주 빠르게 분해되기 때문에 아직 규명되지는 않았지만—도 분비하는 듯하다고 주장한다. 살펴보게 되겠지만, DMT도 압력발광으로 빛을 방출하는 것 같다. 로렌스 존스턴*Laurence Johnston* 박사는 멜라토닌 및 세로토닌*serotonin*과 화학적으로 비슷한 DMT를 솔방울샘이 만들어낸다는 생각을 제시함으로써 논란을 불러일으켰다. 이 두 화학물질은 솔방울샘에서 자연적으로 나타나며 이곳에서 합성되는 것으로 보인다.

> DMT는 구조적으로 멜라토닌과 비슷하다. 이 두 분자들의 생화학적 전구물질은 세로토닌으로, 그 대사경로가 기분에 관여하며 정신질환의 치료에 이용되는 중요한 신경전달물질이다. DMT는 또 LSD와 실로시빈*psilocybin* 같은 다른 환각제들과도 구조적으로 비슷하고, 아마존의 주술사들이 유체이탈 경험을 유발하는 데 사용하는 아야와스카*ayahuasca* 추출물에 들어 있는 활성제다.
> 미량의 DMT가 인간에게서, 특히 폐와 뇌에서도 발견되어왔다. 스트라스만은 솔방울샘이 필수적인 생화학적 전구물질과 변형 효소들을 가진 것 말고도, 이론적으로 그 어떤 조직보다도 DMT를 사실상 더 잘 만들어낼 수 있다고 강조한다. 그러나 우리는 아직 DMT가 솔방울샘에서 만들어지는지를 확실하게 알 길이 없다.[45]

DMT는 고대 비교학파들이 찾아 헤맸다고 맨리 파머 홀이 말한 바로 그 '송진'일 것이다. 하지만 나는 환각제 사용을 지지하는 사람이 절대로 아니다. 무척 위험하고 곤경에 빠질 수도 있기 때문이다. 긍정적인 방법으로 비슷한 효과를 얻게 해주는 영적인 수련법들도 있고, 나는 이미 가지고 있는 자연스럽고 안전한 방법을 쓰고 싶다. 그러나 맨해튼 프로젝트*Manhattan Project*에 참여한 뛰어난 과학자의 아들인 닉 샌드*Nick Sand*가 DMT는 엄청난 압력발광 효과를 가졌으며 색깔을 바꾸는 압력변색 효과도 분명하다는 발견을 했다는 사실에 나는 매료되었다.

> 샌드는 DMT를 합성한 것으로 기록된 첫 번째 비주류 화학자다. 샌드와 한 실험실 동료는 DMT가 압력발광 현상을 보인다는 점을 처음으로 알아낸

> 사람들이다. 상자에 모아진 균은 DMT를 불이 환한 방에서 망치와 드라이버로 쪼아내자, 색깔을 가진 많은 양의 빛이 뿜어져 나왔다.[46]

솔방울샘이 혈액-뇌 장벽으로 보호되지 않기 때문에, 혈류에 DMT가 가득하게 하면 솔방울샘에 압전 미세결정들이 들어가게 될 것이다. 이러한 과정은 제3의 눈이 더 많은 광자들을 —우리가 아직 논의하지 않은 원리들로 소스필드로부터 곧바로 나오고 있을— 끌어모으게 할 것이다. 앞으로 살펴보겠지만 DNA도 비슷한 과정으로 광자들을 끌어모으는 듯하다. 바코니어의 획기적인 솔방울샘 연구들은 제3의 눈이 실제로 어떻게 빛의 광자들을 '보는지'를 다룬 이 추론적 발상을 위한 장을 마련하는 데 도움을 주었다.

> [솔방울샘의 방해석 미세결정들에] 압전 현상이 존재한다면, 외부적인 전자기장에의 전기기계결합*electromechanical coupling* 메커니즘이 가능할 것이다.[47]

> 이 결정들은 그 구조와 압전기적 특성들 때문에 솔방울샘에서의 전기기계적인 생물학적 변환 메커니즘의 원인이 될 수도 있다.[48]

같은 이유 때문에, 바코니어는 휴대전화를 비롯해서 마이크로파를 내뿜는 여러 가지 장치들을 사용하는 문제를 깊이 우려한다. 그것들은 솔방울샘에서 이 압전결정들과 직접 작용해서 솔방울샘의 기능을 변형시킬 수 있다. 이렇게 되면 멜라토닌의 합성이 방해되고 건강에 부정적인 영향이 미칠 것이다.

솔방울샘의 석회화가 건강에 미치는 결과들

우리가 솔방울샘에 대해 알면 알수록, 그것이 우리 건강에 주는 영향은 더 중요해진다.

> 비교적 최근까지도, 솔방울샘은 별 기능이 없는 흔적 기관, 곧 뇌의 맹장 정도로만 여겨졌다. 그러다가 과학자들은 솔방울샘이 우리에게 지대한 영향을 주는 호르몬인 멜라토닌을 생산한다는 사실을 보여주었다. 솔방울샘은 필수 아미노산인 트립토판을 세로토닌(신경전달물질)으로 바꾸고 다시 멜라토닌으로 바꾼다. 그러면 멜라토닌은 혈류와 뇌척수액으로 분비돼서 온몸으로 퍼져나간다. 멜라토닌의 분비는 우리의 수면-각성 주기와 밀접하게 연관되어 있다. 연구자들은 솔방울샘 근처에서 실제로 자철석*magnetite* 무리들을 찾아냈다. 비둘기의 귀소 본능처럼, 인간들에게도 지자기적으로 방향을 잡는 능력이 아직 남아 있긴 하지만, 이것은 솔방울샘의 기능 장애로 잃어버린 능력이다.
>
> 솔방울샘은 불소를 축적하기 때문에, 여기에는 몸에서 가장 높은 농도의 불소가 들어 있다. 이런 불소의 축적이 사춘기를 앞당기는 것과 같은 부작용들과 함께 멜라토닌 합성을 저해한다는 사실이 연구를 통해 밝혀졌다.
>
> 멜라토닌 분비 감소는 다발성경화증*multiple sclerosis*과 상관관계가 있기 때문에, 솔방울샘의 기능 장애는 다발성경화증을 일으키기 쉬울 것이다. 예컨대, 루벤 샌딕*Reuven Sandyk* 박사는 이렇게 말했다. "솔방울샘의 기능 장애는 다발성경화증과 관련된 훨씬 더 광범위한 생물학적 현상들을 설명해 줄 수 있으며, 그러므로 솔방울샘을 질병의 핵심적 동인으로 생각해야 한다." 샌딕은 다발성경화증의 심각한 정도가 솔방울샘 기능 이상의 정도와 관계있으리라는 주장을 제기했다.

> 틀림없이 다발성경화증은 솔방울샘의 석회화와 관련되어 있다. 그 예로, 한 연구에서는 다발성경화증으로 연거푸 병원에 입원했던 환자 모두가 솔방울샘이 석회화되어 있었고, 다른 신경학적 장애를 가진 비슷한 연령의 대조군에서는 석회화가 43퍼센트밖에 나타나지 않았다. 게다가, 다발성경화증의 발병률이 낮은 집단들(예를 들면 미국 흑인, 일본인)도 솔방울샘의 석회화가 덜 나타난다.[49]

불소—수돗물과 치약에 들어가는 것과 같은—는 건강한 솔방울샘을 원한다면 절대 가까이해서는 안 될 것이다. 불소는 혈류를 타고 솔방울샘으로 바로 들어가서 그 내부에 이미 떠다니는 미세한 결정들에 달라붙어 고형의 미네랄 침전물로 덮어버리는 것으로 보인다. 그 결과 X선 사진에서 보이듯 하얀 뼈와 같은 덩어리를 만들어낸다. 이 과정은 우리에게 필요한 화학물질을 합성하는 솔방울샘의 능력을 손상시킬 것이다.

> 불소는 트립토판을 멜라토닌으로 바꾸는 효소 작용에 영향을 미칠 수 있다. 불소는 또 멜라토닌의 전구물질(예컨대 세로토닌)이나 솔방울샘의 다른 생산물(예를 들어 5-메톡시트립타민)의 합성에도 영향을 주기도 한다. 결론적으로, 인간의 솔방울샘에는 몸의 다른 어느 부분보다 높은 농도로 불소가 들어 있다. 불소가 인간 솔방울샘의 기능을 방해하는지는 더 연구가 필요하다.[50]

솔방울샘이 뇌모래 또는 불소 따위들 때문에 생긴 석회로 가득 차면, 당신은 멜라토닌을 생산하는 능력을 잃게 될지도 모르고 이것은 결코 좋은 일이 아니다. 〈솔방울샘 연구저널〉에 실린 한 연구는 솔방울샘의 석회화와 기능부전으로 얼마나 많은 문제들이 생길 수 있는지를 보여주고 있다. 우울증,

불안, 식이장애, 정신분열과 여러 형태의 정신질환들이 포함된다.

> 이 발견들은 전체적으로 멜라토닌이 기억 조절, 인지 능력과 중요한 연관을 가지며, 정서적인 과정에 관여할 가능성을 보여준다. 이들 발견은 의식, 기억, 그리고 스트레스 메커니즘에서의 멜라토닌의 특별한 역할을 강조해 주며, 또 주로 우울증, 정신분열, 불안장애, 식이장애와 여러 정신장애를 가진 환자들에게서 나타나는 멜라토닌의 변화를 보여주는 정신병리학에서의 연구 결과들과도 일치한다.
> 한 가지 예를 들면, 많은 연구들이 우울장애가 있는 환자들의 멜라토닌 수치가 낮았다고 보고했다. 정신분열증 환자들에게서는 전형적인 멜라토닌 변화가 발견되어왔는데 이것은 멜라토닌 분비의 감소가 정신분열 환자들 일부의 병리생리학과 연관될 수도 있음을 시사한다. 다양한 정신장애에서 멜라토닌 분비 리듬의 특유한 변화가 발견되었다.[51]

1995년에 나는 행복과 같은 감정들이 우리가 원한다고 해서 자동적으로 생기지는 않는다는 사실을 배웠다. 그것은 뇌의 화학물질에 의해 조절된다. 뇌에 세로토닌이 충분하지 않다면, 당신은 화학적으로 행복을 느끼지 못할 것이다. 당신의 인생에서 당신을 달리 기분 좋게 해줄 많은 것들을 가지고 있다 해도 말이다. 나는 이 책을 쓰려고 연구하기 전에는 솔방울샘이 세로토닌을 만들어내는 데 —그래서 우리가 느낄 행복의 크기에— 얼마나 중요한 역할을 하는지를 잘 몰랐었다.

> 약리학 교수인 니콜라스 지아민*Nicholas Giarmin*, 그리고 정신의학 교수 대니얼 프리드먼*Daniel Freedman*은 인간의 뇌가 다양한 곳에서 세로토닌을 만들어낸다는 사실을 확인했다. 다시 말해, 시상 조직 1그램마다 61나노그

> 램(ng)의 세로토닌을 발견했고, 해마에서는 56나노그램, 중뇌의 중심회백질에서는 482나노그램을 찾아냈다. 그러나 솔방울샘에서 그들은 조직 1그램에 무려 3,140나노그램의 세로토닌이 있음을 알아냈다. 솔방울샘은 의심의 여지 없이 뇌에서 세로토닌이 가장 풍부한 곳이었다. 이 발견은 솔방울샘이 가장 중요한 세로토닌 촉진(세로토닌 형성) 활동의 장소임을 암시해준다.[52]

이 과학자들은 솔방울샘의 세로토닌 수치와 다양한 정신장애들 사이의 더 많은 관련성들도 찾아냈다.

> 정말로 충격적인 발견은 솔방울샘의 높은 세로토닌 수치와 특정 정신장애들 사이에는 상관관계가 있다는 사실이었다! 보통 사람의 솔방울샘에서 발견된 세로토닌의 평균 수치는 조직 1그램마다 대략 3.14~3.52마이크로그램(㎍)이다. 한 정신분열환자의 솔방울샘에는 3배가 높은 10마이크로그램이 있었던 반면, 진전섬망증(振顫譫妄症)으로 고통받는 다른 환자는 평균 수치의 7배가량이나 되는 22.82마이크로그램의 세로토닌이 들어 있었다![53]

또 같은 연구에서 솔방울샘의 세로토닌 수치와 지발성(遲發性)안면마비, 파킨슨씨병, 그리고 심지어 간질 발작과 같은 진전증들의 사이에 직접적인 관련성이 있음도 확인했다. 그들은 몇몇 연구에서 "솔방울샘이 석회화되지 않은 환자들의 근육긴장이상운동[진전]의 강도와 병리학적으로 솔방울샘의 석회화가 진행된 환자들의 그것 사이에는 큰 차이가 있음"을 발견했다.[54]

많은 건강 전문가들은 몸 안에서의 석회화가 가져오는 문제들을 논의했다. 최악의 경우에는 통풍(痛風) 같은 고통스러운 상태가 발생하기도 하는데, 이 상태에서는 발과 발가락이 너무 많이 석회화되어서 깨질 때 통증을 주는 결정을 형성한다. 석회화된 부위를 없애는 가장 중요한 열쇠는 건강한 식단이다. 정수된 물을 많이 마시면, 간과 신장이 이 모든 독소들을 씻어내는 데 도움을 준다. 신선한 유기농 생식을 먹으면, 살충제와 방부제가 몸에 축적되는 일과 미네랄 침전물들이 생기는 일을 막아준다.

닥터 웨스턴 프라이스*Weston Price*는 전통적이고 교란되지 않은 많은 문화들의 사람들은 그들만의 자연 음식을 섭취한 결과 골밀도가 훨씬 높다는 점을 발견했다. 그들의 치아는 치과 교정이 전혀 필요 없는 아름답고 곧은 상태로 있었고, 칫솔질도 하지 않지만 충치는 거의 없었다. 그러나 식단에 정제 설탕, 흰 밀가루, 관행농 유제품, 그리고 공장식 농장의 육류 따위의 가공된 서구 음식들이 들어오자마자, 그들의 치아는 비뚤어지고 썩어서 빠지기 시작했다. 고맙게도, 전통 음식에 풍부한 순수하고 자연스러운 음식—유기농 축산물들을 비롯해서—으로 돌아가면, 실제로 이 문제를 고치고 솔방울샘의 석회를 없앨 수 있다.

프라이스 박사는 이 전통 음식들에서 지금은 비타민 K2로도 알려진 '활성제 X'라는 화합물을 확인했는데, 이것이 중요한 성분인 듯했다. 당신이 채식주의자라면 신선하고 빠르게 자라는 유기농 풀을 먹고 자란 가축에게서 얻은 유기농 버터기름으로 섭취하면 된다. 육식가는 발효된 대구 간유나 은상어 간유에서 얻으면 되는데, 이것은 더욱 좋다. 프라이스는 또 더 좋은 결과를 얻고 싶다면 육지와 바다를 조합—버터기름과 발효시킨 물고기 간유—하라고 권했다. 활성제 X는 유기농 풀을 먹인 닭의 달걀과 고기에도 들어 있다. 닥터 프라이스는 식단에 다시 활성제 X가 돌아오자 충치가 회복되고 에나멜질이 다시 자랐다고 하는 사람들의 논란이 많은 사진들을 저서 《영양과 몸의 퇴화》에 실었다. 심장마비와 뇌졸중의 가장 큰 원인인 동맥 속의 침착물도 깨끗해졌고, 석회화가 줄어들면서 솔방울샘의 기능도 크게 개선되었다.[55]

우리가 이 장에서 알아본 정보를 살펴보면, 흥미로운 새 연구 분야들이 눈앞에 드러난다. 확실히 밝히고 싶은 점은 내가 소스필드를 어떤 추상적이고 형이상학적인 관념으로 생각하지 않는다는 것이다. 나는 소스필드를 직접 측정할 수 있다고 결론 내린 많은 러시아 과학자들에게 동의한다. 중력 속에서 회전하는 하나의 흐름*current*으로서 말이다. 전자기에너지장의 영향을 차단할수록, 우리는 소스필드에 들어 있는 정보에 더 민감해지는 듯하다. 고대 전통들이 시사했던 바와 같이 아마도 솔방울샘을 거쳐서 그런 것 같다.

앞의 세 장들에서 우리가 검토한 모든 정보들을 생각해보면, 지금 우리가 자신에게 물어야 할 질문이 선명하게 떠오른다. 의식이란 무엇인가? 마음은 어디로부터 명령을 받고 있는가? 우리 자신의 어떤 다른 측면으로부터 보이지 않게 이어지고 있는 후최면암시의 형태일까? 생각은 뇌에서 생겨서, 소스필드로 퍼져 나가는 에너지 파동을 만드는 것일까? 아니면, 우리가 생각하는 데 실제로 소스필드를 이용하고 있는 걸까? 그리고 다른 모든 사람들과도 집단적인 마음을 공유하기도 하는 걸까?

4장
마음은 육체 이상으로 강력하다
: 원격투시, 유체이탈과 임사체험

원격투시나 유체이탈 시 평균 64g의 몸무게가 감소한다.
육체에는 에너지적 사본이 있어 우리 몸의 외부를 돌아다니며
은줄을 통해 솔방울샘에 그 내용을 보고하는 것이다.
그들이 몸으로 돌아오는 즉시 체중은 원상복귀된다.

전 세계의 고대 문화들은 솔방울샘이 지닌 상징에 매혹당했다. 비교학(秘教學)의 전통들을 비롯한 많은 서로 다른 영적 가르침들이 솔방울샘이 뇌 속에서 말 그대로 세 번째 눈의 역할을 한다고 믿었다. 최근의 과학적 연구 성과들은 망막과 솔방울샘 사이에 꽤 많은 생물학적 유사성이 있다고 결론 내렸다. 압전 미세결정들은 솔방울샘의 망막과 비슷한 조직이 감지하는 광자들을 방출하고, 그 광자들의 자극이 뇌로 보내져서 시각 이미지로 해석되는지도 모른다. 친구가 전화를 걸어오기 직전에 그 친구의 얼굴이 갑자기 떠오르는 경우처럼, 이것이 우리가 '마음의 눈'이라 부르는 것의 원인이 될 수도 있다.

솔방울샘이 실제로 어떻게 일하는지를 모두 이해하려면 분명 더 많은 연구가 필요하지만, 우리는 이미 몇 가지 아주 흥미로운 단서를 갖고 있다. 어느 쪽이든 간에, 1장과 2장에서 우리는 자연의 모든 것들이 쉬지 않고 텔레파시를 이용해 대화한다는 설득력 있는 과학적 증거를 찾아냈다. 분명코 전

자기적이지는 않은 어느 장(場)을 거쳐 그렇게 하고 있다. 백스터의 업적에 윌리엄 브로드 박사의 더 확장된 연구를 함께 엮어보면, 우리가 살아 있고 의식을 가진 인간들에 대해 안다고 생각하는 모든 것이 바뀌어야 한다. 우리는 더 이상 자신을 환경으로부터 분리된 것으로 볼 수 없게 된다. 근본적으로 우리는 우리를 둘러싼 것들과 뒤얽혀 있다. 우리가 생각하는 것은, 그들도 생각한다. 또 우리가 느끼는 것은, 그들도 느낀다. 마음을 공유하는 이런 효과가 정확히 얼마나 멀리까지 가는 것일까? 한 사람에게서 다른 한 사람에게만 일어나는 걸까? 이런 지식이 어떤 현실적인 가치가 있는 것일까, 아니면 이것도 또 하나의 '해괴한 과학' 부스러기일 뿐일까?

바로 이 지점에서 우리는 관점의 전환을 생각해볼 필요가 있을 것이다. 스스로 이런 질문을 던지면서 시작해보자. '마음'이란 정확히 무엇인가? 솔방울샘에 대해 논의할 때조차 우리는 여전히 마음을 한 사람 한 사람 안에 존재하는 무엇으로 생각하기 쉽다. 그래서 마치 양방향 무전기처럼 한 마음이 다른 마음에게 메시지를 보내는 것으로 말이다. 하지만 만일 우리가 어느 정도 같은 마음을 공유하고 있다면, 그리고 이 마음이 본질에 있어서 우리가 믿도록 이끌렸던 것보다도 훨씬 더 활발하게 움직인다면 어떻게 될까?

다시 백스터에게로 돌아가서 그가 발견한 내용들을 진지하게 생각해보자. 마음이 활발하게 움직이는 하나의 장이라면, 박테리아는 식물과 함께 같은 마음을 공유할 수 있을 것이다. 식물은 달걀과 같은 마음을 공유할 수 있다. 달걀은 동물들과 같은 마음을 공유할 수 있다. 그리고 모든 살아 있는 생명체들은 우리와 같은 마음을 공유할 것이다. 백스터가 식물의 잎을 태우려 했을 때 식물은 반응했다. 백스터가 식물에 물을 주기 시작하자, 식물은 백스터의 움직임을 따라갔다. 백스터는 언젠가 나에게 자신의 식물들은 실험실에 한 남자만 들어오면 항상 "비명을 질렀다"고 말해준 적이 있다. 이 남자는 직업적으로 잔디를 깎는 사람으로 드러났다. 두 사람이 함께 명상을 하고 나서 서로 떨어져 있을 때, 불빛으로 한 사람의 눈에 충격을 주면 다른 사람의 뇌파에서도 동일한 충격이 25퍼센트의 비율로 나타났다. 하트매스연구소는 우리가 함께 살고 함께 일하거나 서로 밀접한 관계를 가졌을 때, 뇌파와 심박동 패턴과 여러 생체 신호들이 일치하기 시작한다는 사실을 보여주었다. 윌리엄 브로드 박사는 신경이 과민한 사람이 '원격적인 영향'에 의해 차분해질 수 있음을 발견했다. 주의가 산만한 사람은 그 즉시 집중력이 더 좋아지고 정신을 잘 모을 수 있다. 단순히 먼 거리에서 다른 누군가가 그들을 생각하고 있을 뿐인데.

생각은 소스필드에서 생겨난다

2010년 9월 〈와이어드*Wired*〉 잡지에는 케빈 켈리*Kevin Kelly*와 스티븐 존슨*Steven Johnson*이 그들이 '벌집 마음'이라 부르는 것을 놓고 토론한 내용이 실렸다. 놀라울 정도로 많은 수의 혁신적인 발상들이 서로 다른 사람들의 마음 속에서 동시적으로 생겨난다. 마치 우리 모두가 같은 에너지장을 이용해서 생각하는 것처럼 보인다. 새로운 아이디어들이 그 에너지장에 전달되면, 순식간에 모든 사람들이 이용할 수 있게 된다.

존슨: 미적분학, 전기배터리, 전화, 증기기관, 라디오 같은 이 모든 놀라운 발상들이 서로를 알지 못하면서 동시에 연구하던 다수의 발명가들에게 떠올랐어요.

켈리: 예외 없이 동시다발적인 발명이 언제나 일반적인 일이었는데도, 외로운 천재라는 신화가 그렇게 오래 지속되었다는 점은 정말 놀라워요. 서로 접촉했을 가능성이 없는 선사 시대의 서로 다른 대륙의 문화들에서 대략 비슷한 시기에, 대략 같은 순서로, 같은 발명들이 불쑥 나타나는 경향이

있었다고 인류학자들은 보여줬어요. 그레고르 멘델*Gregor Mendel*의 유전 법칙을 예로 들어보죠. 멘델은 그것을 1865년에 만들었지만, 너무 앞서 있었기 때문에 35년 동안 관심을 끌지 못했어요. 아무도 그것을 받아들이지 못했죠. 그러다가 집단적인 마음이 준비되고 멘델의 생각이 단 한 걸음만 나아갔을 뿐인데도, 세 명의 과학자가 서로 독립적으로 멘델의 연구를 다시 발견해냈어요. 거의 일 년 사이에 말이죠.[1]

〈더 뉴요커*The New Yoker*〉 지에 실린 기사에서 말콤 글래드웰*Malcolm Gladwell*은 이 현상이 대부분 사람들의 생각보다 더 널리 퍼져 있음을 보여주었다. 1922년까지 무려 148건의 주요 과학적 발견들이 거의 같은 시간에 이뤄진 것으로 기록되어왔다.

과학사 연구자들이 "다중사건*multiples*"으로 부르는 동시적인 발견 현상은 아주 흔한 것으로 드러난다. 윌리엄 오그번*William Ogburn*과 도로시 토머스*Dorothy Thomas*는 1922년 다중사건을 처음으로 종합한 목록을 하나 만들었는데, 그들은 이 유형에 맞는 148개의 주요 과학적 발견들을 찾아냈다. 뉴턴*Newton*과 라이프니츠*Leibniz*는 둘 다 미적분학을 알아냈다. 찰스 다윈*Charles Darwin*과 앨프리드 월리스*Alfred Russel Wallace*는 둘 다 진화를 발견했다. 세 명의 수학자들이 소수를 '발명'했다. 산소는 1774년 영국 윌트셔의 조지프 프리스틀리*Joseph Priestley*와 그보다 한 해 앞서 스웨덴 웁살라의 카를 빌헬름*Carl Wilhelm*이 찾아냈다. 컬러 사진은 프랑스에서 샤를 크로*Charles Cros*와 루이 뒤코 뒤 오롱*Louis Ducos du Hauron*이 동시에 발명했다. 대수(對數)는 영국의 존 네이피어*John Napier*와 헨리 브리그스*Henry Briggs*, 그리고 스위스의 조스트 뷔르기*Joost Bürgi*가 만들었다. 오그번과 토머스는 "네 명의 과학자들, 곧 이탈리아의 갈릴레오*Galileo*, 독일의 샤이너

> *Scheiner*, 네덜란드의 파브리치우스*Fabricius*와 영국의 해리엇*Harriott*이 모두 1611년에 태양 흑점을 각각 발견했다."고 하며 말을 이어나간다.
> "과학과 철학에서 그토록 중요한 에너지 보존의 법칙은 1847년에 줄*Joule*, 톰슨*Thomson*, 콜딩*Colding*, 헬름홀츠*Helmholz*에 의해 따로따로 네 번 만들어졌다. 이들은 1842년에 율리우스 마이어*Julius Robert von Mayer*가 기다렸던 사람들이었다.* 온도계를 발명한 사람들은 최소한 여섯 명, 망원경의 발명에 권리를 가진 사람들은 적어도 아홉 명이 있었던 듯하다. 타자기는 영국과 미국에서 여러 사람들에 의해 동시에 발명되었다. 증기선은 풀턴*Fulton*, 주프루아*Jouffroy*, 럼시*Rumsey*, 스티븐스*Stevens*와 시밍튼*Symmington*의 '독점적인' 발견이라고 주장된다."[2]

어빈 라슬로*Erwin Laszlo* 박사는 역사에서 이런 효과가 얼마나 자주 일어나는지에 대해 언급했다.

> 고대 히브리, 그리스, 중국과 인도 문화의 위대한 업적들은 거의 같은 시기에(B. C. 750~399년) 이뤄졌다. 실제로 서로 연락을 주고받았을 것 같지 않은 사람들에게서 말이다.[3]

영국의 생물학자인 루퍼트 셸드레이크 박사의 고전《과거의 현존*The Presence of the Past*》에 나오는 다양한 실험들은, 마치 이 발명가들이 하던 것처럼, 우리가 무언가를 생각해내려고 할 때 —어떤 퍼즐이나 문제를 풀 때처럼— 우리 모두는 정보의 같은 데이터뱅크에 접속하고 있다는 생각을 지지해준다. 한 실험에서 셸드레이크는 임의 집단의 사람들에게 사람의 모습이 숨

---

* 열역학의 법칙을 처음으로 정립하였으나 인정받지 못하였고, 나중에 헬름홀츠는 에너지 보존 법칙의 발견을 그의 공로로 돌렸으며, 줄은 정확한 실험 연구로 마이어의 천재성을 확인해주었다.

겨진 어려운 퍼즐을 주고 그것을 푸는 데 걸리는 시간을 재보았다. 동시에 그 해답을 영국의 한 텔레비전 방송을 보고 있는 200만 명의 시청자들에게 보여주었다. 시청자들 모두가 배경에서 도드라져 보이는 카자흐스탄 사람의 숨겨진 얼굴을 팔자수염까지 포함해서 보았다. 그런 뒤에 이 퍼즐을 전혀 본 적도 없고 해답을 보여준 영국 TV 방송도 보지 못한 유럽, 아프리카와 미국의 새 집단들에 주었더니, 이들은 훨씬 빠른 시간에 그것을 풀었다.[4]

폴 페어솔*Paul Pearsall* 박사가 장기이식을 가지고 했던 흥미로운 연구는 생각을 공유하는 또 다른 사례다. 이 경우에는 분명한 생물학적 요소가 들어가는데도 말이다. 페어솔 박사는 이 매혹적인 주제를 다룬 200개가 넘는 전문적인 글들과 18권의 베스트셀러를 썼고, 믿기 어려울 만큼 상세한 내용을 담은 글들을 모두 자신의 웹사이트에 무료로 공개하고 있다.[5]

> 장기, 특히 심장을 이식받은 환자들을 연구한 결과, 기증자와 연관된 기억, 행동, 기호와 습관들이 수혜자에게 옮겨지는 일이 흔히 있다. 74명의 장기이식 수혜자들(23명이 심장이식) 모두가 정도의 차이는 있지만 그 기증자들의 인격과 유사한 변화를 보였다.[6]

생각은 수혜자의 마음에 나타나기 전에 개인의 장기들에 저장되고 있는 것 같다. 소스필드는 다시 한 번 증명했다.

공동지능연구소*Co-Intelligence Institute*는 쉘드레이크가 스스로 한 것이거나 또는 마음의 공유라는 이 개념에 대한 자신의 인상 깊은 연구 과정에서 엮어 놓았던 실험 사례들을 빈틈없이 요약하고 있다. 이 모든 업적들이 보여주는 것은 바로 우리가 생각하는 데 소스필드를 이용하고 있다는 점이다. 적어도 어느 정도는.

한 실험에서 루퍼트 쉘드레이크는 짧고 비슷한 일본어 운문 세 개를 뽑았다. 하나는 연결되지 않은 단어들이 의미 없이 뒤섞인 것이고, 두 번째는 새로 창작된 운문이며, 세 번째는 수백만의 일본인들이 알고 있는 전통 운문이었다. 쉘드레이크 자신은 물론, 이 운문들을 기억하게 한 영국 초등학생들도 어느 것이 어느 것인지를 몰랐고, 그 누구도 일본어는 전혀 몰랐다. 가장 쉽게 학습된 운문은 결국 일본인들에게 잘 알려진 운문이었다.[7]

실험1 : 1920년대 하버드 대학의 심리학자 윌리엄 맥두걸*William McDougall*은 쥐가 수조에서 탈출하는 법을 학습하는 실험을 15년에 걸쳐서 했다. 첫 번째 세대의 쥐들은 출구를 학습하기 전까지 평균 200번의 실수를 했지만, 마지막 세대는 20번에 불과했다.

실험2 : 나중에 호주에서 맥두걸의 실험을 반복하는 과정에서, 원래의 실험에서와 비슷한 쥐들이 처음부터 실수를 더 적게 했다. 나중 세대의 쥐들은 처음 쥐들의 후손이 아닌 경우에도 실수가 더 줄어들었다.

실험3 : 1920년대 영국 사우샘프턴에서 푸른박새라는 새가 문 앞에 있는 우유병의 덮개를 찢고 크림을 먹는 법을 알아냈다. 얼마 지나지 않아 160킬로미터 이상 떨어진 곳의 푸른박새들도 이 기술을 사용했다. 이 새들은 25킬로미터 이상을 나는 일이 좀처럼 없다는 점에서 이것은 특이한 현상이다. 이 습관은 점점 더 빨리 퍼져서 1947년쯤 되자 영국, 네덜란드, 스웨덴과 덴마크에서 흔한 일이 되었다. 독일의 점령으로 네덜란드에서의 우유 배달이 8년 동안 중단되었는데, 푸른박새의 수명보다 5년이 더 긴 기간이었다. 그런 뒤 1948년에 우유가 다시 배달되기 시작했다. 몇 달 안에 네덜란드 전역의 푸른박새들이 크림을 먹고 있었다.

실험4 : 1960년대 초반 정신의학자들인 체코슬로바키아의 밀란 라이즐*Milan Ryzl* 박사와 소련의 블라디미르 라이코프*Vladimir L. Raikov* 박사는 피술자들에게 최면을 걸어서 그들이 역사적인 인물들의 환생을 살고 있다고 믿게 했다. 피술자들은 그들의 또 다른 자아와 관련된 재능들을 발전시켰다. 자신이 이탈리아의 화가 라파엘로 산치오*Raphael Sanzio*였다고 말한 한 여성 피술자는 한 달 만에 뛰어난 그래픽 디자이너의 수준에 오를 정도로 미술 실력이 늘었다.

(실험5는 앞에서 말했던 쉘드레이크의 숨겨진 인물 퍼즐이다.)

실험6 : 위스콘신 주 매디슨의 심리학자 아덴 맬버그*Arden Mahlberg* 박사는 모스부호를 변형해서 표준 모스부호보다도 배우기가 더 어렵지 않은 부호를 만들었다. 피험자들은 어느 것이 진짜인지 알지 못하는 상태에서, 맬버그가 고안한 것보다 표준 부호를 훨씬 빨리 배웠다.

실험7: 예일 대학교 심리학 교수인 게리 슈왈츠*Gary Schwartz*는 히브리어로만 쓰인 구약성경에 있는 세 글자 단어 가운데 흔한 단어 24개와 드문 단어 24개를 골랐다. 슈왈츠는 각각의 단어들을 놓고 철자를 뒤섞은 단어들을 만들었다(영어로 표현하자면 'dog'을 'odg'로 섞었다). 히브리어를 알지 못하는 참가자들에서, 추측의 정확성에 대한 확신도가 거짓 단어들보다 진짜 단어들에서 훨씬 높게 나왔을 뿐만 아니라(피험자, 단어, 또는 실험과 상관없이), 드문 단어들보다도 흔한 단어들에 대한 확신도가 더 높게 나타났다.[8]

슈왈츠의 실험은 2000년에 콤즈*Combs*, 홀랜드*Holland*, 로버트슨*Robertson*의 공저 《동시성: 과학, 신화, 그리고 트릭스터의 눈으로》에서도 다루어졌다. '형태장*morphic fields*'이라는 말은 소스필드에서 만들어지는 사고 형태*thought forms*를 가리키는 쉘드레이크만의 용어다.

쉘드레이크의 이론이 예측했듯이, 학생들이 단어들의 의미를 정확하게 추측하지는 않았더라도, 철자를 뒤섞어 놓은 단어들보다 진짜 단어들을 꽤 큰 확신을 가지고 골랐음을 슈왈츠는 찾아냈다. 게다가 슈왈츠는 구약성경에 있는 단어들 가운데 드물게만 나오는 단어들보다 자주 나오는 단어들의 확신도가 두 배 정도 높게 나왔다는 사실을 알아냈다. 이 결과가 말해주는 것은 실재하는 단어들은 사실 역사에 걸쳐 수많은 사람들이 배워오면서 강력한 형태장들을 만들었다는 점과, 가장 빈번하게 나오는 단어들도 물론 사람들이 가장 많이 보고 읽어온 것들이라는 점이다. 이와 비슷한 실험들이 페르시아 단어들과 심지어 모스부호까지도 사용해서 이뤄졌다.[9]

리처드 링클레이터*Richard Linklater*의 2001년 영화 「깨어 있는 삶*Waking Life*」에는 두 사람이 이 현상을 놓고 토론하는 장면이 나오고, 한 사람이 십자말풀이 퍼즐이 일단 신문에 실려서 많은 사람들이 풀고 나면 그 퍼즐을 풀기가 더 쉬워진다는 연구에 대해 말한다.[10] 모니카 잉글랜드*Monica England*라는 대학원생이 노팅엄 대학교에서 논문을 쓰면서 연구한 결과를 1991년 8월 〈노에틱사이언스 소식지*Noetic Sciences Bulletin*〉에 실었는데, 전통적인 학술지에는 결코 발표되지 않았다. 쉘드레이크는 이 연구를 언급하는 글을 적었고 이 글은 더 이상 그의 웹사이트에서 보이지 않지만, 원래는 〈미머틱스 저널〉의 토론 포럼난에 실린 글이다. 날짜는 잊지 못할 그날 2001년 9월 11일이었다.

잉글랜드가 사용한 십자말풀이는 〈뉴욕 타임즈*The New York Times*〉가 아니라 런던의 〈이브닝 스탠더드*Evening Standard*〉에 나온 것이고, 실험에서 잉글랜드는 그 퍼즐이 1990년 2월 15일 〈이브닝 스탠더드〉에 실리기 전과 실린 후에 피험자 집단들을 시험했다. 또 대조 실험으로 각각의 집단은 〈이브닝 스탠더드〉에 10일 전에 실린 퍼즐을 풀었다. 잉글랜드는 퍼즐이 런던에서 신문에 실리기 전과 비교해, 실린 다음에 피험자들이 더 잘 풀었다는 사실을 알아냈다. 이 차이는 단측 t-검정을 사용해서 95% 신뢰 구간에서 유의했다. 모니카 잉글랜드가 처음 이 실험을 생각한 이유는 십자말풀이를 즐겨 푸는 사람들, 특히 〈더 타임즈*The Times*〉나 〈데일리 텔레그래프*Daily Telegraph*〉에 나오는 어려운 퍼즐들을 즐기는 사람들 사이에서는, 이 십자말풀이 퍼즐들이 신문에 게재된 바로 그날 아침에 풀기보다는 저녁이나 그 다음 날 풀면 더 쉽다는 속설이 있어서, 이미 그것을 푼 다른 사람들로부터 영향 받을 가능성을 제기해주었기 때문이었다.[11]

원격투시: 필드 속으로의 모험

우리가 생각하는 데 적어도 어느 정도는 실제로 소스필드를 이용하고 있다면, 우리 인식이 우리 몸에 옭매여 있는 대신 왜 그 속으로 직접 모험해 들어가지 못하는 걸까? 《ESP 실습서》의 저자 해럴드 셔먼은 원격투시의 과학—이론적으로 우리가 소스필드의 어느 지점에라도 접근하도록 해준다—을 발전시키기 위해 군과 군으로부터 청부받은 사람들이 했던 실험의 초기 실험대상자 가운데 하나였다.[12] 투시자의 의식을 어느 원격 지점에 투사하여 그것을 자신의 인식의 한 부분으로 경험할 수 있다는 점에서, 이 실험의 결과들은 우주의 모든 것들이 궁극적으로 '하나의 마음*One Mind*'임을 보여준다. 내 생각으로는, 원격투시를 다룬 최고의 책들은 데이비드 모어하우스*David Morehouse*의 《사이킥 워리어*Psychic Warrior*》—초판은 1996년에 나왔다[13]—와 조 맥모니글*Joe McMoneagle*의 저서들이다.[14] 뛰어난 원격투시자는 그 원격 장소를 거의 완벽하다고 할 정도로 자세히 서술할 수 있다. 목표물에 주어진 '좌표'라고 했던 무작위적 숫자에 불과한 것만으로도 말이다. 투시자들의 안내자 역할을 하는 사람도 그 좌표들이 어느 쪽과 일치하는지를 알지 못한다. 조 맥모니글은 일본의 텔레비전 방송을 위해 촬영된 시연에서 자신은 버지니아의 자택에 앉아 있으면서 실종된 사람 세 명의 정확한 위치를 찾아내서, 그들이 있는 집 바로 문 앞까지 촬영진이 가도록 이끌었다. 카메라는 그들의

눈물 어린 재회 장면을 담았다.[15]

얀*Jahn*과 듄*Dunne*은 초창기 유형의 원격투시를 48명의 평범한 사람들에게 훈련시켰는데, 안내자가 8,000~9,700킬로미터 떨어진 임의로 선택한 장소에 가 있고, 투시자는 그 안내자가 보고 있는 것들의 정보를 얻어내는 시도를 하곤 했다. 336번의 엄격한 시도에서 투시자가 본 것들의 3분의 2 가까운 사례가 상당히 정확한 것으로 나타났고, 우연히 맞힐 확률은 10억분의 1이었다. 안내자와 투시자가 정서적으로나 가족 관계로 연결되어 있는 경우, 그 결과는 극적으로 향상되었다.[16] 회의적인 과학자들과 두 명의 노벨상 수상자로 이루어진 한 이름난 정부 자문단이 원격투시를 다룬 23년 동안의 실험 데이터들을 연구하고는, 그 연구가 흠잡을 데 없다는 결론을 내렸다.[17] 유명한 회의론자 레이 하이만*Ray Hyman* 박사가 이끄는 또 다른 연구진도 무작위적 우연 또는 우연의 일치라고 깎아내리기에는 그 결과들이 너무 강력하다고 결론지었다.[18] 투시자의 의식적인 마음에 정보를 전달하는 데 전자기파가 관여하지 않음을 증명하기 위해 차폐실이 사용되기도 했다.[19] 원격투시자들은 선형 시간상으로 아직 일어나지 않은 사건들도 볼 수 있었는데, 심지어 정해진 장소에서 투시자는 안내자가 미래에 가 있을 곳을 먼저 정확하게 보고 난 다음에 안내자가 무작위로 장소를 골라서 간 경우마저도 그랬다.[20][21] 이런 사실은 더 큰 의미에서 마음이 선형 시간에 전혀 구속되지 않음을 말해준다. 2부에서 이에 대해 더 자세히 알아보기로 한다.

마음속에서 밖으로 나가서 어느 장소를 원격투시하는 동안 우리는 측정 가능한 에너지 흔적들을 만들어내기도 하는 걸까? 1980년 칼리스 오시스*Karlis Osis*와 도너 맥코믹*Donna McCormick* 두 박사들은 이 점을 알아보려고 주목할 만한 실험을 했다. 알렉스 타너스*Alex Tanous*라는 천부적인 초능력자에게 특정 목표를 원격투시해달라고 했다. 흩어진 부분들이 모여 하나의 이미지를 만드는 목표였지만, 한 곳에서만 봐야 제대로 보이는 이미지였다. 타너스는 그 목표가 어떻게 생겼는지 전혀 알 수 없었고, 또 그것은 시시각각 바뀌었다. 모든 조각들이 꿰어 맞춰지는 정확한 장소에, 오시스와 맥코믹은 스트레인 게이지*strain gauge**에 두 장의 금속판을 나란히 걸어서 아주 미세한 운동들을 감지하도록 했다. 타너스가 목표물을 정확하게 묘사하고 있을 때, 금속판들이 평소보다 훨씬 더 흔들렸다. 움직임은 타너스가 그 이미지를 보기 시작한 바로 뒤부터 가장 커졌다. 타너스가 투시하고 있던 그곳에는 물체를 볼 수 있을 만큼의 가시광선은 없었고, 금속판들만 미미하지만 측정할 수 있을 정도로 움직이고 있을 뿐이었다.[22]

2년 뒤에 중국은 이 연구를 더욱 확장했다. 과학자들은 '특출한 시력'을 가진 원격투시자에게 복잡한 한자들을 목표물로 보게 했다. 한자들이 있는 곳은 가시광선이 들어가지 못하는 방이었다. 매우 예민한 빛 감지 장치가 방 안에 설치되었다. 투시자가 목표물을 제대로 묘사하는 동안, 방 안의 광자들의 수가 '가상광자*virtual photons*'의 정상적인 바탕 수준을 넘어 100배에서 1,000배까지 엄청나게 급증했다. 실험을 한 번 할 때마다 방출되는 개별 광자들의 수는 15,000개 정도까지 이르렀다.[23][24] G. 스캇 허버드*Scott Hubbard* 박사가 이끄는 미국 과학자 집단은 1986년에 이 실험을 반복해보았다. 이들은 빛을 감지해내는 아주 고품질의 광전자 증배관*photomultiplier tube*을 썼고, 목표물로는 35밀리 슬라이드 장면을 사용했다. 그 결과는 근사했다. 투시자가 정확하게 목표물을 설명하는 동안, 광자들의 파동이 무작위적 우연의 경우보다 꾸준히 훨씬 높게 나타났다. 그러나 정상치보다 100배에서 1,000배까지 높았던 중국 과학자들의 결과와는 달리, 가장 강한 파동도 배경 잡음 수준보다 20배에서 40배 더 많이 나오는 데 그쳤다.[25] 이런 결과는 아마도 중국인들의 실험에 참여하는 사람은 공개적이고 체계적으로 온 나라를 뒤져서

---

* 고체가 변형될 때 고체 내의 두 점 사이에 생기는 거리의 변화량(변형률)을 측정하는 계기.

찾아낸 가장 뛰어난 재능을 가진 사람들이기 때문일 것이다.

1907년 〈미국 의학*American Medicine*〉 학술지에 발표한 논문에서, 닥터 던컨 맥두걸*Duncan MacDougall*은 자신의 환자들이 육체적으로 죽은 직후 갑자기 28그램이 조금 넘는 몸무게가 줄어들었다고 말했다. 이 연구에서 환자들은 몸의 모든 체액들을 모아둘 수 있는 침대에 누워 있었다. 환자들이 죽을 때 폐에서 내뱉는 공기는 어쨌거나 그 정도 양에 미치지 못했는데도, 모든 경우에서 몸무게 감소는 꾸준히 생겼다.[26] 히어워드 캐링턴*Hereward Carrington* 박사 연구진은 1975년 평균적인 사람이 유체이탈 경험을 할 때 64그램 정도의 몸무게가 줄어든다는 사실을 발견했다. 그들이 다시 몸으로 돌아오면, 줄어든 무게가 곧바로 회복됐다.[27]

우리 몸에는 '에너지적인' 부분이 있어서, 죽을 때나 원격투시나 유체이탈을 할 때 모든 세포들로부터 물러나서 다른 장소들로 투사되는 것처럼 보인다. 중국의 실험에서 본 바와 같이, 우리는 전기적으로 차단된 방 안에 앉아서 아무런 가시광선이 그곳으로 들어오지 못하더라도, 우리가 보고 있는 원격의 장소에 광자들을 만들어낼 수 있다. 이것은 빛이 어떻게 솔방울샘 내부에 실제로 나타날 수 있는지 설득력 있는 통찰을 준다. 유체이탈이나 임사체험을 한 사람들 중 놀라울 만큼 많은 수가 자신의 아스트랄체를 육체에 붙어 있게 하는 은줄*silver cord*을 본다. 대다수의 경우에 이 은줄은 정확히 솔방울샘의 자리에 붙어 있는 것으로 나타나며, 이마나 뒤통수에서 나온다.[28] 우리 모두에게는 육체의 에너지적 사본*energetic duplicate*이 있어서, 원격투시에서처럼 우리 밖을 끊임없이 돌아다니면서 자신이 본 것들을 은줄을 통해 다시 솔방울샘에 보고하고 있을 가능성이 아주 높다. 전도서 12장 6절은 이 에너지줄을 말하는 것으로 보인다. "그를 기억하라. 은줄이 풀리고, 금 그릇이 깨지기 전에."[29]

사후의 경험들

대단히 많은 사람들이 임상적으로 죽은 후에도 지속되는 의식을 경험하는데, 이것은 우리의 생각하는 마음의 어느 부분은 틀림없이 에너지적이고, 육체를 전혀 필요로 하지 않음을 다시 한 번 보여준다. 한 사람이 임상적으로 죽었다고 판단되려면, 심장의 박동이 멈추고, 허파의 호흡이 멈추고 산소 결핍 때문에 뇌파 활동이 전혀 측정되지 않아야 한다. 모든 정통 의학의 설명으로는, 우리 마음은 더 이상 기능하거나 존재하지도 않아야 한다. 그러나 다양한 사람들이 이 시간 동안에 생생한 임사체험을 했다고 보고한다. 사우샘프턴 대학의 샘 파니아*Sam Parnia* 박사 연구팀은 많은 연구들을 거쳐 임상적으로 뇌가 죽어도 생각하는 마음은 끊어지지 않는다는 결론을 내렸다. 그것도 놀라울 만큼 많은 사례들에서 그랬다.

> 제각각의 연구자들이 수행한 최근의 많은 과학적 연구들을 볼 때, 심장마비와 임상적 죽음을 겪은 사람들의 10~20퍼센트가 죽음과 맞닥뜨린 순간에 생생하고, 평상시와 다름없으며, 추론과 기억, 그리고 때로는 상세하기까지 한 기억이 있었다고 보고한다.[30]

네덜란드의 심장전문의인 핌 판 롬멜*Pim van Lommel* 박사는 병원 기반에서 임사체험을 다룬 가장 큰 규모의 연구를 했다. 판 롬멜은 1969년에 임사체험을 말하는 보고를 처음 들었는데, 여기서 한 환자는 터널과 빛, 아름다운 색깔들과 음악이 있었다고 이야기했다. 그로부터 7년이 지난 1976년에야 임사체험과 관련된 레이먼드 무디*Raymond Moody* 박사의 획기적인 설명이 나왔고, 닥터 판 롬멜은 1986년에 6분 동안의 임상사에서 일어났던 임사체험을 더 자세하게 설명한 내용을 읽고서 다시 관심을 가지게 되었다.

> 이 책을 읽고 나서 나는 심장마비로부터 살아남은 환자들을 면담하기 시작했다. 너무나 놀랍게도, 2년 동안에 50여 명의 환자들이 자신의 임사체험에 대해 말했다. 그래서 우리는 1988년에 임사체험의 빈도, 원인과 내용을 조사하기 위해, 10개의 네덜란드 병원에서 344명의 심장마비 생존자들을 연속적으로 연구하기 시작했다.
> 결과: 62명(18%)이 임상사가 일어난 시간에 대한 어떤 기억이 있다고 보고했다. 핵심 집단의 23명(7%)이 깊은, 또는 아주 깊은 경험을 했다고 보고했다. 우리 연구에서 임사체험을 했던 50퍼센트 정도의 환자들이 자신의 죽음을 인식했거나 긍정적인 감정을 느꼈다고 했고, 30퍼센트의 환자들은 터널을 지나 천상의 풍경을 봤거나, 죽은 친척들을 만났다고 보고했다. 임사체험을 했던 환자의 25퍼센트 정도가 몸에서 빠져나가는 경험을 했고, '빛'과 교감했거나, 여러 색깔들을 보았으며, 13퍼센트는 살아온 인생을 다시 살펴보았고, 8퍼센트는 이승과 저승의 경계를 경험했다. 임사체험을 경험한 환자들은 죽음을 전혀 두려워하지 않게 되었고, 사후의 세계를 굳게 믿었으며, 삶에서 무엇이 중요한지에 대한 자신들의 생각이 바뀌었다. 곧 자신과 타인, 그리고 자연에 대한 사랑과 자비야말로 가장 중요한 것임을 깨닫게 되었다. 그들은 이제 다른 사람에게 하는 모든 것들, 곧 사랑과 자비는 물론 증오와 폭력까지도 결국 자신에게로 돌아온다는 우주의 법칙을 이해하고 있다. 놀랍게도, 직감적인 느낌이 늘었다는 증거가 흔하게 나타났다.[31]

더 많은 정보를 원한다면 웹사이트 'Near-Death.com'에 임사체험의 실재를 뒷받침하는 51가지 증거들의 훌륭한 목록이 있다.[32] 웹페이지의 윗부분에는 케네스 링*Kenneth Ring* 박사의 놀라운 연구가 언급되고 있는데, 링 박사는 사람들이 임상적으로 죽었을 때 실제 사건들을 정확하게 목격했다고 보고한 사례들—때로는 그들의 육체로부터 멀리 떨어진 곳에서 일어난—을 조사했다. 그들은 일어나고 있는 일들을 보았고 어떤 경우에는 대화도 들었으며, 그들이 보고한 내용은 나중에 소름 끼치도록 정확한 것으로 확인되었다. 다른 경우들에서는, 임상적으로 죽은 사람이 사랑하는 사람에게 유령 같은 모습으로 나타난다. 나중에 환자가 소생하면 두 사람은 같은 경험을 했다고 보고한다.[33]

죽은 다음에 우리는 어디로 가며 또 어떤 일이 일어나는 걸까? 놀라운 책들인 《영혼들의 여행(한국어판)》과 《영혼들의 운명(한국어판)》에서 닥터 마이클 뉴턴*Michael Newton*은 이 흥미진진한 주제를 세밀하게 연구한 내용들을 말해준다. 닥터 뉴턴은 수천 명의 사람들을 최면역행으로 이끌어서, 그들의 삶에서 일어났던 사건들을 거슬러 올라가게 한 다음, 마침내 자궁으로 돌아가게 하고 이어서 '삶과 삶 사이'로 유도했는데, 사람들의 진술이 놀라우리만큼 일치한다는 사실을 알아냈다.

> 《영혼들의 여행》 서문에서 나는 전통적인 최면요법사로서의 내 배경과 형이상학적인 역행에 최면을 사용하는 데 내가 얼마나 회의적인 사람이었는지를 설명했다. 1947년 내 나이 열다섯에 최면에 처음 관심을 가졌기 때문에, 나는 정말로 구식이었지 뉴에이저는 아니었다. 그러다가 한 고객과 함께 영계로 들어가는 문을 무심코 열었을 때, 나는 입을 다물지 못했다. 몇 년 동안 진지하게 연구한 끝에, 영계의 구조를 이해하는 실용적인 모형을 만들 수 있었다. 나는 또 그 사람이 무신론자이든, 신앙심이 깊은 사람이든, 아니면 그 사이에 있든, 어떤 철학적인 신념을 믿는지는 아무런 문제가 되지 않는다는 사실을 알아냈다. 일단 최면의 초의식 상태에 들면, 그들의 보고에서 모든 것들이 일치했다. 나는 많은 분량의 사례들을 축적했다. 요 몇 년 동안 영계를 전문적으로 연구하면서, 나는 사실상 은둔하다시피

작업했다. 나는 외부의 편견으로부터 절대적으로 자유롭길 원했기 때문에 형이상학적인 책에는 손도 대지 않았다.[34]

뉴턴의 첫 번째 책 《영혼들의 여행》은 시간과 장소에 있어 순차적으로 구성돼 있어서, 죽음으로부터 다시 환생하기까지 열 개의 모든 단계들을 차례차례 보여준다. 죽음과 떠남, 영계로 가는 길, 귀향, 오리엔테이션, 배치, 새로운 인생의 선택, 새 몸의 선택, 준비와 출발, 새로운 탄생이 그것이다.[35] 닥터 뉴턴이 지적하듯 면담자들의 진술에 많은 공통점이 있고 그 진술들이 주는 영감이 아주 심오하기 때문에, 나는 뉴턴의 책들을 적극 추천한다. 뉴턴은 또 영혼들이 자신의 발전 수준을 나타내는 눈에 보이는 색깔들을 내뿜는다는 점도 발견했는데, 우리가 무지개에서 보는 스펙트럼과 잘 맞아떨어진다.

전형적으로 순백색은 어린 영혼을 나타내고, 발전하면서 영혼의 에너지는 더 조밀해지며 오렌지, 노랑, 초록색으로 옮겨가고 마침내는 푸른색 계열로 바뀐다는 사실을 알아냈다. 이 중핵의 오라*aura*들과 함께, 개별 영혼의 성격들에 따라 모인 모든 집단에는 다양한 색으로 혼합된 광륜(光輪)이 있다. 더 체계적인 구분을 위해, 나는 영혼의 발전 단계를 초보 영혼인 1단계에서 시작해서 다양한 배움의 수준들을 거쳐 마스터 수준인 6단계까지 이르는 것으로 분류했다. 이들 대단히 진보한 영혼들은 짙은 남색을 가지고 있다. 더 높은 단계들도 있다는 데에 의심의 여지가 없지만, 내가 여전히 환생하고 있는 사람들로부터만 진술을 듣기 때문에 그 단계의 영혼들에 대한 내 지식은 제한되어 있다. 자신들이 배움의 사다리 그 어디쯤에 있는지를 기술하기 위해 '단계'라는 용어를 쓴 것은 내 면담자들이다. 깊은 최면에 들어서 초의식 상태에 있는 동안, 면담자들은 영계에서는 어느 영혼도 다른 어떤 영혼보다 가치가 낮다고 무시당하지 않는다는 말을 한다. 우

> 리는 모두가 지금의 깨달음의 상태보다도 훨씬 더 큰 무언가로 변형하는 과정에 있다.
> 영계에는 체계가 분명히 있지만, 이것은 지상에서 우리가 하는 것보다 훨씬 더 숭고한 자비와 조화, 윤리, 도덕률의 틀 안에서 존재한다. 이곳에는 경탄스러울 정도의 친절, 관용, 인내와 절대적인 사랑이라는 가치체계가 있다. 진보한 면담자들은 그들이 '가장 신성한 존재들*Most Sacred Ones*'의 일원이 될 합일의 시간을 이야기한다. 조밀한 보라색 빛을 내뿜는 이 영역에는 전지(全知)의 존재*Presence*가 있다.[36]

린다 배크만*Linda Backman* 박사는 마이클 뉴턴에게서 훈련받았고, 1993년부터는 '삶들 사이의 삶'에 대한 자신만의 연구를 해왔다. 배크만이 독립적이고 전문적인 연구로 얻은 데이터들은 뉴턴이 자신의 시술로부터 얻은 결과들을 입증해주는 가치 있는 증거가 되고 있다. 비록 배크만이 더 고도로 진보한 영혼들에 초점을 맞추고 있기는 하지만 말이다. 배크만이 얻은 결론들 가운데 하나는 이들이 자신의 영적인 성장 속도를 극적으로 늘리려는 한 방편으로 흔히 아주 힘든 삶들을 선택하곤 한다는 것이다.[37]

환 생

우리가 전에도 살았을까? 우리가 죽은 다음에 또 다른 생애에 새로운 몸으로 돌아온다는 증거가 있을까? 이 질문에 대답해 주는 매우 신뢰도 높고 방대한 과학적 데이터가 있다. 버지니아 대학교 의과 대학의 정신의학 교수인 이안 스티븐슨*Ian Stevenson* 박사는 40년 이상의 기간 동안 '과거의 삶들'에 대한 구체적이고 자세한 기억을 가졌다고 하는 3천 명이 넘는 아이들을 찾아다녔다. 이 아이들의 많은 수가 스티븐슨 박사에게 전생의 자기 이름은 물론 친구와 가족이었다고 하는 사람들의 이름까지도 말할 수 있었다. 이들은 보통 자신들이 어디서 어떻게 죽었는지와 함께, 조사해보면 쉽게 그 진위를 확인할 수 있는 놀라울 정도로 구체적인 다른 많은 내용들도 말했다. 인격과 행동의 기벽은 분명한 한 생애에서 다른 생애로 옮아갔고, 아이들은 전생에 자신이었다고 말하는 사람들과 깜짝 놀랄 정도로 얼굴 생김새가 닮아 있었다.[38]

스티븐슨 박사는 아이들이 말한 이름들이 맞았다는 사실을 거듭해서 알아냈다. 살아 있는 친척들은 찾아낼 수 있었다. 그들의 얼굴은 과거에 살았다고 추정되는 모습과 비슷해 보였고, 구체적인 내용들이 모두 검토되었다. 한 레바논 소녀는 전생에서 알았다고 주장하는 25명의 이름과 정확한 연관 관계를 기억해냈다. 그들은 지금의 삶에서 한 번도 만난 적이 없거나, 그들을 아는 사람도 아무도 없었다. 버지니아 대학교 아동가족정신과 병원장인 짐 터커*Jim Tucker* 박사 같은 존경받는 학자들은 "가장 뚜렷한 사례들을 가장 그럴듯하게 설명해주는 것은 환생이다."라고 말했다.[39]

닥터 터커는 이안 스티븐슨 박사의 후계자로 손색이 없다는 평을 받는데, 많은 새로운 사례들을 비롯해서 아이들의 기억 또는 모반(母斑)의 일치로 확인할 수 있는 구체적인 내용들처럼 기록 확인이 가능한 증거에 초점을 둔 연구를 계속했다(흔히 우리의 새로운 몸에는 전생의 자기였다고 주장하는 생애에 치명적인 부상을 입었던 곳에 눈에 띄는 모반이 있다). 또 얼굴인식소프트웨어도 사용했는데, 이것으로 닥터 터커는 그들이 서로 똑같아 보인다는 점을 증명했다.[40] 이들의 문화들에서는 환생을 믿었으므로, 아이들은 그들이 가졌을지도 모를 그 어떤 기억들도 간과하거나 무시하라고 말하는 '최면암시'를 전혀 받지 않았었다.

회의론자들은 그런 해석을 입증되지 않거나 증명할 수 없는 것으로 무시할 수도 있고 또 그렇게 무시들을 하지만, 이안 스티븐슨 박사의 40년 이상의 과학적 연구는 환생이 사실이라는 확실한 증거를 제시했다. 힌두교, 불교와 심지어 정통 유대교의 지지자들도 대개가 믿었던 것처럼 말이다. 그 함의는 놀라운 것이고, 이 책에서도 절대적으로 중심이 되는 주제다. 이것은 거울 앞에 서서 당신의 눈을 보면서 환생이 진실이라는 깊은 내면의 앎을 가지고서 "나는 언제나 존재할 것이다."라고 말해도 된다는 의미다. 머릿속을 떠나지 않는 '존재하지 않음'이라는 감춰진 두려움을 버리자마자, 당신은 훨씬 더 행복한 삶을 살게 될 것이다. 어떤 영적인 수련들을 시도해볼 의지만 있다면, 당신은 이 크나큰 진실을 확신하게 되는 경험을 할 수 있다. 그리고 이 경험은 결국 우리 모두가 혹시 '지구 차원의 자각몽' 속에서 사는 것은 아닐까 하는 의문이 들게 해줄지도 모르겠다.

5장
자각몽을 통해 소스필드에 접속하다
: Dr. 라버지의 자각몽 의식 유도 기술

자각몽 실험을 통해 둘 이상이 동시에 같은 꿈을 꾸는
'뮤추얼 드리밍'이 객관적으로 실재할 가능성이 확인됐다.
꿈은 하찮은 심리적 창작물이 아니라
평행현실에서 체험하는 것임을 암시하는 것이다.

박테리아, 식물, 곤충, 달걀, 동물, 그리고 인간들 모두는 전자기 에너지가 아닌 어떤 에너지장을 거쳐 같은 '마음'을 공유하는 듯하다. 당신이 주의집중에 어려움을 겪고 있다면, 그리고 멀리 떨어진 누군가가 당신을 생각하면서 도우려고 한다면, 그때 곧바로 당신은 훨씬 잘 집중하게 된다는 사실을 우리는 이제 알게 되었다. 세계적으로 과학상의 새로운 발견들은 꾸준히 동시적으로 생기는 듯 보인다. 장기를 이식받은 사람은 기증자의 사고방식, 행동과 습관을 이어받기도 한다. 인간과 동물은 공통의 데이터뱅크로부터 정보를 끌어오는 것으로 보이는데, 인간의 경우 외국어로 쓰인 단어들, 모스부호, 십자말풀이가 여기에 포함된다. 원격투시자는 원거리에 있는 대상을 자세히 관찰할 수 있으며, 동시에 식별할 수 있는 광자들이 쏟아져 들어오는 현상을 비롯해서 그들이 거기에 있다는 분명한 신호들을 남긴다. 우리가 죽을 때나 유체이탈 경험을 할 때, 우리 몸에서는 아주 적지만 측정할 수 있을 만큼의 무게가 빠져나간다.

우리의 아스트랄체와 육체 사이에는 에너지적 연결선인 은줄이 존재하는 것처럼 보이는데, 이 은줄은 마치 광섬유케이블처럼 멀리 떨어진 곳에서 시각 이미지들을 솔방울샘으로 직접 보내고 있을지도 모른다. 그러면 솔방울샘에 떠 있는 압력발광결정들은 이 이미지들을 3차원적 빛의 매트릭스로 내보낼 것이다. 솔방울샘의 망막 조직은 이 광자들을 포착해서 뇌로 보낼 텐데, 광자들이 충분히 안정되게 남아 있다면 그것들은 뇌에서 시각 이미지로 해석된다. 고대의 비교 전통들과 종교들은 솔방울샘이 상징하는 바에 대단히 집착했던 것 같다. 그들은 솔방울샘의 각성이 영적인 향상의 궁극적 열쇠라고 믿었다. 많은 이들은 임상적으로 죽은 뒤에 뇌파가 전혀 나타나지 않음에도 계속 주변을 관찰하고 평상시처럼 생각한다. 어떤 사람들은 임사체험 도중 그들이 사랑했던 이들에게 유령 같은 모습으로 나타나기도 했으며, 두 경우 모두 사후에 일어나는 같은 일들을 보고하고 있다. 마이클 뉴턴 박사는 초의식 상태로 최면을 건 수천 명의 사람들에게서 사후세계에 대한 보고가 놀랍도록 일관성이 있다는 사실을 알아냈다. 이안 스티븐슨 박사는 전생의 구체적이고 상세하고 정확한 기억들을 가지고 있으며 심지어 전생의 자신이었다고 주장하는 사람들과 닮기까지도 한 3천 명 이상의 어린이들을 찾아냈다.

적어도 어떤 수준에서는, 우리 모두가 접속하고 있는 평행현실이 있는 것으로 보인다. 실제로 죽지 않고도 스스로 또 다른 세상을 여행하면서 이 경계 없는 인식 상태를 경험하는 방법이 있는 것일까? 매일 밤 꿈꾸면서 당신은 이미 이런 일을 하고 있는 것은 아닐까? 의식이 그대로 생생히 깨어 있어서 꿈속의 경험을 모두 조절할 수 있는 방법이 있는 걸까? 나는 그렇다고 믿는다. 내 스스로 그렇게 해봤기 때문이다. 어떤 기법들을 사용하면 실제로 꿈꾸면서도, 그 속에서 "깨어서" 자신이 꿈꾸고 있음을 알아차리게 되는데, 이것은 자신의 경험을 의식적으로 통제하는 것이다. 개인적으로 이런 경험들을 충분히 해보고 나서, 나는 이 현실세계가 우리 상상보다 더 자각몽처럼 움직이지는 않을까라는 의문이 들지 않을 수가 없었다. 우리가 소스필드 안에서 서로 연결되어 있기 때문이다.

이 모험은 내가 아직 고등학생일 때 시작되었고, 나는 스탠퍼드 대학교 수면연구센터의 스티븐 라버지*Stephen LaBerge* 박사가 쓴 《루시드 드림(한국어판)》[1]과 《꿈: 내가 원하는 대로 꾸기(한국어판)》[2]를 읽었다. 라버지 박사는 생리적으로 잠들어서 꿈꾸면서도 동시에 의식이 활짝 깨어 있을 수 있음을 과학적으로 증명했다. 라버지 박사는 윌리엄 브로드 박사와도 함께 연구하는데, 브로드는 앞의 2장에서 이미 논의한 것처럼 마음과 마음의 연결을 증명하는 많은 실험들을 진행했었다.

1952년 유진 아세린스키*Eugene Aserinsky* 박사는 얕은 수면 단계에서 우리 모두가 빠른 안구 운동, 곧 REM을 경험한다는 사실을 발견했다. 이 상태에서 깨어나면 우리는 보통 방금 생생한 꿈을 꾸었다고 말한다. 1973년 몬태규 울만*Montague Ullman*과 스탠리 크리프너*Stanley Krippner* 두 의사는 뉴욕 시 마이모니데스 의료센터에서의 '드림 텔레파시*dream telepathy*'에 대한 10년 동안의 선구적인 실험 결과를 발표했는데, 이 실험에는 100명 이상의 사람들이 참여했다. 이 획기적인 연구에서, 평범한 사람들도 깨어 있으면서 특정 이미지들에 집중하고, 그것을 꿈꾸는 사람들에게 보낼 수도 있음을 알아냈다. 그러면 꿈꾸는 사람은 깨어 있는 사람이 보낸 메시지와 분명히 비슷한 어떤 상징과 사건들을 경험했다.[3]

자신의 900번이 넘는 자각몽 체험으로부터, 라버지 박사는 피험자가 그의 실험실에 누워 꿈꾸면서 깨어 있거나 꿈을 자각하게 해주는 연습법을 개발했다. 일단 이 자각몽 상태에 이르면, 피험자는 눈을 위아래로 반복적으로 움직이면서 라버지 박사에게 신호를 보냈다. 수면마비 때문에 몸의 나머지를 움직일 수 없기 때문이다. 피험자가 라버지에게 신호를 보내고 열을 센

뒤 다시 신호를 보내면, 라버지는 피험자의 육체적 시간과 꿈속 시간이 일치되었음을 확인했다. 라버지는 또 '드림 텔레파시'처럼 엄밀하게 연구되지는 않았지만, 사람들이 같은 꿈을 함께 꾸는 것으로 보이는 사례들도 보고했다.

> 둘 이상의 사람들이 같은 꿈을 꾼다고 하는 '뮤추얼 드리밍*mutual dreaming*'은 꿈속 세계가 몇몇 경우에 물리 세계만큼이나 객관적으로 실재할지도 모른다는 가능성을 제기해준다. 그 이유로 '객관성'을 충족하기 위한 1차적인 판단 기준은 어떤 경험을 한 사람 이상이 공유하는 것인데, 이것은 뮤추얼 드리밍에서 사실로 보이기 때문이다. 그렇다면 꿈과 현실 사이의 전통적인 구분은 어찌 되는 것인가?[4]

로버트 왜거너*Robert Waggoner*는 《자각몽, 꿈속에서 꿈을 깨다(한국어판)》에서 사람들이 같은 꿈속 환경을 공유하고, 깨어난 다음에 각자 같은 경험들을 보고한 인상 깊은 다양한 사례들을 보여준다. 또다시 이것은 꿈이 그저 하찮은 심리적인 창작물에 그치는 것이 아니라 평행현실에서 일어난다는 점을 암시하는데, 이 속에서 한 명 이상의 사람들이 동시에 다른 사람들과 함께 경험하고 상호작용하기도 한다.[5] 이런 발상은 흥행작이었던 크리스토퍼 놀란*Christopher Nolan* 감독의 2010년 영화 「인셉션*Inception*」으로 널리 알려졌다.

'자각몽 기억 유도*Mnemonic Induction of Lucid Dreaming*' 또는 MILD라고 불렀던 라버지 박사 기법의 핵심은 꿈에서 자연스럽게 깨어났을 때 —아마 한밤중이겠지만— 다시 잠들면서 마음속으로 "다음번에 꿈꿀 때는 내가 꿈꾸고 있음을 알아차리도록 기억하고 싶다."라고 말하면 된다. 동시에 그 꿈을 다시 떠올려 보고, 이번에는 당신이 꿈속에서 깨어 있다고 상상하면서 실제로 살아 있고, 걸어 다니고, 숨 쉬고 있음을 느끼고서 그 꿈의 마지막 부분을 바꿔본다. 라버지는 또 여러분이 사실상 꿈을 꾸고 있는지를 아는 가장 좋은 방법은, 어떤 대상을 그저 바라보다가 다른 곳으로 눈을 돌리고 나서 다시 뒤돌아 보는 것이라고 했다. 꿈속에서는 '이전' 모습과 '나중' 모습이 쉽게 알아챌 만큼 항상 다를 것이다.

내가 라버지 박사의 기법을 연습하기 시작했을 때는 바로 성공하지 못했지만 꾸준히 시도했고, 마침내 성공했다. 자각몽 속에서는 날아다니기도 하고, 물체를 공중에 뜨게 하기도 하며, 벽을 뚫고 지나고, 보거나 경험하길 원하는 어떤 것이라도 나타나게 할 수 있다. 심지어 눈에 보이는 환경 전체를 바꿔버리는 일도 식은 죽 먹기다. 한번은 꿈속에서 백화점에 있었는데, 커다란 회색 플라스틱 쓰레기통들 모두를 공중에 뜨게 해서 마치 작은 태양계처럼 서로 빙빙 돌게 했다. 그곳에 있던 사람들은 모두 놀라 서 있었다. 그 가운데 몇 사람은 감격해서 눈물을 흘리기도 했다. 그 경험은 환상적이면서도 장엄하기 그지없어서, 당신이 실제로 그것을 아직 해보지 않았다면 말로는 표현할 길이 없다. 하지만 라버지 박사는 휴 캘로웨이*Hugh Calloway*가 자신이 꾼 자각몽을 보고했던 멋진 설명을 인용하고 있는데, 캘로웨이는 1902년 그의 나이 16세에 이 꿈을 꾸고서 의식 연구를 시작하게 되었다.

> 그때 답이 뇌리에 떠올랐다. 이 눈부신 여름 아침이 진짜처럼 더없이 생생해 보였기는 했지만, 나는 꿈을 꾸고 있었던 것이다. 이 사실을 깨닫자, 꿈에 보이는 것은 이것을 경험해보지 않은 사람에게는 설명해주기가 너무도 어려운 방식으로 변했다. 그 즉시 인생의 생동감은 100배나 커졌다. 바다와 하늘과 나무들이 그토록 화려한 아름다움으로 빛나는 모습을 결코 본 적이 없었다. 평범하기 그지없는 집들도 마치 살아 있는 듯했고 신비롭게 아름다워 보였다. 그토록 절대적으로 행복하고, 그토록 머리가 맑고, 형언하지 못할 정도로 자유로운 느낌은 가져본 적이 없었다. 그 느낌은 더할 나위 없이 강렬했지만, 겨우 몇 분 만에 끝났고 나는 꿈에서 깨어났다.[6]

당연히 라버지 박사의 많은 피험자들은 그들이 "전에는 전혀 깨어 있지 못했다."는 결론을 내리게 되었다. 이런 일은 당신이 소스필드, 그리고 그 속에 있는 당신의 더 큰 정체성을 직접 자각하는 경험을 할 때 일어나게 될 일인지도 모른다. 의식을 가지고 깨어 있는 당신의 삶에서 처음으로 말이다. 그리고 물론 이것을 위해 그 어떤 약물이나 오컬트적인 의식도 필요 없다. 그저 라버지 박사의 기법을 꾸준히 연습하는 노력만 있으면 된다.

어느 특별히 환상적인 자각몽 속에서, 나는 나무 꼭대기까지 높이 솟구쳐 올라서 불가능할 정도로 선명한 빛깔의 하늘을 활공하면서 그 길에 계속해서 나타나는 한 멋진 여성과 연결되고 있었다. 나는 내게 일어나는 모든 일들을 글로 적고 싶은 마음이 간절했다. 그렇지 않으면 거의 다 잊어버릴 게 뻔했기 때문이었다. 그래서 잠시 쉬기로 하고 땅 위로 내려와서 오른손에 펜이, 왼손에는 공책이 나타나게 했다. 꿈속의 트랜스 상태에서, 나는 어쨌거나 그 공책을 가져와서 내 침대 머리맡에 그것이 있기를 바랐다. 아니 믿었다. 나는 그때 일어나는 일들을 미친 듯이 휘갈겼다. 나중에 다시 공책을 읽어보니, 모두 프랑스어로 쓰여 있었다. 나는 고등학교에서 프랑스어를 배우기는 했지만, 이렇게 글을 쓸 정도로는 전혀 능숙하지 않았다. 그렇다 해도 나는 모든 글이 잘 쓰여 있음을 알았다. 나는 크게 소리 내어 다시 읽었고, 내가 무슨 말을 하는지 정확하게 알고 있었다. 내 생각은 그대로인 듯했지만 이번에는 프랑스어로 구사되고 있었다. 나는 누구에게라도, 어떤 속도로도 프랑스어로 말할 수 있었고, 또 완벽하리라는 점도 알고 있었다. 몹시도 신기한 일이었다. 잠에서 깨어나자, 물론 공책은 없었고, 내 프랑스어 실력은 다시 그대로였다. 그러나 나는 궁금했다. 만약에 말이다, 만약에 내가 꿈의 "베일을 뚫고" 그 새로운 능력을 그대로 가져올 수 있다면 어떨까?

2007년 18세인 마테즈 쿠스*Matěj Kůs*라는 이름의 체코인 모터사이클 레이서가 사고로 의식을 잃었다. 사고 전에 그가 알던 영어는 가장 기초적인 문장들뿐이었는데, 깨어난 뒤에 그는 구조대원들과 완벽하고도 유창한 영어로 이야기하고 있었다. 소속 팀 프로모터인 피터 웨이트*Peter Waite*는 소스라치게 놀랐다.

> 내 귀를 믿을 수가 없었어요. 마테즈는 진짜 깔끔한 영어 악센트로 말하고 있었어요. 사투리나 다른 어떤 것도 없었죠. 그때 무언가 마테즈의 머릿속을 바꿔놓은 게 틀림없어요. 사고가 나기 전에 마테즈의 영어는 좋게 말해도 엉망이었어요. 마테즈가 의료진과 완벽한 영어로 대화하는 걸 앰뷸런스 문 앞에 서서 듣고 있었다니까요. 마테즈는 자신이 누군지, 어디에 있는지 아무런 기억도 못 했어요. 체코인이라는 것도 몰랐죠.[7]

안타깝게도 쿠스는 새로운 능력을 곧 잃어버렸고, 마치 자신이 최면 트랜스 상태에 있었던 것처럼 사고 때 일어났던 일도, 그 뒤로 이틀 동안 있었던 일도 전혀 기억 못 했다. 하지만 이런 일이 쿠스에게만 일어나지는 않았다. 2010년 4월 12일 영국 〈텔레그래프*Telegraph*〉지는 혼수상태에서 깨어나서 독일어로 유창하게 말하는 크로아티아 소녀의 이야기를 실었다. 그 아이는 독일어를 학교에서 막 배우기 시작한 참이었다. 그리고 자신의 모국어인 크로아티아어로는 더 이상 말하지 못했다. 정신과 의사 미조 밀라스*Mijo Milas*는 이 흥미로운 현상을 이렇게 설명했다.

> 과거에는 이런 일을 기적이라고 했을 것이다. 우리는 틀림없이 논리적인 설명이 가능할 거라고 생각하기를 좋아한다. 우리가 아직 그것을 찾아내지 못했을 뿐이다. 심하게 아프다가 혼수상태에 빠진 사람들이 깨어나서는 다른 언어로 말하는 경우들이 종종 있다. 심지어 고대 바빌론이나 이집트에서나 사용하던, 성경에나 나오는 언어로 말하는 경우도 있다.[8]

자각몽, 유체이탈, 원격투시, 최면 트랜스, 혼수상태 또는 임사체험의 경우에, 우리의 생각하는 마음은 평소보다도 소스필드를 훨씬 더 많이 이용하고 있는지 모른다. 이런 상황들은 다양한 언어를 구사하는 능력을 비롯해서, 소스필드에 저장된 정보에 접근할 훨씬 더 많은 기회를 주는 것처럼 보인다. 에드가 케이시는 최면트랜스에 들어 있을 때, 그를 만나는 사람들의 언어로 짧은 농담을 하거나 심지어 그들과 흠잡을 데 없이 대화하기도 했다는 사실을 사람들은 잘 모른다. 케이시가 깨어 있을 때는 영어 말고는 다른 언어로 말하지 못했다. 하지만 트랜스 상태에서는 24개가 넘는 언어로 말한 것으로 추정된다.[9]

라버지 박사는 꿈속의 모든 풍경, 모든 대상물, 모든 사람과 상황들이 당신 자신의 어떤 일면들을 나타내준다고 믿는다. 꿈은 당신의 잠재의식이나 '아스트랄 자아*astral self*', 또는 그 모두로부터의 메시지이며, 그런 꿈이 사용하는 언어는 상징이다. 꿈속에서 당신은 깨어 있는 삶으로부터의 다양한 문제들을 보게 되지만, 그들은 흔히 가장한 모습으로 나타난다. 깨어 있는 삶에서 누군가가 당신을 함부로 대하면, 그들은 꿈속에서 예컨대 괴물로 나타나기도 한다. 꿈속의 모든 것은 상징적이며, 모든 상징은 당신의 일부분 또는 깨어 있는 삶에서 당신에게 일어나는 어떤 상황이다. 이 상징 언어들의 기본 속성들은 꿈 연구자들이 잘 이해하고 있다.[10] 지구가 파괴되고 있는 꿈을 함께 꾸면서, 그것이 세상에 임박한 실제 사건들을 말해주는 예언인 양 하는 사람들을 지켜보는 것만큼 절망스러운 일은 없다. 오히려 그것은 그들의 삶에서 이제 막 일어나려 하거나, 이미 일어나고 있는 어떤 커다란 변화를 반영하는 것임에도 말이다.

따라서 꿈속에서 무섭고, 위협적이고, 공격적인 무언가에 마주치면, 그것을 악몽으로 생각할 필요가 없다. 그런 무서운 상황들은 틀림없이 꿈이라는 사실을 알아채고, 자각 상태가 되는 기회로 이용하려고 연습하면 된다. 라버지 박사는 그런 악마 같은 모습들은 궁극적으로 당신이 용서하고 받아들이지 않은 당신 자신의 어떤 일면을 나타낸다고 말한다. 자각몽의 기술을 배우게 되면, 최악의 악몽들을 재빨리 위대한 승리들로 바꿔놓을 수 있다. 어떻게 하면 되는지 라버지 박사의 경험담을 들어보자.

> 교실에서 일어난 난동의 한가운데에 있는 꿈을 꿨다. 몹시 격분한 무리들이 의자를 던지고 치고받고 하면서 난동을 피우고 있었다. 그들 가운데 거대한 골리앗 같은 곰보 얼굴의 혐오스러운 야만인이 꼼짝달싹 못하는 나를 손아귀에 부여잡고 있었다. 이때 나는 그게 꿈임을 알았고, 그전의 비슷한 상황들을 다루면서 배웠던 것을 기억하면서, 그 즉시 발버둥치기를 멈췄다. 나는 어떤 행동이 적절한지 절대적으로 확신하고 있었다. 오직 사랑만이 내 내면의 갈등을 진정으로 해결한다는 사실을 알았고, 그 괴물과 얼굴을 마주 보고 서서 사랑을 느끼려고 시도했다. 처음은 혐오감과 역겨움만 느끼면서 완전히 실패했다. 그 괴물은 사랑하기에는 그냥 너무도 추했고, 그것이 내 본능적인 반응이었다. 하지만 그 이미지를 무시하면서 내 가슴에서 사랑을 느끼려고 노력했다. 그러면서 좋은 말을 해줘야겠다는 내 직감을 믿고서 괴물의 눈을 바라봤다. 그를 포용하는 아름다운 말들이 내 안에서 흘러나왔고, 그렇게 하자마자 괴물은 내 안으로 녹아 들어갔다. 난동은 아무런 자취도 없이 사라져버렸다. 꿈은 끝났고, 나는 아주 평온함을 느끼면서 깨어났다.[11]

라버지와 여러 사람들이 말한 대로, 꿈꾸는 이는 그런 불쾌한 존재들이 그들에게로 다시 합쳐질 때 흔히 눈부신 하얀 빛을 경험한다. 그리고 눈물을 흘리면서 깨어난다. 나는 이런 경험을 여러 번 했고 아주 깊이 감명받았다.

거의 매일, 나는 사람들이 점점 더 깨어나고 있다는 이야기를 듣는다. 그들이 세상의 집단의식과 그 영향에 더 동조되는 것이다. 나는 이것이 우연이 아니라고 믿는다. 뒤에서 탐험하게 되겠지만, 우리의 생각하는 마음은 우리의 온 태양계에 영향을 주고 있는 외부의 힘으로 에너지적으로 변화하고 있다. 그리고 이것은 아주 흥미로운 질문을 던져준다. 꿈 세계의 규칙들을 물리적 세계에도 적용하는 일이 가능할까? 우리 모두가 집단의식을 공유하고 있다면, 단지 우리 생각의 힘만으로도 세상이 더 나아지도록 할 수 있는 실현 가능한 일들이 있는 걸까? 우리의 삶을 나아지게 하면 다른 이들의 삶도 더 나아지게 할 수 있을까? 우리의 마음을 바꾸면 꿈도 바꿀 수가 있을까? 여기, 세상 사람들의 전반적인 건강을 증진하는 데 우리가 지금껏 믿었던 것보다 훨씬 더 큰 힘을 가졌다는 엄밀한 증거가 있다.

자신을 치유하여 세상을 치유한다

2년의 기간 동안, 3회에 걸쳐 어림잡아 7,000명의 사람들이 모였다. 이 모임들이 이루어지는 동안, 그들은 전 세계의 모든 테러 행위를 경이롭게도 72퍼센트나 줄였다. 이런 놀라운 결과가 갖는 전략적 가치는 분명히 국가 안보에 엄청나게 중요한 사안일 것이다. 이 사람들이 외교관, 정치인 아니면 다음번 공격의 음모를 꾸미는 군사기획자들이었을까? 그들은 빗발치는 총탄을 무릅쓰고 참호로 뛰어들어 사람들을 구하는 평화 운동가들이었을까? 아니면 정부 청사 앞에 모여서 변화를 요구하는 시위대였을까? 그들은 정확히 무슨 일을 한 걸까?

그 대답은 우주가 정말로 일하는 방식에 대해 우리가 안다고 생각하는 모든 것들을 바꾸기에 충분할 듯하다. 이 사람들은 함께 모여서 명상했다. 사랑과 평화를 생각하면서 말이다. 이 내용은 〈범죄자 교정 저널*Journal of Offender Rehabilitation*〉에 게재되어 인정된 과학적인 연구였다는 사실을 기억하기 바란다. 그들은 테러의 주기, 동향, 날씨, 주말, 휴일 따위의 모든 변수들을 배제했다. 때문에 테러리즘의 72퍼센트 감소는 그들의 명상에 의한 것일 수밖에 없고, 그 밖에는 아무것도 없었다.[12] 또 다른 사례에서는 명상 참가자의 수가 800명에서 4,000명으로 늘면서, 1993년 여름 두 달 동안 워싱턴 D. C.의 폭력 범죄가 23.6퍼센트까지 줄었다. 그들이 만나기 전에는 폭력 범죄가 증가하고 있었다. 모임이 끝나자마자 범죄율은 다시 증가하기 시작했다.[13] 이런 효과가 "범죄율의 우연 변동" 때문일 가능성은 5억분의 1보다 낮았고, 기온, 강수량, 주말, 그리고 경찰과 지역 단체들의 방범 활동들을 비롯한 모든 기타 요인들이 배제되었다.[14]

1993년까지 30년 동안 이뤄진 50개의 서로 다른 과학적 연구들이 이 효과가 분명히 작용한다는 사실을 엄밀히 증명했다. 이들은 상호 검토되는 주류 학술지들에 발표되었고, 명상가들이 건강과 삶의 질을 증진했음은 물론, 사고와 범죄, 전쟁, 그리고 여러 다른 요인들도 감소시켰음을 보여줬다.[15] 나는 이 효과가 우리 모두가 어느 정도는 동일한 마음을 공유하기 때문에 작용한다고 생각한다. 우리들의 개인적인 생각들과 우리가 소스필드로부터 직접 얻는 정보 사이에는 균형이 있어 보인다. 일관된 집중력이 뛰어난 사람들은 그들과 가까운 사람들의 뇌파 패턴과 바이오리듬에 영향을 준다는 하트매스연구소의 실험 결과를 잊지 말자. 7,000명의 사람들이 전 세계의 테러리즘을 72퍼센트 줄였다면, 이것은 소스필드가 부정적인 쪽보다는 긍정적인 감정들 쪽으로 의미심장하게 기울어 있음을 말한다.

따라서 누군가 "우린 다 죽을 거야."라고 말하거나, 어떤 꿈이나 예언이 우리가 여기 지구 위에서 미래의 결과를 조절하는 데 할 수 있는 일이 없다는 절망을 당신에게 말하려 할 때는, 그런 근거 없는 두려움이라는 덫에 빠져들지 말라고 강력하게 권장한다. 당신의 삶에서 긍정적인 태도에 집중하는 것만으로도, 당신은 전쟁, 테러리즘, 고통과 죽음을 줄이는 데 도움을 주고 있다는 사실을 우리는 과학적으로 증명할 수 있다. 뒤에서 알게 되겠지만, 러시아에서 혹독한 날씨, 지진, 화산 활동과 같은 환경 변화들도 의식의 영향으로 줄어든다는 설득력 있는 증거가 나오고 있다.

라버지 박사는 꿈속에서 자신을 공격하는 괴물을 정말로 자신과는 무관한 존재로 생각했다. 악당, 적과 같이 나쁜 누군가로 말이다. 그러나 일단 꿈을 자각하게 되자, 라버지 박사는 그 괴물이 바로 자신의 거울이었음을 알게 됐다. 그리고 사랑이 그 문제를 풀어주는 열쇠였다. 이제 우리는 사랑과 평화를 단순히 명상하는 것만으로도 세상 사람들의 행동을 실제로 바꿀 수 있음을 알게 되었다. 이들은 분명히 자유의지로 결정하면서 자신들의 삶을 살아가는 평범한 사람들이다. 우리는 결코 보지도, 만나지도, 알지도 못할 사람들이다. 우리들 가운데 소수의 사람들만이라도 명상가들이 말하는 '순수의식'의 상태로 들어갈 때, 죽음도 테러리즘도 전쟁도 줄어든다. 16세기 스페인의 '십자가의 성 요한'은 "한 사람의 힘은 미약해 보일지라도, 이 순수한 사랑이 조금만 있으면 그것은 다른 모든 수고들을 모은 것보다도 하느님과 영혼에게 더 소중하며, 교회에 더 이롭습니다."라고 말했다.[16] 그가 말하는 '수고들'이란 우리가 세상을 돕기 위한 노력으로 하는 행위들을 의미한다. 《무지의 구름》이라는 책에서, 14세기 영국의 한 존경받았던 사제는 이와 같은 상태를 '순수묵상'이라 부르면서 이렇게 말했다. "여러분이 하는 행동은 여러분이 이해하지 못하는 방식으로 온 인류에게 놀라운 도움을 줍니다. 이것은 자연계와 영계의, 이승이나 저승의 여러분 친구들 모두에게 더 유익한 일입니다. 이것이 없는 나머지 모두는 사실 아무런 가치가 없습니다."[17]

이제 적은 수의 사람들이 집단적 규모에서 모든 이들의 행동에 얼마나 강력한 영향을 주는지를 볼 때, 이 현실 세계가 하나의 자각몽 또는 홀로그램 같다는 생각이 결코 허무맹랑한 소리로 들리지는 않는다. 꿈속 세계의 규칙들을 실제로 이 물리 세계에 적용하면 어떨까? 만일 그렇다면 지구의 이 모든 재앙들이 사실은 두려움, 고통, 슬픔, 그리고 분노라는 우리 내면의 괴로움이 상징적으로 반영된 것일 수도 있다. 오랫동안 명상을 해오면서, 나는 아주 깊은 수준에서 마침내 우리의 슬픔은 아주 그럴듯한 환상, 곧 '외로움'이라는 피할 수 없어 보이는 진실로부터 온다는 결론을 내리게 됐다.

내가 여기서 보여준 증거들은 우리 모두가 하나의 영혼을 가지고 있음을 말해준다. 이 영혼은 끊임없이 우리를 지켜보면서, 그 경험과 생각과 여행을 즐기고도 있다. 나는 그 누구라도 우리 존재의 이 더 큰 측면에 다가가서, 우리가 여기 오기 전에 선택했을 위대한 계획과 '목적'을 이해하는 데, 믿을 만한 영적인 안내를 받는 능력을 개발할 수 있다고 믿는다. 이렇게 하면 우리는 엄청나게 많은 불필요한 고통들을 피할 수도 있을 것이다. 하지만 자신의 '목적'에 저항하면, 더욱더 많은 고통과 어려움과 겉보기에 무작위적인 불운으로 보이는 것들에 마주치게 될 뿐이다. 20세기 초반에 활동했던 뛰어난 영매 에드가 케이시의 말을 빌리면, 우리가 모른다고 해서 위대한 영적 법칙들을 피해가지는 못하는데, 여기에는 타인에게 준 것은 반드시 내게 다시 돌아온다는 카르마*Karma*의 법칙도 들어 있다.[18] 우리가 누군가의 자유의지를 지나칠 정도로 침해했다면, 그와 비슷한 역경을 거치면서 우리 자신을 균형 잡는 데 또 다른 인생이 필요할지도 모른다. 케이시는 또 우리 자신과 타인 모두를 진실로 용서하고 포용해감으로써 카르마의 모든 굴레를 벗어던질 수 있다고 했다. 이것이야말로 궁극적으로 우리 모두가 여기에서 이루고자 하는 핵심 '목적'으로 보인다. 그리고 이 일이 쉬웠다면, 그것을 이해하는 데 수많은 환생이 필요하지도 않았을 것이다.

나는 "신*God*"이라는 이름표가 어떤 이들에게는 강렬한 감정을 일으킨다는 것을 알고 있다. 당신이 앞의 몇 장들을 읽고 나서, 그런 "어리석은 개념"에 대해 이제는 좀 달리 생각할지도 모르지만 말이다. 어느 쪽이든 간에, 케이시의 리딩*Cayce's Readings*에서는 우리가 이 책에서 탐구해온 우주적 지성을 이야기하는 데 이 단어를 썼다. 케이시가 최면 상태에 있는 동안 말하는, 그의 더 큰 부분으로부터 왔다고 하는 케이시의 리딩은 오늘날 세상의 온갖 혼란들—전쟁, 테러리즘, 정부의 부패, 자연재해, 지진들—은 모두 우리가 듣고 있는 큰 '이야기'의 부분들이라고 말했다. 그것은 우리 '자신들'에 대한 이야기이자, 우리의 우주와의 관계에 대한 이야기다.

> 여러분이 다른 이들에게 하는 대로, 여러분은 창조자*Maker*에게도 그렇게 하기 때문입니다. 그리고 그 행동들이, 여러분 동료 인간들을 무시하는 거라면 여러분은 여러분의 신을 무시하는 것입니다. 그리고 이것이 오늘날 세계에 존재하는 온갖 모습의 혼란을 가져옵니다. 평화를 충분히 바라고 구하는 무리들이 세상에 있어왔으므로, 평화는 시작될 것입니다. 그것은 분명 우리 안에 있습니다.[19]

케이시의 리딩은 신을 그 누구도 차별하지 않는 —우리 역시 그래서는 안 되는— 우주적인 사랑에 충만한 지성이라고 설명한다. "다른 어떤 문제들보다도 인종과 종교의 차이를 두고 더 많은 전쟁과 더 많은 유혈 사태가 벌어져왔습니다. 이런 것들 또한 모두 없어져야 합니다. 그리고 인류는 배워야 합니다. 종파나 파벌이나 이념이나 집단에 따라 이렇게 저렇게 불릴지라도, 주님은 하나라는 것을."[20] 케이시의 리딩의 말을 빌리면, 효과를 내기 위해 7,000명의 사람들을 모을 필요도 없다. 우리의 크나큰 한 마음의 실재는 충분히 강력해서 열 사람의 영혼만으로도 지구를 위한 놀라울 만큼의 좋은 일을 해낼 수 있다.

> 모든 것에 대한 사람들의 대답은 힘이었습니다. 돈의 힘, 지위의 힘, 부의 힘, 이런저런 것들의 힘. 이것은 결코 신의 길이 아니었으며, 결코 신의 길

이 되지도 않을 것입니다. 대신 조금씩 조금씩, 끊이지 않고, 여기 몇 사람, 저기 몇 사람, 남에게 떠넘기는 것이 아닌 각자의 마음이 온전한 여러 가지 방법으로 세상을 지켰습니다. 그런 이들이 열 명이라도 있었기에, 많은 도시들과 많은 나라들이 파괴를 피할 수 있었습니다.[21]

하와이의 정신과 의사인 휴 렌*Hew Len*[22]은 그가 관리하는 정신과 병동에서 건강과 행복을 크게 늘려주는 비슷한 기법을 찾아냈다. 처음 시작은 만만치 않았다. "정신이상 상태에서 범죄를 저지른 사람들을 수용했던 그 병동은 위험한 곳이었다. 심리요법사들은 한 달 단위로 그만뒀다. 직원들은 자주 아파서 못 나온다고 전화하거나 그냥 그만뒀다. 사람들이 그 병동을 지나가려면 환자들에게 공격받을까 봐 벽에 등을 대고 가곤 했다."[23] 닥터 렌이 하는 일은 그 병동과는 철저히 떨어진 곳에서 하는 일이었다. 약물을 투약하거나 직원들과 치료 계획을 세우기 위해, 또는 그 둘 다를 위해 환자들의 진료 기록 파일을 검토했다. 그런데도 그저 개별 환자들의 파일을 손에 들고 이제 알게 될 "호오포노포노*Ho'oponopono*" 기법을 하는 것만으로도 효과가 나타났다.

> 족쇄를 채워야 했던 환자들이 몇 달이 지나 자유롭게 다니도록 풀려났다. 약물을 집중 투약해야 했던 환자들은 더 이상 약물이 필요 없어졌다. 그리고 한 번도 퇴원할 기회가 없었던 환자들은 병동으로부터 자유로워졌다. 그뿐만이 아니었다. 직원들이 일하러 나오기를 즐거워하기 시작했다. 잦은 결근과 이직이 사라졌다. 환자들이 계속 퇴원하고 있었기 때문에 결국 필요보다 더 많은 직원들이 남게 됐고, 모든 직원들이 출근하고 있었다. 지금, 그 병동은 문을 닫았다.[24]

환자들의 파일을 검토하면서 닥터 렌은 정확히 무엇을 한 걸까? 렌은 단지 그들의 아픔과 문제들을 자신의 것처럼 받아들였고, 자신의 내면에서 그 문제들을 치유하고자 했던 것이다. "나는 그저 '미안합니다.'와 '사랑합니다.'를 계속 되풀이해서 말했을 뿐이다."[25] 닥터 렌은 "호오포노포노"라고 부르는 하와이의 영적인 실천법을 자신만의 형식으로 실행에 옮기고 있던 것이다.[26] 닥터 렌은 다른 사람이나 사건으로 상처받을 때면 언제라도 내면으로 들어가서, 정말로 이런 감정을 느끼게 된 진짜 이유가 무엇인지를 생각하면서 가능한 한 느낌을 실어 이 네 마디를 말하라고 권한다. "사랑합니다. 미안합니다. 용서해주세요. 고맙습니다."[27] 이것이 전부다. 우리는 우리 자신을 치유함으로써 다른 이들을 치유한다. 그리고 더 큰 의미에서 당신과 그 사람은 같은 '마음'을 공유하고 있기 때문에 이것은 틀림없이 효과가 있다.

증거와 믿음, 그리고 희망

나는 살아오면서 몹시도 냉소적인 사람들을 여러 명 만났다. 그들은 영성에 대해 듣고 싶어 하지 않는다. 그들은 종교에도 관심이 없다. 우리에게 "더 높은 목적"이 있다는 사실을 그들은 허무맹랑한 소리로밖에 듣질 않는다. 우주에게는 애정 어린 '목적'—우리는 '인식'이 깜깜한 무(無) 속으로 사라지기 전에 지상에서 잠깐 동안 투쟁하는 '고깃덩이 컴퓨터들' 그 이상의 존재라는—이 있다고 믿는 사람들에 맞서려고 그들은 '과학'이라는 무기를 사용한다.

또 그 맞은편의 극단에서는 종교적인 근본주의자들—기독교인들과 오컬티스트들을 포함하는—을 만났는데, 이들은 그야말로 공격적이기도 하고, 자신들이 틀림없이 옳다고 확신하기도 한다. 신 또는 그런 종류의 다른 많은 단어들 하나를 듣자마자, 그들은 자신들이 그 정확한 의미를 자동적으로 알고 있는 듯이 느끼며, 이제 그들과 토론할 여지는 전혀 없다. 이것은 마치 모든 사람들이 큰 경마 경주에서 저마다 큰 상을 집에 가져가게 해줄 행운의 숫자를 바라는 일과도 같다. 종교인들은 그들 소수의 선택받은 집단은 천국으로 들려 올라가고, 우리 나머지는 영원한 지옥불에 타버리게 되리라는 증거로서, 이 책에 나온 과학적인 업적들을 이용하려 들지도 모른다. 데이비드 배럿*David B. Barrett* 박사는 40년에 걸쳐 444명의 전문가들의 도움으로, 세상에는 10,000개 이상의 종교들이 있으며, 그 가운데 150개에는 적어도 100만 명의 추종자들이 있음을 알아냈다. 배럿 박사는 이들 238개 국가들과 지역들 대부분을 직접 방문했다. 배럿 박사는 기독교에만 믿기 어렵게도 38,830개의 교파가 있다는 사실을 찾아냈다.[28] 따라서 기독교의 38,830개 분파들과 그 밖에 세상의 10,000개 종교들이 뒤엉켜서 거의 50,000개의 집단이 경쟁하고 있을진대, 그들의 방식대로 세상을 보지 않는다면 차라리 죽을 준비를 하는 편이 낫다는 것을 솔직히 얼마만큼의 사람들이 믿을까?

만일 성경학자들이 예수가 이렇게 말했다고 인용했다면 기독교가 얼마나 빨리 실패했을지 상상해보라. "그대의 이웃을 자신처럼 사랑하라. 그가 기독교인인 경우에만. 그렇지 않다면, 가서 그를 죽이라. 그대들은 우리 서로를 위해 좋은 일을 하는 것이니, 나를 믿으라."

나는 소스필드 연구가 점차 주류 과학이 되어 더 이상 무지와 협박 또는 그 이상의 것들에 억압받지 않으면, 그 긍정적인 효과들이 빠르게 늘어나리라는 확신이 든다. 우리는 지도자들과 정치인들이 애초에 우리가 표를 던져준 자신들의 공약들을 지키리라고 기대할 필요가 없다. 앉아서 우리가 어찌하지 못하는 끔찍한 운명으로부터 구원되기를 바라면서 메시아 또는 '신성한 개입'을 기다리고 있을 필요가 없다. 계시록에 대한 케이시의 해석은 '지구의 변화들'이 단순한 무작위적인 사건들이 아님을 확인해주었다. 그것은 서로를 사랑하고 존중하려는 우리의 분투를 다룬 '현실 세계'의 이야기다. 케이시의 리딩 281-16에서, 케이시의 소스*source*는 말한다. "[계시록에 나오는]

장면들, 경험들, 이름들, 교회들, 장소들, 용들, 도시들 모두는 물질세계를 여행하는 개인의 내면에서 전쟁을 일으킬 수도 있는 그런 힘들의 상징에 지나지 않습니다."[29]

그렇게도 많은 기독교인들과 음모이론가들이 떠들썩거리는 그 무시무시한 적그리스도는 또 어찌 된 걸까?

(질문) "계시록에서 말하는 적그리스도는 어떤 모습으로 옵니까?"
(답) "진실의 영에 맞서는 영으로 옵니다. 그리스도의 영의 열매는 사랑, 기쁨, 순종, 인내, 형제애, 친절입니다. 이것은 당연한 것입니다. 증오의 영인 적그리스도는 언쟁, 불화, 흠집 잡기, 자기를 사랑하고 칭찬을 사랑하는 것입니다. 이런 것들이 적그리스도이며, 집단들과 대중들을 손아귀에 넣고, 인간의 삶에서도 모습을 드러냅니다."[30]

케이시의 리딩은 또 많은 사람들—기독교인들이나 그 밖의 사람들—이 고대하는 '환란'의 끔찍한 사건들을 보는 극적으로 새로운 시각을 주었다. 우리가 지금 이미 겪고 있는 지진, 화산 폭발, 쓰나미, 허리케인, 토네이도 같은 재앙들은 우리 각자가 지나고 있는 길을 되비춰 주는 집단적인 거울이라고 말한다. 이것은 우리가 의식을 함께 공유한다는 원리를 다시 한 번 보여준다.

예언된 대환란과 환란의 기간들은 모든 영혼, 모든 개체의 경험들입니다. 이것들은 인간이 지상에 잠시 머물면서 한 행동의 영향들로부터 생겨납니다.

희망은 우리가 직접 경험해보면서 모든 일이 잘될 것임을 알도록 이끌어

주므로, 나는 희망이란 좋은 것이라고 생각한다. 우리가 만일 모든 일이 그리 좋지 않지 않다는 생각이 든다면, 그때 우리는 뭔가를 하면 된다. 이 책은 38,830개의 교파들을 멋지게 통합해주는 정보를 담고 있으며, 그들 모두가 어떤 형태로든 진실을 지니고 있음을 보여준다. 우리 미래에 곧 당도할 황금시대에 대한 그들의 가장 장대한 예언들을 포함해서 말이다.

6장

파괴와 종말이 지구의 운명인가?
: 지구세차운동과 고대의 예언들

2012년부터 2014년까지 동서양의 종교와 점성술가, 예언가들이
지구의 거대한 변화를 예언했다.
우리는 지금 지구 행성 전체를 대규모로 진화시킬 수 있는
25,920년 대주기의 마지막에 와 있다.

우리가 가능하다고 보통 믿는 것보다 훨씬 더 오래된 진보한 고대 문명이 지구 위에 있었을까? 이 조상들이 세계적으로 솔방울샘에 관한 아주 다양한 신화들과 영적인 가르침들을 고의적으로 만든 것일까? 이 문화들 또는 그들의 잊어버린 창조자들이 거대한 돌덩이들을 조작해서 서로 완전히 분리된 두 문화—마야와 이집트—에서 엄청나게 큰 피라미드들을 만든 것은 아닐까? 이 문화들의 사람들은 '신들', 곧 그들보다 훨씬 오래되고 훨씬 더 진보해왔을지도 모를 인간처럼 생긴 외계존재들과의 직접적인 접촉을 즐겼던 것일까? 이 "고대의 우주비행사들"은 우리 모두가 그 일부인 소스필드가 존재함을 이해하고 있었을까? 그리고 실제로 소스필드를 이용해서 생각했던 것일까? 마지막으로, 무슨 일이 있었는지 우리가 알 수 있도록 남겨놓은 이 고대 문화들의 살아 있는 자취들이 충분히 있는 걸까? 이 사람들이 누구이며 그들이 무엇을 알고 있었는지를 이해하도록?

지구는 12,000~13,000년 전쯤의 마지막 빙하기 무렵에 재앙을 겪었음이

거의 확실하다. 많은 고대 우주비행사 이론가들이 제기하는 것처럼, 그 이전에 지구 위에 진보한 문명이 있었다면, 이 대홍수가 그 대부분을 파괴했을 법도 하다. 플렘아스*Rand & Rose Flem-Ath* 부부는 세상의 수많은 독특한 자료들을 한데 엮어 흠잡을 데 없는 연구를 한 결과 이런 결론에 이르게 되었다.

> 세상의 구석구석에서 같은 이야기가 들린다. 태양은 본래의 길을 벗어난다. 하늘은 무너진다. 땅은 지진으로 뒤틀리고 찢긴다. 그리고 마침내 엄청난 파도가 세상을 휩쓴다. 그 재앙의 생존자들은 다시는 그런 일이 일어나지 않도록 많은 힘을 기울이곤 했다. 그들은 마법의 시대에 살았다. 태양신(또는 여신)을 달래거나 태양의 길을 감시하기 위해 정교한 장치들을 만든 것은 자연스럽고 필요한 일이었다.[1]

그레이엄 핸콕의 베스트셀러 《신의 지문》 덕분에, 조르지오 드 샌틸라나*Giorgio de Santillana*와 헤르타 폰 데헨트*Hertha von Dechend*의 학술 연구는 이들 고대 예언들의 연구 분야에서 이제 중심을 차지하고 있다. 왜일까? 그들의 역작 《햄릿의 맷돌*Hamlet's Mill*》은 믿기지 않을 만큼 많은 전 세계의 고대 전설들을 모아 엮었고, 이들이 모두 같은 뿌리를 가졌음을 찾아냈다. 작가 콜린 윌슨*Colin Wilson*이 이것을 명쾌하게 말했다.

> 실제로 샌틸라나는 에스키모, 아이슬란드, 북유럽, 아메리카 인디언, 핀란드, 하와이, 일본, 중국, 힌두, 페르시아, 로마, 고대 그리스, 고대 힌두, 고대 이집트, 그리고 다른 많은 나라들이 간직한 전설들의 풍부한 태피스트리를 내보여 주면서 묻는다. 이 모든 신화들이 어떤 같은 기원을 갖지 않는 한 어떻게 이 희한한 유사성이 생기게 됐을까? 그리고 샌틸라나가 믿고 싶어 하는 대로라면, 이 기원은 천문학에 들어 있다.[2]

그 무엇이 전 세계의 이 모든 문화들로 하여금 천문학에 관련된 정확히 같은 정보를 갖게 할 수 있었을까? 또 이 모든 전 세계의 전설들이 우리에게 알려주려 했던 것은 무엇일까? 그 답은 믿기지 않을 만큼 간단하다. 이 신화들은 장기간의 주기를 지구 궤도에 숨겨놓았고, 이 주기가 끝나는 데는 25,000년 정도가 걸린다. 예언들은 이 극심한 어려움의 기간들은 그들이 흔히 황금시대라 불렀던 것으로 바뀐다고도 말한다. 그 고전적인 사례 하나가 북유럽의 라그나뢰크*Ragnarök*의 전설이다. 이 전설은 가장 비관적으로 들리는 예언 가운데 하나가 틀림없지만, 불핀치*Thomas Bulfinch*가 1855년에 했던 설명처럼 행복한 결말로 끝난다.

> 북부 나라들에서는 모든 피조물들, 발할라*Valhalla**와 니플하임*Niffleheim*의 신들, 요툰하임*Jotunheim*, 앨프하임*Alfheim*, 미드가르드*Midgard***의 거주자들이 그들의 나라와 함께 파괴되는 때가 온다고 굳게 믿었다. 땅은 놀라서 떨기 시작하고, 바다는 넘칠 것이며, 하늘은 갈가리 찢기고, 인간들은 다수가 죽을 것이다. 온 우주가 불에 탄다. 해는 희미해지고, 땅은 바다로 가라앉으며, 별들은 하늘에서 떨어지고, 시간은 더 이상 존재하지 않는다. 이 다음에 앨파두르*Alfadur*(전지전능의 신)가 새로운 하늘을 열고 새로운 땅을 바다에서 솟아나게 한다. 풍요로움으로 가득한 새로운 땅은 아무런 노동과 돌봄이 없이도 열매들을 저절로 맺을 것이다. 사악함과 고통은 더 이상 알지 못할 것이나, 대신 신들과 인간들은 함께 행복하게 살 것이다.[3]

우리가 지금껏 살펴본 증거들을 생각해보자. 나는 이 내용이 문자 그대로

---

* 북유럽과 서유럽의 신화에 나오는 궁전.

** 니플하임, 요툰하임, 앨프하임, 미드가드르(마나하임)는 북유럽 신화에 나오는 아홉 세계에 속하는 나라들로, 각각 안개의 나라, 거인족 요툰의 나라, 요정의 나라, 인간의 나라이다.

의 예언들이라고는 믿지 않지만, 꿈과 같은 상징을 사용해서 우리 미래의 이야기를 들려주는지도 모른다. 우리에게는 우주의 근본 에너지가 의식이며 우리 모두가 어느 정도는 '장(場)과 함께 생각한다'는 강력한 근거들이 있다. 여기 지구 위의 모두를 위해 소스필드의 성격, 특질, 그리고 그 지성마저도 바꾸어버릴 긴 주기들의 시간이 있을 수 있을까? 이 주기들이 우리의 행성 전체를 대규모로 진화하게 할 수 있을까? 그래서 우리 모두가 수천 년 동안 같은 교훈들을 배우면서 거듭 또 거듭해서 환생하지 않도록 말이다. 많은 학자들이 이 25,000년의 대주기가 2012년 또는 이 무렵에 끝난다는 점에 동의하고 있어서, 지금의 세계에 이 주제를 아주 첨예하고 의미 있는 논의거리로 만든다.

세차운동의 이해

이 25,000년의 주기를 이해하려면 지구를 하나의 자이로스코프*gyroscope*로 상상해보면 가장 좋을 것 같다. 시계 방향으로 빠르게 도는 자이로스코프를 하나 가졌다고 하자. 자이로스코프는 처음에는 똑바로 서 있지만, 속도가 줄어들면서 반대 방향 —반시계 방향— 으로 원을 그리기 시작한다. 이제 지구가 이 자이로스코프라고 생각한다. 지구의 자전축이 마치 단단한 막대기처럼 북극과 남극을 꿰뚫은 모습을 본다고 상상해보라. 자이로스코프의 속도가 떨어지면서 그리기 시작한 원처럼, 25,920년 정도의 기간 동안 지구의 축은 정상적인 지구 자전과는 반대 방향으로 미세하고도 느린 원을 그린다. 어떤 고대 신화들은 지구의 자전축을 죽이 담긴 솥에 있는 긴 숟가락에 비유한다. 지구축의 느리게 원을 그리는 운동은 솥을 젓는 것과도 같다(이 모습은 숟가락 끝을 한 곳에 고정시키고서 원을 그릴 때만 보인다).

자전축의 이 느린 운동 때문에 춘 · 추분 동안 밤하늘에서 별들의 위치가

72년마다 1도씩 옮겨간다. 스톤헨지*Stonehenge*에서의 드루이드*Druids**부터 애리조나의 아나사지*Anasazis***까지 많은 문화들이 그랬듯이, 당신이 매년 춘분마다 어떤 별과 일치하도록 교회나 사원을 짓는다면, 별들이 흘러가 버리기 시작했을 때 당신은 정말로 불행해질 것이다. 당신의 손자가 성장할 무렵이면, 그 건물은 이미 현저하게 정렬*alignment*에서 벗어나 있을 것이다.

서양의 점성술에서는, 이 큰 주기를 12개의 '황도대 시대들*Ages of the Zodiac*'로 나누어놓았다. 지구가 이 주기를 따라 움직이면서 그 속도가 아주 조금씩 변하지만, 대부분의 점성가들은 이것을 매년 50각초(角秒)***로 반올림한다. 이것으로 시대마다 2,160년이 걸리는 12개의 황도대 시대들이 만들어지는데, 모두 더하면 25,920년이 된다.[4] 지금 속도인 매년 50.3각초를 바탕으로 이 주기를 계산해보면 25,765년이 나오겠지만, 이것은 변동이 심하기 때문에 대부분의 현대 천문학자들은 어림잡아 25,800년으로 반올림한다.[5] 이 주기를 가리키는 전문 용어는 '분점세차(分點歲差)*the precession of the equinoxes*'다. '세차*precession*'라는 단어는 근본적으로 '운동*movement*'을 의미한다.

샌틸라나와 폰 데헨트의 책 제목이 《햄릿의 맷돌》이었음을 기억하는가? 햄릿 이야기는 궤도 경로가 흔들려가는 '악시스 문디'—지구의 축—를 묘사하는 많은 고대 신화들 가운데 하나다. 지구의 축은 흔히 은유적으로 옥수수를 빻는 맷돌의 축으로 비유된다. 방앗간을 지으려면 무거운 돌 바퀴의 중심을 지나는 수평 나무 막대가 필요하다. 나무 막대는 중심 수직축에 연결된다. 그러면 힘센 일꾼이 막대를 잡고 원을 그리면서 민다. 무거운 돌 바퀴가 돌아가면서 그 밑의 옥수수를 빻는다.

---

* 고대 켈트족의 종교였던 드루이드교의 사제들.

** 미국 애리조나 · 뉴멕시코 · 콜로라도 · 유타 접경 지역에서 발달했던 북아메리카 문명.

*** 1각초는 1도(度)의 3,600분의 1이므로 지구의 자전축이 매년 50각초씩 움직일 때 1도 움직이는 데는 72년이 걸린다.

【그림 12】 옥수수를 빻는 맷돌. 이 이미지는 세계적으로 다양한 고대 신화들에서 25,920년 동안 이뤄지는 지구 축의 느린 흔들림을 묘사하는 데 사용됐다.

많은 신화들은 이와 같은 모습을 설정하면서 축이 부서진다는 내용을 담고 있다. 이것은 지구의 축에 변화가 생기고 있음을 나타낸다고 여겨진다. 그러면서 신화들은 파괴적인 지구 변화가 일어날지도 모른다는 내용들을 특징적으로 담고 있다. 샌프란시스코 주립대학교 물리천문학과 학과장인 수전 리어*Susan Lea* 박사는 이 이야기에 숨겨진 더 심오한 맥락을 설명한다. 이것은 윌리엄 셰익스피어의 작품들보다도 훨씬 더 오래된 것이다.

햄릿의 신화는 우주론적인 이야기로, 분점세차운동을 묘사하고 있다. 셰익스피어가 자신의 목적을 위해 이 이야기를 차용하면서, 이야기의 기원과 의미는 잊혀버렸다. 인도의 《바가바타 푸라나*Bhagavata Purana*》에서는 맷돌을 이렇게 설명했다. "영원히 돌고 도는 별 가득한 천구(天球)로 둘러싸인 비슈누*Vishnu*의 고귀한 보좌는 옥수수 맷돌의 곧추선 축과 같도다." 샌틸라나와 폰 데헨트의 말을 빌리자면, 이 모든 신화들은 세차운동을 설명하기 위한 것으로, 맷돌은 천구의 회전을 나타내고, 맷돌의 축은 극축(極軸)이며 맷돌이 깨진다는 내용은 세차운동을 나타내는 것이다. 각각의 시대는 흔히 홍수 또는 어떤 식으로 물과 관련된 재앙으로 끝난다. 이것이 햄릿의 비극과 잘 맞는 것이다.[6]

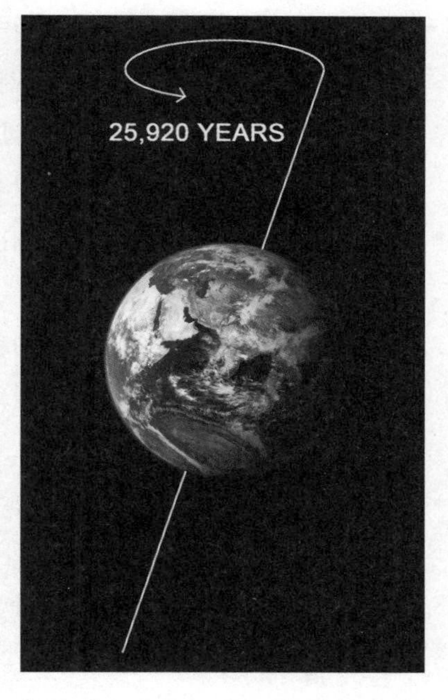

【그림 13】 분점세차 — 25,920년 주기의 지구 축의 흔들림.

이 하나의 주제만으로도 여러 권 분량의 책을 쓸 수 있고, 어떤 이들은 이미 그렇게 했다. 이 신화들에서 하나의 공통된 상징은 지구의 축, 또는 '악시스 문디'다.

기억하겠지만, 3장에서 우리는 '악시스 문디'가 흔히 하나의 돌로 —'태초의 산', 시바의 링감, 벤벤, 옴팔로스 또는 배틸과 같은— 상징되고 이 상징이 솔방울샘과 직접적으로 연관된다는 점을 살펴봤다. 로마인들이 동전에 배틸을 나타내는 높은 피라미드 모양을 사용했다는 점도 잊지 않길 바란다. 그러나 3장에서 우리가 논의하지 않았던 것은 많은 로마 배틸 동전들에 피라미드 모습의 돌 한가운데를 곧장 가로지르는 수직축이 있다는 점이다.

이 성스러운 돌은 딱딱한 것으로 여겨지는데도, 그 안에서는 무언가 신비

> 로운 일이 일어나고 있다. 마치 바깥 피부가 열려서 어떤 종류의 구조를 드러내도록 만들어진 듯싶다. 동전 다섯 개 가운데 네 개에 기둥 또는 지주가 있다. 이 기둥에 대한 현세적이고도 가장 그럴듯한 해석은 '악시스 문디'다. 이 동전들은 신비로운 방식으로 배틸과 관련된 무언가를 말해주고 있을 것이다. 이 동전들 모두에는 천사의 모습도 새겨져 있다.[7]

이런 내용은 로마제국의 지도 계층이 지구축의 운동, 피라미드와 솔방울샘에 대해 호기심을 가지고 지속적으로 매료되어 있었다는 점을 시사한다. 만일 로마인들이 25,920년 주기를 둘러싼 더 크고 세계적인 비밀을 이어받았다면, 이 주기의 끝에 인간 의식에 미치는 직접적인 영향들이 있을 것임을 믿었을 여지가 많다. 이집트의 신화들에서, 두 마리 베누 새들이 벤벤 석을 둘러싸고 있는 모습을 잊지 않길 바란다. 베누는 불사조로서, 급격한 변형을 겪어내는 새다. 이집트인들은 베누의 울음소리가 '신성한 지성'이 정한 시간의 위대한 주기를 만들어낸다고도 가르쳤다. 또 우리는 구도자가 어떻게 불사조와 같은 변형을 이룰 수 있는지에 대한 《이집트 사자의 서》의 가르침도 살펴봤다. 그리고 이 변형이 이루어지면 공중에 뜨고, 기적을 일으키고, 환한 빛으로 빛난다. 비교 전통들과 큰 종교들도 이 영적으로 깨어나는 과정에서 솔방울샘이 중요함을 모두 동의하는 듯해 보인다.

많은 책의 저자들은 이 주기, 그리고 2012년의 분명한 예정된 날짜를 임박한 종말로 생각한다는 경고를 하고 싶어 한다. 내가 만나본 다양한 비밀 프로젝트들에서 일했던 사람들 몇몇은 그들에게 동의했다. 이 주기들이 끝날 때마다 엄청난 지구 변화들이 일어난다는 강력한 증거가 있기는 하지만, 기억하기 바란다. 우리는 이미 그 변화들을 지금 보고 있다는 것을.

최후의 파괴

샌틸라나의 말에 따르면, 전 세계의 고대 전설들은 주기의 끝에 가까워지면서 점점 더 나빠지는 지구의 상태들을 묘사하고 있다. 다시 태어나기 전에 불꽃처럼 죽어가는 불사조와 아주 흡사하게 말이다. 이 예언들이 정부와 사회의 온갖 문제들을 —전쟁, 기아, 질병과 부패, 그리고 지구 변화는 말할 나위도 없이— 내다보고 있기는 하지만, 신화들은 이 문제들이 결국 새롭고 놀라운 황금시대가 시작되게 한다고 말한다. 다시 한 번, 자각몽에서 우리가 유추했던 것을 생각해보면, 마치 이 사건들이 우리가 누군지, 그리고 어떻게 잠들게 되었는지를 전 세계적인 규모로 반영해 보여주는 것만 같다. 그래서 우리 삶들을 긍정적으로 바꾸는 용기를 내도록 말이다. 우주를 통틀어 하나의 지성이 있다면, 그리고 소스필드를 이미 알고 있는 지적인 존재들이 우리를 방문했다면, 그들이 그냥 우리가 어떤 날짜에 모두 죽어버릴 거라고, 그리고 우리가 할 수 있는 일이 아무것도 없다고 말해주려고 이런 예언들을 우리에게 주었다는 생각은 정말이지 우스꽝스러워 보인다.

다음에 살펴볼 예언들은 힌두교의 성전인 《마하바라타*Mahabharata*》에 나온다. 이 예언들은 5,000년 전쯤에 쓰였다고 보이기는 하지만, 지구 변화와 부패와 도덕적 타락의 팽배를 비롯한 최근의 우리 역사들과 현저한 관련이 있어 보인다. 이 전설들에 나오는 숫자들과 상징이 샌틸라나의 이론과 완벽하게 맞아떨어지는 것으로 보아, 《마하바라타》의 저자들은 25,000년의 세차 주기를 알고 있었던 듯하다. 마하바라타에서는 인류가 다시 황금시대로 돌아가기에 앞서, 지상에서 마지막 지옥의 시대 또는 칼리 유가*Kali Yuga*로 들어간다고 묘사한다. 여기서 에드가 케이시의 리딩이 물리적인 재앙들을 다룬 예언들에 대해 말했던 내용을 다시 기억하기 바란다. 그것들은 우리 모두가 겪고 있는 변화들의 은유들이다. 케이시의 리딩은 또 계시록이 일곱 '차크라' 또는 몸의 에너지 시스템을 상징하기 위해 일곱 개로 모둠을 이루는 물체들을 자주 이야기한다고 했다. 여기 이 힌두 경전에서는 시대의 마지막에 나타나는 "일곱 개의 불타는 해"의 형태로 같은 상징이 사용되는 것으로 보인다.

> 칼리 시대에, 브라만들[영적인 지도자들]은 기도와 명상을 그만둔다. 세상은 거꾸로 돌아가게 보이고, 진정으로 이들은 '우주 파괴'의 조짐이 되는 신호들이리라.
> 그리고, 오 사람의 주여, 그때 많은 믈레차*Mleccha** 왕들이 지상을 통치한다! 이 죄악의 군주들은, 거짓 언설에 탐닉하여, 거짓 법도로 백성들을 다스린다. 그리고, 오 사람 가운데 호랑이여, 그때 상인들과 무역상들은, 교활한 속임수로 꽉 차서, 많은 양의 물건들을 거짓 무게와 치수로 판다. 그리고 고결한 자들은 번성하지 못하나, 죄 많은 자들은 지나치게 번성한다. 그리고 선은 힘을 잃으나 죄는 모든 힘을 얻으리라.
> 그리고, 오 왕이여, 그때 일곱이나 여덟 살 소녀들이 아이를 갖고, 열 살이나 열두 살 소년들이 자손을 본다. 그리고 여인들은 부도덕한 행동과 사악한 관습을 익혀서, 가장 좋은 남편들마저도 속이리라.
> 오 왕이여, 네 개의 유가를 이루는 수천 년의 마지막에 다가가서 사람의 수명이 몹시도 짧아질 때, 몇 년 동안이나 가뭄이 생기리라. 그리고 그때, 오 땅의 주여, 힘과 활력이 조금밖에 없는 사람과 뭇 생명들은 굶주림으로 수천 명이 죽으리라.
> 그리고 그때, 오 사람의 주여, 일곱 개의 불타는 해가 하늘에 나타나서, 땅 위 강과 바다의 모든 물을 마셔버리리라. 삼바타카*Samvartaka*라는 불이 바

* 아리아인이 아닌 야만인을 뜻하는 산스크리트.

> 람에 휘날리며, 이미 일곱 개의 해로 잿더미가 돼버린 땅 위에 나타난다. 그때 그 불은 땅을 꿰뚫고 지옥에도 나타나서, 신들의 가슴에 크나큰 두려움을 일으키리라. 그리고, 오 땅의 주여, 땅 위의 모든 것들처럼 지옥도 불길에 휩싸여, 그 불은 한순간에 모든 것들을 파괴하리라.[8]

나는 이 최후의 파괴라는 예언을 문자 그대로 생각하지 않는다. "일곱 개의 불타는 해"는 인류에게 일어나는 갑작스러운 영적인 깨달음을 상징하는 듯하다. 이 글에서처럼 땅 위의 모든 것들이 이 믿기지 않는 불로 "한순간에 파괴된" 바로 뒤에, 이야기는 수수께끼처럼 이어진다. 그리고 모두가 아직 살아 있다. 한 구원의 인물이 초자연적인 능력을 가지고 이제 나타나서, 악인들을 물리치고 행성의 변형을 돕는다. 상징은 다시 여기서도 구사되는 것으로 보인다. 이런 꿈같은 신화들이 전 세계에 있으며, 힌두의 예언은 오늘날 우리 세상의 모습과 놀랍게도 비슷해 보인다. 여기서 나오는 불타는 재앙은 전광석화 같은 속도로 우리 사회를 휩쓸 세계적인 변화들의 또 다른 은유적 상징으로 보인다. 우리가 무지로 쌓아 올린 모래성을 허물어버리고, 우리가 하는 오래된 행동 방식을 없애버릴 변화들의 상징인 것이다. 케이시는 계시록을 해독하면서 아주 비슷한 은유들을 묘사하기도 했다.

황금시대의 도래

누군가는 사회에서 일어나는 일들은 언제나 이렇듯 도전적이었고, 《마하바라타》의 저자들은 그저 우리가 결코 도달하지 못한 영적인 이상을 애타게 그리워할 뿐이라고 주장할지도 모른다. 그런데도, 힌두 신화들은 문자 그대로 지상낙원인 황금시대로 시작해서, 점차 몇천 년 동안의 칼리 유가로 이끌고 내려간다. 샌틸라나가 말하는 세상의 모든 신화들은 일들이 점점 더 나

빠져가고, 그때 우리는 대규모 지구 변화를 —우리가 지금 보고 있는— 겪게 된다고 이야기한다. 어떤 신화들은 홍수로 막을 내린다. 힌두 신화들은 불로 끝난다. 논리적으로 볼 때 25,000년 주기의 끝에 "모든 것들이 한순간에 파괴"됐다면, 지구 위의 그 어떤 생명도 아주 오랫동안 살아남을 수가 없었다. 그래서 정말로 우리는 이 예언을 문자 그대로 받아들여서는 안 된다. 이와 비슷하게 성경의 창세기에서는 아담과 이브로 —지구 위의 최초의 사람들이라고 하는— 시작하고 계시록에서의 엄청난 재앙으로 막을 내린다. 성경에서도 이것이 끝이 아니라, 환란은 새 하늘과 새 땅으로, 눈부시게 빛나는 장엄한 황금시대로 바로 이어진다.

우리가 성경에서 보다시피, 힌두의 예언은 파괴로 끝나지 않는다. 어마어마한 삼바타카 불은 새로운 창조, 곧 크리타*Krita*, 또는 황금시대로 이끈다.

> 그리고 이 끔찍한 시간이 끝날 때, 창조는 새롭게 시작되리라. 크리타[황금]시대는 다시 시작될 것이다. 구름은 때에 따라 소나기를 쏟고, 별들과 별자리들은 상서로워질 것이다. 제각각의 궤도를 도는 행성들은 무척이나 알맞으리라. 그리고 모든 곳에서 번영과 풍요와 건강과 평화가 있으리라.[9]

힌두의 예언에서, 황금시대는 모든 고난이 마침내 끝나기에 앞서 자연과 우주의 균형을 바로잡으면서 —놀라운 번영과 풍요와 건강과 평화를 창조하면서— 시작한다. 그러면 힌두교만의 메시아인 칼키*Kalki*가 일을 끝내기 위해 등장한다. 칼키는 우리 모두가 자각몽에서 할 수 있는 것과 비슷한 '상승한*Ascended*' 능력을 가졌음이 분명하다. 칼키는 그냥 생각만으로도 전차들과 무기들과 전사들을 나타나게 한다.

> '시간'의 임명을 받고 칼키라는 이름의 한 브라만이 태어나리라. 그는 비

> 슈누를 찬미하고 놀라운 에너지와 놀라운 지능과 놀라운 용맹을 가졌다. 전차들, 무기들, 전사들과 갑옷들이 칼키가 생각하자마자 필요한 대로 있으리라.[10]

이 대규모 변화에 대한 에드가 케이시의 리딩의 말을 빌리면, 우리가 이 과정을 겪으면서 우리 모두에게 일어나는 일은 '그리스도의 재림'이다. "모든 사람에게 이 약속은 지켜집니다. 빛의 왕관이 주어질 것입니다. 그대들은 빛의 강, 지식의 분수, 권능의 산들처럼 될 것이며, 배고픈 자에게는 목초처럼, 지친 자에게는 휴식처럼, 약한 자에게는 힘처럼 될 것입니다."[11] 따라서 다음에서 읽을 타락한 사람들이 죽임당하는 전쟁과 폭력적인 행동들은 필시 꿈과 같은 상징주의의 일부다. 글 그대로 사람들이 죽임을 당한다기보다는, 자신 안에서 에고를 —조종, 권력, 통제에 집착해온 우리의 부분을— 정화하려고 우리 모두가 걷고 있는 여행의 상징적인 이야기일 것이다.

> 그는 왕들의 왕이 될 것이며, 선의 힘으로 승리를 거두리라. 그리고 그는 피조물들과 제 길에서 모순되는 것들로 들끓는 이 세상에서 질서와 평화를 되찾을 것이다. 그 브라만은 이 천하고 비열한 믈레차들이 숨은 곳이라면 어디든 찾아내서 모두 몰살하리라. 브라만들이 도둑과 강도들을 전멸시키고 나면, (지상) 모든 곳에서 번영이 있으리라. 이렇게 죄악이 뿌리 뽑히고 크리타의 시대가 오면서 선이 번성하면, 사람들은 다시 한 번 스스로 종교 의식을 하게 될 것이다.
>
> 그리고 브라만들은 선하고 정직해질 것이며, 엄격한 금욕 생활에 전념하는 정화된 브라만들은 무니스*Munis*[고요한 명상가들]가 되고, 비열한 인간들이 가득했던 수행자의 거처는 다시 한 번 진리에 헌신하는 사람들의 집이 될 것이다. 그리고 보통 사람들도 진리를 공경하고 실천하기 시작하리라.

또 땅에 뿌려진 모든 씨앗들은 자랄 것이며, 그리고, 오 군주여, 모든 종류의 곡물들이 모든 계절에 자라리라. 사람들은 헌신적으로 자선을 베풀고 서약하고 준수할 것이다. 그리고 지상의 통치자들은 그들의 왕국들을 고결하게 다스리리라.[12]

헬레나 블라바츠키의 논란이 많은 작품 《비밀의 교리*The Secret Doctrine*》를 읽어보면, 원본에서 발췌한 이 힌두 예언에 관련된 더 많은 정보가 보인다. 이 예언에는 칼키가 보낸 '여덟 명의 초인 스승들'이 보이는데, 지금 우리 대부분이 가진 능력을 분명코 훨씬 넘어서는 사람들이다.

네 개의 시대들 또는 유가들에서 '사트야 유가*Satya Yuga*'가 항상 처음에 오므로, 칼리는 마지막에 온다. 칼리 유가는 지금 인도에서 대세를 이루고 있고, 서구 시대의 그것과 일치해 보인다. 어쨌거나 《비슈누 푸라나*Vishnu Purana*》에서 파라샤라*Parashara*가 마이트레야*Maitreya*에게 이 칼리 유가의 어두운 영향들과 죄악들의 일부를 예견해준 것을 보면, 이 경전의 거의 모든 내용들이 얼마나 예언적이었는지가 신기할 따름이다. 파라샤라는 '야만인들'이 인더스 강둑의 주인이 되리라고 말하고 나서 다음처럼 덧붙인다.
"그러므로 칼리 시대에는 인간들이 전멸(프랄라야*pralaya*)에 이를 때까지 끊임없이 쇠락해가리라. 칼리 시대가 거의 끝날 무렵, 존재하는 그 신성한 존재의 일부, 그 영적 본질의 일부가 땅으로 내려오리라. 칼키 아바타*Kalki Avatar*는 여덟 명의 초인 스승들을 보냈노라. 그는 지상에 정의를 다시 세울 것이며, 칼리 유가의 마지막을 사는 사람들의 마음은 깨어나고 수정처럼 맑고 깨끗해지리라. 그렇게 변화한 사람들은 인간의 씨앗이 되고, 크리타시대, 순수의 시대의 법을 따를 인종을 낳으리라."[13]

에드가 케이시는 리딩에서 자신이 말했던 "다섯 번째 뿌리 인종"을 두고 자세하게 들어갔다. 존 반 아우켄*John Van Auken*은 '연구와 깨달음 협회*the Association for Research and Enlightment*'의 잡지 〈내면으로의 모험〉 2009년 3·4월호에서 이 예언을 놓고 설명했다.

> 케이시의 리딩은 새로운 시대와 그가 "다섯 번째 뿌리 인종"이라 불렀던 새로운 육체 형태로의 변화를 예견했는데, 이것에 앞서 네 개의 시대와 육체 형태들이 있었음을 말해준다. 육체의 변화는 한동안 진화의 형태로 일어나왔지만, 어쩌면 돌연변이를 거치면서, 혼이 담긴 의식에 더 걸맞을 새로운 육체들이 생길 것이다. 우리는 지금의 우리 몸에 만족할지도 모르지만, 인간의 모습으로 있으면서 더 우주적인 의식을 가질 수 있는 한층 고성능화된 모델로 다시 사는 모습을 상상해보라. 멋지게 들린다. 특히 "사탄의 발이 묶이고", "어떤 악마도 새로운 땅에서 영혼들을 훼방 놓거나 유혹의 시험을 하지 못하는" 새로운 시대와 함께 이루어진다면 말이다.[14]

황금시대는 언제 오는가?

《비밀의 교리》에 나오는 마하바라타의 내용으로 돌아가 보면, 우리를 감질나게 하는 실마리와 마주치게 되는데, 그것은 바로 고대 힌두 경전들이 황금시대가 오는 정확한 시간의 창을 보여주었다는 점이다. 이 경전들은 이것을 드물게 일어나는 태양계 행성들의 정렬과 관련시키고 있어서, 우리가 정확한 날짜를 계산하도록 해준다.

이렇게 전한다. "해와 달과 달의 별자리 티샤*Tishya*와 행성 목성이 한 성수

(星宿)*에 들어갈 때, 크리타(또는 사뜨야 유가)시대가 돌아오리라."[15]

블라바츠키의 책에서는 이 일이 언제 일어나는지 계산되지 않았지만, 제프 스트레이*Geoff Stray*는 《2012년을 넘어》에서 해박한 의견을 내놓고 있다.

> 《샴발라로 가는 길*The Way to Shambhala*》에서 에드윈 베른바움*Edwin Bernbaum*은 티샤 별자리(게자리의 일부분)와 같은 4분원에서 모두 만날 때 황금시대가 올 거라고 했다. 내 천문 소프트웨어[Cyber-Sky]에서는 이 일이 일어나는 다음 시간이 2014년 7월 26일로 나온다.[16]

이 결과는 마야력의 끝인 2012년 12월 21일로부터 겨우 1년하고도 반년이 지난 시점이다. 그레이엄 핸콕이 이 책의 초고를 검토할 때까지만 해도, 나는 대부분의 천문학자들이 서양의 물고기자리 시대에서 물병자리 시대로 옮겨가는 시기가 2011년이나 2012년쯤으로 믿는다고 알고 있었다. 피터 르메주리에*Peter Lemesurier*의 《대피라미드의 비밀을 풀다》에서는 프랑스 국립지리연구소가 물병자리 시대는 2011년에 오는 것으로 확정했다고 했다.[17]

분명히 물병자리 시대의 시점을 두고 진지한 논쟁이 벌어지고 있다면, 우리는 소매를 걷어붙이고 해답을 찾아 들어가 볼 필요가 있다. 대부분의 천문학자들은 춘분 때의 일출이 물병자리로 옮아갈 때 물병자리 시대가 시작된다고 생각하지만, 그것이 언제인지는 아무도 동의할 수 없다. NASA의 '확실하게 대답해드립니다' 웹사이트에 들어가서 데이비드 스턴*David P. Stern*에게 물병자리 시대가 언제 시작되느냐고 물으면, 그의 확실한 답은 "모르겠다."이다.[18]

---

*천구(天球)를 달이 지나는 별자리에 따라 27개 또는 28개의 구역으로 나눈 각각의 구역.

> 고대인들은 가장 밝은 별들로 별자리들을 정했고 그 정확한 경계는 긋지 못했다. 현대의 성도(星圖)들은 미국 서부 주들의 경계처럼 대개 직선으로 정확한 경계를 그리고 있지만, 춘분점이 현대의 물고기자리와 물병자리의 경계를 언제 지나는지는 모르겠다.[19]

세차운동은 B. C. 146년 3월 24일의 춘분 무렵에 연구를 시작한 히파르크스*Hipparchus*가 다시 발견했다. 곧 알게 되겠지만 이것은 중요한 날짜다. 천문역사가인 셜리 버칠*Shirley Burchill*은 히파르크스가 훨씬 더 오래된 기록들을 가지고 연구하고 있었다고 주장했다.

> 히파르쿠스의 많은 연구는 오로지 자신보다 앞서 간 천문학자들의 연구를 참고할 수 있었기 때문에 가능했다. 고대 바빌로니아인들은 천문 관측 기록, 그리고 그 방법들과 도구들을 남겼다. 히파르쿠스가 이 정보들을 이용했고, 또 이 자료들로 비교할 수 있었다는 점을 보여주는 많은 증거가 있다. 히파르쿠스의 정밀한 분점 측정은 사실 고대 바빌로니아인들의 지식을 수학적으로 해석한 것이었다.[20]

데이비드 앤드류 드즈므라*David Andrew D'Zmura*는 고대의 일부 자료를 참고해서 언제 물병자리 시대로 들어가는지를 계산하는 방법을 만들었다. 드즈므라는 찾아냈고 마침내 미국 특허(676618번)를 취득했으므로, 그의 발견을 도둑맞지 않을 것이다. 자신의 특허에서 드즈므라는 히파르크스가 B. C. 146년에 자신의 모든 획기적인 천문학 연구를 시작하도록 영감을 받았음을 시사한다. 곧, 어떤 귀띔을 받았기 때문이라는 것이다. 위에서 말한 대로 히파르쿠스는 고대 바빌로니아의 기록들에 접근했다. 우리는 바빌로니아인들이 그들의 성스러운 예술품들에서 솔방울샘, 솔방울, 악시스 문디, 날개 달린 천사와 같은 상징들을 보여주었음을 앞에서 살펴봤다. 이 기록들이 B. C. 146년 또는 그 무렵이 우리가 물고기자리 시대로 들어간 때임을 보여줬을 가능성이 충분하다. 여러 전통들이 이 지식을 줄곧 비밀로 지켰다면, 새로운 황도대 시대의 도래에 대한 엄청난 관심이 있었을 듯도 하다. 이 중대한 순간이 왔을 때 어떤 일이 벌어질지는 아무도 장담하지 못했다. 모든 사람들이 이 시대들을 움직이는 거대한 주기를 이해하려고 별들을 바라보고 있었을 것이다. 그리고 히파르쿠스가 밤하늘에서 별들의 밝기를 분류하는 데 썼던 방법은 지금도 사용되고 있다.[21]

드즈므라는 B. C. 150년에서 A. D. 2000년 사이의 기간 동안 지구의 흔들림이 얼마나 빨리 움직여왔는지의 추정치를 바탕으로 세차운동의 평균치를 계산했고, 전통적인 황도대 시대의 기간인 2,160년보다 아주 세밀한 숫자인 2,158.1914를 찾아냈다. 이 기간을 히파르쿠스가 연구를 시작한 B. C. 146년의 날짜에 더하면, 2012년의 시작에서 70일 뒤가 나온다.

> 2012년의 이 날짜를 영성가들, 신비가들, 그리고 이를 믿는 사람들과 이 때 메시아가 온다고 예지하는 많은 사람들은 중요하게 받아들인다.[22]

힌두인들, 마야인들과 이집트/그리스/로마의 점성학 전통은 모두 거대한 변화가 일어날 것으로 예측되는 시간의 창으로서 이 동일한 2년 동안의 기간에 —2012년에서 2014년까지— 집중되는 듯하다. 이 2012년 예언들이 대서양의 양쪽에서 나타나는 진정으로 세계적인 현상이라는 점을 거의 아무도 알지 못한다. 신화들과 예언들 속의 더 늘어가는 자료들은 우리가 이 시간의 창에 '다섯 번째 뿌리 인종'으로의 불사조 같은 변화를 겪게 될지도 모른다는 것을 보여준다. 궁극적으로 지구 위의 모든 사람들에게 영향을 미칠지도 모를 그런 변화를 말이다. 이런 일이 정말로 우리에게 일어날 수도 있다는 것이 불가능하고 비현실적인 꿈처럼 보이기도 하지만, 그야말로 하고 싶지 않은 일은 그저 기다리면서 지켜보는 것이다. 나는 그저 "예언들을 믿으면서", 우리가 이 문제를 규명하기 위해 더 연구해볼 여지는 없는지 알아보려고도 하지 않는 일이 더 안 좋다고 생각한다.

아스클레피오스의 비가(悲歌)

우리 미래에 대한 또 다른 뛰어난 예언적 전망이 최소한 A. D. 400년까지 거슬러 올라가는 —어쩌면 훨씬 오래된— 한 고대 이집트 문서에 나온다. 이 문서는 "아스클레피오스의 비가*Asclepius's Lament*"로 알려졌고, 아스클레피오스와 헤르메스가 주고받았다고 하는 대화이기 때문에 '헤르메스 문서'로 분류되고 있다. 아주 초기의 기독교인들은 이 내용을 알고서 인용했음이 틀림없다. G. R. S. 미드*Mead*는 헤르메스 문서들의 연대 추정 문제들을 1906년에 논의한 바 있다.

> 원본 문서의 연대나 종교사에서의 정확한 가치에 대해 그것을 근거로 어떤 결론을 내는 일은 불가능하다. 하지만 우리가 가진 라틴어 번역본이 고대의 것이라는 점은 아우구스티누스*Augustine*가 그것을 구두 인용한 것으로 증명된다. 그러므로 이 문서는 늦어도 A. D. 400년경에는 존재했다. 그러나 전통적으로 이것은 훨씬 더 오래된 것으로 여겨졌다.[23]

케이시의 리딩에서는 케이시 자신이 대피라미드의 마스터 건축가였고,[24] 예수의 전생으로도 태어났었다고도 하면서,[25] 헤르메스의 시대가 대략 12,000년 전이라고 거듭해서 말하고 있다.[26] 미드의 책에는 아스클레피오스 비가의 더 오래되고 더 이해하기 어려운 번역문이 들어 있다.[27] 그레이엄 핸콕은 코펜하버*Copenhaver*[28]와 스캇*Scott*[29]의 현대 번역문으로부터 가장 뚜렷하고 가장 시적인 내용들을 모아 엮었는데, 이것은 다음과 같은 내용의 더 새롭고 친근한 버전으로 온라인의 다양한 곳에서 —출처가 밝혀지지 않은 채로— 보이고 있다.[30]

> 이집트인들이 진심 어린 경건함과 헌신으로 신을 공경했던 일이 부질없는 짓이 되어버릴 때가 올 것이다. 신들이 땅으로부터 하늘로 돌아오리라.
> 오 이집트, 이집트여, 그들의 종교는 공허한 이야기 말고는 아무것도 남지 않으리. 오로지 돌들만이 그들의 경건함을 말해주리니.
> 그리고 그날, 사람은 세상이 싫어질 것이며, 우주가 경이롭고 숭배할 가치가 있다는 생각을 더 이상 하지 않을 것이다. 그러므로 종교는, 모든 축복들 가운데 가장 큰 축복인 종교는 파괴로 위협받을 것이며, 사람은 그것을 짐으로 생각하고 경멸하게 되리라.
> 영혼에 대해서는, 그리고 내가 가르쳤던 대로, 영혼이 본래 불멸이라는 믿음 또는 영생을 얻으려는 바람도 —이 모두를 그들은 비웃고, 그것이 거짓이라고 스스로를 설득하기조차 할 것이다. 신들은 인간에게서 떨어질 것이다. 통탄할 일이 되리라! 그리고 사악한 천사들만이 남을 것이며, 사람과 섞여서, 가엾은 야만인들을 온갖 범죄와 전쟁과 강도짓과 사기 행위, 그리고 영혼의 본성에 적대적인 모든 것들로 몰아갈 것이다.
> 그때가 되면 땅은 흔들리고, 바다에는 한 척의 배도 없을 것이며, 하늘의 별들은 궤도를 잃고, 신들의 모든 목소리들은 침묵하도록 강요될 것이다. 대지의 열매들은 썩을 것이고, 흙은 불모지가 되고, 공기는 우울하게 가라앉아 역겨울 것이다. 모든 것들이 엉망이 되고 빗나갈 것이며, 모든 선함은 사라질 것이다.
> 그러나 이 모든 일이 닥치면, 그때 만물의 창조자인 신 아스클레피오스가

> 길을 잃은 사람들에게 올바른 길이 되어 돌아오리니, 그는 악의 세상을 홍수로 휩쓸고, 성난 불길로 태우고, 전쟁과 역병으로 쫓아내서 깨끗하게 하리라.
>
> 그렇게 해서 그는 자신의 세상을 본래 모습으로 되돌려서, 우주는 숭배하고 경외할 만한 것으로 다시 한 번 여겨지리라. 이것이 우주의 새로운 탄생이요, 다시 한 번 모든 것들을 선하게 만드는 것이요, 모든 자연의 신성하고 장엄한 복원이요, 그리고 영원한 '창조자의 의지'로 '시간'의 과정 속에서 이루어지는 것이니.

다시 말하지만, 홍수, 불, 전쟁과 역병은 이미 실현된 일이고, 우리는 지구의 최근 동향이 현대에 있어서 전례 없는 일임을 증명할 수 있고 또 증명할 것이다. 이 예언도 역시 모든 살아 있는 것들이 파괴된다는 내용은 담지 않았음에 주목하기 바란다. 예언은 "신들*gods*"이 더 이상 지상에 있지 않는 세상을 강조한다. 그런 종족이 과거에 이곳에서 살았더라도 말이다. 예언은 또 우리가 겪고 있는 변화들이 "모든 자연을 장엄하게 복원"할 "우주의 새로운 탄생"을 위한 길을 닦는다고 말한다. 2012~2014년이라는 시간의 창과 정확히 같은 정황들을 연관시키는 다른 모든 예언들을 볼 때, 이것도 마찬가지로 완벽하게 맞아떨어지는 듯해 보인다. 이 대목에서 또 하나의 아주 궁금해지는 단서는 헤르메스가 이 변형이 "'시간'의 과정 속에서 이루어진다."고 말하는 점이다. 아주 아리송한 단어들의 선택이다. 시간의 과정이 정확히 무슨 뜻일까? 이 '대주기*the Great Cycle*'와 어떤 연관이 있는 걸까? 제2부에서 신과학의 개념들을 탐험하노라면 시간은 훨씬 더 흥미로워진다.

연구가 진행되면서 나는 점점 더 많은 이 신비로운 황금시대의 예언들과 마주쳤다. 《햄릿의 맷돌》에 대한 핸콕의 논의에서뿐만 아니라 다른 많은 자료들에서도 그랬다. 고대인들이 이 예측을 더없이 진지하게 했었음이 내게는 분명했다. 이 고대 예언들이 사실 진짜 사건을 말하고 있다면, 여기에는 물리적인 과정이 수반되어야 함을 알게 되었다. 그것은 눈에 보이고, 측정 가능하고, 따라서 과학적으로 연구될 수 있는 무엇이어야 한다. 그리고 세상의 고대 신화들이 우리에게 남긴 분명히 가장 중요한 실마리는 이것이다. "분점세차를 연구하라. 그것이 정말로 무슨 의미인지, 그리고 정말로 어떻게 작동하는지를 찾아내라." 해가 갈수록 나는 이것을 탐구하는 데 시간이나 힘을 아끼지 않았다. 그 첫 번째 커다란 실마리들의 하나는 당연히 기자*Giza*의 대피라미드에 있었다. 대피라미드는 우리가 물병자리 시대로 들어가면서 일어날 인류를 위한 그야말로 메시아와 같은 사건을 예언하는지도 모른다. 대피라미드의 상징을 일단 이해하자, 미국 달러 지폐 뒷면에 있는 상징이 훨씬 더 흥미로워졌다. 미국 건국의 아버지들은 이 오래된 예언들을 매우 잘 알고서, 우리가 수메르, 바빌론, 인도, 이집트, 그리스와 로마에서 찾아보는 같은 예언들의 새롭고 개량된 버전을 우리에게 준 듯하다. 미국을 상징하는 흰머리독수리는 이집트 베누 새의 새 버전이다. 피라미드는 배틸석, 곧 깨어난 솔방울샘의 상징이다. 건국의 아버지들은 이 예언들이 시작되는 일을 돕도록 미합중국을 건국했을 수도 있다. 그리고 대피라미드 건설을 둘러싼 불가능해 보이는 기적들을 일단 이해하면, 피라미드를 어떻게 신들이 과거 여기 지상에서 드러내놓고 인류를 도왔다는 궁극적이고 살아 있는 증거로 삼을 수 있는지도 더 알기 쉬워진다.

7장

고대 과학은 소스필드를 이해했다
: 대피라미드에 숨겨놓은 메시지

피라미드는 최장 육지 위도선과 경도선이 지나는 중심에 위치하며
그 높이는 지구의 평균 해발고도이다.
피라미드에 숨겨진 수학 공식은 정확히 지구를 축척화한 수치이며,
지구의 대주기와 황금시대를 예언하고 있다.

우리는 최면 상태에서 돌아다니고 있는 것일까? 우리가 전에도 살았고, 다시 살게 되리라는 것을 우리는 잊어버렸을까? 우리는 주위의 모든 살아 있는 것들에 직접적이고 의식적인 수준에서 연결되어 있을까? 우리 뇌의 한가운데서 일하는 세 번째 눈이 있는 것일까? 우리가 소스필드로 곧바로 모험해 들어가서 겉으론 불가능해 보이는 기적들을 이루게 해줄 기법들이 있을까? 다른 사람들도 우리와 함께 그곳에 같은 시간에 가서 같은 일들을 경험할 수 있을까? 25,920년의 주기가 그저 지구축의 흔들림일 뿐일까? 고대인들은 이 소스필드를 정말로 이용하고 지구 위의 모든 생명들의 이로움을 위해 쓸 수 있음을 보여주는 한 방법으로 실제로 작동하는 소스필드 기술—피라미드—을 우리에게 준 걸까? 대피라미드는 궁극적으로 우리 조상들이 아주 고도로 진보한 기술을 가졌었음을 증명하는 살아 있는 유일한 최고의 증거인 것일까? 또 이것은 그들의 잃어버린 고대 과학을 재건하는 도구를 우리에게 주는 것일까?

대피라미드는 52,600제곱미터의 바닥면적과 —맨해튼 중간 지대의 일곱 개 구획과 맞먹는— 40층 건물의 높이로 볼 때, 지구에서 가장 큰 석조 건물로 여겨진다. 거의 230만 개의 석회암과 화강암 덩이가 쓰였고, 그 각각의 무게는 2.5~70톤으로 전체 무게는 어림잡아 630만 톤이나 나간다. 현대에 만들어진 그 어떤 크레인도 이 무게의 돌들을 충분히 들어 올릴 정도로 강하지 않아서, 그냥 뒤집어지고 말 것이다. 대피라미드 밑의 기반은 완벽할 정도로 수평이 잡혀서 다른 모퉁이보다 2분의 1인치(1.27센티미터) 이상 높거나 낮지 않다.[1] 이 정도로 정확한 수평잡이는 오늘날의 가장 세밀한 건축 기준마저도 훨씬 넘어서는 것이다.[2]

신기하게도, 피라미드는 지구 땅덩어리의 정확한 중심에 있기도 하다. 하나의 진정한 '악시스 문디'인 것이다. 그 동서축은 최장 육지 위도선*the longest land parallel* 위에 정확하게 놓여서, 아프리카, 아시아와 아메리카 대륙을 지나면서 지구 위의 육지는 최대한 많이, 물은 최대한 적게 포함한다. 아시아, 아프리카, 유럽과 남극 대륙을 지나는 최장 육지 경도선*the longest land meridian*도 바로 피라미드를 지난다.[3] 이런 "완벽한 위치"를 우연하게 찾을 가능성은 30억분의 1이다.[4] 함께 살펴보겠지만, 나는 몇 년이 지나도록 왜 이 위치가 그토록 중요한지를 이해하지 못했다. 그러나 이것은 우리가 사는 현대의 주류 과학이 여태 모르고 있는 지구의 자연 에너지장의 흐름과 자리잡이*positioning*와 관련되어 있다.

피라미드의 측면들은 방위가 동서남북과 아주 잘 맞아떨어져서 모든 방향에서 3분의 편차밖에 나지 않는데, 이것은 0.06퍼센트보다도 작은 것이다.[5] 또 다른 "우연의 일치"는 마이애미를 최저로, 히말라야 산맥을 최고로 육지의 평균 해발고도를 계산하면 5,449인치(138.4046미터)가 나온다는 점이다. 바로 대피라미드의 정확한 높이이다.[6]

내게 가장 놀라웠던 사실은 대피라미드가 처음 세워졌을 때, 거의 85,000

제곱미터의 반짝이고 밝게 윤이 나는 흰색 화장석*casing stone*으로 덮여 있었다는 점이다. 모두 115,000개에 이르는 순수 백석회암[7]인 이 돌들의 두께는 평균 100인치(2.54미터)다. 한낮에 이 돌들이 햇빛을 반사하여 반짝거리는 모습을 본다면, 그것은 눈을 뜨지 못할 정도로 밝았을 것이다. 그래서 '타 쿠트*Ta Khut*' 곧 '빛'이라는 이름을 얻었다. 이 반사되는 빛은 수백 킬로미터나 떨어진 이스라엘의 산들에서도 뚜렷하게 보일 정도였다.[8] 이 화장석들의 일부는 무게가 16톤이나 나갔음에도, 여섯 면 모두가 워낙 완벽하게 맞물리도록 깎여서 돌들 사이의 틈은 너비가 고작 0.5밀리미터밖에 되지 않았다.[9] 이것은 사람의 손톱 두께도 되지 않는 틈이다. 플린더스 피트리*William M. Flinders Petrie* 경은 1800년대 후반에 이것을 망원경 렌즈를 가는 데 들어가는 정밀도에 비유해서, "가장 정밀한 렌즈 제작자가 에이커*acres*의 축척으로 만든 작품"이라고 묘사했다. 리처드 호글랜드는 NASA 우주왕복선의 타일도 이렇게 가까이 딱 붙지 않는다고 지적했다. 더욱 놀라운 사실은, 이 틈들이 비어 있지 않다는 점이다. 거기에는 믿기지 않을 정도로 단단한 시멘트가 채워져 있다. 0.5밀리미터 폭의 틈에 모르타르를 채워 넣고, 수직으로 가로 1.5미터에 세로 2미터 정도로 넓은 구역을 고르게 덮을 수 있는 알려진 방법은 없다. 그리고 만일 무모하게도 큰 해머로 화장석을 내리친다면, 시멘트보다 석회암 그 자체가 먼저 깨진다는 사실을 발견할 것이다.[10]

이런 내용이 얼마나 기막히게 들릴지를 나는 잘 알고 있다. 풍화되어가는 거대한 돌덩이들의 무더기로 거기 앉아 있는 피라미드의 지금 모습을 보는 일과, 그 원래 모습으로 사막 한가운데서 하얗게 반짝이는 거대한 조각을 보는 일은 전혀 다를 것이다. 고대로부터나 아니면 현대의 우리 세상에서나, 우리가 지구 위에서 보았던 그 어떤 기술적인 성취와도 전혀 다른 무언가를 목격하고 있으니 말이다. 고맙게도, 지난 몇백 년 동안 많은 사람들이 원래 모습의 화장석들을 목격하고는 그들이 본 것들을 기록했다. 이 역사는 피터

톰킨스*Peter Tompkins*의 《대피라미드의 비밀》에 나와 있다.[11]

톰킨스의 말을 빌리자면, 석회암은 대리석과는 다르게 세월이 가고 날씨에 노출될수록 더 단단해지고 더 윤택이 난다. 지하 동굴에서 보는 멋진 종유석과 석순(石筍)을 생각해보라. 따라서 피라미드는 처음 세워진 때부터 세월이 가면서 점점 더 칙칙해 보이지는 않았다.[12] B. C. 440년쯤에, 그리스 역사가 헤로도토스*Herodotus*는 피라미드의 화장석이 대단히 반질반질했다고 적으면서, 무척 세밀하게 맞붙어 있어서 맨눈으로도 바라보기가 힘들었다고 했다.[13] 13세기 아랍의 역사가인 압둘 라티프*Abd-al-Latif*는 그 돌들의 겉모습이 반질반질한데도, 거기에는 수수께끼 같고 이해 안 되는 글자들이 새겨져 있었는데, 이것들은 책 1만 쪽을 꽉 채울 만한 분량이었다고 기록했다. 라티프의 동료들은 이 글자들이 고대 여행자들의 낙서라고 여겼다.[14] 밸던설의 윌리엄*William of Baldensal*은 1300년대 초에 피라미드에 가서 보고는 이 이상한 글들을 희한한 상징들이 모두 길고 세심하게 줄을 맞춰 배열되어있는 것으로 묘사했다.[15] 화장석들이 결국 사라져버리면서, 이 수수께끼 같은 문자들을 기록해서 미래에 그 암호를 풀어 연구한다는 희망도 모두 사라져 버렸다.

예수 시대를 바로 이어 살았던 그리스 역사가 디오도루스*Diodorus Siclus*도 화장석들이 "완벽했고 조금도 풍화되지 않았다."라고 썼다.[16] 로마의 박물학자 플리니우스*Pliny*는 아이들이 반질반질한 피라미드를 뛰어 올라가며 여행자들을 즐겁게 해주는 모습을 보았다. A. D. 24년쯤, 그리스의 역사가 스트라보*Strabo*는 이집트에 갔고, 피라미드의 북면에 경첩이 달린 돌로 된 문이 있어서 위로 들어 올릴 수 있지만, 그렇지 않고 주변과 같은 면에 있으면 구별하기 어려웠다고 했다.[17]

대피라미드 안에는 세 개의 다른 방들이 있다. 가장 큰 방은 '왕의 방'이라 알려져 있고, 피라미드에서 유일하게 더없이 단단한 붉은 화강석으로 만들어졌다. 1990년대에 버나드 피치*Bernard Pietsch*는 '왕의 방' 바닥에 사용된 20가지의 다른 돌들을 분석하고는 놀라운 발견을 했다. 희한하게도 돌들 모두가 정사각형이거나 직사각형인데도, 나란히 똑같은 짝을 이루는 경우를 빼고 거의 모두가 같은 크기가 아니었다. 이 돌들은 여섯 가지의 다른 줄로 배열되었고, 각각의 줄은 다른 줄들과는 다른 폭을 가졌다. 《왕의 방 해부》에서 피치는 수성, 금성, 지구, 달, 화성, 목성과 토성의 다양한 크기들이 —그들의 궤도 주기를 포함해서— 돌의 치수에 암호화되었다는 믿기 어려울 만큼 복잡하고 강력한 증거를 제시한다.[18]

왕의 방에는 지극히 단단한 적갈색 화강석을 파낸 석관이 있는데, 무게가 3톤 정도로 추정된다. 석관의 외면(外面) 용적*volume*은 정확히 내면(內面) 용적의 두 배다. 내부에서 발견된 원형 드릴 흔적의 패턴으로 보아, 공학자인 크리스토퍼 던*Christopher Dunn*은 이 석관이 우리가 지금 사용하는 기술보다 500배나 빠르게 화강석을 자를 수 있는 관형 드릴*tubular drill*로 파낸 것이라고 계산했다.[19] [13장에서 나는 이것이 사실은 돌을 놀랍게도 부드럽게 하는 기술을 사용한 결과임을 제시한다.] 그 어떤 현대 기술로도 여기에 필요한 속도를 얻기가 불가능한데도, 회의론자들은 이것이 이집트에서 다이아몬드 팁이 달린 드릴 비트를 사용해 만들어졌을 거라고 믿는다. 던은 그때 그들이 가졌던 가장 강한 금속은 구리였다는 점을 지적한다. 다이아몬드는 화강석에 흠집 하나도 내기 전에 구리를 마치 버터처럼 뚫어버렸을 것이다.[20]

석관에는 뚜껑이 제자리에 꼭 맞도록 홈이 파여 있기는 하지만, 그런 뚜껑은 지금껏 발견되지 않았다. 마치 찾지 못하도록 의도했던 것처럼 말이다. 피터 르메주리에 같은 피라미드 연구자들은 이 열린 무덤이 더 이상 죽음이 없을 시간, 이를테면 황금시대의 도래를 상징하는 것으로 해석한다. 관은 비어 있었다. 그리고 그 안에 미라가 있었다는 아무런 증거도 없다. 화강석 석관의 크기는 또한 전실(前室)을 지나지 못하는데, 이것은 석관이 처음부터

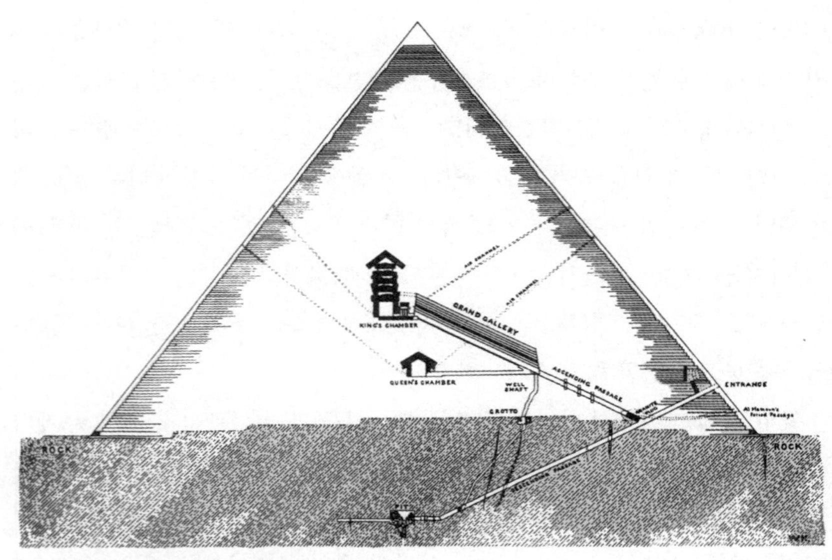

【그림 14】 대피라미드의 내부 방들, 통로들과 통풍구들.

피라미드 안에서 만들어졌어야 했다는 뜻으로, 이집트의 알려진 그 어떤 매장 관습과도 완전히 대조적이다.[21]

훨씬 나중에야 발견되었기는 하지만, '왕의 방'과 '왕비의 방' 둘 다의 북쪽과 남쪽 벽에도 상향 경사 각도로 올라가는 통풍구들이 있었고, 모두가 피라미드의 표면까지 뻗어 있다. 이 통풍구들은 각각의 방 안의 공기를 환기시키기에 충분한 산소를 공급했다. 1990년대 중반에 루돌프 간텐브링크*Rudolf Gantenbrink*는 통풍구 위 65미터 정도에 소형 로봇을 보냈고, '왕의 방' 남쪽 통풍구가 알니탁*Al Nitak* 또는 오리온자리 제타별을 가리키고 있음을 확인했다. 북쪽 통풍구는 용자리 알파별을 가리키고 있는데, 이 별은 B. C. 3000년에 북극성으로 이용되었다. '왕비의 방' 북쪽 통풍구는 작은곰자리 베타별을 가리키고 있고, 남쪽 통풍구는 시리우스를 가리킨다.[22] 이 모두가 B. C. 2500년쯤에 정렬된 것들이다. 그때가 이 별들이 정렬된 가장 최근의 시간이었다.[23] 고대 문명 연구자 조셉 조크만스*Joseph Jochmans*의 말로는, "보발*Bauval*과 길버트*Gilbert*가 컴퓨터 계산으로 보여준 것처럼, B. C. 2450년에 통풍구들에 설정된 별자리 정렬들은 그보다 앞선 B. C. 10500년에도 있었는데, 그것은 분점세차 때문이다".[24] 1932년 6월 30일에 있었던 에드가 케이시의 리딩에서는 바로 이것과 같은 해에 대피라미드와 스핑크스 건설이 시작되었다고 했다.[25]

13세기에 한 아랍 역사가는 피라미드를 거대한 여성의 가슴에 비교하면서, 화장석들이 칼리프 알마몬*Caliph Al-Mamoun*이 파놓은 입구를 빼고는 여전히 완벽해 보였다고 말했다.[26] 재앙은 1356년에 찾아왔다.[27] 여러 번 이어진 지진의 첫 번째 여파는 북부 이집트의 주요 지역들을 무너뜨렸고, 도시 전체가 폭삭 내려앉았다. 피라미드는 이 지진으로 심하게 흔들렸고 많은 화장석들이 깨져서 돌무더기로 쌓였다. 사람들은 피라미드의 재건을 포기했고, 새로운 수도 엘 카헤라*EL Kaherah*, 곧 '승리자'의 도시를 세우고 카이로를 재건하는 데에도 피라미드에서 떨어진 이 석회석들을 재료로 썼다. 석회석의 질이 아주 순수했고 훌륭한 건축 재료가 되었으므로, 지진으로 떨어지지 않은 돌들은 그때 고의적으로 파손되었음이 틀림없다. 1396년에 이집트의 이 지역을 방문했던 프랑스인 드 앙굴*d'Anlgure* 남작의 말을 빌리면, "석공 몇 명이 피라미드를 덮은 거대한 화장석 단(段)들을 파괴해서 굴러 떨어지게 했다".[28] 카이로와 엘 카헤라에 사원과 궁전을 짓기 위한 석재들을 낙타 행렬이 끌어서 강을 건너도록 나일 강에는 특별히 두 개의 다리가 만들어졌다.[29]

여러 세기가 흘러가면서, 한때 위대했던 화장석의 전설은 그저 미신 같은 신화로만 희미해졌다. 그러나 바이스*Vyse* 대령이 1836년에 시작한 피라미드 내부와 주변의 발굴은 회의론자들의 주장을 영구적으로 일축해버렸다. 바이스는 피라미드가 석회석 덩어리들의 잔재들과 바닥 둘레에 15미터나 쌓여 있던 모래로 둘러싸였음을 발견했다. 대령은 피라미드의 바닥과 기반암을 찾으리라는 희망으로 북면 중심 부분을 파헤쳤다. 거기서 원래의 화장석 두 개가 나왔다. 이것으로 피라미드가 완벽하게 반반하고 광택이 나는 흰 표면으로 덮였었는지를 둘러싼 학술적인 논쟁이 영원히 끝나버렸다. 원래의 화장석은 무척 정밀하게 깎여서 정확한 경사 각도를 계산할 수 있었다.[30] 바이스의 말로는, 그 돌들은 "거의 현대에 광학 기구 제작자들이 한 것만큼이나 정확하게 완벽한 경사면을 가졌다. 서로 맞붙은 곳은 거의 알아보기가 어려웠고, 은박지 두께보다도 넓지 않았다."[31]

바이스는 그 상세한 치수와 기록들을 1840년에 출판했고, 그의 조수였던 존 퍼링*John Perring*도 자신의 책을 출판했다. 이 일로 '피라미드학*Pyramidology*'이라는 연구의 전혀 새로운 장이 열렸다.[32] 19세기에 바이스의 자료가 이집트로부터 나왔을 때 〈런던 옵저버*London Observer*〉의 편집자로 일했던 재능 있는 수학자이자 아마추어 천문가인 존 테일러*John Taylor*는 이미 50대였다. 그때 테일러는 피라미드에 숨겨진 수학적/기하학적 공식들을 찾아, 피라미드의 내외부에 대해 보고되어온 모든 측정치들을 철저히 조사하는 30년 동안의 작업을 시작했다. 테일러는 바닥 부분의 둘레를 인치로 재보면 거의 366에 100을 곱한 수가 나온다는 것을 알았다. 그리고 둘레를 25인치로 나누면 다시 한 번 366이 나왔다. 366에 어떤 의미가 있는 걸까? 이것은 1년의 정확한 길이인 365.2422일에 수상쩍게 가깝다.[33] 테일러는 전형적인 영국인치의 길이를 아주 조금만 바꾸면 이 숫자가 정확하게 지구년을 반영하게 된다는 사실을 찾아냈다. 이것이 그저 하찮은 수학적인 속임수였을까, 아니면 그 안에 어떤 가치 있는 과학이 숨은 것일까? 이 질문에는 거의 같은 시간에 생긴 아주 다행스러운 '우연의 일치' 하나가 곧바로 답을 주었다.

19세기 초반에 영국에서 가장 존경받던 천문학자의 한 사람인 존 허셜*John Herschel* 경은 사용되는 영국 단위를 대체할 새로운 측정 단위를 고안하려고 시도했었다. 허셜 경은 이것이 지구의 정확한 치수들을 기초로 하기를 바랐다. 테일러의 연구에 대해 아무것도 알지 못했던 허셜은 보통 쓰는 것보다 아주 조금 더 긴 — 인간의 머리카락 두께의 반밖에 안 되는 —인치 또는 1.00106 영국인치를 써야 한다고 제안하면서 그때로서는 가장 정밀한 지구의 치수들을 사용했다. 허셜은 프랑스의 미터법이 극에서 극으로 지구의 중심을 꿰뚫는 선을 사용하는 대신, 지구의 곡률을 기초로 하고 있다고 비난했는데, 이것은 변할 수 있는 것이다. 영국 육지측량부*British Ordnace Survey*는 최근 지구 중심의 극에서 극까지의 거리를 7,898.78마일 또는 500,500,000영국인치로 정했다. 영국인치가 아주 조금 더 길어진다면, 이 거리는 정확히 500,000,000인치가 될 것이다. 허셜은 진정으로 과학적인 이 측정 단위를 얻기 위해서는 사용되는 영국인치가 공식적으로 길어져야 한다고 주장했다.

그렇게 되면 50인치는 지구 극축 길이의 정확히 1,000만분의 1이 됐을 것이다. 25인치는 매우 유용한 큐빗*cubit**이 되었을 것이다. 이것은 영국의 야드*yard*와 피트*foot*를 대체할 수 있었다. 허셜은 테일러가 대피라미드의 치수에서 정확히 같은 단위들을 이미 찾아냈다는 사실을 거의 모르고 있었다.[34] 테일러가 이에 대해 알았을 때, 그는 전율을 느꼈다. 테일러는 이제 피라미드를 세운 사람들이 지구의 정확한 구체 치수를 알고 있었으며, 그것으로 그들의 모든 측정 체계를 만들었음이 틀림없다는 확실한 증거를 갖게 된 것이다. 이것은 또다시 고대 이집트인들이 우리가 흔히 믿는 것보다도 훨씬 더 진보한 기술을 가졌었다는 점을 시사한다.[35] 르메주리에는 국제지구물리관측년*International Geophysical Year***인 1957년에 극에서 극까지 지구의 지름이 오차 없는 인공위성의 정밀도로 —허셜의 시대보다 훨씬 더 정확하게— 측정

---

* 고대 이집트, 바빌로니아 등지에서 썼던 길이의 단위로 1큐빗은 팔꿈치에서 손끝까지의 길이로, 약 18인치, 곧 45.72cm에 해당한다.

** 1957년 7월 1일부터 1958년 12월 31일까지 전 세계적인 규모로 지구물리학적 환경에 대해 국제공동연구를 하였는데, 그 해를 IGY 곧 국제지구물리년 또는 국제지구물리관측년으로 부르게 되었다.

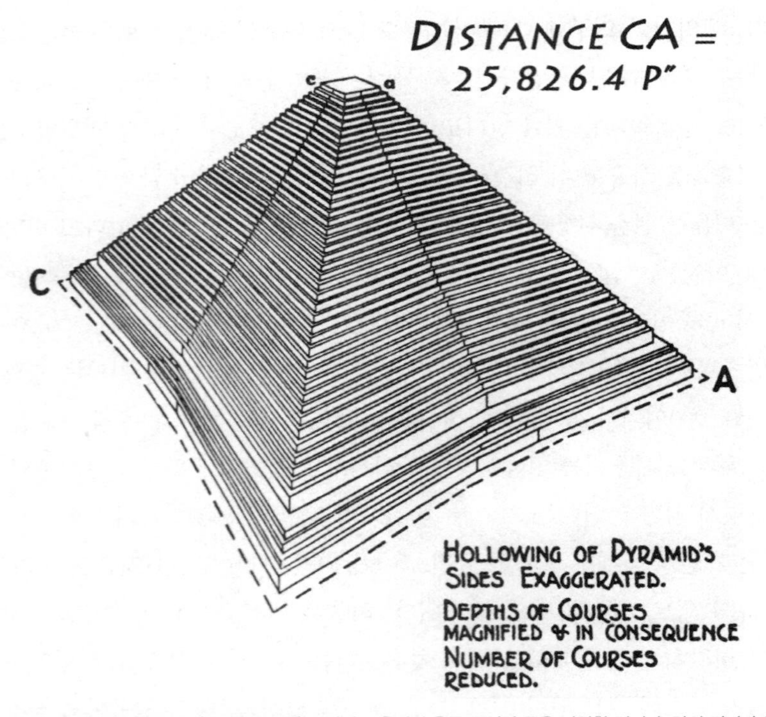

【그림 15】 거리 CA=25,826.4p"(피라미드인치) 피라미드 측면의 움푹 들어간 곳은 과장한 것이다. 단의 깊이가 확대되었으므로 그 수는 줄어들었다(대피라미드의 외부 대각거리는 25,826.4피라미드인치로 귀결되는데, 현대의 분점 세차 계산치와 현저하게 가까운 수치다).

되었다고 보고했다. 그 결과 우리는 이제 피라미드인치가 정말로 지구 지름의 5억분의 1이라는 사실을 안다. 그리고 이 연관성은 정확하기 그지없어서 그 숫자는 소수점 몇 자리까지의 정확성이 확인된다.[36] 이것은 정말로 피라미드의 둘레가 지구에서의 1년의 길이를 수학적으로 정확히 반영하도록 건설되었음을 말해준다. 이 정밀하게 지구축척화된 측정치들은 피라미드의 내외부 모두에서 분명한 방식으로 거듭 나타난다.

하지만 더 큰 수수께끼는 대피라미드의 대각거리, 곧 한 귀퉁이에서 꼭대기를 넘어 반대쪽 귀퉁이까지의 거리를 잴 때 나타난다. 이 거리는 25,826.4 피라미드인치[37]로 나오는데, 분점세차주기의 진정한 길이에 대한 현대의 계산 결과(25,800년)와 현저히 가까운 수치다.

분명히 대피라미드의 설계자들은 우리가 이집트인치를 쓰길 원했던 듯하다. 이집트인치로 피라미드의 대각거리가 분점세차주기로 귀착되게 함으로써, 우리는 이 대주기에 주의를 기울이라는 메시지를 받아왔던 것으로 보인다. 이 건축가들은 틀림없이 지구의 정확한 치수를 알고 있었고, 따라서 많은 고대 문화들에 수많은 신화들을 씨 뿌리면서 세상을 여행했을 가능성이 크다. 샌틸라나와 폰 데헨트가 《햄릿의 맷돌》에서 되풀이해서 보여준 대로, 이 고대 신화들 각각에 숨은 메시지는 우리에게 세차—또는 많은 고대 문화들이 "대년(大年)*Great Year*"*이라고도 했던—를 눈여겨보라고 말했다. 마야인, 이집트인, 힌두인, 불교도, 그리스인, 로마인들에게 세계적으로 퍼져 있는 솔방울의 상징은 말할 것도 없이, '태초의 산', 벤벤 석, 시바 링감, 옴팔로스, 배틸과 카바 석도 또한 한때 '대년'의 마지막에 어떻게든 솔방울샘의 각성이 있으리라는 세계적인 인식이 있었음을 말해준다. 이제 대피라미드는 우리 조상들이 미래 세대들을 위해 이 메시지를 영구히 간직하려 했던 또 다른 방법인 것으로 보인다. 측면에 베누/불사조가 있는 바티칸의 거대한 솔방울 조각상 바로 뒤에 뚜껑 없는 이집트 양식의 석관이 있는 것으로 보아, 바티칸은 이에 대해 알고 있는 듯하다. 대피라미드가 우리에게 해줄 상징적인 이야기 하나를 간직하고 있다면, 그 메시지의 또 다른 뚜렷한 부분은 바로 그것의 외관이 의도적으로 완성되지 않은 채 남겨졌다는 점일 것이다. 그 꼭대기에는 피라미드 모양의 갓돌—다른 형태의 배틸 석—이 들어맞을 편평하고 네모난 부분이 있다. 대피라미드가 지구의 정확한 치수를 얼마나 잘

---

* "플라톤 년(Platonic Year)"이라고도 부른다.

반영했는지를 되새겨보면, 《대피라미드의 비밀을 풀다》의 저자 피터 르메주리에가 대피라미드처럼 지구 그 자체를 의미하는 편평한 꼭대기가 무슨 이유에선지 완성되지 않았다고 주장했던 일이 전혀 놀라운 일이 아니다. 피라미드를 세웠던 사람들은 자신들이 시작했던 일을 마치기 위해 어느 시점엔가 —어쩌면 '대년'의 끝에— 돌아오려고 꾀했을 법도 하다. 갓돌이 돌아오면 피라미드도 지금의 6면체—바닥, 4개의 측면과 꼭대기 면—에서 5면체로 바뀐다. 르메주리에의 말에 따르면, 이집트 수비학(數秘學)에서 6은 '불완전함'을 뜻하고 5는 '신성한 시작'이라는 뜻을 가졌다. 대피라미드의 둘레에 지구년의 정확한 길이가 들어 있음은 물론 대각거리에는 세차운동의 정확한 길이가 표현된 것으로 보아, 이것은 세차주기가 인류의 불완전함을 궁극적으로 없애주리라는 것을 시사한다. 우리를 어떤 형태의 '신성한 시작'으로 옮겨가게 함으로써 말이다.

미합중국의 국새

나는 일부 사람들이 대피라미드 예언의 이런 전체적인 해석을 수비학으로 여기고, 따라서 과학적인 신뢰도가 부족하다고 생각할 수도 있다는 것을 이해한다. 그러나 갓돌이 돌아온다는 것과 같은 상징적인 메시지가 미국의 국새 뒷면에 영원히 고이 간직되었다는 사실은 그 누구도 부인하지 못할 것이다. 13단의 피라미드 위로 내려오는 빛나는 흰색 삼각형 안에 눈 하나가 있는 이상한 상징은 유통되고 있는 모든 미국 달러 지폐에 1930년대부터 나타났다. 국새는 독립선언서에 서명했던 바로 그날, 1776년 7월 4일에 처음 제안되었다. 토머스 제퍼슨*Thomas Jefferson*은 서인도제도에 살았던 프랑스인 초상화가 유진 피에르 두 시미티에르*Eugene Pierre du Simitiere*에게 원본 도안을 의뢰했고, 이것을 제퍼슨과 벤저민 프랭클린*Benjamin Franklin*과 존 애덤스*John*

*Adams*가 승인했다.

이들 초기 도안들에서도 '섭리의 눈*the Eye of Providence*'—빛나는 하나의 눈 —이 피라미드 위에 나타난다. 원래 피라미드 주위에 쓰인 구절은 "Deo Favente Perennis"였다. 'Deo'는 '신'은 물론 '열린 하늘'과 때로는 '한낮의 눈부심으로 가득한' 무언가를 의미한다. 'favente'는 '호의, 친구가 됨, 지원과 뒷받침'이며, 'Perennis'는 '끊임없는, 변치 않는, 계속되는, 지속되는, 그리고 영원한'의 의미다. 따라서 이 구절을 번역하면 대략 "신은 [우리를] 영원히 지원한다."라는 뜻이 된다. 라틴어에서 'perennial'이라는 단어는 '해마다'의 뜻으로 매년 되풀이되는 무언가를 의미하므로, 이 구절은 세차의 '대년'을 가리키는 또 하나의 언급, 곧 "신은 대년을 지원한다."가 될 수도 있다.

【그림 16】 13단의 피라미드와 "Perennis"가 있는 1778년의 미합중국 50달러 지폐. '대년' 또는 분점세차를 상징하는 듯하다.

초기 미국 화폐의 어떤 것들은 앞면의 중요 상징으로 완성되지 않은 피라미드를 그려 넣었다. 여기서는 꼭대기에 '섭리의 눈'이 나타나지는 않았다. 우리가 알게 된 것처럼, 피라미드는 하나의 배틸 석이기도 하다. 많은 고대 문화들에서의 솔방울샘의 상징 말이다. 어쩌면 미국 건국의 아버지들은 이 명백한 프리메이슨의 상징—삼각형 속의 깨어난 솔방울샘 또는 제3의 눈—을 끼워 넣으면 초기 미국의 식민지 주민들 사이에서 너무 논란의 여지가 많을 거라고 느꼈을 것이다. 이 경우에는 "Perennis"라는 단어만을 그 위에 썼다.

1782년에 국새의 도안은 지금 우리가 보는 대로 위에는 "Annuit Coeptis", 밑에는 "Novus Ordo Seclorum"으로 바뀌었다. 이 구절들은 메시지를 한결 더 분명하게 해준다. 'annuit'는 흔히 고개를 끄덕여 허락하면서 '호의를 베풀거나 미소 짓다'라는 뜻이고, 'coeptis'는 '착수' 그리고 '시작, 출발과 개시'라는 뜻이다. 신의 상징으로 '섭리의 눈'을 넣으면, 이 문장은 "신이 우리의 시작에 호의를 베풀었다."로 번역된다. 하지만 이 구절에는 더 심오한 상징도 있다. 단어 'annuit'는 '해마다'를 뜻하는 다른 라틴 단어들과 관계가 있다. 여기서 우리는 '매년annual'이라는 형태의 단어를 가져왔다. 라틴 단어 'annui'를 번역하면 '해마다 보상하는 것'이다. 그러므로 "Annuit Coeptis"도 "[대]년이 시작된다."를 의미할 수도 있다. '대년'에 우리가 받게 될 보상은 상징 그 자체에 새겨진 듯한데, 이것은 곧 지구의 변형을 상징하는 것으로 여기서 세차주기가 다시 시작한다.

찰스 톰슨*Charles Thomson*이 1782년에 미국의 국새에 넣은 "Novus Ordo Seclorum"이라는 구절의 신비로운 어원을 캐보면, 이 메시지는 더욱더 분명해진다. 공식적인 기록에서는 톰슨이 우리가 간단하게 살펴볼 베르길리우스*Virgil*의 《제4 전원시*Fourth Eclogue*》 5행에서 영감을 받았다고 공개적으로 언급하고 있다. 라틴어 원문 "Magnus ab integro seclorum nascitur ordo"는 "그리고 순환하는 세월의 장엄한 역할은 새로워지기 시작한다."라는 의미로 해석된다. 이 말은 세차의 '대주기'를 묘사한 것과 무척 비슷하게 들리는데, 지금 "새로워지기 시작하는" "순환하는 세월의 장엄한 역할"이 이 과정에서 황금시대를 낳고 있음을 묘사하는 듯이 말이다.

로마의 위대한 신탁자

집중적으로 연구하던 초기인 1994년 무렵, 나는 미 육군 제4포병대의 중위였던 찰스 토튼*Charles A. L. Totten*의 인용문을 찾아냈는데, 여기서 토튼은 국새의 심오한 의미를 설명했다. 이 글은 1882년 2월 10일 토튼이 재무장관인 찰스 폴저*Charles J. Folger*에게 보낸 편지로 출판되었다.

> '모든 것을 보는 눈*the All-Seeing Eye*'은 신의 가장 오래된 상형문자들의 하나입니다. 그 삼각형도 아주 오랜 고대의 유대교 신비주의의 한 상징입니다. 모든 시대와 나라들을 통틀어 이 수수께끼 같은 기념물[대피라미드]에 갓돌의 모습으로 내려오는 신비한 눈과 삼각형은 가장 중요함을 간직한 사람들인 우리에게로 오고 있습니다. "Novus Ordo Seclorum"이라는 표어는 《제4 전원시》에 나오는 글인데 이것은 베르길리우스가 신비적인 시빌린 신탁서*Sibylline records*에서 따온 것입니다.[38]

토튼은 이어서 정확한 인용문을 밝혀주는데, 이것은 전혀 뜻밖의 것이다. 하지만 맥락을 이해하려면 먼저 "신비적인 시빌린 신탁서"에 대해 더 자세히 알아보자. 로마 형성의 초기 시절, '시블*sibyl*'이라는 이름은 그리스어 '시불라*sibulla*'에서 온 것으로, 예언을 하는 여성을 의미했고 신탁자*oracle*로도 알려져 있다. '델포이의 신탁자'는 신비로운 옴팔로스 석을 모셨는데, 이 돌은 솔방울샘의 상징이자 정신 감응으로 아폴로 신과 직접 연결해주는 매개물로 여겨졌다. 페르시아, 리비아, 델포이, 사모스*Samos*, 키메르*Cimmeria*, 티부르*Tibur*, 마페서스*Marpessus*, 프리기아*Phrygia*를 포함하는 고대 세상을 통틀어 열 명의 유명한 여성 예언자들이 있었지만, 가장 많은 추앙을 받았던 사람은 '큐메*Cumae*의 예언자'로, 나폴리에서 가까운 한 동굴에 살았다.[39] 큐메는 이탈리아에 세워진 그리스의 첫 식민지로 베수비오 산 근처의 화산 지역에 있었다.[40] 1932년에 큐메의 예언자가 살던 동굴이 발견되면서, 그녀의 이야기가 전설일 뿐이라는 소문들을 모두 일축해버렸다. 이 동굴은 천장의 높이가 18미터나 되고 그곳으로 들어가는 통로의 길이는 114미터였다.[41] 예언자는 떡갈나무 잎에 예언을 적었고, 이것을 동굴 밖 100개나 되는 입구들의 어느 하나에 남겨놓았다. 만일 누군가 와서 그것을 집어 들지 않으면, 바람에 그냥 날아가 버렸다.

2001년 〈내셔널지오그래픽*National Geographic*〉의 한 기사는 그 예언자의 신비한 능력들이 동굴에서 자연스럽게 발생하는 에틸렌 같은 환각성 가스들에서 온 것이었을지도 모른다고 주장했다. 델포이 신전이 있던 곳에서 가까운 샘물은 에틸렌에 양성 반응을 보였는데, 에틸렌은 달콤한 냄새를 풍기면서 진정 효과를 낸다.[42] 큐메의 예언자는 화산가스들이 올라오는 동굴 안의 작은 석굴 바로 위에 세워놓은 삼각대 꼭대기에 앉아 있었다고 한다.[43] 그녀는 또 예언을 받는 트랜스 상태에 들어가기에 앞서 월계수의 즙 몇 방울을 삼켰다.[44] 베르길리우스는 《아이네이드*Aeneid*》에서 큐메의 예언자가 일하는 모습을 강렬한 어조로 묘사했다. 예언자의 행동으로 보아 강력한 최면적인 영향이 그녀를 휘감은 것이 분명하다.

> 예언자의 표정과 안색이 바뀌었다. 머리카락은 곧추섰고, 가슴은 들썩거리면서 숨을 헐떡였다. 거친 심장은 방망이질 쳤고, 거품이 입가에 모였으며, 소름 끼치는 목소리를 냈다. 예언자는 동굴 안을 이리저리 서성거리면

서 마치 가슴속의 신들을 내쫓으려는 듯 손을 내저었다.[45]

50번째 올림픽 경기가 열리고 수도 로마가 건설되는 동안에 큐메의 예언자는 자신의 예언들이 담긴 아홉 권의 책을 들고 타르퀴니우스*Tarquin* 왕을 찾아갔고, 이 책들에 로마제국의 미래 역사 모두가 들어 있다고 했다.[46] 타르퀴니우스는 B. C. 534년부터 B. C. 510년까지 로마를 다스렸다. 주름이 쭈글쭈글한 이 늙은 예언자는 왕에게 그 대가로 아홉 자루의 금을 요구했고, 왕은 그런 터무니없는 가격을 거절했다. 바로 타르퀴니우스 왕이 보는 앞에서 예언자는 아홉 권의 책들 가운데 앞의 세 권을 태워버렸고, 그때만 해도 왕은 이것이 큰 거래라고 생각하지 못했다. 하지만 시간이 지나 예언자로서의 그녀의 명성과 평판은 빠르게 높아졌고, 예언자는 다시 돌아와 타르퀴니우스에게 남은 여섯 권에 같은 금액을 제시했다. 왕은 다시 거절했고, 예언자는 왕의 눈앞에서 다음 세 권을 태워버렸는데, 그녀가 더 미쳐버린 게 아닌가 하는 생각이 들 지경이었다. 그런데도, 예언자가 마지막 세 권을 들고 돌아왔을 때, 그녀는 예언의 정확성에서 진정 전설적인 예언자가 되어 있었다. 그녀가 여전히 금 아홉 자루를 요구하는데도 왕의 조언자들은 그 제안을 받아들이라고 재촉했고, 마침내 왕은 받아들였다. 예언의 기술에 대해 현대의 회의론자들이 어떤 생각을 할지와는 상관없이, '시빌린의 신탁서'는 곧바로 로마에서 가장 위대한 보물로 간주되었다. 그 어떤 것보다도, 그리고 왕실의 다른 모든 재산들보다도 소중한 보물로 간직되었다. 이 책들은 놀라울 정도의 정확성으로 유명했고, 한니발*Hannibal*이 로마를 침공했다가 결국 패배할 것을 무려 700년 전에 예측했을 뿐만 아니라, 콘스탄티누스*Constantine*가 태어나기 800년 전에 그 이름까지 알아맞힌 예언이 들어 있었다고 한다.[47] 나라에 지진, 홍수, 태풍, 전염병과 다른 역경들 같은 비상사태가 생길 때는 이 책들에서 해결책을 찾았다.[48] 미켈란젤로도 유명한 시스티나 성당의 천장화

에 큐메의 예언자를 그려 넣었다.[49]

큐메의 예언자가 맨 처음 타르퀴니우스에게 설명하기로는, 이 책들에는 로마의 미래 역사가 들어 있다고 했었다. 그러나 문제는 그 예언들이 항상 뚜렷하지만은 않은 수수께끼 같은 언어로 적혀 있었다는 점이었다. 많은 경우 로마 황제들이 큰 재앙을 피하려고 예언서들을 이용하려 할 때는, 그들은 결국 막기를 바랐던 예언을 실제로 이행했다. 이런 이유로 이 책들은 위험할 수 있다고 여겨졌다. 미리 재앙을 막으려고 예언서들을 이용하려 함으로써, 실제로 그 재앙을 만들어낼 수도 있는 것이다. 그래서 이 책들은 로마 카피톨리누스 언덕 위 주피터 신전에 있는 지하방 금고에 엄중한 보호 속에서 보관되었고, 고위 사제들만 접근할 수 있었다. 신전과 지하방들은 B. C. 500년쯤에 특별히 이 보물을 간직할 목적으로 완성되었는데, 보물은 최악의 비상상황들에만 참고되었다.

로마 원로원은 이 예언서들이 상당한 가치가 있다고 판단하고, 마침내 모든 사제들에게 처음 여섯 권을 찾아내거나 다시 예지(豫知)하라는 임무를 내렸다. 그들은 예언자의 원본 신탁서 복구에 성공하지 못했다. 마르쿠스 아틸리우스*Marcus Atilius*가 공식적인 비밀을 무시하고 누군가에게 세 권의 원본을 베끼도록 허락했다가 죽음의 벌을 받았는데, 그는 자루에 담겨 봉해진 뒤 티베르 강에 던져졌다.[50] 베르길리우스는 A. D. 82년에 마침내 예언서 일부를 자신의 전원시에 옮겨 적도록 허락받았고,[51] 주피터 신전은 이듬해에 불에 타서 예언서는 전부는 아니지만 대부분을 잃어버렸다. A. D. 405년 스틸리코*Flavius Stilicho* 장군은 이 예언서들이 이교도의 것이며 사악하다고 믿고 남아 있는 사본들을 태워버렸다. 5년 뒤에 서(西)고트족이 로마를 침입했을 때, 일부 사람들은 이 사건이 예언서를 파괴한 일로 로마가 받게 된 벌이라고 여겼다.

따라서 베르길리우스의 《제4 전원시》는 원본 시빌린 예언서의 마지막 남은 기록의 하나로 여겨진다. "Novus Ordo Seclorum"이 이 신비한 예언서에서 직접 따온 구절이라는 사실과, 1782년 미합중국의 국새 도안에서 대피라미드와 함께 조합되었다는 사실은 건국의 아버지들을 둘러싼 이야기를 더욱더 흥미진진하게 해준다. 피터 톰킨스는 《대피라미드의 비밀》에서 이렇게 썼다.

> 프리메이슨 전통에 관한 전문가인 맨리 파머 홀이 말한 바로는, 미국 정부를 수립한 사람들의 다수가 프리메이슨이었을 뿐만 아니라, 그들은 유럽에 있는 비밀스럽고 존엄한 조직으로부터 도움을 받았으며, 이 조직은 "초기의 극소수만 알고 있는 특별한 특정 목적을 위해" 미합중국을 세우도록 그들을 도왔다. 홀은 국새가 이 고위 조직의 서명이었으며, 그 반대면의 완성되지 않은 피라미드는 "미국 정부가 세워진 날로부터 전념했던 바를 성취하는 임무를 상징적으로 밝히고 있는 하나의 청사진이다". 독수리는 불사조 또는 인간 영혼의 불멸을 상징하려고 의도한 것으로 보인다. 피라미드와 불사조를 1달러 지폐에 넣음으로써 그것들이 널리 퍼지게 했다.[52]

미국이 그 시작부터 어떤 비밀스러운 목적—'대년'의 끝과 황금시대의 도래를 다룬 예언들과 직접적으로 관련되어 보이는—을 위해 세워졌다고 생각해보는 것은 매혹적인 일이다. 3장에서 살펴본 증거를 바탕으로, 국새는 이제 그리스와 로마의 동전들에 뚜렷하게 새겨졌던 이 고대 상징의 가장 최근 버전으로 보인다. "유럽에 있는 비밀스럽고 존엄한 조직"은 수메르, 바빌론과 이집트에서 기원했던 것으로 보이고, 그들은 솔방울샘을 일깨우는 데 도움을 주는 감춰진 기술을 가진 듯하다.

"Novus Ordo Seclorum"이 나온 시빌린 예언의 정확한 내용을 설명했던 토튼 중위의 편지로 돌아가 보자. 1994년에 이 글을 읽었을 때 나는 충격을 받았고, 거의 누구도 이것을 알지 못한다는 사실에 더더욱 놀랐다. 큐메의 예언자는 역사를 여러 '시대들'로 나눠놓았고, 여기서 그녀는 자신의 이야기 "큐메의 노래" 속에서 마지막 시대의 도래를 말한다. 토튼이 1882년에 쓴 시빌린 신비서의 정확한 번역은 다음과 같다. 이 글은 미국 달러의 뒷면에 약식으로 인용된 정확한 구절임을 잊지 말길 바란다.

> 큐메의 노래의 마지막 시대가 지금 오고 있다. ("Novus Ordo Seclorum"은 "Magnus Soeclorum ordo"가 바뀐 것이다.) 세기의 장대한 질서가 새롭게 태어난다. 예언하는 '처녀'와 황금시대의 왕국들이 지금 모두 돌아온다. 지금 저 높은 하늘에서 새로운 자손이 내려온다. 도우소서, 순결한 루키나 *Lucina**여, 철의 시대의 막을 내릴 사내아이가 곧 태어나고, 황금사람이 전 세계에서 다시 솟아오르리라.[53]

이 글의 몇 가지 놀라운 요소들을 살펴보자. "마지막 시대가 지금 오고 있다. 세기의 장대한 질서가 새롭게 태어난다. 지금 저 높은 하늘에서 새로운 자손이 내려온다." 여기서 "자손"은, 이제 우리가 알게 된 것처럼, 위대한 시대의 끝에 인류가 어떤 종류의 변형을 거친다는 것을 묘사하는 듯하다. 이 새로운 자손은 정확히 어떤 모습일까? 그 답은 다음 구절에 있는지도 모른다. "철의 시대를 마감할 아이가 곧 태어나고, 황금사람이 전 세계에서 다시 솟아오르리라." 이것은 인류 전체가 변형된다는 예언을 함축한다. 단지 한 사람의 메시아 같은 인물에 그치지 않고 말이다. "예언하는 '처녀'와 황금시대의 왕국들이 지금 모두 돌아온다."라는 구절은 다른 집단들이 이 과정을 도우리라는 것을 암시하기도 한다.

---

* 고대 로마의 출산을 주재하는 여신의 이름.

베르길리우스의 《제4 전원시》 나머지를 다른 번역본으로 계속 읽어가노라면 더 자세한 이야기가 펼쳐진다. 고대 그리스와 로마 전통에서의 '영웅들'이란 인간과 '신' 사이에 태어난 반신반인이며, 이 독특한 유전적 유산으로 그들은 우리가 지금은 초인이라 여길 만한 능력들을 가졌었음을 기억하기 바란다.

> 그대의 안내로, 우리의 오랜 사악함이 남아 있는 그 어떤 자취들이라도, 일이 이루어지기만 하면, 세상을 결코 멈추지 않는 두려움으로부터 자유롭게 하리라. 그는 신들의 생명을 받을 것이며, 영웅들과 신들이 합쳐지는 모습을 볼 것이며, 그 자신도 그들로 보일 것이며, 그의 아버지의 권능으로 세상을 평화롭게 다스리리라. 시간이 가까워질 때, 그대의 위대함을 생각하라, 신들의 아이들이여, 주피터의 위대한 자손이여! 보라, 세상을 둘러싼 힘과 땅과 넓은 바다, 그리고 깊은 지하납골당이 어떻게 흔들리는지. 보라, 오는 시간으로 모두가 황홀해할 것인즉![54]

이 글에서 우리는 신들이 정말로 돌아오리라고 예견되었으며, 지상의 인간들은 그들 스스로가 "신들의 생명을 받게" 될 것임을 알 수 있다. 이것이 달러 지폐에 곧바로 새겨진 미합중국의 국새다. 분명하게도 우리는 이 예언들에서 우리들 자신이 신들로서 이 과정이 완결되는 모습을 보도록 예견되었다. 그러므로 이 시빌린의 예언들은 "황금사람이 전 세계에서 다시 솟아오를"—여기 있는 모든 사람을 의미하는— 황금시대의 도래에 대한 선명한 예언을 나타내고 있다. 미국 건국의 아버지들은 시빌린의 기록에 나오는 이 예언들과 대피라미드의 상징이, 깨어난 솔방울샘과 관계있다는 점을 명백하게 알고 있었다. 다시 말하지만, 대피라미드의 겉모습을 조사해보면 대각 방향을 가로지르는 거리는 25,826.4피라미드인치로, 세차주기의 햇수와 비슷하다. 갓돌은 같은 대각선들 바로 위에 자리 잡는다. 따라서 이 모든 내용들을 종합해보면, 미국 건국의 아버지들은 '대년'의 마지막에 인류 역사의 새 시대가 동터 오름을 상징하는 피라미드 갓돌이 돌아온다고 확실하게 믿었음이 분명하다. 이것으로 고대 신화들에서도 언급했던 흔하게 예언된 황금시대, 곧 인류가 신과 같은 상태로 변형하고 처음 문명을 세운 아버지들이 돌아오는 것으로 완결되는 황금시대는 시작될 것이다. 피라미드 갓돌과 배틸 석 사이의 연관성으로 볼 때, 우리는 이 예언이 솔방울샘의 각성과 관련되어 있다고 그들이 얼마나 깊게 믿고 있었는지를 뚜렷하게 보게 된다.

일루미나티

이 책이 다루는 범위로부터 멀리 벗어나기는 하지만, "유럽에 있는 비밀스럽고 존엄한 조직"은 오늘날에도 여전히 힘을 가지고 있다는 많은 증거가 있다. 우리는 솔방울샘의 상징이 프리메이슨, 장미십자회와 다른 여러 집단들과 —바티칸을 포함해서— 얼마나 엮여 있는지를 이미 살펴보았다. 점점 더 많은 사람들이 바로 지금 세계 정치판에서 뭔가 아주 어두운 일들이 일어나고 있고, 우리가 뽑은 지도자들이 세상을 움직이는 사람들이 전혀 아닐지도 모른다고 의심하기 시작하고 있다. 나는 소스필드를 연구하는 사람들의 일부가 어떻게 위협받고, 매수당하고, 다치거나 심지어 죽기까지 하는지를 이미 말했다. 인터넷에는 이 모든 일들을 다루는 기사들과 책들이 그야말로 넘쳐나고 있고, 그 많은 수는 아주 끔찍하며 파멸과 두려움으로 가득 차 있다. 황금시대를 둘러싼 본래의 긍정적인 예언들은 지난 수천 년 동안 '신세계질서*New World Order*'라는 왜곡된 개념으로 곡해되어버린 듯하다. 이 개념은 다국적의 엘리트 권력집단이 지구의 인구를 크게 줄이고 사람들을 세계적인 독재의 손아귀로 밀어 넣으려 한다는 것이다. 내 견해로는, 이 주제에 대해 기록된 자료들의 유일한 포괄적 출처는 바로 윌리엄 스틸*William T. Still*의 《신세계질서: 비밀사회에 대한 고대의 계획》일 것이다.[55] 1990년부터 인터넷에 등장했던 신세계질서를 둘러싼 가장 자극적인 사료들의 많은 수가 바로 스틸의 책에서 비롯된 것이다. 스틸은 프랜시스 베이컨 경이 보편적인 민주주의를 시작하게 할 "새로운 아틀란티스*New Atlantis*"—전쟁과 범죄와 가난에서 해방되는 세상—를 위한 계획을 만들려고 이 집단과 일했다는 증거를 보여준다. 베이컨의 비전은 의심의 여지 없이 미국의 건국과 미국 헌법상의 자유의 원칙들에 영감을 주었다. 베이컨은 또 이 계획이 이루어지기만 하면 인간은 자연의 힘들을 다시 지배하리라고 믿었다.

스틸을 비롯해서 사람들이 지금은 "일루미나티*Illuminati*"('빛나는 사람들'이라는 의미)라고 부르는 이 세계 엘리트들의 정치, 방침, 기만행위, 거짓말과 속임수를 나는 그 어떤 식으로도 지지하지 않는다는 것을 확실히 밝혀둔다. 이 빛남은 깨어난 솔방울샘을 가리키는 은유임이 분명하다. 그리고 이 집단들은 그들이 전 세계적으로 행사하고 있는 권력과 통제가 자신들을 신들까지는 아니라 해도 다른 사람들보다 우월한 존재로 느끼게 해주는 비밀스러운 영적 수행에서 비롯된 것이라고 믿을지도 모른다. 흔히 이 사람들 탓으로 돌리는 참상들이 벌어지고 있음에도, 나는 우리가 이 집단들에 관여해온 모든 사람들을 규탄해야 한다고 느끼지도 않는다. 그렇게 한다면 우리는 제2차 세계대전 때 유태인들에 대한 히틀러의 괴기스러운 태도를 넘어서 진정으로 성장하지 못한 것이기 때문이다. 모든 인간은 존재할 권리를 가지고 있고, 집단학살이야말로 인류에 대한 범죄 행위다. 그들이 미워했던 사람들만큼이나 또 다른 집단이 혐오스러워지게 되는 상황을 만드는 짓이다. 내가 개인적으로 아는 몇몇 내부자들의 말을 들어보면, 많은 선량한 사람들이 이 집단들에 말려들어 가고, 할 수만 있다면 대규모로 빠져나오기도 한다. 하지만 인터넷 공간을 달궈온 그들에 대한 증오가 요즈음엔 너무도 큰 나머지,

그들이 실제로 빠져나올 수 있어서 세상을 위해 진심 어린 마음으로 좋은 일을 하려 한다 해도, 자신의 목숨을 걱정해야 할 것이다

미국 건국의 아버지들은 황금시대의 도래와, 일어나도록 예견된 인류의 변형을 둘러싼 이 예언들을 알고 있었음이 분명해 보인다. 세상의 큰 종교들과 많은 비밀 전통들은 모두가 공통되고 전 세계적인 하나의 원천으로부터 생겨난 것으로 보인다. 그 원천은 생물학적으로나 영적인 진화에 있어서 우리를 훨씬 앞서 있었고, 그래서 신적인 존재로 보였을 사람들이었는지도 모른다. 어둠, 비밀, 그리고 돈과 권력의 덫은 다양한 권력 집단들에서 본래 메시지에 담긴 의도를 왜곡시키기에 충분했을 듯도 하다. 그래서 이들 비밀스럽고 오컬트적인 가르침들과, 비슷한 상징과 주제들을 품었던 다른 많은 종교적/영적 전통들의 긍정적이고 사랑으로 충만한 지향점 사이에 확연한 차이가 생겨났을 것이다. 나는 이 집단들 안의 많은 사람들이 인류의 선(善)을 위해 일해 왔다고 느끼지만, 그들이 모든 것들을 비밀에 부치도록 강요받으면서, 극소수의 이상하기 짝이 없는 악의와 속임수가 이제 다수를 먹칠하게 돼버렸다. 이것은 부끄러운 일이다. 다행히 연구 초기에 내게 온 행운과, 더 최근에는 내 웹사이트와 동영상들이 널리 알려진 덕분에, 나는 이 전통의 살아 있는 후계자들 가운데 몇 사람을 만날 수 있었다. 나는 변화의 바람이 불고 있으며, 여기서 이 집단들의 구성원들이 이제는 그들의 동료들 몇몇의 부정성과 자아도취와 이기심을 존경할 필요가 없음을 깨닫고서, 그들에게 주어진 고대의 임무가 정말로 무엇인지를 더 온전하게 이해하게 되리라고 믿는다. 또 이 행성이 생겨 나온 사랑 가득한 본질로 지구를 되돌리기 위한 비밀은 '결맞음'에 있다고 믿는다. 이것은 고대의 컬트적 가르침이 아니라, 활발하게 진행되고 있는 과학적 탐구의 결실이다.

미국 건국의 아버지들이 피라미드를 국새의 도안에 넣었을지라도, 그들이 그것에 대해 정말로 얼마나 많은 것을 알았는지를 우리는 알 길이 없다.

이 철학적인 전통은 분명하게도 굉장히 오래되었고, 한때는 전 세계에 널리 퍼져 있었다. 이 문명을 거의 파괴해버렸을지도 모를 끔찍한 홍수가 오기 전까지는 그랬다. 원래의 가르침들은 그것이 주어진 뒤로 시간이 갈수록 더 많이 변질되고, 그 메시지는 점점 더 혼란스럽고 왜곡될 수도 있다. 틀림없이 이 내부자 집단은 자신들이 알고 있을지도 모르는 것들을 공개하지 않았다. 그리고 나는 우리가 할 수 있는 최선의 일은 과감하게 비밀을 종식시키고 진실을 풀어 내놓는 것이라고 생각한다. 대피라미드는 분명히 웅장한 건축상의 경이이자, 지금 우리의 기술력을 훨씬 넘어서 있는 것으로 보인다. 어떤 사람들은 이것을 알아차리고서 수백 년 전에 — 수천 년 전은 아니더라도 — 여기서 영감을 얻었을는지도 모른다. 진보한 고대 문명이 지었든, 외계에서 온 신들이 지었든, 또는 그 둘 다이든 간에 대피라미드는 지금 오고 있는 황금시대에 대해 우리가 이해할 필요가 있는 모든 정보를 담도록, 그리고 어쩌면 대피라미드의 건축가들 각자가 내다보았을 그 "새로운 지구"를 창조하는 일을 돕도록 만들어졌을 수 있다.

다음 장에서 우리는 알렉산더 골로드*Alexander Golod* 박사가 1990년부터 러시아와 우크라이나에 짓고 있는 대규모 피라미드들을 알게 될 것이다. 많은 최고의 러시아 과학자들이 이 피라미드들을 연구했고, 피라미드 파워와 그 신비한 효과를 둘러싼 많은 추측들을 확인할 수 있었다. 이것은 아주 많은 방법들로 우리 사회에 일대 혁신을 일으킬 잠재력을 가지고 있어서 그 함의는 그야말로 상상할 수조차 없는 것이다. 그것은 마치 세상의 모든 돈보다 더 가치 있는 엄청난 유산이 우리에게 주어진 것과 같고, 바로 그곳에서 우리가 다시 찾아낼 때까지 언제나 기다리고 있던 것처럼 보인다. 피라미드 기술은 우리가 아는 것보다도 훨씬 더 발달했으며, 우리의 행성을 완전히 변형시킬 힘을 가졌다. 우리 발목을 붙잡는 유일한 사실은 우리 과학이 그런 고도의 기술을 찾아내고 이해하는 수준까지 아직 나아가지 못했다는 점이다.

8장

피라미드 파워로 지구 재앙을 극복하다

: 피라미드 형상 에너지

러시아 셀리게르 호숫가에 설치된
22미터의 피라미드 주변으로 300km의 에너지 장이 생겼으며,
몇 달이 지나지 않아 상공의 오존홀이 닫혔고
멸종된 것으로 알려졌던 꽃들이 들판을 뒤덮었다.

고대의 예언들은 전 세계적인 종말에 대해서는 말하지 않는다. 오히려 황금시대의 도래를 예언한다. 더 좋은 일은 우리가 이제 대피라미드를 측정한 꽤 많은 전문적인 세부 내용들까지 알게 되었다는 것이다. 지구의 정확한 크기, 한 해의 정밀한 길이, 지구에서 태양까지의 거리, 여러 행성들의 크기들, 별들의 정렬, 분점세차주기가 들어 있는 이 내용들은 대피라미드의 건축가들이 고대 세계에 신화들과 예언적인 종교적 가르침들을 스스로 씨 뿌려왔을 수도 있음을 보여준다. 만일 피라미드의 구조 자체가 우리가 상속하도록 되어 있었던 그 '메시지'의 일부였다면 어떨까? 그것이 활용 가능한 기술이 될 수 있을까? 우리가 주류 과학에서는 아직 재발견하지 못한 과학을 이용해서?

1970년대의 피라미드 파워 운동을 두고 회의론자들은 잠깐 반짝하고 말 어리숙한 행태라며 통째로 비웃었다. 피라미드 파워를 둘러싼 관심의 많은 부분이 앙투안 보비스*Antoine Bovis*라는 프랑스인의 이야기에서 나왔는데, 보

비스는 20세기 초반에 대피라미드에 갔었다고 한다. 1970년대에 피라미드를 다룬 많은 책들에 나오는 일화들을 보면, 보비스는 왕의 방에서 고양이들과 다른 작은 동물들의 사체가 든 쓰레기통을 찾아냈다. 희한하게도 이 동물들은 고약한 냄새가 나지 않았고, 썩어 없어진 대신 바싹 말라서 미라가 되어 있는 듯했다. 대피라미드가 정말로 무덤이었다면, 어쩌면 이집트인들은 그들이 사랑했던 지도자들의 몸을 미라로 만들려고 그렇게 애쓸 필요가 없었을 것이다. 그저 석관에 밀어 넣고, 마법이 일어나기를 기다렸다가 다시 빼내면, 이제 피라미드가 그 모든 일을 한 것이다.

역사는 이 인기 많았던 일화들에 친절하지는 않았다. 1999년에 전직 이집트 국립박물관 관장이 덴마크의 한 회의론자에게 왕의 방에는 동물의 사체들을 담을 수 있는 쓰레기통이 결코 없었다고 말했다.[1] 게다가 많은 저자들이 보비스가 용케도 이 쓰레기통을 만지고 들여다보고 냄새 맡았던 일에 대해 대단히 자세하고 호감 어리게 이야기했는데도, 진실은 보비스가 프랑스를 떠난 적이 한 번도 없었고, 그가 대피라미드에 갔었다는 일화는 보비스의 작업을 잘못 해석한 다른 저자들이 지어냈다는 것이다.[2] 실제로 일어난 일은 이렇다. 보비스는 프랑스에 있는 자기 집에서 76센티미터 높이로 대피라미드의 나무 모형을 만들었고, 죽은 고양이를 왕의 방 위치에 놓아둬서 미라를 만들었다고 주장했다. 그 덴마크인 회의론자 젠스 라이가드*Jens Laigaard*의 말대로라면, 이 이야기가 모두 속임수는 아닐지도 모른다.

> 수많은 사람들이 피라미드 안에 다양한 음식물들을 놔둬 보았고, 피라미드 파워가 어류, 육류, 달걀, 채소, 과일과 우유를 보존할 수 있다는 많은 주장을 내놓았다. 다른 사람의 말을 들어보면, 이 에너지를 받은 절화(折花)는 색깔과 향기가 오래갔다. 게다가 커피, 와인, 술, 담배는 피라미드에 들어갔다 나오면 더 미각을 돋우는 향기가 났다고 한다.[3]

이 덴마크 저자의 글을 발췌한 회의론자들의 웹사이트는 말미에 자신들의 솔직한 느낌을 적었는데, 여기에서는 보비스가 "탁상공론식의 추론과 오컬트적인 실험들로 자신의 피라미드에 대한 견해를 만들었다."고 주장한다.[4]

이런 회의적인 묵살에도 굴복하지 않고, 추가적인 연구에서는 체코 프라하의 무선공학자인 카렐 더발*Karel Drbal*이 1950년대에 여러 가지 종류의 죽은 동물들을 아주 좋은 상태로 보존하면서, 보비스의 "탁상공론식 오컬트적인 실험들"을 성공적으로 재현했다고 밝혔다. 더발은 "그 이유가 확실하지는 않지만, 피라미드 안의 공간 형태와 그 공간 안에서 일어나는 물리적, 화학적, 생물학적 과정들은 서로 관계가 있다."[5]는 결론을 내렸다. 더발은 또 1959년에 판지(板紙)로 만든 피라미드 형태의 구조 안에 넣은 무딘 면도날이 날카로워진다는 것을 처음 발견했다는 사람이다. 많은 동유럽 국가들은 이 시절에 좋은 면도날을 구하기가 어려웠으므로, 이 피라미드 묘책이 정말로 효과 있는지를 알아보는 데 큰 관심이 쏠렸다. 프라하의 특허사무실은 그들의 전문 과학자가 같은 결과를 얻지 않고서는 이 발견을 보호해달라는 더발의 요청을 받아들일 수 없다고 거부했다. 그리고 아니나 다를까, 그 과학자는 성공했다. 그렇게 해서 더발은 '쿠푸*Khufu* 피라미드 면도날 샤프너'로 체코슬로바키아 특허번호 91304를 획득했다. 사실 라이얼 왓슨*Lyall Watson*이 1973년에 훌륭한 저서 《초자연, 자연의 수수께끼를 푸는 열쇠(한국어판)》를 썼을 때만 해도 이 제품은 스티로폼으로 여전히 제조되고 있었다.[6]

이게 전부가 아니다. 2001년 러시아 과학자 볼로디미르 크라스노홀로비츠*Volodymyr Krasnoholovets* 박사는 더발의 전설적인 면도날 실험을 재현하고는, 주사전자현미경 사진으로 피라미드의 형태가 면도날의 분자 구조를 바꾸었음을 증명해냈다.[7] 더발이 발견한 듯 보였던 것과는 다르게, 남북 방향으로 정렬한 경우 새 면도날이 더 예리해지는 것으로 보이지는 않았다. 그러나 동서 방향의 위치에서는 면도날에 분명하고 측정할 수 있을 정도로 무뎌지는 효과가 생겼는데, 곧고 매끄러운 표면이 현미경 수준에서 울퉁불퉁한 파상(波狀)의 곡선으로 바뀌었다.[8] 기존의 과학에서는 틀림없이 일어나서는 안 되는 일이다.

《초자연, 자연의 수수께끼를 푸는 열쇠》를 쓴 라이얼 왓슨도 보비스의 원래 실험을 달걀, 우둔살 스테이크와 죽은 쥐로 재현해보았다. "피라미드 안에 있는 것들은 아주 잘 보존된 반면, 신발 상자에 넣은 것들은 금세 냄새가 나기 시작해서 갖다 버려야 했다. 나는 쿠푸의 피라미드를 판지로 복제한 것이 종잇조각들을 아무렇게나 이어 붙여놓은 것에 그치지 않고, 대신 특별한 속성들을 가졌다고 결론내리지 않을 수가 없다."[9] 왓슨은 별다른 문헌들을 인용하지 않고 추가적으로 흥미로운 실마리들을 남겼다.

> 한 프랑스 회사가 요구르트를 만드는 특별한 용기에 대한 특허를 받은 적이 있다. 그 특별한 형태가 이 과정에서 미생물들의 활동을 증진시켰기 때문이다. 체코슬로바키아의 한 맥주 회사가 둥근 맥주통을 각진 것으로 바꾸려고 해봤지만, 맥주의 품질이 더 나빠진다는 사실을 발견했다 — 양조법은 그대로였는데도 말이다. 독일의 한 연구자는 똑같은 상처를 입은 쥐가 구형(球形)의 우리에서 더 빨리 치유된다는 사실을 보여주었다. 캐나다의 건축가들은 사다리꼴의 병동에 사는 정신분열증 환자들의 갑작스러운 호전을 보고한다.[10]

이렇게 극적으로 들리는 발견들이 어떻게 사실일 수 있는 걸까?

이 지점에서 나는 회의론자들의 반응을 이해할 수 있다. 곧, 이 연구의 극소수만이 미국에서 이루어진 것이고, 이것은 우리의 소중한 많은 물리 법칙들에 위배되는 듯 보이기도 한다. 서구 세계의 거의 대부분이 뒤에서 논의하게 될 소스필드에 대한 러시아의 연구들을 —이 이상한 특이 현상들을 멋들어지고 새롭게 설명하는— 알지 못한다. 이 장에서는, 피라미드가 할 수 있는 다른 모든 것들을 당신에게 설명하는 동안 부디 인내심을 가져주길 바란다. 아는 것들을 충분히 들여다보지 않고서는, 그 어떤 성급한 설명도 불완전하고 이해하기 어려울 것이기 때문이다. 고대의 우리 조상들은 기록된 인류사에 있어 가장 완벽한 구조를, 피라미드 형태로 —커다란 네모 상자가 아닌— 세웠던 이 기술의 가치에 대해 충분한 확신을 가지고 있었다. 다른 장려한 피라미드들이 이집트와 남아메리카에서 많이 나타나며, 새로운 연구를 보면, 비록 그 대부분이(중국에 있는 것들을 빼고) 흙과 나무와 그 밖의 식생으로 덮여 있어 알아보기 힘들기는 하지만, 보스니아[11], 이탈리아, 그리스, 슬로베니아, 러시아와 중국[12] 등지에도 있는 듯하다. 그들 일부는 피라미드 형태로 깎인 산들일 수도 있다. 보스니아에 있는 '태양의 피라미드'는 그 크기가 이집트 대피라미드보다 두 배가 넘어 보이고, 이 특이한 산악 지역의 기하학적인 대칭은 매우 인상적이다.

【그림 17】 보스니아 '태양의 피라미드'를 하늘에서 본 모습. 전통적인 고고학자들은 이것이 지적으로 설계된 구조란 사실을 인정하지 않는다.

그렇게 할 납득할 만한 이유가 없다면, 왜 이 거대하고 엄청난 무게의 돌 블록들을 쌓고 또 쌓고, 산들을 피라미드처럼 깎거나 흙을 거대한 피라미드 형태로 쌓아 올린 것일까? 왜 그토록 많은 문화들이 독자적으로 우리의 기술 수준을 충분히 앞지를 만한 기술을 사용해서 그런 구조물들을 세운다는 같은 생각을 했던 것일까? 피라미드들이 실제로 무슨 일을 할 수 있는지의 수수께끼들을 일단 탐험하기 시작하면, 이것은 훨씬 더 쉽게 이해가 될 것이다.

피라미드 파워 리부팅

모든 사실들에도 불구하고, 2001년에 존 데살보*John DeSalvo* 박사의 '기자 피라미드 연구협회*Giza Pyramid Research Association*' 웹사이트가 러시아의 피라미드 연구들에서 나온 숨이 멎을 듯한 새로운 결과들을 처음 발표하기 전까지는, 피라미드 파워라는 개념 모두가 그저 황당한 괴담일 뿐이라고 일축되어 버렸다. 이야기는 1990년 모스크바의 과학자이자 국방공학자인 알렉산더 골로드 박사가 러시아와 우크라이나에 커다란 피라미드들을 짓기 시작했을 때로부터 시작된다. 2001년까지 러시아와 우크라이나의 서로 다른 여덟 곳에 17기의 피라미드들이 만들어졌고,[13] 2010년 여름까지는 세계적으로 —대부분이 여전히 러시아와 우크라이나에 있지만— 50기가 넘는 피라미드들이 만들어져왔다.[14]

골로드 박사는 피라미드 하나하나를 PVC 파이프로 만든 뼈대에 유리섬유 시트를 덮어서 네 면을 매끄럽게 만들었다. 이들은 모두 조개껍데기의 나선무늬처럼 살아 있는 유기체의 생장패턴에서 아주 흔하게 나타나는 황금분할—파이*phi* 비율이라고 하는 1:1.618—에 맞추어 만들어졌다. 이 비율은 골로드의 피라미드들을 대피라미드보다 가파른 70도 정도의 경사로 만들었다. 꼭대기까지의 길이는 바닥둘레에 비해 대피라미드에서보다 두 배 정도 더 높았고, 이 때문에 골로드의 피라미드들은 오벨리스크나 교회 첨탑 또는 그리스와 로마 동전에 있는 배틸 석에 더 가까워 보인다.

골로드의 가장 큰 피라미드는 높이가 44미터에 무게가 55톤 이상이며, 완성하는 데 5년이 걸렸고, 비용은 100만 달러 이상이 들었다.[15] 이 피라미드는 1999년에 끝마쳤고, "금속이라고는 하나도 들어가지 않은 비전도성 재료들"을 사용했다.[16] 골로드는 피라미드 구조체에 금속이 있으면, 마법과 같은 효과들이 완전히 사라지지는 않더라도 크게 줄어든다는 점을 발견했다. 마치 금속에 어떤 신비로운 에너지장을 흡수하는 효과가 작용하고 있는 것처럼 말이다. 이것이 어떤 회의론자의 피라미드 파워를 재현하려는 시도를 실패하게 만든 핵심적 설계 요소의 하나다. 미국의 수도에는 워싱턴기념탑이 오벨리스크로 세워졌는데, 어쩌면 그런 감춰진 기술을 이용하려는 미국 정부의 또 다른 시도일지도 모를 이 탑에는 엄청난 양의 금속이 들어 있어서, 골로드의 피라미드들과 같은 효과에는 전혀 미치지 못한다.

존 데살보 박사의 기자 피라미드 연구협회 웹사이트는 골로드 박사의 연구 결과를 자신의 많은 전문가 동료들의 결과와 함께 요약하였다.

> 의학, 생태학, 농업, 물리학과 여러 분야에서의 연구를 비롯한 많은 실험들이 이 피라미드들을 이용해서 이루어졌다. 이 연구에서 중요한 것은 러시아와 우크라이나 최고의 과학자들이 이 실험들을 수행해왔고, 피라미드들 안에서 일어나는 변화들을 과학적으로 기록하고 있다는 점이다.[17]

여기서 보다시피, 이것은 오컬트나 탁상공론식의 과학이 전혀 아니다. 이 실험들은 가장 높은 수준에서 아주 진지하게 이루어졌고, 엄청난 시간과 비용이 투자되었다. 2001년에 볼로디미르 크라스노홀로비츠 박사가 이 연구를 요약한 글을 읽고서 나는 깜짝 놀랐다.[18] 영문 번역으로는 이해하기가 어려웠는데도, 그들의 발견이 가진 함의가 분명하게 이해되었다. 그리고 이 발견은 구소련 군-산 복합체의 많은 최고의 지성들이 기울인 광범위하고도 여러 학문 분야들에 걸친 노력이었다. 철의 장막이 무너져 내린 뒤, 그들은 여전히 연구를 위한 실험실과 예산을 가졌지만, 전쟁하는 일에 시간을 소모할 필요가 없었다. 골로드 박사의 피라미드들은 과학적 탐구를 위한 놀라운 기회를 그들에게 만들어주었다. 이 이야기에서 유일하게 비극적인 내용은, 과학자들이 엄격하기 그지없는 과학적인 실험계획서를 사용하는 데 세심한 주의를 기울였음에도, 그 어떤 주류 학술지도 이들의 연구 결과를 실으려 하지 않았다는 점이다. 그 큰 이유는 이 발견들이 가져올 모든 기술상의 획기적 돌파구로부터 견고한 권력집단들이 중대한 위협을 받게 될 것이기 때문일 것이다.

'생명의 피라미드*Pyramid of Life*' 웹사이트는 이 피라미드들이 세계적인 수준에서 얼마만큼 많은 주의를 끌어모았는지 설명하고 있다.

> 배우, 가수, 조각가, 전공자들, 그리고 대통령들을 포함한 수십만 명이 이미 가장 큰 러시아 피라미드를 다녀갔다. 이 피라미드는 알렉산더 골로드의 감독 아래 과학자들이 세우고 연구했다. 한국, 일본과 티베트의 승려들이 러시아 피라미드에 관심을 가졌고, 그 내부와 주변 공간을 이상적인 장소로 생각한다. 이들의 생각은 러시아과학아카데미*Russian Academy of Science*의 연구소들에서 진행된 과학적 연구로 확인된다. 피라미드를 방문하거나, 피라미드 안에 생산물, 수정, 용액과 물체들을 보관해 두면 생태계와 인간의 건강에 긍정적인 영향을 준다는 사실이 모든 연구들에서 확인되었다.[19]

골로드 박사의 연구는 충분히 진지하게 받아들여져서, 그의 피라미드들에 보관되었던 수정들이 러시아 우주정거장 미르*Mir*에 1년 넘게 있었고, 나중에는 국제우주정거장*ISS*에서 실험이 반복되었다. '생명의 피라미드' 웹사이트는 이 연구들이 지금까지 CNN, BBC, ABC, AP, 〈보스턴 글로브*Boston Globe*〉, 〈뉴욕 타임즈〉와 여타 국제적인 언론매체들에서 다루어졌다고 말한다.[20]

2001년에 이 연구에 대해 읽고서 그것이 가진 더 큰 함축적인 의미에 빠져들면서, 나는 피라미드들이야말로 지구 위에 세워진 가장 놀랍도록 진보한 기술이었음을 깨달았다. 피라미드들은 내내 그곳에 서서 우리가 물려받길 기다리고 있었지만, 우리가 그런 진보한 기술을 알아보지 못했던 것은 우리의 무지 때문이었다. 감사하게도 여러 러시아 연구진의 인가받은 주류 과학자들이 우리를 위해 그 일을 했다. 그들이 보여준 결과들은 피라미드 기술과 그 파생물들이 세상을 구할 수 있고, 그 과정에서 우리의 육체적, 정신적 그리고 영적인 건강을 크게 증진해줄 수 있음을 시사한다. 더군다나 이 결과들은 우리가 우리 몸, 그리고 과학에 대해 일반적으로 알고 있다고 생각했던 모든 것들을 파기한다. 이 기술에 대해 알면 알수록, 그것이 암시하는 바는 더욱더 놀라워진다.

바이러스와 싸우는 데 도움이 되는 약 하나를 얻었는데, 그것을 갑자기 30배 더 강력하게 만든다고 상상해보라. 이것이 러시아의학아카데미*Russian Academy of Medical Science*에 있는 이바노프스키 바이러스학연구소*Ivanovskii R&D Institute of Virology*의 한 연구에서 정확히 일어났던 일이다. 클리멘코*Klimenko* 교수와 노식*Nosik* 박사는 인간의 몸에서 자연스럽게 생기는 베노글로불린*venoglobulin*이라는 항바이러스 성분을 연구하고 있었다. 이것을 1밀리리터에 50마이크로그램의 농도로 희석해서 피라미드 안에 짧은 시간 동안 ―분명히 며칠밖에 되지 않는― 저장했더니, 바이러스와 싸우는 효과가 거의 3배로 커졌다. 이상하게도 이 약물은 더 많이 희석했는데도 효과가 있었다. 정상적으로 0.00005마이크로그램 정도의 극미량은 바이러스와 싸우는 데 아무런 효과가 없는데도 말이다.[21]

이것만으로도 충분히 획기적인 일인데, 러시아소아산부인과연구소*Russian R&D Institute of Pediatrics, Obstetrics and Gynecology*의 안토노프*A.G. Antonov* 교수진이 찾아낸 치유의 힘은 과연 기적과도 같다. 그들의 병동에서 연구진은 심각한 의학적 문제들로 얼마 살지 못하는 미숙아들을 일상적으로 치료해야 했다. 피라미드가 약물의 효과를 현저하게 강하게 해주며, 심지어 약물 그 자체마저도 필요 없어 보인다는 사실을 알게 되면서, 연구진은 훨씬 더 놀라운 일을 시도했다. 알려진 그 어떤 약물을 쓰는 대신, 그들은 40퍼센트 농도의 포도당 용액으로 단순한 플라시보*placebo* 샘플을 만들어 피라미드에 보관했다. 이 용액의 겨우 1밀리리터를 죽어가는 것이 거의 확실한 20명의 아기들에게 투여했더니, 아기들 모두가 완전히 회복되었다.[22] 보통의 포도당 용액을 투여한 아기들은 전혀 나아지지 않고 죽어갈 것만 같았다.

피라미드가 포도당 안에 있는 자연 치유 성분을 어떤 식으로 활성화시킬 수 있었던 걸까 하고 그들은 의아해했다. 확실하게 알아낼 수 있는 유일한 방법은 보통의 물로 바꿔보는 것이었고, 연구진은 물로 같은 실험을 했다. 그러나 1밀리리터의 '피라미드 워터'도 마찬가지로 같은 결과를 가져왔다.

그렇다면 병든 생물을 바로 피라미드 안에 넣으면 어떤 일이 벌어질까? N. B. 에고로바*Egorova* 박사가 이끄는 러시아의학아카데미의 한 연구진이 알고 싶어 했던 의문이 바로 그것이었다. 두 집단의 정상적인 실험실 흰쥐들에게 하루 동안 동등한 양의 살모넬라 타이피뮤리움(S. typhimurium) 바이러스의 변종 415(장티푸스)를 주입했다. 유일한 차이는 한 집단의 쥐들은 피라미드 안에 있었고, 다른 집단은 그렇지 않았다는 점뿐이었다. 놀랍게도 피라미드에 있던 쥐들의 60퍼센트가 소량의 바이러스 주입에 생존한 반면, 대조군에서는 7퍼센트만 살아남았다. 심지어 정상적으로는 거의 모든 쥐들을 죽게 할 만큼 훨씬 더 많은 양의 바이러스를 주입한 경우에도, 피라미드에 있던 쥐들 30퍼센트가 여전히 살아남았지만, 대조군에 있던 불행하기 짝이 없는 쥐들은 3퍼센트만 살아남았다.[23]

에고로바 박사는 또 거의 확실히 커다란 암 종양을 생기게 할 끔찍한 발암물질을 투여해왔던 쥐들에게 피라미드 워터를 먹여보았다. 대조군에게도 같은 발암물질을 투여했지만, 피라미드에 들어간 적이 없는 보통의 물만 주었다. 피라미드 워터를 마신 쥐들은 그렇지 않은 쥐들보다 종양이 눈에 띄게 적게 생겼다.[24]

이 치유법에서는 위험하거나 병을 유발하는 그 어떤 영향도 관찰되지 않았다. 골로드의 연구진은 피라미드의 높이가 높을수록 그 효과도 더 강력해진다는 사실을 알아냈지만, 그들이 만든 가장 큰 피라미드도 대피라미드 높이의 4분의 1을 간신히 넘을 뿐이었다. 물론 이 피라미드들을 세우는 데는 많은 비용이 든다. 그러나 터무니없이 높아만 가는 건강관리 비용과 모든 사람에게 적용할 수 있는 효과적인 치료법들을 찾으려는 분투에 비교하면, 이것이 더 많은 투자의 가치가 있다는 점은 확실하다. 죽어가는 아기를 살리는 데 물 1밀리리터밖에 들지 않았다면, 단 하나의 피라미드가 만들 수 있는 치유의 물이 얼마나 될지 생각해보라.

양자 효과

기적과도 같은 치유 효과도 아직 퍼즐의 한 조각일 뿐이다. 면도날의 분자구조에 미친 영향을 기억하는가? 다른 희한한 양자 효과들 또한 발견되었다. 예컨대, 화강암과 수정 덩어리들을 골로드의 가장 큰 피라미드의 바닥 전체에다 여러 달씩 흩뿌려 놓았다. 지금 인터넷에 올라와 있는 비디오들 일부에서 간단하게 볼 수 있는 것처럼, 이 돌들의 표면에 희미하지만 눈에 보이는 백화 현상이 일어나곤 했다. 그렇지 않았다면 적갈색으로 남아 있었어야 하는 돌들이었다. 이 하얀 부분들이 모든 돌들에 나타나지는 않았다. 그것들은 피라미드의 중심축과 완벽하게 정렬된 눈에 보이는 고리를 이루었다. 1997년 말부터 1999년 초까지, 같은 피라미드에서 매번 다른 돌들을 사용해서 이 결과는 40번이나 반복되었다. 각각의 고리에는 50~300개의 돌들이 들어갔고, 그 총무게는 20~200킬로그램이었다. 골로드의 연구진은 또 이 고리들이 가장 확실하게 만들어질 때는, 주변 지역에서 유행병도 더 적게 일어났음을 보여주는 증거를 모았다.[25]

골로드 박사는 또 레이더와 비슷한 '군사용 탐지기'로 알려진 러시아 장비로 피라미드 상공의 대기를 조사하는 연구들도 진행했다. 이 장치로 피라미드 주위에서 너비 500미터, 높이 2,000미터 정도의 '미지의 에너지' 기둥을 감지했다. 안타깝게도 그들이 사용한 기술 모두가 여전히 기밀 상태이기 때문에, 골로드는 이 에너지가 무엇인지 설명하지 않았다. 그들은 나중에 피라미드를 둘러싼 훨씬 더 큰 에너지의 원이 있음을 발견했는데, 놀랍게도 그 너비가 300킬로미터나 되었다. 골로드의 연구진은 대기권에 그 정도로 거대한 교란을 일으키는 데 전기에너지가 사용되었다면, 러시아의 모든 발전소가 하나도 빠짐없이 최대한 가동되어야 한다고 계산했다. 이뿐만 아니라, 피라미드 바로 위에 뚫려 있던 오존 홀*ozone hole*이 피라미드를 세운 지 겨우 두 달 만에 닫혔다.[26]

골로드는 또 한 유정(油井) 위에 여러 개의 피라미드들을 세우고, 그 가까이에 있던 다른 유정들과 결과를 비교해보았다. 피라미드들 밑의 원유는 30퍼센트가 더 묽어져서 생산량이 30퍼센트 늘었는데, 이것은 원유를 뽑아 올리기가 훨씬 더 쉬웠기 때문이었다. 피라미드가 없는 주변의 유정들은 아무런 변화를 보이지 않았다. 골로드는 피라미드 밑에서 퍼 올린 원유가 훨씬 더 깨끗하다는 사실도 알아냈다. 점성 물질, 역청과 파라핀 같은 불필요한 물질들이 모두 크게 줄어들었다. 굽킨 모스크바 원유가스아카데미*Gubkin Moscow Academy of Oil and Gas*는 이 결과들이 소설이 아닌 사실이라고 확인했다.[27]

이에 더하여, 골로드의 연구진은 파종 전의 작물 씨앗들을 피라미드 안에 1~5일 동안 넣어두었다. 이 실험은 20가지가 넘는 씨앗들로 했고, 수만 헥타르의 땅에 심었다. 모든 경우에서 피라미드에 넣었던 씨앗들의 작물 생산량은 20~100퍼센트가 늘었다. 이 작물들은 병에 걸리지도 않았고, 가뭄에 영향 받지도 않았다. 피라미드 안에 넣었던 돌들을 작물들의 가장자리에 놓는 것으로도 같은 효과를 거두었다.[28]

연구진은 생명에 해를 주는 그 어떤 것이라도 피라미드 안에 넣어두면 바뀌어서 더 좋아진다는 사실을 알아냈다. 유독물과 독소들도 생명의 피라미드 안에 짧게나마 넣어둔 다음에는 기적과도 같이 독성이 매우 낮아졌다. 방사성 물질은 정상 속도보다 빠르게 붕괴되었다. 위험한 병원성 바이러스들과 박테리아들은 피라미드 안에 일정 시간 있게 되면 생명체에 한결 덜 해롭게 바뀌었다. 하물며 LSD 같은 향정신성 약물들도 피라미드 안이나 가까운 곳에 있었던 사람에게는 효과가 더 적게 나타났다.[29] 우리 생각 중 일부는 소스필드 안에서 직접 일어나는 듯하다는 점을 상기해보면, 피라미드의 이 항정신병 효과는 더 잘 이해되기 시작한다.

물에 포도당을 넣은 보통의 플라시보 용액들은 이제 알코올중독과 약물중독을 성공적으로 치료하는 효과적인 치료제가 되었다. 그것들을 먼저 피라미드에 며칠 동안 넣어두기만 하면 된다. 이 치료제들은 정맥주사로 투여하거나 그냥 마셔도 좋다.[30]

고대의 기술

이제 골로드 박사가 러시아와 우크라이나에 만든 보다 작은 피라미드들에서 찾아낸 더 많은 것들을 살펴보자. 여기서는 전사·번역·복제 과학기술연구소*Scientific and Technological Institute of Transcription, Translation and Replication*의 유리 보그다노프*Yuri Bogdanov* 박사가 이 연구들을 꾸려나갔다.

모스크바의 라멘스키 지구에 12미터 높이의 피라미드가 들어서자 그 전에 비해 밀의 생산량이 400퍼센트 늘어났다. 방사성 탄소는 반감기가 크게 줄어들었다. 소금은 그 기본 결정 형태들에서 신기한 변화를 보였다. 콘크리트는 더 단단해졌다. 피라미드 안에서 합성된 다이아몬드들은 보통보다 더 단단해지고 더 순수해졌다. 다른 결정체들도 더 투명해지거나 하는 눈에 띄는 변화가 생겼다. 이 모든 내용들을 바로 지금 받아들이기가 어려워 보일 수도 있다는 점을 나도 알지만, 점차 우리가 살펴보는 모든 것들이 한층 더 이해가 될 것이다. 보그다노프의 연구진은 토끼와 흰쥐의 지구력이 200퍼센트 더 강해졌고, 이들의 백혈구 수치가 올라간 것을 알아냈다.[31] 이 발견은 프로 스포츠계에 분명한 의미를 갖는다. 이런 운동 능력의 향상은 불법적인 스테로이드 사용으로 생기는 해로운 영향을 전혀 만들어내지 않는다. 사실 그런 운동선수들은 이 처치를 받고서 더 건강해지곤 했다. 이 피라미드 파워의 진실이 널리 퍼진다면, 국가의 위신과 수백만 달러의 지원이 위태로운 상황에서, 그들의 올림픽 선수들이 이 효과들을 누리기를 원치 않는 나라가 어디 있겠는가? 전 세계적으로 맹렬하게 경쟁하고 있는 다른 모든 프로 스포츠 팀들은 말할 것도 없이 말이다.

러시아 아르한겔스크 지역에서는 물에 심각한 문제가 있었고, 가능한 해결책으로 골로드 박사의 피라미드들에 주목했다. 스트론튬과 중금속들이 물을 오염시키고 있었다. 시 행정당국은 이 지역에 여러 개의 피라미드들을 세우도록 명령했고, 짧은 시간 안에 그들은 깨끗한 물을 뿜어 올리고 있었다. 그 뒤로 줄곧 이 물은 맑은 상태로 남아 있는 듯하다. 같은 일이 모스크바 근처 크라스노고스키 지역에서도 일어났는데, 여기서는 물을 오염시켜 온 모든 염분이 피라미드 하나로 제거되었다.[32]

내가 러시아과학아카데미의 또 다른 연구진들 일부가 발견한 것들을 읽기 전까지는 이 고대 기술에 들어 있는 힘의 전모가 드러나지는 않았다. 이 발견들에서 우리는 피라미드들이 실제로 어떻게 재앙과 같은 지구 변화로부터 우리를 확실히 보호해주는지 알게 된다. 허리케인, 쓰나미, 지진, 화산 폭발과 같은 재앙들이 초래할 수 있는 믿기 힘든 피해를 생각해보면, 우리가 전 세계적이고 대대적인 규모로 이런 가능성들을 탐구하지 말아야 할 이유는 결코 없다. 그리고 어떤 회의론자가 와서 그것이 "비주류 사이비과학"이기 때문에 우리가 이 기술을 이용하려는 시도조차 해서도 안 된다고 말하려 한다면, 나는 분명하게 이렇게 대답하겠다. "우리가 그것을 시도해보려고도 하지 않을 형편이 되나요?" 우리가 기존의 과학을 가지고 감히 이렇게도 오만하고 지나치게 자신만만해서, 지구를 살릴 수 있는 값싸고 만들기 쉬운 기술의 힘을 철저하게 무시해버려도 되는 걸까?

여기 우리가 피라미드 기술을 가지고 할 수 있는 강력한 사례가 하나 있다. 러시아 과학자들은 여러 지역에서 피라미드들을 짓기 전후에 그 지역에서 생긴 지진의 횟수를 비교해보았다. 놀랍게도 한 번의 크고 강력한 지진이 발생하는 대신, 어떤 형태로든 피해를 가져오지 않는 수백 번의 미미한 지진들이 생긴다는 사실을 알아냈다.[33] 피라미드들은 통상적으로 거대하고 재앙과 같은 지진들이 지표 아래서 일어나게 하는 마찰과 지각 변동 스트레스 전하(電荷)를 빼내고 있었던 것으로 보인다. 명백하게도 주류 과학에는 알려지지 않은 채로 남아 있는 어떤 과정을 거쳐서다.

모스크바에 있는 연방전자기술연구소*All-Russian Electrotechnical Institute*의 한 연구진은 피라미드에 넣어두었던 100그램의 화강석 덩어리 일곱 개로 지름 1미터의 원을 만들어놓으면, 그 원 안에 벼락이 떨어질 가능성이 5,000퍼센트 줄어든다는 점을 알아냈다. 연구진은 그 화강석을 편평한 금속판에 올려놓고 위에서 떨어지는 1,400킬로볼트의 전기를 방전시킬 전극을 연결해놓는 방법으로 이것을 확인할 수 있었다. 보통은 그들이 짧은 시간 전기를 켜면 전류는 "아크*arc*를 발생시키고" 번개를 만들 확률이 높았고, 번개는 금속판에 떨어져서 거침없이 녹여버리는 끔찍한 흔적을 만들었다. 100번의 방전이 되풀이되는 과정에서, 피라미드에 있던 화강석들이 만든 원이 벼락으로

부터 그 안쪽 지역을 보호하는 뚜렷한 효과를 가졌음이 증명되었다.[34]

피라미드 주위에 만들어진 500미터 너비의 에너지 기둥, 그리고 훨씬 더 큰 300킬로미터 너비의 원을 이룬 에너지—이것을 만들려면 러시아의 모든 발전소에서 에너지를 끌어왔어야 할—가 생각나는가? 이 거대한 기둥이 거기서 아무 역할도 하지 않는 것처럼 보이지는 않는다. 에너지 기둥은 적극적으로 피라미드 주위 지역을 폭풍과 악천후로부터 막아준다.[35] 믿기지 않게도 다가오는 폭풍들은 그 지역 전체를 지나지 않고 돌아서 간다. 허리케인으로 파괴되기 쉬운 지역들에 이 기술이 어떤 일을 할 수 있을지 상상해보라. 피라미드를 세우는 비용은 피하기 어려운 허리케인의 피해를 복구하는 비용에 비하면 아주아주 조금밖에 들지 않는다.

이제 또 다른 관찰 결과들이 여기에 수수께끼와 호기심을 더해준다. 앞에서 말한 300킬로미터의 에너지장은 셀리게르 호숫가에 세워진 22미터 높이의 피라미드 주위에서 생겼다. 몇 달이 지나서 그 지역의 상공에 있었던 오존홀이 크게 개선되었다. 시간이 흐르면서 주변 시골 지역에 새로운 물줄기들이 생겼다. 황새에게는 둥지를 짓기에 충분할 만큼의 편안한 환경이 생겼다. 그리고 가장 놀랍게도, 그곳에 있어서는 안 되는 —멸종한 것으로 추측되는— 꽃들이 들판을 덮었다.[36] 달리 말하면 그 땅이 새로워지고 치유되고 변형되었다는 것인데, 피라미드로 강해진 생명을 주는 에너지가 주위의 모든 것들에 중대한 영향을 미쳤음을 말해준다.

이 모든 자료들이 무시되어오고, 하나의 가능성으로서 아직도 언급조차 되고 있지 않다는 사실은, 그동안 얼마나 많은 생명들을 살릴 수 있었을까를 생각하면, 그야말로 범죄와 다를 바 없어 보인다. 또 과거의 다른 문화들도 아주 현실적인 이유들로 피라미드들을 짓지 않았을까 하는 의문도 들게 하는데, 어쩌면 그들이 자신들의 문명을 휩쓸어버릴 수도 있는 기후 변화와 가능한 재앙들을 앞두고 촉박했었기 때문일 것이다. 이것이 왜 그들이 거대한 피라미드들을 지을 그런 강력한 동기를 갖게 되었는지를 설명해줄 수도 있다. 정통 고고학의 일부가 아닌 새로운 피라미드들 또는 피라미드 형태의 산들이 지금도 발견되고 있다. 피라미드로 보이는 한 쌍의 피라미드들, 아니면 평원에 있는 확연한 피라미드 형태의 산들이 러시아 극동의 큰 항구들 가운데 하나인 나홋카에 있다. 두 개의 커다란 피라미드 형태의 산들이 있는데 '브라트*Brat*' 또는 '형제*Brother*', 그리고 '세스카*Seska*' 또는 '자매*Sister*'라는 이름이 붙었다.*

20세기가 시작될 무렵, 유명한 러시아의 여행가, 역사가, 인류학자인 아르세니예프*Arseniev*는 이 언덕들이 고대의 성스러운 장소들이었고, 한국과 중국에서 온 많은 여행자들이 기도하기 위해 그곳을 찾았다고 했다. 그곳의 원래 거주민들인 고려인들의 말로는 이것들이 자연물이 아니라 아주 오랜 옛날에 만들어졌는데 누가 그랬는지는 자신들도 모른다고 한다. 피라미드 연구가 막심 야코벤코*Maxim Yakovenko*는 이렇게 말한다. "사람들은 때때로 이 언덕들 위에 있으면 행복하고 건강해짐을 느낀다고 말하는데, 나도 동의한다. 언덕들의 사면은 마치 이집트의 피라미드들처럼 동서남북을 향하고 있다." 비극적이지만, 1960년대에 브라트의 정상은 건설 계획을 위한 석재를 채취할 목적으로 폭파되어버렸고, 그 높이는 78.5미터가 줄어들었다.** 여기 놀라운 이야기가 있다. "브라트(도시로부터 5~6킬로미터 떨어진 곳에 있다)의 정상이 파괴된 뒤로, 나홋카의 기후가 몇 주 동안 바뀌었다. 사람들은 발파한 뒤로 며칠 동안 강풍이 불고 비가 내렸다고 말했다."[37] 그 전에는 날씨가 매우 온화했다고 했다. 이런 변화는 피라미드들이 기후 패턴에 미치는 영향에 대해 골로드의 연구진이 찾아낸 내용과 전적으로 일치한다. 브라트와 세스

---

* 옛 이름은 각각 '어내산', '다내산'이었다고 한다.

** 브라트의 높이는 원래 320.5미터였고 세스타는 319.0미터이다. 이집트 대피라미드의 높이가 138미터 정도인 것으로 볼 때 그 크기가 짐작된다.

카가 그저 자연 형상일 뿐이라고 하더라도, 브라트의 모습이 손상되자 날씨가 그렇게 뚜렷이 바뀌었다는 사실은 여전히 정말로 주목할 만한 것이다.

이제 살펴보겠지만, 러시아과학아카데미에서 나온 내가 읽은 마지막 연구는 그야말로 내 넋을 빼버렸다. 우리의 의식이 우리를 둘러싼 세상과 서로 얼마나 연결되어 있는지를 보여준다는 점에서 말이다. 피라미드들이 지진과 혹독한 날씨를 줄여줄 수 있다면, 어쩌면 토네이도, 쓰나미와 화산 폭발에도 같은 일을 할 수 있을 것이다. 7,000명의 사람들이 단지 명상만 한 것으로도 전 세계의 테러리즘을 72퍼센트 줄일 수 있었다는 사실을 잊지 않길 바란다. 러시아의 피라미드들이 명상이나 다른 어떤 인위적인 개입도 없이 범죄 행동에 비슷한 영향을 준다고 한다면, 우리는 이제 탐구할 가치가 있는 강력한 새 연결고리를 갖게 된 셈이다.

의식의 힘

우리의 의식이 어떤 식으로든 지진, 허리케인, 악천후와 아마도 화산 폭발과 쓰나미까지도 더 강하게 하거나, 심지어 만들어낼 수도 있는 것일까? 이것은 또 지구가 이 위태로운 전이 과정을 잘 지나도록 도울 값싸고 쉬운 방법을 우리가 가졌음을 의미할 수도 있을까? 그래서 우리가 다른 누군가 또는 무언가가 우리를 구해주기만을 바라고 기도할 필요가 없도록 말이다. 또한 이것은 지구가 우리 의식에 대해 하나의 피드백 메커니즘으로 작동하고 있음을 말해줄까? 우리의 집단적인 '불편함*dis-ease*'이 파괴적인 지구 변화들로 나타나는 걸까? 우리는 우리 자신의 사랑의 결핍을 되비쳐 주는 전 세계 규모의 거울 앞에 다가서고 있는 것일까? 지금 오고 있는 황금시대는 우리 가운데 충분한 수가 우리 자신을 더 좋지 않은 문제들로부터 지켜줄 수 있는 긍정적이고 사랑 가득한 태도로 옮겨가는 시간을 나타내는 것일까?

러시아과학아카데미는 피라미드 에너지가 범죄 행동을 줄이고 사랑과 평화의 느낌을 늘려준다는 사실을 확인했다. 그들은 화강암과 여러 결정 구조들을 피라미드 안에 넣어두었다가 총 수감자가 5,000여 명 정도인 러시아의 어떤 교도소들의 안과 주변에 갖다 놓았을 뿐이었다.[38] 기자 피라미드 연구협회의 웹사이트는 그 결과들을 요약했다. "겨우 몇 달 만에 대부분의 범죄들이 거의 사라졌고, 수감자들의 행동은 한결 좋아졌다."[39] 연구 대상 교도소들은 이 피라미드 에너지로 충전된 화강암이 주위에 놓인 것 말고는 아무것도 바뀐 것이 없었다.[40]

소스필드에 대해 앞의 다섯 장들에서 우리가 함께 나눴던 정보들을 일단 받아들이면, 수감자들을 대상으로 한 마지막 연구는 가장 중요한 핵심들의 하나다. 어찌 됐든, 일반적으로 그 본질에 있어서 추상적이고 감성적이면서 엄밀히 심리학적인 현상으로 여겨지는 사랑과 평화의 느낌들은 우리의 주변 환경에 직접 영향을 미친다. 앞에서 본 대로 세상의 테러리즘을 72퍼센트 줄인 7,000명의 명상 효과처럼, 피라미드 에너지는 범죄 행동을 상당부분 개선한다. 이런 지식을 가지고서 우리는 지구를 치유할 수 있다. 그것은 마치 생명 자체가 스스로의 존재를 지탱하는 아직 발견되지 않은 에너지를 가지고 있으며, 이 에너지가 지구로부터 바로 방사되는 것과도 같다. 그러면 이 에너지는 독특한 피라미드 구조들을 거쳐 이용된다. 방사선은 빠르게 줄어들고, 오존홀이 닫히고, 지진과 혹독한 날씨는 줄어들거나 사라지기도 했으며, 물은 깨끗해지고, 작물은 더 잘 자라며, 질병은 극적으로 완화되었고, 건물은 훨씬 더 튼튼하고 안전하게 지어졌으며, 그리고 범죄와 테러리즘과 정신질환들마저도 완전히 사라지지지는 않았지만 큰 폭으로 줄어들었다. 우리가 서로 분리된 문제들로 생각하고, 조절하기에는 어느 한 사람의 능력을 훨씬 넘어서 있는 것이라고 여기는 이 모든 것들을, 이제는 서로 하나로 연결된 전체의 부분으로 볼 수 있다.

한번은 의자에 기대 앉아 이 새로운 과학의 온전한 의미를 곰곰이 생각하다가, 전 세계의 그토록 많은 고대 문화들이 왜 거대한 피라미드와 흙더미, 선돌과 다른 여러 형태들의 거석 건축물들을 세우려고 애썼는지가 아주 분명해졌다. 석회암과 화강암과 같은 천연의 결정질 재료들은 우리가 얻을 수 있는 가장 효과적인 건축 자재들로 보인다. 최고의, 가장 강한 소스필드 발생기를 만들기 위한 자재 말이다. 피라미드 파워를 실현하는 물리학 법칙들이라면 지적인 생명이 사는 그 어떤 행성에서도, 과거, 현재 또는 미래 그 어느 때라도 작동해야 한다. 그래서 피라미드들이 온 우주를 통틀어 아주아주 흔할 가능성은 충분하다. 우리는 그 뒤에 있는 과학에 이제 막 눈뜨고 있을 뿐인 것 같다.

에너지 진화

이 모든 내용들이 2012년, 그리고 황금시대의 예언들과 어떤 관련이 있는 것일까? 우리가 아직은 다루지 못한 이 새로운 과학에는 많은 수수께끼들이 있음이 틀림없고, 우리에게 주어진 듯한 황금시대에의 청사진을 이해하려면 그 수수께끼들을 하나씩 하나씩 헤쳐나가야만 한다. 우리가 들여다볼 필요가 있는 가장 분명한 영역들은 우리의 생물학적인 구성이다. 이 과학이 가진 치유의 효과들은 너무도 기이하고 환상적이어서 우리가 물리 법칙들의, 그리고 살아 있는 유기체로서 산다는 것의 아주아주 기초적인 측면들을 간과했던 것으로 보인다. 우리가 얻는 자양분의 가장 기본 형태들은 어떤 종류의 에너지가 틀림없다는 어쩔 수 없는 결론에 우리는 이르게 됐다. 더군다나 우리는 피라미드 안에 들어가 있거나, 피라미드에 있던 물체를 곁에 두고 살거나, 또는 피라미드에 저장했던 겉보기에 평범한 물질들—순수한 물과 같은—을 섭취함으로써 이 자양분을 얻을 수 있을 듯하다.

연구가 진전되면서 나는 생물학적인 생명과의 이 에너지적인 연결을 증명해주는 멋진 증거를 찾아냈다. 그 무엇보다도, 이 보이지 않는 힘이야말로 생명 그 자체의 근원이자 창조자인 것으로 보였다. 그리고 이 힘은 어떤 종을 완전히 새롭고 다른 무언가로 바꾸기 위해 자발적으로 DNA를 다시 쓸 수도 있다. 셀리게르 호수 근처의 피라미드가 있던 들판에 갑자기 다시 나타난 멸종 식물들을 생각해보라. 그것들은 어디서 왔을까? 그것들의 유전자 형질은 어디서 왔을까? 그곳에 있는 식물들이 더 오래된 종으로 돌아가려고 DNA를 어떻게든 다시 썼을 수도 있는 것일까? 그러면 진화에 대해서는 어떨까? DNA 코드가 은하계 자체의 기본 에너지에 어떤 식으로 쓰여 있어서, 우리가 전적으로 새로운 수준의 인간 진화로 능동적으로 변하고 있다는 것이 가능한 일일까?

이것이 2012년 이후의 언젠가 황금시대가 와서, 이제는 우리가 알게 되었듯이 인류가 에너지적으로 이끌려 집단적으로 진화한다는 많은 고대 예언들의 실현일 가능성이 충분하다. 이런 이야기는 분명 기존 과학에서는 듣지 못할 것임을 나는 안다. 당신은 평생을 이런 개념들이 웃기는 소리라고 세뇌되어왔을 수도 있다. 이것을 웃어넘겨 버리기 전에, 그런 진화가 정말로 일어나고 있다는, 그리고 사실 오랫동안 이루어지고 있었다는 엄밀하고 과학적인 증거를 탐구하는 데 나와 함께하길 바란다.

9장

소스필드는 DNA 속에서 작동되고 있다
: DNA 유령효과와 홀로그램 두뇌

모든 생명체는 DNA에 빛을 저장했다가 스트레스 상황에서 방출한다.
DNA를 다른 곳으로 옮기더라도
DNA의 에너지 사본이 그 자리에 존재해 빛을 머금고 있으며,
이런 현상은 30일 이상 유지된다.

고대의 인류 문명은 우리가 흔히 믿는 것보다 훨씬 더 진보했었는지도 모른다. 우리 조상들은 우리가 분점세차라고 알고 있는 25,920년의 주기, 곧 역사적으로 12개의 2,160년 황도대 시대들로 세분된 주기를 연구하기 위해 믿기 어려울 만큼 많은 노력을 기울였다. 기자의 대피라미드도 그 정확한 대각거리를 피라미드인치로 측정해보면, 이 25,920년 주기를 우리에게 알리기 위해 지어졌던 것으로 보인다. 특히 한때 피라미드의 표면을 장식했던 거울처럼 매끈한 하얀 석회암 화장석들을 생각해볼 때, 대피라미드를 만든 솜씨는 지금 우리의 기술력들을 넘어서기에 충분하다. 그리고 미국 건국의 아버지들이 갓돌이 돌아온다는 상징과 황금시대의 도래를 예고하는 시빌린의 예언에 나오는 수수께끼 같은 대목들을 조합했다는 것을 우리는 이제 안다. 이 예언들은 '대년'이 끝나가면서 우리가 신들과 다시 섞이고, 사실상 그들과 같은 초자연적인 능력들을 얻어서 "황금사람이 전 세계에서 다시 솟아오르리라"는 것을 강력하게 암시했다.

러시아에서의 발견들을 진지하게 받아들이려고만 한다면, 우리는 물질, 에너지, 생물과 의식에 미칠 수 있는 똑같이 놀라운 효과들을 피라미드들이 없어도 얻을 수 있어야 한다고 자연스럽게 추론할 것이다. 우리는 소스필드를 살아 있고 생각하는 의식의 한 형태로서 이미 탐험했다. 이것은 생명이 정말로 무엇인가에 대한 우리의 생각들을 엄청나게 넓혀야 함을 시사한다. 우리는 모든 살아 있는 것들과 생각을 공유하고 있으며, 육체가 임상적으로 뇌사 상태일 때도 자각하는 경험을 충분히 계속할 수도 있다. 이번 장에서는 소스필드의 생물학적인 측면들을 한층 더 자세하게 탐구하기 시작할 것이다. 2부에서는 피라미드 효과의 근간이 되는 공간과 시간의 더 깊은 수수께끼들과 이것들이 물리적인 물질에 미치는 영향으로 옮겨갈 것이다.

잘 알려지지 않은 풍부한 과학 자료들은 소스필드의 이 독특한 생물학적 속성들을 보여준다. 독일의 과학자 한스 드리슈*Hans Driesch*가 1891년에 했던 연구에서 시작하는 것이 좋겠다. 드리슈는 성게를 연구하고 있었는데, 성게는 동물 세포는 물론, 정확히 식물들이 하는 것과 똑같은 방식으로 보고 행동하는 식물 세포를 함께 가졌다는 점에서 독특한 생물이다. 초기 분화 단계에서 성게의 배아는 텅 빈 구체에 지나지 않는다. 정도의 차이는 있지만, 식물 세포들은 배아의 아래 반쪽에 있고 동물 세포들은 위에 있다. 배아가 조금 더 자라면 식물 세포들은 안쪽으로 말리면서 하나의 주머니를 만드는데, 이것은 소화 기관이 되고, 동물 세포들은 바깥쪽에 그대로 남는다. 1891년 드리슈는 성게 배아의 맨 처음 두 세포를 분리시키면, 그 각각은 기형의 반쪽짜리 생물체로 자라지 않고 오히려 온전한 새 배아를 형성한다는 사실을 발견했다. 그때만 해도, 이것은 정말이지 충격적이고 전혀 뜻밖의 발견으로 여겨졌다. 그뿐만 아니라 드리슈는 구형의 초기 배아를 여덟 조각으로도 나눌 수 있음을 알았고, 각각의 조각들은 온전히 새로운 배아로 자랐다. 잘라낸 조각이 뚜렷한 동물 특성을 전혀 갖지 않은 100퍼센트 식물 세포였는데

도 말이다.[1]

오늘날의 대부분의 사람들은 이 관찰 결과를 놓고 별다른 생각을 하지 않는다. 우리는 부지불식간에 각각의 DNA 분자가 한 생물을 구성하는 데 필요한 모든 코드들을 가지고 있어서, 한 개의 세포를 완전한 하나의 생명체로 기를 수 있다고 추정한다. 이것은 하나의 설명이지만, 유일한 설명이 아니며, 또 옳지 않을지도 모른다는 점을 명심하길 바란다. 드리슈는 하나의 배아에 있는 어느 세포의 성장을 결정하는, 전체적으로 이끄는 힘이 있다고 믿었다.[2] 이 힘은 그 세포가 어디에 있는지에 따라 각각의 세포들에게 무엇을 해야 하는지 지시해주는 정보를 담고 있다. 성게의 경우에 이 힘은 세포에게 식물 세포가 되어야 하는지 아니면 동물 세포가 되어야 하는지를 말해주는 것이다.

드리슈는 자신의 핵심적인 논문을 1912년에 발표했고, 이 논문은 러시아의 과학자 알렉산더 구르비치*Alexander Gurwitsch*가 이 연구를 잇도록 영감을 주었다. 구르비치는 이 에너지장들이 배아에서만 발견되지 않고, 완전히 다 자란 생명체의 생장마저도 지배하고 조절한다고 믿었다. 구르비치는 또 모든 생물들은 이 '미토겐 에너지장*mitogenetic energy field*'에 의해 계속 살아 있으며, 생애를 통틀어 이 장들을 흡수하기도 하고 방사하기도 한다고 믿었다. 구르비치는 자라는 양파를 이용해 이 장들의 방사 특성을 연구했다. 그는 양파의 모든 새로운 잎들이 자라 나오는 것으로 보아, 새로 싹트는 양파의 꼭지에서 대부분의 생명에너지가 나오리라고 가정했다. 그래서 구르비치는 싹트는 양파의 꼭지가 다른 양파의 옆을 향하게 하되 닿지는 않게 했다. 아니나 다를까, 두 번째 양파의 그쪽 세포들은 나머지보다 더 빨리 자라면서, 첫 번째 양파가 가리키던 곳이 눈에 띄게 튀어나왔다. 흥미롭게도 구르비치는 그 사이에 유리를 놓으면 적외선과 자외선을 차단해서 그 효과가 전혀 나타나지 않는다는 것도 알아냈다. 그러나 석영은 이 효과를 막지 않고 적외선/자외선을 통과시켰다. 따라서 결국 양파가 갑자기 잘 자라도록 하려고 피라미드 파워를 필요로 하지 않아도 된다. 다른 양파의 세포들에 효과를 가져오려면 양파 자체의 생명력만으로도 충분하다.

구르비치는 자신의 중요 논문을 1926년에 발표했다.[3] 이즈음에 그는 양파의 꼭지에서 미약하지만 측정할 수는 있는 자외선이 방사되어서 '미토겐 효과*mitogenetic effect*'를 만든다는 것을 증명하는 몇 가지 실험들을 했다.[4] 마찬가지로 이 자외선은 소스필드의 하나의 흔적*signature*이지 실제 소스필드 그 자체는 아니다. 호수에 돌을 던졌을 때 생기는 물결이 돌 자체가 아닌 것과도 매우 비슷하다. 유전자들과 DNA가 살아 있는 유기체들을 형성하고 그 생장을 결정하는 모든 코드들을 좌우한다는 들뜬 추론 속에서 이 흥미진진한 연구가 씻겨 가버리기는 했지만, 많은 러시아 과학자들은 구르비치의 고전적인 실험을 오랫동안 재현해서 긍정적인 결과들을 얻었다.

빼놓을 수 없는 또 다른 초기 선구자로 예일 대학교의 신경해부학자 해럴드 버*Harold S. Burr*가 있다. 버는 수정되지 않은 도롱뇽의 알에도 이미 어미 도롱뇽의 형태를 가진 전기에너지장이 있음을 알아냈다. 이 에너지장은 나중에 성체로 자라게 될 방향으로 알을 따라 곧은 직선을 이루고 있었다. 식물의 씨앗에서는 다 자란 식물과 비슷해 보이는 전기장을 발견했다. 버는 많은 서로 다른 생명체들에게서 이 전기장들을 찾아냈다. 그는 이 장들이 가진 전하가 성장, 수면 형태, 빛에의 노출량, 조직 재생, 물의 존재 여부, 태풍, 암의 발병, 그리고 심지어는 달의 주기에 따라서도 바뀜을 알게 되었다.[5] 더군다나 정형외과 의사인 닥터 로버트 베커*Robert Becker*는 인체의 자연 전기장을 연구하고는 그가 연구한 모든 사람들의 침을 놓는 경혈(經穴)에서 전하가 가장 세게 나타난다는 사실을 알아냈다.[6] 고대의 과학들에는 우리 대부분이 믿도록 이끌려왔던 것보다도 이런 내용들을 다룬 훨씬 더 많은 진실이 들어 있음이 틀림없다.

DNA 유령 효과

이제 시간을 1984년으로 건너뛰어 가려 한다. 이때는 페테르 가리아에프 *Peter Gariaev* 박사가 DNA에 대한 우리의 "중독"에 중대한 도전장을 내민 ―물리치지는 않았더라도― 해이기 때문이다. 가리아에프의 발견도 역시 구르비치의 미토겐선*mitogenetic radiation*이 ―소스필드가― 우리의 DNA를 거쳐 충분히 작동할 법도 하다는 설득력 있는 단서를 주었다. 게다가 가리아에프의 발견은 한 생물의 유전 코드 전체가 생각과는 달리 실제로는 DNA 분자에 들어 있지 않을 수도 있음을 시사해준다.

가리아에프가 하나의 DNA 표본을 아주 작은 석영 용기에 넣고 약한 레이저를 쪼인 다음 빛의 광자 하나까지도 감지하는 민감한 장치로 그것을 관찰했더니, DNA는 마치 빛의 스펀지처럼 반응했다. 왠지는 모르지만 DNA 분자는 그곳의 모든 광자들을 흡수했고, 코르크 마개뽑이처럼 생긴 나선 형태에 그것들을 실제로 저장했다.[7] 그야말로 이상한 일이었다. DNA는 빛을 끌어모으는 어떤 종류의 볼텍스*vortex*(소용돌이)를 만드는 듯 보였는데, 블랙홀의 개념과 다르지는 않지만 아주아주 더 작은 규모에서였다.

빛이 솔방울샘 안에서도 나타날 수 있다고 주장하려 하는 과학자들은 거의 없겠지만, 가리아에프는 DNA 분자가 어딘가에서 어떤 알지 못하는 과정을 거쳐 광자들을 끌어들이고 있다는 사실을 증명한 셈이다. 살아 있는 사람의 뇌를 연구하는 어려움 때문에, 솔방울샘에서의 이런 대조 실험은 전혀 이루어지지 않았다. 적어도 공개적으로는 그렇다. 가리아에프가 DNA 분자에서 발견한 대로 나선 형태로 빛을 담을 수 있는 우리가 가진 유일한 기술은 광섬유케이블이지만, 이때도 광섬유케이블이 주위의 모든 빛을 게걸스레 끌어당기지는 않는다.

우리는 빛을 실제로 저장 가능한 무언가로 여기는 데 익숙하지 않다. 빛은 보통 아주 환상적인 속도로 공간을 휙휙 지나다닐 뿐이다. 혹시라도 빛을 한 곳에 붙잡아 놓을 수만 있다면, 아마 우리는 빛이 점점 사그라져서 그 에너지를 잃게 될 거라고 생각하리라. 광합성의 경우에서도, 식물이 빛을 저장할 수 있어 보이는 유일한 방법은 그 에너지를 녹색의 엽록소로 즉시 바꾸는 것이다. 지금 우리는 빛 그 자체가 DNA가 비축해둘 수 있는 식량처럼 이용되고 있는 모습을 보고 있다. 마치 다람쥐가 겨울을 위해 나무 구멍 속에 도토리를 숨기는 일과 다를 바 없이 말이다. 이 현상은 한 무더기만큼이나 많은 새로운 의문들을 불러일으킨다. 빛을 저장한다는 것은 정확히 무엇일까? 빛이 어떻게 저장되고 있을까? 또 왜 빛은 저장되고 있는 걸까? 이 질문들에 답하기 위해서는 가리아에프가 실제로 찾아낸 것들로 더 깊이 들어가 봐야 한다. 이것은 단지 시작일 뿐이기 때문이다.

진짜 마법은 가리아에프 박사가 실험을 끝냈을 때 일어났다. 그는 DNA가 들어 있는 석영 용기를 들어서 다른 곳으로 치웠다. 더는 아무 일도 일어나지 않아야 했다. 그런데 너무도 놀랍게도, 모든 것이 없어졌지만 —용기도 DNA도 어쨌든 뭐든지— 마치 DNA가 아직 거기 있는 것처럼 빛은 같은 곳에 나선 형태로 계속 남아 있었다.

그곳에 빛을 잡아둔 것이 무엇이든 간에, 그 빛은 DNA 분자를 전혀 필요로 하지 않았다. 그것은 다른 무언가였다. 보이지 않는 무엇이었다. DNA 분자 그 자체의 형태로 가시광선을 저장하고 조절하기에 충분히 강한 무언가였다. 합리적이고 과학적으로 설명하려면 그곳에 DNA 분자와 짝을 이룬 어떤 에너지장이 있음이 틀림없다고 말하는 것뿐이다. DNA가 마치 에너지로 된 '사본'을 가진 듯이 말이다. 이 사본은 물질적인 분자와 같은 형태를 가졌지만, DNA를 치워버려도 그 분자가 있던 같은 곳을 여전히 서성거린다. 이것은 가시광선을 저장하는 자신의 일을 계속하는데, 거기에 DNA 분자를 필요로 하지도 않는다. 어쩌면 중력과 같은 어떤 힘이 광자들을 그곳에 붙잡고 있는 것이다.

이것의 함의는 상상하기 어려울 정도다. 인체의 경우 우리는 분명 한 개보다는 훨씬 더 많은 DNA 분자들을 가졌다. 우리는 매우 고도로 구조화되어 배열된 실로 엄청난 수조 개의 DNA를 가지고 있다. 우리에게는 뼈 DNA, 기관 DNA, 혈액 DNA, 근육 DNA, 힘줄 DNA, 피부 DNA, 신경계 DNA와 뇌 DNA가 있다. 따라서 가리아에프의 실험을 단순하게 확장시켜만 보아도, 우리 몸 전체가 에너지적 사본을 가지고 있어야 한다는 생각은 아주 그럴듯하다. 이것은 드리슈, 구르비치, 버와 베커 모두가 이론화하고 관찰했던 것, 곧 우리 세포들에게 무엇을 해야 할지, 또 어디서 그것을 해야 할지를 일러주는 하나의 정보장이 있다는 주장과 완벽하게 맞아떨어진다. 여기에 가리아에프의 발견을 덧붙이면, 우리는 DNA 분자가 하는 가장 중요한 일이 바로 빛을 저장하는 것임을 알게 된다. 우리의 육체와 에너지 복체(複體) 둘 다에서 말이다. 확실히 기존의 과학은 점검 받을 필요가 있다. 주류의 관점에 따르면, 우리는 생물학적 생명에 관한 엄청난 양의 정보를 전혀 알지 못하거나 인지할 수 없다.

【그림 18】 페테르 가리아에프 박사의 DNA 유령 효과는 DNA 분자가 빛을 붙잡아 저장한다는 사실을 증명했다. DNA 분자 자체가 그곳에서 제거된 다음에도, 어떤 신비로운 힘이 길게는 30일 동안이나 같은 곳에 빛을 붙잡아 둔다.

DNA 유령 효과*Phantom Effect*는 틀림없이 현대사에서 가장 중요한 과학적 발견 중 하나다. 이것은 DNA 분자가 주류과학계에서 우리 과학자들이 아직 찾아내지 못한 양자역학과의 어떤 기묘한 관계를 맺고 있음을 우리에게 보여준다. 우리는 이제 DNA가 전자기적이지는 않지만 분명히 전자기 에너지를 조절할 수 있는 —여기서는 광자들을 붙잡아 두는 물질 분자가 없는데도 그것들을 저장함으로써— 보이지 않고 아직 찾아내지 못한 에너지와 접속하고 있다는 증거를 가졌다.

이게 전부가 아니다. 가리아에프가 순간적으로 엄청난 냉기를 만들어내는 액체 질소로 이 유령을 터뜨리자 그 빛의 나선은 사라져버렸지만, 5~8분이 지나 신기하게도 다시 돌아왔다.[8] 어떤 형태로 파괴된 듯해 보이는 일을 겪고서도 여전히 유지되는 DNA 유령—우리의 에너지적 사본—의 이 지속성은 아주 이상한 것이다. 갑작스러운 냉각 폭발의 경우처럼 우리가 DNA 유령이 있던 곳의 결맞음을 파괴한다 해도, 그것은 이 결맞음 상태를 한 번 더 수리하고 복구할 것이다. 주변의 빛은 그곳에 있던 DNA의 독특한 나선 형태로 다시 조직될 것이다. 기존 과학은 이 일이 왜 일어나는지 설명해줄 그 무엇도 우리에게 보여주지 못하지만 그 일은 일어난다.

이 유령이 얼마나 오래간다고 생각하는가? 놀랍게도 DNA 유령은 처음 나타난 뒤로 30일까지 남아 있었다.[9] 가리아에프는 이 기간 내내 이것을 액체 질소로 반복해서 터뜨려봤지만 유령은 계속 돌아올 뿐이었다. 여러분도 알겠지만, 이것은 기존 생물학—물리학은 말할 것도 없이—의 모든 것에 정면으로 도전장을 던지는 일이지만, 사실이 그런 걸 어쩌겠는가?

이 정보는 지금까지 25년 이상 이용할 수 있었고, 1990년 미국에서 R. 페코라*Pecora*도 실험을 재현해냈지만, 이 내용을 들어본 사람은 아무도 없다. 분명하게도 DNA 유령은 전자기적인 것이 아니다. 여기에는 우리가 전자기 에너지에 대해 아는 모든 것들에 거스르는 온갖 종류의 이상한 점들이 있다. 그러나 우리가 소스필드라 불러온 것과는 아주 멋지게 맞아떨어진다. 미생물학적인 수준에서 우리는 에너지적 사본을 가진 것처럼 보인다. 우리의 DNA는 서구 과학자들에게는 거의 알려지지 않은 에너지장과 어떻게든 접속하고 있고, 이 과정에서 쉽게 측정되는 유령을 남긴다. 이 말은 당신의 사본은 당신이 그곳에 더 이상 있지 않을 때마저도 당신을 위해 빛을 모으는 일을 여전히 하고 있다는 뜻이다. 바로 지금 당신이 이 책을 읽으면서 의자에 앉아 있다가, 일어나서 다른 곳으로 가고 나면, 당신의 에너지 사본은 바로 그곳에 남아서, 수조 개의 엄청난 DNA 분자들 하나하나 안에서 여전히 아주 작은 나선들을 그리며 빛을 회전시키고 있다. 당신이 자리를 떠난 뒤로 적어도 30일 동안. 그 크기가 현미경 수준이기 때문에, 당신의 맨눈에는 아무것도 안 보이겠지만, 가리아에프는 그것을 실험실에서 측정할 수 있었다. 이것은 육체의 완벽한 홀로그램과도 같은 것이고, 가장 작은 세포까지 내려가도 그렇다.

이제 4장에서 살펴봤던 이안 스티븐슨 박사의 연구를 다시 생각해보자. 40년이 넘도록 스티븐슨 박사는 3,000명 정도의 아이들로부터 환생의 증거를 모았고, 기억, 유별난 성격, 재능과 다른 특징들이 —사람들의 이름과 관계를 기억하는 능력을 포함해서— 한 뚜렷한 생애에서 다른 생애로 옮아가며, 얼굴의 생김새도 닮는다는 사실을 발견했다.[10] 닥터 짐 터커는 이 연구에서 한 걸음 더 나아가서, 기억하기로는 그들의 전생이었다고 주장되는 사람들과 이 아이들이 법의학적인 일치를 보임을 얼굴인식소프트웨어를 사용해서 확인했다.[11] 그 밖에도 전생의 삶이었다고 하는 생애에서 생긴 치명적인 부상은 흔히 '새로운' 몸에 모반으로 나타났다는 점도 기억하기 바란다. 우리의 에너지적 사본은 육체가 죽을 때도 죽지 않는다고 가정해보면 이 모든 일들을 설명할 수 있다. 이것은 주장되는 한 생애에서 다른 생애로 옮아가고 우리의 기억들도 함께 가져간다. 어떤 이들은 이 기억들을 곧바로 가져올 수 있는데, 특히 우리가 아이일 때 이런 일이 불가능한 일이라고 말하는 우리

부모들, 교사들과 다른 어른들의 강압적인 생각으로 최면에 걸리기 전에는 그렇다.

홀로그램 두뇌

소스필드 안에 우리 몸의 에너지적 사본이 있다고 하면, 우리의 뇌 전체도 홀로그램 사본을 가졌다는 의미일까? 아마 그럴 것이다. 이것은 더욱더 논란의 여지가 있는 물음을 제기한다. 우리 뇌의 모든 DNA가 에너지적 사본을 가졌다면, 이 홀로그램 두뇌는 우리가 생각하고 기능하는 방식의 적어도 일부분을 어떻게든 좌우할 수 있는 것일까? 이 책을 읽는 바로 지금, 우리 '마음'의 일부가 보이지 않는 평행현실에서 일하고 있을까? 우리는 육체의 뇌와 어떤 식으로든 상호작용하며 완전히 일치하는 홀로그램 뇌를 가지고 있을까? 모든 뉴런 속의 DNA를 마치 하나의 안테나처럼 사용하는? 이것은 흥미로운 질문들이다. 이 책의 처음 다섯 장에서 우리는 이미 '에너지적 마음'이라는 개념을 지지해주는 놀라운 새 증거를 얻었다. 하지만 이제 추가적인 생물학적 연구들 몇 가지를 더 살펴볼 시간이다.

1997년 〈뉴욕타임즈〉는 뇌 손상을 입은 아이들의 손상된 뇌 반구 전체를 —부서진 안테나라고 불러야 할까?— 들어냈는데도 이들의 지능과 협응력 *coordination*이 실제로 나아졌다는 보고를 실었다. 뇌의 반쪽을 잃는다면, 기억의 반과 기능하는 능력의 반을 잃어야 하지 않을까? 분명히 아니다. 이 발견은 "노련한 과학자들마저도 놀라게" 했고, 수술을 받은 54명의 아이들을 연구한 존스홉킨스 대학교의 에일린 바이닝*Eileen P. G. Vining* 박사는 이런 말을 했다. "우리는 기억이 분명하게 유지된다는 점과, 아이들의 성격과 유머 감각이 유지된다는 사실에 경외감을 느꼈다."[12] 이런 식의 극단적인 수술은 그 어떤 부모들이라도 설득하기가 물론 쉽지 않은 일이긴 하지만, 효과가 있다. 존스홉킨스 대학교는 2003년에 더 새로워진 버전의 같은 연구를 발표했는데, 이번에는 1975년부터 2001년 사이에 수술을 받았던 111명의 아이들을 포함했으며, 그 가운데 86퍼센트가 뇌전증(간질) 발작으로부터 완전히 벗어났거나, 최소한 더 이상의 약물을 필요로 하지 않게 되었음을 보여주었다. 에릭 코소프*Eric Kossoff* 박사는 이 작업이 얼마나 기적과 같은 효과를 가져왔는지 설명했다.

> 만성적이고 심각한 발작 증세를 가진 아이들의 삶의 질이 수술을 받고서 크게 좋아진다는 점은 이제 분명하다. 거의 모든 경우에서 아이들은 더 이상 다중투약에 의존하지 않고, 수술을 받고 나서 대부분의 아이들이 걷고 뛰며 정상적으로 살고 있다.[13]

1980년 로저 르윈*Roger Lewin*은 권위 있는 학술지 〈사이언스*Science*〉지에 "당신의 뇌는 정말로 필요한가?"라는 글을 발표했는데, 여기서 르윈은 물뇌증 또는 뇌수종/수두증의 세계 최고의 전문가라고 하는 존 로버*John Lorber* 박사의 연구에 대해 논의하고 있다.[14] 물뇌증은 뇌척수액이 머리뼈 안으로 거슬러 올라가 뇌압을 높이는 것으로 다른 곳으로 빠져나갈 길이 없다. 가장 극단적인 경우, 머리뼈 안이 뇌척수액으로 거의 완전히 차올라서 뇌 조직이 거의 보이지 않을 정도가 되기도 한다. 환자들의 많은 수가 죽거나 심각한 장애를 갖는다. 지금은 의사들이 수액을 다른 곳으로 빼는 단락*shunt** 수술로 문제를 해결하지만, 로버의 시대에는 이 방법이 없었다.

로버는 런던의 셰필드 대학교에서 모두 253명의 물뇌증 환자들을 연구했다. 이들 가운데 아홉 명은 정상적인 뇌 조직의 겨우 5퍼센트만 남아 있었

* 피나 체액이 흐를 수 있도록 몸속에 끼워 넣는 작은 관.

다. 더없이 비극적인 일로 보였을 것이다. 그런데도 그 가운데 네 명의 IQ는 100이 넘었고, 또 다른 두 명은 126이 넘는 IQ를 가지고 있었다. 아홉 명 가운데 여섯은 괜찮았다. 우리가 지금 생각하듯이 거의 모든 뇌를 잃어버렸다는 사실을 빼면 말이다.

이 놀라운 현상에 대한 르윈의 논문을 인용하자면 다음과 같다.

> "이 대학교에 한 어린 학생이 있어요." 로버가 말했다. "이 학생의 IQ는 126인데 수학에서 1등급 성적을 받았고, 사회적으로도 온전히 정상이에요. 하지만 그 학생은 사실상 뇌가 하나도 없어요." 그 학생의 의사는 이 젊은이의 머리가 정상보다 아주 조금 더 크다는 점을 알았고, 단순한 호기심으로 학생을 로버에게 보냈다. 로버는 그때를 이렇게 돌이켜 본다. "학생의 뇌를 스캔해보니, 정상적으로는 뇌실과 피질 표면 사이에 있어야 할 4.5센티미터 두께의 뇌 조직 대신, 1밀리미터 정도 두께밖에 되지 않는 얇은 피질층만 있었어요. 그의 머리뼈 안은 주로 뇌척수액으로 가득 차 있어요."[15]

이해를 돕기 위해 다시 말하자면, 로버는 남아 있는 유일한 뇌 조직은 머리뼈의 안쪽 가장자리에 맞닿은 1밀리미터 두께의 층뿐이었다고 말하고 있다. 유니버시티칼리지런던(UCL)의 해부학 교수인 패트릭 월*Patrick Wall*의 말을 빌리면, 이것은 전혀 새로운 일이 아니다.

> 비슷한 사례들을 다룬 보고들이 의학 문헌에 널려 있고, 그것도 오래전부터 그랬다. 하지만 로버의 경우 중요한 것은 그저 일화들만 다룬 게 아니라 체계적인 스캐닝을 오랫동안 했다는 점이다. 로버는 놀랄 만한 분량의 데이터들을 모으고 나서 이의를 제기한다. "이것을 어떻게 설명할까?"라고.[16]

이 논란 많은 연구가 나오자, 당연히 걷잡을 수 없이 많은 비판이 일었다. 로버 박사는 뇌 스캔 결과들을 해석하기가 어렵다는 점을 인정했고, 1984년에 한층 더 빈틈없는 연구를 발표했다. 로버는 IQ가 126이던 그 수학 학생의 경우, 전체 뇌 용적의 44퍼센트를 잃었으며, 나머지 뇌 조직은 눌려서 머리뼈 안쪽에 극히 얇은 층의 내벽을 이루고 있음을 발견했다.[17] 그럼에도 이 학생은 평균보다 꽤 높은 IQ를 행복하게 누리고 있었으며, 생각하고 정보를 기억하는 데 아무 문제가 없었다. 이것은 우리의 "소스필드로 생각하기"라는 개념이 정말로 얼마나 멀리 나아갈 수 있는지를 보여주는 것이라고 하겠다.

다행히도 체액을 빼내기 위해 단락을 설치하는 수술적인 방법 덕분에, 더는 누구도 이 문제로 고통받지 않아도 된다. 동물들에 있어서는 다르다. 중부 유럽을 통틀어 많은 실험실 햄스터들이 유전적으로 물뇌증을 이어받는다. 2006년 〈수의병리학*Veterinary Pathology*〉 학술지는 가장 심각한 형태의 물뇌증을 가진 햄스터들도 —다시 말하지만 이들은 뇌가 거의 없다— 여전히 괜찮아 보인다는 한 연구를 발표했다. 이 햄스터들은 어떤 이상한 행동이나 장애도 보이지 않고, 지극히 정상적인 방법으로 움직이고, 생각하고, 기억하고, 번식한다.[18]

가리아에프의 DNA 유령과, 실제로 생각의 일부를 하고 있는 홀로그램 두뇌라는 개념 사이의 연관성을 탐구하기란 멋진 일이다. 가리아에프가 옳다면, 그리고 DNA 분자가 정말로 빛을 붙잡아서 저장한다면, 우리는 틀림없이 다른 과학자들도 독자적으로 같은 것을 찾아내지는 않았을까 하고 추측해봐야 할 것이다.

DNA와 결맞음 빛

린 맥타가트의 책 《필드》에서 내가 좋아하는 부분의 하나는 프리츠 알베르트 포프*Fritz-Albert Popp*의 연구를 다룬 내용으로, 독일 마르부르크 대학교의 이론생물물리학자인 포프는 1970년부터 매우 비슷한 발견들을 하기 시작했다.[19] 포프가 DNA 유령을 발견하지는 않았지만, 그의 연구는 가리아에프가 찾아낸 것들과 아주 멋지게 엮어지는 것은 물론, 추가적인 성과를 보여준다. 포프는 전문적으로 벤조에이피렌*benzo[a]pyrene*이라 부르는 가장 치명적인 발암물질에서 시작했다. 이것에 자외선을 쐈을 때, 포프는 벤조에이피렌이 빛을 흡수했다가 전혀 다른 주파수로 되돌려 보낸다는 것을 발견했다. 매우 비슷한 화학물질인 벤조이피렌*benzo[e]pyrene*은 이와 같이 빛을 끌어모으지 않았고, 그것의 치명적인 사촌과는 달리 살아 있는 유기체에 전혀 무해했다.

이 빛을 모으는 효과가 암의 발생을 이해하는 데 잃어버린 열쇠였을까? 발암물질들이 포함된 37개의 화학물질들을 연구한 뒤에, 포프는 모든 발암물질들이 하나도 빠짐없이 같은 식으로 자외선을 재배열한다는 것을 알게 되었다. 이 치명적인 발암물질들은 한결같이 380나노미터(nm)의 주파수를 목표로 삼았다. 사실 이 다양한 발암물질들 사이에서 포프가 찾아낸 유일한 공통점은 이들이 모두 이 380나노미터의 빛을 흡수해서 어떤 다른 주파수로 그것을 재배열한다는 점뿐이었다. 명백히 이 사실은 380나노미터의 빛이 우리의 전체적인 건강과 안녕에 매우 중요함을 암시한다. 그러나 선크림을 발라가면서 햇빛이 피부에 조금이라도 닿지 않게 하면, 선크림은 자외선을 완전히 차단해버리기 때문에, 그 빛을 충분히 얻지 못할 것이다.

다음으로 포프는 많은 생물학적인 실험실 연구들이 자외선으로 세포 하나의 99퍼센트를 파괴할 수 있음을 증명했지만, 이때 같은 파장의 빛을 아주 약하게 쬐면, 세포는 하루 안에 거의 완전히 회복된다는 점도 알게 되었다. 이것은 '광 회복*photo repair*'으로 알려져 있고, 왜 이런 효과가 생기는지 아무도 진정으로 이해하지 못한다. 포프에게는 놀라운 일이지만, 가장 뛰어난 광회복 효과가 380나노미터에서 일어난다는 사실은 이미 알려져 있다. 이 과

학자들 그 누구도 포프의 발견을 아무것도 알지 못했는데도 말이다.[20]

그러므로 소스필드가 우리의 측정 가능한 현실로 들어올 때, 그 전자기적 흔적은 380나노미터의 파장에서 가장 강하다. 소스필드는 유체(流體)와 같은 속성들도 가졌는데, 이것은 2부에서 더 자세히 살펴보게 될 아주 중요한 내용이다. 이 말은 곧 우리가 율동적인 파동*pulsation* 또는 대부분의 사람들이 진동*vibration*이라고 부르는 것을 장(場) 그 자체 안에서 만들어낼 수 있고 훨씬 더 강한 효과를 가져올 수 있다는 의미다. 로마 군대가 다리 하나를 건널 때 여러 집단으로 나누어 행진하는 속도를 서로 다르게 했음을 생각해보라. 그렇지 않고 모두가 같은 속도로 행진했더라면, 다리 전체가 흔들리기 시작하고 산산이 부서져버릴 수도 있었다. 그 작은 진동들 모두가 계속 공진(共振)하면, 곧이어 더 큰 결과가 생겼을 것이다. 같은 일이 소스필드에도 적용되는데, 여기서는 그것이 좋은 일이라는 것을 빼고 그렇다.

따라서 광 회복 실험에서, 그 380나노미터 파장의 약한 파동은 소스필드에서 진동을 일으켜서, 실제로 훨씬 더 큰 치유 효과를 가져오는 380나노미터의 에너지가 흘러들게 했던 것 같다. 이어서 이것은 짧은 시간 안에 죽은 세포들을 활기를 되찾아 주고 생명을 주는 에너지에 흠뻑 젖게 했고, 세포들은 놀라운 치유 효과를 만끽했다.

포프는 인체도 빛을 저장하고 내뿜는지 알아내고 싶은 생각에 빠져들었다. 포프는 버나드 루스*Bernard Ruth*라는 학생의 박사학위 논문을 마치게 할 생각으로, 루스에게 우리 몸이 이 빛을 내뿜는다는 것을 증명할 실험을 시작해보라고 했다. 루스는 회의론자였고 이런 생각들 모두가 웃기는 짓이라고 생각했기 때문에, 포프는 대신 그 생각을 반증해보라고 했다. 그러자 루스는 빛을 셀 수 있는 —한 번에 광자 하나씩— 장치를 설계하는 데 최선을 다했다. 루스의 장치는 지금도 가장 뛰어난 빛 감지기의 하나로 여겨지고 있다. 루스의 실험 장치는 1976년에 첫 번째 실험을 할 준비가 되었고, 그들은 오이 씨앗으로 시작하기로 했다. 놀랍게도 씨앗들은 광자를 내뿜고 있었고, 이 빛의 파동들은 포프의 예상보다도 두드러지게 강했다.[21] 루스는 회의적이어서, 그것은 틀림없이 씨앗에 엽록소가 있기 때문이라고 느꼈다. 그래서 두 사람은 엽록소도 없고 광합성도 전혀 하지 않는 감자로 대상을 바꿨다. 그런데도 감자들은 오이 씨앗들보다 더 많은 빛을 내뿜었다. 더욱이 감자들이 발산하는 빛은 지극히 결맞음 상태였다. 이 말은 그 빛이 레이저빔처럼 고도로 구조화되어 있다는 뜻이다.

다음으로 그들은 에티디움 브로마이드*ethidium bromide*이라는 화학물질을 DNA에 처리했는데, 이것은 분자를 느슨해지게 해서 손상시킨다. 놀랄 것도 없이 포프가 이 화학물질로 DNA를 가해할수록, 더 많은 빛이 거기서 터져 나왔다.[22] 이 일로 포프는 빛을 저장하고 내뿜는 능력이 DNA가 일하는 방식의 핵심적인 부분이라는 결론을 내렸는데, 바로 가리아에프가 나중에 찾아낸 것과 같았다. 주류 과학은 여전히 이런 업적들은커녕, 가리아에프가 이 빛을 저장하는 원인이 되는 에너지장이 전자기적이지 않으며, 이 일을 하는 데 DNA조차도 필요하지 않음을 어떻게 증명했는지조차 아직 따라잡지 못했다.

연구가 진행되면서 포프는 모든 살아 있는 것들이 겨우 몇 개에서부터 수백 개에 이르기까지 다양한 수의 광자들을 끊임없이 내뿜고 있음을 알아냈다. 흥미롭게도 인간들이 1제곱센티미터의 면적에서 1초에 겨우 10개의 광자를 방출한 데 비해, 원시적인 동물들 또는 식물들은 같은 면적에서 100개 정도의 상당히 많은 광자를 방출했다. 이것은 가시영역을 훨씬 넘는 200~800나노미터의 고주파수의 빛이었다. 마찬가지로 이것도 레이저빔처럼 결맞음 빛*coherent light*이었다.

포프는 또 살아 있는 세포들에 빛을 비추면, 세포들은 먼저 그것을 흡수했다가 짧은 시간이 지나 새로운 빛을 강렬하게 내뿜는다는 사실도 알아냈다.

포프는 이것을 "지연발광*delayed luminescence*"이라 불렀다. 이것이야말로 DNA 분자가 빛을 저장한다는 가리아에프의 발견을 알고 난 뒤에 우리가 보고 싶어 했던 바로 그것이다. 분명히 DNA는 빛을 가지고 무언가를 하고 있다. 무작정 끝도 없이 저장하기만 하지는 않는다. 양파의 꼭지에서 에너지가 나온다는 구르비치의 관찰은 물론, 자외선을 차단하면 이 효과가 가로막힌다는 사실과도 완벽하게 맞아떨어진다. 요컨대 우리의 DNA는 빛이 마치 에너지와 생명력의 직접적인 원천이라도 되는 듯이 빛을 몰래 숨겨두는 것으로 보인다. DNA가 너무 많은 빛을 갖게 되면, 어쩌면 유기체가 더 이상 필요치 않은 노폐물을 분비하는 것과도 같이, 그 빛을 내보낸다. 하지만 포프는 이 빛의 방출이, 노폐물의 경우와는 달리, 매우 쓸모 있는 목적을 위한 것이라고 믿었다. 이 빛에는 바로 정보가 들어 있다는 것이다. 구체적으로 말해 이 빛의 파동에는 몸 전체의 질서와 균형을 바로잡는 코드들이 들어 있다.

포프는 또 우리가 빛을 더 받고 있지 않는다 하더라도, 스트레스가 많은 상황에서 훨씬 더 많은 광자들을 내뿜는다는 사실도 발견했다. 나는 이것이 매우 중요하다고 생각한다. 우리는 많은 질병들이 스트레스에 의해 진전되거나 생기기도 한다고 알고 있다. 그리고 스트레스를 받거나 부정적인 감정들에 빠질 때, 우리가 DNA에 저장된 빛을 비춤으로써 우리의 모든 세포들에 생명력의 일부를 내주는 것일 수도 있다. 왜 우리의 몸은 결국 이렇게 하게 되는 걸까? 이 추가적으로 발산되는 빛에는 우리가 부정적인 감정들을 통해 초래하고 있는 손상으로부터 세포들이 스스로를 치유하는 데 필요한 정보가 들어 있는 듯하다.

그러므로 다시 건강해지려면, 우리는 DNA를 다시 충전하고 더 많은 빛을 저장해야만 할 것이다. 이것은 또 다른 흥미로운 질문을 제기한다. 분명히 우리 세포들 대부분은, 피부 겉부분을 빼고는 어떤 종류든 바깥의 빛에는 노출되어 있지 않다. 그러면 우리는 정확히 어떻게 빛을 더 받아들일까? 빛은 우리 몸의 가장 깊고 가장 안쪽에 있는 곳까지 어떻게 들어가는 걸까? 이 빛들 모두가 오로지 우리 주위의 눈에 보이는 모든 원천들로부터 오는 것일까? (분명히 우리는 칠흑처럼 어두운 방 안에만 있어도 죽진 않지만, 우리 DNA는 언제나 빛을 이용하고 있음이 확실해 보인다.) 정말로 이 광자들이 소스필드 자체로부터 곧바로 나올 수도 있는 것일까? 또 러시아의 피라미드 연구가 보여주듯이, 소스필드와 그 에너지가 근본적으로 의식과 서로 연결되어 있다면, 우리 마음과 감정들이 얼마만큼 많은 빛이 들어오는지, 그리고 어디에 들어오는지에 영향을 주고 있는 것일까? 우리는 그 치유 효과가 우리 몸으로 들어오도록 소스필드에 열려 있어야 하는가? 우리가 치유되리라고 믿는 것만으로도 더 나아지게 해주는 플라시보 효과를 이것으로 설명할 수가 있을까? 간단히 말해 우리의 태도가 우리의 DNA와 세포들이 얼마나 빛을 잘 흡수할 수 있는지를 결정한다는 일이 가능한 것일까?

의식에 반응하는 DNA

런던 대학교를 졸업한 생화학자 글렌 라인*Glen Rein* 박사는 DNA가 인간의 의식에 직접 반응하는 방식을 보여주는 놀라운 발견들을 했다. 우선, DNA는 하나의 세포가 막 분열할 때나 손상되었을 때는(이를테면 죽었을 때) 풀리고, 스스로를 고치고 치유하려고 일할 때는 감긴다. DNA에서의 감기고 풀리는 양은 그것이 260나노미터의 빛을 흡수하는 정도로 직접 측정된다. 이 주목할 만한 실험들에서 라인 박사는 인간 태반들의 혼합물에서 살아 있는 DNA를 추출해 탈이온수에 넣은 뒤 비커에 담아두었다. 그런 뒤에 다양한 사람들이 DNA를 감기도 하고 풀기도 하는 시도를 했는데, 그것도 고도로 집중한 상태에서 생각의 힘만으로 하는 실험이었다. 그 어떤 시도도 하지 않은 대조 표본들에서는 겨우 1.1퍼센트의 변화만을 보였지만, 대상으로 삼은 표본들은 2~10퍼센트의 변화를 나타냈다. 이 결과는 우리의 생각만으로도 인간의 DNA를 감는 데 최소한 두 배의 효과를 낸다는 것을 의미했다.[23]

더욱더 흥미로운 점은, 가장 결맞음 상태의 뇌파 패턴을 가진 사람들이 DNA의 구조를 바꾸는 데 가장 뛰어났다는 사실이다. 이와는 달리, "특히 흥분해 있는(그리고 아주 일관되지 않은 뇌파 패턴을 가진) 사람은 DNA가 흡수하는 자외선이 비정상적으로 달라졌다." 이 변화는 310나노미터 파장에서 생겼고, 이것은 포프의 마법의 수치인 380나노미터—변환되었을 때 암을 일으킬 수 있는 바로 그 주파수—에 가깝다.[24] 이 흥분한 사람은 또 DNA가 감길 때 더 단단히 감기게 했다. 두 가지 모두 아주 흔치 않은 결과들이다. 라인의 말로는, 310나노미터 빛에서의 이 변화는 "DNA 분자에 있는 하나 또는 그 이상의 염기들의 물리적/화학적 구조에 변화가 생겼다"는 의미일 뿐이다.[25] 이것은 우리의 생각이 실제로 DNA 분자 구조는 물론 DNA가 감기고 풀리는 과정에도 물리적이고 화학적인 변화들을 만들 수 있다는 뜻이다. 이런 결과야말로 우리가 기다려왔던 것으로, 격앙된 생각과 암조직의 성장 사이의 관계를 보여주는 미생물학적인 증거이자, 치유 효과에 있어서의 그 함의 또한 심오하다. 4장에서 알아보았듯이, 우리가 어느 장소를 상세하게 원격투시하고 있을 때 전자기적으로 차단된 그곳으로 많은 양의 광자들을 투사할 수 있다는 사실을 되새겨보길 바란다. 그 광자들은 다른 사람의 건강을 회복하도록 DNA를 재조직하는 유전 정보를 가지고 있을 듯도 하다. 380나노미터의 빛의 주파수처럼 말이다.

다른 경우에서는, 뇌파 패턴에 있어서 결맞음 상태를 만들어내고 있는 사람들 앞에 DNA를 놓았지만 그것을 바꾸려는 시도는 하지 않으면, DNA 표본의 감김과 풀림에는 아무런 변화가 나타나지 않았다. 오로지 그들이 변화를 원했을 때만 실제로 그렇게 되었다. 이것은 사람들의 의식적인 의도가 이런 효과를 만들어낸다는 점을 강하게 시사한다. 류 칠드레*Lew Childre* 박사는

800미터쯤 떨어진 곳의 실험실에 있는 DNA를 감고 푸는 데 성공했다. 발레리 새디린*Valerie Sadyrin*은 모스크바의 자택에서 엄청나게 멀리 떨어진 캘리포니아의 라인 박사 실험실에 있는 DNA를 30분의 시간 동안에 감을 수 있었다. 라인의 말을 빌리면, 뇌파의 결맞음을 만들어내고 DNA에 직접 영향을 주는 이 에너지의 핵심이 되는 본질은 바로 사랑이다. 라인 박사는 이렇게 말한다. "여러 치유자들이 사용하는 기법들이 무척 다양하기는 하지만, 그들은 모두 가슴에의 집중을 요구하는 듯하다."[26]

이 말이 함축하는 내용은 엄청나다. 소스필드는 DNA 유령을 만들고, DNA 분자에 빛을 저장하는 원인이 되는 것으로 보인다. 라인 박사의 실험들에서 우리의 생각은 먼저 DNA 유령에 변화를 주고, 비로소 그다음에야 물리적인 DNA 분자에서 어떤 변화들을 보게 될 것이다. 무엇보다도 우리는 이제 소스필드의 가장 중요한 정서적인 특질이 사랑임을 안다. 라인 박사는 사랑이 DNA에 직접적이고 큰 영향을 준다는 점을 증명했다. DNA 유령을 만들어내는 것과 같은 에너지적 과정을 거쳐서 그렇게 될 가능성이 아주 크다.

더 큰 결맞음, 더 큰 조직화, 더 큰 구조화와 더 큰 결정화, 이 모든 효과들이 보여주는 바는 우리 몸의 에너지장, 분자들과 세포들이 커다란 조화와 통일 속에서 일하고 있다는 것이다. 처음으로, 이것은 실제로 사랑의 과학적인 정의를 제시해준다. 사랑은 추상적인 감정도 아니고, 우리가 초콜릿을 먹었을 때 뇌에서 발사되는 화학물질들이나, 생식을 위한 유전적인 충동 같은 생물학적인 개념도 결코 아니다. 사랑은 이제 우주에너지의 기본 원리로 받아들일 수 있다. 우리가 더 많이 결맞음의 상태가 되고, 더 많이 구조화되고, 더 많이 조화될수록, 사랑은 더 커진다. 그리고 러시아의 피라미드 연구들이 보여주는 것처럼, 이 또한 지구의 행동에 직접 영향을 미친다. 다시 나오지만 우리 모두는 어느 정도 집단적인 자각몽 속에서 살고 있음을 말해주는지도 모르겠다.

이제 프리츠 알베르트 포프 박사에게 돌아가 보자. 포프의 일부 연구 결과들은 지금 다른 과학자들에 의해 재발견되고 있다. 포프는 우리 몸에 시간이 지나면서 빛의 세기가 커졌다 작아졌다 하는 다양한 주기들이 있음을 발견했다. 여기에는 7, 14, 32, 80, 270일의 바이오리듬들이 있는데, 일 년 뒤에도 딱 들어맞는다. 포프는 또 낮과 밤, 그리고 주(週)와 달에서 비슷한 점들을 찾아냈고, 이것은 우리의 리듬이 어떤 식으로든 지구의 운동과도 가까움을 말해준다. 이 현상의 기초 원리들은 2009년 일본 과학자들의 연구로 다시 발견되었다. 포프의 실험을 위해 루스가 개발했던 장치와 비슷하게도, 그들은 깜깜한 방 안에서 광자 하나까지 검출해내는 극도로 민감한 카메라들을 사용했다. 놀랍게도 일본 과학자들은 우리의 몸도 정말로 빛을 내고 있다는 사실을 알아냈다. 빛의 세기가 가장 낮은 때는 오전 10시였고, 가장 강한 때는 오후 4시였다가 그 뒤로는 점점 떨어졌다.[27] 또 다른 흥미로운 발견은 우리 몸의 다른 곳보다 얼굴에서 가장 많은 빛을 낸다는 점이다. 일본 과학자들은 이 빛이 사람의 건강 상태를 이해하는 데 도움을 줄 수 있다고 굳게 믿었지만, 그들은 이들 분야에서 이미 큰 진전을 이뤘던 다른 모든 연구들을 알지는 못한 듯하다.

프리츠 알베르트 포프 박사는 암환자들이 자연스럽고 주기적인 바이오리듬을 잃어버렸다는 사실을 알아냈다. 게다가 이들이 내뿜는 빛은 그 결맞음 상태에 있어서 건강한 사람에 전혀 미치지 못했다.[28] 이것은 마치 그들의 몸에 저장된 빛의 전반적인 수준이 크게 줄어든 듯했다. 그런데도 다발성 경화증만은 예외였다. 이 질병을 가진 사람들은 너무 많은 빛을 흡수한다는 사실을 포프는 발견했고, 이것은 세포들이 기능하는 자연스러운 능력을 뒤흔들고 혼란스럽게 하는 듯 보였다.

포프는 몸에 저장된 빛의 수준이 그 유기체의 건강한 정도를 정말로 보여줄 수 있는지를 알아내고 싶어서 더 많은 실험들을 이어나갔다. 한 사례에서, 포프는 놓아기른 닭들의 달걀은 공장식 양계로 얻은 달걀보다 훨씬 더 결맞는 빛을 뿜는다는 사실을 알게 되었다. 이번에는 여러 가지 종류의 음식들을 연구했는데, 가장 건강한 음식이 가장 낮고 가장 결맞는 세기의 빛을 꾸준하게 뿜고 있었다.[29] 이 생물에너지 시스템에 중요한 것은 양이 아닌 질임을 진정으로 보여준다는 점에서, 이것은 흥미로운 내용이다.

포프는 물벼룩*Daphnia*의 연구로부터 또 다른 중요한 업적을 남겼다. 포프는 한 마리의 물벼룩이 빛을 내면 다른 물벼룩들이 그 빛을 다시 흡수하는 놀라운 모습을 발견했다. 그것들은 서로에게서 직접 생명력을 끌어오고 있었다. 이 사실은 우리가 너무 많은 빛을 흡수했을 때, 우리가 내놓는 광자들은 여분의 부산물이 아님을 분명하게 보여주는 것으로, 그 광자들은 여전히 우리 몸이 필요로 하는 모든 생명력을 담고 있다. 아니나 다를까, 포프는 작은 물고기도 서로에게서 빛을 흡수하고, 해바라기는 가장 많은 광자들을 흡수할 수 있는 곳을 바라보며, 박테리아는 주변에서 빛을 빨아들인다는 사실도 찾아냈다.[30] 이 자연의 생물 시스템이 그토록 오랫동안 우리의 주류 과학의 사고방식으로부터 벗어나 있었다는 것은 솔직히 놀라운 일이다. 하지만 일단 이 지식이 퍼지면 그 결과는 엄청나게 긍정적일 것이다.

그다음으로 포프는 어떤 식물이 인체로부터 발산되는 빛의 질을 실제로 바꿀 수 있는지를 보려고 다양한 식물 추출물들을 시험했는데, 이는 빛을 뒤섞어버리는 암의 영향에 대한 치료제를 찾아내려는 것이었다. 시험해본 물질들 가운데서 한 가지를 뺀 모든 것들이 문제를 악화시키는 듯했다. 그 한 가지는 겨우살이였다. 포프의 치료를 받던 한 여성은 겨우살이 추출물을 사용해서 정말로 암으로부터 완전히 치료되었다.[31]

프리츠 알베르트 포프 말고도 그 업적이 재평가되어야 마땅한 초기의 선구자는 또 있다. 그 대표적인 업적으로 1975년에 이뤄진 아다멘코*Adamenko*의 '유령 잎 효과*phantom leaf effect*'가 있다. 아다멘코는 킬리언 사진*Kirlian* *photography*을 연구하고 있었다. 식물의 잎이나 다른 살아 있는 것을 전화(電化)된 킬리언 건판에 올리기만 하면, 흐릿한 전류 형태로 그 주위에 나타나는 아름다운 오라가 눈에 보인다. 아다멘코가 살아 있는 잎의 윗부분을 잘라내고 킬리언 건판 위에 놓았더니, 놀랍게도 잘라낸 부분의 유령 같은 잔상이 여전히 10~15초 동안 나타났다.[32] 전 세계의 많은 사람들이 이 실험을 되풀이했고, 1970년대의 피라미드 파워를 다룬 책들에 흔하게 등장했다.

다시 말하지만, 일반적인 전자기 에너지는 이런 일을 할 수 없다. 그러나 그 효과는 우리의 소스필드 개념에 잘 맞아 들어간다. 모든 살아 있는 유기체는 그 DNA 안에 광자들을 저장하고 방출하지만, DNA를 치우면 광자들은 같은 곳에서 30일까지 신비롭게도 여전히 나선을 그리며 남아 있다. 이것이 유령 잎 효과의 원인임이 거의 확실하다. 그렇다면 잎을 자르기에 앞서 더 오랫동안 킬리언 건판 위에 남겨둔다면, 그 유령도 더 오래 지속될는지도 모른다. 그곳에는 이제 소스필드 안에서 더 큰 나선 흐름이 만들어졌을 테니 말이다.

유전자의 재구성과 치유

유령 잎 효과가 발견되고 1년밖에 지나지 않아서, 블라일 카즈나체예프*Vlail Kaznacheyev* 박사는 우리를 '토끼 굴' 더 깊은 곳으로 데려가는 아주 중요한 성과를 올렸다. 카즈나체예프는 두 개의 밀봉한 세포 배양액들로 시작했고, 그 하나를 질병에 감염되게 했다. 병든 세포 배양액으로부터 건강한 배양액으로 빛을 비추면, 건강한 세포들은 수수께끼처럼 그 병에 감염되었다.[33] 알려진 그 어떤 유전적 과정으로도 이런 일이 일어날 수 있는 방법이 없었음에 유념하길 바란다. 이것이 가능해지는 유일한 방법은 건강한 세포들에 들어있는 DNA가 실제로 재배열되어서 바이러스의 DNA를 형성하는 것뿐이다.

여기서 바이러스는 그 전형적인 생애주기에서 그러하듯, 주위의 세포들을 해체해서 더 많은 바이러스를 만들었다. 우리는 DNA와 살아 있는 조직이 결맞음 빛에 들어 있는 유전 코드들에 의해 재배열되는 모습을 보고 있다.

더더욱 재미있는 것은, 카즈나체예프가 둘 사이에 유리를 놓았을 때는 건강한 세포들이 병에 걸리지 않았다는 점이다. 다시 나오지만, 유리는 적외선과 자외선을 차단하므로 바이러스의 유전 코드들이 건강한 세포들로 옮겨가지 못한다. 물론 구르비치는 자라는 양파의 꼭지에서 나오는 에너지를 차단하기 위해 같은 방법을 썼다. 그리고 거기에 석영판을 놓으면, 구르비치의 실험이나 카즈나체예프의 실험에서나, 그 효과를 차단하지 못한다. 여기서의 핵심은 석영이 적외선과 자외선을 투과시킨다는 점이다.

병든 세포들에서 나오는 결맞음 빛이 어떻게 DNA 분자를 완전하게 변형할 수 있었을까? 또 그것을 한 생물 형태에서 다른 형태로 어떻게 재배열했을까? 우리는 정보가 가득 들어 있는 전자기파들에 끊임없이 둘러싸여 있다는 사실을 잊지 말길 바란다. 어디를 가도 휴대전화와 위성 텔레비전과 초고속 인터넷이 있어서, 엄청난 기가바이트의 정보를 업/다운로드하고 있다. 레이저 빛은 고도로 결맞음 상태의 빛이다. 이 말은 그 안에 많은 구조가 들어 있다는 뜻이다. 이 때문에 레이저는 정보를 나르는 데 더없이 알맞다. 우리는 이미 다른 전자기파들을 가지고도 그렇게 하고 있지만, 레이저는 그보다 훨씬 더 효율적이다. 빛의 한 펄스*pulse*에만도 한 유기체를 이룰 만큼의 충분한 유전 코드 모두가 들어 있다고 해도 무리는 아니다. 그리고 카즈나체예프의 획기적인 발견을 토대로, DNA는 한 유형의 유기체로부터 다른 유형으로 재배열될 준비가 되어 있고 또 그러기를 기다리고 있는 것으로 보인다. 먼저 적당한 코드들을 받기만 하면 그렇게 될 것이다. 앞으로 여러 사례들에서 이것을 더 분명히 보게 될 것이다.

1984년에 DNA 유령 효과를 발견한 뒤로 페테르 가리아에프 박사는

2000년에 인간의 건강에 중대한 의미를 갖는 추가적인 발견들을 했다. 이번에는 체르노빌 핵 참사의 방사능 오염으로 죽은 씨앗들을 모으는 일로 시작했다. 비연소 레이저 빛을 같은 종류의 건강한 씨앗들을 비추었다가 그 빛을 죽은 씨앗들에 되비췄더니, 뜻밖에도 그 씨앗들은 기적과도 같이 다시 살아나서 완전히 치유가 되었다. 이 씨앗들은 이제 온전히 건강한 성체식물로 자라게 되었다.

이 일로 가리아에프는 크게 흥분한 나머지, 실험실 쥐에게 비슷한 실험을 해보기로 했다. 이번에는 치명적인 양의 알록산*alloxan*이라는 독성 물질을 쥐들에게 투여했다. 전형적으로 이 물질은 혈당 조절을 위해 인슐린을 분비하는 이자를 파괴해서 쥐들은 4~6일 만에 제1형 당뇨병으로 죽게 된다. 가리아에프는 건강한 쥐에게서 떼어낸 이자와 지라에 레이저빔을 쏘았고, 그 빛을 알록산에 중독된 쥐에게 다시 비췄다. 이 실험은 다른 세 연구진들이 2000년, 2001년과 2005년에 했던 것을 비롯해서 많이 반복되었는데, 놀랍게도 이 처치를 받은 쥐들의 거의 90퍼센트가 완전히 회복되었다. 쥐들의 이자는 다시 자랐고, 혈당은 정상화되었으며, 겨우 12일 만에 아무 일도 없었다는 듯이 좋아졌다.[34]

더욱더 환상적인 일은, 가리아에프가 비국소성*non-locality*을 이용해서(케이블이나 전선이 필요 없는) 건강한 이자로부터 빛을 20킬로미터나 떨어진 거리에서 보냈는데도, 마찬가지로 치유 효과가 작용했다는 사실이었다.[35] 이미 알겠지만, 이 치유 효과는 러시아 피라미드들에서 보았던 것처럼 기적과도 같기는 마찬가지다. 그리고 피라미드 기술을 사용하지 않고도 이런 일이 일어나고 있다. 2005년, 가리아에프는 이렇게 보고했다. "같은 방법으로 우리는 인간의 세포들의 노화 과정을 크게 억제했고, 이미 빠져버린 성인의 치아도 새로 자라게 했다."[36] 나는 더 많은 내용을 얻고 싶어 가리아에프에게 연락했다. 그의 논문들에 나오듯이 —이 논문들 모두가 아직 러시아에 있다

— 이 일은 가리아에프가 당뇨병을 가진 노령의 여성을 치료하고 있을 때 생긴 사건이었다. 가리아에프는 특히 이 여성에게 건강한 새 이자가 다시 자라도록 시도하고 있었는데, 그녀의 열 살 된 손자의 혈액에 활력을 주고 적절한 치유의 주파수들을 쬐는 방법을 썼다. 가리아에프의 생각으로는 아이의 DNA에는 아직 부모와 조부모의 에너지 흔적이 남아 있지만, 더 건강하고 젊은 형태로 있다. 이 과정에서 특별히 수정된 넓은 스펙트럼의 적색 레이저가 사용된다. 자세한 내용 대부분은 아직 러시아에 있지만, 가리아에프의 공식 웹사이트인 'wavegenetic.ru'에서 볼 수 있다.

이 여성에게는 앞니 하나만 남아 있었다. 치료를 시작한 지 2주가 지나서, 그녀는 턱이 통증과 함께 부어오르는 것을 느꼈다. 잇몸이 돋아나더니 세 개의 새 이가 잇몸을 뚫고 나왔다. 모두 안쪽의 사랑니였다. 이 새로운 이들 때문에 치과 의사는 그녀의 위와 아래 틀니 모두를 다시 만들어야 했다. 가리아에프는 X선 사진도 내게 보내주었지만, 비교를 위한 치료 전의 사진은 가지고 있지 않았다. 안타깝게도 가리아에프가 다른 사람들에게도 실험을 반복해보기 전에, 모스크바의 바우만 주립대학교는 이것을 '사이비과학'으로 선언하고 연구를 중단시켰으며 가리아에프를 해고하고야 말았다. 이것을 과학자로서 가리아에프의 신뢰성에 대한 치명적인 제재라고 생각할 수도 있겠지만, 드물게 일어나는 일이 아니다. 대부분은 아니더라도 이런 발견들을 하는 많은 과학자들이 결국 멸시당하고, 조롱받고, 위협받으며 공격당한다. 전혀 속임수이거나 사이비과학일 듯하지도 않은 같은 것들을 다른 많은 과학자들이 독립적으로 발견했다. 정말이지 이것이야말로 우리 앞에 기다리는 의학의 혁명이라는 증거는 확실하다. 이자를 가지고 한 연구 결과들로 볼 때, 한 사람의 장기 기증자가 다른 사람들의 수많은 장기들을 다시 자라게 할 수 있는 것이다. 그리고 쥐의 경우 이렇게 하는 데 12일밖에 걸리지 않았다.

또 다른 러시아 과학자인 V. 부다코프스키*Budakovski*는 기증되는 장기마저도 필요 없을지 모른다는 것을 증명했다. 부다코프스키는 적색 레이저로 건강한 산딸기나무의 홀로그램 이미지를 만들었다. 그런 뒤에 이 홀로그램을 산딸기나무에 생긴 종양(캘러스*callus*)에 비췄다. 보통 우리는 종양을 아무런 쓸모없는 조직으로 여기므로 외과적으로 제거해서 버려야 한다. 하지만 홀로그램 빛은 그 종양을 건강한 산딸기나무로 완전하게 바꿔놓았다.[37] 이것은 우리가 일단 필요한 에너지 흔적, 곧 정보를 가지면 같은 결과를 얻을 수 있음을 증명해준다. 원본 코드를 제공하는 데 살아 있는 조직이 전혀 필요치 않다. 우리는 단지 그 코드 자체만 있으면 되는데, 이것은 결맞음 빛에 들어 있을 수 있다. 여기서는 홀로그램 이미지가 종양의 조직에 다시 건강한 식물로 자라는 방법을 일러주는 파동 정보를 가지고 있었다.

가장 중요하고도 흥미로운 성과들의 하나를 또 한 사람의 러시아 과학자인 A. B. 버라코프*Burlakov*가 발견했다. 물벼룩, 물고기, 그리고 기타 유기체들이 모두 서로에게서 빛을 흡수한다는 포프의 발견이 생각나는가? 버라코프는 자라고 있는 물고기 알들을 밀봉하여 나란히 놓아 서로의 사이에 빛이 통과하도록 했다. 이 부분이 놀라운 이야기다. 더 오래되고 성장한 알들을 이제 갓 자라기 시작한 어린 알들 앞에 놓으면, 더 오래된 알들이 뚜렷하게 어린 알들의 생명력을 빨아들였다. 오래된 알들은 더 강하고 빨리 자랐고, 어린 알들은 약해지고 기형이 생겼으며, 죽는 비율이 훨씬 더 높았다. 버라코프는 어미 물고기가 다른 물고기의 알들 곁에 알을 낳지 않으려고 조심한다는 점을 알아챘고, 그 이유를 설명할 수 있는 듯해 보였다. 한편으로 버라코프가 조금 더 어린 알들을 조금 더 큰 알들 곁에 놓으면, 더 어린 알들이 더 오래된 알들에게서 생명력을 흡수했다. 이 알들의 성장과 발달은 다른 알과 같은 수준이 될 때까지 실제로 가속되었다.[38]

나는 버라코프가 발견한 것과 같은 자료가 들어 있는 과학적 연구를 찾으려고 몇 년의 시간을 보냈는데, 다른 많은 성과들이 우리를 이 방향으로 이끄는 것처럼 보였기 때문이었다. 모든 사람들은 주위에 에너지를 빨아먹는 사람들이 있는 경험을 하는데, 심지어 어떤 이들은 그들을 정신에너지 뱀파이어*vampire*라고도 부른다. 끔찍이도 가혹하고 경멸적인 용어다.

이런 생각으로 무장하고 있으면 과잉반응하게 되고, 다른 사람이 내 에너지를 빼앗아간다고 비난하기가 쉽다. 그러나 영적인 측면에서는 이런 생각이 당신에게 꼭 좋지만은 않다. 그렇게 하면 당신의 에너지가 다른 사람이 빼앗아갈 수 있는 유한한 것이라는 생각을 더 굳게 해주기 때문이다. 나는 소스필드에는 무한한 에너지가 있다고 하는 것이 진실이라고 믿는다. 그리고 에너지가 빠져버렸다는 느낌이 들기 시작하면, 결맞음의 상태로 들어가서 자신을 재충전할 수 있다. 가슴으로부터 나오는 사랑이 넘치는 공간은, 마음을 고요하고 평화롭게 유지하면, 활발하게 모두 아주 짧은 시간에 당신의 배터리에 활기를 가득 채워주는 듯하다. 내게 손쉬운 시각화 방법은 우리의 에너지 사본, 또는 오라를 물로 가득 찬 풍선처럼 보는 것이다. 풍선의 크기는 당신이 가진 에너지의 크기에 따라 늘어나고 줄어든다. 지금 우리가 가진 그 어떤 기구로도 이 풍선의 크기나 모양을 직접 측정할 수는 없지만, 버라코프가 물고기 알로 한 연구로 우리는 강한 쪽이 약한 쪽에게서 소스필드 에너지를 빨아들일 수 있다는 부정적인 측면을 본다.

이것은 힘과 안내와 보호를 받으려고 한 마리의 우두머리 수컷을 중심으로 무리를 지어 사는 동물들에게서도 일어나는지도 모른다. 포프는 우리가 스트레스를 받고 있을 때, DNA에 저장된 많은 양의 빛을 발산한다는 사실을 알아냈다. 그 일부는 우리의 세포들을 치유하려 하는 것도 같지만, 어쩌면 그 빛이 하는 일이 이게 전부는 아닐 것이다. 백스터의 실험들에서 살아있는 유기체의 스트레스와 죽음은 그곳에 있는 식물, 박테리아, 달걀과 여러 생명체들에게 광범위한 신호를 보냈다. 그러므로 자연은 그 무리들이 스트레스와 두려움을 느낄 때 자동적으로 그들의 에너지를 발산하는 시스템이 내장*built-in*되어 있을 듯도 하다. 그때, 자신들의 지도자, 곧 우두머리 수컷을 바라보면서, 그들은 에너지를 우두머리에게 보낸다. DNA 표본들이 우리가 원하지 않으면 활력을 갖지 못했던 글렌 라인 박사의 연구에서처럼 말이다. 이것은 무리들이 그들의 집단적이고 결합된 소스필드 에너지를 자신들의 지도자에게 보내고, 그러면 우두머리는 무리들을 보호하기 위한 전투에서 더 강해지고, 더 빨라지고, 더 효율적이게 되는 자연의 생존 메커니즘이라 해도 무리는 아니다. 이것은 또 스포츠 팀들이 상대 팀의 경기장에서보다 홈 경기장에서 변함없이 더 좋은 경기를 보여주는 듯한 이유를 설명해주기도 할 것이다. 맞다. 그 일부는 분명히 선수들이 자신들의 경기장에 더 친숙하고, 관중의 함성에 힘입는다는 사실에서 비롯되기도 한다. 그러나 아직 우리가 알지 못했던 에너지적인 요소 또한 있는지도 모른다.

버라코프의 발견으로 우리는 이 에너지의 교환이 항상 이루어지고 있다는 확고한 증거를 갖게 되었다. 더 강한 알들이 약한 알들을 도왔던 치유 효과도 흥미롭다 — 발달 단계에서 서로가 꽤 비슷한 경우에 그랬다. 한 어미 물고기가 알을 낳았는데, 그 일부가 성장 속도를 아주 조금 늦추는 작은 결함을 가졌다면, '자연'은 그들의 성장을 북돋기 위해 다른 알들로부터 에너지를 이용하는 교정 메커니즘을 가진 듯하다. 하지만 알이 그 이웃들보다 확연하게 덜 발달되었다면, 아마도 돌이킬 수 없어 보인다. 이들의 생명력은 더 많이 자랐고 강한 알들에게 흡수된다. 버라코프도 구르비치의 연구를 알고 있었기 때문에, 알들이 담긴 두 용기 사이에 유리를 놓아보았고, 다시 한 번 적외선과 자외선이 차단되면서 그 효과는 하나도 나타나지 않았다. 대신 석영을 사용하자 기대했던 대로 완벽한 효과를 보였다.[39] 버라코프는 또한 다른 파장의 빛과 편광렌즈를 사용하면, 희한한 기형이 생김을 알아냈다. 여러 개의 머리와 여러 개의 심장이 생기기도 했다. 그리고 다시 정상적인 파장을 사용하면 이 기형은 사라졌고, 치어는 돌연변이가 있었던 어떤 흔적도 남기지 않고 정상적인 형태로 돌아갔다.[40] 이 사실은 모든 것이 돌연변이에서 생긴다는 다윈의 진화 모형에는 중대한 골칫거리가 된다 — 하지만 미리 앞서 가지는 말자.

러시아의 연구자 알렉스 카이바라이넨*Alex Kaivarainen* 박사는 박테리아와 곤충들 둘 다 같은 종의 다른 건강한 개체들과 가까이 있는 것만으로도 현저하게 치유되는 모습을 관찰해왔다. 파슨스*Parsons*와 힐*Heal*은 2002년에 항생제를 처리한 박테리아를 건강한 다른 박테리아와 가까이 두면 다시 회복된다는 것을 발견했다. 아가드자니언*Agadjanian*도 2003년에 곤충으로 같은 결과를 얻었다.[41] 그 곤충은 틀림없이 건강한 친구들에게서 도움을 받았다. 죽어가는 사람들이 자신들을 보러 오는 사람들을 만지기 위해 두 손을 내밀곤 한다는 점을 생각해보라. 두 손으로 만지는 일은 소스필드의 흡수를 늘려준다고 생각해보면 아주 그럴듯하다.

인간이 박테리아, 식물, 동물, 그리고 다른 사람에게 에너지를 보내서 어떤 식으로 그들의 건강이 더 좋아지도록 도울 수 있는 걸까? 정확히 이것이 바로 대니얼 베노*Daniel Benor* 박사가 영적 치유를 다룬 모두 191개의 통제된 연구들을 분석하고 나서 찾아낸 사실이다. 놀랍게도 이 연구들의 64퍼센트가 통계적으로 의미 있는 결과를 보여주었고, 여기에는 꽤 먼 거리에서 이루어진 치유 작업에 대한 연구들도 들어 있다.[42] 36퍼센트의 연구에서는 어떤 치유 효과도 나타나지 않았음을 잊지 말자. 따라서 주류 언론매체에서 우리가 보통 보는 것은, 실패한 실험 하나를 다루면서 이런 효과들이 있지도 않을뿐더러 있을 수도 없다는 "과학적인 증거"가 있다고 결론짓는 기사일 뿐이다. 말도 안 되는 소리다.

알렉산드라 다비드 넬*Alexandra David-Neel*은 1920년대에 티베트에 다녀왔고 자신이 본 놀라운 일들을 1931년의 고전 《티베트 마법의 서(한국어판)》에 적었다. 나중에 다시 다루게 되겠지만, 그녀가 직접 본 많은 놀라운 일들 가운데서도, 티베트의 승려들이 자신들의 모든 신비로운 능력들은 에너지의 파동을 이용하는 데서 온다고 설명했던 내용이 있다. 바로 명상을 통해서다.

> 정신 훈련의 비밀은 이 점에서 타고난 가장 재능 있는 사람들마저도 크게 능가하는 마음의 집중력을 개발하는 데 있습니다. 신비주의의 마스터들이 단언컨대 그렇게 마음을 집중함으로써 여러 방식으로 사용할 수 있는 에너지 파동이 만들어집니다. 그들은 이 에너지가 육체적이거나 정신적인 행동이 일어나는 모든 시간에 만들어진다고 믿습니다.[43]

따라서 생각을 더 결맞게 하면 우리는 소스필드에 접속해서 그것이 어디로 어떻게 흐르게 할지를 결정하는 능력을 키울 수도 있다. 그토록 많은 고대의 영적 전통들이 명상의 중요성을 크게 강조한 이유를 설명하는 데 도움을 준다는 점에서 이것은 아주 중요하다. 세상의 모든 테러리즘을 72퍼센트나 줄였던 명상하고 있는 우리 7,000명의 사람들에게로 돌아가 보자. 그들은 소스필드 안에서 결맞음 상태를 만들어내면서 이 일을 하고 있었던 듯하다. 우리 모두는 높은 수준으로 함께 의식을 공유하고 있으므로, 이것은 이어서 모든 이들의 마음에 직접 영향을 준다. 그리고 이야말로 우리 자신과 세상을 보는 진정으로 멋진 새로운 방식이다.

카즈나체예프의 획기적인 발견에서, 건강한 세포들은 병든 세포들로부터 바이러스의 유전 코드를 받아들였다. 그것도 건강한 세포들에 전달된 질병의 정보 구조를 거쳐서 그랬다. 이 결과는 DNA가 하나의 형태로 고정되지 않고, 절대적으로 에너지적 기반 위에서 코드가 한 생명 형태로부터 다른 것으로 실제로 변형될 수 있음을 강하게 시사한다. 이 매혹적인 발견은 가장 큰 과학적인 미스터리들 가운데 하나를 전혀 새롭게 탐구하도록 문을 활짝 열어젖힌다. 바로 종의 진화를 둘러싼 의문이 그것이다. 대부분의 다윈주의 과학자들이 주장하듯이 과연 진화가 무작위적인 과정일까, 아니면 뭔가 다른 일이 일어나는 걸까? 믿어주시라, 나는 성경의 모든 이야기가 문자 그대로 진실이며 7,000년 전엔 지구 위에 아무것도 없었다고 생각하는 창조론자가 결코 아니다. 그런데도 주류 언론매체가 한쪽에는 '과학'을, 그리고 반대쪽엔 '종교'를 놓고 논의를 양극화시키는 일은 터무니없기 그지없다. 이것은 100년 이상 된 낡은 모형이자 우리가 곧 살펴 볼 문제점 투성이다. 우리가 이미 들여다본 증거들은 생명의 코드들이 소스필드 자체 안에 있을 수도 있다는 점을 말해준다. 이때 이 정보는 자외선을 거쳐서 우리만의 현실로 흘러 들어오는데, 시각 정보가 우리의 에너지 복체에 이어져 있는 스타게이트 *stargate*와 같은 은줄을 타고서 솔방울샘으로 흘러 들어가는지도 모른다는 점과 다르지 않다. 다음 장에서 우리는 종의 진화를 둘러싼 새로운 자료들을 탐색하고 이 혁신적인 새로운 생각들을 뒷받침할 증거가 있는지 찾아볼 것이다.

10장

다윈의 진화론은 완전히 틀렸다
: 은하 시소운동과 유전자 코드

이탈리아의 과학자 이기나는 실험을 통해
입자의 진동을 바꾸면 물질 자체가 바뀐다는 사실을 발견했다.
살구나무의 진동을 사과나무의 원자 진동과 같아지도록 바꾸자,
16일 후 살구나무의 살구는 거의 완전히 사과로 바뀌었다.

이집트 대피라미드는 우리의 고대 조상들이 황금시대가 온다는 예언을 우리에게 주었던 많은 방법들 가운데 하나로 보이며, 이 시대는 2012년쯤에 중요한 전환점에 도달하게 된다. 피라미드 구조 자체가 그 메시지의 일부인 듯하다. 러시아의 과학자들이 금속을 사용하지 않고 PVC 파이프와 유리섬유로 피라미드들을 만들었을 때, 그들은 주목할 만한 여러 가지 효과들을 찾아냈다. 이 발견들의 범위는 놀라울 만큼 넓고, 이것으로 우리는 과학과 물리학에 대해 안다고 생각하는 모든 것들을 철저히 재검토해야 할 필요를 느낀다. 암은 설명하기 힘들고 끔찍한 문제가 되기보다는, 이제는 모든 발암물질들이 결국 380나노미터 주파수의 빛을 뒤섞어 버리면서 우리가 몸에 저장한 빛의 결맞음을 잃어버린 데서 그 원인을 찾을 수 있다. 피라미드 안에서는 암을 일으키는 화학물질들이 빠르게 비독성으로 바뀌는데, 마치 그들의 분자 구조가 생명을 해치기보다는 그것을 지지하는 방식으로 재배열된 것 같다. 이와 비슷하게 인류의 삶을 위협하는 지질학적인 문제와 기상

학적인 문제들도 피라미드를 짓는 것만으로도 크게 줄어들었다.

우리가 과학적인 수준에서 피라미드 파워와 같은 효과들을 생물 시스템에서 찾아보기 시작하기만 하면, 환상적인 새로운 발견들을 하게 된다. 여기에는 우리가 생각만으로도 다른 이들을 치유하는 힘을 가진 듯하다는 사실이 포함되는데, 어쩌면 우리의 에너지 복체로 그들을 직접 찾아가서 치유의 정보들을 담은 광자들을 내뿜어서 그렇게 하는지도 모른다. 그리고 고대의 문화들은 이것을 잘 알고 있었던 것 같다. 우리는 또 DNA 분자가 거의 작은 블랙홀과도 같이 그 환경으로부터 빛을 흡수하는 유령을 남기고, 분자 자체를 치워버려도 그곳에 30일까지도 붙잡아 둔다는 점도 찾아냈다. 이 사실은 매우 중요한 질문을 제기한다. 어느 것이 먼저일까? DNA인가 유령인가? 유령이 실제로 먼저일 수도 있는 걸까?

가리아에프는 DNA 유령이 빛의 광자들을 흡수하고 그것들을 그 자리에 붙잡아 둔다는 것을 이미 증명했다. DNA 유령이 원자들과 분자들을 잡아둘 만큼 충분한 힘을 가질 수도 있을까? 여기 흥미로운 실마리들이 있다. 2008년 세르게이 라이킨*Sergey Leikin* 박사는 여러 유형의 DNA를 보통의 소금물에 넣었고, 여기에는 DNA들이 서로 연락하는 일을 도울 단백질들이나 다른 물질은 없었다. 각각의 DNA 유형은 서로 다른 형광물질로 식별되도록 했다. 놀랍게도 서로 같은 DNA 분자들은 신비롭게도 서로를 끌어당기면서 "텔레파시와 같은 특성"을 보였다. 특히 이 DNA 분자들은 서로 다른 유전자 배열을 가진 분자들보다 함께 모일 가능성이 거의 두 배로 나타났다. 라이킨은 이 현상이 그저 전하로써 생긴다고 믿지만, 중요한 점은 그런 일이 일어난다는 것이다.[1] 실험을 더 해보면 소스필드가 이 일을 하고 있음을 충분히 증명할 듯도 하다. 또 기초적인 아미노산들도 아직 만들지 못하고 있는 아주 작은 원자들과 분자들로부터 DNA를 조립한다는 것까지도 말이다.

2007년에 V. N. 티시토비치*Tsytovich* 박사가 이끄는 러시아, 독일, 호주의 과학자들로 이루어진 한 연구팀은 평범한 먼지를 하전(荷電)입자들의 플라스마 안에 떠돌게 하면 —우리가 우주 공간에서 만나는 환경과 비슷한— DNA처럼 생긴 구조로 배열되는 모습을 발견했다. 이 환경을 재현하기 위한 컴퓨터 모형이 만들어졌고, 아무런 질서나 구조도 예상치 못했었다. 그러나 먼지는 스스로 코르크 마개뽑이처럼 생긴 나선구조를 형성했다. 이 DNA 같은 구조들은 서로를 끌어당겼다. 이들은 DNA 복제 과정과도 비슷하게 나뉘어서 원본과 똑같은 두 개의 복사본을 만들곤 했다. 서로 가까이 있는 것으로도 이웃들의 구조를 바꾸기도 했다. 시뮬레이션이 계속되면서 이들은 또 점점 복잡한 구조들로 진화해갔다. 티시토비치는 이렇게 말했다. "이 복잡하고 자기조직 성향을 갖는 플라스마 구조들은 살아 있는 무기물질이라고 해도 될 만한 모든 속성들을 보여준다. 이들은 자율적이고, 복제하며, 그리고 진화한다."[2] 게다가 2006년 UCLA의 천문학 교수인 마크 모리스*Mark Morris* 박사는 우리 은하계의 중심 부근에서 DNA 모습을 한 이중나선 성운을 발견했다는 놀라운 발표를 했다. "DNA 분자처럼 두 개의 얽힌 가닥들이 서로를 감싸고 있는 모습이 보인다. 우주의 영역에서 전에는 이런 모습을 본 사람이 아무도 없었다. …… 이것은 우주에 고도의 질서가 있음을 보여주는 것이다."[3]

【그림 19】 NASA가 찍은 우리 은하계 중심 부근에 있는 성운의 이미지. 신기하게도 모양이 DNA 분자와 비슷하다. 마크 모리스 박사가 처음 찾아냈다.

이 책의 마지막 편집을 하던 2011년 1월에, 노벨상을 받은 생물학자 뤽 몽타니에*Luc Montagnier* 박사가 물 밖에 들어 있지 않은 밀봉된 시험관 안으로 박테리아의 DNA 조각을 옮졌다고 발표했다. 시험관의 물은 바로 옆에 놓아둔 또 하나의 밀봉된 시험관 속에 들어 있는 DNA의 정확한 복사본으로 재배열되었다. 이런 결과를 얻기 위해 원본 DNA 표본을 대단히 많이 희석할 필요가 있었고 7헤르츠의 미약한 전자기장을 사용해야 했다. 18시간이 지나 밀봉된 시험관 속의 물 분자 일부가 완벽한 DNA 분자들로 변형되었다. 존 던*John Dunn*은 이 발견의 의미를 'Techworld.com'에 적었다.

> 이 모든 것이 무슨 의미일까? 앞에서의 실험들이 암시해준 것처럼, 생명의 증식은 자신을 미묘한 방식들로 투사하기 위해 양자적 성질을 이용할 수 있는 듯해 보인다. 달리 말하면, 생명 자체는 이들 양자 현상들의 복잡한 투영이며, 이들이 믿기 어려울 만큼 감지하기 어렵기 때문에 아직은 이해되지 않는 방식으로 이 양자 현상들에 철저히 의존하고 있을 수도 있다. 물은 DNA가 양자 얽힘*quantum entanglement*과 '순간이동'(우리가 쓰는 용어)을 암시하는 과정들을 이용해서 자신을 복제할 수 있는 좋은 매질일 것이다.[4]

DNA는 우리가 직접 보거나 측정할 수도 없는 양자적 형판*template*에 의해 만들어지는 듯도 하지만, 소스필드 안에서 하나의 구조로서 존재하며, 물질과 에너지를 다스리는 기본 법칙들에 명시되어 있다. 이 에너지 구조가 우리가 알다시피 생명을 존재하도록 광자들, 원자들, 그리고 분자들을 한데 모을 수 있는 것일까? 그 대답은 몽타니에가 막 발견한 것처럼 아주 분명해 보이지만, 대부분의 과학자들은 거기까지 가고 싶어 하지 않는다. 종교개혁 이후로 줄곧, 과학자들과 교회 사이에 무언의 거래가 있어왔다. "당신들이 영*spirit*을 다루면 우린 사실들*facts*을 다루겠소. 물론 생명은 우연한 사고로 생겼고, 우주에 더 높은 목적이나 지성 따위는 없다는 사실 말이오." 그런데도 이것은 다른 것들 못지않은 맹목적이고 종교적인 신념이다. 나는 개인적으로 증거를 믿는다. 그래서 우리가 무얼 찾을 수 있는지 살펴보자.

지구 생명의 진화

우리가 지구 어느 곳을 보더라도, 거기에는 박테리아가 있다. 〈사이언티픽 아메리칸〉에서 보고된 것처럼, 서배너 강의 500미터 밑에서 채취한 코어 시료들에서도 무척이나 다양한 미생물들이 발견되었다. 심지어 지구 표면 아래 2.8킬로미터에서 채취한 시료들에서도 살아 있는 박테리아가 여전히 발견된다. 보통의 표토에는 흙 1그램에 10억 마리가 넘는 박테리아들이 있지만, 지각의 400미터 아래서 얻은 암석 시료들에도 100~1,000만 마리의 박테리아들이 우글거린다. 이 지표면 밑의 지역에서 9,000가지가 넘는 유형의 미생물들이 발견되어왔고, 그 일부는 섭씨 75도의 온도에서도 발견되었다.[5]

당신도 다윈의 진화론이 과학적이라고 생각할지도 모르지만, 이것을 생각해보라. 미생물들이 있다고 할 때 생명을 창조하기 위해 일어나야 할 모든 마법의 대부분은 그것에 이미 일어났다. 당신은 DNA를 가졌고, 단백질을 합성하며, 호흡하고, 움직이고, 자각도 하는 것은 물론, 여기서 살펴보고 있는 것처럼 광자를 붙잡는 마법 같은 모든 속성들도 가지고 있다. 우리 지구는 40여억 년밖에 되지 않았고, 용암으로 시작했을 가능성이 아주 크다. 38억 년 전까지는 바다가 생기는 데 충분할 정도로 지표면이 식지 않았지만, 이때에도 광합성으로 생긴 모든 기초적인 동위원소 식물들이 들어 있는 암석 시료들이 발견된다.[6] 더욱이 원시적이고 효모균과 비슷한 유기체도 38억 년 된 바위들에서 발견된다.[7] 이것은 지구에 물이 생기자마자, 생명이 본질적으로 곧바로 나타났음을 의미한다.

35억 년 전이 되면, 화산 활동으로 녹지 않았던 바위들에서 더 많은 화석화된 미생물들이 나타난다. 존조 맥퍼든*Johnjoe McFadden* 박사는 이렇게 말한다. "생명이 오로지 우연에만 의존한다면, 세상은 그것을 진화시킬 정도로 충분히 넓지 않다. 이 화석 미생물들은 오늘날 살아 있는 유기체들과 비슷해 보이며 또 복잡했을 가능성이 있다. 생명이 있었을 성싶지 않게 보일지도 모르지만, 그것은 빠르게 생겨났다."[8] 단지 진화론이 사실 얼마나 우스꽝스러운 것인지를 증명해보려고, MIT의 한 생물학자는 100개의 아미노산을 가진 단백질 하나가 무작위적 돌연변이로 만들어질 가능성을 계산했다. 그 결과 1에 0이 65개 붙은 숫자 가운데 한 번의 기회였다.[9]

2008년 〈와이어드〉 잡지의 한 기사는 박테리아가 지구의 가장 열악한 지역들에서도 산다는 새로운 발견들을 실었다. 화산과 원자로 속의 들끓는 열에도, 그리고 남극의 빙하 깊은 곳의 얼어붙는 온도에도 박테리아는 있다. 사실 남극의 박테리아는 1,000만 년이 지나서도 해동되면 다시 생명을 되찾을 수가 있었다. 이 기사는 또 미생물들은 우주로 발사되는 충격에도 살아남을 수 있으며, 모든 생물학적 생명의 전구(前驅)물질인 아미노산은 혜성 81P/Wild2의 먼지에서도 발견되었다고 말한다.[10] 임페리얼칼리지런던의 또 다른 최근 연구는 1969년 호주에 떨어진 운석 파편에서 DNA의 전구물질들인 우라실*uracil*과 잔틴*xanthine*을 찾아냈다.[11] 2011년 1월 미국지질학회는 34,000년 동안 소금 결정 안에 갇혀 있던 유체에서 살아 있는 박테리아를 찾았다고 발표했다. 이것들은 쪼그라들고 작았으며 동면과도 같은 상태에 있는 듯했다. 이들을 깨워서 정상적인 증식을 시작하도록 하는 데는 두 달 반 정도의 시간이 걸렸다. "어떻게 이런 일이 생기는지 잘 모르겠어요." 팀 로웬스타인*Tim Lowenstein* 교수는 말했다. "이것들은 DNA를 고칠 수 있어야 해요. DNA는 시간이 흐르면 쇠퇴하기 때문이죠."[12]

영국의 천문학자들인 프레드 호일*Fred Hoyle* 경과 날린 찬드라 위크라마싱헤*Nalin Chandra Wickramasinghe* 박사는 더욱더 놀라운 발견을 했는데, 이들은 1960년대에 은하먼지*galactic dust*의 구성을 탐구했다. 그 결과 은하계 전체를 통틀어 거의 대부분의 —99.9퍼센트 정도의[13]— 먼지가 실제로는 동결 건조된 박테리아라는 증거가 점점 더 많이 드러났다. 이 발견은 호일과 위크라마싱헤가 우리 은하계의 먼지에서 나오는 적외선을 연구했을 때 시작되었고, 이 먼지 알갱이들은 내부의 70퍼센트가 비어 있음이 틀림없다는 결론을 내렸다. 박테리아의 바깥 세포벽은 딱딱하고 안쪽은 더 부드럽다. 두 사람은 동결 건조된 박테리아도 역시 그 안쪽의 70퍼센트가 비어 있다는 사실을 알고서 무척 놀랐다. 은하먼지 알갱이들이 동결 건조된 박테리아라고 단순히 추정함으로써, 그들은 자신들의 관찰과 완벽하게 들어맞는 결과를 찾아낸 것이다.[14]

이것으로 그들은 그야말로 놀라운 결론을 내리게 되었다. "성간(星間) 먼지 알갱이들은 동결 건조되고 어쩌면 대부분이 죽었을지도 모르지만 확실히 박테리아임이 틀림없다. 적어도 이것이 탐구되었어야 할 하나의 가설이었다." 1980년 4월 15일의 한 강의에서 호일은 모든 내용을 자세히 설명했다.

> 미생물학은 1940년대에 시작되었다고 말할 수 있을 것입니다. 가장 믿기 힘든 복잡성의 새로운 세상이 그때 열리기 시작했지요. 돌이켜보면 미생물학자들이 자신들이 꿰뚫고 들어간 그 세상이 당연히 우주적 질서를 가졌으리라는 점을 바로 알아차리지 못했다는 사실이 내게는 놀랍습니다. 나는 태양이 우리 태양계의 중심이라는 사실이 지금 세대들에게는 당연해 보이듯이, 미래 세대들에게는 미생물학이 가진 우주적 특질이 당연해 보이지 않을까 생각해봅니다.[15]

그로부터 30여 년이 지나 이 책을 쓰고 있는 지금, 과학적 사고에 있어서의 그 예견된 변화는 분명히 아직 오지 않았다. 성간 박테리아에 대해 글을 쓰려고 골머리를 앓고 있는 대부분의 과학자들은 이 박테리아들이 다윈의 돌연변이를 따라 진화되었고, 우주에서 동결 건조되었으며, 그다음에 지구에 떨어져서 모든 생명의 씨앗을 뿌렸다는 편안한 생각에 아직도 머물러 있으려고 한다. 박테리아는 모든 곳에 있다는 사실을 깨치면 크게 한 걸음 더 나아간 것이다. 이것이 우주가 하는 일, 곧 생명을 창조하는 일이기 때문이다. 이것이 사실이라면, 과학사에서의 그런 놀라운 발견을 놓쳐버리는 일이 어떻게 가능한 것일까?

주목할 만한 책 《생명의 불꽃*Sparks of Life*》에서 하버드 대학 교수인 제임스 스트릭*James Strick*은 1800년대에 "무작위적인 다윈의 돌연변이"를 거치기보다는, 무생물 물질로부터 자발적으로 나타난 미생물들을 다룬 모든 과학적 발견들을 억누르려는 포괄적인 음모가 있었다고 했다.[16] 스트릭 박사는 빌헬름 라이히 연구소*Wilhelm Reich Institute*가 주최한 2003년 콘퍼런스에서 자신의 견해를 밝혔고, 잭 플라넬*Jack Flannel*이 글로 써서 온라인으로 발표했다.[17] 1800년대에 프랑스과학아카데미*French Academy of Sciences*는 생명이 자발적인지 무작위적인지를 결정적으로 증명하는 과학자들에게 줄 상금을 내걸었고, 루이 파스퇴르*Louis Pasteur*가 그것을 차지했다. 우유갑에 "저온 살균*pasteurized*"되었다고 쓰여 있으면, 그것은 모든 박테리아를 죽이려고 익혀버렸다는 의미이고, 이 과정은 루이 파스퇴르의 이름을 따온 것이다. 문제는 파스퇴르의 경쟁자들이 무생물 환경에서 생명체를 자라게 했다는 점인데, 물에 끓여 완전히 살균한 건초를 사용했던 일이 그 사례다. 파스퇴르는 이 실험들의 반복을 그냥 거부했다. 더 실망스러운 점은, 파스퇴르가 자신의 실험들에서 낮은 비율로 생명이 자발적으로 나타난 것을 발견했지만, 이것을 결코 기록하지 않았다는 사실이다. 그것은 실수였음이 틀림없고, 그래서 언급할 가치조차 없다고 파스퇴르는 느꼈기 때문이었다.[18]

논쟁에서 자연발생설*biogenesis*을 주장하는 사람들은 1837년으로 거슬러 올라가는 앤드류 크로세*Andrew Crosse*의 잘 알려지지 않은 연구를 자신들의 결론을 지지하는 증거로 삼고 있었다. 그때에는 전기가 새롭고 흥분되는 현상이었다. 크로세는 약한 전류와 함께 화학물질들을 처리해서 결정체들을 인공적으로 자라게 해보고 싶었다. 자세히 말하면, 규산칼륨과 염산을 섞고는 주먹 크기의 산화철석 덩어리를 거기에 넣었다. 그런 다음 크로세는 용기에 작은 배터리를 연결하고는 돌덩어리 위에서 인공적인 실리카*silica* 결정체가 자라기를 바랐다. 그러나 대신 그가 얻은 것은 훨씬 더 기이한 것이었다. 14일이 지나자 희끄무레한 작은 알갱이들이 전기를 흐르게 한 돌의 한가운데 생기기 시작했다. 4일이 더 지나자, 알갱이 하나하나의 크기는 두 배가 되었고, 여섯 개 또는 여덟 개의 아주 작은 가닥들이 거기서 자라고 있었다. 가닥은 알갱이 자체보다 더 길었다.[19]

크로세는 그다음에 일어난 일을 1837년 런던전기협회*London Electrical Society*에 제출하기 위해 쓴 논문에 보고했다.

> 실험 26일째 되는 날, 그 물체들은 그것들이 자라고 있던 짧고 뻣뻣한 털 위에서 바로 서면서 완벽한 곤충의 형태처럼 보였다. 이것을 그야말로 이상한 현상으로 보기는 했지만, 나는 이틀 뒤인 실험 28일째가 되던 날까지는 특별히 중요하게 생각하지는 않았다. 그날, 돋보기로 들여다본 이것들은 다리를 움직이고 있었다. 나는 소스라치게 놀랐다. 며칠이 더 지나자 그것들은 돌에서 떨어져 나와서 부식성의 산성 용액 속을 돌아다녔다. 몇 주 동안에 철 산화물 위에서 100개가 넘게 모습을 나타냈다.[20]

이 생물들은 진드기의 한 형태인 아카리*Acari* 속(屬)의 생물들과 비슷해 보였다. "현미경으로 이들을 관찰해보고는 작은 것들은 다리가 여섯 개, 더 큰 것들은 여덟 개라는 것을 알았다. 이들을 살펴본 다른 이들은 아카리 속이라고 했지만, 어떤 이들은 전혀 새로운 종이라고 한다." 크로세는 자신이 동료들에게 공격받을 것을 알았고, 따라서 실험을 시작하기 전에 밀폐된 용기 안에서 모든 실험 재료들을 열로 살균해가면서 신중하게 실험을 반복했다. 그러나 이 작은 생물들은 같은 식으로 여전히 나타났다.

다른 과학자들도 크로세의 실험을 반복하고는 같은 결과를 얻었지만, 위의 인용문을 가져온 프랭크 에드워즈*Frank Edwards*의 1959년 기사를 보면, 그들은 너무 두려운 나머지 그 결과를 입 밖에도 내지 못했다고 했다.[21] 이런 상황은 전설적인 인물인 마이클 패러데이*Michael Faraday*가 자신도 또한 같은 조건에서 이 작은 생물들을 자라게 했다고 영국왕립연구소*The Royal Institution*에 보고하면서 마침내 바뀌게 되었다.[22] 패러데이는 이 생물들이 정말로 살균 용액에서 저절로 생기는지, 아니면 전기에 의해 되살아나는지 확신하지 못했다. 하지만 이제 우리도 알다시피 두 가지 경우 모두 주류 과학과 생물학에 정면으로 도전하는 것이다.

다른 한 명의 초기 선구자는 1장에서 잠깐 말했던 빌헬름 라이히다. 라이히가 오르곤*orgone* 에너지라고 불렀던 것에 대한 연구는 터무니없는 것으로 묵살되어버렸다. 그럼에도 우리가 여기서 드러내 보이고 있는 모든 것들로 볼 때, 라이히는 옳은 길을 가고 있었던 듯하다. 라이히는 오르곤이 우주의 모든 공간을 가득 채우고 있고, 질량도 없고, 물질을 관통하며, 측정 가능한 진동 운동을 한다는 결론을 내렸다. 또 강한 친수력을 가졌고, 먹고 숨 쉬고 피부로 받아들이면서 자연적으로 유기체에 축적된다고 했다. 여기까지는 모두 아주 익숙하게 들린다. 라이히는 이 오르곤 에너지를 집중시키는 집적기들을 만들었고, 이것들이 실험실 쥐의 상처와 화상을 치유하는 속도를 놀라울 정도로 높인다는 사실을 알아냈다. 이 치료법은 쇼크도 줄여주었다. 씨앗들은 라이히의 오르곤 집적기에 넣으면 훨씬 더 크고 더 건강한 식물로 자랐다.[23]

라이히도 살균된 환경에서 생명이 자발적으로 발생한다는 증거를 찾아냈다. 라이히는 현미경 관찰에서 푸르스름한 빛의 점들로 느껴지는 것을 보았고, 이것은 생명체들 스스로가 만들어지기 전에 나타났다. 그는 이 빛을 뿜는 것들을 "바이온*bions*"이라 불렀다. 이 이론은 많은 비웃음을 샀고, 지금까지도 인터넷에서 회의론자들에게 공격받고 있다. 그들은 라이히의 실험 방법이 과학적으로 부적절하다고 비판한다.[24] 그런데도 이그나시오 파체코*Ignacio Pacheco* 교수는 2000년에 라이히의 결과를 성공적으로 재현해냈고, 그의 시험관에서 자랐던 것을 찍은 사진들은 아주 놀랍다.[25] 파체코는 오염되지 않은 바닷가에서 가져온 평범한 모래를 백열 상태, 곧 섭씨 1,400도까지 가열했다. 이 온도는 앞에서 말했던 화산과 원자로에 있는 극한성 박테리아를 제외하고, 알려진 모든 형태의 생명체를 파괴한다. 그런 뒤에 모래는 살균된 환경에서 냉각되었고 증류수가 들어 있는 멸균 시험관에 부어졌다. 또 각 시험관은 가압처리기에서 잇달아 두 번, 24시간의 간격을 두고 살균되었다. 이 과정은 알려진 모든 포자들과 식물 세포들을 파괴하기 위해 거친 것이었다. 파체코는 이제 24시간마다 현미경으로 증류수 윗부분에 떠다니는 입자들을 연구했다. 그리고 거기서 마법이 일어났다.

뜻밖에도 복잡한 살아 있는 유기체들처럼 보이는 —생장 분열할 수 있는— 다양한 구조들이 물에 나타났다. 이들은 활발하게 물속에서 움직이고 있었고, 파체코는 이 결과를 비디오로 찍었다. 이 구조들이 DNA를 가졌는지는 아직 확인되지 않았지만, 그는 "이 바이온들을 거의 모든 의미에서 살아 있는 구조들로 볼 수도 있다."고 생각한다. 일부는 간단한 미생물들처럼 보이지만, 어떤 것들은 훨씬 더 복잡했다.

여기에는 고르고니아*Gorgonia* 산호와도 비슷한 현미경적인 바다 식물들이 들어 있다. 파체코의 가장 설득력 있는 사진들 몇 장은 현미경 슬라이드 위에 놓으면 이 식물들로부터 떨어져 나오는 잎들을 찍은 것이다. 또 자신의 주위에 밝은 흰색의 나선형을 그리는 칼슘 껍데기가 자라기 시작해 부드러

【그림 20】 바닷모래와 증류수밖에 들어 있지 않은 멸균 용액에서 형성된 잎 모양의 물체를 찍은 이그나시오 파체코 박사의 현미경 사진.

워 보이는 작은 덩이들도 발견했는데, 이 모습은 미시 수준에서 바다의 소라껍데기가 만들어지고 있는 듯했다.

겉껍질의 나선 모양이 시작되는 모습은 확연하게 볼 수 있었고, 안쪽의 부드러운 몸은 여전히 부분적으로 노출되어 있는데도, 우리가 생각하는 소라껍질의 모습과 완벽하게 일치한다.

다음 쪽에서 보는 것처럼, 내가 가장 좋아하는 사진은 뚜렷한 머리 모양과 자기방어를 위한 가시로 덮인 거의 구형의 몸통을 가진 생물처럼 보이는 모습이다. 파체코는 이것들이 "무기물 단계에서 유기물의 살아 있는 진화의 상태로 옮겨가는 과도기 형태들"이라고 믿는다.[26] 흥미롭게도, 파체코가 먼저 바닷모래를 살균하지 않으면, 이 작은 물체들은 어느 것도 자라지 않았다. 분자들의 순도가 생명이 만들어지도록 하는 가장 중요한 요소였던 듯하다. 이 작은 친구들을 보면서 생기는 분명한 의문은 이것이다. 이들의 DNA는 어디에서 왔는가?

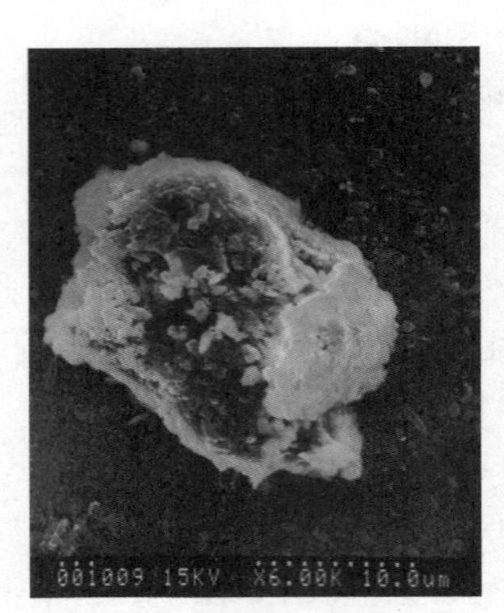

【그림 21】 바닷모래와 증류수밖에 들어 있지 않는 멸균 용액에서 만들어지기 시작하는 소라껍질처럼 보이는 것을 찍은 파체코의 사진.

지구 위에서 가장 살기 힘든 곳들, 그리고 은하계의 모든 먼지들에서 발견되는 모든 박테리아들에 대해서도 같은 질문을 던질 필요가 있다. 파스퇴르는 1800년대에 다윈의 진화 모형을 지원하기 위해 상금을 가지고 허둥지둥 떠났을 테지만, 이 과정에서 우리는 훨씬 더 큰 진실을 강탈당했다. 생명은 정말로 지적인 설계의 산물이라는 진실을. 그것을 알기 위해 성경을 내던질 필요까지는 없다. 모든 증거들 앞에서 합리적으로 생각해보는 일이 필요한 모든 것이다.

다윈의 문제

이제 진화를 놓고 이야기해보자. 공식적인 관점은 다윈의 진화 모형이 증명된 사실이라는 것이지만, 많은 학자들은 이것이 전혀 불가능한 일이라고 결론지었다. 그리고 이들은 창조론자들이 아니라 전문적인 자격을 갖추고 근거를 가진 과학자들이다. 가령, 프랑스국립과학연구센터의 연구소장인 루이 보누어*Louis Bonoure* 교수는 "진화론은 어른들을 위한 동화다. 이 이론은 과학의 발전에 전혀 도움을 주지 못했다. 아무런 쓸모도 없는 것이다."라고 말했다.[27] MIT와 오리건 주립대학교의 수학 교수 볼프강 스미스*Wolfgang Smith*는 자신의 견해를 아주 분명하게 밝혔다.

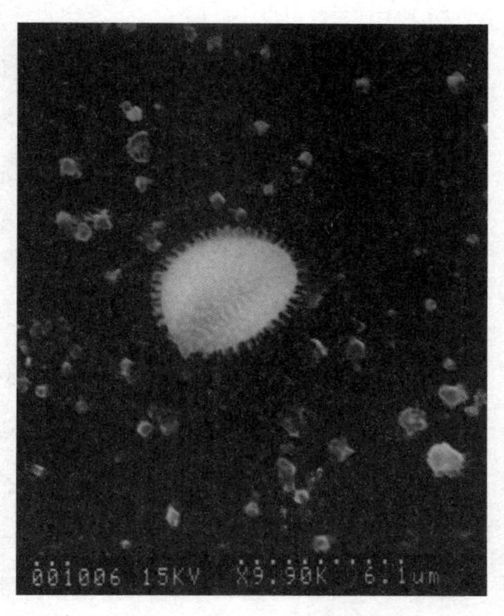

【그림 22】 바닷모래와 증류수의 살균용액에서 형성된, 머리 하나와 방어적인 가시들을 가진 복잡한 다세포 생물처럼 보이는 것을 찍은 파체코의 사진.

오늘날, 다윈의 진화론은 과거 어느 때와도 달리 공격받고 있다. 점점 더 많은 수의 존경받는 과학자들이 진화론자들의 진영을 떠나고 있다. 대개 이 '전문가들'은 종교적인 믿음이나 성경의 설득 때문이 아니라 엄밀한 과학적 바탕 위에서 다윈주의를 포기했다.[28]

미국자연사박물관의 고생물학자인 닐스 엘드리지*Niles Eldredge*는 복잡한 생명이 갑자기 지구 위에 나타났던 속도에 대해 말했다.

> 쉽게 찾을 수 있는 화석의 불모지인 두꺼운 암석층이 계속되는 지층은, 6억 년 전쯤에 전 세계적으로 대략 같은 시기에 시작해서 삼엽충, 완족류, 연체동물들과 같이 껍질을 가진 무척추동물들의 아주 멋진 무더기들이 들어 있는 침전물들로 덮인다. 창조론자들은 바로 앞에는 없었던 풍부하고 다양한 화석 기록이 이렇게 갑작스레 발달한 것에 중요한 의미를 두었다. 이것은 매력적이고도 지적인 도전의 기회를 던져준다.[29]

영국자연사박물관의 동물학자인 J. R. 노먼*Norman*은 1975년에 "지질학적 기록은 지금까지 물고기들의 기원에 관한 아무런 증거도 제시해주지 않았다."라고 했다.[30] 1960년, 같은 박물관의 W. E. 스윈턴*Swinton*은 다음과 같은 말을 했다. "새들의 진화적인 기원은 대개가 추론의 문제다. 파충류에서 조류로의 주목할 만한 변화가 이루어진 단계들을 보여주는 화석 증거는 없다."[31] 임페리얼칼리지런던의 지질학과 교수인 데렉 에이저*Derek Ager*는 1976년에 이렇게 썼다. "내가 학생 때 배운 진화에 대한 이야기들 거의 모두가 이제는 '틀렸음이 드러나고' 있다는 것은 중대한 일이다."[32]

다윈학파의 사람들은 당연히 이런 반대 의견을 두고 새로운 진척이 있었다고 주장하면서 맹렬히 맞섰지만, 다른 많은 자료들을 가지고 우리가 살펴본 모든 증거들에 비춰보면, 아무래도 그들의 이론이 그다지 잘 지지되지 않는다. 화석 기록은 꾸준히 한 유형의 생물들을 보여주다가, 지질학적으로는 아주 짧은 기간의 시간 동안 새롭고, 더 나아지고, 더 진화된 생물로 업그레이드한다. 다윈의 처음 이론을 지지해줄 종의 전이 과정을 보여주는 화석들은 거의 없다. 골격이 반은 몸 안에 있고 반은 밖에 있는 물고기의 사례들은 전혀 보이지 않는다. 조개류와 경골(硬骨)어류는 있지만 그 중간 종은 없다. 이것은 많은 재미있는 사례들 가운데 하나일 뿐이다. 인간의 경우에도 풀리지 않는 중요한 문제들이 있다. "잃어버린 고리", 곧 인간의 뇌 크기가 짧은 시간에 어떻게 갑자기 두 배가 되었는지를 설명해줄 전이종을 찾는 일에 대해 들어본 기억이 있다면, 그것은 아직도 발견되지 않았음을 명심하길 바란다. 영국 정부의 수석과학고문이자, 버밍엄 대학교 해부학 교수인 솔리 주커만*Solly Zuchkerman* 경은 말한다. "인간이 원숭이 같은 생물로부터 진화했다면, 화석 기록에 흔적 하나도 남기지 않고 진화한 것이 된다."[33]

이런 변화들이 생기게 한 원인이 다윈의 '무작위적 돌연변이'가 아니라면, 그럼 무엇일까? 시카고 대학교의 두 고생물학자인 데이비드 롭*David Raup*과 제임스 셉코스키*James Sepkoski*가 그 답을 찾았는지도 모른다. 두 사람은 가장 많은 해양 화석들을 조심스럽게 모아들였고, 여기에는 무려 3,600속의 해양 생물들이 들어 있었다. 1982년 두 사람은 〈사이언스〉지에 화석 기록에서 네 번의 대멸종과 더 작은 규모의 다섯 번째 멸종이 있었음을 찾아냈다는 논문을 처음 발표했다.[34] 이 데이터들을 처리해나가면서, 그들은 난처한 문제에 부딪쳤다. 화석 기록에서 거기 있어서는 안 되는 패턴들이 갈수록 더 많이 나타나고 있었던 것이다. 또 연구를 더 많이 할수록, 그리고 사실들을 가지고 그것을 더 열심히 제거하려 할수록, 이 패턴은 더 뚜렷하게 나타났다. 첫 논문을 내놓은 지 2년 뒤인 1984년에 마침내 두 사람은 그 놀라운 결과들을 솔직하게 발표했지만, 그들이 과학계에 당연히 주었어야 할 영향은 아직 미치지 못하고 있다. 요컨대 화석 기록에서 짧은 기간에 새로운 종들이 저절로 나타나고 있었다. 거의 2,600만 년의 주기로 반복되면서 말이다.[35] 그들이 목록을 작성한 5억 4,200만 년 동안의 화석들에서 이 패턴은 2억 5,000만 년 무렵까지 거슬러 올라가며 확장되었다.

이 이야기는 2005년에 캘리포니아 대학교 버클리 캠퍼스의 물리학 교수 리처드 뮬러*Richard A. Muller*와 대학원생 로버트 로드*Robert Rohde*가 롭과 셉코스키의 데이터에서 또 다른 진화의 주기를 발견하면서 훨씬 더 흥미진진해졌다. 이번에는 해양 화석 기록의 시작인 5억 4,200만 년쯤 전까지로 거슬러 올라갔다. 뮬러와 로드는 거의 6,200만 년마다 지구 위의 모든 생명이 비교적 자발적인 업그레이드, 곧 이미 있는 종에서 새롭고 더 진화한 형태로의 변형을 겪었다는 점을 알아냈다.[36] 같은 해 〈내셔널지오그래픽〉에 실린 한 기사에서 뮬러는 말한다. "이것이 무슨 의미인지 알고 싶다. 나는 천문 현상에 걸었고, 로드는 지구 내부에서 어떤 일이 일어났다는 데 걸었다."[37]

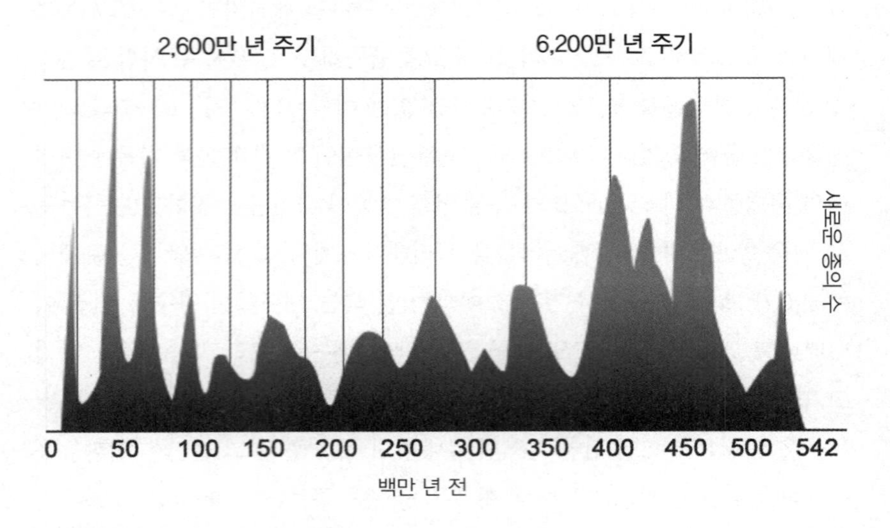

【그림 23】 롭과 셉코스키, 그리고 로데와 뮬러의 그래프를 데이비드 윌콕이 재구성.

2009년 〈데일리 갤럭시*Daily Galaxy*〉에 실린 글을 보면, 뮬러가 이 내기에서 이기는 데 더 가까워진 듯했다. 밝혀진 바대로, 천문학자들은 우리의 태양계가 길고도 파도와 같은 움직임으로 은하의 수평면을 끊임없이 올라갔다 내려갔다 하면서 여행한다는 것을 발견했다. 오르락내리락하는 이 운동의 주기에는 거의 6,400만 년이 걸린다. 뮬러와 로드가 찾아낸 6,200만 년의 주기에 의심스러울 정도로 가까운 숫자다. 분명히 그런 긴 시간을 천문학적으로 계산하는 일은 조금 정확하지 않을 수도 있고, 은하적인 시소 운동의 실제 수치는 6,200만 년이 될 수도 있다. 캔자스 대학교의 교수 아드리안 멜롯*Adrian Mellott*과 미하일 메드베데프*Mikhail Medvedev*는 이 은하적인 주기가 퍼즐을 푸는 해답이라고 믿는다. 우주 공간으로 나갔을 때 우리 은하의 위쪽 반은 처녀자리 은하단*Virgo cluster*을 마주 보고 있는데, 멜롯과 메드베데프는 이 구역의 하전(荷電)입자들의 수와 우주선*cosmic rays*이 더 많아야 한다고 본다. 하전 입자와 우주선이 태양계 앞쪽 끝의 은하먼지에 더 많은 것처럼 말이다. 두 사람의 이론은 지구가 은하평면의 자기장으로부터 솟아올라 위쪽 구역으로 들어갈 때마다 더 많은 우주선에 노출된다는 것이다. 그러면 이 방사에 의해 유전적인 돌연변이들이 더 많이 생길 수도 있고, 어쩌면 새로운 종이 생기는 일이 가능하다.[38]

이 이론은 분명히 하나의 가능한 설명이다. 하지만 우리는 소스필드에 대한 연구 성과들을 알고 있으므로, 우리를 더 가깝게 데려다줄 다른 해답들이 충분히 있을 법도 하다. 이 은하 시소 이론도 롭과 셉코스키가 처음 발견한 거의 2,600만 년의 주기를 설명해주지 못한다. 여기 다른 무언가가 일어나고 있어야 한다. 은하 에너지장이 그 원인이 되리라는 이론은 무척 그럴듯해 보인다. 그리고 제2부에서 나는 모든 걸 깔끔하게 설명해주고, 이 변화들을 이해하는 확실하고 과학적인 방법을 우리에게 주는 새로운 모형을 제시하려고 한다.

우리는 살아 있는 박테리아와 다른 종들이 어떻게 DNA를 가진 채로 무생물로 보이는 물질로부터 저절로 나올 수 있는지를 이미 보았다. DNA가 "난데없이 만들어질" 수도 있고, 포프와 가리아에프의 연구가 DNA가 빛을 저장하고 방사한다는 것을 증명해준다면, DNA가 올바른 빛 주파수들로 실제로 다시 프로그램되고 다시 쓰이지 못할 이유가 있을까? 가리아에프가 중독된 쥐에게 건강한 이자로부터 나온 파동 정보를 쪼이자, 손상된 이자가 12일 만에 재생되었던 사례를 잊지 말자. 부다코프스키는 건강한 산딸기나무의 홀로그램만으로 죽은 듯해 보이는 종양 조직을 지극히 정상적인 새로운 식물로 바꿀 수 있음을 알아냈다. 우리는 결맞음성의 자외선 빛이 DNA의 구조와 활동에 직접 영향을 주는 복잡한 코드를 실어 나른다는 것을 보고 있다. 병든 조직이 다시 건강한 상태로 바뀌는 모습을 보는 것이다. 올바른 정보가 주어질 때 DNA의 원본 코드는, 정말로 하나 이상의 정답을 가진 조각그림 퍼즐과 같을 수도 있다는 어떤 실마리가 있을까? 놀랍게도, 대답은 그렇다.

DNA는 재배열되는 파동 구조

영성을 지향하는 많은 이들은 돌고래에게 큰 친밀감을 느끼는데, 이 이야기에는 우리 대부분의 상상보다 훨씬 더 많은 것이 있는 것처럼 보인다. 2000년에 미국해양대기관리처(NOAA)의 과학자 데이비드 버스비*David Busbee* 박사는 너무도 놀라운 사실을 발견했다.

> 인간의 모든 염색체에는 돌고래의 염색체와 일치하는 부분이 있다는 것이 아주 확실해졌다. 우리는 돌고래의 게놈과 인간 게놈이 기본적으로 같다는 사실을 알아냈다. 유전 재료가 조합되는 방식을 바꾼 약간의 염색체 재배열만 있을 뿐이다.[39]

인간과 돌고래가 분명히 닮지 않은 것으로 봐서, 이것은 아주 놀라운 일이다. 그 뒤로 2004년에 BBC뉴스는 캘리포니아 대학교 산타크루즈 캠퍼스의 데이비드 호슬러*David Haussler* 박사 연구진의 연구를 실었다. 호슬러의 연구진은 인간과 쥐와 생쥐의 DNA 코드를 비교했고, "놀랍게도 그들은 DNA의 대신장부*great stretches*가 일치한다는 점을 발견했다." 닭, 개, 그리고 물고기마저도 역시 인간과 거의 똑같은 DNA 코드를 가지고 있었고, 멍게와 초파리는 덜 비슷했다. 호슬러 박사는 이렇게 말했다. "나는 놀라 자빠질 뻔했다. 과학계가 전에는 알아채지 못했던 이런 것들이 있음을 생각해보면 정말로 흥분된다."[40]

인간, 돌고래, 쥐, 생쥐, 닭, 개와 물고기의 DNA가 모두 비슷하다면, 그리고 DNA 분자가 결맞음 빛을 흡수하고 내뿜을 수 있다면, 모든 DNA가 결국 하나의 파동의 산물이며, 이것이 다른 종들을 만들기 위해 상대적으로 조금씩 수정되지 않았을까 하는 생각이 든다.

이것이 사실이라면, 새로운 정보를 줘서 그 파동을 바꿀 수 있을까? 그리고 DNA 수준에서 직접 한 종을 다른 종으로 실제로 재배열하는 일이 가능할까? 셀리게르 호숫가에 있는 알렉산더 골로드 박사의 피라미드를 다시 생각해보면, 정말로 이런 일이 이미 일어난 듯하다. 멸종한 것으로 보이는 다양한 식물들이 피라미드 주위의 땅에서 자라기 시작했다. 그런 매혹적인 효과를 확인해줄 또 다른 증거는 없는 걸까? 그 대답은 1989년에 시바-가이기*Ciba-Geigy*라는 이름의 거대 화학회사가 동식물을 새로운 형태와 원래의 형태로 자라게 하는 과정에 특허를 냈을 때 주어졌다. 이 과정은 믿기 어렵게도 단순하다. 그들은 두 금속판 사이에 씨앗들을 놓고 거기에 씨앗이 발아하는 3일 동안 약한 직류 전기를 흐르게 했다. 이 과정을 보통의 양치류 포자에 실험했을 때 이미 멸종해서 탄광의 화석에서만 발견되어왔던 종으로 바뀐 것을 보고 그들은 소스라치게 놀랐다. "멸종된" 양치류의 염색체는 예상했던 36개가 아닌 41개였다. 그뿐만 아니라 4년 안에 원래 식물들은 아주 다양한 양치류 변종들로 돌연변이되었는데, 그 일부는 정상적으로 남아프리카에만 자라는 종이었다.[41]

시바-가이기가 같은 기법을 밀에 실험하자 밀은 과다하게 집약 재배되기 훨씬 전의 오래되고 강한 품종으로 되돌아갔다. 정상적으로는 7개월이 걸리는 데 비해, 이 밀은 4~8주 만에 수확되었다. 당연히 이것은 사람들이 굶주림으로 고통받는 빈곤한 지역들에서는 기적 같은 의미를 갖는다. 또 튤립으로 실험했을 때는 줄기에 가시가 나타났는데, 이것은 원예가들이 오래전에 도태시켰던 원래의 한 특성으로 보였다. 효과가 식물의 씨앗에서만 나타나지는 않았다. 그들이 연어의 알을 가지고 같은 실험을 하자, 훨씬 강하고 병에 강한 연어가 생겼다. 무엇보다도, 지하 140미터 깊이의 소금퇴적층에서 발견된 2억 년 전의 홀씨들에 이 과정을 실험했다. 그 어떤 방법으로도 이 홀씨들을 되살리지 못했는데도, 단순히 정전기장을 주는 것만으로 그것들이 살아났다. 2억 년이라는 세월은 아무런 문제가 되지 않는 것 같았다.[42]

불행하게도 그들은 화학제품 회사였고, 그들 사업의 대부분이 약하고 병충해를 잘 입어서 화학 비료를 필요로 하는 농업 작물에 의존하고 있다. 이 식물들이 자신들을 망하게 할 수도 있다는 사실을 깨닫자, 시바-가이기는 이 새로운 기법의 연구를 얼른 덮어버렸다. 고맙게도 원본 논문들은 살아남아서 이 정보가 사라져버리지는 않았다.[43]

또 다른 기이한 발견이 2009년 〈내셔널지오그래픽뉴스〉에 나왔다. 프랑스 렌 대학교의 과학자들은 세 종류의 거미 120마리를 물에 빠뜨렸다. 그들은 거미들이 완전히 죽은 것처럼 보일 때까지 두 시간마다 살폈는데, 숲에 사는 종은 24시간이 걸렸고 습지에 사는 두 종의 거미들은 각각 28시간과 36시간이 걸렸다. 일단 거미들이 죽었음을 확인한 과학자들은, 무게를 재기 위해 마르도록 놔두었다. 하지만 신기하게도 거미들의 다리가 씰룩거리기 시작하더니 다시 살아났다. 죽는 데 36시간이 걸린 습지 종은 살아나는 데도 가장 긴 시간인 2시간이 걸렸다. 물론 과학자들은 거미들이 정말로 죽었기보다는 코마*coma* 상태에 있었기 때문이라고 추측하지만, 이것은 무척 흥미로운 의문을 제기한다.[44] 생명은 우리가 흔히들 인정하는 것보다 훨씬 더 회복력이 클지도 모른다. 바로 두 달 반이 지나 다시 살아난 34,000년 전의 박테리아와, 체르노빌에서 가져온 가리아에프의 죽은 씨앗처럼, 살아 있음에 아주 가까운 유전 재료를 이미 가지고 있다면, 인위적으로 죽은 것일지라도 그것을 되살리는 데는 한 번의 작은 점프 스타트*jump-start*만 있으면 될는지도 모른다. 소스필드에겐 무생물 분자들로부터 생명을 창조하는 일보다는, 이것이 분명 한결 더 쉽고 빠른 과정이다.

유전자 코드를 고쳐 쓰는 생명체들

이 새로운 진화의 개념을 더 많이 이해하고 싶다면, 시바-가이기의 실험들에서 본 것처럼 외부의 정전기장을 이용하지 않고도, 어떤 종들은 자신의 DNA를 재배열할 수 있음을 알아야 한다. 2009년 4월까지 이루어진 록펠러 대학의 한 연구는 아프리카수면병을 일으키는 트리파노소마 브루세이*Trypanosoma brucei*로 알려진 한 기생충이 인체의 면역계에 죽지 않으려고 스스로 DNA를 재배열한다는 사실을 발표했다. 놀랍게도 이 기생충은 면역계에 감지되지 않도록 계속 외피를 바꿔가면서 숨바꼭질하고 DNA의 두 가닥 모두를 재배열할 수 있다. 연구진은 이 기생충의 이런 행동을 이미 2007년에 의심하기는 했지만 2009년까지는 증거를 찾지 못했다. 〈사이언스 데일리〉가 발표한 기사를 보면, 이것은 기생충과 인간이 자신의 DNA를 재배열하는 하나의 공통적인 메커니즘을 보여주었다. "믿기 어려울 지경이었어요." 올리버 드리센*Oliver Dreesen* 박사는 말한다. "실험을 반복해보아도 같은 결과가 나왔죠."[45]

이 과학자들은 2005년에 퍼듀 대학의 유전학자 로버트 프루이트*Robert Pruitt* 박사가 발견한 비슷한 결과에 대해 알지 못했었나 보다. 프루이트의 연구진은 애기장대*Arabidopsis*라는 겨자와 비슷한 식물을 연구하고 있었는데, 이 식물은 실험실 실험에 흔히 쓰인다. 구체적으로 그들은 꽃들이 희한하고 기형적인 방식으로 군생(群生)하게 하는 유전자 하나에서 생기는 돌연변이를 탐구하고 있었다. 그들은 3년의 연구 기간 동안, 식물들이 그들의 부모 양쪽에게서 이 돌연변이를 대물림할 때조차도, 무려 10퍼센트가 정상으로 되돌아간다는 것을 알아냈다. 이 식물들은 자신의 DNA를 다시 썼고 돌연변이를 교정했다. 놀란 연구진은 식물들의 DNA를 조사했고 그것이 바뀌어서 원래의 건강한 형태로 돌아갔다는 사실을 확인했다.[46] 돌연변이를 교정하기 위해 DNA를 스스로 고쳐 쓴 것이다. 그리고 이것은 다윈의 모형에 또 한 번의 결정적인 일격을 날린다. DNA가 만일 돌연변이를 바로잡을 수 있는 드러나지 않는 파동 요소를 가졌다고 하면, 다윈은 일거리를 잃었을지도 모르겠다. 캘리포니아 공과대학교의 식물유전학자인 엘리엇 메예로비츠*Elliott Meyerowitz* 박사의 말을 빌리면, 프루이트가 찾아낸 것은 "놀라운 발견으로 보인다".[47] 그 어떤 거대 씨앗 회사도, 한 세대가 지나면 예외 없이 스스로를 파괴하는 진정한 '터미네이터 씨앗*terminator seeds*'*을 절대로 만들지 못함을 증명해준다는 점에서 나도 이 연구를 좋아한다. 자연은 언제나 손상을 고칠 방법을 찾는다.

"믿기 힘든" 유전자 교정에 관한 또 하나의 사례는 프랜시스 히칭*Francis Hitching*의 1982년 책 《기린의 목: 다윈이 실수한 곳》에 있다. 히칭은 생물학 실험에서 연구되는 가장 흔한 생물의 하나인 초파리*Drosophila*를 가지고 한

* 작물의 씨앗에 대한 권리를 보호하기 위해 2대에서는 번식하지 못하도록 유전자 조작한 씨앗.

자신의 실험들을 소개했다. 많은 과학자들이 돌연변이율을 극적으로 높이기 위해 방사선을 사용했는데도, "초파리는 지금껏 고안된 어떤 환경에서도 초파리가 아닌 다른 것이 되기를 거부한다."[48] 더 흥미롭게는, 히칭이 초파리의 눈을 만드는 모든 유전자 코드들을 부모로부터 빼버렸음에도, 거의 다섯 세대 만에 눈이 다시 자랐다. 히칭은 이렇게 말한다. "어떻든 간에 유전자 코드는 잃어버린 유전자를 복구하는 수리 메커니즘을 내장하고 있었다."[49] 당연히 이것은 더 심오한 질문으로 우리를 이끈다. '유전자 코드'란 무엇인가?

우리는 생명체에게 이익이 되는 방식으로 어떻게든 유전자 코드를 수정할 수 있는 안내하는 지성이 있다는 증거를 점점 더 많이 보고 있다. 환경의 변화에 적응하기 위해 자신의 DNA를 고쳐 쓰는 유기체의 예가 또 있을까? 존 케언즈*John Cairns* 박사는 이런 종류의 효과를 1988년에 처음으로 발견한 사람 중 한 명이었다. 케언즈는 젖당*lactose*을 소화하지 못하는 한 종류의 박테리아를 연구하면서 이것들을 젖당만 있는 환경에 넣었다. 물론 대부분의 박테리아는 굶주렸고 가사(假死) 상태에 들어갔다. 그러나 하루나 이틀이 지나자 일부 박테리아 세포들이 저절로 진화했다. 젖당을 소화하도록 DNA를 고쳐 쓴 것이다. 또한 이것이 무작위적인 사건은 아니었다. 그곳에 젖당이 없었다면 '적응변이*adaptive mutation*'는 일어나지 않았다.[50] 배리 홀*Barry Hall* 박사는 1990년에 발표한 연구로 이 작업을 이어나갔는데, 아미노산인 트립토판과 시스테인 같은 핵심적인 영양물들을 박테리아가 섭취하지 못하게 하면, 자손들 일부는 결국 스스로의 몸 안에서 이것들을 합성할 수 있게 된다는 사실을 알아냈다.[51] 자연의 보이지 않는 법칙들은 박테리아가 생존하는 데 필요한 것이라면 무엇이든 제공했다. 홀은 또 이와 같은 결과가 위험한 박테리아들이 새로운 항생제에 어떻게 그토록 빨리 적응하는지를 설명해준다고 보았다.[52]

2008년의 또 다른 연구에서 유기체들이 환경 변화에 적응하도록 스스로의 DNA를 빠르게 재배열할 수 있음이 증명되었다. 1971년으로 거슬러가서, 생물학자들은 남아드리아해에 있는 황무지 섬에서 곤충을 잡아먹고 사는 이탈리아벽도마뱀*Podarcis sicula* 다섯 쌍을 식물이 무성하고 지중해성 기후를 가진 인근 섬으로 옮겼다. 이때까지만 해도 이 도마뱀들은 인근 섬에 살았던 적이 결코 없었다. 학자들이 2004년부터 이 섬에 돌아와서 처음 도마뱀들의 후손들이 짧은 시간 동안 크게 진화한 것을 보고는 충격받았다.

〈데일리 갤럭시〉에 실린 기사에서 매사추세츠 대학교 애머스트 캠퍼스의 생물학 교수 던컨 어쉬크*Duncan Irschick*는 이렇게 적었다. "극히 짧은 시간척도인 겨우 36년 뒤에, 머리의 크기와 형태가 크게 달라졌고, 무는 힘이 세졌으며, 소화관에 새로운 구조가 발달했다."[53] 이 변화들 하나하나는 도마뱀들이 식물을 먹는 데 안성맞춤이었다. DNA를 아주 빨리 고쳐 쓴 덕분에, 이들의 소화기관은 이 종에서 전혀 보이지 않던 맹장 판막을 발달시켰다. 이 기관은 식물을 분해하는 발효를 하고 있었다. 전 세계의 모든 도마뱀 종들의 1퍼센트 이하가 이 고유한 특징을 가지고 있다. 이들의 머리는 길어지고 넓어지고 더 높아졌는데, 이것으로 무는 힘이 크게 늘었고, 식물 섬유를 보다 쉽게 씹을 수 있었다. 흥미로운 것은 이들이 자신의 영역을 지키는 일도 멈췄다는 점인데, 사냥보다는 식물을 뜯어 먹었기 때문이다. 어쉬크는 이렇게 말한다. "우리의 데이터는 [한 유기체 안에서] 새로운 구조들의 진화가 지극히 짧은 시간척도에서 일어날 수 있음을 보여준다."[54]

다른 하나의 고전적인 연구는 그랜트 부부*Rosemary & Peter Grant*가 한 것으로, 두 사람은 갈라파고스의 한 섬에서 20년을 보내면서 그곳의 모든 조류 개체들을 연구하고 식별했다. 섬에 처음 도착했을 때는 400마리로 시작했지만 그곳에 머무는 동안 1,000마리를 넘어섰다. 이 기간 내내 그랜트 부부는 핀치류*finches*의 거의 20세대를 꾸준히 관찰했다. 놀랍게도 개별 종들은 현저하게 짧은 시간 동안에 유전적으로 변화했다. 이런 변화들 대부분은 부리의 크기와 형태에서 일어났다. 예를 하나 들면, 섬에 긴 건기가 찾아오자 씨앗들은 더 작아지고 부리가 닿기에 더 어려워졌다. 그래서 새들은 이것들을 먹기 위해 길고 뾰족한 부리를 발달시켰다. 그랜트 부부는 이런 변화들을 가져오기 위해 새들이 그들의 DNA를 고쳐 썼다는 점도 발견했다. 《핀치의 부리(한국어판)》의 저자 조너던 와이너*Jonathan Weiner*의 말을 빌리면, "다윈은 자연선택의 힘을 너무도 과소평가했다. 이것은 드물지도 않고 느리지도 않게 일한다. 진화를 매일, 그리고 매시간, 어디에서나 이끌어가며, 우리 눈으로 볼 수도 있다."[55] 2009년 조류학자들은 숲에 사는 새들의 빠른 진화에서 찾아낸 또 하나의 사실을 발표했다. 숲이 벌목된 지 얼마 지나지 않아, 새들의 날개 끝이 더 뾰족해졌다. 그러나 숲이 팽창하면 더 둥글어진다.[56]

2009년에 〈내셔널지오그래픽〉은 전혀 본 적이 없었던 "괴물 물고기"가 콩고 강에서 발견되어왔다고 보고했는데, 이 물고기는 아프리카의 여러 나라들을 넘나든다. 미국자연사박물관의 어류생물학자 멜라니 스티애스니*Melanie Stiassny* 박사는 "스테로이드*steroids*에 일종의 진화가 일어나고 있어요."라고 말했다.[57]

바다로 가면, 거기에는 먹이가 없거나 몸이 손상되거나 다른 위기가 닥치면 DNA를 완전히 고쳐 쓰는 '불사(不死)의 해파리*Turritopsis Nutricula*'가 있다. 펜실베이니아 주립대학교의 연구자 마리아 피아 미글리타*Maria Pia Miglietta*의 말을 빌리면, "죽는 대신, [불사의 해파리는] 있는 모든 세포들을 더 젊은 상태로 바꾼다." 이 해파리는 조직들과 유전 물질을 초기 생장 단계로 전환하고, "해파리의 세포들은 이 과정에서 대개가 완전히 바뀐다. 근육세포는 신경세포나 심지어 정자나 알이 될 수도 있다." 또 한 가지 재미있는 사실은 연구자들이 전 세계에서 찾아낸 이 단일 종의 모든 해파리들이 유전적으로 똑같다는 점이다. 설사 열대에 사는 이 해파리의 촉수가 8개밖에 되지 않는 반면 차가운 바다에서는 24개나 있다고 해도 그렇다. 이동해 다니는 해류로는 어떻게 이 종이 세상의 그토록 많은 장소들에서 동일하게 나타나는지를 설명하지 못한다. 미글리타 박사는 이 녀석들이 원거리 화물선을 얻어 타고 다니는 것이 아닐까 하고 의심한다.[58]

에너지적 진화와 종의 변형

가능해 보이지 않는 또 다른 유전적인 미스터리가 1997년에 대양들에서 발견되었다. 이번엔 링바오 첸*Lingbao Chen* 박사의 연구진이 남극 지방의 물고기들과 북쪽 바다의 대구들이 거의 똑같은 부동(不凍) 단백질을 진화시켰음을 발견했다. 고생물학과 고기후 연구, 그리고 이 종들의 외형으로부터 그들이 따로따로 진화했음이 틀림없다는 많은 증거가 있는데도 말이다. 이 단백질들은 연구진이 말하는 수렴진화*convergent evolution**를 거쳐 나타났어야만 한다는 결론이었는데, 여기서는 얼핏 무작위적인 다윈 돌연변이로 보이는 이 과정이 이제 완전히 격리된 두 환경에서 정확히 같은 일을 하고 있다.[59]

나는 2009년 2월 15일 〈내셔널지오그래픽뉴스〉에 나온 이야기를 보고 더욱 놀랐다. 국제해양생물센서스*Census of Marine Life*는 바다에 있는 모든 종들—과거, 현재, 잠재적인 미래의—을 규명하고 분석하려는 집중적인 노력을 기울이고 있다. 이 방대한 양의 데이터들을 모으는 과정에서, 과학자들은 아주 놀라운 사실을 알게 되었다. 적어도 235가지의 똑같은 종들이 북극과 남극 바다에서 발견되었고, 그 밖의 지역에는 살지 않는다. 클리오네*Clione*, 고래, 바다벌레류*worms*, 갑각류가 여기에 들어간다. 단순히 생각해도 이들 종이 극지에서 반대편 극지로 옮겨 갈 방법은 없다. 그렇게 가는 항로도 없고,

---

* 다른 조상을 가진 생물들이 비슷한 환경에 적응하기 위해 비슷한 형질을 각자 진화시키는 과정.

따뜻한 바다를 지나면서 살아남을 수도 없다. 과학자들은 이 미스터리로 무척 놀랐다고 인정했다.[60]

리처드 패시크닉*Richard Pasichnyk*은 2002년 《바이탈 배스트니스*Vital Vastness*》라는 제목으로 두 권의 책을 내놓았는데, 어떻게 수백만 년 전에 멸종한 종이 자발적으로 다시 나타날 수 있는지를 보여주는 '라자루스 효과*Lazarus Effect*'를 논의한 부분이 특히 인상적이었다.

> 크게 두드러지는 사례는 백악기의 대부분의 기간에 곤충 화석이 사실상 전혀 나타나지 않는다는 점이다. 백악기가 끝나고 공룡이 멸종한 뒤에, 곤충 화석들은 개화식물의 급격한 증가와 함께 대거 돌아온다. 외부 조건들이 유전 물질로 하여금 잃어버린 코드들로 되돌아오게 하는 시기가 있는 것일까?[61]

길고 솜털이 덮인 꼬리를 가진 라오스바위쥐*Laonastes*라는 설치류의 최근에 죽은 사체가 라오스 고기시장에 나타났다. 유일한 문제는 이 생물이 1,100만 년 동안 멸종했었다는 사실이었다. 이 내용은 2006년 〈사이언스〉지에 보고되었다.[62] 카네기자연사박물관의 메리 도슨*Mary Dawson*은 무척 놀라워했다.

> 놀라운 발견이다. 과학자들이 거의 1,100만 년 동안 멸종되었다고 생각했던 집단의 살아 있는 화석을 발견한 사건은 포유류 연구에서 처음 있는 일이다. 이것은 엄청난 공백이다. 그전의 포유류들은 공백이 몇천 년에서 100만 년을 겨우 넘는 정도였다.[63]

또 하나의 사례는 곰포데레*gompothere*라는 희한하게 생긴 코끼리다. 그것은 코와 상아가 곧게 앞을 향하고 있고, 아래턱에서 두 개의 이빨도 튀어나와 있다. 이들은 178만 8,000년 전쯤에 멸종했다고 믿고 있지만, 최근에 클로비스*Clovis*인들로 알려진 북아메리카의 선사 시대 정착민들의 유적에서 그 화석이 발견되었다. 이 일은 다시 한 번 라자루스 효과가 작용한 것으로 보는데, 휴스턴자연과학박물관의 웹사이트는 "이 발견이 중요한 의미를 가지고 있다."고 했다.[64]

나는 또 프랑스 과학자들이 뉴칼레도니아 북서쪽 산호해의 400미터쯤 밑에서 글리페아*Glyphea*(네오글리페아*Neoglyphea* 속) 무리에 있는 갑각류 한 마리를 찾아냈다는 MSNBC의 기사를 발견했다. 해양생물학자인 필립 부셰*Philippe Bouchet*는 이것을 "새우와 진흙가재의 중간 형태"라고 썼다. 화석 기록으로 볼 때, 이것도 6,000만 년 전에 멸종했던 종이라는 사실이 문제가 되었다.[65] 또한 2005년에 UPI통신사는 호주의 작은 숲 속에서 월레미*Wollemi* 소나무가 발견됐다고 보도했다. 이 나무는 35미터 정도까지 자라고 줄기의 직경은 1미터 정도나 된다. 문제는 이 나무가 2억 년 전 쥐라기에 멸종했다는 것이다.[66] 보안이 너무나 철저해서 그곳에서 일하는 과학자들마저도 그곳에 도착하기 전에는 눈가리개를 했다. 이 비밀스러운 장소에서 표본들이 채취되어서 그 종의 생존을 지키기 위해 경매로 팔리고 있다. 다른 경우들에서처럼, 이 나무는 화석 기록이 2억 년 전부터 지금까지 어디에서도 발견되지 않았다. UPI는 이렇게 보도했다. "시드니왕립식물원은 신문에 이 발견이 '살아 있는 작은 공룡을 찾아낸 것과 다를 바 없다.'라고 말했다."[67]

라자루스 효과는 지금 있는 종이 DNA 수준에서 더 과거의 형태들로 재배열됨으로써 일어나는지도 모른다 — 시바-가이기의 특허와 비슷하게 어쩌면 특이한 에너지 자극이 주어지면 말이다. 중국인 과학자 챵 칸젱*Dzang Kangeng* 박사는 이 일이 어떻게 일어나는지를 말해주는 주목할 만한 발견을 1993년에 발표했다. 여기서 챵은 유전자 코드를 한 종에서 다른 종으로, 그것도 에너지 파동으로 보낼 수 있음을 알아냈다.[68] 창 박사는 다섯 면이 있는 오각형 형태의 용기에 오리를 넣고 돔형 거울 지붕으로 덮었다. 용기의 다섯 면들 모두에는 깔때기가 부착된 구멍이 있었고, 깔때기들은 알을 밴 암탉 한 마리가 있는 옆방에 파이프로 연결되었다. 그런 뒤 5일 동안 오리를 고주파 정전기 발생기로 처리했다. 놀랍게도 암탉이 낳은 알에서 부화해 나온 것은 닭의 병아리들이 아니었다. 그것들은 반은 오리, 반은 닭인 혼성체였다. 암탉에게서 나오기는 했지만, 오리의 전형적인 특징인 납작한 부리, 긴 목을 가졌고, 심장, 간, 위, 장과 같은 내부 기관들이 더 커져 있었다. 일 년 뒤에 이 혼성체의 몸무게는 보통의 닭보다 70퍼센트가 더 나갔다.[69]

이 실험은 모두 500개의 달걀로 계속되었는데, 그 가운데 480개가 부화해서 자랐다. 480마리의 병아리들에서 80퍼센트가 납작하고 오리와 비슷한 머리를 가졌다. 또 25퍼센트는 발가락 사이에 정상적으로는 닭들에게 없는 물갈퀴가 나타났다.[70] 이 혼성체들은 서로 교배를 할 수 있었고, 새끼들은 오리나 닭, 또는 둘 다로 돌아가지 않고 계속해서 반은 오리, 반은 닭이 되었다. 분명히 지금 일반적으로 이용되고 있지는 않지만, 창은 이 발명을 '생물정보지향 이전장치'로 특허 신청했고 성공적으로 인정받았다.[71] 그는 또 같은 방법으로 땅콩의 '파동 정보'를 해바라기씨로 보내서, 땅콩처럼 보이고 비슷한 맛과 냄새를 가진 혼성 식물들을 만들었다. 이 식물의 생산량은 180퍼센트로 늘었고 이번에도 여기에 생긴 변화는 다음 세대들까지 이어졌다.[72]

이 분야에서 거의 알려지지 않은 다른 한 사람은 이탈리아의 과학자 피에르 루이지 이기나*Pier Luigi Ighina*로, 그는 무선 전신과 다른 많은 기술들로 존경받는 발명가 마르코니*Guglielmo Marconi*의 학생으로 일했다. 레오나르도 빈티니*Leonardo Vintini*가 세계적인 주류 일간지 〈에포크 타임즈*Epoch Times*〉에 쓴 기사를 빌리면, 이기나는 "지구와 태양 사이의 에너지를 이용했고", 이것을 병든 세포들을 되돌리는 데 사용했다. 이기나가 엘리오스*Elios*라 불렀던 다른 장치는 그 어떤 음식도 정화할 수 있었다고 한다. 러시아의 피라미드 연구들에서 보았던 효과를 생각해보면, 이것은 매우 익숙하게 들린다. 이기나는 그뿐만 아니라 러시아의 피라미드들과 같은 엄청난 효과를 가져온 실질적이고 효과적인 기술들을 만들었다고 한다. 한 장치는 확연하게 지진을 무효화시켰다. 자기 스트로보스코프*magnetic stroboscope*라 불렀던 다른 장치는 "이상한 프로펠러"처럼 생겼고, 구름 낀 날에 전원을 켜면 겨우 몇 분 만에 자신의 집 위의 구름에 생긴 구멍이 점점 커지면서 푸른 하늘이 보였다. 이 광경은 정말로 볼만했을 듯하다. "이기나는 자신의 특별한 발명에서 가장 만족스러웠던 부분이 바로 구름이 마술처럼 물러나는 모습을 보는 아이들의 해맑은 미소였다고 했다."[73]

아래의 글은 우리의 논의와 관련된 이기나의 연구 가운데 가장 흥미로운 부분이다.

> 몇 년 동안 고된 실험실 작업을 한 뒤에, 이기나는 물질의 가장 심오한 성질을 알아냈다. 바로 원자는 흔들리지*oscillate* 않고 떤다*vibrate*는 것을. 이 발견은 더 흥미롭고 눈부신 발명인 자기장발진기*magnetic field oscillator*로 이어졌다. 과학자들은 이기나가 일단의 입자들의 진동 상태를 바꾸면 물질 자체가 변형된다는 점을 알아냈다. 발진기가 중요한 역할을 하는 놀라운 실험들이 이어졌다. 한 실험에서 이기나는 그 장치를 살구나무 앞에 설치했다. 그런 다음 살구나무가 사과나무의 진동과 점점 같아지도록 원자의 진동을 바꿨다. 16일이 지나 이기나는 살구들이, 거의 완전히, 사과로 바뀐 것을 확인했다.[74]

이 실험은 가리아에프와 챵 두 사람이 얻은 결과와 아주 잘 맞아떨어진다. 그리고 우리가 같은 발견들을 찾아볼수록, 이 현상이 실제로 일어나고 있음을 확신하게 될 것 같다. 여기서 이기나의 이야기는 더욱더 흥미로워진다.

> 이 일을 겪은 뒤로 이기나는 자신의 발견이 동물들에게도 작용하는지를 조사했다. 그는 쥐 꼬리의 진동 상태를 변화시켜서, 4일 만에 고양이 꼬리로 바꿔버렸다. 그 쥐는 실험이 끝나고 죽었지만(아마도 쥐의 몸이 그 정도로 빠른 분자 변화를 견디지 못해서였을 것이다), 이 일은 이기나에게 더 많은 것을 보여주는 실험을 하도록 자극을 주었다. 건강한 토끼의 뼈에 상응하는 진동을 연구하면서, 이기나는 다른 토끼의 부러진 발의 원자를 들뜨게 해서 가장 빠른 시간에 치유했다. 이 방법으로 이기나는 사람의 병든 세포들(암세포를 포함해서)이 진동수*vibrational index*만 정확하게 계산되면 그 진동수에 간단하고 점진적인 변화를 주어서 치유하는 일이 가능하다는 사실을 이해했다.[75]

이 결과들은 가리아에프와 여러 사람들이 독립적으로 이룬 결과들과 정확히 같다. 러시아의 피라미드 연구에서 본 결과들은 말할 것도 없다. 이 유전 정보의 이전은 아무런 기술이 없어도 그저 두 유기체들을 일정 시간 동안 가깝게 놓아두는 것만으로도 언제나 일어나고 있는지도 모른다. 뛰어난 심리학자였던 로버트 자이온스*Robert Zajonc*는 사람들이 오랜 기간 동안, 말하자면 25년 정도를 함께 살면, 실제로 얼굴 생김새가 비슷해진다는 과학적 증거들을 확립하는 데 도움을 주었다. 이 연구에서는, 110명의 실험 참가자들에게 다른 사람들의 결혼 첫해 사진을 보여주고 다시 25년 뒤의 사진을 보여주었다. 참가자들은 첫해에 찍은 사진들보다는 25년이 지난 뒤의 사진들을 가지고 훨씬 더 쉽게 부부를 찾아낼 수 있었다. 이것은 다른 예측 가능한 요인들에 의해 설명될 수 없는 현상이었다.[76]

실험실 DNA 연구로 되돌아가서, 거기에서 혼성체들을 만들기도 했지만,

한 종을 다른 종으로 완전히 변형시키는 일이 가능할까? 페테르 가리아에프 박사는 녹색의 비연소 레이저를 도롱뇽 알들에 쏘았고, 다시 빔을 개구리 알들에 쏘았다. 믿기 어렵게도 개구리 알들은 완전히 도롱뇽 알들로 바뀌어버렸다. 이 도롱뇽들은 개구리의 유전자 재료로부터 부화했는데도, 정상적으로 살았고 다른 도롱뇽들과 교배해서 건강한 후손을 낳을 수도 있었다.[77]

나는 2000년에 이 성과에 대해 들었다. 이것은 내게 굉장하고도 인생을 바꿀 만한 영향을 주었다. 진화는 전적으로 자발적일 수도 있음을 증명해주는 내가 찾던 증거가 바로 이것이었다. 그리고 기존의 한 종에 있는 DNA 분자들을 재배열하기만 하면 되었다. 해가 가면서 나는 같은 현상을 보여주는 다른 사례들을 신중하게 모았고, 이 책을 쓰면서 마침내 그 사례들을 한데 모을 수 있어서 기쁘기 그지없다. 나는 당연히 가리아에프의 발견이 2012년쯤에 시작되는 황금시대의 도래를 다룬 모든 고대 예언들을 암시하고 있다는 생각이 든다.

우리가 인간 진화의 정점에 있다고 정말로 확신할 수 있을까? 또 우리는 인간의 형태가 지구에만 유일무이하다고 어떻게 확신하는가? 우리 태양계가 은하평면을 따라 6,400만 년 간격으로 오르락내리락하고 있다면, 또 화석기록이 6,200만 년마다 바뀌고 있다면, 어쩌면 은하는 정말로 모든 생명을 위한 '소스코드*source code*'를 가지고 있는지도 모른다. 은하를 가로지르는 우리의 여행이 규칙적인 주기로 지구 위의 모든 생명을 변형시키고 있을 수도 있다. 은하계를 통틀어 존재하는 모든 먼지 알갱이들은 동결 건조된 박테리아들로 보인다. 이것은 생명이 아주아주 풍부하다는 점을 시사한다. 인간의 생명은 은하적인 형태일 가능성이 크다. 적당한 조건을 가진 곳이라면 어느 행성에서도 자연적으로 진화하고 있는 형태이리라. 행성들마다 조금씩 모습의 차이는 있을지는 모르지만, 이들 종족의 모습은 우리를 조종하며 두려움을 주는 할리우드의 선전에 의해 우리가 믿도록 오도되어왔던 모습과는 훨씬훨씬 덜 낯설 것이다. 그리고 무엇보다도 우리는 얼마 지나지 않아 또 하나의 우주적인 업그레이드를 하게 될 가능성이 아주 크다. 그런 폭발적인 진화가 일어날 수 있다는 증거는 이미 화석 기록에 들어 있으며, 가리아에프의 개구리-도롱뇽 연구와 그 밖의 비슷한 연구들에 깃들어 있는 메커니즘의 직접적인 증거를 우리는 가지고 있는 것이다.

극적으로 빨라지는 진화의 속도

정말로 이것이 2012년 예언들이 뜻하는 것이라면, 어떤 급격한 유전적 변화들이 한 사람의 생애에 모두 일어날 것 같지는 않아 보인다. 시간이 흐르면서 우리가 따라갈 수 있는 점진적인 변화들이 있을 것이다. 따라서 우리 자신의 진화가 가속되고 있다는 어떤 DNA 증거가 있는지 보기 위해 우리의 유전적 유산 속에서 실마리들을 찾아볼 수 있다. 위스콘신 대학 매디슨 캠퍼스의 연구자 존 호크스*John Hawks*는 정확히 이것을 찾아냈고, BBC뉴스와 〈데일리 갤럭시〉는 물론 여러 주류 언론매체에 보도되었다. 인간 DNA의 다양한 표지자*marker*들을 연구한 호크스는 인간의 진화가 지난 40,000년 동안 엄청난 속도로 이뤄져왔다는 결론을 내렸다. 더욱 놀라운 일은, 지난 5,000년 동안 인간의 진화는 지금 기록된 역사의 그 어떤 순간보다 100배나 빠르게 이뤄지고 있다는 것이다.[78] 이 기간은 겨우 100에서 200세대에 해당하는 시간이다. 호크스의 말처럼 이것이 갖는 또 다른 놀라운 의미는, B. C. 3000년의 사람이 직접적이고 측정 가능한 DNA 수준에서 당신과 나보다는 네안데르탈인에 더 비슷하다는 사실이다. 인간의 모든 유전자 가운데 거의 1,800개, 또는 7퍼센트가 아주 최근에 진화를 겪었다.[79]

우리가 빠른 진화를 경험하고 있다는 또 하나의 신호는 플린 효과*Flynn Effect*라고 하는 것이다. 1980년대에 뉴질랜드의 정치학자 제임스 플린*James*

*Flynn*은 사람들의 IQ가 꾸준히 높아지고 있음을 알아냈다. 평균 IQ를 100으로 보지만, 사람들은 검사에서 점점 더 높은 점수를 기록하고 있었고, 이것으로 심리학자들이 점수 체계를 바꿔야 했다. 그때부터 많은 연구들이 평균치가 10년마다 3포인트가 넘게 높아지고 있다는 사실을 확인했다. 이 현상은 20개 나라들의 거의 모든 유형의 집단에서 —전통적인 의미에서 문맹인 사람들을 포함하여— 그리고 사용되고 있는 모든 지능 검사에서 나타났다. IQ가 높아지는 속도가 지금 더 빨라지고 있다는 증거도 있다. 플린은 100년이 넘게 사용되어오던 레이븐누진행렬*Raven's Progressive Matrices*이라는 검사법을 연구했다. 경악스럽게도, 100년 전에 상위 10퍼센트에 들었던 사람이 지금은 하위 5퍼센트에 들어가는 경향을 보였다. 이뿐만 아니라 지금이라면 '천재'에 낄 만한 점수를 기록한 사람들이 20배가 넘게 늘었다. 이것은 문화나 전통적인 학교 지식을 강조하는 검사들에서는 나타나지 않는 듯했다. 대신 추상적이고 비언어적인 패턴들을 인지하는 능력을 측정하는 검사들에서 가장 극적으로 늘었다. 플린이 묘사한 것처럼, 이것은 무시하기에는 너무나 큰 "문화적인 르네상스"로 이끌고 있을 것이다.[80]

인간만 지능이 늘고 있는 것 같지는 않다. 2008년 〈U.K.타임즈 온라인〉은 박물학자들이 오랑우탄들이 헤엄을 치는 모습을 보고 충격 받았다는 기사를 실었는데, 오랑우탄이 헤엄치는 모습은 목격된 적이 없었다. 그뿐만 아니라 막대기를 사용해서 물고기를 기절시켜 잡고, 심지어는 찔러서 잡기도 했다.[81] 이것은 이제 연구하고 더 많이 찾아볼 때가 무르익은 또 하나의 주제다.

2009년 〈와이어드〉 잡지에는 플라시보 효과도 짧은 시간 안에 대체로 더 강력해졌다는 내용이 실렸다. 이 일은 거대 제약회사들에게 큰 골칫거리가 되고 있다. 그들의 약물들이 임상시험을 통과하려면 플라시보보다는 더 잘 들어야 하기 때문이다. 2001년부터 2006년까지, 20퍼센트가 더 많은 제품들이 부담이 덜한 2상(Phase-II) 임상시험이 끝난 뒤에 중단되었고, 또 다른 11

퍼센트는 더 광범위한 3상(Phase-III) 시험에 실패했다. 이를테면, 2009년 3월에 오시리스세라퓨틱스*Osiris Therapeutics*라는 신규 줄기세포 회사는 크론병에 쓸 알약의 임상시험을 유보해야 했는데, 그 이유가 피실험자들이 플라시보 약물들에 "비정상적으로 높은" 반응을 보이고 있었기 때문이라고 했다. 겨우 이틀 뒤에는 엘리릴리*Eli Lilly*도 시험 참가자들의 플라시보들에 대한 반응이 200퍼센트 증가한 것을 보고, 정신분열증을 치료할 새 약품을 포기해야만 했다.[82]

우울증 치료제인 프로작*Prozac*처럼 이미 시판되고 있는 약품들도 플라시보들에 비교했을 때 효과가 점점 더 나빠지고 있어서, 새롭게 내놓으려 해도 승인조차도 받지 못할 처지에 놓였다. 항우울제를 가지고 실시한 두 건의 포괄적인 조사 연구에서 플라시보들에 대한 우리의 반응도가 1980년대부터 현저하게 증가해왔다는 사실이 드러났다. 이 연구들의 하나는 그 기간 동안에 모든 임상시험들에서 플라시보의 효과가 거의 두 배가 되었다는 결론을 내렸다. 이런 사실은 비싸고 널리 사용되는 프로작 같은 약물들 덕택에 거대 석유업체보다 더 많은 수익을 거두게 된 제약산업에 심각한 재정적 고통을 주고 있다. 손꼽히는 제약회사들은 그들의 제품이 더 약해지고 있다고 하지 않는다. 대신, 플라시보 효과가 더 강해지고 있고, 아무도 그 이유를 모른다고 말한다.[83] 이것은 말하자면, 소스필드 자체가 바뀌고 있다는 우리의 개념에 아주 잘 들어맞는다. 곧, 우리를 더 높은 결맞음 상태로 되게 하고, 순조로운 방법으로 우리의 유전자 코드를 재배열하고 있다는 것이다. 우리의 지능과 우리 몸으로 밀려 들어오는 소스필드 사이의 관계는 이제 비교적 짧은 시간에 극적으로 늘어가고 있는 듯하다. 소스필드는 이용할 수 있는 에너지로 저장된 사실상의 광자들로서 우리 DNA에서 나타나는 것 같다.

인간 진화의 가능성을 보여주는 다른 하나의 조짐은 1981년에서 2007년 사이에 52개국 가운데 45개국에서 전체적인 행복의 수준이 크게 늘었다는 것인데, 여기에는 서구 세계뿐만 아니라 몇몇 개발도상국들도 들어 있다. 의심의 여지 없이, 이 연구를 했던 미시건 대학교 사회연구소*Institute for Social Research*는 행복 수준이 이렇게 높아진 것이 경제성장, 민주주의의 확산과 사회적 관용의 증가 때문이라고 생각했다.[84] 또한 2008년 〈행복연구저널*Journal of Happiness Studies*〉은 지속적으로 행복이 결핍되어 있으면 흡연만큼이나 유독할 정도로, 행복은 우리 몸을 질병으로부터 지켜준다고 보고했다. 이것은 30건의 연구들을 한데 묶고 분석해서 하나의 전체적인 효과를 찾아낸 결과였다.[85]

펜실베이니아 대학교의 두 경제학자 벳시 스티븐슨*Betsey Stevenson*과 저스틴 울퍼스*Justin Wolfers*가 했던 흥미로운 연구도 있다. 두 사람은 시카고 대학 종합사회조사*General Social Survey*와 함께 1972년부터 2006년까지 매년 데이터를 수집했고, 그 결과 미국만의 전체적인 행복 수준은 늘지 않았다는 결과를 얻었다. 그러나 매우 높은 점수를 보인 사람들은 더 적어졌고, 낮은 점수를 보인 사람들도 더 적어졌다. 사회에 마치 평준화하는 요인이 작용하고 있는 듯이 보였다. 스티븐슨은 이런 말을 했다. "이건 흥미로운 발견이다. 다른 연구에서는 수입과 소비와 여가시간의 차이가 갈수록 커지고 있다고 나타나기 때문이다."[86]

25,920년 세차주기는 유전자 진화주기인가?

고대의 많은 신화들은 25,920년의 분점세차주기가 황금시대를 시작하게 할 것임을 암시한다. 이것을 마음에 담고 우리의 역사 기록을 살펴보면 어떤 일이 일어날까? 인간의 진화가 어떤 측정할 수 있는 방식으로 이 주기를 따르고 있다는 증거가 있을까? 그리고 만일 그렇다면, 우리가 찾는 것이 무엇인지, 또 어디서 그것을 찾을 것인지를 어떻게 알 것인가? 한 가지 확실한 출발

점은 네안데르탈인들이 언제 자취를 감췄는지를 찾아내는 일일 것이다. 이 시기가 인류가 빠르게 진화하고 있었고, 이전 종은 더 이상 생존하지 못했던 때일 것이다. 아니나 다를까, 네안데르탈인들은 어림잡아 28,000년에서 24,000년 전 사이의 어느 땐가 멸종해갔다.[87]

기후 변화로 이런 변화들을 설명할 수 있으려면, 많은 과학자들이 논란을 벌이고 있는 24,000년 전에 이 일이 일어났어야 한다. 막스플랑크진화인류학연구소*Max Planck Institute for Evolutionary Anthropology*의 고인류학자 카트리나 하바티*Katerina Harvati*가 더 설명해준다.

> 우리가 발견한 대로라면 네안데르탈인의 멸종을 가져온 기후적인 사건은 단 한 번도 없었다. 그들이 사라진 시기에 대해 논란의 대상인 24,000년의 방사성탄소연대만이 —옳다고 증명된다면— 대규모 환경 변화와 일치한다. 하지만 이 경우에도 기후의 역할은 간접적인 것으로, 다른 인간 집단들과 경쟁하도록 해서 그랬을 것이다.[88]

24,000년 전의 이 "대규모 환경 변화"는 BBC의 한 기사에서 분명하게 설명되었다. 그 기간 동안 해수면 온도는 지난 25만 년 중에 가장 낮았고, 결국 빙하 시대가 오게 되었다.[89]

과거에 있었던 25,920년 주기의 또 하나의 '대년'으로 거슬러 가본다면, 우리는 어림잡아 50,000년 전으로 간다. 이 시기는 이제 인류 진화의 다른 하나의 갑작스러운 도약과 확실하게 일치한다. 인간들은 거의 50,000년 전까지는 조잡한 돌칼보다 더 정교한 도구는 사용하지 않았다.[90] 그러다 이 시기에 갑자기, 우리는 악기와 바늘과 여러 정교한 도구들을 만들기 시작했을 뿐 아니라, 그림도 그리기 시작했다.[91] 인류학자인 존 플리글*John Fleagle*의 말대로라면, 이때 종교적인 이유로 뼈를 가지고 조각도 했다. 작살, 화살촉, 구슬로 장식한 보석과 다른 형태의 장신구들이 "50,000년 전의 모둠꾸러미"로 일관되게 모두 등장한다. 이 밖에도 "50,000~40,000년 전 사이에 아프리카를 떠난 첫 현대 인류는 이것들을 모두 세트로 가지고 있었던 듯하다."[92] 뚜렷하고 명백한 종교미술도 50,000년 전에 갑자기 전혀 알 수 없는 이유로 나타났다. 인간의 무덤들은 붉은색 안료로 표시되었고 밤하늘의 별 하나를 바라보았다. 제임스 루이스*James Lewis*는 2007년 〈아메리칸씽커*American Thinker*〉에 쓴 기사에서 이 주제를 다룬다.

> 선사 시대의 전 세계에서 권력과 헌신의 물리적 상징들이 존경받던 주검 곁에 놓였다. '구세계*the Old World*' 전역에서 스톤헨지와도 같지만 멀고 넓게 퍼진 거대한 신석기 시대 석조물들이 발견된다. 또 수십만 년 동안 바뀌지 않았던 실용적인 돌도끼들도 실제로 쓰기에는 너무 부서지기 쉬운 제례적인 형태들로 갑자기 개량된다. 50,000년이나 70,000년 전에 인간의 본성에 매우 심오한 어떤 일이 일어나서, 우리가 부적절하게 종교라고 부르는 것의 특징을 갖게 된다.[93]

흥미롭게도 이와 같은 기간 동안에 지구를 인간이 살기에 더 편안하게 만들어준 또 다른 중요한 변화가 우리 생물권에 생겼다. 피터 워드*Peter Ward* 교수가 2004년에 보여준 것처럼, 거대 포유동물들이 50,000년 전 아프리카를 뺀 모든 대륙에서 대규모로 멸종했다.[94] 이 거대 포유류들의 대다수는 인간들에게 위험했다. 따라서 이 사건은 우리 진화의 여정을 도울 수 있도록 지구가 또 하나의 지적인 적응을 한 것으로 보인다.

훨씬 더 이전으로 돌아가 보면, 아프리카에서 어림잡아 20만 년 전의 것으로 최근에 추정된 두 개의 인간 머리뼈가 발견됐는데, 그들은 네안데르탈인이 아니다. 유타 대학교의 지질학자 프랭크 브라운*Frank Brown*은 "해부학적으로 현대 인류의 시작에 대해 문제를 제기한다."라고 말했다. 문화, 종교예술과 정교한 도구는 50,000년 전까지는 나타나지 않았기 때문에, 브라운은 이것이 "호모 사피엔스가 15만 년 동안 문화적인 것들 없이 살아왔음을 의미할 것이다."라고 했다.[95] '라이브사이언스' 웹사이트에 올린 글에서 로버트 로이 브리트*Robert Roy Britt*는 이렇게 말한다. "이 발견은 우리 조상들이 음악도 예술도 보석도 없는 교양 없는 시대를 뒹굴면서 길고 긴 시간을 보냈음을 시사한다."[96]

이제 우리는 에너지적으로 유도된 대규모의 진화에 대한 믿기 어려운 사례를 가졌다. 존 혹스 박사는 인간의 대규모 진화가 지난 40,000년 동안 가속되어왔고, 지난 5,000년 동안 100배나 빨리 움직이기 시작했다는 사실을 유전적으로 증명했다. 또 네안데르탈인들이 거의 25,000년 전에 사라졌고, 50,000년 전에 인류의 창조성과 영적인 행위가 갑자기 나타난 것으로 보아, 분점세차가 이 폭발적인 진화에 영향을 주었다는 설득력 있는 증거도 있다. 대피라미드의 경이로움이 남겨둔 미지의 오솔길은 놀라운 새 치유 기술들과, 지금 우리를 위협하는 것처럼 보이는 대재앙으로부터 지구를 구할 잠재력의 보고로 우리를 이끌었다. 그 기술은 바로 결맞음이다 — 그것은 사랑의 에너지다. 더 이상 회의론자들에게 맹공격당하는 사이비종교적인 희망 사항이라고 묵살되어버릴 뭔가가 아니다. 이것은 소스필드라고 부를 수 있는 능동적이고 살아 있는 존재다.

우리 여행의 다음 정거장은 "시간도 또한 소스필드 현상"이며, 다양한 에너지 과정들로써 고쳐질 수도 있다는 놀라운 증거를 보여줄 것이다. 이 책에 있는 모든 내용을 상식으로 여기고 있던 어떤 사람들이 그들의 잃어버린 과학을 다시 일으켜 세울 모든 청사진들을 우리에게 남겨두었다는 강력한 새 증거들도 탐험하게 될 것이다. 거대한 돌 블록들로 피라미드들을 만드는 능력뿐만 아니라, 어떻게 그리고 왜 그렇게 되는지도 이해하게 될 것이다.

2부

시간과 공간

11장

시간은 규칙적으로 흐르지 않는다
: 우주적 딸꾹질과 지구의식 프로젝트

2001년 9월 11일 오전 9시부터 10시까지(9·11 테러),
지구의 열잡음과 전자터널을 감지하는 37대의 컴퓨터에
변화가 감지되었으며, 지구 전기장의 세기도 급변했다.
집단의식이 물질세계, 즉 시공간에 영향을 미친 것이다.

'소스필드*Source Field*' 연구는 비전자기적인 '유니버설 에너지*Universal Energy*'가 우리가 생각하는 방식, 치유의 속도, 그리고 우리 DNA의 구조와 기능에마저도 영향을 미칠 수 있다는 엄연한 과학적 증거를 보여준다. 기존의 종이 오로지 에너지적인 방법을 통해 전혀 새로운 생물로 바뀔 수 있다. 이 일은 우리 인간의 진화에서도 이미 일어나고 있는 듯한데, '황금시대*the Golden Age*'의 도래에 대한 고대의 예언들을 더욱더 흥미진진하게 해준다. 25,920년의 지구 세차주기는 고대 신화들과 대피라미드의 치수에 새겨진 숫자에 그치지 않는, 지구 자체의 물리적이고 뚜렷한 흔들림이다. 이것은 지구의 운동이 —그리고 다른 행성들의 운동도— 제때에 우리의 마음과 몸에 직접적으로 영향을 주고 있는지도 모른다는 점을 보여준다.

맨눈으로는 보이지 않을지라도, 시간이 측정되고 경험되고 심지어 우리가 살아나가는 에너지에 의해서도 이끌릴 수 있는지를 알아보기 위해, 시간에 대해 우리가 가진 가장 뿌리 깊고 가장 기본적인 생각들을 일부 버려야만 할 것이다. 일단 그렇게만 하면, 모든 것이 완벽하게 이해될 것이다. 물리적이고, 수학적이고, 논리적인 수준에서 말이다.

러시아 과학자 사이먼 쉬놀*Simon Shnoll*은 20년을 훨씬 넘는 시간 동안 "방사성 붕괴에서부터 생화학 반응의 속도에 이르기까지 광범위한 물리, 화학, 생물학적 과정들"을 연구해서 과연 문명을 뒤바꿀 만한 발견들을 했다.[1] 몹시 지루한 소리로 들릴지도 모르겠지만, 결국 쉬놀이 지구 위의 모든 원자와 에너지파의 행동을 연구해서 이들이 어떻게 행동하는지 그리고 언제 그런지에 있어 어떤 공통적인 패턴들이 있는지를 찾고 있었다는 뜻이다. 물이 끓어서 증기가 될 때 분자 수준에서는 무슨 일이 생길까? 물이 얼음으로 될 때는 무슨 일이 생길까? 두 화학물질을 섞으면 어떤 일이 일어날까? 우리 몸의 세포들이 정보와 영양물을 서로 주고받을 때 어떤 일이 일어날까? 방사성 동위원소들이 천천히 에너지를 방출할 때 어떤 일이 일어날까? 전기가 전도체로 흘러 들어갈 때는 무슨 일이 생기는 걸까? 이것들은 매우 기초적인 질문들이자, 모두가 "사물이 어떻게 일하는지"를 묻는 것들이다.

대부분의 과학자들은 모든 물리, 화학, 생물학, 그리고 방사성 과정들이 처음에는 작게 시작해서 깔끔한 곡선을 그리며 점차 올라가 정점에 오르고, 그런 다음 올라갈 때와 같은 모습으로 완만하게 0을 향해 내려가리라고 기대한다. 그래프가 이처럼 부드러운 종 모양의 곡선을 보이지 않을 때면, 과학자들은 그들이 "재규격화*renormalizaion*"라 부르는 단순한 과정으로 그 데이터를 기각하도록 훈련된다.

쉬놀 교수는 그 데이터를 버리지 않기로 결정했다. 그가 왜 그랬는지 쉽게 이해된다. 그래프들이 결코 평범하지 않음을 쉬놀이 발견했기 때문인데, 그것들은 정말로 평범하지가 않았다. 때로 그래프에 나타난 반응들은 최고의 강도로 치솟았다가 거의 0으로 곤두박질치기도 했다. 그런 다음 그래프는 빠르게 다시 정점을 향해 치달았다. 짧은 시간 동안 이렇게 세 번을 하기도 했다. 이것은 전혀 부드러운 흐름이 아니다. 물질 또는 에너지가 사실 언제나 이렇게 하고 있다면 안정 상태로 있을 수나 있을까?

산책을 나서보라. 그리고 거기 얼마나 많은 물리, 화학, 생물학적 반응들이 일어나고 있는지 생각해보라. 전기는 전깃줄을 따라 쌩쌩 달려간다. 햇빛은 당신의 주변 모든 곳에 있는 페인트에 내리쬐어서 갈수록 퇴색하게 하고 있다. 나뭇잎들은 그 햇빛을 음식으로 바꿔놓는다. 흐르는 물은 흙에 있는 소금 결정을 녹인다. 새들은 땅에서 쪼아 먹은 씨앗들을 소화한다. 우표의 마른 접착제는 당신이 편지를 넣기 위해 우체통으로 가는 동안 당신의 혀에서 이상한 맛이 나는 끈적끈적한 것으로 바뀐다. 당신의 눈이 닿는 곳에만도 엄청나게 많은 다양한 반응들이 일어나고 있다. 쉬놀은 우리 주위의 각각의 원자와 에너지파 모두가 같은 시간에 같은 희한한 일들을 하고 있다는 사실을 알아냈다. 그것은 아주 분명한 패턴으로 나아갔다가 돌아왔다가 하고 있었다. 이 패턴들은 거의 하나의 지문만큼이나 독특하다. 내가 왜 이 사실들을 단숨에 말해버리는지 다시 알아보게 될 것이다.

바로 지금 당신을 둘러싼 말로 다 하지 못할 만큼 많은 원자들과 에너지파들이 가장 미세한 수준에서 끊임없이 켜졌다 꺼지고 켜졌다 꺼지는 행동을 바삐 해내고 있다는 생각을 해본 적이 있는가? 그것들이 깔끔하고 부드럽고 평범하게 반응하지 않고, 대신 앞으로 뒤로, 하다가 말다가 하면서 끊임없이 튀고 있다고 생각해봤는가? 당신만 몰랐던 게 아니다. 쉬놀이 자신의 발견을 적어도 1985년부터 러시아 과학학술지들에 발표했는데도 그의 연구가 과학 분야와 영성 분야 모두에서 철저히 알려지지 않은 것처럼, 그것을 아는 사람들이 거의 없다. 다시 돌아가서, 이야기의 가장 놀라운 부분은 반응들 자체는 켜졌다 꺼졌다 켜졌다 꺼졌다 하고 있기는 하지만, 우리 주위의 모든 것들이 완벽하게 일하고 있다는 점이다. 언제나 말이다. 이 말이 논리적으로 너무 비약하는 듯이 보이기도 하겠지만, 에너지파와 분자의 반응들은 마치 필름 한 롤 속에 들어 있는 개별 프레임들로 이루어진 것처럼 행동하고 있었다. 우리의 현실 안팎에서 언제나 깜빡거리면서.

어쩌면 필름은 앞으로만 움직이면서 우리 주위에 보이는 세상을 창조하고 있는 듯이 보이겠지만, 사실 그것은 장면이 담긴 프레임들의 모음일 뿐이다. 어느 쪽이든 간에, '자각몽*lucid dream*'은 —이것이 어떤 의미에서 우리 모두가 정말로 경험하고 있는 것이라면— 아주 그럴듯한 환상*illusion*이다. 양자 수준에서는 아무리 이상하게 행동하고 있을지라도, 물질과 에너지는 그냥 깔끔하게 움직인다. 우리는 이 책을 읽고 있으면서 의자가 갑자기 비물질화 되어버리면 어쩌나 하는 걱정은 전혀 하지 않는다.

여기까지는 준비 운동이었다. 당신이 두 화학물질을 함께 섞어서 그들이 반응할 때 나타나는 독특한 지그재그 그래프를 기록한다고 해보자. 당신에게는 수천 킬로미터 떨어진 실험실에 한 친구가 있고, 그 친구는 정확히 같은 시간에 방사성 에너지 붕괴의 흐름을 그래프로 만들고 있다. 그리고 친구는 자신의 도표를 당신에게 보낸다. 두 도표를 나란히 놓고 비교해볼 때 우리는 당연히 둘 사이에 같은 것이라고는 전혀 없으리라고 생각할 것이다. 만일 두 도표가 같아 보인다면, 그러면 이것은 우리가 주류 과학에 대해 알았다고 생각했던 모든 것들을 파기해버린다. 그러나 우리는 이 과정에서 소스필드 연구의 더 깊은 곳을 찾아낼지도 모른다.

1985년에 쉬놀은 그들의 그래프를 같은 시간에 얻으면 물리, 화학, 생물학, 그리고 방사성 반응들 모두가 비슷해 보인다는 점을 알아냈다. 심지어 수천 킬로미터 떨어진 곳에서 측정될 때조차도 그랬다.[2] 거리 때문에 이 효과가 가로막히는 것 같지는 않았으므로, 이것은 전 세계적인 현상인 듯하다. 이 말은 곧 지구 위의 모든 하나하나의 분자와 모든 에너지 방출이 같은 시간에 정확히 같은 "딸꾹질"을 하고 있다는 의미다. 아주 미세한 수준, 혹은 양자 수준에서 말이다. 분명히 이것은 우리가 믿도록 학교에서 배웠던 과학이 아니다. 이 반응들은 서로 분리되고 완전히 끊겨 있어야 하지만, 그렇지 않다. 서구의 양자물리학자들은 그들의 발견들 중 일부가 이것과 같은 방향으로 우리를 이끌고 있는데도, 아직 쉬놀이 찾아낸 것은 모르고 있는 듯하다.

그러면 물질과 에너지에서 일어나고 있는 이 딸꾹질은 무엇이란 말인가? 이런 것을 우리가 어떻게 설명할 수 있을까? 쉬놀 교수는 확신하지는 않았지만, "시공간*space-time* 구조의 지구적인 변화"가 그 원인이 되고 있을 것이라 믿는다.[3]

가장 쉬운 용어로 설명하면, 이것은 시간 자체가 양자적 수준에서 빨라졌다가 느려졌다가 한다는 뜻이다. 그리고 이 일은 전 세계에서 같은 시간에 같은 방식으로 일어나고 있는 듯하다. 공간과 시간 그 자체는 최소한 지구 전체 규모의 수준에서 이 기이한 춤을 추고 있는 것이다. 그래서 우리는 모두 그 영향을 받고 있다. 이것은 틀림없이 눈에 띄는 양자 효과들을 만들고, 이제 우리는 어떤 식으로든 시간의 깔끔하고, 훌륭하고, 선형적인 경험을 계속 즐기게 된다.

기억하기 바란다. 그래프들이 아무리 이상해 보일지라도 모든 일은 잘 돌아가고 있다는 것을. 이 깜빡거림은 에너지가 흐르는 방식, 또는 화학물질들이 반응하는 방식에 아무 해로운 영향도 주지 않는 듯싶다. 사실 아인슈타인의 업적 덕분에, 당신이 만일 자신을 양자 수준으로 옮겨서 아주 작은 우주선을 타고 돌아다닐 수만 있다면, 당신의 주위에서 얼마나 많은 시간이 쏜살같이 앞뒤로 가는지에 관계없이, 당신의 시계는 그냥 잘 돌아가는 것같이 보일 것이다. 당신에게 생기는 일은 무엇이든지 시계에도 생긴다는 것이 속임수다. 따라서 당신만의 '기준 틀' 안에서는 당신은 무슨 일이 생기고 있는지 말할 수 없다. 겉보기에 부드럽게 가는 시간의 흐름은 우리가 심각한 정신적 방향 감각을 잃지 않도록 해주는 심리적 경험에 지나지 않을지도 모르겠다.

이와 같은 양자 효과들이 현실 세계의 수준에서도 우리에게 어떻게든 일어나고 있고 동시에 우리가 그것을 전혀 눈치채지 못하고 있다면, 이때 우리의 시간흐름 밖에 있는 다른 시점에서 보면 우리는 한 순간엔 그 자리에 얼어붙었다가 다음 순간으로 정말 빠르게 움직이고 있는 것처럼 보일 것이다.

현실 세계에서의 시간흐름의 변화

이 말이 해괴한 소리처럼 들릴 게 틀림없지만, 어떤 이들은 이 원리들을 양자 세계보다 훨씬 더 큰 축척에 사용하는 기술들을 개발한 것 같다. 1977년 〈밴쿠버 선타임즈〉에 한 발명가의 이야기가 보도되었다. 토론토의 시드 허르비치*Sid Hurwich*가 어느 "국소" 지역에서 기술적으로 시간의 흐름을 바꾸는 방법을 발견했다는 것이다.[4] 이 장치를 사용할 때면 생기는 분명히 이상한 효과들을 보고, 허르비치는 자신의 발명이 실용적으로 쓰일 수 있겠다고 생각했다. 그때가 1969년에 은행 강도 사건들이 빈번하게 일어난 후였다.

허르비치는 경찰과 친분이 있었고, 자신의 새 발명을 보여주려고 어느 날 밤 은행 경비 직원들과 경관들을 집으로 불렀다. 〈선타임즈〉의 기사는 목격자인 빌 볼턴 경위의 증언을 인용했다.

> 볼턴은 말한다. "내가 생각나는 건, 그게 탁자 밑에 있었다는 게 다예요. 그게 뭐였든 간에요. 그리고 탁자 위엔 침대보가 있었어요. 그 친구는 내 권총을 얼려버렸어요. 방아쇠를 당길 수가 없었어요. 탁자에서 집어 올리거나 놓을 수도 없었죠. 방아쇠가 당겨지지 않았어요." 허르비치가 말을 이었다. "그때 내가 말했어요. '이제 여러분의 시계를 보세요.' 한 사람이 한 말이 기억나네요. '이 일이 언제 일어났죠?' 내가 말했어요. '여러분이 문으로 들어올 때요. 여러분은 25분쯤 전에 들어왔어요. 이제 시계를 보세

요. 여러분은 25분쯤 늦었어요.'" 경관들이 줄지어 집을 나설 때, 허르비치의 아내는 그 가운데 한 사람이 육군에 이 장치를 알려줘야 한다고 제안하는 말을 들었다. 허르비치는 말한다. "전쟁이나 군사 목적, 아니면 그런 비슷한 용도로 쓸 수도 있겠다는 생각이 든 건 그때가 처음이었어요." 허르비치는 지하실로 일하러 돌아갔다. 장치를 완성했다는 생각이 들자, 그는 이스라엘에 사는 형제에게 연락했다. 얼마 지나지 않아 이스라엘의 고위급 장교 두 사람이 허르비치를 찾아왔다. 간단한 시범이 끝나고, 그들은 시험 모델과 허르비치가 가졌던 모든 계획서와 설계도를 가지고 나갔다.[5]

이런 기술이 갖는 국가안보적인 의미를 상상해보라. 1977년 12월의 기사도 그해 6월에 허르비치는 "그가 7년 전 이스라엘에 주었던 비밀군사장치로 재(在)캐나다 시온기구*Zionist Organization*를 대표하여 이스라엘의 수호자상을 받았다"고 주장했다.[6] 나에게 가장 흥미로웠던 기사 내용은 이것이다. "허르비치는 자신의 장치가 전혀 발명이 아니라고 주장한다. 그는 자신이 그저 '가장 오래된 전기의 기초적인 원리 하나를 따와서 그것을 다른 용도에 사용했을 뿐'이라고 말한다."[7] 경찰이 그들의 권총 방아쇠를 당기지 못하고, 또는 탁자에서 집어 들 수도 없었다는 일이 어떻게 가능할까? 또다시, 대부분의 사람들이 순진한 공상과학소설이라고 생각할 이 일은 완전히 새로운 방식으로 생각해보도록 우리를 떠민다. 미친 소리처럼 들릴지도 모르지만, 그들을 둘러싼 세상에서 시간은 무척 천천히 흐르고 있어서 무기를 집어 들려는 시도가 정상 시간으로는 단지 100만분의 1초 안에 일어났었을 수도 있다는 것이 하나의 설명이다. 그들이 총에 준 압력은 그들 자신에게는 완전히 정상적인 듯했지만, 총을 탁자 위에 있게 하는 정상적인 관성을 극복하기에는 전통적인 기준으로서의 시간이 충분히 오래 지속되지는 않았을지도 모른다. 그들만의 기준틀에서는 모든 것이 정상적인 듯했다. 그러나 그들이 시계를 확인했을 때, 깜짝 놀랄 일이 기다리고 있었다. 그들과 그들의 시계가 25분으로 측정하는 시간 동안에도 관례적인 시간은 거의 변하지 않았기 때문에, 그들이 총을 집어 들기 위해서는 꽤 오랫동안 총에 힘을 주어야 했을 수도 있다.

모든 것은 상대적이다

물론 이런 해석은 우리의 합리적인 마음에 당연히 위배된다. 우리는 무의식적으로 선형적인 시간이 깔끔하고 안정적이라는 것을 당연하게 여긴다. 시간의 속도를 더 빠르게 하거나 늦출 수 있다는 증거는 없다고 믿게끔 우리는 조건화되었다. 우리는 시간은 일정한 속도로 앞으로만 가야 한다는 것이 과학적인 사실이라 믿는다. 이것이 아직도 진실이라고 생각한다면, 알베르트 아인슈타인에 대해 찾아보는 것이 좋을 것이다. 〈디스커버*Discover*〉지의 기사를 빌리면, "시간에 대한 문제는 1세기 전에 아인슈타인의 특수/일반 상대성 이론들이 시간을 하나의 보편상수*universal constant*로 보는 생각을 무너뜨려버렸을 때 시작됐다."[8]

정확히 무슨 말일까? 아인슈타인은 우리가 공간을 이동할 때, 텅 비어 있고 우리에게 아무런 영향도 미치지 않는 무언가를 그냥 지나가고 있지는 않다고 예측했다. 대신 공간을 이동하면서 우리는 시간도 이동한다. 결국, 시간은 마치 마법처럼 그냥 혼자서는 생기지 않는다는 말이다. 시간은 사실 모든 공간에 걸쳐 존재하는 어떤 형태의 에너지, 또는 패브릭*fabric*이라는 것으로 움직이고 있다. 우리가 공간 속에서 더 빨리 움직일수록, 우리는 시간 속에서도 더 빨리 움직인다. 이것은 1971년 10월에 해펠레*Hafele*와 키팅*Keating*이 실제로 증명했다. 두 사람은 4개의 원자시계들을 상업용 제트비행기에 실어 전 세계로, 동쪽과 서쪽 모두로 날려 보냈고, 그것들을 워싱턴 D. C.의미해군관측소에 있는 시계들과 비교했다. 날고 있는 시계들은 동쪽으로 갈 때 40나노초 정도가 느려지고, 서쪽으로 갈 때는 275나노초가 빨라진다고 예측되었다. 믿거나 말거나, 결과는 그들이 예측했던 것과 90퍼센트 정도의 수준에서 일치했다.[9] 1976년의 추가적인 실험들은 아인슈타인의 처음 예측의 99퍼센트 수준 안에서 그런 일이 생긴다고 증명했다.[10]

지구가 멈춘다면 우리는 그래도 시간을 경험할까? 아마도 아닐 것이다. 우리가 생각해봐야 할 언제나 같은 시간에 일어나고 있는 운동들이 있다. 지구는 자전축을 중심으로 돌면서 태양의 주위를 돌고 있다. 지구에는 25,920년의 세차와 같이 장기간의 주기들도 있다. 태양은 어림잡아 2억 5,000만 년에 걸쳐 은하의 중심을 두고 돌고, 은하도 '거대인력체*Great Attractor*'—처녀자리에 있는 인력의 거대한 구역—라 부르는 것을 향해 움직이고 있다. 이 모든 운동들이 아인슈타인이 이름 붙인 '시공간'에서 우리를 움직이게 하는데, 나는 이것을 우주가 만들어진 기초 질료인 소스필드라 부르고 싶다. 우리가 어느 정도는 일정한 속도로 움직이고 있기 때문에, 우리의 시간경험은 안정되고 꾸준하게 유지된다.

하지만 아인슈타인은 또한 우리가 빛의 속도에 가깝게 여행하면, 지구에 있는 모든 사람들보다도 훨씬 빠르게 시간을 여행하는 것이라는 결론을 내렸다. 이를테면, 당신이 지구를 떠나 빛의 속도에 가깝게 2주 동안 여행하다가 다시 돌아왔다고 하면, 당신이 없는 사이 지구 위에서는 500년이 흘러가 버렸다는 사실을 알게 된다. 만일 당신이 여행을 시작하자마자 우주선 안에서 텔레비전 신호를 지구로 보낸다면, 텔레비전을 보는 모든 사람들에게는 당신이 꽁꽁 얼어붙어 버린 듯이 보일 것이다.

이것은 추론이나 괴짜 과학 또는 멍청한 생각이 아니라, 현대 물리학이 널리 인정하는 사실이다. 허르비치는 국지(局地)에서 이처럼 시간의 흐름을 빠르게 하는 방법을 찾아낸 듯하다. 당연히 주류 과학은 우리가 지금 나누고 있는 이 놀라운 신개념들에 거세게 반대하리라. 이런 일은 1910년에 아인슈타인이 빈 공간 안에는 실제로 어떤 에너지가 —그 시대의 대부분 과학자들이 "에테르*aether*"라고 불렀던— 들어 있다는 생각을 거부했을 때부터 시작됐다. 그 무렵 아인슈타인의 시공간은 오히려 하나의 추상적인 수학적 개념이었고, 그는 공간에 실제로 어떤 에너지가 있으리라고는 기대하지 않았었다. 거의 모든 서구의 과학자들은 아직도 그렇게 믿고 있다. 다시 말해 아인슈타인이 빈 공간에 에테르 에너지가 있다는 생각을 완전히 배제해버렸음을 믿고 있는 것이다. 그들의 전형적인 태도가 로버트 영선*Robert Youngson*의 《과학적인 실수들》에 나온다. "1930년만 해도, 에테르에 대해 말만 꺼내면 젊은 물리학자들이 거만한 표정으로 미소 지었다. 이제 모든 과학자들이 이에 동의한다. '그딴 건 없어'라고."[11]

이제 모든 과학자들이 공간에 에테르가 없다고 동의한다고? 그러면 틀림없이 아인슈타인은 과학자가 아니다. 그는 1918년에 자신이 가졌던 생각을 부정했다.

> 물질과 전자기장이 없는 공간의 모든 부분은 완전히 비어 있어 보인다. [그러나] 일반 상대성 이론에서는, 이런 의미에서 비어 있는 공간마저도 물리적인 속성들을 가지고 있다. 이것은 곳에 따라 끊임없이 변하는 에테르의 상태에 대해 이야기해보면 쉽게 이해될 수 있다.[12]

1920년에는 훨씬 더 힘을 실어 말했다.

> 일반 상대성 이론에 따르면, 에테르가 없는 공간은 생각할 수도 없다. 그런 공간에서는 빛이 퍼지지도 않을뿐더러 물질적인 의미에서 시공간 간격*space-time intervals*도 없기 때문이다.[13]

아인슈타인의 말은, 공간에 어떤 종류의 에테르가 없이는 우리가 이제 알고 있는 '시간 간격'이 있을 수가 없다는 것이다. 우리의 시계는 완전히 얼어붙은 듯 보일 것이다. 그 원자들이 어떻게든 서로 모여 있을 수 있다면 말이다. 따라서 아인슈타인의 말처럼, 시간은 공간 속의 에너지로 움직인다. 그리고 이 에너지는 어딜 가나 모두 매끄럽거나 고르지는 않다. 이것은 "곳에 따라 끊임없이 변한다." 더 많은 공간을 움직일수록, 우리는 더 많은 시간 에너지를 거쳐 간다. 또 얼마나 빨리 가느냐에 따라서, 시간의 속도는 가면서 더 빨라지기도 하고 느려지기도 할 것이다. 우리가 어느 주어진 국지에 있는 이 에너지의 흐름을 빠르게 할 수 있다면, 시드 허르비치가 발견했다고 하는 것과 비슷한 효과들을 충분히 만들 수 있을 것이다. 안타깝게도, 허르비치나 그의 발견들에 대한 더 이상의 정보는 보이질 않는다. 아마도 틀림없이 허르비치는 대가를 아주 잘 받고서 입을 다물었거나, 아니면 영원히 침묵하게 되었을 것이다.

시간주기의 반복

시간이 공간 속에서 우리가 헤쳐나가는 하나의 에너지라면, 그것이 우리가 미래로 생각하는 앞으로만 흘러간다고 과연 장담할 수 있을까? 아인슈타인은 시간이란 1차원적이라고 가정했는데, 이것은 시간이 오로지 하나의 직선으로 앞으로만 간다는 뜻이다. 이 생각이 유일하게 아인슈타인의 가장 큰 실수였을지도 모르겠다. 지구가 공전궤도 상 태양과의 상대적 위치에서, 이전에 있었던 같은 위치로 돌아왔을 때, 그곳에 있었던 것과 비슷한 속성들과 영향력들을 가진 시간의 구역—소스필드 안에서 구조화된 지역—으로 돌아오는 일이 가능할까?

정확히 이것이 바로 쉬놀 교수가 찾아낸 것이다. 물리, 화학, 생물학 또는 방사성 반응 중 아무거나 그래프로 그려보고 거기에 나타나는 특징을 검토해보라. 이제 지구가 정확히 한 바퀴를 돌고 난 다음에 —24시간 뒤에— 돌아오면, 그 그래프는 24시간 전에 본 것과 거의 똑같을 것이다. 그러면 1년 뒤에 다시 확인해보라. 아주 비슷한 특징이 다시 나타날 것이다. 이 말은 쉬놀이 찾아낸, 앞으로 뒤로 달리는 시간의 움직임이 무작위적이거나 아무렇게나 이뤄지지 않는다는 의미다. 우리는 왜 그 그래프들이 늘 그랬듯이 앞으로 뒤로 달리는지 아직 모르지만, 그 패턴들은 지구의 기본 주기들을 따라 스스로 반복한다는 점은 안다. 요컨대 양자 수준에서 지구에 있는 모든 분자는 어떻게든 우주 공간을 지나는 지구 운동의 영향을 직접 받고 있다. 이것이 정말로 사실이라면, 우리는 지금 당연하다고 생각하는 거의 모든 과학 법칙들을 다시 써야만 할 것이다. 우리는 고대의 유산 덕택에 이미 우리 길을 잘 나아가고 있다. 그러니 그것으로 함께 가보자.

쉬놀 교수는 이 패턴들이 다음의 간격으로 반복된다는 사실을 발견했다. "거의 24시간, 27.28일[은하의 중심을 도는 지구 궤도를 도는 달의 궤도], 그리고 1년에 가까운 세 개의 시간 간격들, 곧 364.4일, 365.2일, 그리고 366.6일."[14] 지구가 태양을 도는 데는 365.2422일이 걸리고, 쉬놀의 주기 하나가 365.2일이다. 따라서 아주아주 가깝게 들어맞는다.

쉬놀은 25,920년의 분점세차주기처럼 훨씬 더 긴 기간에 걸쳐 펼쳐지는 주기들을 찾아낼 만큼 충분한 데이터는 분명히 갖지 못했다. 그는 물질과 에너지의 행동을 연구했고, 이들이 무척 이상한 일들을 하고 있었으며 또 이 패턴들이 주기로 반복되었음을 찾아냈을 뿐이었다. 다른 행성들의 운동들도 쉬놀이 찾아낸 것과 같은 효과들을 만들어내는지를 알려면 더 많은 연구가 필요하겠지만, 이것이 지구와 달에 의해서만 작용한다고 생각하는 것은 몹시도 어리석어 보인다. 시간의 흐름은 지구와 달과 다른 행성들의 운동에 의해 확실하고 한결같은 방식—한 궤도주기에서 다음 주기로 정밀하고 깔끔하게 반복될—으로 밀치고 당겨지고 있는 듯싶다.

9장과 10장에서 얻은 증거들로 미루어, 우리는 시간에는 주기적인 효과들이 있을지도 모른다는 것을 알게 된다. 시간은 그 안에 구조가 있어 보이고, 이 구조는 해럴드 버와 프리츠 알베르트 포프가 찾아낸 생물학적 주기들뿐만 아니라 우리의 의식적인 마음에도 영향을 주는 듯하다. 25,920년 주기의 끝에 가까이 가면서 우리가 이제 플린 효과와 인간의 진화를 이해하고 있는 것처럼 말이다. 이 시간주기들이 제멋대로일 것 같지는 않고, 일부는 우주를 가로지르는 지구의 운동들과도 직접적으로 연결되어 있다. 이제 쉬놀 교수의 연구 덕분에, 우리는 시간의 이 구조가 물리적인 물질의 기본적인 행동에 실제로 영향을 주고 있음을 지금 보고 있다.

공간과 시간

회의론자들이라면 쉬놀의 발견들이 '통계적 잡음*statistical noise*'일 뿐이라고 하면서 우리의 현실세계와는 아무런 관계도 없다고 말할 것이다. 아니면, 양자물리학 분야에서의 뭔가 흥미롭고, 거의 알려지지 않은 새로운 효과라고 여길지도 모르겠다. 어쩌면 22년쯤 더 있으면, 많은 과학자들이 쉬놀을 믿게 될 것이며, 그의 발견이 학교에서 가르쳐질 것이다. 어느 쪽이든, 지구 위의 모든 원자, 분자, 에너지파들의 속도가 빨라지고 느려지고 있다면, 정상 크기의 대상들에서도 그 일이 일어나는 것을 보게 되리라고 명망 있는 과학자들은 기대할 것이다. 우주를 여행할 때 그것이 빨라지거나 느려지는 모습을 말이다.

우리가 우주 깊은 곳으로 보낸 탐사선들이 예상치 못하게도 바로 그렇게 하고 있다는 —속도가 느려지는— 것은 상식이다. 우리가 태양계 밖으로 나갈 때 중력은 더 강해지는 것이 아니라 갈수록 약해진다. 2001년 BBC뉴스의 데이비드 화이트하우스*David Whitehouse*는 네 대의 우주탐사선들이 속도가 늦춰지고 있다고 보도했는데, 여기에는 서로 태양계의 반대 끝에 있는 파이오니어*Pioneer* 10호와 11호가 들어 있다. 목성으로 가던 갈릴레오*Galileo*와 태양의 궤도를 돌던 율리시스*Ulysses*도 있다. NASA 제트추진연구소(JPL)의 존 앤더슨*John Anderson* 박사는 이렇게 말했다. "탐사선들이 알려진 중력의 법칙을 따라 움직이지 않고 있었던 것 같아요. 우린 몇 년 동안 이 문제로 씨름을 해왔고, 생각해낼 수 있는 모든 것으로 설명해보았어요."[15]

2008년, 같은 NASA 과학자가 다른 세 대의 우주탐사선들까지 이 수수께끼에 포함시켜서 모두 일곱 대로 늘어나면서 계획은 복잡해졌다. 갈릴레오가 다시 도마 위에 올랐지만, 우리는 소행성 에로스*Eros*로 가는 니어*NEAR*호, 토성을 탐사하는 카시니*Cassini*호, 그리고 혜성과 랑데부하는 로제타*Rosetta*호 모두가 설명이 안 되는 비행속도의 변화들을 겪었음도 알게 됐다. 여기서 탐사선들 각각이 우주여행에 필요한 속도를 얻으려고 지구를 지나갈 때, 그들이 비행하는 방향에 따라 속도가 늦춰지거나 빨라지곤 했다. 지금은 은퇴자로 일하고 있는 앤더슨 박사가 말했다. "이 일로 초라함과 당혹스러움을 함께 느끼고 있어요. 탐사선의 움직임에 정말로 이상한 뭔가가 일어나고 있어요. 파이오니어의 특이 현상 또는 근접통과 특이 현상을 설득력 있게 설명할 방법이 없어요."[16]

한 예를 들면, 니어호는 남위 20도에서 지구에 가까워졌다가 72도에서 멀어져갔다. 이 경로는 니어호를 예정보다 1초에 13밀리미터 더 빠르게 날게 했다. 이 정도는 그리 커 보이지 않겠지만 분명히 실제로 일어난 일이었고, 그 영향이 극도의 정밀도로 연구될 수 있었다. NASA는 탐사선의 전파를 살폈고 1초에 0.1밀리미터의 정확도로 그 속도를 측정할 수 있었다. 따라서 13밀리미터의 변화 정도는 찾아내기가 쉬웠다.

이것이 우주탐사선들이 지구를 근접 통과할 때 항상 가속 또는 감속된다는 의미일까? 이상하지만 아니다. 메신저*Messenger*호는 북위 31도 정도에서 들어왔다가 남위 32도에서 떠나는 대칭적인 경로로 지나갔다. 그 경우에 메신저호의 속도는 거의 바뀌지 않았다. 앤더슨 박사는 탐사선이 지구를 지나갈 때 적도에서 멀리 떨어져 각도가 커질수록 속도가 더 많이 변하고, 메신저호처럼 적도 주위를 지나는 깔끔하고 고른 경로를 지날수록 속도는 덜 변한다는 사실을 찾아냈다. 이것으로 앤더슨 박사는 지구의 운동이 어떻게든 탐사선들의 여행 속도를 바꾸는 이런 변화들의 원인임에 틀림없다는 결론을 내렸지만, 왜 이 현상이 일어나는지는 아무도 알지 못하는 듯하다.[17] 이것은 그들이 지금 고수하고 있는 아인슈타인의 상대성 이론으로 설명할 수 있는 현상이 아니다. 하지만 훌륭한 출발임은 분명하다.

NASA는 이 현상이 어떤 전통적인 방법으로도 설명되지 않는다고 말하기는 했지만, 이 일이 수수께끼 같은 중력 효과에 지나지 않는다고 하더라도 물리학의 법칙을 다시 쓰도록 여전히 우리 등을 떠밀 것이다. 여기서 다시, 이 일이 중력과는 아무런 관련이 없다면 어찌 될까? 시간의 흐름 그 자체가 실제로 늦춰지거나 빨라진다면?

아인슈타인의 모형에서는, 시간이 빈 공간의 어느 주어진 지역에서 빨라지거나 늦춰지리라고 생각하지 않는다. 적어도 아주 많이 바뀐다고는 생각하지 않는다. 시간은 블랙홀 말고는 어딜 가든지 본질적으로 같은 속도로 흘러야만 한다. 시간의 속도를 결정하는 것은 오로지 공간을 얼마나 빨리 여행하는가이다. 파이오니어와 다른 탐사선들이 근접 통과할 때 생긴 이례적인 현상들은 그것과는 다르다. 이 현상들은 시간의 속도가 주어진 국지에서 바뀔 수 있음을 실제로 보여주기 때문이다. 쉬놀의 연구를 생각해보면, 이 일이 언제나 일어나고 있고 또 우리가 전에는 그것을 알지 못했을 뿐이라는 놀라운 새로운 증거가 있다. 탐사선들이 지구를 지나가면서 속도가 빨라지거나 느려질 때, 우리는 그저 1초에 13밀리미터의 변화만을 지켜보고 있었고,

이 변화는 탐사선의 정상 비행 속도의 100만분의 1일 뿐이다. 따라서 이것은 오랫동안 쉽게 놓쳤던 감지하기 힘든 영향이다.

마치 돌아가면서 시간흐름을 뿜어내는 잔디밭의 스프링클러와도 같이, 지구의 회전은 시간의 흐름에 하나의 물결을 일으키고 있는 듯하다. 이것은 우리가 소스필드라고 부르는 것의 움직임으로 생긴다. 태양에너지도 시간의 흐름에 살짝 힘을 실어준다면 어떨까? 엄청난 양은 아니지만, 우주탐사선들에서 봤듯이 1초에 13밀리미터 정도의 수준으로 말이다. 정말로 그렇다면, 태양의 에너지 활동이 갑자기 정점에 오를 때 이것은 눈에 보일 가능성이 가장 크다. 쉬놀이 관측한 세계적인 변화들을 바탕으로, 우리는 지구 위의 모든 원자와 모든 에너지파가 태양의 활동에 영향 받으리라는 것을 발견할지도 모른다. 더군다나 우리의 뇌는 전기 시스템이므로, 시간흐름에서의 갑작스럽고 예상치 못했던 한 번의 딸꾹질이 어쩌면 우리 뇌파 패턴에도 어떤 혼란들을 가져올지도 모른다. 이것은 우리에게 불편하고 스트레스에 눌리고 또 지나치게 감정을 자극하는 느낌을 주기도 할 것이다. 만일 그렇다면, 이런 상태는 전쟁의 발발과 폭력과 경제 붕괴로 이어질 수도 있을 것이다.

태양 흑점주기와 의식에의 영향

20세기 초의 러시아 과학자 알렉산더 치예프스키*Alexander L. Tchijevsky*를 검색창에 쳐보라. 치예프스키는 B. C. 500년부터 A. D. 1922년까지의 거의 2,500년 동안 72개 나라에서 지구 위의 삶이 얼마나 혼란스럽고 난폭했는지를 연구하기 위해 '집단인간흥분성지수*Index of Mass Human Excitability*'를 만들었다. 치예프스키는 전쟁, 혁명, 폭동, 경제 혼란, 원정, 인구 이동과 같이 사람들이 너무도 불행해했던 어떤 뚜렷한 신호들을 찾고 있었다. 그는 또 이런 사건들

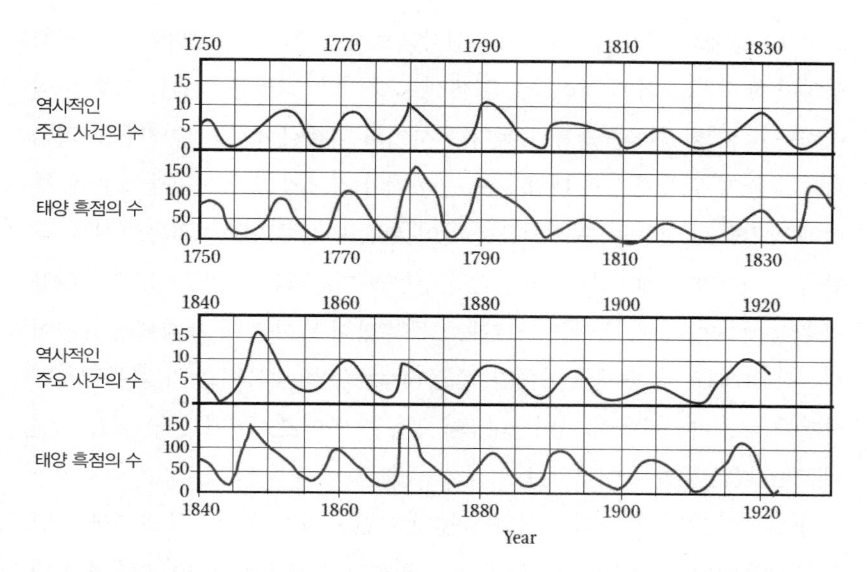

【그림 24】 태양 활동과 시민의 불안 사이의 정확한 관계를 다룬 치에프스키의 발견을 하트매스연구소가 재구성한 그림.

이 어느 정도나 심각했는지를 거기에 연관된 사람들의 숫자로 등급을 매겼다. 놀랍게도 "치에프스키는 가장 중요한 사건들의 무려 80퍼센트가 태양 흑점 활동이 가장 많았던 5년 동안에 생겼다는 사실을 알아냈다".[18] 태양 흑점주기는 언제나 11년 간격이 아니라 때때로 더 빨라지고 또 늦어지기도 한다. 그런데도 태양 활동이 최대일 때마다 가장 부정적인 사건들의 80퍼센트가 생겼다.

슬프게도 치에프스키는 태양 흑점 활동이 한창일 때 일어난 1917년의 러시아 혁명을 거론했다는 이유 하나로 30년을 감옥에서 보냈다. 공산주의자들은 신이 없다는 굳은 신념을 가지고 있었다. 그들이 정말로 원하지 않았던 일은 태양 활동의 영향 때문에 그들이 혁명을 일으켰다고 비판당하는 것이었다.

이제 5장에서 배웠던 것을 다시 생각해보자. 7,000명의 사람들이 단순히 명상만 해서 세계의 테러리즘을 72퍼센트 줄였다. 그들은 닥치는 대로 저질러지는 폭력 행위들과 죽음과 국가들 사이의 적대감까지도 줄였다. 우리는 쉬놀과 함께 우리 행성의 태양을 도는 운동이 지상의 모든 원자들에 매우 뚜렷한 방법들로 영향을 주고 있음을 알아냈다. 이제 치예프스키와는 태양 활동이 우리가 어떻게 느끼느냐에 직접 영향을 미친다는 사실도 알았다. 태양의 활동이 늘어나면, 우리는 스트레스를 더 많이 느끼고 전 세계에서 폭력이 생긴다. 반대로 활동이 줄어들면, 스트레스로부터 회복되고 가장 부정적인 사건들의 20퍼센트만이 일어난다. 이 영향은 치예프스키가 연구한 2,500년의 모든 기간 동안 들어맞았다.

이 모형이 맞다면, 우리는 태양 활동의 이런 변화들이 시간의 흐름에도 변화를 만들어낼 것이라고 추측해볼 수도 있겠다. 그러면 이것은 우리 뇌파 패턴의 정상적인 부드러운 흐름을 가로막아서, 이유도 모르는 채로 불편함을 느끼게 할 수 있다. 우리가 가진 시계들로는 시간흐름의 변화를 측정하기 무척 어려울 텐데, 이 시계들도 시간의 흐름 그 자체와 같은 속도로 빨라지거나 느려지니까 그렇다. 하지만 지구의 회전 속도를 조사해볼 수는 있는데, 그것은 태양이 하늘의 고정된 위치에 있어서 우리에게는 지구 밖의 안정된 비교 대상이 있기 때문이다.

태양계에서의 시간흐름의 변화

1959년에 거대한 태양폭풍이 있었다. 그리고 지구의 회전은 정확히 같은 시간에 느려졌다. 이 일로 전형적인 낮 길이가 갑자기 늘어났다. 더욱더 큰 폭풍은 1972년 8월에 생겼고, 명망 있는 학술지 〈네이처*Nature*〉에 실린 존 그리빈*John Gribbin*과 NASA 과학자 스티븐 플레지만*Stephen Plagemann*의 말을 빌리면, "그 사건이 일어나자마자, 우리는 정말로 낮 길이의 불연속적인 변화를 발견했다".[19] 지구는 대규모 태양폭풍이 생기는 동안에 궤도 위에서 '딸꾹질'을 했다. 확실히 많은 과학자들이 태양 활동과 낮 길이 사이의 뚜렷한 관계를 찾아냈다.[20] 1960년부터 "20세기의 마지막 40년 동안에 걸친 시간 동안" 태양 활동의 양과 지구의 회전속도 사이에는 실제로 완벽한 관계가 있다.[21] 1950년은 우리가 정확한 낮 길이를 추적하는 데 그야말로 훌륭한 데이터를 처음으로 얻은 해였고, 1920년 이전에는 쓸 만한 데이터가 별로 없었음을[22] 유념하길 바란다. 태양 활동은 대기가 지구를 순환하는 속도도 바꾼다. 태양 활동이 대기의 전반적인 속도를 바꾸는 데는 시간지연이 있더라도 그렇다.[23] 드주로빅*Djurovic*이 1990년에 한 말을 빌리면, "이 현상들의 물리적 메커니즘은 아직 알려지지 않았다".[24]

시간흐름의 변화의 다른 가능한 사례는 수성이 밤하늘의 궤도에서 뒤로 물러날 때 또는 역행할 때 일어난다. 거의 모든 점성가들은 그들의 개인적 혹은 직업적 경험으로부터, 이 동안에 기계 장치들이 더 쉽게 망가지고 —어쩌면 전기 흐름의 교란 때문에— 사람들도 더 쉽게 서로 말다툼을 하면서 문제들이 생긴 것 같다고 말할 것이다. 〈와이어드〉 잡지[25]와 CNet[26]과 같은 주류 매스컴도 이 신기한 현상을 다뤘는데, 그것은 대니얼 터디만*Daniel Terdiman*의 용감한 저널리즘 덕분이다. 이제 쉬놀 교수의 연구 결과를 알고 있으므로, 우리는 행성들이 역행 운동을 할 때 시간의 흐름 자체가 방해받는지를 생각해볼 수 있겠다.

2010년 8월, 스탠퍼드 대학과 퍼듀 대학의 연구자들이 여기에 새로운 데이터를 덧붙였다. 이 과학자들은 쉬놀이 했듯이 방사성 물질의 붕괴 속도를 연구하고 있었다. 그들이 아는 대로라면 이 속도는 꾸준하고 변함없어야 했지만, 일어난 일은 그와 달랐다. 대신 그들은 쉬놀이 오랫동안 이미 추적했던 내용에서 몇 가지 새로운 변화들을 찾아냈다.

> 붕괴 속도는 여름에는 아주 조금 줄어들었다가 겨울이면 늘어났다. 실험 오차와 환경 조건들은 모두 배제되었다. 그 해답은 하나뿐인 듯하다. 북반구에서는 겨울에 지구가 태양에 더 가까워지면서(지구의 궤도는 약간 편심원 또는 늘어나 있다) 태양이 붕괴 속도에 영향을 주고 있을 수도 있는 걸까? 또 하나의 기이한 경우가 있다. 퍼듀 대학의 원자력공학자인 지어 젠킨스*Jere Jenkins*는 2006년의 어느 날 밤 실험을 하다가 망간-54의 붕괴 속도가 설명할 길 없이 떨어지는 것을 알아챘다. 참으로 우연히도 이 현상은 태양에서 큰 플레어*flare*가 폭발하기 바로 하루 전에 생겼다. 이 현상이 태양과 관련되어 있을 가능성은 스탠퍼드의 응용물리학 명예교수인 피터 스터록*Peter Sturrock*이 퍼듀 대학의 과학자들에게 붕괴 속도에서 다른 반복되는 패턴들을 찾아보라고 제안했을 때 더욱 커졌다. 태양의 내부 활동에 대한 전문가로서 스터록은 태양의 중성미자*neutrino*들에 이 미스터리의 열쇠가 있는 건 아닌가 하는 예감을 가지고 있었다. 아니나 다를까, 연구자들은 붕괴 속도가 33일마다 반복해서 변하는 것을 알아냈다. 이 기간은 태양 핵의 회전주기와 일치한다.[27]

태양 활동의 이런 변화들은 시간의 흐름을 바꾸는 것으로 보일 뿐만 아니라, 부정적인 사건들이 일어나는 횟수, 또는 치에프스키가 "인간흉분성"이라 불렀던 것을 부추기는 듯해 보이기도 한다. 이것이 우리의 직감과 정신능력의 힘에도 비슷한 영향을 미칠까? 제임스 스파티스우드*James Spottiswoode* 박사는 '비정상적 인지*anomalous cognition*'에 대해 20년 동안의 노력을 기울일 만한 가치가 있는 엄밀하고 과학적인 연구를 했는데, 일반인들이 가진 초능력의 정도를 시험하는 연구였다. 1976년부터 1996년까지 모두 2,879번의 개인적인 실험을 하면서 41개의 연구를 진행한 끝에, 스파티스우드는 태양 활동이 우리의 정신능력에 뚜렷하고 중요한 영향을 줬다는 사실을 찾아냈다.[28]

대개 태양 활동이 늘어날수록, 이 '비정상적 인지' 시험에서 사람들은 더 낮은 성과를 보였다.

이제 태양의 에너지 분출이 시간을 늦춘다는 것을 설득력 있게 암시하는 증거를 갖게 되었다. 아무도 그 이유를 이해하지 못하는 듯하지만, 태양 에너지가 분출하면 지구는 더 천천히 회전한다. 이것은 또한 우리 뇌의 시냅스들의 전기 활동—우리 마음의 결맞음 상태*coherence*의 정도—을 방해하면서 인간의 마음에도 스트레스를 만들지 모른다. 뇌에 가해지는 이런 충격은 폭력과 전쟁과 불안을 증가시킬 수도 있다. 지난 2,500년을 통틀어, 태양이 잠잠할 때는 이 '인간흥분성' 사건들이 겨우 20퍼센트만 생겼다. 시간의 흐름이 더 순조로워질 때, 결맞음은 더 늘어날지도 모르겠다. 그러면 뇌파는 여유로워지고, 모든 사람들이 서로 더 잘 지내게 된다. 이렇게 부드러워진 뇌파 패턴들은 우리가 의식의 더 깊은 수준으로 들어가도록 돕고, 우리는 '비정상적 인지' 테스트에서 더 좋은 결과를 얻을 것이다.

시간의 흐름을 바꾸는 의식

이 주기들이 우리를 바짝 밀어붙여서 우리가 행동하는 방식을 바꿀 수 있다면, 우리도 반대로 밀어붙일 수가 있을까? 활발한 태양 활동이 시간의 흐름을 더 고르지 않게 만들어서 시간을 늦추는 혼란을 가져오고, 안정된 태양 활동이 시간흐름을 더 순조롭게 만든다면, 우리도 시간의 흐름에 영향을 줄 수 있을까? 어떤 부정적인 사건으로 지구 위 모든 사람들이 갑자기 충격 받는다면, 그것이 시간의 흐름을 갑자기 불안정하게 해서 전 세계적 규모에서의 결맞음 상태를 방해할까? 그리고 충분히 많은 사람들이 명상을 하면, 쉬놀이 자신의 실험실에서 뚜렷하게 측정할 수 있었을 방식으로 시간의 흐름을 부드럽게 할 수도 있는 것일까?

이 의문들은 우리를 '지구의식 프로젝트*Global Consciousness Project*'와 일하는 로저 넬슨*Roger Nelson* 박사의 연구로 이끈다. 로버트 얀*Robert Jahn* 박사는 프린스턴 공과대학 특이현상연구소*Princeton Engineering Anomalies Research Lab*를 설립한 1979년부터 "강력한 감정 상태와 집중된 의념을 비롯한 특수한 의식 상태들이 민감한 전자 장치들에 영향을 주는지"를 연구했다.[29] 로저 넬슨 박사는 1980년 이 팀에 합류했고, 나중에는 이 연구를 이끌게 되었다. 초기에 얀과 넬슨은 인간의 마음이 "정교한 상업용 전자백색소음기*electronic white noise source*"에 뚜렷한 어떤 효과를 만들 수 있는지를 알아보기로 했다.[30] 쉬놀도 물리적 반응들의 하나로 전기의 흐름을 연구하고 있었으므로, 이제 우리에게는 같은 대상을 보고 있는 두 집단이 있는 셈이다.

얀과 넬슨은 전기잡음*electrical noise*을 그래프로 그리고 측정할 수 있는 숫자로 바꾸고 싶어 했다. 그런 식으로 한 사람이 어떤 방법으로 실제로 전기의 흐름에 영향을 줄 수 있다면, 두 사람은 그것을 수학적으로 증명할 수 있는 것이다. 그들은 이 실험을 위한 가장 좋은 방법은 무작위숫자생성기*Random Number Generator*를 만드는 것이라고 결정했다. 이것은 전기가 얼마나 부드럽게 회로를 흐르고 있는지를 측정한다. 따라서 전기흐름에 어떤 딸꾹질이 생기면 그것이 만들어내는 숫자들에 규칙적인 패턴을 만들게 된다. 그 패턴이 보이게 되면, 숫자들은 더 이상 무작위적이지 않다. 물론 정통 과학에서는 전기가 흐르면서 시간이 늦춰지고 빨라져서는 안 된다. 하지만 만일 시간이 무작위적인 전기회로에서 늦어지고 빨라지기 시작한다면, 그 숫자들은 정말로 패턴들을 그리기 시작할 것이다. 그러면 우리는 측정하고 그래프로 그릴 수 있다. 쉬놀도 물리, 화학, 생물학, 그리고 방사성 반응들에서 바로 이런 종류의 패턴들을 찾고 있었지만, 그는 인간의 마음이 가져올 수 있는 효과들을 찾으려고는 하지 않았다.

몇 년 동안 넬슨 박사는 '열잡음*thermal noise*' 또는 '전자터널*electron*

tunneling'을 기반으로 하는 세 가지 종류의 무작위숫자생성기를 썼다. 열잡음은 전기회로에서 생기는 자연스러운 온도의 등락이며, 전자터널은 컴퓨터칩에서 보는 것처럼 아주 작은 경로들을 지나는 전자들의 흐름이다. 회로들은 외부의 전자기장이나 온도 변화의 영향을 받지 않도록 꼼꼼하게 차단되었고, 넬슨은 또 부품들의 노후도도 하나의 요인으로 작용하지 않도록 했다. 넬슨의 말로는, "10년이 넘는 시간 동안, 이들 무작위적인 데이터 시퀀스에 인간의 의념이 작지만 중요한 영향을 미친다는 점을 핵심으로, 이 기초적인 실험은 엄청난 데이터베이스를 축적했다."[31]

한마디로 말하면, 넬슨은 당신과 나처럼 평범한 사람들이, 특히 큰 집단을 이루면, 컴퓨터에서 나오는 숫자들을 실제로 바꿀 수 있다는 사실을 발견한 것이다. 그리고 그들은 '카오스 패턴'을 만들어냈다.[32] 넬슨은 2008년 논문에서 말했다.

> 예를 들어, 우리는 랩탑*laptop*이나 팜탑*palmtop* 컴퓨터와 연결한 무작위사상생성기*Random Event Generator*(REG)를 콘서트, 의식, 종교 행사, 스포츠 경기, 이사회, 그리고 '집단의식' 상태를 만들어낼 다양한 여러 행사들에 가져갔다. 몇 년이 넘도록 우리는 '공명하는*resonant*' 상황들과, 이보다는 적지만 많은 '일상적인' 장소들[쇼핑센터, 번화가, 학술회의와 같은]로부터 100개가 넘는 데이터 세트를 축적했다. 간단하게 말하면, 의식(儀式) 또는 사람들이 마음을 공유하도록 고안된 몇 가지 상황들이, 가장 크거나 가장 신뢰할 만한 효과들을 주는 것으로 보인다.[33]

지구의 의식

1995년, 수백만 명의 사람들이 텔레비전에서 아카데미상 시상식을 보고 있던 정확한 시간에, 서로 20킬로미터 정도 떨어진 두 개의 무작위숫자생성기들에 눈에 띄는 변화가 보였다.[34] 딘 라딘*Dean Radin* 박사는 1997년 O. J. 심슨 재판의 가장 중요한 순간들에 다섯 곳의 장소에 있는 다섯 개의 REG들에서 급상승한 반응을 발견했다. 이것은 텔레비전의 역사에서 가장 많은 사람들이 지켜본 사건 가운데 하나였다.[35] 1998년의 다이애나비 장례식 때는, 미국과 유럽에 있는 12개의 REG들도 "가장 격정적이거나 가슴 아픈 순간들"에 정상 수준을 벗어나서 "통계적으로 유의한 변화"를 보였다.[36]

1997년 후반에 그들은 이 패턴들을 찾아보기 위해 쉬지 않고 가동되는 세계적인 네트워크를 구축하기 시작했다. 모든 데이터들은 분석을 위해 인터넷을 거쳐 프린스턴 대학교에 있는 연구소로 보내졌다. 2001년까지 지구의식 프로젝트는 세계적으로 일 년 내내 이 숫자들을 생성하는 37대의 컴퓨터들을 확보할 정도로 확장되었다. 바로 9·11 사건이 생기기 시작하고, 뉴스들이 전 세계로 퍼져나가던 때, 그들의 노력은 결실을 맺었다.

> 3개월에 걸친 기간 동안에 한 날짜가 통계적인 특이 현상과 연관된다는 것을 발견한다. 바로 2001년 9월 11일이다. 이날, 37대의 컴퓨터들에서 이 현상이 가장 흔하게 나타난 시간대는 오전 6시부터 오전 10시인데, 오전 9시에서 10시에 정점을 기록했고, 주로 미국 동부 해안에서 그렇게 나타났다.[37]

정말로 뉴욕과 가까운 컴퓨터들일수록 반응은 더 강하게 나타났다. 이렇게 높은 수치는 무작위적 우연만으로는 거의 100만 초에 한 번밖에 일어나지 않는데, 이것은 대략 2주일의 기간이다. 그해에 딘 라딘 박사는 이런 말을 했다. "이 효과들은 집단 마음의 주의와 의념이 물질세계에 영향을 준다는, 내가 지금껏 보아온 것들 가운데 가장 두드러진 설득력을 가진 증거다. 그것은 아마도 이 사건이 가장 끔찍하기 때문이기도 할 것이다."[38]

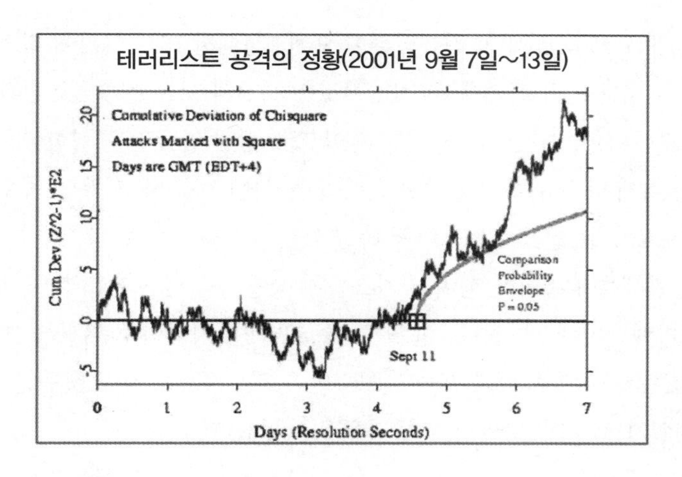

【그림 25】 지구의식 프로젝트는 대규모의 세계적인 사건들이 생기는 동안 무작위숫자생성기들이 특이한 패턴들을 보인다는 것을 발견했다.

과학은 예측에 관한 것이다. 거기 그냥 앉아서 일들이 생기기를 기다리다가 나중에 그것을 분석하고 있을 수만은 없다. 여기서, 세상에 큰 사건이 다가오고 있을 때, 당신은 일어나리라고 예상되는 내용을 앞서서 적고, 그런 다음 그 예측이 실현되는지를 본다. 2008년 현재, 넬슨은 "엄밀하게 검토되고 미리 작성된 250개가 넘는 사건들"을 시간에 앞서 골랐고, 그래서 그들은 어떤 일이 일어날지를 정말로 예측할 수 있었다고 보고했다. 9·11 같은 "데이터의 급등"을 그냥 기다리다가 나중에 그것을 분석하기보다는 말이다. 이 250개의 사건들에는 "비극적인 사건과 축하행사, 자연적/인위적 재난, 그리고 사람들의 계획적인/자발적인 대규모 집회들"이 들어 있었다. 이 250개 사례 하나하나에서 주목할 만한 세계적인 효과가 생기면서, 그들이 "지구의식의 순간들"이라 불렀던 것을 만들어냈다. 250개의 사건들 모두가 우리의 집단의식이 아닌 다른 것으로 생길 가능성은 1,000만분의 1로 계산됐다.[39]

그 무렵 그들이 관측한 가장 현저한 영향을 가져온 2001년 9월 11일로 돌아가 보자. 세계의 37대의 컴퓨터들이 오전 9시에서 10시 사이에 정점을 기록했던 뚜렷한 변화를 기록했다면, 이것은 세상의 모든 전력공급선과 모든 전기회로들이 이 시간에 지구적인 불안으로 생긴 딸꾹질을 경험했음을 의미한다. 이제 다시 쉬놀의 효과로 돌아가면, 이번 일을 빼고, 우리는 우리 집단의식으로 같은 일들이 일어나게 하고 있는 것이다.

우리 생각들이 결합한 힘이 전기흐름에 불안정을 만들면서 전 세계의 무작위숫자생성기에 확연한 영향을 줄 수 있다면, 지구의 자기장은 또 어떨까? 지질학자인 그렉 브레이든*Gregg Braden*은 저서 《2012: 아마겟돈인가, 제2의 에덴인가?(한국어판)》에서 이 효과들을 보여줬다.

> 2001년 9월, 지구 궤도를 선회하는 두 대의 정지기상위성(GOES)들이 우리 세상과 우리 자신에 대한 과학자들의 관점을 영원히 바꿀 지구자기장의 상승을 감지했다. GOES-8과 GOES-10은 각각 지구자기장의 세기가 이전의 같은 시간에 나온 전형적인 세기보다 거의 50유닛(나노테슬라)이 급증한 것을 보여주었다. 시간은 동부표준시간으로 오전 9시였고, 첫 번째 비행기가 세계무역센터에 충돌한 지 15분 뒤이자, 두 번째 충돌이 있기 15분쯤 전이었다. 충돌 사건과 자기장의 세기 변화 사이의 상관관계를 부인할 수 없었다.[40]

2001년 9월 14일에는 많은 유명 인사들이 참여한 가운데 평화를 비는 전세계적인 기도가 있었고, 모든 큰 텔레비전 방송국이 전 세계에 방송했다. 수많은 사람들이 이 지구적인 명상에 참가했다. 놀랍게도, 정확히 같은 시간에, 그래프들은 9·11에 올라갔던 방향과는 반대로 커다란 반응을 보였다.

9월 14일에 유럽과 미국에서 침묵의 기간을 대규모로 조직했던 것처럼, 그

> 런 집단적으로 영적인 시간이 특별히 강조되었다. 드러난 결과는 눈을 떼지 못할 정도였다. 조금 감소하는 경향을 보였고, 가던 방향과는 반대쪽으로 꾸준히 내려갔다.[41]

이것은 분명히 우리가 흐름을 두 가지 방향으로 떠밀 수 있음을 의미한다. 엄청난 비극의 경우처럼 더 혼란스럽고 불안정한 쪽이나, 아니면 평화를 염원하는 전 세계적인 기도의 경우처럼 커다란 결맞음 쪽이 그것이다. 우리가 평화로우면 컴퓨터 회로의 무작위성은 훨씬 더 완전해지는데, 어쩌면 전기 흐름이 보통보다 더 많이 부드러워지고 더 일관되기 때문일 것이다. 이 효과들은 앞 장들에서 발견했던 러시아 피라미드 연구들 같은 소스필드 데이터들과 전적으로 일치하는 것이다.

오바마가 2008년 대통령 선거에서 이겼을 때, 전기 반응들은 9·11 때보다 더 강하지는 않았지만 적어도 그 정도로 강하게 나타났다. "수치는 자기 생각을 말하고 있다. 전자들은 적어도 테러 공격만큼의 강한 반응을 보이는 듯하다."[42] 오바마가 취임하자 수많은 사람들은 평화에 대한 생각에 주의를 모았고, 이것으로 다시 한 번, 2001년 9월 14일의 평화를 위한 세계적인 명상 때처럼 그래프는 큰 폭으로 내려갔다.

> 그래프로 볼 때 그 결과는 무척 뚜렷하고, 처음 4시간 동안은 아무런 추세가 없다가, 예상된 네트워크 분산[네트워크 변화]보다 적은 아주 꾸준한 추세를 12시간 정도 보인다. 이 네트워크 분산의 감소는 흔히 명상적인 상황들과 축하 행사들과 관련이 있다.[43]

넬슨 박사는 다른 17번의 지구적 명상 행사에 대해 공식적인 예측을 했었고 "강한 긍정적 효과"를 찾아냈다. 그는 "전체적으로 그렇게 예상을 거듭해서 벗어날 가능성은 300분의 1 정도다."라고 말한다.[44] 브라이언 윌리엄스 *Brian Williams*는 자신들이 연구하고 있던 원본 데이터 집합에 39번의 지구적 명상 집회를 나중에 추가했고, 비록 그 효과가 더 작았지만 여전히 나타났다. "이 결과는 중요한 긍정 효과가 있다는 가정에 여전히 일치한다."[45]

MIT를 졸업하고 여러 정부기관, 군대와 기업들을 위한 응용물리학 컨설턴트였던 내 친구 클로드 스완슨*Claude Swanson* 박사는 뛰어난 저서 《싱크로나이즈드 유니버스*The Synchronized Universe*》에서 이것을 아주 멋지게 정리했다.

> 우리의 서구 문화는 생각이란 중요하지 않다고 가르쳤다. 우리들 모두가 날마다 분노와 원한을 품고 다닌다 해도, 서구에서는 그것이 세상에 아무런 직접적 영향도 미치지 않는다고 믿는다. 우리가 폭력적 행위를 밖으로 드러내지 않는 한, 타인에게 아무런 해가 되지 않는다는 것이 지금까지의 믿음이다. 하지만 최근의 증거들로 볼 때, 이 믿음은 더 이상 유지될 수 없다. 우리는 진정으로 서로 연결되어 있고, 우리 생각마저도 서로 영향을 준다. 제임스 트와이먼*James Twyman*은 세계적으로 평화를 위해 동시에 하는 집단기도를 몇 번 이끌었다. 그들은 주목할 만한 결과를 가져왔고, 양자 수준의 물리학과[지구의식 프로젝트가 발견한 것처럼] 세상의 무질서의 수준까지도 잠시 바꾸었다. 트와이먼은 이렇게 말한다. "세상의 갈등은 우리 안의 갈등에서 나온 결과다. 우리 자신이 그 갈등의 원인이자 따라서 그 해결책이기도 하다는 것을 받아들일 준비가 되지 않았기 때문에, 우리는 그 느낌을 세상으로 투사한다. 그러므로 시간이 시작된 뒤로 전쟁이 세상을 휩쓸었고, 이것은 우리가 갈등이 정말로 있는 곳—우리 내면—에서 그것을 다룰 준비가 되지 않았기 때문이다."[46]

12장
우리는 중력이 무엇인지 모르고 있다
: 우주의 동력과 순간이동

과연 태초 빅뱅의 에너지로 우주가 유지되고 있을까?
지금 이 순간도 원자의 핵과 전자가 계속 돌고 돌게 만드는 에너지가
지구로 쏟아져 들어오고 있다.
원자들을 움직이는 힘은 소스필드에서 나오고, 그것이 바로 중력이다.

삶과 사후의 삶, 그리고 환생에 이르기까지 우리는 이 우주의 더 큰 '마음'과 계속 이어지는 의식을 가진다. 피라미드 기술은 이 지적인 소스필드 에너지를 생물학적, 심리학적, 그리고 영적인 치유를 위해 집중하도록 세워진 것으로 보인다. 지구의식 프로젝트 덕분에, 우리는 이제 우리 마음이 전 세계의 전선과 부품, 그리고 컴퓨터칩에 흐르는 전기의 흐름에 직접적이고 확연한 영향을 미칠 수 있다는 설득력 있는 증거를 갖게 되었다. 크나큰 비극의 순간들, 또는 많은 사람들이 같은 사건에 집중할 때, 우리의 마음은 전 세계적인 에너지의 흐름에 불안정을 만들어내는 듯하다. 우리의 생각은 다른 이들의 행동에 직접 영향을 주는 에너지를 만들어내는 것으로 보인다.

아인슈타인은 궁극적으로 온 우주를 만들 수 있는 하나의 통일장*unified field*을 찾고 있었다. 모든 공간, 모든 시간, 모든 물질, 모든 에너지, 모든 생명, 그리고 물론 모든 의식으로부터 말이다. 유명한 방정식인 '$E=mc^2$'에서는 에너지가 한쪽에 있고 다른 쪽에 물질이 있는데, 이것은 물질이 결국 에

너지로 만들어진다는 의미다. 아인슈타인은 전자기 에너지가 곧 통일장임을 증명하려 했고, 그렇다면 시간의 흐름은 물론 중력도 전자기적인 효과라는 뜻일 것이다. 이것이 사실임을 그는 결코 증명하지 못했고 그 뒤로도 아무도 증명하지 못했다. 그러나 아인슈타인은 빈 공간에는 얼마나 빨리 움직이느냐에 따라 시간을 빠르게 하기도 늦추기도 하는 에너지가 있음이 확실하다는 사실을 알고 있었다. 사실 많은 과학자들이 이 통일장을 찾고 있고, 그것에 다양한 이름들을 붙였다. 영점에너지, 가상입자, 양자거품, 암흑물질, 암흑에너지 등등. 누군가가 이 수수께끼를 푼다면, 엄청난 보상을 받을 것이다. 일단 그 통일장에 접근하는 방법을 이해하면, 이론적으로 중력과 시간을 통제할 수 있기 때문이다. 우리가 이미 이야기한 소스필드는 이 개념들과 완벽하게 맞아떨어진다. 우리가 전혀 뜻밖의 새로운 방식으로 생각하는 법을 배우기만 하면 되는 것이다.

통일장이 존재한다면 —대부분의 과학자들은 그렇다고 확신한다— 그것이 의도적으로 우주의 모든 물질을 만들어내는 원인임이 당연해질 것이다. 우리는 시간의 흐름을 이끌어가는 에너지만을 들여다보고 있는 게 아니다. 우주의 모든 공간, 시간, 물질, 에너지와 생명의 '원인자*the Source*'를 보고 있는 것이다. 소스필드가 우주를 단 한 번의, 자발적인 빅뱅*Big Bang*으로 창조하지는 않은 것 같다. 한 번의 빅뱅으로 우주가 창조되었다면 그때부터 모든 원자들이 새로운 에너지 투입 없이도 영원토록 계속 달리고 있어야 한다. 의도적으로, 소스필드는 물질이 계속 —매 순간마다— 유지되도록 하는 적극적인 원인이다.

과학자들은 대개 원자와 분자들이 에너지도 떨어지지 않고 영원히 계속 돌고 또 돌고만 있을 거라 추측한다. 할 푸토프*Hal Puthoff* 박사[1]는 이것들이 존재하기 위해 에너지장으로부터 에너지를 뽑아내고 있음이 틀림없다는 의견을 냈다. 마치 초가 불을 밝히고 있으려면 산소와 밀랍을 태워야 하는 것과도 같다. 대부분의 단일 원자들은 매끈하고 둥근 형태여서, 소스필드는 원자의 모든 방향에서 고르게 흘러 들어간다. 지구로 흘러 들어오는 방식도 분명히 이와 같다. 우리는 지구를 이루는 셀 수 없이 많은 모든 원자와 분자들이 계속 활기 넘치게 하려고 매 순간 흘러 들어오는 소스필드 에너지의 구형(球形)의 흐름에 대해 알아볼 것이다. 소스필드는 또 지상의 모든 살아 있는 생물체들로도 흘러 들어갈 필요가 있다. 우리는 이제 지상의 거의 모든 생명체들이 생존을 위해 끊임없이 빛의 광자들을 흡수하고, 그것을 DNA에 저장해야 한다는 매우 강력한 증거를 보았다. 소스필드는 장(場) 그 자체 안에서 회전하는 볼텍스*vortex* 운동이 있을 때 이 실제 광자들을 만들어내는 것으로 보인다. 생물에게 가장 중요한 주파수는 380나노미터다. 이 주파수가 뒤섞이면, 우리의 DNA는 필요한 빛을 흡수하고 저장하지 못하고, 결국 암으로 발전한다.

중력은 실제로 지구로 흘러 들어오는 에너지의 거대한 흐름으로 생기는 듯하다. 지구는 분명히 원자들로 이루어져 있는데, 내 친구이자 동료인 나심 하라메인*Nassim Haramein* 박사는 원자들이 중력으로 움직인다고 힘주어 주장했다. 하라메인은 블랙홀 주위의 에너지장과 운동을 연구했고, 그들이 우리가 원자핵 주위에서 보는 모습과 정확하게 같아 보인다는 사실을 알게 되었다. 하라메인의 모형에서, 원자 하나는 "하나의 작은 블랙홀이며, 여기서 양성자들이 어떤 수수께끼 같고 확실하지 않은 '강한 힘'보다는 인력*gravitation*으로 서로를 끌어당긴다".[2] 원자들이 중력으로부터 힘을 얻는다고 설득력 있게 주장하는 다른 하나의 논문은 "중심발진기*Central Oscillator*와 공간-양자 매질*Space-Quanta Medium*"이다.[3] 하라메인은 또 시공간이 유체(流體)와 같다고 결론지었는데, 이것은 아주 중요한 내용으로 이제 곧 알게 될 것이다. 2010년 7월, 한 존경받는 물리학자는 중력이 "현실의 더 깊은 수준들에서 일어나는 무언가의 부수적인 작용"이고, "거기엔 중력이 '생겨나는' 더 기초적인 무언가가 있으며", 그리고 이것이 '암흑에너지'와 '암흑물질'과 같은 미스터리들을 설명해줄지도 모른다는 결론을 내렸다.[4]

분명, 원자들이 중력에서 힘을 얻는다면, 지구에 흐르는 것과 같은 흐름이 모든 물체를 지날 것이다. 아주 더 작은 규모로 말이다. 그러면 지구 표면에 있는 물체들은 지구로 흘러 내려오는 훨씬 더 큰 에너지의 강물에 휩쓸리게 될 것이다. 따라서 중력은 우리를 위에서 누르고 있는지도 모르겠다. 이것은 방충문에 붙어 세찬 바람에 옴짝달싹 못하는 모기들의 모습과도 다르지 않다. 대부분의 사람들은 마치 중력이 어쨌든 땅으로부터 뻗어 올라서 우리를 끌어내리는 것처럼, 여전히 끌어당기는 중력을 이야기한다. 월터 라이트*Walter C. Wright*가 1979년의 같은 제목의 책에서 제시한 대로, "중력은 미는 힘이다."라는 생각을 음미해보면 훨씬 더 잘 이해될 듯하다.[5] 라이트 모형의 구체적인 내용들 모두가 맞지는 않을지 모르지만, 그가 길은 제대로 잡은 듯 보인다. 또다시 이것은 중력이 소스필드임을 의미할 것이다. 소스필드가 중력이다. 이들은 같은 것을 부르는 두 개의 다른 이름들일 수도 있다. 단지 중력이 정말로 무엇인지를 우리가 이해하지 못했을 뿐이다.

피라미드 기술의 이해

우리에게 완벽한 구체가 하나 있다고 하면, 그 물체로 들어가는 소스필드의 흐름은 분명 구형일 것이다. 그러면 여기 중요한 질문이 있다. 소스필드가 피라미드 형태로는 어떻게 흘러 들어갈까? 대칭적으로 똑같이 들어가는 걸까? 보나마나 그 물체가 대칭이 아니라면, 흐름 또한 대칭이 아닐 것이다. 피라미드 형태는 깔때기처럼 작용해서, 하수구로 들어가는 물의 소용돌이와 같이, 그 안으로 들어가면서 소스필드 안에 하나의 볼텍스가 생기게 하는 것으로 보인다. 이것은 우리가 놓쳤던 가장 중요한 물리학 법칙들의 하나로 보이지만, 고대인들은 이것을 잘 알고 있었던 듯하다. 어떤 이들은 원자 하나 하나가 개별적이고 분리된 단위처럼 행동하리라고 생각할지도 모르겠다. 그러면 그 흐름은 이웃들에게는 절대로 넘쳐 들어가지 않는다. 그 대신 소스 필드는 물체 전체에, 그 모든 원자들에게 단일한 커다란 볼텍스로 흘러 들어가는 것 같다. 그때 물체의 형태는 유체와 같은 에너지가 어떻게 흐를지를 결정한다. 어떤 형태들은 그저 거기 앉아 있는 것으로도 강력한 흐름을 만들어낼 수가 있어서, 그 물체를 가동부(可動部)가 없이도 작동되는 기계처럼 움직이게 한다.

1995년에 해럴드 애스든*Harold Aspden* 박사는 엔진 중심의 회전부인 자기 회전자(回轉子) 내부에서 뚜렷한 '소용돌이 효과'를 발견했다. 애스든의 실험에는 완전 정지 상태에서 분당 3,250번 회전하는 순항속도까지 선회증가*spin-up*했었던 무게 800그램의 회전자가 사용되었다. 정상적으로는 이 속도까지 올라가는 데 300줄*joule*의 에너지가 들어갔다. 그러나 회전자를 5분 또는 그 이상 회전시키고 나서 완전히 멈추게 한다면, 다시 회전시키는 데는 겨우 30줄의 에너지가 든다. 60초 안에 다시 회전시킨다면 그렇다. 이제는 모터의 속도를 올리는 데 10배가 적은 에너지가 들어간다. 전반적인 효과가 완전히 사라지는 데는 몇 분이 걸렸다. 이 결과는 돌고 있던 회전자가 완전히 멈추면, 그 안에서 소용돌이치는 어떤 형태의 에너지가 아직 남아 있음을 시사한다. 애스든 박사는 이것을 "가상관성*virtual inertia*"이라고 했다.

> 실험 증거로 보아 기계 회전자와 함께 있는 에테르의 속성을 가진 무언가가 회전하고 있다. 그것은 혼자서도 회전하면서, 모터가 몇 초 만에 멈춘 뒤에도 몇 분 동안이나 남아 있다. 회전자의 크기와 구성이 다른 두 개의 기계들도 같은 현상을 보였고, 시험 결과는 하루 중의 시간과 나침반 방향에 따라 다르게 나타난다. '진공회전*vacuum spin*'과는 전혀 상관없는 모터

> 원리를 시험하는 것이 목표였던 연구에서 아주 분명하게 생긴 일이라 이 발견은 뜻밖의 것이었다. 이 현상은 불쑥 나타났고 그 존재를 받아들이는 데 있어 나는 이 효과가 기계의 성능을 더 나아지게 할지 아니면 해롭게 할지 아직 모른다.[6]

나는 회전자가 10배나 적은 에너지로 다시 돌게 한 그것이 중력이라고 생각한다. 소스필드에 어떤 흐름을 만들면 그 흐름은 한동안 거기 그대로 있을 것이다. 그것은 곧바로 사라지지 않는다. 피라미드 구조는 같은 기본 원리로 작동하는 것으로 보인다. 이 구조도 고체 상태의 기계이고, 가동부가 없으며, 단지 그 형태 때문에 소스필드에서 안정되고 지속되는 볼텍스를 만들어낸다. 피라미드에서의 흐름은 그곳 전체 지역에 작용하는 훨씬 더 큰 에너지의 강물인 하향의 중력에 어떤 뚜렷한 영향도 주지 않는 것 같다. 그러나 피라미드 형태는 중력의 유체와 같은 흐름에 상당한 크기의 회전을 만들어내는 듯하며, 그것으로 주위의 결맞음 상태와 짜임새를 크게 늘어나게 한다. 이어서 이것은 물리적인 물질을 더 결정화하고 체계화해서 생명의 건강을 극적으로 증진해준다.

물론 원뿔과 원기둥과 같은 다른 형태들도 소스필드의 흐름을 만들어낼 것이다. 8장에서 보았던 라이얼 왓슨의 책 《초자연, 자연의 수수께끼를 푸는 열쇠(한국어판)》에 나오는 내용을 다시 생각해보자. 한 프랑스 회사가 더 좋은 요구르트를 만드는 특별한 형태의 용기에 특허를 얻었고, 그들은 이 용기가 왠지는 모르지만 미생물의 활동을 더 증가시켰다고 말한다. 체코슬로바키아의 맥주 제조업체들이 각진 맥주통보다 둥근 통을 사용했을 때 발효가 더 잘됐다. 독일의 한 연구자는 쥐가 구형의 우리에서 치유가 더 빠르다는 사실을 찾아냈다. 캐나다 건축가들은 정신분열환자들을 사다리꼴 모양의 병동으로 옮겼더니 환자들이 "갑작스럽게 호전"됐음을 발견했다.[7] 물이나 전기로 연구했던 것처럼 우리는 이제 '마음'의 에너지에 집중하고 초점을 모으고 있다. 그리고 그 결과는 깊은 인상을 남긴다.

빅토르 그레베니코프*Viktor Grebennikov* 박사는 자신이 공동(空洞)구조효과*Cavity Structural Effect*라고 부르는 현상을 연구하면서 같은 원리들을 가지고 많은 업적을 남겼다. 처음에 그레베니코프는 꿀벌의 벌집에 나타나는 효과를 찾아냈다. 어떤 종류의 벌집들은 그 위에 손을 대면 뚜렷하게 따끔거리고 화끈거리는 감각이 있었다. 그는 벌들이 밤늦게 집으로 돌아오는 길을 잃어버리면 건물의 벽돌 벽을 곧장 들이받기 시작한다는 것도 알게 되었다. 벌들은 벽의 바로 반대쪽에 있는 집의 에너지를 느끼는 듯했다. 그레베니코프는 또 벌들이 이것과 같은 원리로 꽃들의 형태에 자연스럽게 끌린다고 추측했다. 단순히 의자에 벌집을 붙이거나 달걀판들을 묶은 것을 매달아 놓기만 해도 그는 현저한 치유 효과를 얻었고, 이것으로 러시아 특허번호 2061509를 획득했다.[8]

아인슈타인은 공간과 시간이 전적으로 나눌 수 없는 것임을 발견했다. 이들은 동일한 근원적 에너지가 두 가지로 발현된 것이다. 이 사실은 소스필드(중력)가 하나의 원자에 흘러 들어올 때 원자 안의 시간의 흐름도 움직이게 한다는 점을 암시한다. 그때 시간의 속도는 원자 내부에서의 운동 속도로 결정될 것이다. 원자 내부의 흐름이 더 결맞게 되면, 시간도 그 안에서 더 빨리 움직이기 시작한다. 이것은 더없이 중요한 개념이다. 시간의 흐름은 국지에 따라 우리가 상상했던 것보다 훨씬 더 많은 차이가 날 수도 있음을 말해주기 때문이다. 시드 허르비치는 애스든 효과—우리가 조금 전에 자석 안에서 찾아낸 소용돌이 에너지—를 독자적으로 발견하고는, 프로펠러가 물에 강한 볼텍스를 일으키는 것과 다를 바 없이, 그 흐름을 이용하는 법을 알아냈는지도 모른다. 이것이 허르비치가 국지에서 시간의 흐름을 그 정도로 크게 바꿨던 방법인 것 같다. 피에르 루이지 이기나는 이상한 프로펠러처럼 생긴 자신의 자기 스트로보스코프를 이용해 같은 사실을 찾아냈을 것이다. 이것은 실험실 위의 잔뜩 낀 구름에 곧바로 구멍을 만들어냈다.

우리는 이미 실용 가능한 훌륭한 사례들을 가지고 있다. 하지만 이것이 정말로 그런 일들이 일어나는 방식이라면, 더 많은 증거를 찾아볼 필요가 있다. 우리는 실험실에서 시간의 흐름을 관측할 어떤 방법을 고안해야 한다. 매우 민감한 기계 장치로 말이다. (나중에 다시 이야기하겠지만, 정확한 디지털 시계들은 그 부품이 이런 변동들을 쉽게 감지하지 못하도록 차단하는 형태로 만들어진다.) 시간의 흐름을 감지하는 적당한 방법을 찾기만 하면, 우리는 어쩌면 시간이 빨라지고 늦어지는 순간을 잡아낼 수 있다. 또 시드 허르비치가 찾아낸 것처럼, 우리는 그 속도를 마음대로 바꿀 방법들도 찾아낼지도 모르겠다. 이것은 분명 대부분의 과학자들이 전혀 생각해보지 못했던 혁신적인 새로운 디자인들을 필요로 할 것이다. 그러면 선택은 무엇인가?

축을 중심으로 회전하는 지구를 다시 생각해보자. 태양이 폭발적인 에너지를 분출할 때, 지구의 회전은 느려진다. 태양 핵의 회전은 방사성 붕괴의 속도를 바꾼다. 이 효과들은 시간 흐름의 변화로 생기는 듯하다. 실험실에서 지구의 회전을 보여주는 모형으로써 회전하는 자이로스코프를 써보면 어떨까? 작은 국지에서 시간의 흐름을 바꿀 수 있다면, 같은 곳에서 자이로스코프의 속도도 바뀌지 않을까?

니콜라이 코지레프*Nikolai Kozyrev* 박사가 1950년대에 찾아낸 것이 바로 이것이다.

코지레프의 놀라운 발견들

코지레프는 눈부신 미래가 보장된, 총명하고, 천부적인 러시아 과학자로 출발했다. 코지레프는 달에 물로 이용할 수 있는 얼음이 있어서, 우리가 나중에는 그곳에 가서 살 수 있으리라고 처음으로 제안한 사람이었다. 그러나 스탈린의 폭정이 코지레프와 다른 많은 과학자들을 오랫동안 강제수용소에 가두면서 비극은 찾아왔다. 스탈린은 과학자들이 자신의 강경한 공산주의 노선에 반대할 자유사상가들이 되기가 더 쉽다는 점을 알고 있었다. 강제수용소의 공포를 겪어나가면서도, 코지레프는 시간흐름을 바꾼다는 개념을 연구했고, 1950년대에 자유를 얻자 자신의 생각을 증명하려는 실험들을 하기 시작했다.

그때 믿기 어려울 정도의 과학적인 혁명이 촉발되었고, 1996년까지만 1만 편이 넘는 논문들이 발표되었다.[9] 다른 과학자들도 이 분야들을 탐구하기는 했지만, 이 논문들의 절반 이상이 러시아 과학자들이 쓴 것들이었다. 이 연구는 실용화할 수 있는 다양한 새 기술들을 비롯해서 어마어마한 의미를 가진 것이었다. 시간의 흐름이 궁극적으로는 중력, 날씨, 전자 장치, 그리고 인간의 마음에 영향을 미칠 수 있기 때문에, 시간의 흐름을 제어하는 법을 아는 나라는 확실한 전략적 우위를 차지했을 터였다. 따라서 소련 정부는 이 연구의 많은 부분을 "국가 안보"를 위해 기밀로 유지했다. 1991년에 소비에트 연방이 붕괴된 뒤에야 이 획기적인 정보의 많은 수가 일반 대중에게 공개되었다. 결국 인터넷의 덕분이기는 하지만 과학계의 대부분은 아직도 이에 대해 인식하지 못하고 있다. 이 철저하고 대대적으로 비밀에 부쳐진 과학적 배경이 아니라면, 알렉산더 골로드 박사는 어쩌면 자신의 피라미드들을 짓느라 결코 돈을 쓰지 않았을 것이다.

이 정보들 모두를 비밀로 지키는 데서 생기는 문제는 이 과학에 황금시대를 위한 청사진이 많이 들어 있다는 것이다. 우리는 이것이 어떻게 기적과도 같은 치유효과를 가져오는지 이미 보았다. 인간의 치아뿐만 아니라 죽거나 병에 걸린 장기도 완전히 다시 자랐던 경우가 그 하나다. 평범한 물이 거의 틀림없이 죽을 미숙아들을 살리는 기적의 치료제가 된다. 인체에 해로운 어떤 것도 비독성 물질로 바뀌고, 방사능은 완화된다. 지진, 기후 불안과 다른 모든 잠재적인 재난들이 크게 줄어든다. 우리의 전반적인 지능과 통찰력의 수준은 증가하는 듯하다. 아마도 이것은 홀로그램 두뇌의 에너지가 더 빨리 움직이고 있기 때문이다. 홀로그램 두뇌의 빨라진 '진동 속도'는 우리의 생각이 더 빨리 움직이게 하고, 우리의 전체적인 IQ를 꾸준히 높아지게 만들고 있는 것 같다. DNA는 하나 이상의 정답을 가진 조각그림 퍼즐과도 같아서, 우리는 인간으로 산다는 것의 의미에 있어 더 높은 수준으로 바뀌어갈 수 있다. 그리고 지금, 우리는 시간을 조절할 수도 있는지 알아보고 있다.

이제 실험실에 자이로스코프가 하나 있다. 우리가 그곳의 시간흐름을 바꿀 수 있다면, 어쩌면 자이로스코프의 회전 속도는 더 빨라지거나 느려질 것이다. 여기서 문제가 생긴다. 자이로스코프를 뺀 실험실의 나머지 것들의 시간흐름은 바뀌어서는 안 된다. 그렇지 않으면, 시계들, 기구들, 에너지장들, 그리고 심지어 우리 몸까지 모두 자이로스코프와 같은 시간에 빨라지거나 느려질 것이다. 그러면 우리가 어떤 일이 벌어지고 있는지 알 도리가 없다. 아인슈타인은 시간의 흐름이 과학 실험실 같은 국지에서는 변할 수 없다고 생각했다. 그것은 "국소적으로 변함없는" 것이었다. 그러나 우리가 이미 살펴본 다른 사람들과 함께, 코지레프의 발견들은 아인슈타인의 생각을 그 자리에서 무색하게 만들어버린다.

회전하는 자이로스코프에는 지구의 경우처럼 세차라고 하는 느리게 원을 그리는 흔들림이 생긴다. 시간의 흐름이 늦춰지거나 빨라지면, 자이로스코프의 세차 속도에 작지만 눈에 띄는 변화가 나타날 것이다. 코지레프의 지침대로 한다면 말이다. 이 자이로스코프들은 전기로 돌아가게 했으므로, 긴 시간 동안 완벽하게 계속 돌아갔다. 이 말은 회전 운동에 어떤 불안정이 나타나면 그것은 자이로스코프의 에너지가 떨어져서 자연스럽게 늦어진 결과가 아니라는 뜻이다.

존 앤더슨 박사가 우주 공간을 여행하는 NASA의 여러 탐사선들의 속도에서 발견한 변화들은 겨우 1초에 13밀리미터 정도로 아주 작은 것이었다. 코지레프의 결과 또한 아주 작았다. 코지레프의 연구를 놀라울 정도로 잘 요약한 글을 쓴 A. P. 레비치*Levich*의 말을 빌리면 —이 장 전체에서 그의 글을 인용할 것이다— 코지레프의 자이로스코프들이나 다른 기계 측정기들에서의 변화량은 물체의 전체 운동량의 10^{-6}, 또는 10^{-7}만큼이나 작을 수도 있었다.[10] 이것은 NASA가 우주탐사선들의 비행 속도에서 발견한 아주 작은 변화들과 비슷한 크기다. 그래서 코지레프는 시간흐름의 변화를 측정하기 위해 극도로 민감한 방법들을 개발해야 할 필요가 있었다.

코지레프가 결과를 얻게 해준 또 다른 기계적 감지기는 막대저울이었는데, 이것은 줄이나 필라멘트에 수평으로 막대가 매달린 것으로, 좌우가 완벽한 수평을 이루는 것이다. 코지레프는 아주 미미한 운동에 훨씬 더 예민해지도록 막대의 한쪽이 다른 쪽보다 훨씬 더 무겁게 —사실상 10배 정도로— 하는 것이 중요함을 알아냈다. 그러나 진짜 "비밀 요소"는 막대가 매달린 고리가 빠른 속도로 진동하도록 하는 것이었다. 일단 이렇게 해놓으면, 막대는 입으로 최대한 살짝만 불어도 아주 갑자기 그리고 눈에 띄게 움직일 것이다. 바로 이런 이유 때문에, 이것을 유리 돔으로 덮어서 밀봉하고 공기를 모두 밖으로 빨아내야만 했다. 이런 식으로 공기가 그것을 움직이지 못하도록 보장할 수 있었다. 다음으로 막대가 완전히 정지하도록 하면, 막대는 전혀 움직이지 않는 듯해 보인다. 하지만, 시간흐름에 불안정이 생기면 위에 있는 고리의 진동 속도가 감지하기는 어렵지만 미세한 변화를 만들 것이다. 막대는 너무도 위태롭게 균형을 이루고 있어서 진동 속도의 이 작은 변화가 실제로 그것을 움직이게 한다. 그것도 눈에 띄게 보인다. 조금 있다 다루게 되겠지만, 코지레프는 시간의 흐름에 변화를 가져올 다양한 것들을 찾아냈다. 그러나 그의 인생에서 가장 놀라운 일은 코지레프가 괴테의 고전 《파우스트

Faust》를 읽고 있을 때 생겼다. 이 작품에서는 악마 메피스토펠레스가 영웅에게 다가가서 그의 불멸의 영혼과 세상의 모든 부를 바꾸자는 제안을 했다. 코지레프가 강제수용소에서 끝없는 굶주림과 헐벗음과 가혹한 노동을 겪었다는 사실을 잊지 말길 바란다. 음식과 신발과 옷, 담요 또는 비누를 훔치거나, 아니면 노동을 피하고 싶은 유혹을 얼마나 많이 느꼈을지는 불 보듯 뻔한 일이다. 따라서 그 이야기는 무척 개인적인 느낌을 불러일으켰다. 코지레프는 실험실의 그 막대저울 감지기 가까이에 앉아서 책을 읽고 있었다. 이야기가 절정에 다다르자, 그는 느닷없이 감정의 격정에 휩싸였다. 바로 같은 그 순간, 막대가 갑자기 돌더니 코지레프를 가리켰다.

이때가 자신이 단지 시간의 흐름만을 발견한 것이 아님을 코지레프가 처음으로 깨달은 순간이었다. 물리적인 물질로 흘러들고 흘러나간 것은 그냥 에너지가 아니었다. 그것은 '마음'의 에너지이기도 했다. 바로 소스필드다. 이 발견으로 코지레프는 이제 우리의 생각들이 우리 뇌에 남몰래 갇혀 있지 않음을 증명할 수 있게 됐다. 생각은 그의 감지기가 포착할 정도로 중요한 신호들을 만들어냈다. 다른 많은 실험들은 이 효과가 정말로 있음을 확인했고, 지구의식 프로젝트에서 우리는 충분히 많은 사람들이 같은 생각을 하면, 전자적으로 측정할 수 있는 전 세계적 효과를 만들어낸다는 사실을 알았다. 코지레프의 발견은 앞 장들에서 우리가 알게 된 모든 것에 —클리브 백스터, 윌리엄 브로드 등등— 완벽하게 들어맞는다. 우리는 같은 '마음'을 공유하고 있는 것처럼 보인다. 적어도 어느 정도는 말이다. 그 에너지는 우리 주위 모든 곳에 있고, 실제로 유체와 같은 패턴으로 흐른다.

어떤 이들은 코지레프의 연구를 비난하면서 그것이 자기장이나 정전기로 일어난 일이 틀림없다고 말할지도 모르겠다. 코지레프는 감지기들을 모든 전자기장을 차단하는 패러데이 상자에도 넣어서 이것을 막았다. 감지기를 유리로 덮고 진공 상태로 있게 함으로써 공기도 그것을 움직이지 못하게 했다. 그의 감지기가 움직이기 시작하면, 그는 이제 시간의 흐름을 직접 보고 있는 것이다 — 바로 소스필드에 이는 물결을.

코지레프가 개발한 다른 하나의 효과적인 기계 감지기는 흔들리는 추 *pendulum*로, 이것 또한 자이로스코프처럼 전기로 움직이게 했다. 마찬가지로, 추가 달려 있는 고리를 진동시키면, 막대저울과 자이로스코프에서 본 것처럼 그것은 훨씬 더 뚜렷하게 시간흐름에 반응했다. 이 경우에는 추가 흔들리는 실제 방향이 바뀔 것이다. 당연히 코지레프는 이것도 진공 용기 속에 넣어두고 전자기장을 차단해야 했다.

시간의 창조와 흡수

자, 그래서 어떻다는 걸까? 여기 세 가지의 감지기들이 있기는 하지만, 이제 우리는 시간의 흐름을 빠르게 하거나 느리게 하기 위해 무엇을 할 수 있는지를 생각해야 한다. 코지레프는 "얼음이 녹고, 액체가 증발하고, 물질이 물에 녹고, 또 식물이 시들 때도" 시간흐름이 빨라지거나 또는 자신이 부르기로는 시간이 "만들어진다"는 것을 발견했다. 그뿐만 아니라, "정반대의 과정들, 곧 물체를 냉각하고 물이 어는 과정은 시간을 흡수"해서 아주 작지만 측정할 수 있을 정도로 시간흐름을 늦춘다.[11]

이 결과는 시간의 흐름이 물리적인 물질이 이루어지고 유지되는 데 실제로 원인이 된다는 생각에 더 많은 증거를 보태준다. 물질이 나누어질 때 — 얼음 조각이 녹고, 액체가 증발하고, 물질이 물에 녹거나 식물이 죽을 때— 그것은 가지고 있던 에너지 일부를 내놓는다. 프리츠 알베르트 포프 박사가 살아 있는 DNA에 그것이 풀리고 죽게 만드는 화학 물질을 처리했을 때, 이 과정에서 DNA가 광자들을 뿜어냈던 일을 이미 본 바 있다. 나는 광자들만이 우리가 들여다봐야 할 유일한 에너지가 아니라는 것도 말했다. 소스필드에 들어 있는 흐름들*currents*도 동시에 풀려나고 있고, 코지레프가 실험실에서 측정했던 효과들을 가져온다.

이것이 더 설명이 필요한 중요한 내용이다. 물질이 부서질 때, 양자 수준에서 회전하고 있던 결맞음 에너지의 빽빽한 작은 회로들이 갑자기 풀려난다. 이것이 소스필드에서 하나의 물결 —급작스러운 에너지와 운동의 방출—을 일으킨다. 그러면 코지레프가 발견했듯이 에너지가 모두 흘러나오면서 바로 그곳의 시간이 빨라진다. 한편으로, 소스필드가 그곳으로 나선을 그리며 들어가 결맞음을 높이고 물질을 더 조직화할 때는, 그 주위의 바깥에서 시간이 느려진다. 그 바깥 지역에서의 시간의 흐름은 이제 물이 그리는 소용돌이의 바깥 경계에서 보이는 것처럼 행동하는데, 여기서 물은 볼텍스가 없을 때의 정상적인 상태보다도 더 천천히 움직인다.

더 오래 자란 물고기 알들이 더 어린 알들의 생명력을 빨아들이는 듯이 보였던 A. B. 버라코프의 실험의 경우에서, 자연의 손에는 잔인함이 없다는 사실을 이제는 알 수 있다. 더 오래된 알들은 본디 더 약한 알들보다 소스필드 에너지를 더 많이 흡수하면서 더 강하고 빠른 볼텍스를 만들어내고 있을 뿐이다. 이것은 더 어린 알들로 흘러들고 있는 더 느리고 약한 볼텍스 에너지로부터 자연히 에너지를 빼앗는다.

코지레프가 발견했듯이, 시간흐름의 이 일시적인 늦춰짐은 한 물체가 냉각되고(그래서 그것의 양자 운동이 덜 무질서하고 더 결맞은 상태가 되어서 더 많은 소스필드 에너지를 끌어당긴다), 물이 얼고(더 결맞는 결정들이 만들어진다), 식물과 같은 생명체가 자라거나(새로운 세포들이 만들어지면서 결맞음이 증가한다), 또는 용액에서 결정이 형성될 때 일어나기 시작한다. 그러므로 다시 말하지만, 우리가 결정화되는 것이나 생물이 성장하는 모습을 보고 있을 때는, 이 과정들이 소스필드로부터 에너지를 흡수하고 있는 것이다. 그리고 시간은 그 주위에서 더 느리게 흘러간다. 이것은 명백히 사물을 생각하는 전적으로 새로운 방식이다. 우리는 열의 증가를 에너지의 증가로 생각하기 때문에, 열의 감소가 실제로는 소스필드의 흐름을 증가하게 한다는 생각이 이상해 보인다. 이 경우에, 열의 양과 소스필드 흐름의 양은 ―또는 적어도 우리가 소스필드에서 발견하는 결맞음의 양은― 반비례하는 듯해 보인다. 열은 양자 수준에서의 무작위적이고 무질서한 운동을 늘림으로써 결맞음 상태를 파괴한다.

다음은 코지레프가 실험실에서 찾아낸, 어떤 식으로든 시간의 흐름을 바꾸는 것들의 일부다. 이것들은 물을 가로지르는 파문과도 아주 비슷하게 소스필드에 측정 가능한 물결들을 만들어낸다.

- 물체의 구부림, 파괴 또는 변형
- 물체에의 공기 분사
- 모래시계의 사용
- 마찰
- 연소
- 빛을 흡수하는 물체나 표면
- 물체의 가열 또는 냉각
- 물질의 상(相)전이(얼음에서 물로, 물에서 수증기로 등등)
- 물질의 용해와 혼합
- 전선에서의 전류 흐름
- 머리를 움직이는 것과 같은 관찰자의 몸짓
- 식물이 죽어가는 과정
- 인간 의식의 갑작스러운 변화들

어떤 경우에는, 10킬로그램짜리 물체를 들었다 놓았을 뿐인데도 2~3미터 떨어진 곳에서 측정되는 시간흐름에서의 물결—파동—이 생기기도 했다. 이것은 우리가 물속에 있는 물체를 들어 올렸다가 내려놓을 때 보게 되는 것과도 같다. 이때 물에는 멀리서도 측정할 수 있는 물결이 생긴다. 1999년에 이 내용을 처음 읽고 나서 얼마 뒤에 나는 이것이 공간과 시간을 통틀어 존재하며 유체처럼 행동함이 틀림없는 소스필드를 말한다는 것을 깨달았다. 그리고 곧 알게 되겠지만 이것이 신성기하학*sacred geometry*의 미스터리들을 푸는 열쇠가 되었다. 피라미드의 미스터리는 말할 것도 없이 말이다.

코지레프는 이 물결들이 단단한 벽돌 벽마저도 마치 거기 아무것도 없다는 듯이 지나갈 수 있음을 발견했다.[12] 앞에서 말했듯이, 이것은 대부분의 러시아 과학자들이 시간의 흐름은 전자기보다는 중력과 훨씬 밀접한 관계가 있다고 결론짓게 했다. 전자기 에너지는 차단될 수 있지만, 중력의 힘은 벽돌 건물 또는 납을 댄 상자 안에서도 밖에서처럼 똑같이 작용한다.

비기계적 감지기들

지금까지 우리는 코지레프가 개발한 기계적 감지기들만을 알아봤다. 코지레프는 마찬가지로 시간의 흐름을 연구할 다른 비기계적 방법들도 찾아냈는데, 이들이 우리가 보통 생각하는 그 어떤 가동부도 사용하지 않는 방법들임을 의미한다. 이 감지기들의 가장 간단한 것은 열이었다.

모든 원자는 과학자들이 스핀*spin*이라고 부르는 끊임없이 날뛰는 소용돌이 운동으로 가득 차 있다. 어떤 물체가 가열되면, 원자 안에서는 무질서하고 예측하기 힘든 운동이 늘어나고, 마침내 빨간색, 노란색 또는 흰색 빛을 내게 된다. 열은 양자 수준에서 소스필드의 자유로운 흐름을 방해하는 무작위적이고 예측하기 힘들고 무질서한 운동들을 만들어서, 결국 결맞음의 정도를 감소시킨다. 한편, 물체 하나가 냉각되면 양자흐름에 대한 저항이 줄어들어서, 그 흐름은 더 빨라지고 더 순조로워질 것이다. 초전도체들이 극저온 상태에 있어야 하는 것은 이런 이유다. 열이 적으면 전류의 흐름을 방해할 운동이 줄어든다. 따라서 코지레프는 흔한 수은온도계를 가지고 그것을 일정한 온도의 환경에 둠으로써 시간의 변화를 측정할 수 있음을 알게 됐다.

코지레프는 또 겨울의 전반기에 실험이 가장 잘된다는 점도 발견했다. 여름에는 주위의 열이 시간의 전체적인 흐름을 흩뜨리는 효과가 생기는 듯했고, 이것은 모든 실험이 적절히 이루어지기 어렵게 하거나 불가능하게 하기도 했다. 열의 증가는 소스필드에서의 결맞음을 감소시켰다.

코지레프는 전기의 흐름이 시간흐름의 변화에 영향 받을 수 있다는 사실도 알아냈고, 이것은 지구의식 프로젝트가 분명히 탐지하고 있었던 것과 같은 효과였다. 사이먼 쉬놀 교수도 시간흐름의 변화를 감지하는 데 전류를 하나의 도구로 사용했다. 코지레프는 텅스텐이 시간의 흐름에 지극히 잘 반응한다는 것을 알게 되었다. 텅스텐의 전기전도력은 그것에 충분히 강한 시간흐름을 만들어낸다면 영구적으로 바뀔 수도 있었다. 또 다른 시간흐름 감지기는 수정이었다. 시계에 '쿼츠*quartz*'라는 단어가 쓰여 있으면, 시계 안에 수정이 들어 있어서 전기가 그것을 지나 흐른다는 뜻이다. 전기의 흐름은 수정이 정확한 시간을 유지하기에 충분히 안정된 속도로 공명하게 한다. 시계 속의 수정은 부속품의 수준에서 조금 있다 알게 될 방법으로 소스필드의 영향으로부터 차단되어 있다. 이런 이유 때문에, 보통 우리 눈에는 수정이 들어 있는 시계가 시간을 유지하는 데서 아무런 변화도 보이질 않는다. 그리고 시계를 그렇게 만든 과학자들도 어쩌면 자신들이 실제로 무슨 일을 하는지 전혀 알지 못할 것이다. 그러나 차단되지 않은 수정에 강한 시간흐름을 만들어낸다면, 그것의 진동 속도는 바뀔 것이다. 코지레프는 이것을 실험실에서 측정해냈다. 다시 말하지만 이 변화는 영구적일 수도 있다. 이것은 분자 구조가 실제로 바뀌었음을 말해준다.

또 하나의 흥미로운 시간흐름의 비기계적인 감지기는 물의 농도 또는 점도이다. 물에서 시간의 흐름이 늦어질 때, 결맞음은 줄어든다. 무작위 운동들은 물의 흐름을 방해한다. 그 결과로 물은 농도가 짙어지거나 또는 점성이 커지는데, 이것은 빠르게 또는 쉽게 흐르지 못하리라는 것을 의미한다. 물에서 시간의 흐름이 빨라지면, 결맞음은 늘어나고 물은 더 빨리 흐른다. 이것은 쉽게 측정된다. 쉬놀의 연구에서처럼 화학물질의 반응들도 빨라지고 느려진다. 그리고 마지막으로 코지레프는 박테리아와 식물 같은 생물들은 그들과 그들이 있는 국지를 지나는 시간흐름이 얼마나 빠른가에 따라 더 빨리 자라기도 하고 느리게 자라기도 한다는 사실을 발견했다. 지금쯤이면 이런 내용이 무척 익숙하게 들릴 것이다. 코지레프는 우리의 건강이 우리 세포들을 흐르는 시간의 흐름에 직접 영향 받기도 한다는 것을 알아낸 또 한 명의 선구자였다.

시간의 소용돌이 흐름

코지레프는 시간이 일직선으로 흐르지 않는다는 것도 발견했다. 시간은 움직이면서 회전*spin*하거나 비틀린다*twist*. "시간은 에너지뿐만 아니라 회전운동도 가지고 있다. 시간은 에너지와 회전을 시스템에 전달할 수 있다."[13] 이 말은 흐름이 자이로스코프, 막대저울, 추 또는 다른 시스템에 영향을 미칠 때 하나의 회전 운동으로 나타나리라는 뜻이다. 애스든 박사의 자기회전자 실험에서도 그랬다. '회전'이나 '비틀림'에 대한 과학적인 용어는 '토션*torsion*'이다. 때문에 많은 러시아 과학자들은 이 '시간의 파동들*waves of time*'을 '토션장*torsion field*'이라 부른다. 나는 '소스필드'라는 용어를 즐겨 쓰는데, 그것은 이 에너지가 어떻게 우주의 모든 것들을 창조하는 원인이 되는지를 이 용어가 훨씬 더 잘 이해하게 해준다고 느끼기 때문이다. 그렇지만, 이 중력의 비틀림에서 우리 소스필드 모형의 모든 마법을 찾아볼 수 있다.

설탕과 같은 어떤 분자들은 '오른손회전'을 하는 것으로 여기는데, 이것은 이 분자들이 대개는 함께 시계 방향으로 나선을 그림을 의미한다. 테레빈유 *turpentine*나 소금 같은 다른 것들은 '왼손회전'을 하는데, 여기서는 분자들이 대부분 반시계 방향으로 돈다. 코지레프는 오른손회전 분자들이 시간흐름을 흡수해서 그것을 늦춘다는 사실을 발견했다. 비슷하게, 왼손회전 분자들은 시간흐름을 강하게 해서 빠르게 한다. 코지레프와 여러 사람들이 발견했듯이, 이 소스필드 에너지가 우리 몸으로 더 많이 흘러들수록 우리는 더 건강해질 것이다. 따라서 단것을 너무 많이 먹는다면 소스필드를 DNA가 아니라 설탕에 흡수되게 하고 있는 것인데, DNA는 자신을 유지하기 위해 빛을 저장해야 한다. 자신이 얼마나 잘하고 있는지를 시험하는 가장 좋은 방법은 pH 균형을 점검해보는 것으로, pH 검사지를 몇 분 동안 입에 물고 있으면 된다. 설탕, 포화지방, 육류, 버터, 단 과일, 흰 밀가루, 가공식품, 알코올, 약물들 모두는 산성 쪽에 가깝게 할 것이고, 신선한 유기농 야채, 견과류, 씨앗들 같은 건강한 자연식품들과 덜 단 과일들은 알칼리성에 더 가깝게 해준다. 어느 정도는 우리에게 양쪽 다 필요하다. 코지레프가 소금이 시간흐름을 강하게 하는 것을 알아내기는 했지만, 너무 많으면 아주 해롭다. 소금은 혈압에 나쁜 영향을 미치고, 우리 몸은 소금을 혈류에서 제거하기 위해 힘든 작업을 해야 하기 때문이다. 일부 드문 경우에 사람들은 너무 알칼리성이 되기도 하지만, 일반적으로 신선한 채소를 "과다 섭취"하기란 대단히 어렵다. 어느 쪽이든 모두 균형의 문제다.

그렇게 시간의 흐름은 왼손회전 분자들에서는 실제로 빨라지고 오른손회전 분자들에서는 느려진다. 이와 같은 원리들로 코지레프는 PVC 플라스틱 같은 폴리에틸렌 필름이 실제로 소스필드의 회전흐름을 차단한다는 사실을 알게 되었다. 알루미늄도 마찬가지로 매우 효과적으로 차단한다. 이것으로 볼 때 알루미늄 트레일러 안에서 사는 일은 건강을 지켜줄 바로 그 장(場)들을 차단하고 있는 것이므로 아주 좋지 않은 생각이다. 여전히 소스필드가 들어가기는 하겠지만 회전흐름은 방해받는다. 그런 공간들 속에서는 결맞음의 양이 적을 것이다. 중력은 당신을 아직 누르겠지만, 그 안의 회전 또는 비틀림의 정도는 줄어들 것이다. 그리고 우리의 모형에서, 소스필드에 있는 유전 정보는 이들 나선흐름의 힘에 숨겨져 있다. 알루미늄은 지극히 가벼운 무게 때문에 전자공학에서 부품으로 사용되고, 다른 많은 부품들도 플라스틱으로 입혀져 있다. 그래서 디지털 시계와 고도로 정밀한 실험실 시계들은 시간흐름의 변화들에 뚜렷한 방식으로 반응하지 않는 듯하다. 하지만, 1993년에 브루스 드팔머*Bruce DePalma* 박사는 금속 소리굽쇠로 움직이는 아큐트론*Accutron* 시계*가 이 장들이 있을 때 빨라지거나 느려진다는 사실을 발견했다.[14]

2001년 하르트무트 뮐러*Hartmut Müller* 박사[15]는 중력의 회전장*spin field*을 이용해서 독일의 퇴즐러 메디엔타게 빌딩에서 러시아의 상트페테르부르크로 휴대전화로 전화를 걸었다. 백스터의 식물들, 박테리아, 곤충들, 동물들과 인간의 세포들이 전자기가 차단된 방에서도 서로 "대화"했듯이, 이 전화를 하는 데 전자기장은 전혀 사용되지 않았다. 콘크리트 주차장 깊숙한 곳에서도, 태평양의 밑바닥 또는 은하계의 중간쯤 되는 곳에서도 전화할 수가 있고, 완벽한 실시간 신호를 언제나 수신할 것이다. 뮐러의 발견은 또한 암이나 두통, 그리고 다른 문제들을 일으키는 "전자파 공해"를 만들지 않으며,[16] 이 기술은 무선 인터넷에 쉽게 응용될 수도 있다. 바로 생물학적 생명들이 선호하는 것과 동일한 시스템을 이용하는 것이다.

---

* 트랜지스터 회로로 제어하는 소리굽쇠의 진동을 이용하는 시계로서, 전지를 동력원으로 하는 손목시계의 총칭.

천체물리학적 관측

코지레프의 자료를 연구한 과학자들이라면 뭔가 중요한 일이 일어나고 있다는 생각을 마다하지 않을 테지만, 그들은 이런 효과들이 실제로 시간의 흐름으로 생긴다는 생각에는 불편해한다. 시간의 흐름은 코지레프가 연구했던 가장 매혹적인 분야의 하나로 우리를 데려가 준다. 바로 천문학이다. 코지레프는 "별들은 기계"이고 시간의 흐름으로부터 에너지를 얻는다고 믿었고, 이것을 증명할 설득력 있는 증거를 찾아냈다. 레비치의 1996년 글을 보면, 코지레프가 만년에 한 실험 대부분은 "행성들, 별들, 은하들, 성단과 성운들로부터 흐르는 비전자기[에너지]흐름을 직접 탐지하는 데 모아졌다".[17]

정확히 무슨 말일까? 1950년대 중반부터 코지레프는 특별한 형식의 망원경을 설계했는데, 여기에는 바로 초점 부분에 그의 시간흐름 감지기들 가운데 하나가 부착되어 있었다. 이상하게 들리겠지만, 코지레프는 금속판을 망원경 앞에 붙여서 모든 가시광선과 전자기 방사를 가렸다. 그러나 코지레프가 망원경을 어떤 별이나 다른 천체에 겨누었을 때 시간흐름 감지기는 여전히 주목할 만한 신호를 포착했다. 이것은 전자기가 아닌 에너지를 감지하지 않고서는 불가능한 일이었고, 가시광선과는 아무런 관계가 없었다.

별 하나에서 나오는 빛은 우리에게 닿기까지 수백만 년이 걸리기도 하고, 그 별의 실제 위치는 그 사이에 다른 어딘가로 이동해 있다. 따라서 밤하늘을 바라볼 때 우리는 과거를 보고 있는 것이다. 코지레프가 망원경을 어느 별의 진정한 위치에 겨누면 —이것은 다양한 방법으로 계산해낼 수 있었다— 그 신호가 훨씬 더 세졌다.[18] 이것은 소스필드 안의 파동들이 빛의 속도보다 훨씬, 훨씬 더 빠르게, 사실상 순간적으로 이동했음을 말해주었다.

이것만으로도 당황스럽기 그지없는데, 코지레프는 이번에는 별이 미래에 가 있을 곳을 겨누어보았고 그곳에서도 나오는 에너지를 탐지했다. 나도 안다, 얼토당토않은 소리로 들린다는 것을. 그러나 우리가 얻은 새로운 데이터가 이상하다고 해서 그것을 기각한다는 의미는 아니다. 대신 우리는 대체 무슨 일이 일어나는지 이해하고 그 데이터를 설명하려고 노력한다. 여러분도 알다시피, 분명히 선형 시간이라는 편안하고 빛바랜 개념은 이 새로운 증거로 볼 때 전혀 버텨나갈 수가 없다. 코지레프가 실제로 옳다면 말이다.

정말로 어느 별 또는 어느 천체로부터의 가장 강한 에너지는 진짜 위치로부터 나왔고, 이것은 빛의 속도보다 빨리 여행할 수 있는 에너지장은 없다고 믿었던 아인슈타인을 좌절하게 만든다. 그래서 별의 에너지는 그 과거의 위치를 겨누면서 갈수록 약해졌고, 망원경을 그 미래의 위치로 겨누었을 때 더 약했다. 전체적인 세기의 변화는 양쪽 방향에서 같은 식의 그래프로 그려졌다.[19] 이것은 마치 그 별이 하나의 파동처럼 시간적으로 넓게 퍼져 있는 듯 보여서, 전자기적 광파 대신 소스필드를 관측하는 것으로도 그것의 과거와 현재와 미래의 위치를 한꺼번에 감지할 수 있었다. 우리가 그 별의 현재 위치에 가까워질수록, 별의 에너지를 더 많이 탐지해낼 수 있다.

시간은 분명 3차원적이다

이것은 소스필드가 선형 시간에 틀지어져 있지 않음을 보여준다는 점에서 매우 중대한 발견이다. 도무지 상상하기도 힘들어 보일 게 틀림없지만, 모든 것은 모두 거기 한꺼번에 있다. 별의 과거, 현재와 미래의 위치들은 모두 측정할 수 있는 에너지를 발산하고 있으며, 오로지 시간에 있어서 에너지의 강도만이 변할 뿐이다. 이것으로 하르트무트 뮐러 박사의 휴대 전화 기술이 어떻게 그 먼 거리를 가로질러 동시적으로 전화를 했는지 설명이 될지도 모르겠다. 우리는 당연히 과거가 영원히 우리 뒤에 있고 미래는 알 수 없다고 여기지만, 코지레프의 과학에서는 미래는 정말 과거로 그림자를 드리우며, 이것은 비교적 간단한 기술로 볼 수 있고 측정할 수 있다. 시간이 그저 1차원적일 뿐이라면 이런 식으로 행동할 수가 없다. 실제로, 이런 일이 일어나려면 시간은 3차원적이어야만 한다. 우리는 다음 장에서 이 발상에 대해 알아볼 것이다.

그래도 이런 내용이 모두 친근하게 들리지 않는가? 원격투시자들은 아직 일어나지도 않은 미래의 일들을 보는 능력을 엄밀하게 보여줬다. 코넬 대학의 명예교수 대릴 벰 박사는 평범한 사람들의 미래를 내다보는 능력을 명징하게 보여주는 연구를 〈성격과 사회심리학 저널〉에 발표했다. 많은 이들이 살아가면서 예언적인 일들을 경험했지만, 대개는 그것들을 우연의 일치일 뿐이라고 무시해버린다. 우리가 의자에서 일어날 때마다 거기에 남기는 에너지 사본에 대한 이야기를 기억하는가? 우리의 일부분이 어떻게 아직도 거기 의자 위에서 빛의 광자들을 붙잡으면서 30일이 지나도록 앉아 있는지 생각나는가? 코지레프의 놀라운 관측들은 결국 이 DNA 유령 효과를 설명하는데 도움을 준다. DNA가 어떤 장소에 일정 시간 동안 있게 되면, 그 에너지는 물질적인 분자들이 치워진 뒤로도 거기에 그대로 있을 것이다. 중력은 광자들을 제자리에 붙잡아 두는 힘을 제공한다. 양자 수준에서 그렇다는 이야기다. 페테르 가리아에프는 DNA가 있을 미래의 위치에서는 그 효과를 탐지해 보지 않았지만, 이런 개념들을 마음에 두고서 새로운 실험들이 정말로 필요할는지도 모르겠다. 우리는 코지레프의 연구 덕택에 별들에서 일어나는 유령 효과를 확실하게 보고 있다.

코지레프는 별들의 비국소적 행동에 대해 자신이 관측한 것들이 어떻게 우리 자신의 DNA까지 확장될 수 있는지 보지 못하고 세상을 떠났지만, 우리가 기억하듯이 자신의 생각이 감지기가 잡아낼 정도의 시간흐름을 만들어 냈음을 알아냈다. 코지레프가 찾아낸 파동과도 같은 모든 효과들로 보아, 우리의 DNA 유령과 에너지 사본은 우리 주위에 물결을 일으키고 있다는 점은 분명하다. 그것은 우리가 가만히 앉아 있을 때도 매 순간 우리 몸에 갇혀 있지만은 않다. 사실 우리가 하는 모든 생각들은 어떤 방식으론가 전체 소스필드에 물결을 일으키고 있을 가능성이 아주 높다. 그것도 순간적으로. 뇌파는 단순한 전기 신호이기보다는 훨씬 더 그 이상의 것인 듯하다. 우리가 주위 환경으로 끊임없이 흐름들*currents*을 내보내고 있는 것이 틀림없기 때문이다. 이 점은 책의 처음 다섯 장들에서 엄연히 확인했던 것이고, 우리의 솔방울샘은 이 생각들을 보내고 받는 뇌의 가장 중요한 부분일지도 모르겠다. 틀림없이 우리가 생각의 근원에 가까울수록, 그 신호는 더 강할 것이다. 지구의식 프로젝트에서 9·11 사건 때 뉴욕에 가까이에 있는 컴퓨터일수록 효과가 더 컸다. 우리의 생각은 뇌와 몸에만 갇혀 있지 않고, 우리 환경에 큰 영향을 미친다.

코지레프는 별들이 순간적인 속도로 우주에 에너지를 보내고 있음을 깨달았다. 그때 코지레프는 놀라운 통찰을 얻었다. 곧, 이 즉각적인 에너지 교환으로 정통 천문학에서 흔히 간과하는 쌍성(雙星)의 문제를 설명할 수 있다는 것이었다. 우리가 밤하늘에서 보는 놀랍도록 많은 별들이 쌍을 이루고 있다. 서로 바짝 붙어 있는 두 별들은 크기와 밝기가 비슷하다. 마치 서로 이야기를 하고 있는 듯이 보이는데, 그들 사이에는 두 별이 동조하도록 하는 에너지 연결이 있다. 우리가 보는 곳에서 그들은 서로 무척 가까워서 일반적인 전자기장으로도 이 효과를 설명할 수 있을 정도다. 그러나 코지레프의 말을 들어보면, 빛의 속도는 이 상호소통을 설명하기에는 실제로 너무 느리다. 사실 둘 사이의 실제 거리는 너무도 멀다. 1966년 국제천문연맹*International Astronomical Union*의 한 모임에서 코지레프는 쌍성들은 시간의 흐름을 통해 서로 에너지적으로 조화를 이루는 두 별들이 쌍을 이루게 된다는 의견을 냈다. 빛보다 훨씬 더 빠른 속도로 말이다.[20]

다시 말하지만, 코지레프는 별 하나의 과거, 현재와 미래 위치에서 나오는 에너지가 있음을 발견했다. 우리는 또 DNA가 과거에 있던 곳에 측정할 수 있는 에너지 청사진을 남긴다는 사실도 보았다. DNA가 더 이상 그곳에 없을 때에도, 우리의 DNA 유령은 여전히 빛의 광자들을 붙잡아서 저장할 수 있다. 이것은 아주 사실적이고 측정 가능한 에너지 효과를 가졌다. 이제 우리는 이 모든 지식을 갖췄으므로, 태양과 행성들과 그 밖의 천문학적 주기들이 —어쩌면 25,920년 세차주기까지도— 우리에게 어떻게 영향을 줄 수 있을지를 설명하는 실질적 모형을 가진 셈이다. 지구는 궤도를 따라 태양 둘레를 돌면서 전에 있던 자리에 꽤 큰 에너지를 남길 것이다. 우리가 1년 뒤에 같은 자리로 다시 돌아오면, 그 에너지는 아직 그곳에 있다. 이 말은 에너지가 우리가 생각하고 느끼는 방식에 큰 영향을 미친다면, 그 의식의 효과들도 다시 한 번 돌아오리라는 것을 의미한다. 이것은 또 지구의 축이 세차운동을 따라 움직이는 동안 그 축의 위치가 바뀔 때도 일어나고 있을지도 모른다.

코지레프의 발견들을 충분히 알게 된 우리는 이제 아인슈타인이 "원격 작용"이라고 불렀던 것의 확실하고 입증할 수 있는 표식들을 갖게 되었다. 지금 우리 태양계 안의 모든 행성, 위성, 소행성과 혜성의 위치는, 쉬놀의 발견들이 강력하게 암시하는 바처럼, 다른 나머지 모든 것들에 영향을 줄 가능성을 가지고 있다. 이 천체들은 춤을 추며 돌면서 순간적으로 에너지를 서로 주고받는 것 같다. 시간의 흐름 위에서 밀고 당기고 하면서. 앞에서 논의했듯, 우리 태양계는 인간의 DNA와 의식을 단기적이고 빠르게 진화하게 하는 엄청난 결맞음의 구역으로 옮겨 가고 있는 것으로 보인다. 마야력의 마지막 날, 물병자리 시대가 오는 예상 시기, 그리고 힌두교 경전에 나오는 황금시대의 도래를 위한 정확한 시간의 창, 이 모두가 동일한 작은 시간의 창 —2012년쯤—을 이 변화들이 일어날 중요한 시점으로 강조한다. 인류는 50,000년 전에 지능이 폭발적으로 늘었고, 네안데르탈인들은 25,000년쯤 전에 진화의 주기로부터 사라져갔다. 바로 '대년'의 마지막이 올 때마다 계획대로 생긴 일이었다. 우리의 DNA는 인간의 역사를 통틀어 지난 5,000년 동안 100배가 더 빠르게 진화해왔다. 우리의 고대 조상들은 자신들이 무엇을 말하고 있는지 알고 있었음이 갈수록 더 확실해 보인다.

시간흐름을 얼마나 바꿀 수 있나?

코지레프의 연구에서 가장 신기하고 놀라운 부분은 우리의 마음이 실제로 시간흐름을 바꿀 수 있음을 발견한 것이었다. 지구의식 프로젝트가 찾아낸 것도 이것인 듯하다. 인간의 마음이 시간흐름을 정말로 빠르게 또는 느리게 만들 수 있다면, 고도의 재능을 가진 사람들은 또 어떨까? 그들은 코지레프가 찾아낸 것보다도 어쩌면 훨씬 더 특이하고 극적인 일들을 할 수 있지 않을까? 《중국의 놀라운 정신능력자들》에서 폴 동*Paul Dong*은 "초고기능*Extra High Functioning*"인 아이들에 대해 썼다. 1992년 중국은 텐진시(天津市)인체과학연구소*Tianjin City Human Body Science Institute*에서 미국의 원유회사 경영진들을 위한 공식 모임을 가졌다. 이 모임은 그동안 서구인들에게는 거의 허용되지 않았던 일을 목격할 수 있도록 허가받은 자리였기 때문에, 참석한 고위인사들에게는 무척 영광스러운 일이었다. 야오 쳉이라는 이름의 어린 소녀가 꽃을 피우려면 며칠 또는 몇 주나 더 있어야 할 꽃봉오리들 앞에 앉았다. 참석자들은 밝은 조명 밑에서, 여러 다른 각도에서 소녀를 지켜보았다. 15분 정도의 기도가 끝나자, 소녀는 꽃봉오리들의 시간을 빠르게 했고, 꽃들은 모든 사람들의 눈앞에서 피어났다. 소녀 옆에 앉아 있던 다른 아이는 뚜껑이 닫힌 유리병을 열지도 않고, 그리고 병에서 30~60센티미터 이상 떨어진 채로, 병 속의 알약들을 순간이동시켰다.

폴 동은 이 현상이 정말로 어디까지 가능한지를 보여준다.

> 중국에는 꽃을 피게 하는 능력을 가진 많은 사람들이 있고, 야오 첑은 그저 한 예일 뿐이다. 물론 더 강한 힘을 가진 사람들도 있다. 1994년 4월 1일 저녁 베이징 통신부대 강당에서, 푸 송샨 대령은 1,000명이 넘는 관중의 손에 들린 꽃봉오리들을 30분 안에 모조리 꽃피게 했다. 하지만 푸 송샨이 최고의 능력자는 아니니다. 한 신비로운 여성은 수천 수만 송이 꽃봉오리들 앞에서 "모두 피어나라."라고 말하고 손을 흔들어서 모든 꽃들이 그 즉시 피어나게 했다.[21]

《싱크로나이즈드 유니버스》에서 클로드 스완슨 박사는 한 사람의 주머니에 있던 배터리를 사용하는 작은 무전송신기가 벽 하나를 지나 다른 사람이 들고 있던 밀봉된 상자로 순간이동했다고 하는 중국에서의 실험에 대해 말한다. 송신기는 일정한 주파수의 전자기 신호를 내보내므로 여기에 걸린 정확한 시간이 계산될 수 있었다. 하트위그 하우스도르프*Hartwig Hausdorf*가 이 인상적인 솜씨들을 목격하고는 1998년의 책 《차이니스 로즈웰*The Chinese Roswell*》에 썼다.

> 순간이동이 일어날 때, 송신기의 주파수는 느려져서 아주 짧은 순간 실제로 멈추더니, 조금씩 원래 주파수로 돌아왔다. 이 일은 주파수가 시간의 척도이므로 시간 자체가 순간이동의 영향을 받을 수도 있음을 보여준다. 이 행동은 양자역학에서 무슨 일이 벌어지는지를 연상하게 해준다. 전자와 같은 소립자 하나가 공간에서 멈추어 서면, 그것의 주파수는 아주 낮아지고 그 위치는 넓은 곳에 걸쳐 퍼지게 된다. 이것은 '불확정성 원리'의 결과다. 중국의 실험에서 일어난 일이 이것이라면, 그 순간이동 과정에서 물체의 양자와 같은 비국소화*delocalization*가 일어난다는 것을 말한다.[22]

스완슨은 자신의 몸 안에서 시간의 흐름을 거의 멈출 정도로 늦출 수 있는 인도의 요기 타라 베이*Tara Bey*도 이야기한다. 요기를 돕는 사람들은 그의 몸 속으로 벌레가 들어가지 않도록 실제로 그의 눈, 귀와 입을 밀랍으로 막았다. 몇 주 또는 그 이상을 이렇게 있으려고 할 때에는, 사람들에게 자신의 몸 전체를 밀랍으로 바르라고 지시했다. 맞다, 그 요기는 숨 한 번조차도 들이쉬지 않았다. 그는 폴 브런튼*Paul Brunton*에게 어떻게 그렇게 하는지 설명해줬다.

> 사람들은 내가 하는 그런 현상들을 보면 그것을 어떤 마술 아니면 전적으로 초자연적인 무엇으로 생각합니다. 둘 다 아닙니다. 이런 일들이 자연 자체의 법칙에 복종하는 철저하게 과학적이라는 사실을 그들은 이해하지 못하는 것 같습니다. 내가 사람들이 거의 이해하지 못하는 정신 법칙들을 사용하는 건 맞지만, 이것도 법칙입니다. 내가 하는 그 어느 것도 내 맘대로 하거나, 초자연적이거나, 아니면 그런 법칙을 거스르는 것이 아니에요.[23]

황금시대에 대한 고대의 예언들은 이런 극적인 능력들이 아주 적은 수의 극도로 재능 있는 사람들의 손안에만 있지는 않으리라는 점을 보여준다. 이런 일들은 아주 흔해질 것이다. 그리고 인간이 시간의 흐름을 그렇게 크게 바꿀 수 있다면, 우리는 결국 시드 허르비치가 찾아낸 것과 같은 기술들로 같은 일을 이룰 수가 있을 것이다. 코지레프의 연구는 정말로 곧 우리 손에 닿을 정도로 가까이에 있는 완전히 새로운 세상의 시작일 뿐일지도 모른다.

13장

물질은 생각보다 쉽게 비물질화될 수 있다
: 평행현실과 타임슬립

착륙 중이던 내셔널항공 727기가 갑자기 레이더에서 사라졌다.
10분 후 비행기는 무사히 착륙했고
승무원과 승객들은 자신들에게 일어난 일을 인지하지 못 했다.
단 비행기 안의 모든 시계는 10분이 늦어 있었다.

니콜라이 코지레프 박사의 가장 놀라운 발견은 별들이 과거와 현재와 미래의 위치에서 측정 가능한 에너지를 발산한다는 것이었다. 에너지는 별의 현재 위치, 곧 실제 위치에서 가장 강하고, 그 과거나 미래의 위치를 볼 때에도 완만하고 고른 곡선을 그리며 줄어든다. 우리는 양자물리학에서도 비슷한 효과가 생기고 있음도 안다. 비록 겨우 극소수의 과학자들만이 무슨 일이 생기는지 이해하고 있는 듯하지만 말이다. 아원자입자 하나를 전적으로 단단하고 안정된 것처럼 보고 측정할 수는 있지만, 다른 측정 기법을 사용하면 입자는 파동으로 바뀌어서 비국소적으로 된다는 사실을 모든 양자물리학자들은 알고 있다. 이것은 우리의 직관적 지식을 완전히 거역하는 듯하고, '불확정성의 원리'라는 것으로 이끌기도 했다. 쉽게 말해 이 원리는 이렇다. "우린 양자 수준에서 도대체 무슨 일이 일어나고 있는지 몰라요. 거기서는 아무것도 안정되고, 합리적이고, 논리적인 방식으로 존재하지 않는 것 같아요. 그것은 입자도 아니고, 파동도 아니에요. 우리가 결코 이해할 수 없는 것이죠. 동시에 이것은 둘 다이기도 해요."

아인슈타인이 공간과 시간이 서로 연결되어 있음을 증명했기 때문에, 입자들이 파동으로 바뀔 때 그것은 공간적으로 그저 퍼져나가기만 하는 것은 아니다. 그것들은 시간적으로도 비국소적이다.[1] 이 말은 입자의 일부가 이제 과거에 나타나고, 일부는 현재에 그대로 남아 있으며, 또 일부는 미래로 옮겨 갔다는 뜻이다. 도무지 이해하기 어려운 소리로 들리겠지만, '파동-입자 이중성'은 양성자, 중성자, 전자와 모든 원자들에서도 관측되어왔고,[2] 또 거기서 일어나는 일은 이것이 전부다. 이 말은 양자 영역에 있는 모든 것은 언제나 불쑥 나타나고 사라진다는 의미다. 이것을 이해하는 데 필요한 모든 증거를 우리는 이미 가졌지만, 이런 식으로 생각하는 데 익숙하지 않을 뿐이다. 정통 과학자들은 여기서 일어나는 일을 설명하지 못하고, 따라서 그 미스터리는 결코 풀리지 않으리라고 결론지었다. 우리는 그야말로 불확실성의 우주에서 산다는 것이다. 감사하게도, 이것은 사실이 아니다. 차차 알게 되겠지만, 해답은 있다. 단지 아직 많이 알려지지 않았을 뿐이다.

원자들 전체가 비물질화하고 있다는 이 생각도 이상하기 그지없는데, 1999년에 올라프 네이어즈*Olaf Nairz* 박사 연구진 덕분에 미스터리는 더더욱 커졌다. 연구진은 60개의 탄소 원자가 축구공 모양으로 뭉쳐 있는 분자들—풀러렌*fullerene* 또는 버키볼*buckyball*이라고 부른다—을 바로 파동으로 변형시키는 데 성공했다. (탄소 원자들로 된 속이 텅 빈 이 기하학적 구체는 버크민스터 풀러*Buckminster Fuller*가 처음으로 고안한 구조물과 닮아서 그의 이름을 따 붙였다.) 이 버키볼들은 단단한 고체임에 유의하기 바란다. 이들은 다른 물질들을 그 안에 저장하는 데 사용되기도 한다. 버키볼 하나하나는 서로 단단히 결합된 60개의 탄소 원자들로 만들어진 것으로 720원자단위*atomic units*의 질량을 가졌다. 그런데도 네이어즈는 버키볼을 단순히 여러 개의 아주 작은 슬릿*slit*이 있는 벽에 부딪쳐서 파동으로 변형시킬 수 있었고, 이것은 동시에 1개 이상의

슬릿을 지나 튀어나왔다.[3]

당신과 내가 이런 능력을 가졌다면, 잠긴 문도 우리에게는 장애가 되지 않으리라. 우리는 최대의 속도로 문으로 내달려 거기 부딪치기만 하면 된다. 문과 부딪치자마자 끔찍하게 아픈 부상을 입는 대신, 우리는 홀연 파동으로 변할 것이다. 그러면 파동인 우리는 문의 네 면 어느 하나 또는 하나 이상의 틈으로 미끄러져 들어가, 반대쪽에서 그 즉시 정상적이고 단단한 육체 형태로 다시 튀어나올 뿐이다. 이 작은 기하학적 물체들이 한 일이 이것이었다.

이 터무니없이 단순한 실험은 명망 높은 학술지 〈네이처〉에 발표되었다.[4] 그렇지만 실험의 온전한 함의는 아직 우리 상식의 일부가 되지 못했음이 분명하다. 그리고 2001년에 같은 연구진은 버키볼을 벽에 던질 필요가 없다는 사실을 발견했다. 이 단단한 물체들을 파동으로 바꾸는 데는 결맞음 빛인 레이저만 있으면 됐다.[5] 이 내용은 높은 평가를 받는 과학학술지 〈물리학리뷰레터*Physics Review Letter*〉에 발표됐다.[6]

이런 역설적인 내용을 접하고서, 어떤 과학자들은 이미 "생각지도 못한 일을 생각하기" 시작했다. 이 입자들이 불가능해 보이는 무언가를 실제로 하고 있는 것이 아니라면 어떻게 될까? 시간이 선형이 아닌 이유로, 입자들이 온몸을 뻗고 느긋이 쉴 수 있는 자리가 있는 곳에서 현실로 들어갔다 나왔다 하고 있다면? 팀 폴거*Tim Folger*는 비슷한 개념을 2007년에 〈디스커버〉지의 한 기사에서 다뤘다.

> 40년쯤 전에, 그 무렵 프린스턴에 있던 유명한 물리학자 존 휠러*John Wheeler*와 노스캐롤라이나 대학교에 있던 고(故) 브라이스 드윗*Bryce DeWitt*은 상대성 이론과 양자역학의 통합이 가능한 틀을 제시해주는 놀라운 방정식을 만들었다. 그러나 휠러-드윗 방정식은 언제나 논란이 많았다. "휠러-드윗 방정식에서 시간은 그냥 사라져버린다는 것을 발견한다." 프랑

> 스 마르세유 지중해 대학교의 물리학자 카를로 로벨리*Carlo Rovelli*는 말한다. "양자현실을 생각하는 가장 좋은 방법은 시간의 개념을 포기하는 것일지도 모르겠다. 곧, 우주를 근본적으로 기술하려면 시간이 빠져야 한다."[7]

극대(極大)와 극미(極微)의 세계를 다루는 상대성 이론과 양자역학이 등장한 뒤로, 과학자들은 둘을 통합하기 위해 애썼다. 아인슈타인의 꿈은 궁극적으로 모든 것들이 통일장으로부터 만들어진다는 것이었고, 이것은 양성자도, 중성자도, 전자도 없고 장(場) 그 자체의 회전만 있음을 의미한다. 당연히 문제는 양자역학의 이 해괴한 '시간 휨*time-bending*'의 속성들이 우리가 그런 실용 모형을 만들도록 놔두지 않는 것처럼 보인다는 점이다. 하지만 〈디스커버〉의 기사대로라면, 시간을 생각하는 방식을 바꾸면 이 모든 문제들을 풀 수 있을지도 모른다.

> 로벨리 같은 꽤 많은 물리학자들은 20세기 물리학의 두 위대한 걸작을 융합하면, 궁극적으로 시간이 없는 우주를 반드시 기술해낼 것이라고 믿는다. 더 좋게는, 시간이 배제된다면 모든 법칙들이 —뉴턴이든, 아인슈타인이든, 변덕스러운 양자 법칙이든 간에— 똑같이 쓸모 있게 될 것이다.[8]

그러므로 과학을 무기로 삼는 회의론자들은 시간의 본질에 대한 이 급진적인 새 개념들을 쏘아 떨어뜨리지 못한다. 이 개념들은 과학적인 사실로 이미 받아들여지려 하고 있는 것이다. 물리학의 법칙들을 설명하기 위해 시간이 선형적일 필요는 없다. 입자가 파동으로 바뀔 때, 그것은 여전히 하나의 입자임을 이해하게 해주는 극적인 새 증거를 준다는 점에서, 코지레프의 연구가 러시아 과학계 밖으로는 널리 알려지지 않았다는 사실은 불행한 일이다. 오직 시간 속에서 지금만이 입자일 뿐이다.

듀이 라슨과 3차원적 시간

우리의 현실에서 시간은, 작은 몇 번의 불안정과 결함을 빼고는, 한결같은 속도로 앞으로 계속 지나간다. 그래서 아인슈타인은 시간이 1차원적일 뿐이라고 짐작했던 것이다. 그러나 가장 커다란 과학적 미스터리들을 풀기를 원한다면, 우리는 시간이 3차원을 가지도록 하기만 하면 된다. 자연에 있는 것들이 1차원적이라는 생각은 수학적인 개념에 지나지 않는 것으로, 지구가 편평할 수도 있다는 생각과도 다르지 않다. 듀이 라슨*Dewey Larson* 박사는 1950년대부터 시작해서 시간이 세 개의 차원들을 가졌다고 추론함으로써 우리 우주를 보는 아주 성공적인 모형을 만들었지만, 주류 과학자들은 받아들이려고 하질 않았다. 그럼에도 라슨은 이 모형으로 양자물리학의 가장 큰 문제들은 물론 천문학에서의 많은 난처한 문제들을 해결했다. 라슨은 3차원적인 "시간 영역*Time Region*" 또는 지금은 나를 비롯한 여러 사람들이 "타임스페이스*time-space*"라고 즐겨 부르는 것이 있다는 결론을 내렸다. 이것은 우리 시공간*space-time*의 3차원과 끊임없이 상호작용하고 있다. 라슨의 다른 큰 개념은 우주 전체가 다름 아닌 "모션*motion*"*으로 만들어진다는 것인데, 나는 이것이 바로 소스필드라고 생각한다. 중력, 전자기 에너지, 그리고 보통 양자역학과 관련된 다른 모든 힘들은 같은 것을 말하는 다른 표현들일 뿐이다. 우주 전체는 바로 소스필드 안에서 소용돌이치는 유체와 같은 볼텍스들로 만들어진다. 통일장에의 아인슈타인의 위대한 꿈은 맞았다.

라슨의 이론을 발전시키고 있는 K. 네루*Nehru*가 같은 것을 더 전문적으로 말해준다.

---

* 라슨은 이 개념을 공간과 시간 사이의 역관계로 사용했다. 곧 '모션'은 우주에서의 모든 변화를 만들어내는 공간과 시간 사이의 하나의 비율이다.

> 라슨은 원자에는 부분들이 없으며, 복합적인 모션의 한 단위인데, 이 모션이 물질우주의 기본적인 구성 요소라고 주장한다. 이 말은 원자핵과 궤도 전자라는 것이 실재하지 않는다는 뜻이다. 다음으로 그는 원자 구조에는 전기력도 없다고 말한다. 따라서 중력과 시공간 연속*space-time progression*은 시간 영역 안에서 작용하는 두 가지 모션(힘)들일 뿐이라는 것이다.[9]

모든 유효한 증거들로 보아, 중력과 '시공간 연속'은 정확히 같은 것이자, 이것은 결국 라슨이 "모든 것은 모션이다."라는 결론으로 말하고자 하는 것이다. 중력이 물리적인 물질에 힘을 주고 있다는 생각은 마음을 무척 넓혀주는 개념이다. 이게 전부다. 이것 말고는 아무것도 없다. 우리가 흔히 중력이라고 부르는 신비한 힘 안에 있는 흐르는 볼텍스일 뿐이다. 이 일을 하는 중력의 흐름이 없이는, 물질은 아무것도 없을 것이다. 최소한 우리의 시공간에서 눈에 보였던 것들은 그 어떤 것도 없다.

네루의 말대로라면, 라슨이 "상반 시스템*the Reciprocal System*"이라 불렀던 이 이론은 또한 천체물리학적 관측 결과들을 분명하게 설명하는 데 아주 유용하게 쓰인다.

> 다른 것들 말고도, 상반 시스템에서의 3차원적인 조정시간*coordinate time*의 개념은 퇴화물질*degenerate matter*, 시공간곡률*curvature of space-time* 따위의 개념들에 의지하지 않고도, 초신성, 백색왜성, 펄서*pulsar*, 퀘이서*quasar*, 콤팩트 X선 광원, 우주선*cosmic rays*의 특성들을 설명하고 그 근원을 찾아준다. 상반 시스템에서는 [아인슈타인의] 모든 '상대론적 효과들'이 이 추가적인 시간요소가 있음으로 생긴다.[10]

더 좋은 일은, 퀘이서의 존재를 1963년에야 마틴 슈미트*Maarten Schmidt*가 공

식적으로 발견했음에도, 라슨은 이미 1959년에 그것을 예측했다는 점이다.[11]

데이브 애쉴리*Dave Ashley*[12]라는 컴퓨터 프로그래머는 내 비디오 강의에서 그것에 대해 듣고 나서 라슨의 책을 읽었고, 이어서 용감무쌍하게도 제임스 랜디*James Randi**의 회의론자들의 포럼에서 이에 대한 토론을 시작했다.

> 라슨의 물리학은 '모든 것의 물리학'에 관련된 지난 100년 또는 그 이상의 인습적인 지혜를 한물간 것으로 만들어버린다. 당연히 이것은 주류 과학계가 받아들이지 않는다. 근본적으로 지금의 모든 이론들을 뒤집어버리기 때문에 이것은 상호 검토되는 학술지들이 받아들일 수 없다. 라슨의 모형은 원자들, 화학물질들, 화합물 속의 원자들의 간격과 같은 것들에 대한 정확한 예측들을 엄청나게 많이 하고 있다. 그 수는 늘고 있다. 라슨이 옳다면, 아주 많은 교수들과 대학원생들은 줄줄이 일자리를 잃는다. 거기에는 정부 보조금의 노다지판이 있다. 근본물리학이 정말로 훨씬 더 단순한 거라면, 그것을 "알아내기" 위해서 오랫동안 힘든 연구를 하지 않아도 된다. 고등학교에서도 가르칠 수 있는 것이다. 따라서 지금의 상황을 유지하는 데에는 아주 큰 기득권이 깔려 있다.[13]

공간과 시간은 정확히 서로 반대다

라슨은 공간과 시간이 서로 완벽한 역관계, 곧 상반 관계에 있다고 느꼈기 때문에 자신의 이론에 '상반 시스템'이라는 이름을 붙였다. 대부분의 사람들은 공간과 시간이 전혀 다르다고 믿기는 하지만, 라슨은 이것이 오로지 우

---

* 마술가이자 초자연 현상의 존재를 부정하고 과학적으로 설명하려고 시도하는 미국 초현상연구회(SCICOP) 회원이기도 하다.

리가 그렇게 생각하도록 조건화되어왔기 때문이라고 했다. 대신 라슨은 우리에게 마음속에 평행현실*parallel reality*을 그려보도록 초대한다. 우리 주위 모든 곳에 있는 이것은 거의 모든 점에서 우리가 지금 보는 공간과도 같다. 이 평행현실에는 바로 우리가 가진 것과 같은 단단한 물체들과 살 만한 곳들이 있을 텐데, 이들은 우리가 주위 모든 곳에서 보는 같은 원자들과 분자들로 만들어졌을 것이다. 우리의 과학자들은 보통 이 원자들이 이 존재의 단계에서는 파동으로만 존재한다고 생각한다. 기억하기 바란다 — 이곳에서의 파동은 그곳에서 단단한 입자라는 것을.

우리는 곧 논의하게 될 어떤 방법들로 이 평행현실로 들어가서 돌아다니게 될지도 모른다. 우리 관점에서의 유일한 차이는 이 평행현실이 모두 하나의 더 높은 차원—또는 더 정확하게는 세 개의 평행차원들—에 존재하리라는 점이다. 이론적으로, 우리는 바로 지금 이 평행현실—타임스페이스—로 둘러싸여 있다. 우리 육체와 뇌의 에너지적 사본이 있는 곳이다. 꿈과 유체이탈과 원격투시 과정 또는 "사후"에 우리가 가는 곳이 이곳일 가능성이 아주 크다. 이 평행현실을 측정할 수 있는 중요한 방법은 시간흐름에서의 그것의 영향을 추적하는 것이다.

라슨이 제기하는 가장 마음을 넓혀주는 개념들의 하나는 바로 우리가 주위에서 보는 공간, 곧 '보이는 우주*the Known Universe*'가 전혀 진짜가 아니라는 것이다. 타임스페이스의 평행현실도 마찬가지로 사실은 진짜가 아니다. 정말로 존재하는 유일한 것은 이 두 현실들이 그 일부분인 세 개의 진짜 차원들이다. 이 세 개의 차원들 속에서, 에너지는 두 현실들 사이를 끊임없이 흘러서 두 현실 모두가 계속 존재할 수가 있다. (라슨은 전문적으로 이것을 에너지가 아닌 모션이라 부르겠지만, 나는 같은 것을 말하고 있다고 믿는다.)

간단해 말해, 우리 현실에서 공간을 만드는 모든 에너지는 평행현실에서 시간을 움직이는 에너지다. 또 평행현실에서 공간을 만드는 모든 에너지는 우리 현실에서 시간을 움직이는 에너지다. 처음에는 이것을 시각화하기가 전적으로 불가능해 보이기는 하겠지만, 이런 일이 일어나는 것은 공간과 시간 사이에서의 이 에너지흐름의 교환이 우리의 눈에 보이는 우주의 모든 원자와 분자 하나하나에서 끊임없이 일어나고 있기 때문이다. 이 말은 곧 이 두 현실들 모두가 우리가 방문할 수 있는 안정된 장소들이며, 서로가 완전히 연결되어 있다는 뜻이다. 어느 현실도 따로는 존재하지 못한다. 이들은 스스로를 유지하기 위해 서로에게 밀접하고 철저하게 의존한다. 둘을 서로 떼어놓기는 그야말로 불가능하다. 우리는 언제나 이 평행현실로 갑자기 사라졌다가 이곳으로 갑자기 나타나고 있는 원자들과 분자들을 볼 수 있다. 그러나 지금까지는 우리가 정말로 보고 있는 것이 무엇인지를 몰랐었다. 이것은 또 우리가 보는 공간이란 실제로는 하나의 환영이자 모든 지점이 궁극적으로 우주의 중심임을 의미하기도 한다.

시간 속의 평행현실

다시 말하지만, 이론적으로 이것은 당신이 주위에서 보는 모든 것들이 하나의 에너지적 사본을 가진다는 뜻이다. 당신의 몸만 그런 것이 아니다. 이 평행현실 속에서, 당신의 방은 여전히 당신의 방으로 보일 것이다. 더 정확히 말하면, 당신의 방은 적어도 당신이 보게 될 가장 확실한 지역인데, 이것은 그 방이 당신이 이 평행현실로 들어간 순간에서 시간적으로 가장 가까운 지점일 것이기 때문이다. 당신은 또 당신의 집이 아직은 존재하지 않았던 곳에서 희미하고 유령 같은 이미지들을 볼지도 모르는데, 그곳에는 다른 건물이 있었기 때문이다. 아니면 아무런 건물도 없이 비어 있는 공터일 수도 있다. 적당한 여건이 주어진다면, 당신은 공룡이 돌아다니는 선사시대를 거슬러 보게 될지도 모른다. 또는 어쩌면 미래에 그곳에 있을 눈부시게 아름다운 수정 도시의 조짐을 엿보기도 할 것이다. 그럼에도, 이런 것들은 대부분의 경우에 희미한 모습이나 유령과도 같을 것이고, 눈으로 보기에도 너무 희미할 수도 있다.

여기서 생기는 또 다른 신기한 일은, 이 평행현실에서 그냥 걸어 다니는 것으로도 눈에 실제로 보이는 것들이 마치 비디오테이프를 앞으로 빨리 돌리거나 되감기하는 것과도 많이 비슷한 효과를 내리라는 점이다. 당신이 미래로 걸어 들어가는지 아니면 무심코 과거로 들어가는지를 어떻게 알까? 해답을 얻으려면 상상의 나래를 훨씬 더 많이 펴야만 하지만, 이것은 우주가 정말로 어떻게 일하는지의 문제인 듯하다.

이 평행현실로 들어갈 때 당신이 미동도 없이 가만히 있으면, 당신은 시간을 여행하지 않을 것이다. 오직 미래나 과거에서 이리저리 돌아다니기 시작할 때만 그렇게 된다. 당신이 그곳에서 걸어 다니고 그곳의 것들을 경험할지라도, 여기 우리 현실에서는 그 누구도 당신을 보지 못할 것임을 확실히 해두자. 라슨은 지상에서의 우리의 정상적인 시각으로 볼 때, 당신은 얼어붙은 것처럼 보일 것이라고 말했다. 그러나 양자물리학적인 시각에서는, 당신은 파동으로 바뀐 듯해 보일 것이다. 누군가가 당신을 어떻게든 볼 수만 있다면, 당신은 전형적인 유령의 모습으로 보일지도 모르겠다. 이 평행현실에서 자유롭게 돌아다닌다 해도, 그리고 확실히 그렇게 할 수 있다 해도, 당신이 실제로 하고 있는 모든 일은 시간 속에서 움직이고 있다는 것뿐이다. "시간에서의 모션만이 시간 영역에서 일어날 수 있다."[14] 곧 이 평행현실 속에서 한 곳에서 다른 곳으로 이동하는 것은 실제로 시간여행이라는 뜻이다.

시간여행의 이해

하지만, 당신이 얼어붙은 듯이 보이리라고 말한 것도 엄밀히 맞는 말은 아니다. 뒤이은 장들에서 우리가 살펴보게 될 증거는 당신이 만일 한 지점에서 갑자기 사라졌다가 다른 위치로 걸어가서 다시 갑자기 나타난다면, 당신은 여기 지상의 두 지점들 사이를 정말로 순간이동한 것임을 말해준다. 더 멋진 일은, 당신이 평행현실에서 충분히 멀리 걸어갔다면 다시 돌아왔을 때 당신은 분명하게 시간여행을 한 것이라는 점이다. 이것을 '타임슬립 *time slip*'이라고 부르고, 우리는 이런 일이 생기게 할 수 있는 볼텍스들이 자연적으로 지구에 나타난다는 확실한 증거를 검토하게 될 것이다. 그런 볼텍스 경험들은 "UFO 납치"와 "기억상실"로 자주 오해된다. 회의론자들은 자신들이 충분히 진실을 인식할 정도의 상상력을 발휘할 수 없기 때문에 풍부한 과학적 데이터들을 쓰레기통에 구겨 넣어 버렸다. 알게 되겠지만, 타임스페이스에서 제대로 한 번 걸어 다니는 데 시간여행에 전형적으로 5일이 넘게 걸리지는 않을 것이다. 적어도 전형적인 상황에서 말이다. 그곳에서 걸어서 여행한 거리는 전체 소요 시간에 전혀 더해지지 않는다.

그곳에서 걸어 다니고만 있다 한다면, 시간 속에서 어느 쪽으로 가고 있는지를 어떻게 알까? 여기에 비밀이 있다. 그곳에 갔을 때 지구가 있던 위치에서 앞서 가면, 당신은 미래로 갈 것이다. 그곳에서 뒤로 가면, 과거로 갈 것이다. 물론 비결은 지구가 축을 중심으로 회전하면서 태양 주위를 돌고 있다는 것이다. 다음으로 태양은 은하중심을 따라 돌고 있고, 은하는 처녀자리 은하단 쪽으로 흘러가고 있다. 감사하게도 우주의 법칙들은 우리가 타임스페이스로 들어갈 때 공간의 우리 절대 위치에서 오도 가도 못하도록 남겨두지는 않는다. 우리가 시간을 앞질러 가거나 거슬러 갈 때도, 우리는 지구와 함께 머물고 있다. 지구는 서쪽에서 동쪽으로 돈다. 따라서 당신이 동쪽으로 가면 미래를 보기 시작할 것이고, 서쪽으로 가면 과거를 보기 시작할 것이다. (정말로 구체적으로 말하기를 바란다면, 시간은 모두 펴져 있으므로 미래를 더 많이 보게 되거나, 또는 과거를 더 많이 보게 될 것이라고 말할 수도 있겠다.)

중력은 당신을 누르고 있기도 하지만, 시간에도 힘을 실어준다. 중력의 흐름은 시간의 흐름이다. 중력이 물질을 만드는 흐름인 것처럼 말이다. 따라서 타임스페이스에서 위로 올라가면 당신은 과거로 움직일 것이다. 출발할 때 시간중력의 모멘트가 당신을 내리누르기 전에 거슬러 간다. 또, 아래로 내려가면 당신은 미래로 움직일 것이다. 시간중력의 모멘트가 누른 다음이다. 이 경우들에서 당신이 이동한 시간의 양은 그리 많지 않을지도 모르지만, 어떤 상황들에서는 그 효과가 정확히 측정될 수도 있다.

내셔널항공 727기의 "타임슬립"

비행기 한 대가 공항에 다가가면서 점차 고도를 낮추고 있다. 그때 비행기가 타임스페이스로 들어가는 비교적 작은 볼텍스에 맞으면 어떻게 될까? 1974년 찰스 벌리츠*Charles Berlitz*는 고전이 된 저서 《버뮤다 삼각지대*Bermuda Triangle*》에 바로 이와 같은 사건을 감질나는 세 문단의 글로 요약해 실었다. 여기서 벌리츠는 비행기가 북동쪽에서 다가오고 있었다고 말한다. 이것은 비행기가 남서쪽으로 비행하고 있었다는 의미다. 그러나 이제 알게 되겠지만, 마틴 카이딘*Martin Caidin*은 벌리츠보다도 더 많은 목격자들을 면담했고 그 비행기가 마이애미 국제공항 서쪽에서 오고 있었다고 했다. 이것은 비행기가 동쪽으로 비행하고 있었다는 뜻인데, 그런 볼텍스에 비행기가 맞았다면 미래로 가게 될 가능성이 훨씬 더 높아진다.

> 시간 차*time lapse*가 있었던 사고가 5년 전 마이애미 국제공항에서 생겼지만, 여태 만족스러울 정도로 설명되지 못했다. 내셔널항공 727 여객기는 착륙하려고 북동쪽에서 다가오고 있었고, 항공관제센터의 레이더가 포착하고 있었다. 갑자기 727기는 10분 동안 레이더스크린에서 사라졌다가 다

> 시 나타났다. 비행기는 무사히 착륙했고, 조종사들과 승무원들은 지상요원들이 그들로서는 전혀 예사롭지 않은 일이 생긴 데 대해 걱정해주는 것을 보고 놀라움을 감추지 못했다. 관제센터의 요원 한 명이 설명을 해주느라 한 조종사에게 말했다. "원 세상에, 여러분은 10분 동안 사라졌었어요." 승무원들이 자신의 시계와 비행기 안의 여러 개의 시계를 확인해본 것은 바로 그때였다. 시계들은 한결같이 실제 시간보다 10분이 늦었다. 727기는 사고 20분 전에 일상적인 시간 점검을 했었고, 그때는 시간 차이가 전혀 없었다는 점에서 이것은 특히 놀라운 사건이었다.[15]

이 일이 정말로 사실이라면, 이 이야기에는 빠진 것들이 많아 보인다. 갑자기 10분 동안 미래로 사라졌던 승객들로 꽉 찬 비행기가 있다. 그들이 들어갔을 때의 시간이 오후 8시 50분이었다고 하면, 다시 나왔을 때 그들은 아직 8시 50분에 있었다. 다른 모든 이들의 시계가 이제 9시인데도 말이다. 고맙게도 한 조종사와 마틴 카이딘이라는 연구자는 이 사건을 훨씬 더 철저하게 조사했고, 그 결과를 1991년에 카이딘의 책 《허공의 유령*Ghost of the Air*》에 보고했다. 카이딘은 이 현상에 대한 책들을 읽은 적이 없었다.

> 나는 관계자들과 이야기해봤다. 항공사 기장들, 연구를 도와준 내 친구들, 연방항공국 관리들, 조사책임자, 모두들 이 일을 글로 적기에 앞서 그들의 정보를 한데 묶도록 모아주었다.[16]

카이딘은 727기가 마이애미 공항에 착륙하려고 다가오는 동안 비행기의 모든 장치들이 정상적으로 작동하고 있었다고 적는다. 조종사들은 관제탑의 지시를 따랐고 배정받은 보이지 않는 항로 쪽으로 방향을 돌렸다. 그때, 레이더 위에서 727기의 신호가 예고 없이 사라져버렸다. 이런 일은 물론 전기적

장애나 레이더 결함, 또는 한 요원이 트랜스폰더*transponder* 시스템의 스위치를 꺼버려도 생길 수 있는 일이었다. 그러나 이것이 727기가 "마이애미 공항 서쪽 멀리에 있는 늪지"에 추락했을 수도 있음을 의미하는 것이기도 했다.

어쩔 수 없이 공포가 느껴지는 상황이었다.

> 그 즉시 경보가 울렸다. 이에 대한 반응은 자동적이다. 이착륙통제소와 관제탑으로부터 그 구역에 떠 있는 모든 비행기들에게 "스코프에서 사라져버린 727기를 찾으라."는 지시가 전해졌다. 조종사들은 어떤 흔적이라도 찾아내기 위해 안간힘을 썼다. 금속에 반사된 햇빛, 섬광등, 밝은 불꽃, 치솟는 연기, 그 무엇이라도.
>
> 그러나 아무것도 없었다. 사라져버린 것이다.
>
> 통제소는 해안경비대와 다른 구조부대들에 경보 신호를 보냈다. 헬리콥터들이 급히 떠올라 727기가 마지막으로 있었던 지점으로 쏜살같이 날아갔다.
>
> 역시 아무것도 없었다.
>
> 바로 그때, 관제소의 스코프에서 레이더 신호가 사라져버린 지 정확히 10분 뒤에, 레이더 스코프로 몰려든 사람들의 놀란 눈앞에서 신호가 다시 나타났다.
>
> 무엇에 홀린 듯이 727은 다시 나타났다. 하지만 이것은 727이 사라진 지 10분이 지나서였고, 레이더와 공중 모두에서 사라졌을 때 비행하고 있던 정확히 같은 지점에 다시 나타났다. [약간 움직였을 수도 있지만, 10분의 타임슬립을 일으킬 정도밖에 되지 않을 것이다.]
>
> 727기의 조종사는 통제소, 그리고 관제탑과 아주 차분한 목소리로 계속 교신하고 있었다. 그의 어조나 말들에서는 아무것도 이상한 점을 찾을 수 없었다. 경악했던 그 레이더 조작자는 727이 다가오는 것을 주시하고 있었

고, 다음으로 여객기에 마지막 착륙 지시를 내리도록 관제탑에 넘겼다. 727은 공항으로 접어들면서 보조날개를 올리고 착륙기어를 내렸고, 아주 정상적으로 착륙했다.

여객기는 터미널게이트에서 떨어진 계류장으로 갔다. 비행기가 멈춰 서고 문이 열렸을 때, 연방 조사관들과 내셔널항공사 관계자들은 비행기 안으로 빨리 들어가려고 서둘러댔다. 승무원들은 놀라움 속에서 이 예상 밖의 이해 안 되는 소동과 질문세례를 받아들였다. 그리고 무슨 일이 일어났었는지를 들었다. "여러분은 착륙하다가 스코프에서 사라져버렸어요. 10분 동안 레이더에 잡히지 않았죠. 다시 스코프에 돌아왔을 때 여러분의 위치는 정확히 그대로였어요. 그뿐만 아니라, 여러분이 10분 동안 있던 그 공간을 다른 여객기들이 지나다녔어요. 대체 무슨 일이 있었던 거죠?"

승무원들은 —그리고 질문 받은 승객들은— 다른 상황에 있었다. 믿기 어려운 일이 일어났고, 그들은 아무것도 모르고 있었다. "아무 일도 없었어요." 기장은 주장했다. "특이한 건 없었어요, 그게 다예요. 우린 접근했고, 공항에 들어왔고, 관제탑의 지시를 받았고, 착륙했죠. 끝이에요."

"교신이 끊어지지는 않았나요?"

"전혀요."[17]

카이딘은 승무원 한 명이 시계를 확인했고 다른 모든 승무원들의 시계와 비교했으며, 그러고는 비행기 안의 모든 시계들을 확인해보았다고 이어서 말한다. 그들의 시계 모두가 같은 시간이었다. 그러나 모두 10분이 늦었다.

《버뮤다 삼각지대》는 내가 연구를 시작했을 때 읽은 고전적인 책이지만, 실제로 무슨 일이 생겼는지를 이해하고 설명하는 데는 몇 년이 걸렸다. 이것은 매우 전문적인 논의이기 때문에, 나는 라슨이 어떻게 양자역학과 천체물리학의 미스터리들을 풀었는지에 대한 모든 증거를 일부러 제시하지 않았다. 여러분이 팔을 걷어붙이고 자세한 내용을 정말로 알고 싶다면, 엄청난 분량의 읽을 만한 자료들이 있고, 이들 모두가 온라인에 올라와 있다. 'RS 이론' 웹사이트[18]를 운영하는 내 동료 브루스 페렛*Bruce Peret* 박사, 그리고 그의 동료 K. 네루 박사와 국제통합과학협회*International Society for Unified Science*의 여러 사람들은 라슨이 시작했던 것을 넘어서는 모형을 발전시키는 데 적극적으로 나서고 있다. 에릭 줄리앙*Eric Julien*은 《외계의 과학*The Science of Extraterrestrials*》에서 같은 개념들 일부는 물론 라슨의 모형에는 없는 다른 것들을 독자적으로 재발견했는데, 이 책도 마찬가지로 아주 전문적이며 존경받는 러시아 과학자들의 호평을 받았다.[19]

광속에 도달하면 질량이 감소한다

내 마음에서 바로 지금 불거져 나오는 다급한 질문이 여기 있다. "타임스페이스가 정말 있다면, 우리는 거기에 어떻게 가는가?" 이 질문의 대답을 찾게 되면, 우리는 비물질화, 순간이동과 시간여행—틀림없이 무척 흥미롭고 즐거움으로 가득한 황금시대로 다가가게 될—을 하게 될 가능성이 매우 커진다. 타임스페이스로 바로 들어갈 수 있는 방법에 대해 내가 찾은 첫 번째 실마리는 블라디미르 긴즈버그*Vladimir Ginzburg* 박사에게 있었다.

자신의 책들과 논문들에서 긴즈버그는 아인슈타인이 상대성 이론에서 저지른 또 다른 실수를 보여준다. (내 생각에 아인슈타인은 위대한 일을 해냈다. 몇 가지만 고칠 필요가 있을 뿐이다.) 잘 알다시피 전통적인 상대성 이론은 그 어떤 것도 빛의 속도보다 빠르게 날 수 없다고 말한다. 아인슈타인 방정식은 우리가 빛의 속도에 다가가면 질량을 얻게 된다고 제시했다. 우리는 결코 빛의 속도에 실제로 다다를 수가 없다. 그것은 이론적으로 빛의 속도에서 우리는 이제 우주 전체만큼이나 무거워지기 때문이다. 그러나 긴즈버그는 혁명적인 발견을 해냈다. 곧, 같은 상대성 이론 방정식을 뒤집어서 볼 수도 있다. 이 과정에서 모든 것들은 여전히 작용하며, 어떤 물리학의 법칙들도 거스르질 않는다, 그러나 하나의 큰 차이가 있다. 우리가 빛의 속도에 다가갈 때, 우리는 질량을 얻는 대신 잃는다. 이 말은 우리가 빛의 속도에 다다르기만 하면, 질량이 전혀 남지 않는다는 것이다. 적어도 시공간에서는 그렇다. 아인슈타인 방정식에서의 이 단순한 변화는 인류의 문명에 그야말로 놀라운 함의를 갖는 것이다.

긴즈버그가 자신의 웹사이트에서 이것을 어떻게 설명하는지 알아보자.

> 여러분은 100년이나 된 상대론적 방정식을 곧바로 포기할 준비가 되어있지 않을지도 모르겠다. 하지만 그럴 준비가 되기만 하면, 여러분은 많은 놀라운 것들을 발견할 것이다. 입자 하나가 안정되어 있을 때만, 그것은 순수한 물질로 여겨질 것이다. 그 입자가 움직이기 시작하자마자, 그것의 중력질량과 전하량은 감소하기 시작할 것이다. 그러면 그 물질의 일부분은 하나의 장으로 바뀔 것이다. 입자속도 V가 나선의 장속도*spiral field velocity* C[광속]와 같아질 때, 입자의 중력질량과 전하량은 0과 같아진다. 이 지점에서, 물질은 "순수한" 장으로 완전히 바뀐다.[20]

이제 우리는 뭔가를 이뤄낼 가능성이 있다. 우리가 원자 하나 안에서의 소용돌이 운동을 빛의 속도를 넘어가게 할 수 있다면, 그 원자를 타임스페이스로 들어가게 한 것이다. 아주 최근에야 비로소 나는 여기에 숨은 훨씬 더 중요한 개념이 있었음을 깨달았다. 곧, 원자 안의 모션은 이미 빛의 속도로, 또는 그것에 아주 가깝게 움직이고 있다는 것이다. 따라서 이 일을 하는 데 많은 힘이 들어가지 않는다. 바로 그때, 아주아주 오랫동안 내 마음속에 품어왔던 이해 안 되는 과학적 사실들이 한꺼번에 맞아떨어졌고, 이것은 내 인생 모두를 통틀어 가장 멋진 "유레카"의 순간이었다.

파동으로 바뀌는 입자

물리적인 물질은 언제나 이 두 현실들 사이의 바로 경계에 있다. 우리는 그것이 경계를 넘어가도록 조금만 밀어서 타임스페이스로 보내기만 하면 되는 것이다. 이것이 우리의 버키볼들이 벽에 부딪치기만 한 것으로도 파동으로 바뀌었던 방법이다. 양자 영역에서의 양성자, 중성자, 전자와 원자들은 늘 이랬다 저랬다 하기를 반복하고 있다. 원자들이 파동으로 변해갈 때 고체로부터 사라지는 모습을 꼭 볼 수는 없겠지만, 내가 이것이 원자들이 하고 있던 일임을 깨닫자, 누군가는 그것이 일어나는 모습을 관측하고 측정했다는 것이 확실해졌다.

그 하나는 니콜라이 코지레프 박사가 어떤 물체를 단단한 표면에 부딪치게만 해도 물체의 무게가 줄어든다는 사실을 발견했던 것이다. 한 실험에서 코지레프는 쇠구슬을 납판에 부딪치게 했고, 충돌 전후의 무게를 쟀다. 다른 실험에서는 납 조각을 지하실 돌바닥에 떨어뜨렸다. 부딪치는 순간에 원자들의 일부가 타임스페이스로 튀어 들어갔고, 물체의 무게는 줄었다. 더 멋진 일은 이것이다. "이 실험들은 손실된 무게가 충돌 뒤에 바로 회복되지 않고, 15~20분 정도의 휴식 시간에 걸쳐 조금씩 회복된다는 점을 보여주었다."[21] 이 말은 곧 원자들이 다시 진정되면서 잃어버린 무게가 천천히 돌아온다는 뜻이다. 무게는 그 즉시 광속 또는 광속에 버금가는 속도로 돌아오지 않고, 15분에서 20분의 시간 지체가 있다. 이 사실은 다시 시공간*space-time*과 타임스페이스*time-space*라는 우리의 두 "평행현실들" 사이에 유체와 같은 흐름이 있음을 말해준다.

"난폭하게" 물체들을 충돌시키는 일조차도 필요치 않았다. 또 다른 실험에서 코지레프는 손으로 추 하나를 들고 위아래로 30번 흔들기만 해도 확실히 무게가 줄어든다는 사실을 알아냈다.[22] 가장 이상했던 부분은 무게가 깔끔하고 완만한 곡선을 그리며 모두 돌아오지는 않았다는 점이다. 그것은 시간이 흐르면서 갑작스러운 작은 양자화된 도약*quantized jump*을 하면서 돌아왔다. 무게가 갑자기 바뀔 때마다, 질량의 새로운 증가분은 다른 증가분들에 비례했다. 각각의 무게 변화도 맨 처음 사라졌던 질량의 총량에 비례했다.

혼란스럽게 들린다면 가상의 예를 하나 들어서 설명하는 게 가장 쉬울 듯하다. 추를 충돌시켜서 100밀리그램의 무게가 줄어들었다면, 처음에는 —말하자면— 10밀리그램이 돌아온다. 그러면 당신은 기다린다. 그러나 아무 일도 일어나지 않는다. 그때 갑자기, 추는 10밀리그램이 더 무거워진다. 그러고는 잠시 그대로 있다. 그때 다시 10밀리그램이 더 나타난다. 이 일은 15~20분 동안 계속해서 일어난다. 코지레프의 말에 따르면, "우리는 다섯 배, 그리고 열 배의 효과까지도 얻는 데 성공했다." 그는 이 양자화*quantization*라고 하는 효과가 실제로 "거의 모든 실험들에서 일어난다."는 것을 발견했다.[23] 따라서 우리는 다시 물리적 물질의 기본 속성을 들여다보고 있는 것이다. 원자들이 타임스페이스에서 다시 튀어나오면서, 깔끔하고 완만하고 고른 방식으로 그렇게 하지 않는다. 대신 그것은 마치 하나하나의 원자 안에 층들이 있는 것처럼 한다. 층 하나하나는 광속의 경계를 넘어오는 데 충분할 만큼 일단 속도가 다시 느려져야만 나타난다. 이 말은 개별 원자들이 우리 현실의 안과 밖에 동시에 있을 수 있음을 의미하는데, 우리가 어떤 층을 들여다보고 있느냐에 달려 있다. 우리가 하나하나의 원자 안에서 찾게 될 기하 구조의 층들에 대해 살펴보고 나면 이 점이 훨씬 더 잘 이해될 것이다. 이것은 나중에 살펴보도록 하자.

다시 말하지만, 기본적인 개념은 이렇다. 한 물체를 때리고, 부딪치거나 흔드는 것만으로도, 그것의 원자들 일부는 타임스페이스로 넘어 들어가고 무게는 줄어든다. 브루스 드팔머 박사의 수수께끼 같은 회전구슬 실험 *Spinning Ball Experiment*도 이것으로 설명된다. 드팔머는 폴라로이드*Polaroid*에서 사진과학 분야를 연구하고 있었고, 파트 타임으로 MIT에서 강의했다. 학생 가운데 하나가 중력의 효과가 회전물체와 비회전물체에서 차이가 있는지를 알고 싶어 했다. 드팔머는 답을 찾는 데 도움이 될 실험을 고안했다. 두 개의 1인치짜리 쇠구슬들에 정상적으로 정확히 같은 곡선을 그리며 솟았다가 떨어지게 하는 "정밀하게 측정된 추력(推力)"을 주었다. 둘의 유일한 차이는 드팔머가 핸드 라우터*hand router*를 사용해서 그 하나를 분당 18,000회, 또는 1초에 300회의 속도로 회전하게 했다는 점이다. 따라서 분명히 이것은 무척 빠른 회전이다. 그는 이들을 어두운 곳에서 발사했고 결과를 60사이클 플래시 라이트로 촬영했다. 그 결과는 브루스 드팔머의 공식 웹사이트에 나와 있다.

> 이것을 많은 횟수로 반복하고, 쇠구슬들의 평행궤적을 기록사진술로 분석했다. 회전하는 구슬은 궤적에서 더 높게 올라갔고, 더 빨리 떨어져서 회전하지 않은 구슬보다 먼저 그 궤도의 바닥에 떨어졌다.[24]

회전구슬이 더 높게 난 것으로 보아, 분명히 그것이 더 가벼워졌음을 의미했다. 또 정상적인 중력이 허용하는 것보다 더 빠르게 떨어졌다는 점은, 시간에 있어서도 조금 더 빨리 움직이고 있었다는 것도 보여준다. 드팔머는 정확히 무엇이 구슬을 더 높게 날게 했는지 알지 못했다. 그러나 내가 이것을 이해하고 나자 다른 많은 조각들이 맞아떨어졌다. 네이어즈는 버키볼을 벽에 부딪치게 했을 때 같은 것을 보았고, 코지레프는 쇠구슬을 충돌시키고 무게 추를 거칠게 흔들어서 그것을 확인했다. 그리고 여기에 긴즈버그를 더하면, 우리는 이제 이론적인 틀을 가진 셈이다. 그것은 바로 하나의 입자가 움직이기 시작하자마자, 그것의 일부는 순수한 '장'으로 변형된다는 것이다.

드팔머는 공중으로 구슬들을 쏠 필요조차도 없음을 발견했다. 두 개의 쇠 구슬들을 2미터 정도의 높이에서 똑바로 아래로 떨어뜨리기만 해도, 그 하나가 빠른 속도로 회전하고 있다면 "작지만 중요하고도 분명히 감지할 수 있는 결과를 거듭해서 보였다".[25] 드팔머는 이 결과를 1976년 〈영국과학연구협회저널*British Scientific Association Journal*〉에 발표했다. 그는 또 하버드 대학 최고의 실험물리학자들 가운데 한 명인 에드워드 퍼셀*Edward Purcell* 박사에게도 이것을 설명했다. 퍼셀 박사는 이 결과가 정말로 어떤 의미를 가졌는지를 분명하게 깨달았다. "드팔머의 말로는, 퍼셀이 몇 분 동안 그 실험에 대해 깊이 생각한 뒤 '이것은 모든 것을 바꿀 겁니다.'라고 말했다고 한다."[26] 회전구슬 실험을 다룬 1977년의 논문에서, 드팔머는 자신이 코지레프와 같은 기본 개념을 가졌었다고 밝혔다.

"훨씬 더 심오하고 근본적인 힘의 발현으로서의 시간은 여기서 우리가 깊은 관심을 가지고 있는 것이다. 내가 만들고 싶은 연결점은 물체들을 거쳐 흐르고 있는 시간 에너지에 관련되는 물체들의 관성이다."[27] 귀에 익은 이야기다.

지금까지, 우리는 그것을 알아채기라도 하는 데 특수한 실험실 장비가 필요한 작은 효과 하나를 만들어내는 일만 했었다. 이것은 그다지 흥분되는 일이 아니다. 어떻게 하면 더 큰 규모에서 정말이지 멋진 일이 생기도록 할까? 그 답을 찾기 위해 우리는 뒤로 돌아가서 중력을 다시 들여다봐야 한다. 라슨의 모형에서 중력이 거기 있는 모든 것임을 기억하기 바란다. 원자들과 분자들은 우리가 중력이라고 부르는 에너지장 안에 있는 볼텍스들에 지나지 않는다.

14장

회전운동은 중력을 무력화한다
: 토네이도 효과와 공중부양

> 드미트리에프의 논문에 의하면
> 토네이도가 비물질화를 일으킨다고 한다.
> 집의 벽이 스펀지처럼 흐물거리게 되어 벽돌담에 지푸라기가 파고들고,
> 전신주에 바나나가 박힌 모습이 쉽게 관찰되고 있다.

양성자들, 중성자들, 전자들, 모든 원자들과 버키볼이라 부르는 60개 또는 그 이상의 원자들의 덩어리마저도 모두 파동과 같은 상태로 들어가고 나오고 하는 모습이 발견되어왔는데, 그곳에서 이들은 더 이상 존재하지 않는 듯이 보인다. 라슨의 새로운 물리학 모형의 도움으로, 우리는 이제 이 입자들이 타임스페이스라고 하는 평행현실로 —이곳에서 시간은 3차원적이다— 넘어 들어가는 변화들을 보고 있다. 블라디미르 긴즈버그 박사는 고전적인 아인슈타인 방정식을 뒤집어보고는 원자들과 분자들이 빛의 속도 이상으로 가속할 때 질량을 잃는다는 것을 발견했다. 그리고 코지레프의 실험들에서처럼 한 물체를 부딪히게 하거나 흔드는 것만으로도, 또는 드팔머의 회전구슬 실험처럼 한 물체를 빠르게 회전시킴으로써, 분명히 원자 안의 내부 운동을 빛의 속도 이상으로 가속하고 측정 가능할 만큼의 무게를 줄일 수도 있음을 알게 되었다. 코지레프는 또 잃어버린 질량이 돌아오는 데는 15분에서 20분이 걸리며, 우리가 예상하는 대로 완만하고 점진적으로 변화하

기보다는 갑작스러운 도약*jump*으로 그렇게 한다는 것도 알아냈다. 이 새로운 과학에서 중력과 시간은 서로 연결된다. 결국, 모든 원자들은 대부분의 사람들이 중력이라고 부르고, 우리는 소스필드라고 부르는 에너지 안에 있는 모션의 볼텍스들이다.

잠깐 시냇물의 소용돌이를 생각해보자. 그 소용돌이로 들어갈 때 물이 조금이라도 실제로 사라지는가? 그 볼텍스로 빨려 들어간 다음에 물에 어떤 일이 생길까? 그것이 어떤 평행현실로 옮겨 가서 다시는 돌아오지 않을까? 당연히 아니다. 물은 분명히 아직 그 시냇물에 있고, 계속 흘러가고 있다. 이것이 지구에 어떻게 적용되는 것일까? 지구로 들어오는 에너지 흐름은 또한 지구 밖으로도 다시 흘러나와야 한다. 아래로의 힘인 중력은 위로의 힘도 가져야 한다. 중력의 상대 개념을 부르는 내가 좋아하는 이름은 부양력*levity*이다. 소스필드 또는 중력은 우리의 행성으로 밀려 들어와서 지구 위의 모든 원자들과 분자들을 한꺼번에 창조하지만, 이것은 여전히 계속 움직여야만 한다. 같은 이 에너지흐름이 지구에서 다시 흘러나오면, 이제 그것은 어느 정도의 운동량을 잃었다. 그래서 지구로 들어올 때보다 조금 더 느리게 여행할 것이다. 이것을 이해하고 나면, 아래로 누르는 힘과 끊임없는 줄다리기를 벌이는 지구에서 위로 밀어 올리는 힘이 있을 수도 있고, 또 아래로의 힘이 아주 조금만큼만 더 우세함을 알게 될 것이다. 모든 것들의 균형을 잡기 위한 위로 밀어 올리는 힘이 없다면, 우리는 아마 틀림없이 그 즉시 중력의 압력으로 납작하게 눌려버릴 것이다.

원자들과 분자들은 중력 속의 볼텍스들이나 다름없다. 라슨의 모형에서는 실재하는 3개의 차원들만 있고, 이 절대 현실에서 공간과 시간은 하나이자 같은 것이다. 그러면 우리에게는 한 현실에서의 공간이 다른 현실에서의 시간을 창조하는, 그리고 그 반대도 마찬가지인 두 개의 평행현실들이 있다. 이 두 현실들 사이의 끊임없이 흐르는 교환이 모든 원자들 안에서 일어나고 있다. 하나의 원자가 타임스페이스로 튀어 들어갈 때, 그것의 회전운동량은 그 평행현실 안에서 유체와 같은 에너지로 옮아가고, 더 이상 우리 시공간의 중력에 영향 받지 않는다. 중력은 이제 그 원자를 더 이상 누르지 못하고 그곳을 바로 지나간다. 하지만 그 원자(또는 타임스페이스의 볼텍스)가 속도와 운동량을 잃기 시작한다면, 중력은 그것을 시공간으로 다시 끌어당긴다. 코지레프의 실험들에서 봤듯이, 많은 원자들을 가진 좀 더 큰 물체에서의 이 전이과정에는 15분에서 20분이 걸리기도 한다. 흥미롭게도, 유명한 수학자이자 물리학자인 로저 펜로즈*Roger Penrose*는 1997년 〈사이언티픽 아메리칸〉의 한 호에서 중력이 양자 수준에서 입자와 파동 사이의 전이를 일으킨다고 했다.[1] 할 푸토프 박사는 중력과, 독일인들이 "지터베베궁*Zitterbewegung*"이라고 부르는 모든 입자들 속에서 요동치는 운동 사이에 직접적인 관계가 있다고 추정했다.[2]

1982년으로 돌아가서, 프린스턴 대학의 과학자들은 전자들이 초저온에서 세상에서 가장 센 자석으로 충격을 주면 유체처럼 된다는 사실을 발견했다. 이것은 우리의 모형과 아주 잘 맞아떨어진다.

> 전자들은 서로 "협력"하고 함께 일하면서 과학자들이 "양자유체*quantum fluid*"라고 부르는 것을 만드는 듯했는데, 이것은 전자들이 개별적으로 회전하는 단위들이라기보다는 수프와 더 비슷하게 정확히 똑같이 행동하는 지극히 드문 상황이다.[3]

부양력이 추진력을 만든다

여기 내가 가장 좋아하는 부분이 있다. 이론적으로 시공간에서는 중력이 원자를 누르지만, 원자가 타임스페이스로 일단 넘어 들어가면, 이제 부양력이 그것을 밀게 된다. 이 말은 곧 우리의 현실에서는, 원자가 아직 타임스페이스로 넘어가지 않은 다른 원자들과 여전히 서로 긴밀하게 묶여 있는 한, 그 원자는 이제 추진력을 가진다는 뜻이다. 그러므로 한 물체를 공중에 뜨게 하려면, 그것의 분자들이 우리 시공간의 3차원 현실에 반은 들어 있고 반은 나가 있는 지점에 있게 해야 한다. 그와 같이, 부양력은 이제 중력과 균형을 이룰 수 있다. 우리 폐 속의 공기 양을 조절함으로써 물속에서 가만히 떠 있는 방법과 다를 바 없는 것이다. 물체를 타임스페이스로 너무 멀리 밀면, 그것은 비물질화될 것이다. 그러면 우리 현실에서 물체를 떠오르게 했던 같은 힘은 이제 평행현실에서 그 물체를 떨어지게 할 것이다. 중력을 이어받기는 하지만, 전적으로 평행현실에 있는 것이다. 이것은 우리가 현실들 사이를 지나다닐 때 뫼비우스고리*Möbius loop*와 비슷한 방식으로 작용하는지도 모른다.

자연은 이런 원리들을 언제나 이용한다. DNA 분자는 빛의 광자들을 저장하는데, 광속의 경계에서 이와 똑같이 들락날락하는 것이 DNA가 시공간과 타임스페이스의 사이에서 —우리의 육체와 에너지 사본 사이에서— 쉽게 에너지와 정보를 주고받게 해주는 것이다. 이 장의 나머지 부분에서는 공기의 볼텍스(토네이도 부양)에서 일어나는 중력 차단 효과, 물의 볼텍스(송어가 수직 폭포를 거슬러 올라가는 것), 식물의 섬유(수액 흐름에서의 비밀스러운 구성 요소)와 곤충의 날개(큰 곤충들이 공기를 타고 머물면서 다른 곤충들과의 충돌을 피하게 하는)는 물론이고, 적절히 이해되기만 하면 전자기 에너지의 흐름에 대해서도 살펴볼 것이다. 그리고 이것이 전부가 아니다.

토네이도 이상 현상의 이해

토네이도로 시작해보자. 이에 대한 전통적인 설명은 토네이도 안에서의 부양 현상이 공기 흡입으로 생긴다는 것이다. 우리가 보는 모습들의 일부는 분명히 이것으로 설명될 것이다. 그러나 미국해양대기관리처(NOAA)의 정부 웹사이트를 비롯해서 그동안 기록되어온 다른 신기한 현상들을 여기에 덧붙이고 나면, 이것이 부양 현상의 유일한 원인 또는 주원인이라고도 더 이상 장담하지 못한다. 사람들, 동물들, 사물들, 심지어 집 전체가 소용돌이치는 토네이도 속으로 들어갔다가 아무런 손상도 없이 먼 거리로 옮겨진 많은 사례들이 있다.[4] 맹렬하게 휘도는 공기가 그들을 산산조각 내버렸어야 하는데도 말이다. 물질을 서로 섞어버리는 효과들도 많이 기록되어왔다. 내가 이 현상에 대해 처음으로 읽은 글은 알렉세이 드미트리에프*Alexei Dmitriev* 박사의 전문적인 논문이었다. 내 눈이 번쩍 뜨였던 가장 놀라운 이야기는 토네이도가 지나간 뒤에 마치 벽이 흐물거리고 스펀지처럼 돼버렸던 것처럼, 치장벽토를 입힌 벽으로 밀고 들어간 채로 발견된 클로버 잎에 대한 이야기였다.[5] 그때만 해도 이 일은 내게 미스터리였지만, 이제는 모두 이해가 된다. 또 하나의 좋은 사례는 자동차의 나머지는 멀쩡하게 남기고서 바퀴 하나만을 빼내버렸던 1942년 오클라호마의 토네이도였다.[6] 나는 바퀴의 너트들이 물렁해지고 유체처럼 되어버렸다면, 그때 부양력이 차의 타이어를 떼어내서 아주 쉽게 공중으로 들어 올릴 수 있었으리라는 점을 깨달았다.

드미트리에프의 논문은 또 완전한 비물질화 사례들의 증거를 제시하는데, 여기서 물질은 시공간으로 불쑥 되돌아오면서 다른 물체들과 함께 섞여버린다. 잘 부러지고 다공성인 오래되고 새까맣게 탄 나무판이 부서지지도 않고 나무로 만든 집의 벽을 꿰뚫었다. 그리고 4센티미터 두께의 문틀이 나뭇조각 때문에 구멍이 났다.[7] 이 이야기들이 사실이라면, 나는 더 많은 사례들이 있으리라는 것을 알았다. 나중에 나는 1956년 4월 3일 미시건 주 그랜드래피즈에서 생겼던 토네이도의 목격담을 모은 NOAA의 정부 공식 웹사이트를 찾아냈다. NOAA는 "역사적 정확성을 위해, 이 진술들은 내용이 편집되지 않았지만, 국립기상국에 제출되었으므로 여기에 게시한다."라고 했다.

보고에는 모래가 박혔지만 깨지지 않은 거실 유리창이 들어 있다. 한 농장의 기계는 오일 팬에 지푸라기들이 뚫고 들어가 기름이 새는 구멍들이 생겼다. 집의 벽돌 벽에 박힌 지푸라기도 발견됐다. 7센티미터 가량의 잔가지가 전혀 부러지지 않은 상태로 균열도 없는 벽에 섞여 들어갔다. 풀잎이 나무의 몸통에 파고 들어갔고, 소가 나무에 박혔다.[8]

자신의 '날씨벌레*WeatherBug*' 블로그에서 스테파니 블로지*Stephanie Blozy*는 직접적인 사례는 제시하지 않았지만, 옷걸이가 나무판으로 들어가고, 나뭇조각들이 벽돌을 뚫고 들어갔던 이야기들을 언급했다. 이 글의 답글에서는 러셀 드가모*Russell L. DeGarmo*라는 사람이 2×4인치 각재가 2층 벽돌집의 앞벽과 뒷벽을 뚫고 지나간 것을 봤다고 주장했는데, 나무가 들어간 구멍이 각재의 크기보다 작았다고 했다. 드가모의 부모는 그를 태우고 1940년대 초에 펜실베이니아에서 생긴 이 희한한 사건을 보러 갔었다. 다른 답글을 올린 사람은 바나나의 절반이 전신주에 박힌 모습을 봤다고 주장했다. 또 짐 밈스*Jim Mims*는 앨라배마 주 헌츠빌에 있는 NASA 마셜우주비행센터*Marshall Space Flight Center*에 빨대가 박힌 전신주의 일부분이 전시되어 있다고 했다.[9] 스테파니는 대담하게도 이 사건들을 일으킨 원인에 대한 의견을 제시했는데, 지금은 꽤 정확한 듯이 들린다.

> 양자물리학을 바탕으로 한 다른 이론에서는 그 빨대가 토네이도의 한 가운데서 회전하면서 전기적으로 대전(帶電)되어 엄청나게 빨라지면, "더 높은 에너지 밀도"로 존재하게 된다고 말한다. 그것이 토네이도에서 빠져나와서 더 낮은 에너지 밀도를 가진 무언가에 접촉하게 되면, 빨대는 에너지 수준이 같아질 때까지 마치 유령처럼 그 물체를 지나가고, 빨대는 그 물체 안에서 굳어버린다.[10]

가능한 설명 중 하나라고 이 의견을 제시한 스테파니를, 수많은 답글들이 공격한 것은 당연한 일이다.

《태풍의 이상 현상*Freaks of the Storm*》에서 기상학자 랜디 체르베니*Randy Cerveny* 박사는 추가적인 사례들을 밝혔다. 1919년 미네소타 주에서 생겼던 토네이도는 "나무 한 그루를 쪼개서 자동차 한 대를 쑤셔 넣고는 꽉 물리도록 다시 닫아버렸다".[11] 1838년 인도에서의 한 토네이도는 긴 대나무 줄기가 1.5미터 두께의 벽돌 벽에 양쪽으로 튀어나오도록 완전히 박아버렸다.[12] 1896년 미주리 주 세인트루이스의 토네이도는 이즈브리지의 1.6센티미터 두께의 철판에 2×4인치 소나무 각재를 밀어 넣었다. NOAA에서 나온 이것을 찍은 아주 훌륭한 사진이 이 책에 실려 있다.[13]

【그림 26】 이 각재는 1896년 세인트루이스에 대형 토네이도가 생겼을 때 철교의 두꺼운 철판에 박혔다.

1877년 일리노이 주 마운트카멜에서 있었던 토네이도는 벽돌 한 장을 어느 모서리 하나 깨지지 않고 집의 외벽, 내장 목재, 회반죽 벽을 지나 두 방사이의 8미터 거리를 더 날아가 뒷벽에 박히게 했다.[14] 1951년에 네브래스카 주 스카츠블러프에서는 콩 한 알이 갓 낳은 달걀에 —껍질에는 금 하나 가지 않고— 반쯤 박혀 있었다. 이 달걀이 가까이서 어때 보이는지를 알 수 있을 만큼 자세한 내용이 없기는 하지만, 체르베니는 이 기이한 사건의 사진 한 장을 찾아냈다.[15]

워시번 대학교의 한 웹사이트는 캔자스 주 토피카에서 1966년 6월 8일에 있었던 토네이도를 다루고 있다. 여기에는 잔 그리핀의 보고가 올라와 있다. 그리핀은 토네이도가 지나가고 이틀이 지나 집의 잔해에서 자신의 차를 파냈는데, 어떻게 된 일인지 트렁크에 욕실 물건들이 들어 있었다. 분명히 그리핀은 그것들을 트렁크에 넣은 적도 없었고, 트렁크가 열렸던 아무런 흔적도 없었다.[16] 다른 웹사이트는 1985년 6월 19일에 생긴 영국 와이트 섬의 토네이도에서 알루미늄 파이프에 박힌 풀잎의 사진을 실었다.[17] AP의 보도로는 2004년에 오하이오 주 데이튼의 분쇼프트 발견박물관*Boonshoft Museum of*

【그림 27】 1925년의 악명 높았던 트라이스테이트 토네이도 동안에 각재가 나무로 된 기둥을 뚫었다.

*Discovery*은 "역사협회들이 숨기고 싶어 하는 희한한 인조물들"을 전시했다. 이 전시장에는 1974년 제니아 토네이도에서 나무 막대기가 꿰뚫은 가스계량기도 있었다.[18]

어떤 경우에는 이상한 구체들이 보이기도 한다. NOAA 웹사이트는 한 토네이도에서 목격된 괴기스러운 노란색의 "거대한 먼지버섯"에 대해 보고했다. 프레드 슈미트는 녹색을 띤 "판유리 위의 유리구슬들"처럼 보이는 것이 "하늘에서 밀려가고 있는" 모습을 목격했다고 보고했다. 그가 이것을 봤을 때는 비도 천둥도 번개도 없었다. 슈미트는 또 자신이 타임스페이스로 느닷없이 들어가서 시공간의 모든 정상적인 소리들이 사라져버린 전형적인 사례로 보이는 경험도 보고했다.

> 너무 조용해서 으스스할 정도였다. 흔히 들리던 새들 지저귀는 소리도 없었다. 사실 동물들에게서 나오는 소리는 전혀 없었다. 나중에는 지푸라기처럼 보이는 것이 전신주에 반쯤 더없이 완벽하게 들어가 있는 것도 봤다.[19]

물속의 자연 반중력, 나무와 곤충들

공기가 회전하는 단순한 사례로도 우리의 모형에 잘 맞아떨어지는 효과들을 만들기에 충분하다. 회전하는 물은 어떨까? 우리의 새로운 모형에서는 중력이 유체와 같은 에너지에서 비롯되기 때문에 회전하는 흐름들을 가졌음을 잊지 말자. 소스필드 안의 회전하는 볼텍스 운동으로 이 회전흐름들이 충분히 강해진다면, 그것들만의 중력을 만들어낼 수가 있다. 이 흐름들은 옆 방향으로 작용하면서 토네이도, 허리케인, 해류, 그리고 대륙판 밑의 맨틀의 대류와 같은 회전하는 흐름들을 만들어내지만, 어떤 경우들에는 이 힘이 정상적으로 아래로 누르는 중력의 힘에 직접 반작용하기도 한다. 올로프 알렉산더슨*Olof Alexandersson*이 고전적인 책 《살아 있는 물*Living Water*》에서 설명했듯이, 주장대로라면 빅토르 샤우버거*Viktor Schauberger*는 송어가 어떻게 별로 힘들어 보이지도 않게 높은 폭포를 똑바로 뛰어오르는지를 연구하면서 자연에 있는 중력 차단 효과를 발견했다.[20] 수십 년 동안 샤우버거는 물고기가 처음에는 "거칠게 회전하면서 춤을 추다가" 꽤 높은 폭포에서도 "움직이지 않고 위로 떠오르는" 모습을 관찰했다. 더더욱 놀랍게도, 샤우버거는 밝은 달빛이 비치는 어느 늦은 겨울밤에 같은 효과가 달걀 형태의 돌에서도 일어나는 모습을 목격했다. 그는 급류가 흐르는 산속의 개울을 들여다보다가, 거의 사람 머리만큼이나 큰 달걀 형태의 돌이 바로 송어가 하던 것처럼 빙글빙글 도는 춤을 추기 시작하는 광경을 보았다. 그러다가 돌은 물의 표면으로 떠올랐고, 그 주위로 얼음이 빠르게 생겼다. (이렇게 기이하고 갑작스러운 온도 변화는 타임스페이스로 뛰어 들어가는 물질에서도 생긴다. 기억하시라, 우리는 타임스페이스로의 입구가 온도를 높이리라고 생각할 수도 있겠지만, 코지레프는 그것이 대상을 차갑게 한다는 사실을 실제로 증명했다는 점을.) 나중에는, 다른 달걀 형태의 돌 몇 개도 차례로 모두 같은 행동을 했다. 샤우버거는 그 돌들을 분석했고 그것들이 달걀 형태라는 점 말고도, 모두가 금속을 함유하고 있다는 사실을 알아냈다.[21]

거대한 나무들은 어떻게 수액을 끝까지 끌어 올리는 것일까? 오크리지국립연구소에서 일했고, 캘리포니아 주립 폴리테크닉 대학교에서 물리학을 가르쳤으며, 캘리포니아 팔로알토의 록히드연구소*Lockheed Research Laboratory*에서 응집물질물리학*condensed matter physics*을 연구했던 오빈 와그너*Orvin E. Wagner* 박사가 이 주제를 연구했다. 와그너는 1966년부터 생물물리학을 연구했고 1988년에는 식물에서의 파동 효과를 발견했는데, 이때부터 이 미스터리들을 연구하는 데 모든 시간을 바쳤다.[22] 1992년과 1994년에는 식물들이 수액을 이동하기 위해 중력 차단 효과를 이용하고 있다는 자신의 발견을 간추린 논문들을 주류 학술지들에 발표했다.[23] 수액 이동의 일부는 잎에서의 증산에 의한 빨아올림으로 생기기는 할지라도, 그것이 와그너가 관찰한 모든 것을 설명해주지는 않는다. 나무의 가지들은 우리가 피라미드에서 본 것과 다름없는 볼텍스 효과를 만들어내는 듯하다. 이 가지들이 수액을 위로 밀어 올리기에 충분한 중력의 회전흐름을 만들어내는지도 모른다.

와그너는 나무의 목질부 조직에 작은 구멍들을 내고 아주 작은 가속도계 *accelerometer*들을 사용해서 나무 안에서는 중력이 그리 세지 않음을 확인했다. 아주 작은 무게측정기들은 살짝 기울어진 나무들의 수직 구멍들 안의 중력이 22퍼센트까지 줄어든 것으로 기록했다. 와그너는 또 수평으로 뻗은 뿌리 속의 구멍에서 비슷한 힘들을 찾아냈는데, 이것은 뿌리가 가리키고 있는 방향으로 추력을 만들어내고 있었다. 와그너는 "식물 조직 자체의 내부에서는, 이 힘들이 훨씬 큰 것 같다."고 믿는다. 그는 식물의 가지들이 언제나 5도의 배수(倍數) 각도들로 자라는 경향이 있다는 증거들도 꾸준히 찾아냈고, 이것은 가지들이 중력에 자연히 존재하는 나선을 그리는 기하학적인 파동 요소를 어떤 식으로든 이용하고 있음을 말해준다.

와그너는 또한 먼지 입자들로 가득 찬 유리관들을 단순히 회전시킴으로써 이 파동의 존재를 증명해 보였다고도 주장한다. 파동은 입자들이 스스로 정렬하는 과정에서 나타났다. 와그너는 이것들이 어떻게 작동하는지에 대한 흥미로운 이론을 가지고 있다.

> 자라는 식물의 줄기는 동조된 도파관(導波管)처럼 행동한다. 중력장에 대해 어떤 각도로 자라는 줄기는 그 특정 각도와 관련된 기하학적 파장에 맞추기 위해 자신의 세포의 크기, 마디 사이의 간격과 그 밖의 구조들을 조절한다.[24]

빅토르 그레베니코프 박사는 앞에서 나왔던 공동 구조 효과를 발견한 곤충학자였지만, 이것으로 어떤 곤충들은 스스로 중력 차단 기술을 사용한다는 사실을 깨닫게 되었다.

> 나는 1988년 여름, 현미경으로 곤충들의 키틴질 등껍질과 함께, 그들의 깃털 모양의 안테나, 나비 날개들에 있는 비늘 모양의 미세 구조, 무지갯빛 색깔들과 다른 자연의 발명품들을 조사하고 있었다. 그리고 한 커다란 곤충의 날개덮개가 가진 놀랍도록 율동적인 미세 구조가 흥미로워졌다. 그것은 마치 특수한 청사진과 계산에 따라 공장 설비로 찍혀 나온 듯한, 더할 나위 없이 질서가 잘 잡힌 구성이었다. 내가 보기에는, 그것의 복잡한 해면질 구조는 그 부분의 강도를 위해서나 장식을 위해서나 틀림없이 불필요한 것이었다. 나는 자연에서도, 인간의 기술에서도, 아니면 예술에서도 이렇게 특별한 미세 장식품은 본 적이 없다. 그것의 구조가 3차원적이었기 때문에, 나는 지금까지 그림으로도, 사진으로도 기록할 수가 없었다. 어쩌면 그것은 "내" 다중 공동 구조 효과를 이용한 파동방사기였을까? 정말이지 운이 좋았던 그 여름에는 이 종의 곤충들이 아주 많았고, 나는 밤에 그것들을 잡곤 했다.
>
> 나는 이상하게도 별 모양을 한 세포들을 고배율에서 다시 조사하기 위해 오목한 키틴질 등껍질을 현미경 재물대에 올렸다. 자연의 이 주옥같은 걸작에 나는 다시 감탄했다. 아래쪽 면에 똑같이 비범한 세포 구조를 가진 두 번째의 같은 등껍질을 막 올리려던 참이었다. 그러나 이 작은 껍질은 내 핀셋에서 떨어져서 재물대 위의 다른 등껍질 위에 몇 초 동안 매달렸고, 그러다 시계 방향으로 몇 도를 돌더니 오른쪽으로 미끄러져 움직였다. 이번에는 방향을 바꿔 반대로 돌더니 빙글빙글 돌았고, 그때서야 갑자기 책상 위

> 로 떨어졌다.*
>
> 그 순간에 내가 무얼 느꼈는지 상상이 될 것이다. 정신을 차리자, 나는 껍질 여러 개를 철사 한 가닥으로 함께 묶었는데 쉬운 일이 아니었다. 그것들을 수직으로 세우며 묶고서야 성공했다. 내가 만든 것은 여러 겹의 키틴질 껍질 묶음이었고 그것을 책상 위에 올려놓았다. 압정과 같이 비교적 큰 물체마저도 그 위로는 떨어지지 않았다. 무언가가 압정을 밀어 올려서 옆으로 제쳐버렸다. 압정을 그 "묶음"의 가장 위에 붙였을 때, 나는 믿기지 않는, 불가능한 일을 목격했다. 압정이 잠깐 동안 내 눈에서 사라져버리곤 한 것이었다. 이것이 "등대"처럼 깜박거리는 것이 아닌 뭔가 전적으로 다른 것임을 깨달은 것이 그때였다.
>
> 나는 또다시 너무도 흥분해서 주위의 모든 물체들이 흐릿해지고 흔들렸다. 두 시간가량을 애쓴 끝에 간신히 정신을 가다듬고는 작업을 계속했다. 모든 것들이 이렇게 시작됐다. 물론, 이해하고 입증하고 시험해야 할 많은 것들이 아직 남아 있다.[25]

이 결과들은 관습적인 사고방식에는 극적인 것이라서, 대부분의 사람들이 그레베니코프 박사가 거짓말을 하고 있는 게 틀림없다고 결론 내리겠지만, 이미 이 효과는 우리의 모형과 일관되는 것이다. 그가 곤충의 날개덮개들이 만들어낸 볼텍스 흐름의 한가운데에 압정을 놓았을 때, 압정의 원자들은 모두 타임스페이스로 옮겨 가버렸고 사라진 듯 보였다. 비록 그레베니코프가 그 곤충의 정확한 속(屬)과 종을 공개하지는 않았지만, 2005년 〈새로운 에너지 기술들*New Energy Technologies*〉의 한 호에서 그가 자신의 책에 풍뎅이*scarabaeus*, 호리비단벌레*bronze poplar borer*, 그리고 특히 꽃무지*Cetonia*들의 날개

---

* 유튜브에는 이 효과를 재현한 동영상들이 있는데, 한 실험에서는 손바닥 크기의 피라미드 위에서 스티로폼에 올려놓은 날개껍질이 피라미드의 에너지에 반응하면서 저절로 움직이기도 했다.

덮개가 가진 놀라운 특성들을 여러 번 언급하고 있다는 것을 찾게 된다. 호리비단벌레에는 다섯 종이 있고 그레베니코프가 기술한 바와 비슷하게 날개덮개 안쪽에 특이한 벌집 패턴이 있다.[26]

그러므로 '어머니 자연'을 진정으로 사랑한다면, 당신은 뭔가를 배우게 될지도 모르겠다. 이곳 지구의 어떤 녀석들은 기나긴 세월 동안 이 중력과의 투쟁에 대해, 그리고 소스필드 안에서의 나선운동을 가속하는 방법에 대해 이해함으로써 정상적인 아래쪽으로의 중력 흐름을 극복하는 기술들에 대해 알고 있었던 것으로 보인다. 다른 방향으로 미는 흐름을 만들어내는 기술을 말이다. 이것이 피라미드를 만든 방법의 위대한 비밀로 보인다. 하지만, 우리는 아직도 우리의 더 깊은 질문에 답하지 못했다. 한 물체를 공중에 실제로 뜨게 하기 위해서 어떻게 하면 충분한 원자들을 타임스페이스로 넘어가게 하는가? 여기서 다시 한 번, 우리의 오랜 친구가 나서야 할 듯하다. 바로 결맞음이다. 우리는 원자 안의 주파수를 빛의 속도보다 빠른 지점으로 가져가야 하고, 그러면 원자들은 타임스페이스로 넘어 들어간다. 이것은 소스필드, 곧 중력에서 조화파동*harmonic pulsation*을 만들어내면 가능하다. 따라서 마법이 일어나게 하고 싶다면, 한 물체를, 또는 어느 주어진 지역을 진동하도록 하기만 하면 된다. 그러면 그 지역에 결맞음이 만들어지면서, 원자들의 일부가 광속의 경계를 넘어가기 시작할 것이고, 이곳에서 원자들은 우리가 부양력이라 부르는 것에 의해 밀어 올려진다.

소리를 이용한 티베트의 공중부양

이 말이 복잡하게 들릴지도 모르지만, 당신이 무엇을 하고 있는지를 알기만 하면 그 실제 기술은 쉬운 것이며, 결맞음을 만들기 위해 거의 아무 기술도 필요치 않다. 내가 지금껏 찾아낸 가장 흥미로운 사례는 바로 '티베트의 음향 부양*Tibetan Acoustic Levitation*'인데, 이것은 내가 몇 년 동안을 이해하려고 애썼던 또 다른 "괴상한 과학*weird science*"의 한 부분이다. 이 이야기는 스웨덴의 항공기 설계자인 헨리 켈슨*Henry Kjellson*에게서 나온 것으로, 켈슨은 이 이야기를 한 저널리스트에게 모두 묘사해줬고 다시 그는 이것을 한 독일 잡지에 실었다. 브루스 캐시*Bruce Cathie*라는 진정으로 혁신적인 뉴질랜드 연구자가 이것의 자세한 분석을 데이비드 해처 차일드레스*David Hatcher Childress*의 《반중력과 세계격자*Anti-Gravity and the World Grid*》에 썼다.

헨리 켈슨에게는 친한 친구이자 동료인 역시 스웨덴 출신의 한 의사가 있었는데, 그는 닥터 잘*Jarl*이라고만 알려지길 원했다. 켈슨의 말로는, 닥터 잘이 옥스퍼드에서 공부하는 동안 한 젊은 티베트 학생의 친구가 되었다. 닥터 잘이 나중에 영국의 한 과학협회의 지원으로 이집트에 갔을 때, 그 티베트 친구가 이 사실을 알았고 사람을 보내 소식을 전해왔다. 그가 전해온 소식은 무척 좋은 것이었다. 닥터 잘의 친구는 수도원의 신임 받는 승려가 되었고, 이제 티베트의 한 고승이 닥터 잘을 만나고 싶다고 말한 것이다. 그것도 다급히. 그 무렵 닥터 잘은 티베트에 아주 오랫동안 머물도록 허락받았고, 자신이 발견한 것들을 기록하고 보고했다고 한다. 그곳에 있으면서 닥터 잘은 이전에는 서양인들이 목격하는 것이 거의 허용되지 않았던 다양한 일들을 보게 되었다. 스웨덴 공학자 올로프 알렉산더슨의 말에 따르면, 모든 것의 가장 큰 비밀은 "진동하고 응축된 소리장*sound field*이 중력의 힘을 무효화할 수 있다."는 것이다. 리나버*Linaver*, 스폴딩*Spalding*, 휴*Hue*와 같은 다른 티베트 전문가들도 티베트인들이 소리를 이용해서 거대한 돌들을 공중에 띄운다는 이야기를 들었다. 닥터 잘도 이 전설 같은 이야기들을 들은 적이 있는데, 그것을 직접 목격한 최초의 서양인이 되었다.

닥터 잘은 북서쪽으로 높은 절벽으로 둘러싸인 경사진 초지로 따라갔다. 한 절벽 위에는 지상에서 250미터쯤 되는 곳에 튀어나온 바위가 있었고 이것은 동굴 하나로 이어졌다. 티베트인들은 이 바위 위에 커다란 석재로 벽을 쌓고 있었지만, 그곳으로 가는 길은 밧줄을 잡고 똑바로 올라가는 길 말고는 없었다. 절벽에서 250미터 정도 떨어진 곳에는 한가운데를 그릇 모양처럼 파낸 매끈한 판석이 놓여 있었다. 판석의 너비는 1미터였고 파낸 부분의 깊이는 15센티미터였다. 그때 야크와 황소 무리가 커다란 석재를 그 판석으로 끌고 왔다. 돌은 믿기 힘들 만큼 컸고, 그 높이가 무려 1미터에 길이는 1.5미터였다.

이 대목이 괴상한 부분이다. 13개의 북과 6개의 나발들이 완벽한 사분원(90도) 호를 이루며 모두 그 돌을 겨냥하면서 섰다. 북들은 모두 3밀리미터 두께의 철판으로 만들어졌고, 승려들이 가죽을 입힌 북채로 두드리는 면은 동물의 가죽이 아닌 금속이었다. 반대쪽은 열려 있었다. 6개의 나발은 모두가 무척 길었고 —정확히 3.12미터— 끝 부분이 30센티미터 열려 있었다. 승려들은 돌과 이 악기들의 사분원 진영 사이의 거리를 주의 깊게 쟀고, 그것은 63미터로 나왔다. 13개의 북 가운데 8개는 정확히 돌의 크기와 같았다. 너비가 1미터에 길이는 1.5미터. 북 4개는 더 작았지만, 너비가 0.7미터에 길이가 1미터로 큰 북의 용적보다 정확히 3분의 1이 작았다. 나머지 북 하나는 가장 작아서 너비가 0.2미터에 길이가 0.3미터로 이 또한 완벽한 조화 비례를 가졌다. 용적으로 따지면, 중간 북 하나는 작은 북 41개와 같고, 큰 북은 작은 북 125개와 같다.[27]

악기들은 정밀하게 돌을 겨눌 수 있도록 모두 받침대 위에 고정되었다. 그리고 마지막으로, 다른 하나의 핵심적인 요소가 있어야 했는데, 바로 19개 악기들의 8~10미터쯤 뒤로 길게 줄을 이룬, 거의 200명이나 되는 승려들이었다. 대부분의 사람들은 승려들이 그 어떤 뚜렷한 에너지를 이 구성에 보탤 수 있으리라고는 생각하지 않겠지만, 이제 우리가 소스필드에 대해 알고 있는 것으로 모든 것이 바뀌었다. 악기들은 승려들이 의식적으로 만들어내고 있던 에너지를 집중하고 응축하는 데 도움을 주는 도구인 듯했다. (이것은 또 하나하나의 악기 뒤로 늘어선 사람들이 명상을 통해 자신들 안에서 결맞음을 만드는 데 적절히 훈련되지 않으면 왜 실험이 소용없게 되는지를 말해주는 이유다.)

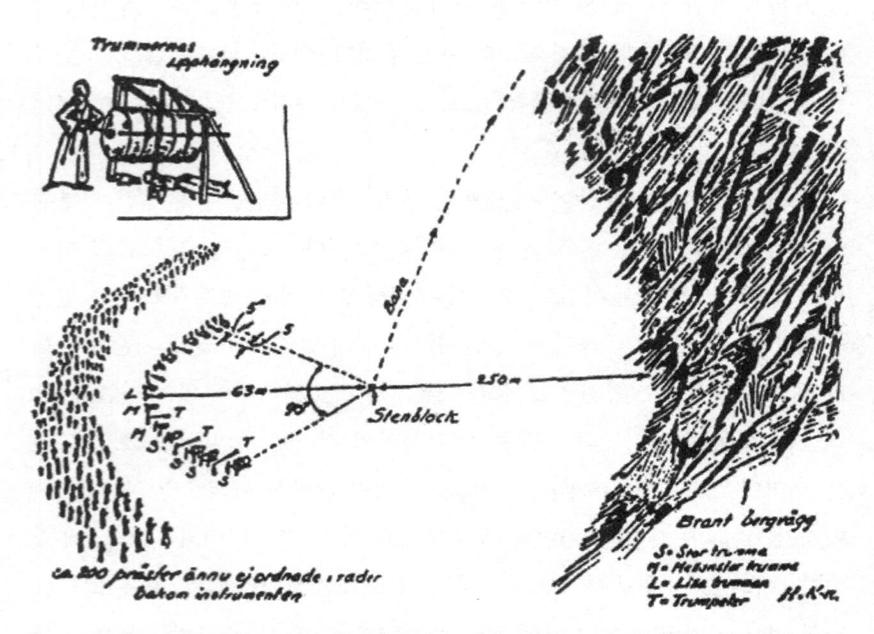

【그림 28】 스웨덴의 항공기 설계자 헨리 켈슨이 그린 티베트 음향 부양의 스케치. 200명의 승려들이 북과 나발을 가지고 커다란 돌들을 부양시켰다.

이제 그다음에 무슨 일이 생겼는지 브루스 캐시의 말을 직접 들어보자.

> 돌이 제자리에 오자, 작은 북 뒤의 승려가 연주회를 시작하자는 신호를 했다. 작은 북은 아주 날카로운 소리를 냈는데, 다른 악기들이 내는 끔찍한 소음들 속에서도 귀에 들릴 정도였다. 모든 승려들은 노래하고 주문을 외우면서 이 믿기 힘들 만큼 시끄러운 소음의 템포를 천천히 올리고 있었다.

> 처음 4분 동안은 아무 일도 생기지 않았다. 그때 북소리와 소음이 빨라지면서, 커다란 돌이 흔들리기 시작하더니, 갑자기 떠올라서 250미터 위에 있는 동굴 앞의 바위 쪽으로 조금씩 더 빠르게 올라갔다. 떠오른 지 3분이 지나 돌은 그곳에 내려졌다.[28]

믿어지지 않는다. 우리는 대피라미드를 만드는 데 쓰였던 돌들만큼이나 큰 거대한 돌이 어림잡아 400미터의 호를 그리며 길고도 천천히 느릿느릿한 3분 동안의 여행을 하는 모습을 지켜보고 있다. 분명히 어떤 전통적인 방법으로 한 물체를 떠오르게 하는 데 북과 나발과 주문의 힘이 턱없이 부족하기는 하다. 그러나 승려들이 돌덩어리의 바른 결맞음 상태를 만들고 있는 것이라면, 그들은 바위의 원자들을 광속의 경계를 넘도록 공명시킬 수 있다. 그러면 원자들은 타임스페이스로 들어가고, 부양력에 의해 밀리면서 바위에 추력을 준다. 이 동안에 그 바위를 만져본다면, 그것은 거의 확실히 스펀지처럼 되어 있지 않을까 싶다. 분자들의 반 정도가 더 이상 우리 현실에 있지 않기 때문이다. 이것이 페루의 사크사우아만*Sacsayhuaman**에 있는 거대한 돌들이 어떻게 면도날 하나도 들어가지 않을 정도로 빈틈없이 맞물릴 수 있는지를 말해주는 듯하다. 원자들을 타임스페이스로 점점 더 많이 보낼수록, 바위는 점토처럼 부드럽고 물렁물렁해진다. 토네이도 이상 현상들에서 이미 본 것처럼, 단단한 물질들이 결맞음 상태가 될 때 부드러워지고 스펀지처럼 되는 많은 사례들이 있다. 돌들의 일부는 강도가 약해서 쪼개져버리기도 했고, 승려들은 그것들을 치웠다. 그런데도 승려들은 '생산 라인'을 계속 가동했고 이 방법으로 한 시간에 모두 5~6개의 돌덩어리들을 옮겼다. 자, 이 부분은 도무지 믿기 어려운 대목이다. 닥터 잘은 자신이 최면에 걸렸거나 어떤

* 페루 쿠스코시(市)의 북쪽 교외에 있는 석조 유적. 옛 잉카제국의 수도인 쿠스코를 방어하는 성채.

종류의 집단 정신병에 걸린 것이라는 생각이 들었고, 그래서 비디오카메라를 설치하고는 모든 과정을 두 번이나 필름에 담았다. 나중에 필름을 재생했을 때, 자신이 목격한 것과 정확히 같은 장면들을 보았다. 닥터 잘은 깜짝 놀랐고, 이 발견이 우리가 아는 대로의 세상을 아주 밑바닥부터 흔들어놓으리라고 느꼈다. 아마 문자 그대로도 말이다. 닥터 잘을 후원해왔던 그 과학협회가 이 필름에 대해 알았을 때, 불행이 찾아왔다. 그들은 들이닥쳐서 원본을 압수해서 기밀에 부쳤고, 닥터 잘은 이러는 것이 "설명하거나 이해하기 어려운" 일이라고 느꼈다. 필름은 1990년이 되면 공개될 거라고 하면서 그들은 잘을 설득했다. 하지만 그런 일은 결코 생기지 않았다.

중력 차단 비행체를 만들다

이런 형태의 부양은 여전히 번거로운 과정으로 보이며, 우리 대부분이 지금 갖지 못한 어느 수준의 의식을 필요로 할 것이다. 우리가 실제로 날 수 있는 추진 시스템이 들어 있는 비행체를 만든다면 어떻게 될까? 물속의 송어와 돌들에 생긴 부양 효과를 발견했던 빅토르 샤우버거 박사에게 돌아가 보자. 샤우버거는 돌들에서 보았던 달걀 형태를 가진 구조물을 만들고, 그 안의 물을 빠른 속도로 회전시켜서 자신이 자연에서 세심하게 관찰했던 것과 같은 볼텍스 형태를 만들어내는 특수한 터빈들을 만들었다. 그가 이 과정을 이용해서 실제로 작동되는 중력 차단 비행체를 만드는 데 어떻게 성공했는지를 다룬 읽을거리들은 엄청나게 많다.[29]

닉 쿡*Nick Cook*과 조지프 패럴*Joseph Farrell* 같은 연구자들은 이 기술과 그 밖의 기술들이 나치의 손으로 들어간 경위에 대해 썼다. 샤우버거 박사는 그들에게 협력하기를 거부했지만, 결국 자신과 가족에 대한 지독한 위협 때문에 참여하고야 말았다는 뚜렷한 증거가 있다. 쿡은 《영점을 위한 사냥*The Hunt for Zero Point*》에서 이 중력 차단 프로젝트의 암호명이 "크로노스 *Chronos*"—"시간"을 의미한다—였다고 설명했다. 우리의 모형이 예측하듯이, 공간을 통과하는 운동은 시간을 통과하는 운동을 만들어낸다는 사실을 나치가 찾아냈음이 분명하다.

> 충분히 많은 토션장을 만들어낸다면, 이론적으로 우리는 샤우버거의 터빈 주위의 공간을 휠 수 있다. 비틀림이 더 많이 발생할수록, 공간은 더 많이 요동친다. 우리가 공간을 휘면, 시간도 휘는 것이다.

나중에 쿡은 더 자세히 말한다.

> 전자기가 있거나 없거나 간에, 소용돌이치는 토션장이 중력과 결합하여 부양 효과—반중력 효과—를 만들어낸다면, 그것은 이 세상의 네 개의 차원에서 그러는 게 아니라, 다른 어딘가에서 하는 것이다. 독일인들이 시간이라는 네 번째 차원을 따라 움직이는 토션장을 이용하려고 했던 이유가 이것으로 설명된다. 이론가들은 시간이 중력처럼 초공간*hyperspace*에서 생겨나는 또 하나의 변수일 뿐이라고 말한다.[30]

곤충 날개의 중력 차단 효과를 찾아 낸 빅토르 그레베니코프 박사는 이 사실을 이용해 자신이 타고 날아다닐 만큼 큰 작동하는 비행체를 만들기도 했다. 그는 베니션블라인드처럼 펼쳤다 접었다 할 수 있도록 많은 날개덮개들을 겹겹이 엮었는데, 마치 동양의 부채와 같이 펼치도록 설계했다. 날개들의 들어 올리는 힘은 그것들을 서로 겹쳤을 때 극적으로 커졌고, 이런 기계적인 시스템으로 그레베니코프는 부양력을 조절했다. 이렇게 날개들이 모두 겹쳐지면, 수직으로 꽤 높이 떠오를 수 있었다. 그런 다음 그레베니코프는 이 메커니즘을 작은 사각형 나무상자로 만들었다. "내가 사각형 설계를 선택한 것은 그것이 접기 쉬워서인데, 일단 접으면 옷가방이나 화가들의 가방과 비슷해서 위장할 수도 있고 의심을 사지 않아도 되었다. 나는 자연스레 화가들의 가방을 선택했다."[31] 그는 스쿠터를 타듯이 그 위에 올라섰다. 수직의 추력은 날개덮개 층들을 부채와 같이 폈다 접었다 하는 자전거의 브레이크 캘리퍼*caliper*로 조절되었다. 전진 속도는 날개들의 기울기 각도를 결정하는 두 번째 브레이크 캘리퍼로 조절했다. 그레베니코프는 몸을 기울여서 방향을 바꿨고, 자전거 핸들을 부착한 금속 지주대에 자신을 벨트로 매었다. 이 장치를 사용할 때 일어난 일에 대한 그레베니코프의 설명은 우리의 모형과 완벽하게 맞아떨어지기 때문에 이것이 전혀 속임수로는 보이지 않는다.

우선, 그가 타임스페이스로 들어갔으므로, 어떤 높이에 다다르면 지상에 있는 사람들에게는 그가 오히려 하나의 파동이 되어버린 듯했다.

> [비행을 할 때] 땅에서는 내가 보이지 않았고, 거리 때문만은 아니었다. 아주 낮은 높이로 날 때도 나는 거의 그림자를 드리우지 않았다. 게다가 나중에야 알았지만, 내가 하늘에 있을 때 사람들은 가끔 뭔가를 본다. 그들에게는 내가 광구(光球), 디스크 형태나 뾰족한 가장자리를 가진 비스듬한 구름 같은 것으로 보이는데, 그들의 말로는 진짜 구름과 정확히 같은 식으로는 아니고 이상하게 움직인다고 한다.[32]

그레베니코프는 또 카메라의 셔터가 닫히지 않는 현상과 같은 시간 왜곡도 경험했다. "나는 내려다볼 수는 있었지만 사진을 찍지 못했다. 카메라 셔터가 닫히지 않았고, 내가 가졌던 두 통의 필름—하나는 카메라에, 다른 하나는 내 주머니에 있던 —은 모두 빛이 새어들어 못쓰게 돼버렸다."[33] 이 이야기는 시드 허르비치의 장치가 생각나게 하는데, 그 장치에서 허르비치의 시간 경험은 그레베니코프의 카메라에서의 시간흐름보다 훨씬 더 빠르게 되어서 카메라 버튼을 눌렀다 해도 실제로 셔터가 열릴 만큼 길게 지속되지는 않는다. 허르비치가 더 참을성이 있다면 그렇게 되기도 하겠지만, 아마도 더 기다려야만 할 것이다.

가장 놀라운 일은, 그레베니코프가 중력 차단 효과를 이용해 공간을 여행하는 것으로도, 저절로 시간도 여행하고 있음을 알게 되었다는 점이다.

> 그런데, 카메라 말고도, 때때로 내 시계와 어쩌면 달력에도 문제가 생겼다. 익숙한 공터에 내려올 때면, 가끔은 2주일가량의 편차로 약간 '때가 맞지 않는다는' 것을 알게 되곤 했다. 따라서 공간에서만이 아니라, 시간에서도 날아다니기가 가능할 수도 있고, 또는 그런 듯도 하다. 시간을 날아다닐 수 있다고 100퍼센트 장담하진 못하겠다. 아마도 비행할 때, 그것도 시작할 때, 시계가 변덕스럽게 어떤 때는 너무 느리고 또 어떤 때는 너무 빠르게 간다는 것 말고는 말이다. 하지만, 시계는 비행을 마칠 때는 정확한 시간과 속도로 간다. 그렇기는 하지만 이것은 내가 비행을 하는 동안에 사람들에게서 떨어져 있는 이유들 가운데 하나다. 시간의 조작이 중력의 조작에 나란히 생기는 것이라면, 어쩌면 나는 뜻하지 않게도 인과관계를 흩뜨려서 누군가를 다치게 할지도 모른다. 여기서 나는 두려움이 생긴다.[34]

그레베니코프는 곤충들을 다시 가져다 놓으려고도 했는데, 곤충들은 시험관에서 사라져버릴 뿐이었다. 그러나 어떤 경우에는 붙잡혀 있던 성충을 가져갔더니 살아 있는 번데기 단계로 되돌아가 버리기도 했다. 이것은 부정하지 못할 시간여행 효과를 보여주는 것이다.

> "그곳에서" 잡았던 곤충들이 내 시험관, 상자, 용기들로부터 사라진다. 그

> 것들은 거의 흔적도 없이 사라진다. 한번은 내 주머니 속에 조각조각 깨진 시험관이 있었는데, 다른 때에 보니 유리 조각에 [그것이] 키틴 색깔이었던 것처럼 둘레가 갈색인 타원형 구멍이 있었다. 나는 주머니 속에서 타는 듯하거나 전기충격 같은 것을 많이 느꼈는데, 아마도 내 포로들이 사라져버리는 순간에 그런 것 같다. 시험관에 남아 있는 곤충은 한 번밖에 보질 못했지만, 그것은 더듬이에 흰색 고리들이 있는 성충 맵시벌이 아니라 그 애벌레, 곧 더 이른 단계에 있는 것이었다. 애벌레는 살아 있었고 배를 건드리면 움직였지만, 실망스럽게도 1주일이 지나자 죽어버렸다.[35]

이륙하기 전에 그레베니코프는 우리의 시공간에 있다. 착륙하고 나면 그는 완전히 시공간으로 다시 한 번 돌아온다. 이제 그는 시간을 여행한 것이다. 그레베니코프가 곤충들을 가져다 놓으려 했을 때, 곤충들은 대개 그렇게 하지 못했다. 그러나 맵시벌의 경우, 그는 시험관 속에서 성체가 유충으로 돌아가는 것을 본 것이다.

【그림 29】 빅토르 그레베니코프가 주장하는 대로 자신이 만든 장치 위에서 떠오르고 있다. 중력을 차단하는 것이 분명한 곤충의 날개덮개들이 동력원으로 사용됐다.

〈새로운 에너지 기술들〉의 기사에는, 그레베니코프 박사가 V. 졸로타레프*Zolotarev* 교수와 함께 러시아에 이 놀라운 발명에 대한 특허 신청을 했다고 했다. 그에게 돌아온 것은 과학계의 반발뿐이었다. 러시아의 한 신문은 그레베니코프가 1992년 이 발견을 적은 책을 미리 소개하면서, 그가 비행체 위에서 30~60센티미터 정도 떴다고 주장하는 사진을 보여주며 글을 마쳤다.[36]

이 장치를 가까이서 찍은 여러 장의 사진들도 있다. 〈젊은이들을 위한 기술*Technika Molodezhi*〉라는 한 유명한 러시아 잡지도 이 사진들을 실으면서 그레베니코프가 시베리아농업/농화학연구소*Siberian Research Institute of Agriculture and Agricultural Chemistry*에서 이 장치를 공개적으로 보여주었다고 했다. 그의 책은 원래 400장의 컬러 사진들을 실은 500쪽 분량으로 나올 예정이었고, 처음의 신문 기사에서는 그레베니코프가 정확히 이 장치를 만드는 방법에 대한 모든 자세한 내용들을 밝히리라고 했었다. 그때 그레베니코프는 출판사와 편집자에게서 이 정보의 공개가 금지되었다는 말을 들었다. 러시아 정부가 "국가 안보"의 문제로 이 자료를 내놓지 말도록 그들에게 경고했음을 확실히 보여준다. 그 책에는 이미 누출된 그레베니코프가 비행하는 모습을 찍은 사진 두 장이 남았지만, 책의 분량은 300쪽이 조금 넘도록 줄어들었고, 그는 원고 전부를 다시 써야 했다.[37]

비밀 기술들에 접근했었다고 주장하는 고든 노벨*Gordon Novel*도 카멜롯 프로젝트*Project Camelot*의 케리 캐시디*Kerry Cassidy*와의 대담에서 중력 차단과 시간여행의 관계를 이야기했다.

> "UFO는 어쩌면 영화 「백 투 더 퓨쳐*Back to the Future*」에 나오는 자동차와 무척 비슷하지 않을까 싶어요. 날아다니는 타임머신 말이죠. 그 차들은 과거로도 미래로도 갈 수 있어요. 중력을 무시하려면 시간도 무시해야 해요. 따라서 시간이 UFO의 동력이에요. 우린 그것의 동력이 공간이나 영점*zero*

*point*에서 나온다고는 믿지 않아요. 대신 다름 아닌 시간에서 나온다고 믿어요. 에너지와 시간은 같다는 것도요."[38]

테슬라의 기술

니콜라 테슬라*Nikola Tesla*도 제대로 작동하는 중력 차단 기술을 개발했다고 하는데, 어떤 도움을 받아서 그렇게 했을지도 모른다. 시드니 커크패트릭*Sidney Kirkpatrick*은 에드가 케이시의 기록보관소에 자유롭게 접근하도록 허용된 최초의 인물이었다. 그는 케이시와 관계를 맺었던 사람들의 본명까지도 알 수 있었고, 이렇게 해서 니콜라 테슬라와 토머스 에디슨*Thomas Edison* 두 사람 모두 1905년부터 1907년까지 케이시와 전문적인 접촉을 가졌었음을 우리는 이제 알게 되었다.[39] 이 사실은 테슬라가 적어도 한 번의 리딩을 받았음이 거의 확실하다는 뜻이다. 나중에, 무연료모터*No-Fuel Motor*라고 부르는 원형적인 중력 차단 장치를 연구하던 한 발명가와 함께 극도로 전문적인 내용을 자세히 설명하는 케이시 리딩이 여러 번 이루어졌다. 구체적으로 말하면, 리딩 195-54 질문 13에서 케이시의 소스*source*는 중력이란 두 가지 힘의 결과라고 말한다. 하나는 밑으로 내려가고, 하나는 다시 위로 올라간다. 또 이 설명은 아주 대충 표현해서 그렇다는 것인데, 왜냐하면 두 방향 모두로 생기는 상당한 양의 둥글고 나선형의 볼텍스 운동도 일어나고 있기 때문이라고도 설명한다.[40] 불행하게도, 케이시의 사진 스튜디오에 생긴 두 번의 화재는 케이시가 테슬라에게 해주었을지도 모르는 리딩들을 비롯해 케이시 초기의 모든 기록들을 불살라버렸다. 테슬라와 토머스 에디슨, 그리고 케이시 사이에 오갔던 추가적인 서신들도 "나중에 버지니아비치의 에드가 케이시 기록보관소에서, 선의를 가졌지만 근시안적인 한 자원봉사자가 없애버렸다".[41]

테슬라가 케이시에게서 어떤 도움을 받았는지에 상관없이, 그들이 서신을 주고받기 시작한 지 4년 만에, 테슬라는 〈뉴욕 헤럴드*New Herald*〉와의 대담에서 도발적인 말들을 했다.

> 미래의 비행기계는 —내 비행기계는— 공기보다 무겁겠지만, 비행기가 되지는 않을 겁니다. 그건 날개가 없을 거예요. 그렇지만 하늘을 어떤 방향으로도 절대로 안전하게, 또 그 어느 것보다도 빠른 속도로 마음대로 날아다닐 수 있을 겁니다. 바람이 불어도 공중에서 완전히 정지한 상태로 아주 오랫동안 머물 수 있어요. 그것의 양력(揚力)은 비행기들에 있어야만 하는 그런 정밀한 장치들이 아닌, 순전한 기계적 동작에서 나올 겁니다.

"기계적 동작"이 무슨 뜻인지 밝혀달라는 저널리스트의 질문에 테슬라는 말했다.

> 내 엔진의 자이로스코프 운동입니다. 아직은 말할 준비가 되지 않은 몇 가지 장치들이 이것을 돕고요. 내 비행선에는 가스주머니도 날개도 프로펠러도 없을 겁니다.[42]

《잃어버린 과학*Lost Science*》에서 게리 배실라토스*Gerry Vassilatos*는 테슬라가 실제로 이 기술을 사용하는 것을 봤다고 하는 목격자들의 증언을 전해준다.

> 자줏빛 코로나*corona*에 둘러싸여서 지상 10미터쯤 위에 있는 발판에 선 테슬라가 보였다. 그 장치에는 [위에] 작은 코일이 있었고, 밑바닥은 모두 부드러운 구리판으로 덮여 있었다. 발판은 전체 깊이가 아마도 60센티미터쯤 되었고, 부품들로 가득했다. 테슬라는 발판으로 성큼성큼 걸어가서 제

어판 앞에 섰고, 흰 불꽃들을 내면서 위로 재빨리 움직였다. 지상에서 멀어지면서 너무 많았던 불꽃은 가라앉았고, 금속 울타리에 아크방전이 자주 생겼다. 테슬라는 비행경로 밑에 있는 목장의 많은 금속 울타리를 피하려고 신경을 많이 썼다. 테슬라는 밤마다 여러 시간씩 밤하늘을 치솟아 오르면서 즐거워했다고 한다.[43]

랄프 링과 오티스 카르, 그리고 테슬라의 '유트론'

2006년 8월, 카멜롯 프로젝트는 1950년대 말에서 1960년대 초에 오티스 카르*Otis T. Carr*—오티스 엘리베이터 시스템의 발명자—와 일했던 71세의 공학자 랄프 링*Ralph Ring*과 대담했다. 카르는 니콜라 테슬라 밑에서 공부했고, 그의 중력 차단 기술의 비밀을 전수받았다고 한다. 1947년에 카르는 작동되는 접시 형태 비행선의 개발을 끝내고서 그것을 많이 만들었지만, 처음에는 이것으로 아무런 공식적인 수입도 만들어내지 못했다. 2006년에 랄프 링은 마침내 '카르 OTC 기업'에서 나온 자세한 청사진들을 비롯한 많은 분량의 인상 깊은 기술 문서들을 가지고 앞으로 나섰다.

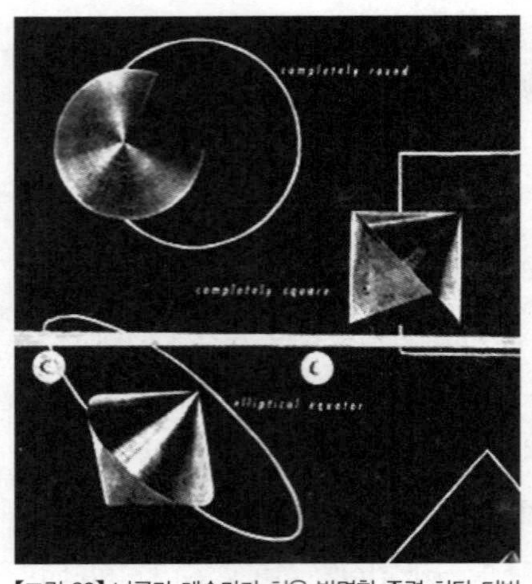

【그림 30】 니콜라 테슬라가 처음 발명한 중력 차단 터빈을 그린 오티스 카르의 홍보용 삽화. 오티스 카르는 또 엘리베이터의 발명자이기도 하다.

제2차 세계대전 때 육군 전투정보장교였던 웨인 에이호*Wayne Aho* 소령은 자신이 1959년 12월 7일에 비행선을 타고 달에 갈 것이고, 그 여행에는 다섯 시간이

> 걸릴 것이며, 돌아오기 전에 궤도에 일주일을 머물겠다고 발표했다. 에이호가 탔던 지름 13미터의 비행선의 무게는 30톤이었고, "유트론*Utron* 엔진이 동력을 공급했다".[44]

유트론 엔진은 분명히 테슬라의 발명이다. 또, 그것은 위에서 보면 원형이고 옆에서 보면 정사각형이라는 사실이 가장 중요했다. 이것으로 팽이와 같은 형태, 또는 두 개의 원뿔들이 바닥을 마주한 모양이 되었다. 링은 공개적으로 나선 것으로 재정적인 이익을 얻지는 않았고, 카르가 그 장치와 함께 찍은 사진을 비롯한 확실하고 포괄적인 문서들과, 그가 엄청난 돈을 쏟아부으면서 거짓을 꾸미지는 않았을 것이 분명한 상세한 청사진들을 가지고 있었다. 링이 실제로 말하는 내용을 읽어보면 무척 흥미진진해진다.

먼저, 우리는 단단한 금속이 유연해지는 모습을 보게 되는데, 이 경우에는 마치 젤리와도 같다.

> 카르와 함께 밤낮으로 일하던 1950년대 말의 흥분되는 사건들을 회상하면서, 링은 핵심이 자연과 함께 일하는 것이라고 거듭거듭 강조했다. "공명입니다." 링은 되풀이하면서 힘주어 말하곤 했다. "자연과 함께 일해야 해요. 맞서지 말고요." 그는 모델 디스크들에 동력을 넣어서 특정 회전 속도에 이르렀을 때, 어떻게 금속이 젤리처럼 되는지를 묘사했다. "손가락으로 찔러보면 들어갈 수도 있어요. 그건 고체이기를 멈췄죠. 마치 이 현실에는 전혀 여기 있지 않은 듯이 다른 물질 형태로 바뀌었어요. 그건 이상했고, 지금껏 느껴본 가장 으스스한 느낌이었어요."[45]

그 비행선은 공간을 지나 여행하면서 시간을 지나 여행하기도 했다.

"비행선이 날았느냐고요? '난다'는 말은 맞는 단어가 아니에요. 그것은 거리를 가로질렀어요. 시간이 걸리지 않은 것 같았죠. 나는 두 명의 공학자들과 그 13미터짜리 비행선으로 16킬로미터쯤을 비행했어요. 나는 그게 움직이지 않았다고 생각했어요. 실패했다고 생각했죠. 우리가 목적지에서 돌과 식물 표본들을 가지고 돌아왔다는 사실을 알고는 완전히 놀라 자빠질 뻔했어요. 극적인 성공이었어요. 그건 순간이동과 더 비슷했어요. 한술 더 떠서, 왠지 시간이 왜곡됐어요. 우린 비행선에 15분이나 20분쯤 있었다고 느꼈어요. 나중에 들어보니 우리가 비행선 안에 있던 시간은 3~4분밖에 되질 않았어요."[46]

어쩌면 더더욱 흥미로운 점은 이 과정에서 일어난 소스필드와의 직접적이고 의식적인 상호작용이다.

"유트론이 그 모든 것의 열쇠예요. 카르는 유트론이 그 형태 때문에 에너지를 축적하고 집중하고 또 우리의 의식적인 의도에도 반응한다고 했어요. 그 기계를 조종할 때면, 우린 어떤 조작도 하지 않았어요. 우리 셋은 명상과 비슷한 상태에 들어가서, 우리가 이루기 원하는 효과에 의도를 집중했어요. 웃기는 소리로 들린다는 걸 나도 알아요. 하지만 그게 우리가 한 일이고, 그게 일어난 일이에요. 카르는 이해되

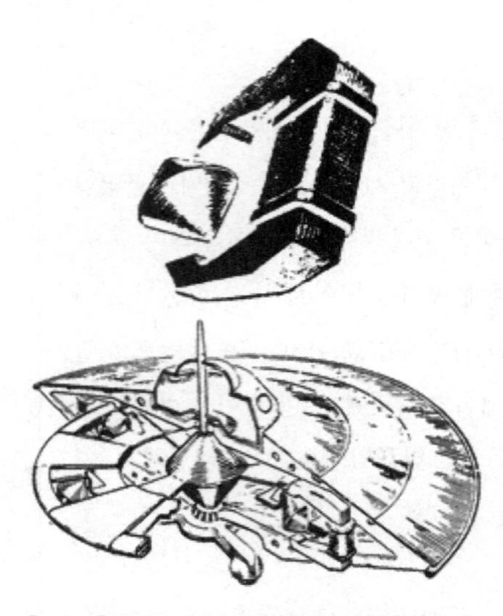

【그림 31】 자신이 개발한 접시 모양의 중력 차단 비행선에 테슬라터빈이 들어맞는 모습을 보여주는 오티스 카르의 삽화.

> 지 않는 몇 가지 원리들을 이용했는데, 거기서 의식은 공학 기술과 섞여서 결과를 가져와요. 그 원리를 방정식으로 쓸 수도 없어요. 난 카르가 그것이 작동한다는 걸 어떻게 알았는지 모르겠어요. 하지만 작동했죠."[47]

카르는 모두에게 목적지에 가면 호주머니에 돌과 흙덩어리와 풀들을 채워 오라고 했다. 그렇지 않으면, 그들이 돌아왔을 때 어딘가에 갔다는 의식적인 기억이 하나도 남지 않아서, 일이 실패했다고 생각했을 것이다. 백스터의 룸메이트가 최면에서 깨어나서 아무 일도 일어나지 않았다고 생각했던 경우와 다름없이 말이다. 아니나 다를까, 링은 여행에서 돌아와서는 아무 기억이 나질 않았다. 그러나 옷 주머니에는 풀들이 가득 들어 있었다. 링은 소스라치게 놀랐고, 나중에서야 마치 꿈에서 깨어난 듯 여행을 기억해냈다. 링이 카르에게 어떻게 이런 일이 생기는지를 묻자, 카르는 이렇게 말했다.

> "자네의 뇌는 거기서 자네 몸을 움직이네. 자넨 여기 배 한 척 안에 있어. 이것은 사람들이 알아차리지 못하는 환상 속의 배야. 우리가 100만분의 몇 초 안에 만들고 있기 때문이거든. 매 순간 이 셔터들은 열렸다 닫혔다 하면서 자네 주변에서 보는 이 현실 모두를 창조하고 있지만, 정말로 존재하지는 않네. 모두가 영*spirit*일세. 모두가 에너지이지만, 우리가 그것을 창조하고 있다네. 사람들은 인간이 어떤 의미에서는 시간을 만들었다는 걸 깨닫지 못하지. 시간은 본질적으로 존재하지 않아. 시간은 우리가 창조할 때 존재하고, 무언가의 시작과 끝은 우리에게 있네. 우린 그것을 시간이라 부른다네. 하지만 더 큰 현실에서는, 시간이란 없다네."[48]

"셔터들이 열렸다 닫혔다 한다"는 말은 마치 쉬놀이 찾아낸 물리적, 화학적, 생물학적, 그리고 방사성 반응들에서의 요동이 전 세계에서 일어나고 있다는 것으로 들린다.

불행하게도, 비밀 프로젝트들에서 일하는 요원들이 1961년 카르를 덮쳤고, 카르의 거절을 받아들이려 하지 않았다.

> "그들은 온갖 겉치레를 하면서 왔어요. '지금 이곳을 폐쇄해야겠소.' 우린 왜냐고 물었죠. '당신네들이 미합중국의 통화 제도를 뒤집으려고 하기 때문이오.' 그들의 술책이었죠. '그리고 모든 걸 압수하겠소.' 그들은 사무실로, 실험실로 가더니 모든 것들을 압수하기 시작했어요. 그런 뒤에 우리에게 브리핑을 하도록 하더니 짧게 말했어요. '당신네는 틀렸소. 당신들은 통화 제도를 뒤엎으려 하고 있소.'"[49]

이 비밀은 꽤 오랫동안 지켜졌다. 내가 이 책을 쓰는 동안 주류 언론에 돌아다니던 한 기사에서 스탠튼 프리드만*Stanton Friedman* 박사가 말한 대로 이것은 "우주적인 워터게이트"였다.[50] 이것은 미국 건국의 아버지들이 미합중국 국새의 의미에 감춰놓은 것과 같은 비밀로부터 나온 것일지도 모르겠다. 그 의미를 찾아내려 애쓰는 사람들을 위한 메시지를 담아놓았지만, 그 어떤 직접적이고 공개적인 방식으로는 설명해주지는 않는 비밀 말이다. 나는 이 기술들 뒤에는 명백하고 한결같은 원리 체계가 있다는 사실이 지금쯤은 밝혀져 있기를 바랐다. 우리가 과학에서 저지른 실수들을 고치기만 하면, 우리가 본 모든 것들을 설명하고, 이와 같은 힘들이 자연에서 어떻게 이미 나타나 있는지 깨달을 수 있다. 토머스 타운센드 브라운*Thomas Townsend Brown*(비필드*Biefield*-브라운 효과), 존 서얼*John Searl* 교수(서얼 부양디스크*Searl Levity Disc*), 그리고 몇몇 사람이 비슷한 발견들을 하기는 했지만, 바로 지금, 주류에서 이런 기술을 가지고 뚜렷한 성과를 올린 사람은 아무도 없다. 브라운은 안보조직과 협력하기로 결정했고 그의 연구는 기밀이 된 반면, 서얼은 이에 맞서 싸웠고 파멸했다. 그러나 그들의 결과는 우리가 여기서 논의하고 있는 모든 것과도 일치한다. 두 러시아 과학자 로스친*Roschin*과 고딘*Godin*은 안전 때문에 그들의 장치를 실험실 탁자에 볼트로 고정시켜야 하기는 했지만, 독립적으로 서얼의 기술을 재구성했고 무척 강력한 부양력을 얻었다.[51] 서얼과 동료들은 회의론자들이 공격하면서 불가능하다고 말했던 자신의 독특한 터빈이 작동하는 모습을 보여주는 비디오들을 최근에 온라인으로 공개했다.[52] 서얼의 연구진은 랄프 링처럼 완전 가동되는 장치의 원형을 개발하기 위해 연구하고 있다고 한다.

스스로 하는 공중부양 — 룽곰

이 책을 쓰는 지금, 우리들 가운데 그 누구도 이 기술들에 공개적으로 접근하지 못한다. 그러나 황금시대로 옮겨 가는 이 변화는 어쩌면 우리가 그 기술들을 필요로 하지 않을 시대가 오고 있음을 보여준다. 우리 몸이 실제로 떠오르기에 충분한 결맞음을 만들어내는 일이 가능할까? 어떤 기술마저도 필요 없이? 티베트인들은 이 놀라운 능력에 대한 비밀들도 전해 받은 듯하다. 이 기법을 룽곰*lung-gom*이라 하는데, 알렉산드라 다비드 넬이 이것을 목격하고 1931년에 쓴 고전《티베트 마법의 서(한국어판)》에 적었다.[53] 여기서 승려들은 깊은 트랜스 상태에 들어서 꽤 빠른 속도로 크게 뛰어오르면서 달리기도 하는데, 이제는 우리가 이해하듯이 그들의 몸은 중력을 완전히 무시한다.

룽곰은 원래 걷거나 야크를 타는 것보다 훨씬 더 빨리 먼 거리를 여행하는 데 사용되어왔는지도 모르겠다. 한쪽 발이 땅에 닿을 때마다, 그들은 다시 한 번 크게 뛰어오른다. 비록 도가 지나친 영화들에서 부풀린 것일지도 모르지만, 한 번 뛸 때마다 10미터쯤 솟아올라 30미터만큼은 나아갈 수도 있다.

다비드 넬은 룽곰의 이야기들을 듣기는 했지만, 어느 날 드디어 멀리서 이것을 망원경으로 목격했다. 그녀의 티베트 여행 동료들은 맨눈으로 그 승려의 모습을 볼 수 있었고, 그가 정말로 룽곰파*lung-gom-pa*, 곧 이 매혹적인 기술에 통달한 승려임을 확인해주었다. 다비드 넬은 그 사람에게 가서 가까이서 지켜보고 궁금한 것들을 묻고 싶었지만, 대신 엄한 경고를 받았다.

> "당신은 저 라마승을 멈추지도, 말을 걸어서도 안 됩니다. 그렇게 하면 틀림없이 그를 죽일 겁니다. 이 라마승들이 여행할 때는 그들의 명상이 흐트러지면 안 됩니다. 그들이 만트라를 염송하길 멈추면, 그들 안에 있는 신이 나가버리고, 적당한 시간이 되기 전에 그렇게 되면, 신은 그들을 호되게 흔들어서 그들은 죽고 맙니다."[54]

지금 재발견하고 있는 이 새로운 물리 법칙들을 바탕으로, 우리는 그 승려가 룽곰을 마치려면 자신의 몸을 이루는 원자들과 분자들의 거의 반을 타임스페이스로 가져갈 수 있어야 할 거라고 짐작해보게 된다. 그러면 승려는 반은 여기에, 반은 거기에 있을 것이다. 그들은 정확히 어떻게 이 기술을 배웠을까? 여기에는 어떤 형태로 '솔방울샘의 각성' 과정이 필요한 것일까? 이것은 아마도 그 일부일 것이다. 이 능력을 훈련하기 위해서는, 먼저 몇 년 동안 다양한 방식의 호흡 훈련을 해야 한다고 다비드 넬은 설명했다. 마침내는, 스승에게서 만트라 하나를 받고 그것을 리듬을 실어 반복한다. 연습을 하는 동안은 호흡과 발걸음 모두가 만트라의 음절에 박자를 맞추어야 한다.

내게는 이 보고에 대해 일치하는 많은 양의 자료가 있고, 다비드 넬이 그즈음엔 틀림없이 알지 못했던 것들이다. 열은 소스필드 안에서의 결맞음을 방해한다. 그래서 하루 중에 가장 더운 시간대에는 룽곰이 그다지 잘되지 않는다. 또한 피라미드 효과에서처럼 그 지역의 형태가 소스필드의 구조를 결정한다. 따라서 고르지 못한 지면, 좁은 골짜기와 나무들 모두는 룽곰파의 길을 방해하기도 하는 영향을 주는 반면, 평탄하고 넓은 황무지 공간은 훨씬 더 쉽게 해준다. 그리고 마지막으로, 평상시의 마음 상태가 깊은 트랜스로 옮겨 가는데, 여기서 자각*awareness*의 대부분은 더 이상 이곳 시공간에 있지 않다. 자각의 대부분이 이제 타임스페이스에 있는 우리의 아스트랄체 또는 에너지 사본으로 —가리아에프와 여러 사람들이 DNA 유령에서 보여준 것처럼— 넘어가면서 우리의 솔방울샘은 아마 아주 활성화될 것이다. 흥미롭게도, 다비드 넬은 승려들이 룽곰을 너무 자주 하면 중간 지점에 갇힐 수도 있다고도 말한다. 그렇게 되면 땅 위에 머물기 위해서는 체인을 써서 몸의 무게를 실제로 무겁게 해야 한다는 것이다.

기독교 성인들, 요기들, 그리고 과학자, 학자, 정부 인사와 기타 전문가들이 목격한 1800년대 대니얼 던글라스 흄*Daniel Dunglas Hume*의 특출한 능력들을 비롯하여,[55] 조작될 수 없는 인간의 공중부양을 잘 기록한 많은 사례들이 있음에도, 클로드 스완슨 박사의 《싱크로나이즈드 유니버스》에 나오는 이야기 하나가 내 눈에 확 들어왔다. 1980년대 그리스의 피터 수글레리스*Peter Sugleris*의 이야기인데, 이 사람은 물체를 옮기고, 숟가락과 다른 금속 기구들을 손끝 한 번 대지 않고 휘어버렸고, 많은 사람들이 이것을 목격했다. 이 '스푼벤딩*spoon-bending*' 기술은 이젠 그 원자들이 타임스페이스로 넘어 들어가 버린 것으로 설명할 수 있고, 그렇게 해서 물질이 실제로 구부러지기 시작하는 것이다. 물론, 수글레리스는 공중부양도 할 수 있었다. 1986년에 그의 아내는 수글레리스가 부엌 바닥 위로 50센티미터 정도 떠올라서 47초 동안 그대로 있는 모습을 사진에 담았다. 그의 얼굴은 무섭게 찡그리고 있어서 애를 쓰는 표정이 또렷했고, 끝나자 식은땀을 흘리며 기진맥진했다. 정상적인 의식을 되찾는 데는 10~15초가 걸렸다. 이 일을 하기 위해서는 "엄청난 집중력과 시범 전에 몇 주 동안 정화를 위한 채식이 필요했다".[56]

15장
기하학은 황금시대로 들어가는 열쇠다
: 버뮤다 삼각지대와 20면체의 비밀

지구상에는 20면체를 구성하는 12개의 볼텍스 포인트가 존재하고,
이곳을 통해 더 쉽게 평행현실로 접근할 수 있다.
또한 해류의 흐름, 동물의 이동경로, 고대유적의 위치,
DNA와 양자의 구조도 기하학에 근거한다.

고대의 잃어버린 비밀들을 되찾아 나선 우리 탐구가 거의 끝나가는 듯하다. 우리의 가장 큰 발견은 우리가 주위에서 —실재하는 세상으로— 보는 모든 3차원 공간은 반쪽짜리 그림일 뿐이라는 점이다. 나머지 반은 평행현실인데, 그곳에서도 모든 법칙들이 기본적으로 같지만, 그곳의 공간은 이곳의 시간이고 그곳의 시간은 이곳의 공간이라는 점만 다르다. 이 두 현실들이 유지되기 위해 서로에게 밀접하고도 전적으로 의지한다. 그들의 소용돌이치는 운동이 모든 원자 안에 함께 섞여 있다. 자연은 중력 차단이 불가능하다고는 하지 않는다. 이 일은 토네이도와 폭포의 송어, 식물의 줄기와 나무들, 그리고 어떤 곤충들의 날개덮개에서 언제나 일어나는 듯하다. 중력은 그저 아래로 누르는 중력의 힘과 위로 밀어 올리는 부양력의 힘 사이의 줄다리기라기보다는, 그 안에 훨씬 더 많은 구조를 가진 것으로 보인다. 중력 안에는 소용돌이치는 운동들도 있어서, 똑바른 아래 방향 말고도 다른 방향들로도 누른다. 중력을 상쇄하고 결맞음 상태를 이뤄서 타임

스페이스로 들어가려면, 소스필드에 마땅한 볼텍스 흐름들을 만드는 법을 배워야 한다. 그러면 우리는 공중에 뜨고, 순간이동하고, 시간을 여행할 수도 있는데, 이것이 앞으로 올 황금시대의 핵심적인 부분일지도 모르겠다. 기하학은 이런 놀라운 결과들을 이뤄내는 데 필요한 볼텍스 흐름들을 만드는 열쇠로 보인다.

기하학적인 볼텍스 포인트들

지구 위의 어떤 지역들에는 다른 곳들보다 더 큰 결맞음이 있어서 공중부양과 순간이동, 그리고 시간여행이 훨씬 쉬워지게 할 수도 있다는 것은 전적으로 가능한 말이다. 이 지역들에서 중력은 소용돌이치며 옆으로 미는 형태로 작용할 수도 있어서, 공기와 물과 자기장 또는 맨틀에 원형이나 달걀 형태의 흐름 패턴들을 만들어낸다. 아이반 샌더슨*Ivan T. Sanderson*은 1960년대에 미스터리조사협회*Society of Investigation of the Unexplained*와 함께 그런 볼텍스 포인트들을 찾고 있었다. 찰스 벌리츠는 1974년에 《버뮤다 삼각지대》를 쓰면서 샌더슨의 자료들을 더 확장시켰다. 1945년부터 1975년까지 무려 67척의 선박들과 보트들, 그리고 모든 종류의 192대의 항공기들이 버뮤다 삼각지에서 사라졌다. 그 결과 1,700명의 사람들도 행방불명이 되었다. 여기에는 나중에 관례상 설명된 다른 많은 실종 사고들은 포함되지 않는다.[1] 2004년에 지언 퀘이서*Gian Quasar*는 지난 25년 동안 75대의 항공기들과 수백 척의 유람 요트들이 버뮤다 삼각지에서 흔적도 없이 사라져버렸다고 했고, 그 결과 1,075명 이상의 사람들이 실종됐다고 자기 책 표지에 적었다.[2]

버뮤다 삼각지는 샌더슨이 찾아낸 이상한 일들이 일어나고 있던 여러 장소들 가운데 하나였을 뿐이다. 1960년대 말에 샌더슨은 선박들과 항공기들이 계속 사라지고, 바다와 공중에서 이상한 현상들이 목격되며 계기의 작동

이상이 생기기도 하는 10곳의 지역들이 지구 위에 거의 등거리로 있다는 것을 명쾌하게 밝혔다.[3]

이들 가운데 다섯은 북반구의 같은 위도 상에 있었고, 서로 72도의 경도로 떨어져 있었다. 나머지 다섯도 같은 배치로 남반구에 있었지만, 북쪽의 것들보다 모두 동쪽으로 20도씩 옮겨져 있었다. 1970년대 초에 샌더슨이 출연한 텔레비전 방송의 거의 대부분은 이 볼텍스 포인트들을 다뤘고, 이것으로 엄청난 수수께끼와 호기심을 자아냈다. 샌더슨은 버뮤다 삼각지가 전혀 삼각형이 아니라고 말했음에도, 그곳에서만 1,000명이 넘고도 남을 사람들이 실종됐다. 그의 인기에 힘입어, 군용기와 상업용 항공기 조종사 들이 샌더슨에게 더더욱 흥미로운 자료들을 전해주기 시작했다. 조종사들은 이 10개의 지점들, 또는 그 바로 가까이에서 시간의 이상 현상들을 경험하고 있다고 말했다. 그들의 목적지에 "너무 빨리" 또는 "너무 늦게" 도착하는 것이다. 이 현상들은 조종사들의 계기로도, 지상에서의 기록으로도 확인되었다.[4]

1960년대 말부터 1970년대 초에 엄청난 인기를 모았던 ABC의 〈딕 카벳 쇼*The Dick Cavett Show*〉가 있다. 30년 동안 텔레비전에서 유명세를 누린 노련한 조종사 아서 갓프리*Arthur Godfrey*가 그 단골 출연자였는데, 항공 여행이 안전하다는 주요 항공사들의 입장을 자주 대변했다. 1971년 3월 16일, 이 10개의 볼텍스 포인트들을 두고 갓프리와 샌더슨 사이에 논쟁이 불붙었다. 두 사람은 오랜 친구였지만, 갓프리가 두 번의 앞선 방송 출연에서 샌더슨의 생각을 "빌어먹을 허튼소리투성이"일 뿐이라고 비웃으며 묵살해버린 일이 화근이었다. 그런데도 샌더슨이 그 포인트들이 선명하게 표시된 지구본을 들고 나와서 모든 증거를 보여주자, 갓프리는 나가떨어져 버렸다. 자신이 같은 지역들에서 샌더슨의 말을 직접 확인해주는 세 번의 경험을 했었던 것이다.

예컨대 갓프리는 일본 남쪽 "마(魔)의 바다"를 비행하다가 무전 계기의 연락이 모두 한 시간 반 동안이나 끊겨버렸는데, 연료는 네 시간 분량밖에 남지 않아서 무척 겁에 질렸다. 갓프리는 또 조종사들이 동부 해안의 바다 위를 똑바로 아래쪽으로 날 때면 ―이것은 육지 쪽으로 꼭 붙어 나는 경우보다 더 빠르다― 계기판을 아주 주의 깊게 들여다보고 있어야 한다고도 했다. 배리 파버*Barry Farber*의 라디오 쇼에 나왔던 밥 듀란트*Bob Durant*를 비롯한 다른 조종사들도 같은 일을 이미 말한 바 있다. 마침내 딕 카벳이 갓프리에게 이 현상이 과학적으로 조사할 타당성이 있느냐고 딱 부러지게 묻자, 갓프리는 카메라를 똑바로 쳐다보며 더없이 진지한 얼굴로 그렇다고 짧게 대답했다.[5]

이 일은 과학자들과 공학자들의 새로운 관심을 불러일으켰다. 그들 가운데 한 사람은 이 기하학적 관계에 아주 잘 맞아떨어지기 때문에 남극과 북극도 포함시켜야 한다고 지적했다. 샌더슨은 이 12개의 "불쾌한 볼텍스들"을 그린 그림을 자신의 〈퍼수트*Pursuit*〉 저널 1971년 4월호에 발표했다. 그다음 샌더슨의 고전적인 "전 세계의 12개 악마의 묘지들"이라는 글이 1972년 〈무용담*Saga*〉지의 한 호에 실렸을 때, 그는 새롭고 폭발적인 언론의 조명을 받았

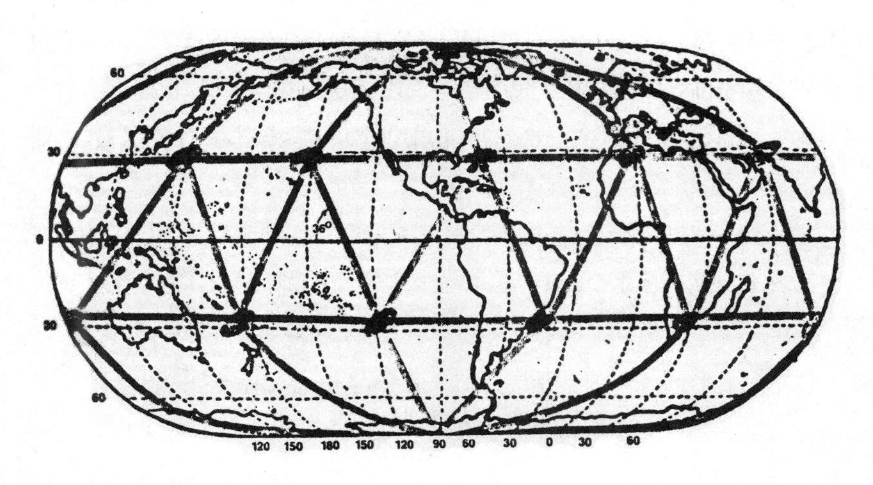

【그림 32】 아이반 T. 샌더슨은 선박과 항공기가 실종되는 대부분의 사건들이, 이런 기하학적 패턴을 그리는 12개의 등거리 지점들에서 일어났음을 알아냈다.

다. 이를 계기로 세 명의 소련 학자들인 니콜라이 곤차로프*Nikolai Goncharov*, 브야체슬라프 모로조프*Vyacheslav Morozov*와 발러리 마카로프*Valery Makarov*가 과학적 조사를 위해 뛰어들게 되었고, 소련과학아카데미의 이름난 저널인 〈화학과 삶*Chemistry and Life*〉에 논문을 발표하기도 했다. 그들의 논문은 1973년에 나왔고, "지구는 거대한 크리스털인가?"라는 제목이 붙었다. 세 사람은 흥미롭게도 자신들의 재능을 섞어서 보여주었는데, 그들은 각각 역사가, 건설공학자, 전자공학 전문가였다. 세 사람은 샌더슨의 12개 볼텍스들이 3차원 공간에서 점을 모두 연결하면 20면체가 된다는 사실을 깨달았다. 이것은 20개의 정삼각형 면을 가진 모난 구형의 기하학적 물체다. 세 사람은 이것이 지구 안에 존재하는 어떤 에너지적 결정 구조라고 생각했다.[6] 그래서 이것을 "우주적 에너지망*matrix of cosmic energy*"이라 불렀다.[7]

그들은 또 이 20면체의 안과 밖을 뒤바꾸면 그 기하학적인 반대꼴인 12면체를 얻는다는 것도 알게 되었다. 이것은 12개의 면들이 모두 오각형인 축구공과 닮은 물체다. 세 사람은 샌더슨의 12개의 원래 지점들을 바탕으로, 이 기하 구조들이 지구 표면에 나타나는 곳을 모두 선으로 이었고, 많은 숨겨진 보물들을 찾아냈다.

가장 지진이 나기 쉬운 단층선들의 다수가 바로 이 격자 위에 있었다. 대

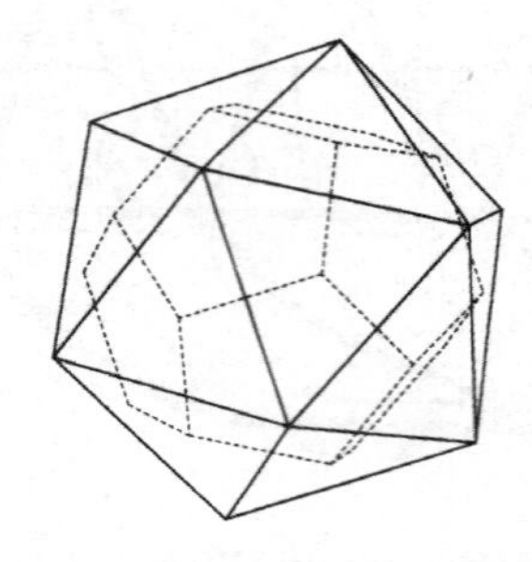
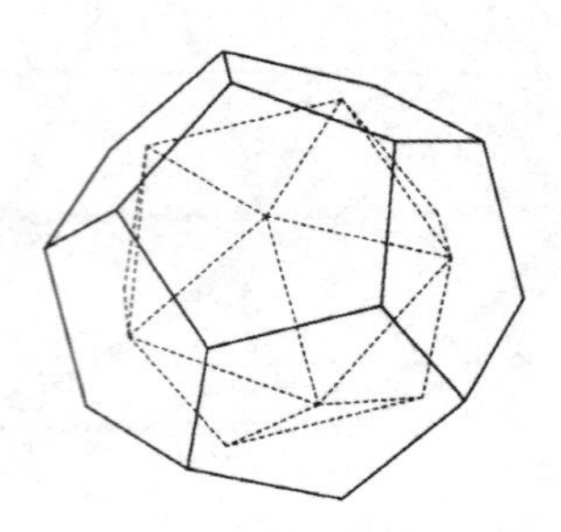

【그림 33】 샌더슨이 찾아낸 지구 볼텍스 포인트들의 20면체는 기하학적으로 이처럼 12면체 형태로 뒤바꿀 수 있다.

서양중앙해령*Mid-Atlantic Ridge*을 비롯한 해저 화산대는 물론이고 육지의 산맥들도 대개가 이 격자와 정확히 일치했다.[8] 이 모든 효과들은 맨틀 속의 자연스러운 회전흐름들의 결과일 수도 있는데, 여기서 중력의 측면으로 작용하는 힘은 용융된 물질들을 밀어서 순환흐름의 패턴을 만든다. 모두 62개의 장소들 중 세 개의 선이 만나는 몇몇 지역들에서 기압이 최고인 곳과 최저인 곳도 나타났다. 또다시 이것은 대기의 흐름에 영향을 주는 중력의 힘으로 생길 수 있는데, 주류 과학에서는 아직 알려지지 않은 나선형의 흐름들로 생기는 것이다. 이 볼텍스 지역들은 대양의 주요 해류들과 소용돌이들의 중심점들도 형성했는데, 이것으로 물의 흐름 패턴에 중력이 미치는 영향들을 보여준다. 지자기의 세기가 가장 센 지역과 약한 곳도 이 기하 구조와 잘 들어맞는다.[9] 광석과 석유가 주로 매장되어 있는 곳도 이 지역들에서 나타났다. 동물들도 대규모로 이동할 때 이 경로들을 따랐다. 이 지역들에서 독특한 생물상이 나타났다. 그리고 중력장의 이상 현상들도 이곳들에서 생겼다.[10]

무엇보다도, 진보한 선사 문화들과 고대 문명들도 이 지점들에서 나타났

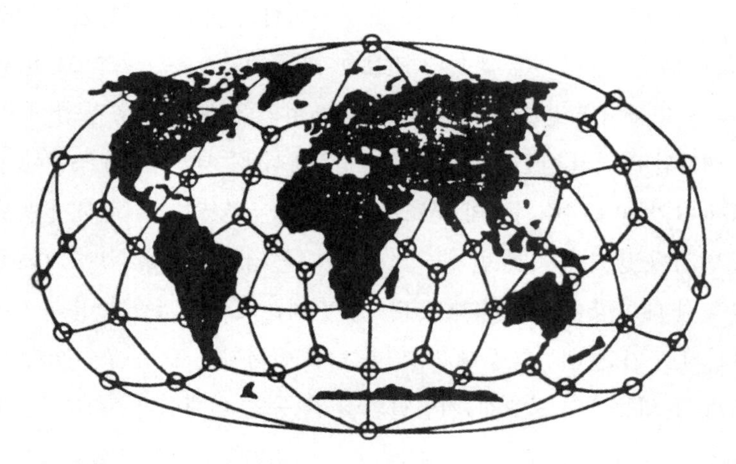

【그림 34】 러시아 학자들은 샌더슨의 발견에 12면체를 더해서, 3,300개가 넘는 고대의 유적들이 이 격자 위에 세워졌음을 알아냈다..

다. 사실상 흔히 거대한 돌들로 세워졌던 무려 3,300개의 성소(聖所)와 고대의 기념물 들이 이 격자 위에 있었다. 이집트의 대피라미드, 중앙아프리카의 대짐바브웨*Great Zimbabwe* 유적, 영국 스톤헨지와 에이브버리 거석, 중국 시안(西安)의 피라미드들, 호주의 쿠눈다 스톤 서클*Kunoonda stone circle*, 폰페이의 난 마돌*Nan Madol* 유적, 이스터 섬의 수수께끼 같은 석상들, 페루의 마추픽추, 멕시코 떼오띠우아깐에 있는 태양과 달의 피라미드, 세도나, 애리조나와 다른 많은 주들을 비롯한 미국 남서부에 있는 호피족*Hopi*의 포코너스 지역이 여기에 들어갔다.[11] 이런 사실은 고대인들이 가장 쉽고도 한편으론 가장 결맞음이 잘 이루어지는 장소들에 거석 기념물들을 세움으로써, 중력을 차단하기가 훨씬 수월했고, 또 더욱 강력한 치유 효과도 얻었다는 무척 설득력 있는 증거다. 행성 정렬이 일어나는 정확한 때를 안다면 이 지점들을 시간여행을 위해 이용하는 것이 가능하지 않았을까도 싶다.

윌리엄 베커*William Becker*와 베테 하겐스*Bethe Hagens*는 러시아 학자들의 작업을 더 정교화하고 발전시켜서, 더 많은 기하학적 지점들을 함께 연결하는 선을 그렸고, 마침내 지금껏 가장 진보한 '지구격자*Global Grid*'라고 할 만한 결과물을 만들어냈다. 고전적인 연구인 '행성의 격자: 새로운 통합'에서 이들은 격자와 관련된 항공기 사례를 두 가지 제시했는데, 여기서 조종사가 통제하지 않았는데도 격자선의 구조에 들어맞는 느닷없고 예측하지 못했던 진로 변경이 생겼다.[12] 첫 번째는 알래스카 주 앵커리지에서 1983년 9월 1일 출발한 대한항공(KAL) 007기였다. 두 번째는 1978년 4월 20일 파리에서 앵커리지로 가던 대한항공 902기였다.* 두 여객기는 모두 우연찮게 서로 다른 두 문화들에서 중요한 기념일의 기간 동안 비행했다. 007기는 비슈

* 두 경우 모두 소련 영공으로 진입했다가 전투기에 피격당했다. 의혹이 남아 있지만 007기는 사할린 섬 서쪽 바다에 추락한 것으로 알려졌고, 902기는 얼어붙은 호수에 불시착했다.

누*Vishnu*를 위한 힌두교의 큰 축제 기간이었고, 902기는 성(聖) 금요일*Good Friday*과 유월절*Passover*이었다.[13] 고대의 어떤 기념일들이 특정한 이유 때문에 정해졌다는 것은 가능한 일이다. 바로 지구의 정렬인데, 우리가 계절을 지나 나아가면서 이 특정 날짜에 지구 위의 원자들과 분자들이 광속의 경계를 넘어가도록 특별히 살짝 차 보내버렸을지도 모르겠다. 분명히 이런 추론을 확인하려면 더 많은 연구가 필요하다. 그리고 어떤 기념일들은 매년 같은 날에 돌아오는 것 같지는 않다. 하지만 하나의 흥미로운 가능성이지 않을까 싶다.

레이 라인

20세기에 앨프리드 왓킨스*Alfred Watkins* 경은, 모든 역사 시대들에 걸친 대단히 많은 건축 유적들이, 영국을 통틀어서 레이라인*ley lines*이라 부르는 직선의 경로들 위에 나타났다는 것을 알아냈다. 특히나 그 하나는 거의 수평으로 영국 남부를 지나간다.

나는 2005년에 이 미스터리들을 진지하게 다룬 BBC의 한 기사를 보고 기뻤다.

> "레이라인은 교회, 사원, 스톤 서클, 거석, 신성한 우물, 매장지와 같은 영적이거나 마력이 있는 중요 장소 같은 여러 성지(聖地)들을 연결한다고 하는 강력하고 보이지 않는 땅 에너지의 정렬이자 패턴이다."(《신비적이고 초자연적인 경험에 대한 하퍼 백과사전*Harper's Encyclopaedia of Mystical and Paranormal Experience*》) 이 지역들에서 [유령의 출몰을 비롯한] 더 많은 "초자연적인" 일들이 증명된다는 게 사실이다. 이 형태의 에너지가 주는 영향은 정전기 효과와 비슷해서, 피부가 "따끔거리고" 머리카락이 거꾸로 서는 느

> 낌이라고 한다. 조사하는 과정에서 흔히 보고되는 현상은 기계 장비들이 괴상하게 움직인다는 점이다. 비중 있는 주요 선사 시대 구조물들은 두 개 이상의 레이라인이 서로 교차하는 지점에서 자주 발견된다.[14]

기사의 마지막에는 이 글이 'BBC글로스터셔'의 공식적인 입장이 아닌 "사용자생성콘텐츠(UGC)"라는 단서를 두었다. 말 그대로 혼동될 여지는 없다. 그들이 언급한 모든 영향들은 우리가 소스필드에 대해 배워온 것들과 정확히 들어맞는다.

"지구: 크리스털 행성?"이라는 제목이 붙은 조셉 조크만스*Joseph Jochmans*의 글에서도 나는 큰 영감을 얻었는데, 이 글은 1996년 〈아틀란티스의 부활*Atlantis Rising*〉에 실렸던 것으로, 내가 위에서 이미 말했던 내용들 몇 가지를 다루고 있다. 조크만스는 세계의 많은 고대 문화들이 이 오래된 직선들에 특별한 관심을 가졌었음을 보여주었다. 아일랜드인들은 이것을 "요정의 길*fairy paths*"이라고 불렀고, 독일인들은 "성스러운 선*holy lines*"이라 했다. 그리스인들은 또 "헤르메스의 신성한 길*Sacred Roads of Hermes*"이라고 했고, 고대 이집트인들은 "민의 통로*Pathways of Min*"로 불렀다. 동아시아인들은 "용맥(龍脈)"이라 불렀고, 풍수의 고대 기법으로 이 맥을 따라 돌, 나무, 사원, 집과 정자를 배치하면 땅을 직접 도울 거라고 믿었다. 침술이 경혈(經穴)을 통해 몸을 치유하는 것과도 비슷한 방식으로 땅을 다뤘던 것이다. '악시스 문디'의 개념과도 아주 멋지게 맞는다. 당신이 어딘가에 중요한 에너지 볼텍스 하나를 가지고 있다 한다면, 그것은 틀림없이 모든 사람들의 중심점이 되지 않을까 싶다. 충분한 사람들이 그것을 알고 이용할 수만 있다면 그럴 것이다.

호주의 원주민들은 이것을 "꿈의 길*dream paths*"로 불렀고, 철 따라 이 선들을 따라 걸으면서 생명력을 충전하곤 한다. 이 사람들은 투링가스*Turingas*라는 판에 이 선들을 그렸고, 먹을 수 있는 동물들을 찾아내고, 그 선 위에서 명상함으로써 폭풍의 접근을 예측할 수 있었다. 고대의 폴리네시아인들은 이것을 "테라파*te lapa*", 곧 "빛의 선"이라 부르면서 바다에서 눈에 보이고 빛나는 선들을 뚜렷하게 보면서 항해에 이용할 수 있었다. 이스터 섬과 하와이의 주민들은 "아카 선*aka threads*"으로 불렀고, 이 선들의 '마네*mane*', 곧 생명력을 이용하기 위해 석상과 성스러운 석대(石臺)를 세웠다. 잉카인들은 그들의 문명 전체를 "세큐*ceque*" 선을 따라 구성하면서 '와카스*wacas*', 곧 성소들을 이 길에 지었는데, 모두가 쿠스코에 있는 '태양의 피라미드'에서 만났다.

마야인들은 이 선을 따라 "사크베*Sacbes*"라는 솟아오른 흰색 도로를 완벽한 직선으로 건설했는데, 이것은 늪지들을 똑바로 가로질러 피라미드 군(群)들을 한데 연결한다. 북아메리카 서부의 주술 바퀴*medicine wheels*와 '키바의 원*kiva circles*'도 직선 배치를 보이고, 마운드빌더스*Mound Builders**는 지금 미국 영토의 중서부와 동부 해안 지역들에 신기한 배치의 구조물들을 남겨놓았는데, 이것도 지구격자의 힘들과 거기서 나오는 결맞음을 이용하는 것으로 보인다. 조크만스는 또 아메리카 원주민 주술사들이 "오렌다*Orenda*", "마니토우*Manitou*"와 다른 이름들로 부르는 대지의 치유 에너지들에 대해 자주 이야기한다고도 했다. 흥미롭게도 조크만스는 호피족의 원로들이 대지가 점박이 새끼 사슴의 등과 같다는 얘기를 했다고 주장했다. 새끼 사슴이 자라면서, 등의 점들은 위치를 바꾼다. 그리고 새로운 점들이 나타난다.[15]

기하학적으로 팽창하는 지구

NOAA의 과학자인 애덜스턴 스필하우스*Athelstan Spilhaus* 박사는 1976년에 호피족의 이야기가 절대적으로 옳을지도 모른다는 것을 증명하는 논문을 발

---

* 많은 거대한 봉분을 쌓아 남긴 선사 시대 북아메리카 인디언의 여러 부족.

표했다. 1998년에 고인이 된 스필하우스는 화려한 경력의 과학자이자 천재적인 발명가였고, 신문 연재만화를 그린 만화가이기도 했다. 제2차 세계대전 때 히틀러를 물리치는 데 큰 공을 세운 잠수함 탐지 장치인 '수심수온기록계*bathythermograph*'를 개발했다.[16] 스필하우스는 극비 사항인 모굴*MOGUL* 기상관측풍선 프로젝트의 발명가이자 연구 책임자이기도 했는데, 이것이 사실 로즈웰에 추락한 것이라고 공식 발표(1994년)되었던 것이었다.[17]

이야기는 NASA 고다드우주비행센터*Goddard Space Flight Center*의 리우 한쇼우*Liu Hanshou* 박사로부터 시작되는데, 리우 박사는 초대륙인 판게아*Pangaea*가 2억 2,000만 년 전에 나누어졌을 때, 등거리선을 따라 4면체라는 피라미드 형태 기하 구조의 모서리들을 형성했다는 점을 처음 알아냈다. 이것은 정삼각형 바닥에 세 개의 또 다른 정삼각형들이 측면을 이룬 피라미드 형태다.

독특한 지도투영법을 만드는 데 뛰어난 재능이 있었던 스필하우스와 토론하면서, 두 사람은 대륙들, 화산대들과 지진 단층선들이 그때 정6면체와 8면체가 조합된 형태로 옮겨 갔다는 사실을 깨닫게 되었다. 8면체는 두 개의 이집트 피라미드가 바닥이 서로 붙은 모양인데, 모든 면이 역시 정삼각형이다. 이 상태에서 지구는 다시 한 번 변화하여 샌더슨이 1971년에, 그리고 러시아 학자들이 1973년에 재발견한 것과 정확히 같은 패턴이 된다. 그때 스필하우스는 태평양에 한 점을 찍고 그곳에서 원을 크게 늘여 그려서 지구 전체가 이 원에 들어가도록 한 특별한 지도투영법을 만들었다. 이렇게 보니 그 기하 구조가 아주아주 뚜렷하게 드러나서, 모든 지진대와 화산대들 거의 대부분을 믿기지 않는 정확도로 덮게 되었다.

나는 이 놀라운 과학적 이야기가 사실인지를 알아보려고 2004년 6월에 개인적으로 리우 한쇼우 박사에게 연락했고, 리우 박사는 다음 글을 책에 실어도 된다고 허락해줬다.

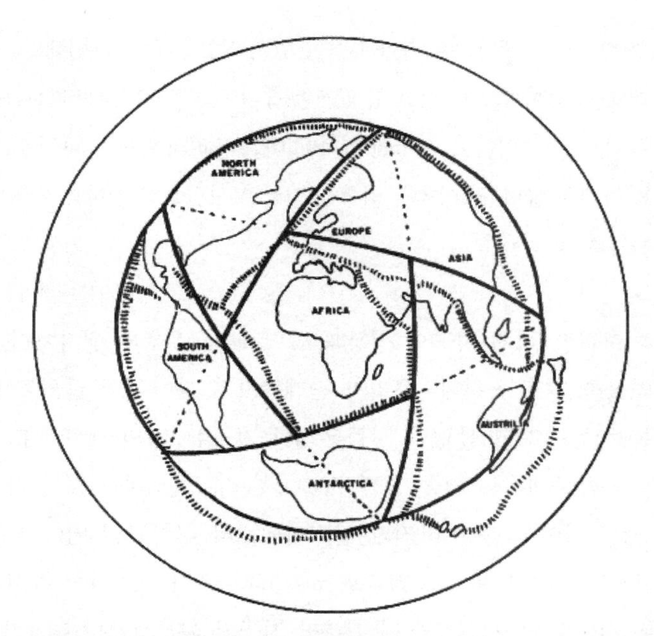

【그림 35】 지구의 대륙, 산맥과 해저 화산대 들은 나중에 이 20면-12면체 이중 기하 구조로 확장되었다. 스필하우스가 그린 이 지도투영법에서 태평양의 한 점이 넓어져 전체 원의 변두리를 이룬다.

윌콕 씨에게. 애덜스턴 스필하우스 박사는 1976년에 NASA 고다드우주비행센터로 나를 찾아와서, 내 논문 세 편을 요청했습니다. "층하(層下) 트러스트*Underthrust* 지각판*Lithospheric Plates*의 변형과 불안정성", "하향 지각의 분리에 대한 역학 모형", "극이동에 의한 지질구조판*Tectonic Plates*의 해체에 대하여"가 그것들입니다. 그 무렵 내 연구실에서 나는 스필하우스 박사에게 연구 결과로 얻은 그런 기하학적 패턴을 말해주었습니다. 그는 대륙의 분리가 등거리의 점들과 선들을 따라 일어나서 4면체로 알려진 기하 입체를 만들었다는 것을 보고서 힘을 얻었습니다. 우리는 지각 팽창의 14면체와 20면-12면체의 가능한 단계들도 의논했습니다. 스필하우스 박사는 떠나기 전에 내 연구를 두고 이런 말을 했습니다. "이제 지질구조판의 해체

> 에 대한 박사님의 생각들은 과학 교육을 받지 않은 사람들도 이해할 수 있는 형태로, 수학이 없이도 말할 수 있게 됐습니다. 박사님의 대담함과 통찰력과 용기가 하나 되어서, 지구의 역학에 대한 우리의 이해를 바꿔놓은 생각들을 하게 했습니다." 수리물리학을 전공한 사람으로서 나는 영광스럽다고 느꼈습니다.[18]

분명, 기하학은 이제 지구의 성장과 발달에 있어 우리 생각보다 더욱더 중요한 역할을 가진 듯하다. 우리가 관례적으로 받아들인 판구조론 모형, 또는 대륙 이동이라고 불렀던 것들은 모두가 1912년의 알프레드 베게너 *Alfred Wegener* 박사에게로 거슬러 올라간다. 그리고 한 세기 동안 거의 바뀌지 않은 채로 남아 있다.[19] 하지만 서던미네소타 대학교의 명예교수 칼 루커트*Karl W. Luckert*[20]와 제임스 맥슬로*James Maxlow*[21][22]는 초대륙 판게아가 처음 분리된 적어도 2억 2,000만 년 전부터 지구가 내부로부터 팽창해왔다는 명백한 과학적 근거들을 제시했다. 맥슬로는 단순히 지구의 전체 표면적에서, 전 세계의 해저(海底)가 지나왔던 팽창 단계들을 하나하나 빼보았다. 만일 지구를 지금 크기의 55~60퍼센트로 축소시키면 모든 대륙들이 완벽하게 맞물리는 것으로 나타난다는 점에서 그 결과는 무척 뚜렷했다. 맥슬로의 연구는 과학계 일부에서 진지하게 받아들여지고 있다. 예를 들어, 2007년 〈지구구조론의 새로운 개념들〉 뉴스레터는 이것을 두고 논의했다.[23] 맥슬로와 루커트는 지금 그런 모형들을 알리고 있는 많은 과학자들 가운데 두 명일 뿐이다.[24]

과학자들이 지구팽창설에 거의 손대려 하지 않았던 이유는, 이 이론이 어마어마한 양의 새로운 물질이 지구 자체에서 만들어지고 있다는 점을 말해주기 때문이다. 그러면서도 동시에 대부분의 과학자들은 빅뱅 이론을 아무런 거리낌 없이 지지하고 있다. 우주의 모든 물질이 단 한 번의 대폭발로 만

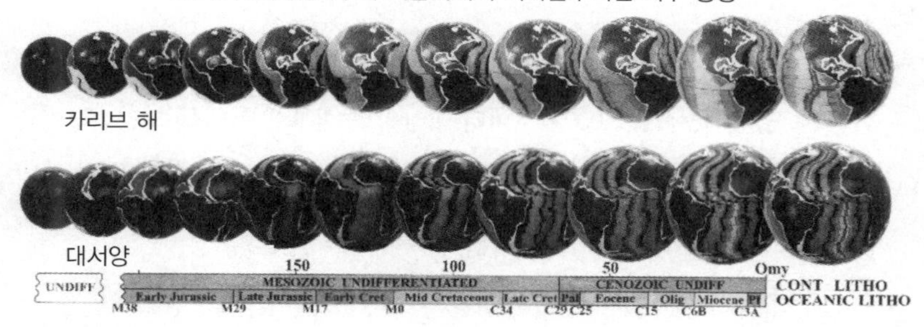

【그림 36】 제임스 맥슬로 박사의 지구 팽창 모형. 지구의 크기가 커지면서 해저 화산대가 새로운 지각을 만들어 낸다.

들어졌다고 믿는 것이다. 무(無)의 상태로부터 말이다. 맥슬로, 루커트와 다른 여러 사람들은 판구조론 모형이 문제점투성이임을 결정적으로 보여주었다. 지구가 끊임없는 물질 창조 과정에 의해 안으로부터 팽창하고 있음을 인정하면, 유용한 실제 세계의 데이터들과 훨씬 더 잘 맞아떨어지게 된다. 이것은 물론 물질이 소스필드로부터 스스로 만들어질 수 있음을 의미한다. 그리고 무엇보다도, 우리는 지구가 기하학적 단계들을 거치면서 내내 팽창해오고 있음을 알게 된다.

지구의 크리스털 코어

지금까지, 이 기하 구조는 숨겨진 에너지 패턴들이나 지표면을 따라 있는 지질학적 윤곽들로 나타났고, 우리는 지진 단층선과 산맥들, 그리고 해저 화산대들—모두 중력의 압력 흐름들로 생길 수도 있다—로 측정이 가능하다. 이와 같은 구조로 생긴 순수한 크리스털이 정말로 지구 안에 있다면 어떨까? 카네기멜론 대학교와 피츠버그 대학교의 분과인 피츠버그슈퍼컴퓨팅센터

*Pittsburgh Supercomputing Center*의 웹사이트에는 다음과 같은 흥미로운 글이 있었다.

> 지구 속 깊은 곳에는, 5,000킬로미터 이상의 중심부에 거대한 크리스털이 묻혀 있다. 최근의 판타지 모험 게임이나 새로운 「인디애나 존스」 영화 이야기처럼 들리겠지만, 1995년에 과학자들이 지구의 내핵에 대한 정교한 컴퓨터 모형으로 발견한 것이다.[25]

나는 지구의 핵이 아주 확실한 기하학적 형태를 가졌다는 —어떤 과학자들은 "6각형" 형태라 부른다[26]— 글라츠마이어*Glatzmaier*-로버츠*Roberts* 모형[27]을 알게 되어서 무척 기뻤다.

하지만 이 12면체로 뛰어 들어가서 살짝 기울여야(10도쯤) 이것은 완벽하게 맞는다. 우리가 이야기해왔던 다른 기하 구조들은 이것과 잘 맞지 않는다. 또 기하 구조의 중심을 지나는 나선형의 유체와 같은 볼텍스도 확연

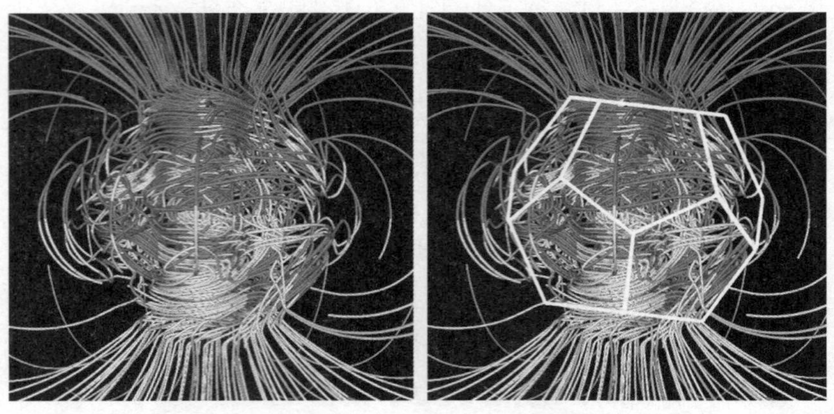

【그림 37】 NASA의 글라츠마이어-로버츠 모형은 지구의 핵에 그림처럼 12면체와 완벽히 맞아떨어지는 기하학적인 "크리스털" 형태가 있다고 보여준다.

하게 보인다. 한 연구는 지구 내핵의 일부가 그 기하학적 구조에도 불구하고 액체처럼 활동하고 있다는 결론을 내렸는데, 소스필드의 유체와 같은 특질들로 볼 때 정확히 우리가 짐작한 대로다.[28] 미국지구물리연합회*American Geophysical Union*는 기하학적 핵의 기울기가 지구의 자전축과 일치하지 않는다고 공개적으로 발표했다.[29] 또 다른 주류 연구에서 보고되었듯이, "더더욱 놀라운 일은, 핵이 지구의 나머지보다 더 빨리 회전하고 있다는 점이다."[30] 이 내용은 다시 다루도록 하겠다. 과학자들은 지금의 모형들로는 지구 중심에 있는 이 "크리스털"을 모두 다 설명하지 못한다고 인정하기도 했다. 〈피직스 투데이 온라인*Physics Today Online*〉의 기사를 빌리면, "지구 핵의 기하학적 정렬은 전자기적 압력 때문에 생기는 것과 같은 단일한 힘이 아닌, 내핵에 존재하는 힘들의 조합으로부터 생기는지도 모른다".[31]

나는 지구의 실제 구조와 활동에서 그토록 뚜렷하게 나타나는 이 모든 기하 구조의 원인이 무엇인지를 이해하려고 몇 년 동안을 분투했다. 리처드 호

【그림 38】 목성 대적점의 소용돌이 바람은 4면체 형태에서 자연스럽게 순환하는 중력으로 움직이는 것으로 보인다. 고체 행성들에서 맨틀은 이들과 같은 볼텍스 포인트들에서 솟아올라 화산들을 형성한다.

글랜드가 태양, 화성, 금성, 지구, 목성, 해왕성에서 지적했던* "4면체 기하 구조"는 말할 것도 없이 말이다.[32 33] 자연에서 직선이 나타나서는 안 된다. 적어도 관습적인 사고방식에서는 아니다. 중력이 실제로 대기권의 사이클론이나 맨틀에서의 화산 용출 또는 그 둘 다를 만들어내는 원인이었다는 것을 내가 이해하는 데는 상당히 오랜 시간이 걸렸다.

진동하는 유체에 저절로 나타나는 기하 패턴

나는 이런 기하 구조들이 유체를 진동시키는 것으로도 아주 자연스럽게 나타난다는 사실을 발견한 한스 예니*Hans Jenny* 박사의 연구를 찾아내고서 무척 후련했다. 거의 즉각적으로, 나는 이것이 내가 놓치고 있던 큰 조각임을 알아차렸고, 곧이어 전율을 느꼈다.

자신의 사이매틱스*Cymatics*** 연구에서,[34] 예니 박사는 보통의 물에 콜로이드*colloids*라고 하는 미세하게 떠다니는 입자들을 채웠다. 이 입자들은 너무 작아서 가라앉질 않고 부유 상태로 있다. 예니 박사가 다른 주파수들로 물을 진동시키자, 입자들은 곧바로 함께 모여서 분명하고 아름다운 3차원 기하 구조를 만들었다. 하나하나의 패턴은 멋지게 고정된 채 같은 형태를 유지했지만, 형태 자체 안에서는 많은 회전 운동이 있었다. 입자들은 언제나 움직이고 있었다. 긴 곡선의 고리들이 기하 구조의 점들에서 나오는 모습도 보이면서, 한 곳에서 다른 곳으로 입자들이 끊임없이 흐르고 있었다. 그것도 기하 구조 자체의 직선들에 대조되는 곡선의 패턴이었다. 유체의 형태를 바꾸

---

* 호글랜드의 말로는 태양의 흑점 패턴은 북위 또는 남위 19.5도 이상 올라(내려)가지 않는다. 에베레스트 산보다 3배가 높은 화성의 올림푸스몬스(Olympus Mons) 순상(楯狀)화산은 19.5도에 있다. 금성의 두 화산들도 거의 19.5도에 있다. 지구의 하와이 섬과 목성의 대적점, 그리고 해왕성의 대암점은 모두 19.5도에 있다.(저자 주)

** 소리와 진동의 가시적인 효과들을 연구하는 물리학 분야.

지 않는 한, 특정 주파수의 소리로 진동시킬 때마다 같은 기하 패턴이 다시 나타났다. 그러므로 같은 입자들을 가진 같은 유체에서 서로 다른 많은 기하 패턴들이 나타난다. 어떤 주파수를 들려줄 때마다 같은 기하 패턴은 거의 마법과도 같이 돌아올 것이다.

높은 주파수의 소리들은 더 복잡한 기하 패턴을 만들었고, 반대로 낮은 주파수는 더 단순한 기하 패턴을 만들었다. 그뿐만 아니라 예니 박사가 더 큰 면적의 물을 진동시키자, 하나의 형태만 생기는 대신 같은 패턴이 여러 개의 사본들로 나타났다 — 모두가 멋지고 정돈되고 조직된 줄에 맞춰 늘어섰다. 이 패턴들은 더 큰 구조를 형성하는 일단의 원자들을 닮는 듯했다. 이것이 모든 물리적 물질이 정말로 만들어지는 방식에 대한 커다란 비밀이었을까? 틀림없이 그래 보였다. 지구로 흘러 들어가는 에너지의 주파수가 증가하면, 대륙들과 단층선들과 화산대를 구성하고 있는 기하 구조의 복잡성 또한 증가해서, 4면체에서 14면체로, 다시 지금 패턴으로 옮겨 가는 것으로 보인다.

예니의 연구에서 그 증거를 찾아내기까지 오랜 시간이 걸리기는 했지만, 1996년에 이미 나는 에너지, 물질, 생명을 움직이는 메커니즘, 그리고 하물

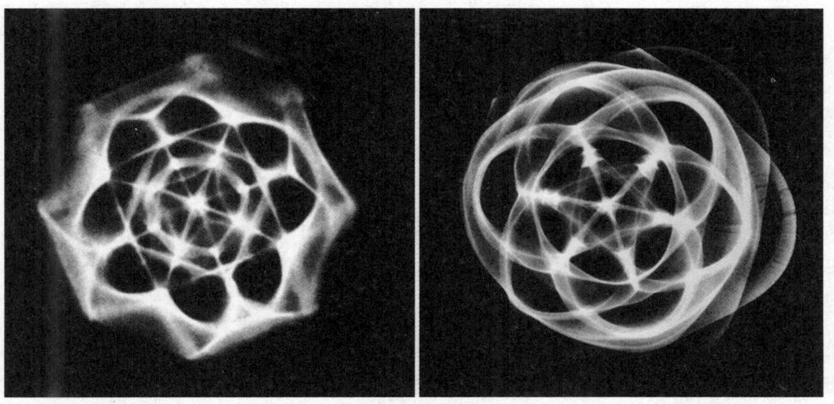

【그림 39】 한스 예니 박사는 액체에 부유하는 입자들이, 주어지는 진동 주파수에 따라 자연스럽게 서로 다른 기하학적 패턴들로 정렬된다는 사실을 발견했다.

며 의식을 이해하는 데도 기하 구조가 커다란 비밀임에 틀림없다는 점을 깨닫고 있었다. 우리가 어떤 유체에서 결맞음이 정확히 어떤 모습으로 보일까를 찾아보고 싶다면, 이 다섯 가지의 기본적인 플라톤 입체*Platonic solids*만 보면 된다. 4면체, 6면체, 8면체, 20면체와 12면체. 수학자들은 이 형태들이 다른 것들보다 더 대칭적이고, 더 결맞음 상태에 있음을 이미 알고 있다. 간단히 말하면, 이들은 구체에 완벽하게 들어맞고, 점들 하나하나는 이웃한 점들과 등거리다. 모든 면들은 같은 형태이고, 모든 내각(內角)들 또한 같다.

양자기하학: 커다란 비밀

물리학자들은 극대와 극미의 세계를 통합하는 잃어버린 고리를 언제나 찾고 있었다. 지구 위에는 명백하고 확실한 기하학적 패턴들이 있었으므로, 우리가 정말로 통일장 모형을 다루고 있다면, 큰 축척에서 우리가 보는 패턴들이 양자역학에서도 나타나리라는 생각은 아주 그럴듯해 보였다. 원자들은 핵 주위에서 소용돌이치는 겉보기에 단단한 입자들의 무리가 되기보다는, 이젠 소스필드의 유체와 같은 에너지 속을 흐르는 기하학인 패턴들로 다시 상상해볼 수 있겠다. 진동의 주파수를 늘리면, 기하 패턴도 더 복잡해진다. 이 원리가 어떻게 작동하는지만 이해하면, 원소 변환*transmutation*도 가능해지지 않을까. 납을 금으로 바꾸는 연금술사들의 꿈처럼.

그럼 어디서 출발해야 할까? 라슨의 모형에서는, 우리가 원자 안에서 기하 구조를 찾고 있다고 하면, 핵을 연구하기만 하면 된다. 라슨은 핵이 곧 원자라고 생각하기 때문이다. "《핵원자에 반대되는 사례*The Case against the Nuclear Atom*》에서 라슨은 사실상 핵의 '크기'가 오히려 원자 자체의 크기라고 지적한다."[35] 라슨의 모형에는 기하 구조가 없다. 그러나 네루는 자신들이 아직 모든 문제들을 풀지 못했다는 점도 인정한다.

> 원자의 고유한 구조에 상반 시스템을 확대적용하려면 해야 할 일들이 더 많이 있다는 게 확실하다. 어쩌면 '시간 영역'의 역학을 탐험하는 데 있어서 새롭게 시작할 시간인 듯하다. 그렇게 하려면 새로운 사고방식이 필요하고 또 온갖 수단이 강구되어야 한다.[36]

실용적인 양자물리학 모형을 가졌으면서 전적으로 기하학에 바탕을 두고 있는, 내가 찾아낸 첫 번째 과학자는 바로 로드 존슨*Rod Johnson*이었는데, 존슨은 1996년에 리처드 호글랜드의 토론 포럼에 흥미진진한 개념들을 올렸었다. 이어진 몇 년 동안 나는 광범위한 주제를 가지고 존슨과 면담했고 그 결과를 내 웹사이트 '신성한 우주*Divine Cosmos*'에 발표했다. 그러나 불행하게도 존슨은 2010년에 세상을 뜨고 말았다. 나는 망연자실했다. 플랑크 상수*Planck's Constant*, 미세구조 상수*Fine Structure Constant*, 약력*weak force*과 강력*strong force*의 비율, 광자의 구조를 비롯한 양자역학의 미스터리들을 존슨이 기하학으로 얼마나 많이 설명해낼 수 있었는지를 아쉬워하며 말이다.[37] 라슨의 모형에 대해 전혀 몰랐으면서도, 존슨은 비슷한 개념을 독자적으로 개발했다. 존슨의 모형에서는 가장 미세한 수준에서 우리의 현실과 끊임없이 교차하고 있는 평행현실이 모든 원자 안에 정말로 있었다. 우리 현실에서 모든 원자에는 하나의 기하 구조가 있고, 평행현실에서는 반대로 뒤바뀐 기하 구조가 있다. 그러면 두 기하 구조들은 서로가 겹쳐서 반대 방향으로 회전한다. 이 과정을 하나하나 거쳐 다른 원소들을 풀어나가게 했다. 존슨은 분명히 위대한 모형을 가졌었지만 —비록 주기율표 모두를 풀기에 아직은 충분히 구체화하지 않았더라도— 모든 해답을 제임스 카터*James Carter*의 서클론*circlons** 이론에서 찾을 수 있다고 생각했다.[38]

---

* 1970년대 카터가 광자와 물질의 물리 구조를 설명하기 위해 개발한, 장(場)에 들지 않는(non-field) 기계적인 입자로서의 개념. 이것으로 '서클론 원소 주기율표'를 만들었다.

그 뒤로 나는 주기율표의 모든 원소들을 기하학으로 설명했던 로버트 문*Robert Moon* 박사를 알게 되었다. 문 박사는 세계에서 처음으로 통제된 열핵반응을 개발했던 맨해튼 프로젝트*Manhattan Project*의 핵심적인 과학자들 가운데 한 명이었다. 문은 1930년대에 사이클로트론*cyclotron**을 만든 두 번째 과학자로, E. O. 로렌스*Lawrence*가 만들었던 첫 번째 것을 크게 개선했다. 맨해튼 프로젝트에서 문 박사는 첫 번째 원자로의 제작을 가능하게 한 중요한 문제들을 풀어냈고, 2차 세계대전이 끝난 뒤에는 주사 X선 현미경을 처음으로 만들었다. 1974년부터 1989년 세상을 뜰 때까지 문 박사는 린든 라루쉬 주니어*Lyndon H. LaRouche, Jr.* **의 중요한 협력자였다.[39] 새로운 양자물리학 모형을 다룬 다양한 기사들이 '라루쉬 21세기 과학기술' 웹사이트에 있다.[40]

1986년, 문 박사는 마침내 기하학이 양자물리학을 이해하는 열쇠임을 깨달았는데, 이것은 공간은 물론 시간에서의 기하학이었다. 이 말은 공간 또는 시간을 지날 때, 우리는 기하 구조를 지난다는 뜻이다. 우리는 깔끔하고, 부드럽고, 매끈한 곡선으로는 움직일 수가 없다. 우리는 하나의 공간의 양, 또는 하나의 시간의 양을 불쑥불쑥 지나야만 다음 것으로 갈 수 있다. 이런 형태의 운동을 과학 용어로는 '양자화되었다*quantized*'라고 한다. 문 박사는 1987년의 한 강의에서 공간과 시간이 양자화되어 있다는 자신의 개념을 간추려 말했다.

> 한 가지 해석은 우리가 두 종류의 시간을 가졌다는 것이고, [웃음] 비밀은 이 양자포텐셜*quantum potential*이 작용하려면 우리가 시간을 양자화해야 한다는 점입니다. 달리 말하면, 여러분은 공간과 시간의 양자화를 둘 다 가

---

* 원자의 핵변환이나 동위원소 제조에 쓰는 입자가속기.

** 미국의 정치운동가이자 라루쉬 운동(LaRouche Movement)의 창시자.

> 졌습니다. 그것이 번개처럼 떠올랐던 생각입니다. 그다음으로 문득 떠오른 생각은, 공간이 양자화되려면 가장 고도의 대칭으로 양자화되어야 한다는 것이었습니다. 그래서 곧바로 말했죠. 플라톤 입체들이 그거라고요. [웃음] 그렇게 해 뜰 때까지 그걸 곰곰이 생각하고 있었습니다. 이 입체들이 어떻게 맞아 들어갈지는 아주 확실해 보였습니다.[41]

문 박사가 말하는 플라톤 입체들은 물론 우리가 여기서 이야기해왔던 것들과 모두 같은 기하 구조들이다. 4면체, 6면체, 8면체, 20면체, 그리고 12면체가 그것들이다. 자세한 내용은 무척 전문적이기는 하지만, 문 박사가 알아낸 것의 골자는 이것이다. 곧, 우리가 지구의 팽창에서 보는 것과 같은 기하 형태들은 원자의 핵에서도 나타난다. 그뿐만 아니라, 문의 모형에서는, 하나 이상의 기하 형태가 그 핵에 동시에 깃들기도 한다. 하나하나가 다음 것 안에 들어 있다. 과학자들이 어떤 한 개의 원자에서 찾아내는 양성자의 수는 실제로 이 기하 형태가 결정한다. 플라톤 입체들 하나하나, 그 꼭짓점의 수를 세어보는 것이 요령이다. 6면체에는 8개, 8면체에는 6개, 20면체에는 12개, 그리고 12면체에는 20개, 통틀어 46개다. 문의 모형에서, 이 숫자가 주기율표에 있는 자연적으로 나타나는 원소들의 처음 반수이다. 문은 자연에 나타나는 원소들은 모두 92가지, 또는 46의 두 배임을 알고 있었다. 그래서 원자량이 47 이상인 모든 원자는 나란히 연결되어서, 갈수록 더 불안정해져가는 두 기하 구조의 조합이라고 믿었다.[42]

문 박사가 이 분류에 4면체를 넣지 않았음을 눈치챘는지 모르겠다. 그는 4면체의 기하학적 반대는 여전히 4면체이기 때문에, 이 입체가 다른 역할을 한다고 느꼈다. 정말로, 버크민스터 풀러의 초기 모형에서는 물론 로드 존슨의 모형에서도, 하나의 광자는 두 4면체가 서로 맞붙은 듯이 보인다. 또 플랑크 상수에서 이것을 증명할 확실한 데이터가 있다.[43]

어쨌든, 우리가 문의 모형을 사용할 때 아주 멋진 일들이 몇 가지 생긴다. 원자핵에 있는 첫 번째 채워진껍질*completed shell*은 6면체로 8개의 양성자를 갖는다. 이것은 산소에 해당하는데, 산소는 매우 안정되어 있고, 지각에 있는 모든 원자들의 62.55퍼센트를 이룬다. 산소가 생명을 유지시키는 데 가장 중요한 원소들의 하나라는 사실도 흥미롭다. 두 번째 채워진껍질은 8면체로 14개의 양성자를 가지며, 지각의 21.22퍼센트를 이루는 규소가 이에 해당된다. 우리가 탄소 기반의 생명 형태로 여겨지기는 하지만, 규소 또한 생명에 매우 중요하다. 또 이그나시오 파체코가 바닷가 모래의 규소로 했던 연구처럼, 자연 발생 실험들에서는 핵심적인 성분으로 보인다.

6면체 형태의 핵을 가진 산소와 8면체 형태의 핵을 가진 규소, 이들 두 껍질만 해도 지구의 지각을 이루는 모든 원자들의 84퍼센트를 차지한다. 이제

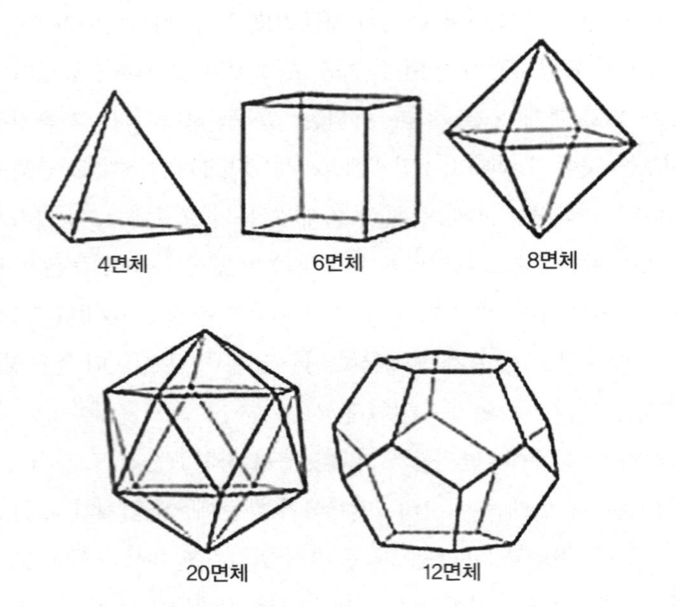

【그림 40】 로버트 문 박사는 원자들의 양성자들이 자연적으로 플라톤 입체 구조들을 만든다는 사실을 발견했다. 양성자들은 기하 구조의 꼭짓점들에 상응한다.

다음 형태인 20면체로 넘어가면, 여기에는 26개의 양성자가 있다. 이것은 철의 원자로, 자연 상태에서 생기는 자기장들을 만드는 데는 우리가 가진 최고의 금속이다. 이 보이지 않는 기하학적 대칭이 철이 가진 자기 속성들의 원인일 가능성이 아주 크다. 앞으로 살펴보겠지만, 소스필드에 대한 도관(導管)처럼 행동하기 때문이다. 지각에 있는 모든 원자들의 1.20퍼센트가 철이지만, 전체 질량의 5퍼센트까지를 차지한다. 다음으로 12면체는 양성자가 46개이고 여기에는 팔라듐*palladium*이 있는데, 이것은 모든 상온 핵융합 실험들에서 사용되는 특이하게 대칭적인 원자다. 그리고 당신이 상온 핵융합이 죄다 시간 낭비였을 뿐이라고 생각한다면, 유진 맬로브 박사가 일부 과학자들이 상온 핵융합이 아무런 효과가 없다는 듯 자신들의 데이터를 조작하고 있었다는 사실을 알게 되었다고 하고, 그래서 MIT 학술지의 편집장 직위를 사임했던 일을 잊지 않길 바란다.[44]

로렌스 헥트*Laurence Hecht*의 논문대로라면, 문 박사의 모형은 모든 종류의 양자적 퍼즐들을 충족시켜준다. 곧, 핵분열과 핵융합의 과정들, 희토류(稀土類) 원소들의 수수께끼 같은 14주기, 주기율표의 모든 열에 있는 원소들의 정확한 수, 그리고 신기하게 다시 나타나는 어떤 숫자들에서 —양성자들이나 중성자들, 또는 질량수의 숫자들에서— 원자들의 속성들이 갑자기 바뀌기도 하는 마리아 괴페르트 메이어*Maria Goeppert-Mayer*의 '마법의 수*Magic Numbers*'가 그것들이다.[45] 헥트는 문이 1989년 사망한 뒤부터 그의 모형을 계속 발전시키고 다듬었다.[46]

마이크로클러스터와 준결정체

나는 원자들이 주어진 곳에서 한 번에 하나씩 풀려났을 때, 이 정확하게 같은 기하학적 패턴들로 자연스럽게 모인다는 것을 알고 더더욱 깊은 인상을 받았다. 이들을 마이크로클러스터*microclusters*라고 부르는데, 주류 과학자들에게는 더없이 당황스러운 것들이다. 더 크기는 하지만, 솔방울샘 안에 떠 있는 미세 결정들이 이와 비슷할 듯하다. 1989년 〈사이언티픽 아메리칸〉의 한 호에서는 마이크로클러스터들이 액체나 가스 같은 특성들을 갖지 않았다고 밝혔다.

> 대신 이들은 새로운 물질 상(相)인 마이크로클러스터에 들어간다. 이들은 고체 물리학과 화학의 한가운데에 의문들을 던진다. 원자들이 자신을 둘러싼 물질의 영향으로부터 자유로워지면 대체 어떻게 구조를 바꾸는 걸까?[47]

다음으로 나는 사토루 스가노*Satoru Sugano*와 히로야스 고이즈미*Hiroyasu Koizumi*가 쓴 대학 교재 《마이크로클러스터 물리학》이라는 책을 찾아냈는데, 여기에는 기하 패턴의 인상 깊은 이미지들을 비롯해 더 많은 내용이 나와 있었다.[48]

마이크로클러스터는 10개에서 1,000개 사이의 원자들로 이루어진다. 이들에게서 가장 이상한 것은 전자들이 개별 원자의 중심보다는 클러스터의 중심을 도는 것으로 보인다는 점이다. 물론, 이런 괴상한 행동은 거기에 전자들이 없음을 시사해준다. 그 대신에 과학자들이 실제로 보는 모습은 기하학적으로 정렬된 전자구름들인데, 이들은 소스필드의 유체와 같은 흐름이 원자 안으로 들어가는 곳에 있는 듯하다. 저장된 이 에너지 일부가 원자로부터 풀려나기만 하면, 그것은 광자로 바뀌고, 그러면 입자처럼 보인다. 마이크로클러스터들은 여러 문헌에서 "일원자 원소들*monoatomic elements*" 또는 "오무스 원소들*ORMUS elements*"로도 부르는데, 로렌스 가드너*Lawrence Gardner*의 《성스러운 방주의 잃어버린 비밀들*Lost Secrets of the Sacred Ark*》에 명쾌하게 정리되어 있다.[49] 마이크로클러스터들은 어떤 환경에서 부양을 비롯한 중력 이상 현상뿐만 아니라 초전도성도 보여주는 듯하다. 고대인들은 마이크로클러스터 금을 먹으면 솔방울샘이 깨어나리라고 믿었고, 이집트인들은 원뿔 모양의 빵에 넣어두기도 했다.[50]

또 원자들이 유체와 같은 에너지 흐름 속에서 기하 패턴을 가진다는 감질나는 다른 하나의 실마리는 준결정체*quasi-crystal* 현상이다. 이 결정체들은 12면체와 그 밖의 형태들을 비롯해 우리가 살펴봐 왔던 플라톤 입체들처럼 생겼다. 이들은 어떤 방식으로 조합하여 녹인 금속들이 아주 빠른 속도로 과냉각되면서 만들어진다. 이렇게 하면 분자들이 시공간과 타임스페이스 사이를 들락날락하고 있을 때, 그 분자들을 붙잡아서 반은 이곳에, 반은 그곳에 있는 결정 패턴으로 얼려버리는 것으로 보인다. 문제는 이 결정체들이 결정 형성에 대한 알려진 모든 규칙들을 무너뜨려 버린다는 데 있다. 이들은 존재해서는 안 된다. 입자들로 이루어진 원자들을 가지고서는 완벽한 다섯 면을 가진 결정체들을 만들지 못하기 때문이다.[51]

전설이나 마찬가지인 그룸레이크*Groom Lake*와 51구역*Area 51*에서 일했다고 하는 에드거 포우치*Edgar Fouche*의 말로는, 로즈웰의 추락 사건과 여덟 번의 비슷한 다른 사고들의 잔해에서 준결정체들이 발견되었다고 한다. 그것들은 극도로 강하고, 극도로 내열성이며, 전기가 통하지 않는 것으로 밝혀졌다. 그 안의 금속들은 정상적으로 전기가 통하는데도 말이다. 포우치는 이 준결정체들이 매우 유용한 것으로 확인되었다고도 했다.

> 비밀로 진행된 연구들로부터 준결정체들이 고에너지 저장 물질, 금속 복합 부품, 열차단재, 신형 코팅재, 적외선 센서, 고출력 레이저 응용 기술과 전자기학에 사용될 유망한 재료임이 확인되었다는 사실을 나는 알아냈다. 몇몇 고강도 합금과 수술 기구들은 이미 시장에 나와 있다.[52]

여기서 분명히 포우치는 케블러*Kevlar* *와 테플론*Teflon* **을 말하고 있는데, 일부 내부자들의 말을 들어보면 이것들은 추락한 외계 비행선으로부터 '역설계'***해서 얻었다. 포우치는 또 이 준결정체들이 비밀 프로젝트들에서 일하는 과학자들을 당황하게 만들었다고 했다.

> 수소 준결정체의 격자*lattice*, 그리고 밝혀지지 않은 다른 물질이 로즈웰 비행선의 플라스마 쉴드 추진*plasma shield propulsion* 시스템의 기초를 만들었고, 생화학적으로 제조된 비행선의 내부 부분이었다. 꿈도 꾸지 못했던 무수한 첨단 결정학이 로즈웰 비행선과 그 무렵에 추락했던 다른 여덟 대의 비행선들의 기술을 평가하고 분석하고 역설계를 시도했던 과학자들과 공학자들에게 발견됐다. 로즈웰 비행선을 비밀리에 연구한 지 35년이 지나도록, 이 기술들을 복원했던 사람들은 자신들이 발견한 것들에 대한 적어도 수백 가지의 풀리지 않은 의문들을 여전히 가졌음이 거의 틀림없다. 그리고 '준결정체들'을 이런 경험이 전혀 없던 과학계에 조용히 소개해주는 일이 "안전하게" 여겨졌다.[53]

지금 준비되어 있는 새로운 양자역학 모형으로 우리는 이 결정체들이 어떻게 형성되었을지를 이해하는 데 분명히 더욱더 가까이에 있다. 그리고 우리의 방문자들은 이 과학을 우리보다도 훨씬 많이 알고 있는 듯하다.

---

* 산업용, 군사용으로 사용되는 고강력 섬유로 특히 방탄복과 방탄모에 쓰이는 것으로 유명하다.

** 우수한 특성들을 가진 불소수지로, 테프론 코팅의 형태로 많은 산업분야에서 응용되고 있다.

*** 어떤 장치 또는 시스템의 구조를 분해, 분석하여 그 원리를 찾은 뒤 모방하는 과정으로 '리버스엔지니어링(reverse engineering)', '분해공학'으로도 부른다.

암석 속의 준결정체

게리 배실라토스가 쓴 《잃어버린 과학》에서 나는 어떤 암석들에서는 자연적으로 준결정체들이 생기고 있을지도 모른다는 흥미로운 주장을 찾아냈다. 빅토리아 시대에 중력을 연구했던 미국 물리화학자 찰스 브러쉬*Charles Brush* 박사는 린츠*Lintz* 현무암으로 알려진 어떤 암석들을 발견했다고 하는데, 이들은 실제로 다른 것들보다 더 천천히 떨어졌다. 아주 작기는 했지만 측정 가능할 정도였다. 이것을 더 깊게 연구하다가, 브러쉬는 이 암석들에 이상할 정도의 "과다한 열"이 있다는 것도 알아냈다. 대부분의 사람들에게는 틀림없이 정신 나간 소리처럼 들리겠지만, 적절한 결맞음—이제는 알다시피 적절한 기하 구조를 말한다—이 있으면 정말로 중력 차단 효과가 생기고, 타임스페이스로부터 직접 에너지를 끌어올 수도 있다는 점을 기억한다면, 그것은 말이 되는 이야기다.[54]

토머스 타운센드 브라운 박사는 이 암석들의 표본을 채취했고 이들이 놀라울 만큼 고압의 전기를 스스로 만든다는 사실을 알아냈다. 암석에 그냥 전선을 연결하기만 해도 몇 밀리볼트의 전기가 생겼고, 또 이것을 여러 조각으로 잘라서 모두를 함께 모으면, 꼬박 1볼트 정도의 프리에너지*free energy*를 얻었다. 브라운은 이 암석배터리들이 오후 6시에 더 세지고, 오전 7시면 다시 약해진다는 사실도 알아냈는데, 태양의 빛과 열이 암석들이 끌어들이는 에너지에 결어긋남*decohering*의 효과를 준다는 것을 보여준다. 암석들은 높은 고도에서 더 많은 에너지를 만들었고, 이것은 아마도 산의 피라미드 효과 때문일 듯하다. 호도와넥*Hodowanec*을 비롯한 다른 발명가들도 독립적으로 이 실험을 재현했고 같은 결과들을 확인했다.[55]

배실라토스의 말로는 어떤 연구자들은 안데스까지 갔는데 바위 하나에서 1.8볼트까지 전압이 치솟기도 했다. 암석에 흑연이 많을수록 전압이 더 높아졌다. 무엇보다도 브라운은 암석들에서 두 가지 다른 전기 신호들을 검출했다. 하나는 꾸준했지만, 다른 하나는 태양 활동, 그리고 태양과 달의 위치와 배열에 따라 오르내렸다. 브라운은 또 우주 공간 멀리서의 중력 펄스들이 암석에서 작은 전기 폭발을 일으킨다는 점도 알아냈다. 실리카*silica*가 풍부한 다른 암석들도 이 전하들을 만들어냈다. 브라운은 이것으로 전파천문학자들이 발표하기 오래 전에 이미 태양 표면의 폭발은 물론 펄서의 활동과 초신성을 찾아낼 수 있었다. 암석들이 방사능, 열과 빛으로부터 차단되었음에도 말이다.[56]

같은 책에서 배실라토스는 같은 성질을 가진 더욱 강력한 암석을 찾아냈다고 하는 또 한 명의 억압받은 과학자 토머스 헨리 모레이*Thomas Henry Moray* 박사의 연구를 보여준다. 모레이는 그것을 "스웨덴 석"이라고만 했고, 정확히 어디서 나온 건지는 말하지 않았다. 모레이가 다른 두 지역에서 찾아낸 이것은 부드럽고 은백색이었다. 하나는 수정질 형태로 노출된 바위에서 얻었고, 다른 하나는 철도 차량에서 긁어낸 부드러운 흰색 가루였다. 모레이가 결정체를 전파에 대한 압전검출기로 쓰려고 시도했을 때, 그의 헤드폰들을 망가뜨릴 정도로 강한 신호가 나왔다. 아주 큰 스피커마저도 그가 어떤 라디오 방송에 주파수를 맞출 때마다 극도로 높은 음량에서 터져버리곤 했다. 모레이는 이 물질을 더없이 강력한 프리에너지 장치를 만드는 데 썼고, 손목시계 크기의 "스웨덴 석" 조각만을 쓴 첫 시험 모델로도 100와트 전구 한 개와 655와트 전기히터 하나를 한꺼번에 쓸 수 있었다. 접지막대를 땅속으로 더 깊이 밀어 넣을수록 더 밝은 빛이 나왔다. 모레이는 1925년 이 기술을 솔트레이크시티 제너럴일렉트릭사(GE)와 브리검영 대학교의 몇몇 자격 있는 사람들에게 보여줬다.

그들은 이 기술이 허위임을 증명할 모든 것들을 시도했고, 장치를 분해하기도 해봤지만, 아무것도 찾지 못했다. 나중에 모레이는 50킬로와트의 에너지를 뿜어내는 장치들의 원형을 개발했는데, 이것은 작은 공장 하나에 고갈될 염려도 없고 비용도 들지 않는 에너지를 하루 24시간 내내 매일 공급하기에 충분한 양이다.

모레이는 1931년에 특허를 받으려고 했으나 계속 거부당했다. 그리고 1939년, 농촌전력화협회는 한 "과학 전문가"와 함께 몇 사람을 모레이에게 보냈다. 그들은 총을 가지고 있었고 모레이를 죽이려는 본색을 드러냈지만, 모레이는 자신의 총으로 응사하면서 그들을 쫓아버렸다. 이 일로 모레이는 자신의 차 창문들을 모두 방탄 유리로 바꿨고, 권총을 언제나 가지고 다녀야 한다고 느꼈다. 모레이가 다시는 위협받지 않았지만, 그의 획기적인 기술도 또한 빛을 보지 못했다.

나중에 모레이는 "스웨덴 석"이 다른 이상한 일도 한다는 것을 알게 되었다. 한 예를 들면, 표준 라디오 수신기를 사용해서 멀리 떨어져 있는 사람들의 대화와 일상 활동에서 나오는 소리들에 주파수를 맞출 수 있다는 사실을 알게 되었다. 사실 그 지역에는 마이크도 전혀 없었다. 모레이는 그 소리들이 나는 정확한 곳까지 찾아가서 자신이 수신하고 있던 것들을 확인하기도 했다.

그는 또 이 돌들에서 생기는 큰 치유 효과도 찾아냈다. 1961년에는 자신의 장치들이 만들어내는 에너지장을 보내서 금과 은, 그리고 백금의 미세 결정들을 자라게 할 수 있음을 발견했다(귀에 익지 않은가?). 바로 이 원소들이 묻혀 있는 곳에서 파낸 쓸모없어질 뻔했던 흙에서 말이다. 원래는 톤당 0.18온스의 금밖에 들어 있지 않던 흙이 100온스의 금과 225온스의 은을 생산하는 데 이용될 수 있었던 것이다. 모레이는 원소 변환이라는 연금술사들의 꿈을 이루었다. 그의 경우, 흙 속에 이미 있던 금, 은 또는 백금의 아주 작은 결정들을 마치 씨앗들처럼 더욱더 크게 자라도록 했다. 비슷한 기술로 모레이는 화씨 2,000도(섭씨 1,093.3도) 이하에서는 절대로 녹지 않는 납과, 극도로 강하고 내열성을 가진 구리를 만들었고, 이것들을 고속 모터의 베어링으로 사용했다. 그가 개발한 다른 합금은 녹지 않고도 화씨 12,000도(섭씨 6,649도)까지 가열이 가능했다.[57] 배실라토스는 모레이가 더 많은 "스웨덴 석"의 합성을 혼자서 시도했고 그것의 종합적인 미량 원소 분석을 의뢰했다고 했다. 이 결과로부터 우리는 이제 그것의 주성분이 초순수의 게르마늄이었음을 알게 되었는데, 여기에는 손쉽게 차단되는 비교적 무해하고 적은 양의 방사능이 들어 있음이 확인되었다.

은퇴한 전기공학자인 아서 애덤스*Arthur L. Adams*는 1950년대 웨일스에서 역시 스스로 평범하지 않을 만큼의 동력을 만들어내는 부드럽고 은회색인 물질 하나를 찾아냈다. 이 돌들을 자른 조각들로 만든 특수 배터리를 물에 담그자 그 힘은 훨씬 더 커졌다. 또 그것을 빼냈을 때도 물은 몇 시간 동안이나 전력을 계속 만들어냈다. 마치 DNA 유령 효과와도 같다.[58] 영국 당국은 "나중에 세상에 보급하기 위한 일"이라고 하면서 애덤스의 연구 논문들과 자재들을 모조리 압수해 갔다. 그 시간이 아직 오지 않은 것은 분명하다.

유전자의 기하 구조

아미노산들은 서로 맞물려서 단백질을 만든다. 여기에 있는 규칙들은 복잡하고, 과학자들은 왜 어떤 아미노산들은 서로 이가 맞고 다른 것들은 그렇지 않은지를 정말로 이해하지 못하고 있다. 마크 화이트*Mark White* 박사는 이 관계들을 분석했고, 아미노산들을 12면체의 표면에 배치해보면 모든 궁금증이 해결된다는 점을 알아냈다.[59]

> DNA 분자의 이상적인 형태는 무엇일까? 그것은 이중나선이다. 이중나선의 이상적인 형태는 무얼까? 그것은 12면체다. 유전자 코드의 이상적인 형

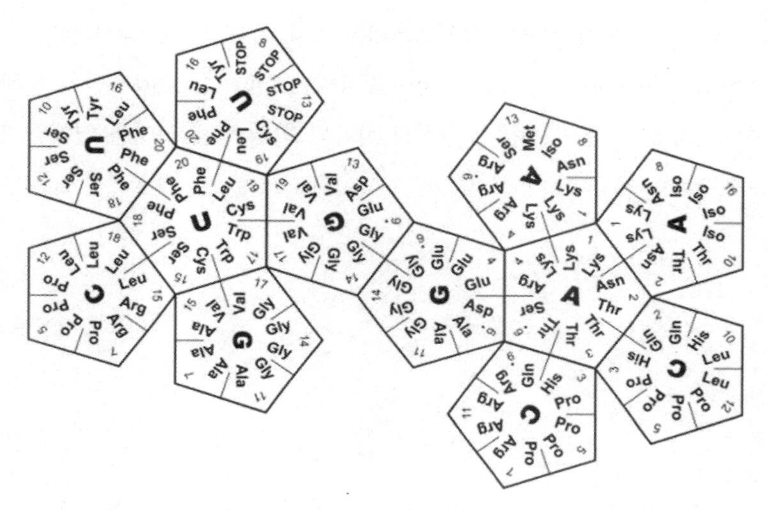

【그림 41】 마크 화이트 박사는 뉴클레오티드들을 12면체에 배치해보면, 그들이 유전자 코드에서 어떻게 맞물리는지에 대한 난처한 문제들이 모두 해결된다는 것을 발견했다.

태는 또 무엇일까? 그것도 12면체다. DNA를 이해하는 데 이중나선이 중요한 만큼, 유전자 코드를 이해하는 데는 12면체가 똑같이 중요하다. 어쩌면 그보다 더.[60]

같은 기하학적 법칙들이 양자역학, 지구역학과 생명 자체에도 나타나는 듯하다. 소스필드가 유체와 같고, 유체가 진동할 때 기하 구조가 자연스럽게 나타난다는 사실 덕분이다. 피라미드와 그 밖의 깔때기 형태의 구조들이 이 흐름을 이용해서 주어진 지역에 결맞음을 이뤄내면서, 갈수록 더 정교한 기하 패턴들을 만들어낸다. 그렇게 해서 생명을 치유하고, 우리의 정신 건강을 증진하고, 대재앙으로부터 우리를 지키기 위해 맨틀과 바다와 대기와 지구 이온권*ionosphere*에서의 흐름을 고르게 해주며, 결정 구조들을 더 강하게 더 순수하게 하고 있다.

이 과학은 대책 없이 석유에만 의존하는 것을 영구히 끝낼 수 있는 수많은 프리에너지 기술들을 위한 길을 닦아줄지도 모른다. 그리고 우리가 전에는 가능하리라 꿈도 꾸지 못했을 평화와 자유와 번영의 새 시대를 열어줄지도 모르겠다.

16장

평행현실의 문이 열리는 시간과 공간이 있다
: 마야력과 TLR(일시적 지역 위험)

TLR은 매일 1.86도씩 경도를 따라 움직이며
항공기 폭발이나 주요 장치 작동 이상 등 지구에 기이한 전기적 문제를 일으킨다.
우리가 TLR 주기 속에 있을 때,
타임스페이스의 입구가 열릴 가능성은 아주 커진다.

모든 천문학자들은 행성 운동의 기본 법칙을 밝혀준 요하네스 케플러*Johannes Kepler*에게 고마움의 빚을 지고 있다. 그러나 유감스럽게도, 그들은 케플러의 원대했던 꿈, 곧 우리 태양계 행성들의 궤도 간격을 플라톤 입체들로 정밀하게 정의할 수 있다는 그 꿈을 포기해버렸다. 케플러는 이런 생각을 어디서 얻었을까? 오로지 자신의 생각이었을까, 아니면 비교(秘教)학파로부터 귀띔을 받았던 것일까? 이 책을 마무리하고 있던 바로 그때, 기하학의 한 진정한 마스터로부터 나는 케플러가 옳았다는 확실한 증거를 찾아냈다. 행성들의 궤도는 지구의 격자, DNA와 단백질 합성, 그리고 양자역학 전체에서 보이는 것과 같은 3차원의 기하학적 관계들, 곧 플라톤 입체를 정말로 유지하고 있다.

나는 학교에서 케플러의 행성 간 기하학의 개념이 과학에서 길을 잘못 들어선 우스운 일이었고 틀림없이 결코 증명되지도 않았다고 배웠다. 세월이 지나서 나는 케플러가 옳았을 수도 있겠다고 느끼게 되었지만, 내겐 그 증

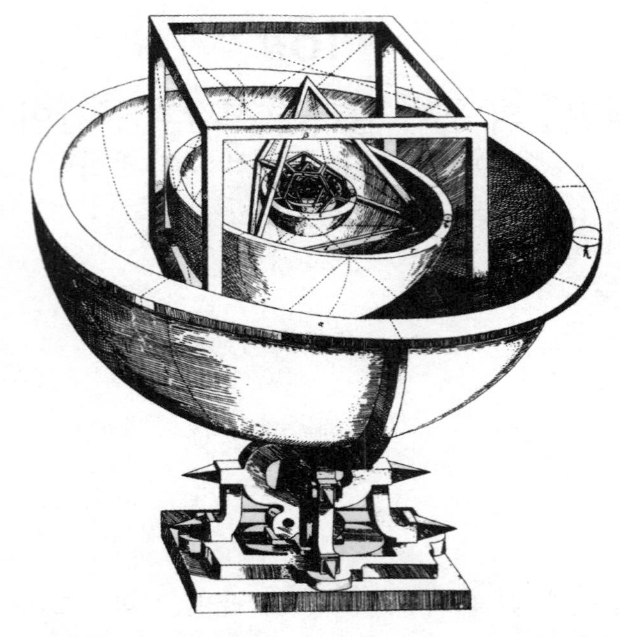

【그림 42】 요하네스 케플러는 행성 운동의 기본 법칙을 풀어냈다. 케플러는 또한 이 그림에서처럼 행성들이 기하학적 관계를 가지고 서로 떨어져 있다고 믿었다.

거가 없었다. 그때, "무작위적인 우연"과도 같이, 내가 찾던 것이 "발에 차이는" 일이 내게 "그냥 생겼다". 내 친구가 책 한 권을 건네주며 말했다. "이 책 좋아할 것 같은데." 책 제목이 가장 마음에 들었다. 바로 존 마티노*John Martineau*의 《태양계의 우연(한국어판)》[1]이었다. 몇 분이 채 지나지 않아 나는 고대인들의 미스터리를 푸는 데 필요한 열쇠를 손에 쥐었음을 깨달았다.

행성 궤도들의 기하학적 힘

행성들의 궤도에는 장엄한 조화 관계들이 있음을 나는 이미 알고 있었다. 이에 대해서는 포괄적으로 세 편의 온라인 북*online book*에 썼고, 내 웹사이트에서 자세한 내용을 읽을 수 있다. 또 키스 크리치로우*Keith Critchlow*의 《시간이 멈추다*Time Stands Still*》를 읽고서 행성들의 궤도에 숨어 있는 기하학에 대한 몇 가지 설득력 있는 의견들도 알게 되었는데, 지금 이 책은 귀해서 구하기가 힘들다. 크리치로우의 책은 스코틀랜드 전역에서 수백 개나 발굴된 신석기 시대의 돌로 된 구체들에 새겨진 플라톤 입체들의 놀라운 이미지들도 보여준다. 마티노의 책에는 내가 찾던 마지막 조각이 들어 있었다. 바로 기하학이 태양계의 비밀들을 푸는 열쇠라는 것이다. 행성들은 원자들과 분자들도 —지구격자도 마찬가지로— 만들어내는 것으로 보이는 같은 기하학적 힘들로 제자리를 지키면서 궤도를 따라 움직이는 듯하다. 당연히 이것으로 행성의 정렬을 그림으로 그려보는 일은 더욱 흥미로워진다. 이 정렬을 거대하고 보이지 않는 시계 속의 톱니바퀴들이 기하학적인 정밀함으로 정렬되는 순간으로 상상해봐도 된다. 그러나 납작하고 톱니가 있는 둥근 바퀴 대신, 이 톱니바퀴들은 플라톤 입체들이다. 그리고 이들이 정렬될 때, 우리는 우리 태양계의 범위를 훨씬 뛰어넘어 —그리고 어쩌면 여기저기서 고작 며칠씩이 아닌 훨씬 더 긴 시간을 뛰어넘어— 스타게이트 여행을 하게 되는 열쇠를 갖게 될지도 모르겠다.

찰스 황태자는 2010년 11월에 출판된 새 책 《조화*Harmony: A New Way of Looking at Our World*》에서 우주는 "조화의 문법"이 있다는 증거를 보여준다고 주장하면서 마티노의 획기적인 연구를 인용한다.

> 나는 몇 년 전 내 전통예술학교에서 공부하던 젊은 기하학자 존 마티노의 연구를 알게 되면서 그에게 사로잡혔다. 마티노는 행성들의 궤도가 서로 어떻게 관련되어 있으며, 그들이 가진 패턴들이 어떻게 그리도 정확하게 여기 지구 위에 만들어진 것들과 잘 맞아떨어지는지를 자세하게 연구해보기로 결정했다. 그는 아름답다고나 할 많은 관계들을 찾아냈다. 이 모

> 두가 모든 창조물에게서 발견되는 패턴들에는 신비로운 통일성이 있다는 매우 뚜렷한 증거다. 극소의 분자들에서부터 태양의 둘레를 도는 극대의 행성 "입자들"까지, 모든 것들은 그 안정을 위해 믿기 어려울 만큼 단순하고, 우아하기 그지없는 기하학적 양식, 곧 조화의 문법에 기대고 있다.[2]

행성들을 보는 케플러의 꿈은 마티노의 책 18쪽에서 처음 등장한다.

> 행성 궤도들의 기하학적 또는 음악적인 풀이를 찾으면서, 케플러는 여섯 개의 태양계 행성들이 다섯 개의 간격을 두고 있음을 관측했다. 케플러가 시도했던 유명한 기하학적 풀이는 행성들의 궤도 사이에 다섯 개의 플라토닉 입체들을 맞춰보는 것이었다.[3]

20쪽에서는 더욱 흥미로워진다. "케플러는 특히 행성들의 극대 각속도들의 비가 모두 화음*harmonic interval*을 이루고 있음을 알아냈다." 이때, 마티노는 자신의 재능을 펼치기 시작한다.

> 두 개의 내접 오각형들은 수성의 궤도를 그리고(99.4%), 수성과 금성 사이의 빈 공간(99.2%), 지구와 화성의 상대 평균 궤도(99.7%), 그리고 화성과 세레스*Ceres** 사이의 공간(99.8%)을 규정한다. 세 개의 내접 오각형들은 금성과 화성 사이의 공간(99.6%), 또는 세레스와 목성의 평균궤도(99.6%)를 규정한다. 숨겨진 패턴일까?[4]

틀림없이 그렇다. 다섯 변을 가진 오각형은 모든 변이 오각형을 만나는 12

* 1801년 발견된, 화성과 목성 사이에서 공전하는 태양계 최초의 소행성.

면체와, 다섯 개 삼각형들이 하나의 점을 공유하는 20면체에서도 보인다. 따라서 뭔가 감이 잡힌다.

여기서 마티노는, 행성들의 궤도가 타원이기는 하지만, 그들을 구형으로 보아도 행성들을 제자리에 있게 하는 기본 비례를 여전히 연구할 수 있다는 흥미로운 의견을 보인다. 어쩌면 이것은 은하의 가스구름과 먼지를 지나면서 생기는 압력과 가속도가 행성들 본래의 구형인 에너지장들을 압박하기 때문인지도 모른다.

수성의 평균 궤도를 나타내는 원을 하나 그리고, 다음 그림처럼 여기에 삼각형을 이루도록 세 개의 원을 함께 그린 다음, 모두가 들어가는 원을 하나 더 그리면, 바로 금성의 궤도가 나오는 것(99.9%)을 보고 나는 말을 잃었다. 당연히 이들은 실제로 구체이므로 삼각형은 전혀 아니다. 이것은 플라톤 입체들 가운데 가장 단순한, 세 변을 가진 우리의 전형적인 4면체인 것이다.

다음으로, 30쪽에서 마티노는 지구, 금성과 태양의 관계를 그린 뚜렷한 기하학적인 도해를 만들었다. 지구년으로 8년, 금성년으로 13년마다 셋은 완벽한 오각형의 다음 모서리를 이루면서 정렬한다(99.9%). 더욱이, 금성이 이 8년 동안 춤을 추면서 도달하는 근지점과 원지점을 보면, 또 하나의 더 큰 오각형이 그려지고, 이것은 다른 것들과 완벽한 비례를 이룬다. 이것은 행성들의 여행 경로를 정확하게 구성하고 있는 에너지 구체들 안의 플라톤 기하 구조들 때문일 듯하다. 다시 나오지만 이 경우에는 5면 대칭을 가진 12면체와 20면체 덕분이다.

36쪽에서는 지구와 달 사이에 기하학적인 정확성이 있음을 알게 된다. 이것은 로빈 히스*Robin Heath*의 연구 덕분이다. 1년에 보름달은 12번에서 13번 사이의 횟수로 떠오른다. 이제 직경 13단위의 원(다시, 하나의 구)을 하나 그리고, 그 안에 꼭 맞는 다섯 꼭짓점의 별을 그려보면, 별의 모든 변들의 길이는 12.364단위가 나올 것이다. 이것이 1년에 보름달이 뜨는 정확한 횟수다

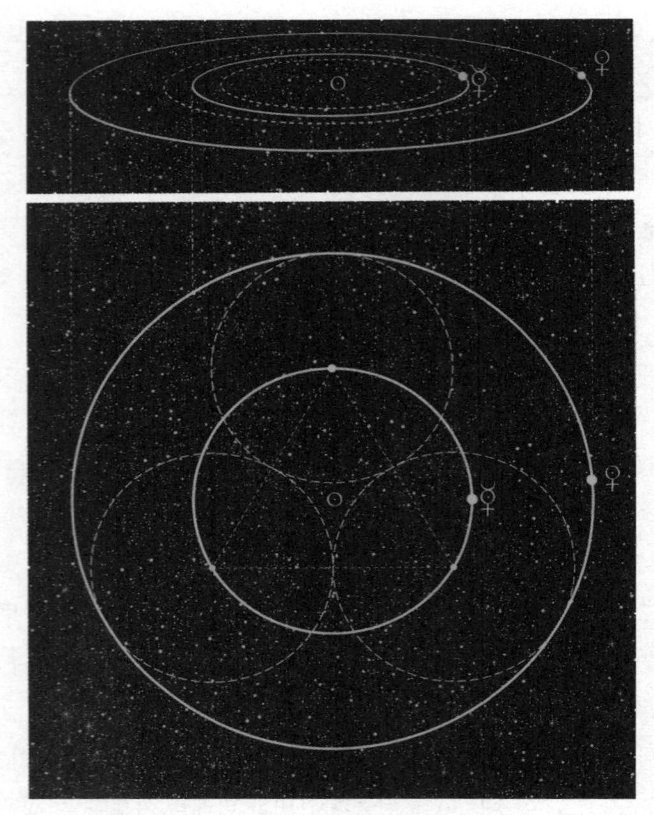

【그림 43】 존 마티노는 수성과 금성 궤도 사이의 완벽한 삼각형 관계를 그린다. 이 삼각형은 3차원에서 4면체를 형성한다.

(99.95%). 다시 이것은 지구와 달 사이에 힘의 구체가 있음을 보여주는데, 달의 운동은 12면체 기하 구조—모두 5면 대칭을 바탕으로 하는—에 있는 중력의 회전하는 볼텍스 흐름들에 의해 정확하게 움직인다.

40쪽과 41쪽에서 나는 금성, 지구와 화성의 관계가 모두 20면체와 12면체로 완벽하게 정의된다는 점을 보고 무척 놀랐다. 여기서 마티노는 이 두 기하 구조들을 직접 제시하고 그림으로 그려냈다. 화성은 분명 이들 세 행성들 가운데 가장 멀리 떨어져 있고, 만일 그 궤도를 완벽한 구체로 만들어보면, 금성 궤도의 구체가 그 안에 들어간다. 금성 구체와 화성 구체 사이의 거리는 12면체로 정확하게 정의된다(99.98%). 이제 그 12면체의 안팎을 뒤바꿔 20면체를 만들고 그 안쪽에 더 큰 구체를 두르면, 이것이 지구 궤도의 정확한 거리가 된다(99.9%). 이런 내용들이 혼란스러워 보인다면, 이 책에 구체적으로 설명되어 있으니 읽어보길 바란다. 이들은 우리가 양자역학과 지구격자에서 보는 기하학처럼, 행성들 사이에 있는 아주 분명한 기하학적 관계들이다.

조금 더 멀리 나아가면서 마법 같은 일은 계속된다. 화성의 궤도를 나타내는 원을 하나 그리고, 모두가 완벽하게 맞닿는 네 개의 원들 한가운데에 그것을 끼워 넣는다. 네 원들의 중심을 이으면 정사각형이 나오는데 이 사각형의 꼭짓점을 모두 지나는 외접원을 그리면 이 원이 목성의 평균 궤도가 된다(99.98%). 여기서 만들어지는 사각형은 정6면체가 되므로, 화성과 목성 사이에는 숨겨진 6면체 에너지장이 있어서, 두 행성 궤도들의 정확한 거리와 타이밍을 결정하는 듯하다. 마티노는 또 목성의 가장 큰 두 위성들인 가니메데*Ganymede*와 칼리스토*Callisto*의 아름다운 6면체 관계를 보여주고, 또한 지구와 달의 궤도를 비교하면서 완벽한 6면체 관계(99.9%)도 설명한다. 태양계에 기하 구조가 있다는 가장 큰 결정적인 증거의 하나는 목성의 궤도에서 목성의 앞과 뒤에 있는 소행성들의 무리인 트로이*Trojans*다. 한 무리는 언제나 목성의 정확히 60도 앞에 있고, 다른 하나는 언제나 목성의 60도 뒤에 있다. 지금껏 왜 이런 일이 생기는지 설득력 있게 과학적으로 설명된 적이 없었다. 목성의 궤도를 완벽한 구체로 나타내 본다면, 분명히 이 60도의 간격은 기하학적인 패턴들을 그려보게 한다. 목성 궤도의 구체 안에 세 개의 6면체, 세 개의 8면체 또는 이 둘을 함께 서로의 안에 들어가도록 조합시키면, 그 중심에게 얻게 되는 구체가 정확히 지구 궤도의 크기(99.8%)임을 보고 나는 깜짝 놀랐다.

다음으로, 목성과 토성의 궤도 주기에는 매우 가까운 5:2 관계가 있다. 이들은 20년마다 합(合)을 이루지만, 하나하나의 합은 이들이 공유하는 궤도들이 그리는 대원(大圓)*great circle* 위의 매번 새로운 지점에서 생긴다. 이 공유하는 원에 합의 위치 여섯 개를 찍고 선으로 이으면 완벽한 '다윗의 별'이 나온다. 이것은 별 4면체, 또는 메르카바*merkabah*의 기하 구조로, 메르카바는 똑바로 선 사면체와 거꾸로 선 사면체가 서로 섞인 모양이다. 다시 나오지만, 플라톤 입체들은 마법을 부리고 있다.

마지막으로 54쪽과 55쪽에서는, 천왕성과 토성 궤도의 관계에서 또 하나의 삼각형 또는 4면체를 찾게 된다. 토성 궤도의 반지름은 화성 궤도의 둘레와(99.9%), 토성 궤도의 둘레는 해왕성 궤도의 지름과 같다. 그대로 명왕성을 빠뜨릴 수는 없듯이, 56쪽에서는 "해왕성의 공전주기는 천왕성 공전주기의 두 배이고, 천왕성의 공전주기는 명왕성 공전주기의 3분의 2다."라는 내용을 만난다. 이 말은 우리 태양계 전체가 절대적으로 완벽한 기하학적 관계로 돌아가고 있다는 뜻으로, 그 많은 수가 플라톤 입체들과 직접 연관될 수 있다. 찰스 황태자의 말처럼, "물론 이 모두가 우연의 일치일지도 모르지만, 그런 정확성은 우리가 우연적인 우주에 산다는 통념에 도전장을 던지기 시작하는 것이다".[5]

나는 정말로 놀랐다. 15년 전에 나는 이것이 해답임에 틀림없다고 느꼈지만, 내가 읽었던 신성기하학을 다룬 책들은 케플러의 꿈이 결국 실패로 돌아갔다고 말하는 듯했다. 지금의 나는 그 책의 저자들이 진실을 알아볼 만큼 충분히 노력하지 않았을 뿐이라는 점을 깨달았다. 하지만 존 마티노는 자신에게 주어진 과제를 해냈고 모든 걸 알아냈다. 나는 은하들이 거대한 초은하단들로 모이고, 이 초은하단들은 수수께끼처럼 장대한 다이아몬드 모양의 8면체들로 배열된다는 것을 이미 알았다.[6] 그 8면체들은 광활한 거리를 가로질러 거듭 반복되는 하나의 매트릭스를 형성한다.[7,8,9] 우주 공간 가장 먼 곳에 있는 우주먼지와 가스도 또한 하나의 8면체 형태로 무리를 이룬다.[10] 우주먼지에도 12면체 패턴이 있다는 사실이 추가적인 분석으로 드러났다.[11] 이 법칙들은 크기가 크든 작든 진정 우주 전체로 확장된다.

이쯤에서 여러분이 머리를 긁적이며 왜 내가 이런 이야기들을 힘들게 하고 있는지 모르겠다고 생각한다면, 그 이유를 설명해주고 싶다. 우리는 아이반 샌더슨의 12개의 주요 볼텍스 포인트들이 타임스페이스로 바로 들어가는 입구라는 증거를 이미 살펴봤다. 수많은 선박과 항공기 들이 바다 또는 하늘에 나타나는 이상한 불빛들을 보고, 계기들이 괴상하게도 멋대로 돌아가고, 저절로 시간을 앞질러 가거나 거슬러가며, 한 곳에서 다른 곳으로 공간을 건너뛰거나, 또는 그냥 전부 다 비물질화하기도 했다. 타임스페이스로 완전히 건너가게 만든 것이다. 고대인들은 분명히 알고 있었듯이, 그 열쇠는 바로 기하학에 있다. 아니면 옛말에도 있듯이 "이곳이 바로 그곳이다".

행성들의 합은 스타게이트의 입구

이때 나는 같은 3차원적인 기하학적 관계들이 행성들의 궤도에도 있다는 증거를 갖게 되었다. 이것은 행성들의 합이 그냥 달력 위의 날짜들보다는 훨씬 더 흥미롭다는 것을 의미했다. 이렇게 행성들이 정렬되는 동안, 거대한 행성 간의 기하 구조도 정렬된다. 그 에너지들이 모두 크게 늘어나면서 여기 지구 위에 더 큰 결맞음이 만들어진다. 태양계의 보이지 않는 이 기하학적 에너지 패턴들이 더 많이 정렬될수록, 결맞음은 더 커지고, 우리가 곧바로 타임스페이스를 여행할 가능성은 더 많아진다.

고대인들은 특정 시간에 지구 위의 어느 기하학적 결절점*node*이 태양계의 다른 기하 구조와 정렬하게 되고, 그리고 이때 마법이 일어나리라는 것을 아주 잘 알고 있었을지도 모르겠다. 그때 당신이 피라미드나, 아니면 스톤 서클이라도 만들어놓았다면, 러시아의 피라미드 실험들에서 봤던 것처럼 훨씬 더 큰 결맞음을 만들어낸다. (러시아 과학자들이 피라미드에 돌들을 충전했다가, 자라는 곡물들 주위에 놓았을 때, 돌들 안쪽의 지역에 더 큰 결맞음이 생겼던 일을 기억하기 바란다. 따라서 만일 스톤헨지를 만들었던 바위들을 충전했다면, 이제 같은 효과를 얻을 것이다. 또 그 바위들을 먼저 충전하지 않았더라도, 원을 그리며 배열하는 것으로도 원형의 볼텍스 패턴을 만들어서, 지구의 에너지를 이용하고 집중시키는 데 충분할 것이다.) 나는 또 내부자들로부터 이런 행성들의 정렬이 바로 연금술의 비밀이라는 말을 이미 들은 적이 있다. 납은 어떤 방법들을 쓰면 금으로 바뀌겠지만, 언제 그렇게 할지를 알아야만 한다. 오로지 지구와 태양계가 적절한 결맞음을 만들어낼 때만, 이 고대의 '연금술*Al-Kemit*' 과학—문자 그대로 '이집트의 과학'—은 실제로 작용할 것이다.

마야력을 보는 새로운 시각

마야는 분명 피라미드를 세웠던 문화였거나, 적어도 그렇게 했던 문화로부터 그들의 모든 전통들을 물려받았다. 나는 그들이 했다고 하는 인신공양이 마야 문명을 처음 세웠던 사람들과 관계가 있다고는 믿지 않는다. 다만 긴 세월 동안 문명이 퇴락하면서 처음 시작으로부터 갈수록 멀어져갔던 마지막 결과를 보여줄 뿐이다. 사실 마야 문명을 세웠던 사람들은 지구의 기하구조가 태양계의 그것과 정렬될 때 우리가 커다란 돌덩이를 뜨게 하고, 공간을 순간이동하며, 시간여행마저도 할 수 있음을 잘 알고 있었을 가능성이 매우 많다. 그들이 피라미드들을 지었던 중요한 이유 하나가 결맞음 발생기를 갖기 위해서인 듯하다. 그래서 이 특별한 정렬이 생길 때, 이것을 이용할 수 있도록 말이다. 정말로 그랬다면, 그들은 분명히 행성들의 궤도를 추적하는

데 —그것도 굉장히 정밀하게— 큰 관심을 기울였을 것이다.

마야력이 의미 없는 허튼소리들일 뿐이라고 집요하게 공격하는 수많은 사람들을 나는 봤다. 또 2012년의 마지막 날이 정말로 중대한 사건이라고 하면서 마야력에 대해 우호적으로 글을 쓰더라도, 어느 누구도 이것에 어떤 의미가 있는지 알아보기 위해 실제로 마야력의 숫자들을 곱씹으려 하지 않는다. 더 구체적으로 말해, 왜 마야인들은 서로 그토록 완벽하게 맞물리는 이 주기들 모두를 헤아리고 있었던 것일까? 왜 그냥 지구일(日), 태음월(太陰月), 그리고 지구년(年)을 계산해서 거기에 남기지 않았던 것일까? 나는 내가 이 과제를 해결한다면, 마야인들이 어떤 이유 때문에 이 주기들을 세고 있었음을 알게 되지 않을까 생각했다. 그리고 나는 노다지를 캐냈다.

마야 문명과 다른 많은 메소아메리카*Meso-america*의 토착 문명들은 모든 날에 이름을 붙였고, 한 달을 20일로 삼았다. 콜럼버스가 아메리카 대륙을 발견하기 전의 많은 메소아메리카 문화들에서는 이 20일의 기간을 "베인테나*veintena*"라고 불렀다. 마야력과 사포텍*Zapotec*과 미스텍*Mixtec** 문화들에서도 이것을 "위날*winal*"이라 했다. 이것은 우리의 역법에서 쓰는 한 달과 기본적으로 같은 역할을 한 듯하다. 20일의 위날 18개가 모이면 360일, 곧 "툰*tun*"이 된다. 여기에 많은 문화들에서 "네몬테미*nemontemi*", 그리고 마야력에서 "와옙*wayeb*"이라고 한 5일의 '이름 없는 날들'이 추가되어 우리의 전형적인 365일의 지구년이 된다. 그러므로 1년은 20일로 된 18개의 달들에, 이름 없는 날들 5일을 더한 것이다.[12] 지구년을 계산하는 이 체계를 아울러 "하압*Haab*"으로 알려져 있다. 흥미롭게도, '이름 없는 날'들은 위험한 시간으로 여겨졌는데, 이때 죽음의 세계와 지하 세계의 경계들이 녹아내린다고 했다. 전해지는 바로는 사나운 영들이 이 시간에 뛰쳐나와서 재앙을 가져온다고

---

* 멕시코 남부에 성립된 고대 문화들.

한다.[13] 더 초자연적인 설명을 덧붙이자면, 이것은 시공간과 타임스페이스 사이의 베일이 얇아지는 결과였을 수도 있겠다. 만일 360일이 완벽한 구체—조화 기하 구조—를 나타낸다고 하면, 아마도 그 5일은 우리가 대칭을 잃는 시기일 것이다. 그리고 결맞음이 깨지는…….

이 20일 주기는 각각의 주기가 특별한 성격이나 특징을 가진 점성술 체계로 여겨졌다. 그들의 산법(算法) 또한 1에서 10까지인 우리와는 달리 1에서 20까지이다. 그리고 마야인들은 자신들의 세심한 하압, 또는 태양년을 썼음에도 다른 주기들도 함께 따랐다. 20일을 베인테나 또는 위날로 셌을지라도, 그들은 각각의 날에도 숫자를 매겼고, 이것을 "트레세나*trecena*" 주기로 불렀다. 희한하게도 이 숫자들은 13까지만 세고 14일째 되는 날에는 다시 1일부터 시작한다. 이는 20일과 13일 주기가 260일, 즉 20일이 13번 되는 날까지는 일치하지 않는다는 뜻이다. 이 260일 주기가 "쫄킨*tzolkin*"으로 알려졌다. 이것은 모든 메소아메리카 지역을 통틀어 가장 오래되고 가장 중요한 시간 체계로 여겨지는데, 그것을 새겼던 마야 최초의 명문(銘文)보다도 더 앞서서 나타난다.[14]

260일 쫄킨 주기의 해독

나는 고대인들은 왜 이 주기들에 그토록 관심을 가졌었는지의 해답을 찾아 꼼꼼하게 연구하느라 오랜 시간을 보냈다. 그리고 이 책을 준비하며 연구를 정리하고 있던 2009년 말이 되어서야 그 답을 찾았다. 호주 디킨 대학교 과학학부의 로버트 페든*Robert Peden* 교수는 이 숫자들을 검토했고 자신의 발견을 1981년에 글로 썼지만, 그 결과들은 발표되지 않았다. 2004년이 되어서야 이 결과는 온라인에 나타났지만, 내 모든 의문들에 멋지게 답해주었다.[15] 간단히 말하면, 쫄킨은 다름 아닌 모든 행성들, 또는 적어도 금성, 지구, 달,

화성과 목성의 궤도들과 그들의 기하 구조를 하나의 공통분모와 연결해주는 궁극적인 주기다. 그뿐만 아니라 쫄킨은 이렇게 할 수 있는 주기들 가운데 길이가 100년보다 짧은 유일한 주기다. 그것도 100년에 하루 차이 나는 것보다 더한 정확도로 말이다.

혼란스럽게 들린다면, 어떻게 되는 일인지 설명해보겠다. 59번의 쫄킨 주기를 더해보라. 이것은 지구년으로 42년의 시간 길이와 99.9퍼센트의 정확도로 거의 같다. 46번의 쫄킨 주기는 405개월의 태음월과 99.7퍼센트 같다. 금성의 61년은 137번의 쫄킨과 99.2퍼센트, 화성의 1년은 3번의 쫄킨과 97.2퍼센트가 같다. 그리고 마지막으로 135번의 쫄킨은 목성의 88년과 99.7퍼센트가 같다. 나는 이것을 보고 정말이지 나자빠질 뻔했다. 마야력에 대해 책을 쓰고 강의하는 그 누구도 이것을 거의 알지 못한다. 이 산법에 대해서, 페든은 1966년 코*Coe*의 글을 인용한다.

> 그 기간이 어떻게 수수께끼로 남아 이어져왔든지, 그것의 쓰임새는 명백하다. 매일매일은 그날만의 징조와 함축된 의미가 있었고, 엄연하게 이어지는 20일의 날들은 길흉을 말해주는 일종의 기계처럼 작동해서, 마야와 멕시코의 모든 사람들의 운명을 이끌었다.[16]

페든은 자신의 말로 더 자세히 설명한다.

> 260은 360일보다는 달을 추적하는 데 더 정확했다. 금성과 화성은 더 만족스럽게 추적할 수 있었다. 목성을 추적하는 데는 가장 좋은 방법이고, 다섯 행성의 모든 주기들을 한꺼번에 추적하는 유일한 방법이다. 때문에 이들 실제적인 천문학적 유도 방식들은 메소아메리카의 역법이 가진 천문학적 토대를 보여주기에 충분하다.[17]

20년의 카툰 주기

마야인들이 좇았던 다음 주기는 "카툰*katun*"이라 부르는 것으로, 360일의 툰이 20개 모여 모두 7,200일로 이뤄졌다. 이 주기는 20년의 기간보다 조금 짧고, 목성과 토성의 합이 일어나는 주기보다 겨우 54일이 적다. 고대의 미스터리들에 대해 내가 처음 읽은 책들 가운데 하나는 모리스 채틀레인*Maurice Chatelain*의 《외계에서 온 우리 조상들*Our Cosmic Ancestors*》[18]인데, 그는 목성과 토성의 합도 태양계의 여러 주기들과 들어맞는다는 사실을 찾아냈다. 채틀레인은 목성과 토성의 합과 맞아떨어지려면 정확한 카툰은 7,254일이어야 한다고 생각했는데, 나는 사실이라고 생각하지 않는다. 그러나 그들이 이처럼 비슷한 것이 우연으로는 보이질 않는다. 여기에는 뚜렷한 울림이 있다. 지구의 궤도가 1년에 완벽한 360일에서 5일밖에 넘지 않고, 분점세차는 25,920년이라는 이상적인 조화수치보다 조금 적으며, 목성과 토성의 합은 완벽한 7,200지구일에서 54일의 차이만 난다는 점을 생각해볼 때, 이것은 톰 밴 플란드렌*Tom Van Flandren* 박사가 설득력 있게 주장한 대로, 모두가 지금의 소행성대*가 되어버린 재앙과 같은 행성 폭발의 결과일지도 모르겠다.[19] 태양계는 그런 사건 뒤에도 여전히 조화를 이루겠지만, 어쩌면 이전만큼 완벽하지는 못할지도 모른다. 알게 되겠지만, 이 모든 주기들은 궁극적으로 은하의 에너지장들로 움직이고 있을 수도 있다. 그리고 태양계는 은하계와의 동조가 조금 떨어질 수도 있다. 적어도 지금은 그럴지도 모른다.

채틀레인은 이 주기에 대해 이렇게 말해야 했다.

> 마야인들에게 7,254일의 카툰은 시간의 측정일 뿐만 아니라 행성 공전의

---

* 화성 궤도와 목성 궤도 사이에서 태양을 공전하는 소행성의 영역.

상합(相合)을 표현하고, 또는 행성들이 태양과 지구와 재정렬하는 데 필요한 일수를 헤아리기 위한 천문학적 단위였다. 예를 들면, 5카툰은 수성이 313번 공전하는 시간과 같고, 13카툰은 화성이 121번 공전하는 것과 같으며, 또는 27카툰은 핼리혜성이 7번 돌아오는 시간과 같다.[20]

페든의 분석에는 수성이 들어 있지 않았고, 화성은 주기의 연관성이 가장 약하다는 점에 유의하기 바란다. 그러나 여기서 채틀레인은 아주 멋진 정렬들을 발견했다. 채틀레인은 NASA 아폴로 프로그램의 통신부장이었고, 이런 복잡한 계산에 매우 능숙했음을 지적해두는 것이 중요하다. 또 나와 이야기를 나눴던 적어도 세 명의 서로 다른 내부자들—이들 모두는 자신이 극비 프로젝트들에서 일했다고 진술했다—이 내게 해줬던 이야기도 말해야겠다. 그들은 지구에서 서로 다른 시간대를 직접 연결하는 통로가 20년 주기로 자연스럽게 형성된다고 했다.

400년의 박툰 주기

다음으로 7,200일의 카툰이 20번이면 "박툰*baktun*"이 되는데 144,000일이며 394.3년이다. 《2012년을 넘어서》에서 제프 스트레이는 이 기간은 지구 내핵이 한 바퀴 도는 데 걸리는 시간과 매우 가깝다고 지적했다. 지금 이용 가능한 가장 정밀한 모델링을 기초로, 지구의 핵이 12면체인 것으로 보인다는 점을 잊지 않길 바란다. 현대에 들어서서, 1996년이 되어서야 우리는 지구 핵이 나머지 부분보다 아주 조금 더 빨리 돌고 있으며, 한 주기를 마치는 데 거의 400년이 걸린다는 사실을 알아냈다.[21] 구체적으로 말하자면, 콜롬비아 대학교 지구과학학과의 라몽-도허티 지구관측소*Lamont-Doherty Earth Observatory*의 샤오둥 쑹*Xiaodong Song* 박사와 폴 리처즈*Paul G. Richards* 박사는 지구의 핵에 거의 수직인 선이 있으며, 이 지역에서 지진파가 다른 곳보다 빨리 움직인다는 것을 발견했다. 이 선은 지구 회전축으로부터 10도가량 기울어 있었기 때문에, 두 사람은 지구의 핵이 실제로 바깥 부분과는 조금 다른 축을 가졌다는 결론을 내리게 되었다. 1967년부터 1995년 사이에 있었던 38건의 지진들과 함께 다른 지진 데이터들을 연구한 뒤에, 관측소는 공식적인 보도 자료를 발표했다.

> 쑹 박사와 리처드 박사는 1년 동안 내핵이 지구의 맨틀과 지각보다 경도 1도 정도를 더 많이 회전한다고 계산했다. 이 내핵은 지구 안에서 완전히 도는 데 거의 400년이 걸린다.[22]

이 결과가 바로 마야력이 좇던 것일 수도 있을까? 생각해보자. 핵은 12면체다. 크기는 달의 4분의 3이고, 물보다 거의 13배나 더 밀도가 높은데, 이것은 달보다 30퍼센트의 질량을 더 가졌다는 의미다.[23] 달이 우리의 바다에 조수(潮水)를 만들면서 얼마나 큰 영향을 주는지를 생각할 때, 지구의 핵이 강력한 힘을 행사하고 있다는 점은 명백하다. 그리고 이 핵은 12면체를 이루고 있으므로, 그것만의 시간의 문*time portals*을 만들어내고 있을 수도 있다는 의미가 된다. '자연의 스타게이트*stargate*'들은 지구 표면의 기하학적 볼텍스 포인트들이 핵의 이 기하 구조와 일치될 때 더 많이 생기지 않을까 싶다. 이 기하 구조가 지구 안에서 한 번 회전하는 데 400년이 걸린다면, 그 400년 주기에서 매일매일 그 정렬 상태가 다를 것이다. 마야인들이 마야력 그 자체 말고는 가장 큰 주기로 박툰을 사용했던 이유가 이것일지도 모르겠다. 이 생각은 설득력이 있다. 그러나 정말로 그렇다고 한다면, 나는 또 이 400년 주기가 측정 가능한 다른 무슨 역할인가를 하고 있을 거라고 기대해보고도 싶다. 그러면 왜 고대인들이 이 주기를 추적하는 데 큰 관심을 기울였는지를 훨씬 더 잘 입증해낼 수가 있다. 나는 이것을 명쾌하게 설명해준 다케시 유쿠다케 *Takesi Yukutake*의 1971년 연구를 찾아냈다.

> 지구의 온난기와 냉각기의 기간은 주기를 가지고 일어난다. 40년 정도의 작은 주기들이 400년의 더 큰 주기들 안에 있고, 이것은 다시 2,000년이라는 더 큰 주기들 안에, 그리고 또 계속된다는 사실로 보아, 이것은 잘 이해된다.[24]

40년의 작은 주기들은 물론 길이가 정확히 2카툰으로, 마야력의 주기들과 아주 잘 맞아 들어간다. 그리고 1971년이었는데도 유쿠다케는 이미 400년이라는 지구의 온난기와 냉각기 주기뿐만 아니라, 한 주기를 마치는 데 거의 400년이 걸리는 지구 핵의 회전 속도에 작은 변화들이 있다는 사실도 알고 있었다. (앞에서 말한 대로, 이것은 1996년에 엄밀하게 증명되었지만, 분명히 이에 앞선 증거가 몇 가지 있었다.) 개괄적으로 보면, 중세 온난기는 1000~1400년쯤에 있었고, 소빙하기는 1400~1900년쯤에 있었지만, 기온의 상승 추이는 1800년쯤에 시작되었으므로 이 주기와 잘 맞는다. 이것은 또 우리가 지금 그 정확한 중간 지점에 있음을 말한다. 지구가 다시 더워지기 시작한 지 200여 년이 지났다. 우리가 곡선의 정점을 막 지나려는 참이므로, 이 사실 또한 기온이 다시 내려가기 시작하리라는 것을 의미할 것이다. 그리고 이 일이 일어나는 모습을 우리는 이미 보고 있을 수도 있다.

태양 활동이 어떤 식으로든 행성의 주기들과 직접적인 관계가 있다는 생각을 탐구하는 핀란드의 과학자 티모 니로마*Timo Niroma*의 연구를 읽고서 나는 더욱 든든한 증거를 찾아냈다. 가령, 목성은 11.86년 주기를 가졌고, 일반적으로 받아들여지는 태양 흑점의 평균 주기는 11.1년이다.[25] 니로마는 '엘라티나*Elatina* 데이터'를 자주 이용하는데, 이 말은 니로마가 1982년 호주 남부 엘라티나에서 채취한 6억 8,000만 년 된 암석 표본에서 해마다 바뀌는 방사선 양을 추적한다는 뜻이다. 그곳에는 모두 1만 9,000년 동안에 걸쳐 형성된 9.4미터의 엽리(葉理)가 있다.[26] 그의 분석을 담은 장문의 다섯 번째 웹페이지에 들어가 보면, 비로소 우리는 엘라티나와 여러 출처들에서 발견되어 온 200년의 태양 흑점주기에 대한 다수의 참고 자료들을 찾게 된다. 태양의 활동은 지구 기온의 주기적인 변화의 원인인 것으로 생각된다.

> 역사 자료는 적어도 A.D. 200년부터 200년 주기의 변동이 있었음을 보여주는 듯하다. 짝수 세기들에는 추웠고, 홀수 세기들에는 따뜻했던 것으로 보인다. 햇수까지의 정확도는 아니지만, 어쨌든 평균적으로 그렇다는 이야기다.[27]

니로마는 지구에 도달하는 태양 복사량에서 200년의 주기를 찾아낸 적어도 다섯 건의 과학 연구들을 인용한다. 한 가지 우리가 유념해야 할 것은 이것이 실제로 태양 주기가 아닐 수도 있다는 점이다. 지구의 기하 구조 핵의 회전이 지구 보호막을 실제로 통과하는 태양 복사량의 양을 어느 때든 결정한다는 일은 가능하다. 지구 핵의 기하학적 관계들은 태양 복사와 지구의 전체적인 기온을 분명한 200년의 변화 패턴으로 오르내리게 하는 원인일 수도 있다. 어쩌면 자기권의 투과성을 바꿔가면서 그랬을지도 모른다.

마야인들이 수천 년 동안 이것과 정확히 같은 지구의 주기를 추적해왔을 거라고 생각하면 그야말로 온 마음으로 매혹된다. 그들이 장기간의 온난기와 냉각기 주기들에 깊은 관심을 두었다고는 생각하지 않는다. 그게 다였다고 하더라도 말이다. 그러나 이 시스템이 시간의 문이 열릴 시기까지도 조절한다면, 이 주기는 더욱더 흥미로워진다. 이 새로운 물리학 모형에서는 우리가 들여다봐야 할 다중의 기하 구조들이 있고, 또 그들은 모두 서로 겹쳐 있음을 잊지 않도록 하자. 그러므로 지구의 핵은 우리가 들여다봐야 할 기하 구조들의 하나일 뿐이다. 지구 안의 다른 구형의 층들에는, 지금은 우리 과학자들이 찾아내기가 더더욱 어려울 다른 구조들이 충분히 있을 법도 하다. 그것들 하나하나는 어쩌면 서로 다른 회전주기를 가지고 있을 것이다. 하지만, 그들을 찾아낼 방법이 있을지도 모르겠다. 바로 그들이 가져오는 효과들을 연구해보는 것이다.

"일시적 지역 위험" 요소

마야력이 시간의 문을 추적해왔을 수도 있다는 또 다른 증거가 있을까? 틀림없이 있는 것 같다. 독일의 두 과학자 그라쯔냐 포사르*Graznya Fosar*와 프란츠 블루도르프*Franz Bludorf*는 1998년에 놀라운 발견을 했다. 두 사람은 지구의 에너지장에 있는 수직선처럼 보이는 것을 찾아냈는데, 이것은 하루에 경도를 따라 1.86도를 돌아서 한 바퀴를 도는 데 194일이 걸린다. 이 주기의 둘을 더하면 388일이다. 이 선이 이토록 중요한 이유는 만일 이것이 우리를 지날 때 우리가 지상의 잘못된 장소에 (또는 옳은 장소에. 이것은 우리가 하려는 일에 달려 있다.) 있게 되면, 타임스페이스로 들어가는 문이 열리는 듯하기 때문이다.

포사르와 블루도르프는 네 건의 항공기 사고가 기본적으로 같은 지역에서 일어났다는 사실에 주목하다가 이 주기를 처음 발견했다. 저 유명한 트랜스월드항공(TWA) 800기 추락 사고는 1996년 7월 17일에 롱아일랜드 서쪽 바다 위에서 생겼다. 주 방위군의 헬리콥터 승무원을 비롯한 몇몇 목격자들은 밝은 물체 하나가 비행기 쪽으로 날아와서 충돌하는 모습을 봤다고 보고했고, 800기는 중간 부분이 폭발해서 탑승자 모두가 사망했다. 음모론자들은 그것이 미사일이나 발사 무기였다고 지어냈지만, 실제로는 앞으로 살펴볼 지구가 방사한 구형의 에너지 포털*portal*이었을 수도 있다. 1997년 8월 9일에는 스위스항공 127기가 같은 지역인 롱아일랜드 연안에서 또 다른 미확인된 밝은 물체와 거의 충돌할 뻔했다. TWA 800기 사고로부터 388일이 지난 뒤였다.

포사르와 블루도르프 두 사람은 캐나다 동부 페기스코브 근처 연안에서 일어난 두 건의 항공기 사고들을 이미 조사하고 있었다. 이곳은 롱아일랜드의 북동쪽으로 그리 멀지 않은 곳이었다. 스위스항공 111기는 1998년 9월 2일에 객실에서 연기를 감지하고 비상착륙을 하려 했지만 추락했고, 타고 있던 229명이 모두 사망했다. 불과 5일 뒤에, 스위스항공 188기의 주방에서 연기가 났고 비상착륙을 해야 했다. 이 사고는 1주일이 채 안 되는 과거에 있었던 111기의 사고 장소와 동쪽 가까운 곳에서 발생했다. 같은 지역에서 짧은 기간 안에 일어난 이 사고들로, 포사르와 블루도르프는 처음으로 뭔가가 일어나고 있다고 확신하게 되었다. 다음에 두 사람은 TWA 800기와 스위스항공 127기 사이의 388일 간격에 주목했고, 스위스항공 111기와 127기 사고는 389일 간격으로 생겼다는 사실을 알고는 더더욱 놀랐다.

이 일을 시작으로, 두 사람은 똑바르고 수직선인 보이지 않는 에너지가 북반구를 가로질러 하루에 1.86도의 경도를 194일 주기로 천천히 지나고 있을지도 모른다고 계산해냈다. 이 선을 추적하고, 어느 시점에 그것이 있을 곳을 정확하게 계산하면서, 두 사람은 그 위치와 직접적으로 관련된 무려 아홉 건의 항공기 추락 사고를 찾아냈다. 그들은 이것을 "일시적 지역 위험*Temporary Local Risk*" 요소, 곧 "TLR"이라고 불렀다. 실제로 이런 사고를 일으키는 원인이 무엇인지는 그들도 모른다고 시인했다.[28] 포사르와 블루도르프가 이 숫자들을 더 이상 파고들지 않았다는 점에 나는 적잖이 놀랐으면서도 한편으론 기쁘기도 했는데, 우리가 아주 오랫동안 알아내지 못한 것들을 다시 찾아볼 기회를 내게 줬기 때문이었다. 이것을 더 분석해보면, 지구 안에서 194일의 주기로 천천히 회전하는 구형의 층을 찾아내게 되리라고 나는 믿는다. 그리고 이것은 언제 이 문들이 열릴지를 추적해서 알아낼 수 있는, 12면체와 같은 기하학적 구조일 거라고 믿는다. 고대인들이 가졌을 듯한 이 소스필드 흐름들을 드러나 보이게 할 방법들이 여기에 있을 수도 있다. 우리의 모형이 맞는다고 하면, 이 TLR 주기도 또한 지구 궤도를 세분한 것의 하나와 완벽하게 일치해야 한다. 이 숫자를 분석해보자마자, 나는 지구년(365.2422년)으로 17년에는 388일 주기가 16번, 194일 주기는 32번이 있음을 알게 되었다. 17:16의 주기 비율은 분명히 TLR 주기의 궤도와 지구 회전 사이의 장기간의 기하학적 관계처럼 보인다. 그러나 마야력과의 관계는 또 어떨까? 더 놀라운 결과를 찾아내는 데는 오래 걸리지 않았다. 마야력의 박툰은 144,000일이다. 그리고 같은 기간에는 TLR 주기들이 거의 정확하게 742번이 있다. TLR 주기를 194.07일로 조금 길게 하면 정확해지는데, 어쩌면 이것이 더 정확한 주기일는지도 모른다. 이 말은 또 1카툰(20년)마다 TLR 주기들이 37.1번이 있고, 10카툰(거의 200년)에는 371번이 있다는 뜻이다.

여기에 들어 있는 더 큰 함의는 이것이 여러 시간대들을 한데 엮고 강력한 효과들을 만들어내는 —타임스페이스로의 문들을 포함해서— 지구 안에 깃들인 기하학적 에너지 패턴들의 하나라는 점이다. 이 주기는 17년 뒤에 지구 궤도와 정확하게 일치하고, 마야력과 완벽하게 맞아떨어지면서 물질에 직접 영향을 미친다. 이는 계기의 작동 이상과 이상한 공중 현상들을 연구함으로써 규명되었다. 이것은 또 마야인들이, 적어도 초기에는, 그들의 역법을 가지고 시간의 문들을 추적해왔을지도 모른다는 점을 암시한다. 마야력이 박툰의 끝에 이를 때마다 지구 속의 거대한 12면체가 한 회전을 마친다는 것으로 볼 때 말이다.

나는 이것이 우리가 정말로 맘만 먹으면 금방 찾아낼 수 있는 일의 시작일 뿐이라고 생각한다. 우리는 아직 이런 효과들을 가져오는 정확한 기하학적 패턴에 대해 알지 못하기는 하지만, 탐구해나가야 할 중요한 내용이라는 점은 분명하다. 무작위적으로 일어나는 사고들에 따르는 잠재적인 위험들을 생각해보면, 이런 지식이 은폐되거나 억눌려서는 안 된다. TLR 주기를 추적하고, 더 많이 알아가고, 잠재적인 문제의 지점들, 특히 이것이 지구격자 위의 볼텍스 포인트를 작동시킬 때, 그 주위를 지나는 비행 항로를 조정함으로써, 무고한 생명들을 살릴 수 있는 것이다.

5,125년 마야력 주기의 연구

우리가 들여다볼 필요가 있는 마야력의 마지막 주기는 마야력 그 자체의 길이이다. 박툰을 13번 더하면 이 숫자를 얻게 되는데, 모두 1,872,000일 또는 거의 5,125년이다. 이 주기가 다섯 번이면 거의 25,627년으로, 분점세차주기 또는 '대년'에 뚜렷하게 가깝다. 2000년 현재, 국제천문연맹은 세차주기를 25,771.5년[29]으로 확정했고, 이것은 다섯 주기의 마야력보다 약 144년 넘게 더 길다. 흥미로운 일임에 틀림없기는 하지만, 여기에 어떤 의미가 있을까? 나는 이것이 분명히 중요하다고 믿는다. 이 부분은 앞으로 알게 될 것이다. 5,125년과 직접 관련된 어떤 흥미롭고 주목할 만한 무언가가 있는 것일까?

오하이오 주립대학교의 빙하학자인 로니 톰슨*Lonnie Thompson*은 5,200년쯤 전에, 지금 우리가 겪고 있는 것과 다르지 않은 중대한 기후 변화가 있었다는 사실을 발견했다. 톰슨은 "수많은 빙하 시료들에서 얻은 산더미 같은 데이터들과, 때로는 모호하기도 한 역사 기록들을 꼼꼼하게 검토한 결과" 이 숫자를 얻게 되었다. 보도 자료는 이것을 깔끔하게 정리해놓았다.

> 오하이오 주립대학교의 지질학 교수이자 버드극지연구센터*Byrd Polar Research Center*의 연구자인 톰슨은 수많은 기록들에서 5,200년 전쯤 기후가

> 갑자기 바뀌면서 지구에 심각한 충격을 주었음을 보여주는 표지들을 강조한다.[30]

기사의 제목에 "역사는 스스로 반복될 수 있음을 보여주는 증거"라고 쓴 걸로 보아, 보도 자료는 이것이 하나의 주기임을 또한 강하게 암시하고 있다. 우리는 5,200년 전에 생겼던 일들과 매우 비슷한 기후 변화가 일어나는 모습을 분명하게 보고 있다. 톰슨은 이 사건이 태양의 활동 때문이었다고 믿는다.

> 증거들로 볼 때, 5,200년쯤 전에 태양의 복사량이 처음에는 급격하게 떨어졌다가 짧은 기간에 급등했다. 톰슨은 이 거대한 태양 에너지의 변동이 모든 기록들에서 보이는 기후 변화를 초래했을 수도 있다고 믿는다. "분별 있는 사람들이라고 해도 우리가 기후 시스템의 복잡성을 아직 이해하지 못한다는 데 동의할 텐데요, 이 때문에 우리가 이 시스템을 얼마나 흩뜨려 놓는지 극도로 조심해야 합니다." 톰슨이 말했다. "거대한 기후 변화가 진행되고 있다는 증거는 확실합니다."[31]

나는 태양의 복사량이 처음에는 크게 떨어졌다가 그런 짧은 시간에 급상승했다는 사실에 무척 관심이 쏠렸다. 만일 마야력이 자연적인 장기간의 지구 주기를 추적하고 있었다면, 어쩌면 바뀌고 있던 것이 태양이기보다는 밴 앨런대*Van Allen belts* 같은 지구 에너지장들의 투과성이지는 않았을까 싶다. 나는 마야력의 박툰 주기와 지구 핵의 회전 주기에 완벽하게 일치하는 것처럼 보이는 태양 복사량의 400년 주기가 왜 있는가에 대한 같은 생각을 이미 보여주었다. 이제, 톰슨 박사는 마야력의 '장주기*Long Count*(5,125년)'가 시작되던 때로부터 75년쯤밖에 떨어지지 않은 시점에 전 세계적인 대규모 기후 변화 사건이 일어났음을 찾아냈다. 전체 주기 자체는 마야력과 정확히 같은 길이로 보인다. 이야말로 더없이 흥미로운 사실이지만, 주류 과학자로서는 그런 연결고리를 꿈에도 상상해보지 못한다. 어떤 과학자가 당차게도 그런 주장을 했다가는, 최소한 비웃음에 시달리고, 최악의 경우에는 재정적으로나 경력에 있어서 파멸할 수도 있다. 나는 마야력을 가지고 책을 쓰거나 강의를 하면서 이 상관관계를 말하는 학자는 한 사람도 본 적이 없지만, 이것은 고대의 시스템이 "터무니없는 것들"이지 않다는 아주 강력한 주장으로, 사실 우리 태양계에서의 아주 실재적인 변화들을 추적하고 있는 것이다. 더욱이, 톰슨의 추론이 맞다면, 그리고 실제 수치가 5,200년에 가깝다면, 그가 찾아낸 기후 변화의 다섯 주기는 정확히 26,000년이 나올 것이고, 이 숫자는 25,920년 주기보다 겨우 80년이 더 많다.

우리는 고대인들에게 무척이나 흥미로웠을 지구 축의 이 흔들림에 숨은 메커니즘을 재발견하고 있는 듯하다. 태양 활동이 이렇게 느닷없이 떨어지고 뒤이어 엄청나게 급등하는 사건은, 이미 앞에서 주장했듯이 우리 의식과 생물학적 진화에도 직접적이고 에너지적인 영향들을 미친다. 이것이 오로지 지구 안에 있는 주기들만의 산물일까, 아니면 태양과 분명하게 관련지을 수 있는 또 다른 패턴이 아직 있는 걸까? 모리스 코테럴*Maurice Cotterell*이 그 답을 찾았는지도 모른다.

모리스 코테럴의 태양흑점주기

모리스 코테럴은 태양의 자전 주기가 극지에서는 약 37일, 적도에서는 약 26일로 적도에서 더 짧다는 점을 알게 되었다. 코테럴은 슈퍼컴퓨터로 이 숫자들을 연구했고 두 주기가 일치하는 데는 18,139년이 걸린다는 사실을 알아냈다. 현대에 그 누구도 찾아내지 못했던 장기간의 태양 주기를 발견한 것이다. 코테럴이 애드리언 길버트*Adrian Gilbert*와 함께 쓴 고전적인 책《마야의 예언들*The Mayan Prophecies*》에서 보여주었듯이, 마야인들은 태양의 이와 같은 장기간의 주기를 거의 확실히 알고 있었고, 또 극도로 정밀하게 추적했다는 아주 강력한 증거가 있다. 나는 이 주제에 대해 내 무료 온라인 북《시대의 전환》[32]에 자세히 썼다. 18,139년이라는 기간은 길고도 긴 시간이었기에, 나는 곧장 이 숫자를 연구하는 데 매달렸고, 분점세차와 어떤 연결고리가 있는지를 알아보려 했다. 만일 그렇다면, 세차운동이 아마도 태양 그 자체가 이끄는, 아니 어쩌면 태양을 거쳐 일하는 은하계에 의해서도 움직이는, 태양계를 통틀어 일어나는 커다란 주기의 부분임을 보여줄 수 있을 듯했다.

세차주기와 코테럴의 태양주기 사이에 연결점이 있었을까? 나는 마야력에 계속 거듭해서 나오는 숫자 52의 중요성을 생각하다가 그 답을 찾았다. 52는 26의 배수이고, 쫄킨 주기에는 260일이 있다. 그뿐만 아니라 쫄킨과 365일인 하압이 정렬되려면 정확히 52년이 걸린다. 이 52년의 주기를 '역법순환주기*Calendar Round*'[33]라 하며, 마야인들은 그 끝을 혼란과 불안의 시기로 여겼다. 그들은 이것이 올 때마다 신들이 자신들을 52년 더 살게 해주기를 고대하면서 기다렸다.[34] 주기들을 다루는 데는 배음(倍音), 곧 하모닉스*harmonics*가 있다. 이를테면, 어느 주기의 숫자에 추가로 0들을 더 붙여도 그 숫자는 여전히 같은 진동 특성을 가진다. 따라서 52년의 '역법순환주기'는 5,200년과 조화한다. 다시, 이것은 로니 톰슨이 지구에 마지막 대규모 기후변화가 생겼던 시기로 찾아낸 정확한 주기다. 또 마야력의 '장주기'인 5,125년에도 무척 가깝다.

코테럴의 태양 주기와는 어떤 관계가 있을까? 18,139를 네 번 더하면 72,556년이 나온다. 여기에 5,200년을 더하면 77,756년이 나오는데, 25,920년의 세 주기와 거의 정확히 일치한다. (절대적으로 완벽한 25,920년에서 겨우 1.4년을 뺀 25,918.6년의 세 주기로 나온다.) 5,200년 주기는 마야력 길이의 근사

치이고 지구에서의 대규모 기후 변화의 주기를 보여주는 것이다. 52라는 숫자는 마야의 산법에서 반복해서 나타나고, 그 역법은 태양계의 하모닉스와 아주 멋지게 동조하고 있다. 이 5,200년 단위의 시간은 더 긴 기간의 시간에서만 정렬되는 더 큰 체계를 위한 전환 주기일 수도 있다. 그런 장대한 크기의 주기는 은하계 자체에 의해 이끌릴 법도 하다. 지구의 분점세차운동은, 지구 궤도에서의 하나의 무작위적인 흔들림과는 전혀 거리가 먼, 태양계 전체를 아우르는 '대시계*Great Clock*'의 부분일지도 모르겠다. 바로 기하학적인 에너지장들로 움직이는 시계일지도.

시간의 문을 찾아서

마야인들은 이 주기들을 추적하는 데 큰 관심을 가지고 있었던 것으로 보인다. TLR 주기는 기이한 전기적 문제들을 일으켜서, 항공기들을 폭발시키고, 추락하게 하거나, 또는 주요 장치들의 작동 이상을 일으켰다. 적어도 두 경우들에서, 밝은 빛의 점들이 이 사건들이 일어나는 동안 목격됐다. 이것이 시공간과 타임스페이스의 '평행현실들' 사이의 볼텍스가 실제로 어때 보일지에 대한 우리의 첫 번째 실마리일지도 모르겠다. 우리가 '티베트 음향 부양'의 환상적인 사례에서 본 것처럼, 마야인들은 수많은 피라미드들을 짓기 위해 결맞음을 만들어냄으로써 돌들을 공중에 띄워왔을 수도 있다. 어쩌면 마야인들도 이 과정이 가장 잘 이뤄지도록 태양과 행성들의 기하 구조와 지구 안의 에너지 패턴들 사이에 올바른 정렬이 생길 때까지 기다려야 했을 것이다.

TLR 효과가 날마다 1.86도씩 경도를 따라 움직인다면, 24시간마다 206.63킬로미터 정도 또는 시간당 8.53킬로미터 정도를 옮겨 가는 꼴이다. 우리가 극에서 극까지 지구의 둘레를 기준으로 삼는다면 그렇다. 그 전반적인 볼텍스의 너비를 20마일(대략 33킬로미터) 정도라고 친다면(이 너비는 철저히 임의로 정한 것이다. 나는 이 지점의 실제 크기를 알아내지 못했다), 이것은 우리가 타임스페이스로 들어가는 입구를 열어젖힐 가능성이 있는 곳에서 우리에게 주어진 시간은 4시간 정도뿐임을 의미한다. 당신이 이 과학을 실천에 옮겨보길 원한다면, 시간을 정확하게 재야만 할지도 모른다. 당신의 일행이 그 4시간 안에 돌아오지 않으면, 여러분은 그곳에 갇힐 수도 있기 때문이다.

한편 당신이 떠났던 정확히 같은 장소로 돌아온다면, 시간은 흐르지 않았을 것이다. 당신이 미래로 뛰어 들어가거나 과거로 미끄러져 들어갈 경우에만, 다른 위치로 돌아올 것이다. 어디로 가는가에 달린 것이다. 그뿐만 아니라, 에너지를 함께 보태기 위해 많은 사람들이 피라미드 주위로 모인다면, 그 효과는 더욱더 강력해질 것이며, 실제로 시간의 문을 여는 데 더 큰 성공을 거둘 수도 있다. 기억하시라, 이것은 결맞음의 과학이라는 것과 우리의 생각들은 이 과정에 직접 영향을 준다는 사실을. 이렇게 생긴 결맞음은 소스필드에서 엄청나게 많은 것들을 구체화시키고 회전하게 한다.

우주 공간의 스타게이트

2008년, NASA는 태양과 지구 사이에 태양입자들*solar particles*을 흘러 들어오게 하는 하나의 문이 거의 8분마다 형성된다고 발표했다. 이 각각의 자기(磁氣) 문, 또는 '빛다발이동*Flux Transfer Event*'의 너비는 지구 크기만 한데, 최근까지도 과학자들은 이들의 존재를 믿지 않았다. 고다드우주비행센터의 데이비드 사이벡*David Sibeck* 박사가 이 수수께끼 같은 새로운 발견을 설명했다.

> 우리는 지구와 태양 사이의 연결이 영구적이고 태양풍은 그것이 활성화될 때면 아무 때나 근(近)지구 환경으로 불어 들어온다고 생각해왔다. 우리가

> 틀렸다. 이 연결들은 전혀 한결같지가 않다. 이들은 짧고 간헐적이며, 매우 역동적이다. 10년 전만 해도 나는 이것들이 존재하지 않는다고 확신했지만, 이젠 그 증거로 보아 논쟁의 여지가 없다.[35]

2008년, 오크리지국립연구소의 과학자들은 컴퓨터 시뮬레이션으로 "은하계의 헤일로*halo** 안에서 수많은 암흑물질의 줄기들과, 각각의 하부 헤일로*subhalo* 안에 나타나는 하부 구조를 더 발견했다. 모든 하부 구조들은 그것만의 하부 구조를 가지고 있고, 이런 형태가 계속된다."[36] 이 "암흑물질의 줄기들"은 별들 사이를 지나는 자연적인 스타게이트들의 눈에 보이는 에너지적 흔적을 나타내는지도 모른다. 같은 해에 스위스, 프랑스와 미국의 과학자들은 X선 위성 영상을 이용해서 은하계의 인접 대상들 사이를 흐르는 예상 밖의 플라스마를 찾아냈다. 미국의 과학 뉴스 포털인 'PhysOrg'가 설명한대로 그들은 이 현상을 정말로 우연히 찾아냈다.

> 연구자들은 최근 좁은 통로를 흐르는 고온의 플라스마 현상을 발견했다. 흐르는 플라스마는 빈 공간을 지나 한 지역에서 다른 지역으로 좁은 통로를 이동하면서, 은하계를 통틀어 서로 떨어진 성운들과 성단들을 연결하는지도 모른다. 과학자들은 백만 도의 플라스마가 오리온성운에서 인접한 성간물질로 흐르고, 다시 근처의 광활한 성군(星群)들로 연결된 에리다누스*Eridanus*로 흐르는 것을 찾아냈다.[37]

우리는 이제 이 시스템이 정말로 작동하고 있다는 아주 훌륭한 증거를 가졌다. 지구격자라는 생각을 뒷받침하는 뛰어난 과학이 거기 있다. 양자역

---

* 성간물질과 구상성단이 은하 전체를 감싸듯 공 모양으로 희박하게 분포한 영역.

학, 유전자 코드, 태양계, 은하계들이 산재하는 극대의 세계, 우주 공간 머나먼 곳의 가스와 먼지에서까지 동일한 기하 구조가 나타나는 것 같다. 다음 장에서는, 몇 가지 가장 매혹적인 정보들을 탐구할 것이다. 자연적인 볼텍스 사건들을 만나보고, 그것들이 어떤 모습인지 그리고 무엇을 하는지를 찾아본다.

17장

왜 어떤 물체는 갑자기 사라지고 갑자기 나타날까?
: 물고기 비(Fish Fall)와 오파츠 미스터리

남북전쟁 때 쓰였던 대포알 하나가 날아들어
미주리 주 하우스스프링스에 있는 미켈슨 씨 부부의 주택을 박살냈다.
경찰은 이 이상한 범죄를 다각도로 조사했으나,
결국 대포를 쏜 범인은 찾지 못했다. 1997년에 있었던 일이다.

소스필드가 마스터키다. 공간, 시간, 에너지, 생물과 의식을 궁극적으로 창조하는 유체와 같은 에너지가 바로 그것이다. 고대인들은 우리 생각보다 소스필드에 대해 더 넓게 더 많이 알았던 것 같다. 그들은 지구에 나타나는 "자연적인 스타게이트들"을 이용하려고 충분한 결맞음을 만들어냈을 거석 구조물들을 세웠다. 지구 안의 기하 구조가 태양계의 그것과 정렬될 때 이 스타게이트들은 나타난다. TLR 주기가 박툰에 완벽하게 들어 있음을 알았을 때, 나는 정말로 뭔가를 찾아냈다는 것을 알았다. 마야인들은 그들이 시간과 공간을 여행하기 위한 문들을 여는 데 이용할 수 있는 주기들을 추적해왔는지도 모른다. 한스 예니가 찾아낸 기하학적 흐름은 진정 은하계 전체에 걸친 것일 수도 있다. 그리고 웜홀*wormhole* 또는 스타게이트를 지나도록 이끌어준다. 이곳에서는 우리가 한쪽으로 들어서기만 하면 그 흐름이 우리를 아주 멀리 떨어진 곳일 수도 있는 다른 쪽으로 자연스럽게 데려갈 것이다.

이것이 모두 사실이라면, 그리고 이 시스템이 정말로 작동한다면, 타임스페이스로 들어가는 이 문들이 지구 위에 자연스럽게 또 저절로 나타나서 수수께끼 같은 실종, 시간이동과 같은 이상 현상들을 초래하는 여러 사례들이 있을 듯하다. 이런 문들은 어떻게 생겼을까? 소스필드가 유체와 같으므로, '필드' 안에서의 볼텍스는 구형의 거품처럼 보이리라고 생각해볼 수도 있다. 거품을 둘러싼 소스필드의 압력은 마치 공기가 비누 거품을 누르듯이 모든 방향에서 똑같이 누를 것이다. 게다가 이 볼텍스 안에서 물질은 하나의 파동함수*wave function*로 바뀌고 있으므로, 우리 눈에는 더 이상 고체가 보이지 않고 그저 뿌연 구체 속에서 빛의 광자들만 보일 것이다. 목격자들은 이 뿌연 구체가 회색, 흰색, 노란색, 초록색, 빨간색 또는 다른 색깔로도 보인다고 확인해준다. 이것은 또 중력을 차단한다. 부양 효과를 만들어내는 토네이도, 또는 샤우버거가 물에서 발견한 볼텍스들과 많이 비슷하다. 무언가 또는 누군가가 그 볼텍스로 들어가면 타임스페이스로 넘어갈 수 있다. 그리고 만일 자신에게 무슨 일이 일어나는지를 모른다면, 다시 돌아오지 못할 수도 있다. 이 볼텍스에 붙잡히는 생물 또는 무생물은 적어도 일시적으로는 우리 현실에서 사라져서 평행현실로 옮아갈 것이다. 이 볼텍스들은 이론적으로 그 어떤 방향으로도 돌아다닐 수 있다. 이들의 기하 구조는 언제나 움직이는 흐름을 가졌기 때문에, 이들이 한 곳에 머물러 있으리라고 생각할 이유가 없는 것이다.

어떤 볼텍스들은 지표면 위에서 시작되어서 사물들이나 살아 있는 유기체들을 그 안에 사로잡아서 솟아오를지도 모른다. 어떤 높이에 오르면, 그들은 내부에서 광속보다 빠르게 움직이는 볼텍스 운동을 유지하던 운동량을 잃을 수도 있다. 그러면, 그 안의 물질은 시공간으로 다시 튀어나와서, 안에 있던 모든 것들이 갑자기 떨어진다. 겉보기로는 난데없이. 이런 볼텍스 하나가 물고기로 가득한 호수 속에서 처음 나타났다고 해보자. 물고기들은 이

에너지 구체에서 만들어진 인력 안에 붙잡혀서 타임스페이스로 잠시 넘어 들어가고, 공중으로 떠올랐다가, 시공간의 전혀 다른 시간일 수도 있는 곳으로 다시 나와서, 하늘로부터 떨어진다.

시간의 비틀림

물고기가 떨어지는 현상을 알아보기에 앞서, 먼저 돌이 떨어지는 경우를 들어보겠다. 비록 전형적인 폴터가이스트*poltergeist**로 여겨지기는 하지만,[1] 이 사건에는 타임스페이스로부터의 효과들을 보여주는 많은 뚜렷한 징후들이 있다. W. G. 그로튼 딕은 1903년 9월의 어느 날 밤에 깨어나서 2센티미터 정도밖에 되지 않는 검은 돌들이 지붕과 천장을 곧장 지나서 완만하고 고른 곡선을 그리며 "느린 동작"으로 떨어지는 모습을 보았다. 돌들은 머리맡의 바닥에 내려앉았다. 1906년 영국심령연구협회*British Society for Psychical Research*에 보낸 편지에서 그로튼 딕은 그날 일어난 이상한 현상들을 설명했다.

> 내 쪽으로 떨어지는 돌들을 잡으려 했지만, 결코 잡을 수가 없었습니다. 내가 잡으려 하자 돌들은 공중에서 방향을 바꾸는 것처럼 보였습니다.[2]

이 일은 돌들이 여전히 부양 효과를 가졌고, 그의 손과 같은 시공간의 물질에 반발하고 있었음을 보여준다. 또 그것들은 아직 완전히 물질화되지 않았던 듯한데, 이것으로 왜 그가 돌들을 잡을 수 없었는지를 말해준다. 돌들이 그의 손을 마치 거기에 없는 듯 지났을지도 모르겠다. 내게 가장 재미있는 부분은 돌들이 비정상적으로 더 천천히 떨어지는 것으로 보였지만, 그로

* 아무런 이유 없이 이상한 소리가 나거나 물건들이 저절로 움직이는 현상.

튼 딕이 "돌이 바닥에 부딪치는 소리도 마찬가지로 비정상적이었는데, 떨어지는 속도에 비해 소리는 너무 컸습니다."[3]라고 말했다는 점이었다. 돌들 자체와 돌들이 움직이고 있는 바로 그 공간에서의 시간은 더 늦게 흐르는 것처럼 보였을 것이다. 그곳 밖의 모든 것들은 여전히 정상적인 시간으로 움직이고 있었다. 그리고 돌들은 아직 같은 관성량을 가지고 있었던 것이다. 따라서 돌들이 바닥을 치는 소리가 시간이 더 천천히 흐르고 있던 그곳을 벗어나자, 소리는 다시 커졌고 완전히 정상적으로 들렸다. 그로튼 딕 자신이 그 시간이 늦어지는 구역 안에 있지 않았기 때문이다. 그는 돌들을 집어 들었을 때 예상치 않게 따뜻하다는 사실을 알았고, 이것은 폴터가이스트 현상에서 자주 보고되는 내용이다. 이런 효과는 돌들이 시공간으로 다시 튀어나오면서 돌들에 더해지는 압박이 결맞음을 잃게 해서 생긴 듯하다.

1997년 10월 16일, 남북전쟁 때 쓰였던 대포알 하나가 미주리 주 하우스스프링스에 있는 미켈슨 씨 부부의 이동주택으로 날아와 창문 하나와 두 벽을 뚫어버렸다. 경찰은 누군가 남북전쟁을 재현한 대포를 쐈다는 심증을 가지고 조사했고, 전적으로 그럴 법도 했다. 하지만 이 사건은 정말이지 이상한 범죄처럼 보이고 ―값비싼 범죄임은 말할 필요도 없이― 범인을 쉽게 추적할 수 있는 사건이었다. 솔직히 여러분은 어떤 친구가 남북전쟁 때의 대포를 설치하고서 트레일러 캠핑장 한가운데 있는 누군가의 집에 쏴버릴 거라고 상상이나 할 수 있겠는가? 좋다, 충분한 양의 술이 있었다면 그럴지도. 그러나 아무리 생각해도 그럴듯하지는 않다. 이 사건은 남북전쟁의 전장에서 타임스페이스로의 문이 열려서 그곳을 가로지르는 데 훨씬 긴 시간이 걸렸기 때문일 최소한의 가능성은 있다.[4] 누군가 살해당했던 일이 그 집에 머무는 사람들에게 계속 재현되는 듯한 유령 출몰의 경우들에서처럼, 전쟁터의 죽음들과 트라우마가 소스필드에 충분할 만큼 강렬한 교란을 일으켜서 하나의 문―말 그대로 하나의 틈―을 열어젖혔을 수도 있다.

하늘에서 떨어지는 물고기

하나의 볼텍스가 다양한 물건들을 붙잡아서 들어 올렸다가 다시 떨어뜨리는 가장 전형적인 사례는 살아 있는 물고기가 공중에서 떨어지는 현상, 곧 수없이 많은 피쉬폴*fish falls*의 경우들이다. 비록 설명되지는 않았지만, 이 현상은 실제로 있고, 1921년에 명망 있는 잡지인 〈자연의 역사*Natural History*〉에서 아주 진지하게 다뤄지기도 했었다.[5] 이 현상을 기록한 사례들은 많고도 많지만, 가장 내 눈에 띄었던 사례는 1839년 인도 콜카타 근처에서 생긴 사건이었다. 여기서는 길이가 8센티미터쯤 되는 한 종류의 물고기들이 강한 소나기가 내리는 가운데 완벽하게 하나의 직선을 이루며 떨어졌다. 그 선은 "너비가 1큐빗(45센티미터 정도) 이하였다." 이것은 물고기들이 하늘에 있던 하나의 볼텍스에서 바로 떨어졌다는 주목할 만한 증거다. 그 저자는 이 현상을 잘 이해하지 못하는 사람들이 기록한 전 세계의 믿기 어려울 만큼 많은 사례들을 지적한다. 그는 결국 이렇게 과감한 결론을 내린다.

> 물고기들이 떨어지는 현상을 믿지 않는다고 선언하고, 시대와 장소에 관계없이 그토록 많이 퍼져 있는, 그토록 철저히 입증할 만한 보고들의 신빙성을 거부하는 일은, 저자의 생각으로는 증거를 충분히 평가할 만한 능력이 없음을 보여주는 것이다.[6]

자, 이 잡지는 〈자연의 역사〉다. 타블로이드판 주간지 〈내셔널 인콰이어러*National Enquirer*〉가 아니다.

"난 안 믿어." 회의론자들은 말한다. "이따위 일은 요즘에는 안 일어나. 그땐 사람들이 미쳤어. 그게 다야." 2010년 3월 UPI는 스팽글드 퍼치*spangled perch*로 알려진 희고 작은 물고기 수백 마리가, 그것도 대부분 산 채로, 호주

사막 오지에 있는 한 읍에 이틀 동안 떨어진 사건을 다룬 기사를 실었다. 가장 가까운 강은 525킬로미터나 떨어진 곳에 있었다. 그리고 비슷한 현상이 1974년과 2004년에도 같은 읍에서 생겼다.[7]

오파츠 미스터리

피쉬폴과 같이 과학적으로 설명되지 않는 일들은 하나의 볼텍스가 물질을 사로잡아서 공중으로 들어 올리고, 어떤 때는 다른 시간으로 옮기기도 했다가, 시공간으로 다시 붕괴되어 오기 때문에 생기는지도 모른다. 그러면 볼텍스가 가졌던 것들은 땅으로 떨어진다. 물건들을 땅 위에서 붙잡았다가, 타임스페이스에 있는 동안 땅속으로 내려앉아서 아무것도 없는 듯 지각을 곧장 통과하는 볼텍스라면 또 어떨까? 한 가지 가능성 있는 경우로, 암석층 깊은 곳에서 발견되어온 '장소와 맞지 않는 인공 유물들*Out of Place Artifacts*' 곧 '오파츠*OOPARTS*'의 엄청난 자료들이 있는데, 이들은 지구 위에 지적인 인간이 살았을 것으로 생각되는 시기보다 훨씬 더 앞선 것들이다. 과학적으로 가장 엄밀한 자료들을 모아놓은 책으로 마이클 크레모*Michael Cremo*와 리처드 톰슨*Richard Thompson*의 《금지된 고고학*Forbidden Archeology*》[8]이 있다.

오파츠의 사례들로 가능한 자료들에는 다음과 같은 것들이 있다. 그 사진이 가짜라고 믿어지기는 하지만, 10만 년 전의 것으로 추정되는 바위 속의 정교하게 조각된 촛대 받침, 10만 년 된 바위에서 나온 숫자들과 이상한 형태의 글씨가 새겨진 금속 메달, 15만 년 전의 모래층에서 나온 구리 고리와 반지, 50만 년 전 바위 속의 점화플러그를 닮은 특이한 기계 부속, 100만 년 전의 석영 속에 들어 있는 완벽한 현대의 못, 1572년 페루의 7만 5천~10만 년 전 것으로 추정되는 바위에서 발견된 못, 적어도 4,000만 년 전으로 추정되는 영국 사암에서 나온 못, 네바다의 한 광산에서 발견된 2,100만 년 된 장석 속의 길이 5센티미터의 금속 나사, 6,000만 년 된 갈탄에서 나와서 1886년 과학 학술지들에 발표됐던 주철 정6면체, 3억 년 전의 펜실베이니아의 탄광에서 나온 금목걸이, 웨스트버지니아 탄광에서 나온 정교하게 조각된 황동 종, 수십억 년 전으로 추정되는 캘리포니아의 바위에서 발견된 돌로 만든 구체들이 그것이다.[9]

바위 속의 두꺼비

더더욱 재미있는 현상으로, 살아 있는 개구리나 두꺼비들이 바위, 석탄 덩어리, 또는 커다란 나무들의 몸통에 박힌 채로 발견되는 경우들이 있다. 210건이 넘는 사례들이 유럽, 미국, 캐나다, 아프리카, 뉴질랜드와 서인도제도에서 기록되어왔고, 그 시기는 15세기 말부터 1980년대 초까지다. 많은 경우 여러 명의 목격자들이 자신들이 본 것을 독자적으로 보고했다.[10] 이름난 외과 의사였던 앙브로와즈 파레*Ambroise Paré*는 1575년 자신의 포도밭에 있던 두 개의 커다란 돌들을 인부들에게 깨라고 했는데, 돌 하나에서 살아 있는 큰 두꺼비가 나왔다. 두꺼비가 들어갈 만한 구멍은 보이지 않았다. 광부들은 돌 속에서 두꺼비나 다른 종류의 동물들을 발견한 일은 이번이 처음이 아니라고 했다.

1686년, 로버트 플랏*Robert Plot* 교수는 세 경우의 "바위 속 두꺼비"에 대해 썼다. 한번은, 커다란 석회암 덩어리를 개울을 건너기 위한 징검돌로 놓은 지 얼마 되지 않았을 때였다. "꺽꺽" 하는 소리가 돌 속에서 들렸고, 오랜 의논 끝에 그들은 돌을 깨기로 했다. 거기서 살아 있는 두꺼비 한 마리가 나왔다. 플랏 교수는 교회 첨탑 맨 꼭대기에 있던 돌이 떨어져 깨진 사례도 보고했다. 돌 속에서는 살아 있는 두꺼비 한 마리가 나왔고, 바깥으로 나온 두꺼비는 곧 죽었다. 플랏은 이 불행한 생물들에게는 흔히 일어나는 일이라고 했다. 1770년 10월, 프랑스의 르 랑시 성의 돌벽에서 또 한 마리의 살아 있는 두꺼비가 발견되었고, 이 현상에 대한 새로운 관심들이 유행처럼 번졌다. 프랑스국립과학아카데미의 장 게타르*M. Jean Guéttard*는 이 현상이 모든 자연사에서 가장 당황스러운 미스터리들의 하나라고 하면서, 동료들에게 200년이 넘도록 알려지고 기록된 이 문제를 푸는 데 비용을 아끼지 말아달라고 촉구했다.[11] 오늘날에 이 현상이 덜 발견되는 이유는 우리가 캐내는 돌들을 흔히 부숴버리기 때문일 뿐일지도 모르겠다. 쏟아부을 수 있는 콘크리트와 가볍고 튼튼한 건축 재료들의 출현으로, 우리는 대개 땅에서 돌덩어리들을 곧바로 캐내지 않는다.

1851년 6월에 프랑스 광부들이 블루아 근처에서 우물 하나를 파면서, 한 커다란 플린트*flint* 석을 곡괭이로 쪼갰다. 살아 있는 큰 두꺼비 한 마리가 바위 속의 구멍에서 뛰어나왔다. 쪼개진 바위 속에는 그 두꺼비의 몸 자국이 완벽하게 남아 있었고, 프랑스과학아카데미의 전문가 일행은 두꺼비가 그 자국에 꼭 들어맞는 것을 보고 당혹스러워했다. 그들은 이 일이 날조되었다는 어떤 증거도 찾지 못했으며, 그 두꺼비는 분명히 살아 있었고 오랫동안 바위 속에 있었다는 결론을 내렸다.

이런 사례들의 많은 경우에서 보이는 다른 이상한 점은 두꺼비들의 입이 대체로 두꺼운 막으로 덮였고, 피부는 흔치 않게 어두웠으며, 눈이 신기하게도 밝게 빛나고 있었다는 것이다.[12] 살아 있는 두꺼비는 1865년 4월 7일 영국 하틀풀의 마그네슘석회암 덩어리에서도 발견됐다. 이번에도 바위 속의 빈 공간은 두꺼비의 몸과 완벽하게 맞았고, '하틀풀 프리프레스*Hartlepool Free Press*'는 "두꺼비의 눈이 비정상적으로 밝게 빛났다."고 보도했다. 처음 발견되었을 때 그 두꺼비는 극도로 창백했고 바위의 색깔과 아주 비슷했지만, 곧 올리브갈색으로 어두워졌다.[13] 입은 막혀 있어서 콧구멍으로 크게 짖는 소리를 내며 숨 쉬어야 했다. 또한 더 선사 시대의 생물처럼도 보였다. '하틀풀

프리프레스'가 보도했듯이, "앞다리의 발가락들이 안쪽으로 굽어 있고, 뒷다리는 보기 드물게 길어서 요즘의 영국 두꺼비 같지가 않았다."[14]

또 다른 경우에, 데이비드 버처라는 이름의 석공이 3센티미터가량 되는 도마뱀을 찾아냈다. 황갈색 피부와 "밝게 반짝이는 튀어나온 눈"을 가진 도마뱀이었다. 처음에는 죽은 듯했지만, 5분쯤 지나자 살아 있는 기색을 보였다. 도마뱀은 지하 7미터에 있던 바위에서 발견되었고, 바위 속 빈 공간은 이번에도 그것의 몸에 완벽하게 맞게 만들어졌다. 그 바위가 무척 단단했는데도, 도마뱀 주위로 1.5센티미터 정도는 부드럽고 모래가 많았으며, 도마뱀과 같은 색깔이 되어 있었다. 거기에 도마뱀이 들어갈 만한 틈은 없었다. 이 일은 〈틸로치 철학 매거진*Tilloch's Philosophical Magazine*〉 1821년판에 실렸다.[15]

제2차 세계대전 때 알제리에서 한 영국 군인은, 도로를 만들고 폭탄으로 파인 구덩이를 메우려고 캐낸 바위에서, 큰 두꺼비와 23센티미터 길이의 도마뱀이 나란히 있는 것을 발견했다. 둘 다 살아 있었고, 그 바위는 채석장의 표면에서 6미터 밑에 있었다. 1890년 〈사이언티픽 아메리칸〉의 한 호는 "단단한 바위 속에서 살아 있는 두꺼비와 개구리 들을 발견했다는 충분히 증명된 많은 이야기들이 기록되고 있다."고 보고했다.[16] 토네이도의 경우에서 보았듯이, 이들의 몸에 있는 조직 일부가 바위와 섞여서 색깔의 변화를 가져왔을 수도 있다. 그러나 웬일인지 이 효과 때문에 곧바로 죽지는 않는다. 눈이 빛났던 것은 이들의 몸 일부가 완전히 시공간으로 다시 돌아오지 않았기 때문인지도 모른다. 몸의 일부가 아직 파동으로 존재하면서 말이다. 이 빛은 몸에서 본래 물기가 많은 부분들에서 가장 잘 보일 수도 있다. 바로 눈이 그런 곳이다.

바위 속에서 왜 다른 동물들은 발견되지 않았던 걸까? 이것은 양서류들과 어떤 파충류들은 정말로 동면 상태에 들어갈 수 있고, 그리고 먹이와 공기 또는 물이 없어도 아주 오랫동안 생존할 수 있기 때문이라고 나는 추

【그림 44】 1733년 요한 그래버그와 인부들이 발견한 이 살아 있는 개구리는 스웨덴의 한 사암 채석장에서 지표 아래로 3미터 이상 묻혀 있던 거대한 바위 속에 있었다.

측한다. "바위 속의 두꺼비" 이야기가 1700년대에 많이 알려졌을 때, 영국의 많은 아마추어 박물학자들은 살아 있는 두꺼비들을 화분에 묻고 석고나 모르타르로 막는 시도를 해보았고, 두꺼비들은 풀려나서도 여전히 살아 있었다. 동물학자 에드워드 제스*Edward Jesse*는 두꺼비 한 마리를 화분에 20년 동안이나 묻어두었고, 화분을 열었을 때 두꺼비는 원기왕성하게 뛰쳐나왔다.[17] 1825년에, 옥스퍼드의 지질학 교수인 윌리엄 버클랜드*William Buckland* 박사는 두꺼비들이 실제로 바위 속에서 살아남을 수 있는지를 입증 또는 반박하기 위한 엄밀한 실험들을 시작했다. 묻힌 지 1년이 지나서, 사암 덩어리에 있던 두꺼비들은 물론 단단한 석회암 덩어리에 있던 작은 두꺼비들도 죽었다. 그러나 다공질의 석회암 덩어리에 묻혔던 두꺼비들은 아직 살아 있었고, 그 가운데 두 마리는 오히려 체중이 늘었다. 버클랜드 교수는 같은 덩어리에 이들을 다시 묻고는 다음 1년 동안 정기적으로 확인해보았다. 그가 들여다볼 때마다 두꺼비들은 깨어 있었지만, 갈수록 쇠약해졌고 끝내 모두 죽고 말았다.[18] 이것으로 버클랜드와 여러 과학자들은 두꺼비들이 바위 속에서 그 이상의 기간을 살아 있지 못한다는 결론을 내리게 되었고, 따라서 이 현상 모두가 거짓인 것으로 무시되어버렸다.

이 양서류들이 볼텍스 하나의 일부가 되면, 이들이 가만히 있는 한 생기가 중단된 상태에 들어가는 일이 가능하다. 시공간에 온전히 있는 것도 아니고 타임스페이스에 있는 것도 아니므로 우리가 지금 생각하는 시간의 밖에 있는 것이다. 그러다가 채굴 행위와 같이 바위가 교란되면, 양자물리학자들이 쓰는 말처럼 그것은 "파동함수를 붕괴"시킨다. 그러면 이 불쌍한 생물들은 시공간으로 완전히 뛰쳐나온다. 대부분의 동물들은 이 지점에서 어쩌면 거의 즉시 질식으로 죽을 테지만, 두꺼비들과 도마뱀들은 이 일이 생겼을 때 한동안, 아마도 몇 년이라도 충분히 견딜 수 있는 듯하다.

러시아 과학이 찾아낸 진공 영역

알렉세이 드미트리에프 박사는 중력 차단 효과를 비롯한 우리가 논의해 온 많은 특성들을 가진 자연적으로 생기는 볼텍스 현상들을 자세하게 연구했다. 그는 토네이도들이 자신이 "진공 영역*vacuum domains*"이라 부르는 이런 유형의 볼텍스들의 여러 사례들 가운데 하나라고 믿는다. 이런 사례들에는 구상(球狀) 번개, "자연적인 자기발광체*self-luminous objects*", 폴터가이스트, "작은 혜성" 또는 "대기 구멍*atmospheric holes*", 지진 및 화산과 관련된 빛나는 형체들, 대기권 상층의 "요정들", 그리고 뒤에서 설명할 지각 속의 킴벌라이트 파이프*kimberlite pipe*들이 있다. 드미트리에프는 20세기를 통틀어 갈수록 늘고 있는 토네이도를 비롯한 활동들을 우리 태양계와 지구로 들어오는 이 볼텍스들의 전체 양이 극적으로 올라갔다는 증거로 본다.[19]

테르렛스키*Terletskiy*의 물리학 연구에 부분적으로 바탕을 두고 있는 드미트리에프의 모형에서, 이 볼텍스들은 '중력회전*gravi-spin*' 에너지(볼텍스 안의 중력과 회전력)를 전자기 에너지로 곧바로 바꾸고 있다고 하는데, 이 전자기 에너지는 이들 구형의 지역들로부터 나오는 광자들로 보인다. 신뢰할 만한 근거를 가지고 그런 일들을 만들어낼 수 있다면, 우리가 에너지를 얻는 데 치르는 비용으로부터, 또는 우리 문명에 전력을 대기 위해 환경을 훼손하는 일로부터 영구적으로 자유로워질 수 있으리라는 점은 분명하다. 중력은 우리가 아마 필요로 할 것보다 더 많은 에너지를 공급해줄 것이다. 이런 일은 T. 헨리 모레이가 발견한 준결정체의 성질을 가진 "스웨덴 석"처럼 이미 자연 재료들에서 일어나고 있는지도 모르겠다.

이 볼텍스들은 물질을 통과하고, 빛과 그 밖의 전자기 방사를 방출/흡수하며, 전기 시스템을 교란해서 고장 나게 하고, 강한 자기장을 나타낸다. 또 물체들의 무게를 크게 증가 또는 감소시키고, 볼텍스에 들어간 공기와 먼지를 회전시키며, 보통 그 크기나 모양을 바꾸지 않는 폭발들이 생기고, 그 모습이 구형이며, 그리고 태양 활동이 고조에 이른 해에 목격되는 횟수가 크게 느는 것이 특징이다. 드미트리에프는 또 "거의 모든" 지진과 화산 폭발의 전후나 진행 중에, 또는 둘 다의 어느 시점에서 이 빛나는 형체들이 특징적으로 나타난다고 주장한다.

역사적인, 그리고 현대의 폴터가이스트 사례들 또한 지자기 활동이 갑자기 증가하는 동안 일어났다.[20] 이 자료들은 폴터가이스트 사건들이 무작위적으로 일어나는 것이 아니라, 지구에서 생겨나는 에너지 볼텍스들에서 그 원인을 확실하게 찾을 수 있다는 점을 시사한다. 태양 활동의 급상승으로 촉발되는지도 모르는 지구 자기장 강도의 갑작스러운 증가는, 지구 핵에 진공 영역 또는 타임스페이스로의 문들을 만들면서 나타나고, 그러면 이들은 지표의 어떤 지역으로 올라온다. 1992년 영국심령연구협회 저널의 한 기사는 폴터가이스트 목격담이 강이 흘러가는 경로 주위에 떼로 나타나고, 비가 오면 더 많이 보고된다는 가이 램버트*Guy Lambert*의 발견을 실었다. 앤 아널드

실크*Anne Arnold Silk*는 "유령 같은 모습들, 빛 덩어리 따위들을 목격했다는 많은 보고 사례들"을 표시해보고서 모두 지질학적 단층선들 주위에 모여 있는 경향이 매우 크다는 사실을 알아냈다. 이뿐만 아니라, 이 선들의 끝에서 보기 드문 빛들이 목격되기도 했다.[21]

물체 안에서 붕괴가 생길 때 폭발이 일어난다. 그리고 드미트리에프는 이 볼텍스들이 태양에 의해 만들어져서 지구로 흘러 들어온다고 믿기 때문에, 그는 이 붕괴들이 "잡아두었던 태양 에너지"를 내놓는다고 생각한다. 이 폭발들은 대기, 물 또는 지각에서 일어날 수 있다. 지구에서의 그런 폭발들은 화산 폭발과 지진들의 진짜 원인일지도 모른다. 그리고 우리의 소스필드 모형에서, 지구 표면에서의 결맞음 부족은 '필드' 안에 불균형을 만들고, 이것은 다시 저압 지역*low-pressure zone*을 만든다. 집단적인 수준에서 우리의 의식 상태는 이 결맞음 부족을 만들어내는 직접적인 원인이 된다. 저압 지역이 한 번 생기면, 이것은 지구 핵으로부터 커다란 에너지 볼텍스를 끌어당기고, 그러면 이 볼텍스가 솟아오르고 시공간으로 붕괴되면서 결국 지구 내부에서 폭발하는지도 모른다. 이렇게 해서 지진이나 화산 폭발이 생길 수도 있는 것이다. 어떨 때는 이 볼텍스들이 대기권까지 솟구쳐 오르면서 허리케인, 토네이도, 악천후나 '폴터가이스트'를 만들기도 한다. 드미트리에프는 토네이도들이 지진 활성 지역들과 같은 지질학적 단층이 있는 지역들에서 훨씬 더 많이 형성되는 듯하다는 설득력 있는 증거들도 모았다.

킴벌라이트 파이프

드미트리에프는 또한 지각 안에서의 이 폭발들이 킴벌라이트 파이프들을 만드는 원인이라 믿는다. 이것은 처음 발견된 남아프리카 킴벌리에서 이름을 따온 긴 튜브 형태의 형성물이다. 재밌는 일은 하나의 폭발이 지진으로 나타나면서 시작되는데, 이것은 보통 화산 활동과 관련되어 있다. 그러면 좁은 돔*dome* 형태의 고리가 지표면 가까이에 나타나고, 이것은 가까스로 발견된다. 그러나 이 튜브가 발견된 곳을 파보면 거기에는 다이아몬드로 가득 차 있다.[22] 보수적인 지질학자들은 다이아몬드들이 150킬로미터 밑의 깊이에서만 형성되고, 결정화되는 데는 수백만 년이 걸린다고 믿는다. 다이아몬드들이 형성된 다음 강력한 화산 활동이 이것들을 지표 쪽으로 밀어 올려서 마그마와 이동된 암석들의 혼성물 안에 있는 킴벌라이트 파이프로 가지고 간다는 것이 그들의 이론이다. 이 이론은 또한 지구 깊은 곳으로부터의 폭발력이 유용성(油溶性) 가스, 마그마, 암석과 다이아몬드들을 시간당 수백 킬로미터의 매우 빠른 속도로 맨틀을 지나 쏘아 올리고, 가스의 빠른 팽창이 전체 지역을 냉각시켜서 다이아몬드들이 흐트러지지 않는다고 말한다. 킴벌라이트 파이프들은 전형적으로 동시에 여러 덩어리가 형성되는데, 서로 수십 킬로미터 떨어져 생기기도 한다.[23]

이것이 지배적인 모형이고 또 그럴듯하기도 하다. 하지만 드미트리에프는 다이아몬드가 들어 있는 이 파이프가 "지각 안에서 생긴 진공 영역의 관입과 운동과 폭발"의 결과물이라고 믿는다. 드미트리에프는 인접한 암석들은 이 "자기국한적인*self-localized*" 폭발들의 영향을 받지 않은 것처럼 보인다는 희한한 사실을 지적한다.[24] 그가 고려하지 못했을지도 모르는 다른 흥미로운 가능성은 이 폭발들 안에서 시간의 흐름이 극적으로 가속되어서, 정상적으로는 수백만 년이 걸려 형성되어야 했을 결정체들을 매우 짧은 기간 안에 —적어도 우리의 기준으로는— 만들어지게 했을 수도 있다는 점이다. 드미트리에프는 또한 이 볼텍스들의 발생, 존재, 소멸과 "암석권과 이온권에서의 에너지적 단절" 사이에서 "강력한 관계들"을 찾아냈다고 주장한다.[25]

의식과의 연관성

드미트리에프는 흥미롭게도 어느 주어진 지역에서 이 볼텍스들의 출현과 인간 의식의 전반적인 수준이 직접적으로 연관되어 있다는 의견도 제시한다. 1997년에 발표한 그의 고전적인 논문 "지구의 행성물리적 상태와 생명"을 2000년 12월에 찾아내고서, 나는 굉장한 영향을 받았다. 드미트리에프의 핵심적인 진술 가운데 하나는 이 책의 중요한 주제가 되었다.

> 인류의 윤리적 또는 영적인 자질의 성장이 복잡한 재앙들의 횟수와 강도를 줄여준다는 사실을 지지 또는 강조하는 근거들이 있다.[26]

절대적으로 동의한다. 러시아의 피라미드 연구들은 이것이 정말로 사실일지도 모른다는 소중한 증거를 확실하게 보여준다. 드미트리에프는 자신의 생각을 분명하게 밝혔지만, 주류 과학계의 그 누구도 귀 기울이지 않는다.

> 안전한 지역과 재앙의 위험이 있는 지역을 보여주는 세계지도가 마련되는 일이 지극히 중요해졌다. 지질학적/지구물리적 환경의 상태, 우주적 영향들의 다양함과 강도, 그리고 이 지역들에 사는 사람들의 영적/윤리적 발전의 실제 수준을 고려할 때 말이다.[27]

우리가 물려받은 2012년 예언들에 비추어 볼 때, 드미트리에프가 한 다른 말들은 더더욱 흥미롭다.

> 많은 특성들과 다양함을 가진 그런 볼텍스 현상들의 다수는 이미 빠르게 커지고 있다. 엄청나게 많은 자연적인 이 자기발광성 형성물들이 지구의

지구물리장들과 생물권에 갈수록 더 많은 영향을 미치고 있다. 우리는 이 형성물들의 존재가 지구의 변형에 앞서 나타나는 대세로서, 지구는 물리적 진공[곧, 타임스페이스]과 우리 물질세계의 경계에 존재하는 과도적인 물리 과정들을 더욱더 많이 겪게 된다는 것을 제시하는 바이다.[28]

시간폭풍

드미트리에프의 모형에는 우리가 찾아왔던 거의 모든 것들이 들어 있다. 이 빛나는 구형의 볼텍스들과 시간이 관련된 이상 현상들을 한데 엮은 그의 논문을 내가 아직 찾아내지 못했다는 사실만 빼면 그렇다. 하지만, 초자연현상 전문 연구자 제니 랜들스*Jenny Randles*는 자신의 포괄적이고 백과사전적이며 놀라운 책 《시간폭풍*Time Storms*》에서 드미트리에프의 모형에 있는 모든 것들을 독자적으로 입증하고 있다.[29] 한 가지 큰 차이는 이 볼텍스들에 들어간 사람들에게 무슨 일이 일어나는지를 보고하고, 타임슬립이 일어난 —전형적으로 5일까지— 믿기 어려울 만큼 많은 기록 사례들을 인용하고 있다는 점이다.

나는 이 책을 찾아내고는 전율을 느꼈는데, 이 책이 시간을 잃어버린 "UFO 피랍"으로 무시되어왔던 사건들을 비롯해 많은 사례들을 함께 묶은 굉장한 연구 노력이었기 때문이다. 이 책에는 너무도 많은 자료들이 있어서 여기서 모두를 다루지는 못하지만, 랜들스는 다른 연구자들이 알아채지 못했던 '타임슬립' 현상들의 많은 공통점을 규명하는 일에 분명한 신기원을 이뤘다. 여기에는 빛을 내는 안개, 여기저기 움직이는 구형의 볼텍스들, 가까이 있는 사람들에게서 느껴지는 따끔거리는 감각, 그리고 어떤 경우들에는, 여기에 노출된 뒤로 관절의 쑤심이나 통증이 따르는 피부발진이 따로 또는 함께 나타나기도 하고, 장기간의 메스꺼움, 근육통과 사람들이 문손잡이를 쥐고 문을 온전히 열지도 못할 정도로 심각한 운동 능력의 상실 같은 사례들이 들어 있다. 어떤 사람들은 물을 뒤집어쓴 채 이 경험들로부터 빠져나오기도 한다. 그들이 떠났던 곳에는 물 한 방울 없었다. 그렇다, 여기서 가끔 그러듯이 어쩌면 타임스페이스에도 비가 내리나 보다.

다른 특징들로는 달리던 자동차와 그 배터리가 꺼져버리고, 이상하게도 온도가 높아지며 ─천장에서 떨어지던 돌의 경우처럼─ 랜들스가 "오즈 팩터*Oz Factor*"라고 부르는 인간 의식에서의 몹시도 신기한 일련의 변화들이 생긴다. 마치 온 세상이 멈춰버린 듯 으스스한 정적이 흐르는 경우가 전형적으로 여기에 들어간다. 한 목격자는 자신의 마음이 "쏙 빨려나가 버린 듯한" 느낌이 들었다고 했다. 또 어떤 사람들은 감각이 없고, 몸이 무겁거나, 느린 동작에 사로잡힌 느낌이 들고, 아주 생생한 시간의 왜곡을 경험했다고 보고한다.

시간의 왜곡

1966년 영국 켄트에서, 데이비드라는 이름의 한 목격자는 이런 다양한 효과들을 한꺼번에 겪었다고 보고했다. 데이비드가 여자 친구의 집 근처 숲이 우거진 곳에 있는 개울의 다리에 이르렀을 때, 무언가에 쫓기는 듯 공포에 질려 달아나는 10대 소년들을 보았다. 데이비드는 그때 자신의 귀가 막혀버린 듯이 주위가 아주 조용해지는 것을 느꼈다. 감각이 없어지고, 이상한 우울함과 함께 몸이 무겁다고 느꼈고, 자신의 머리는 느린 동작으로 움직이고 있었다. 데이비드의 여자 친구는 현기증을 느꼈고, 10대들의 목소리는 이제 메아리처럼 들렸다. 하얀 안개가 그들 주위를 맴돌았고, 시간이 느려진 듯했다. 데이비드가 몸을 움직여보았지만 그러기에는 "엄청난 시간이 걸릴" 것만 같았고, 담배 연기는 소용돌이를 그리며 너무 천천히 올라갔다. 소리도 너무 천천히 갔고 텅 빈 것 같았다. 여자 친구는 발작을 일으키듯 데이비드에게 달라붙었으며, 10대 모터사이클 폭주족들은 이제 느린 동작으로 움직이는 것처럼 보였다. 무거운 느낌이 마침내 사라지면서 두 사람의 귀가 뚫렸는데, 마치 착륙하는 비행기에 탔을 때와도 같았다. 그동안 몇 시간이 흐른 것 같았지만, 이 일이 마침내 끝났을 때 데이비드의 담배는 더 타 들어가지 않은 채로 있었다.[30] 틀림없이 고대인들은 그렇게 불쾌한 영향을 받지 않도록 이런 경험들을 다스리고 조절하는 법을 배우지 않았을까 싶다. 그러나 우리의 마음과 몸, 그리고 에너지 사본에 결맞음을 만들 수 없다면 호된 경험을 좀 해야 할지도 모른다.

중력 차단과 공중부양 효과

랜들스는 이어서 이 사례들의 많은 경우가 중력 차단 효과의 특징도 보여준다고 보고한다. '티베트 음향 부양', 토네이도 이상 현상, 하늘에서 떨어지는 물고기, 기술적으로 획기적인 업적이라고 하는 성과들이 억압된 일들, 그리고 드미트리에프의 진공 영역에 대한 과학적인 모형 같은 사례들에서 이미 우리가 살펴봤던 것과 같다. 랜들스의 책에는 들녘에서 건초가 공중에 뜬 사례가 있다. 건초는 렌즈 모양으로 압축되고는, 50미터 정도 높이에서 맴돈다. 이 때문에 하늘을 가로질러 천천히 움직이기 시작한 건초를 자칫 "비행접시"로 여기기가 쉽다. 이것이 군중의 머리 위를 지날 때면, 목격자들은 어깨에 가벼운 압력을 느꼈고, 어떤 아이들에게는 따끔거리는 느낌이 있었다고 보고했다. 마침내 그 구름이 흩어지면서 조각들로 나뉘어 나선형의 은하처럼 보였다. 많은 양의 건초가 이때 떨어져서 한 골프 코스에 내려앉았지만 나머지는 "이상한 구름"에 휩싸여 사라졌다. 이 일은 1988년 6월 15일, 영국 피크디스트릭트 마플 릿지에서 생겼고, 이 지역에서는 이상한 사건들이 다양하게 보고되어왔다. 1968년에 자동차가 불가사의하게 전력을 잃고 멈춰 선 경우와 따끔거리는 느낌을 주는 푸른 불빛들을 비롯한 이상하게 빛나는 불빛들을 이야기하는 그 지역의 많은 전설들이 그것이다.[31]

프랑스 뀨에에서 1971년에 일어난 사건에서는, 한 남자의 차가 엔진이 꺼지고 라디오에서는 잡음만 나오더니 오렌지색 불빛에 싸여 5미터 정도가 떠올랐다. 자신이 떠오른 것을 알고 질겁했을 때는, 불빛이 사라지고 차는 길바닥에 곤두박질쳐서 크게 파손되었다. 그 남자는 웬일인지 자신이 세 시간을 앞으로 건너뛰었다는 것도 알았다. (이것은 차가 떠 있는 동안 동쪽으로 움직여서 생겼을 수도 있다.) 시간은 밤 1시 반쯤이었고, 견인차가 그를 집으로 태워 왔을 때는 새벽 3시가 넘지 않았어야 했다. 그러나 실제로는 아침 6시였다.[32] 랜들스는 1987년 영국의 멀 섬에서 있었던 사례를 소개한다. 여기서는 엷은 안개가 "느닷없이 나타나서" 차에 엉겨들었다. 밑으로 누르는 압력과 진동이 강하게 느껴졌고, 이 때문에 차가 옆과 위쪽으로 움직이는 듯한 느낌이 들었다. 안개는 빙빙 돌고 있었는데도 너무 두꺼워서 밖이 보이질 않았다. 안개가 사라진 다음에 그들은 잠겨 있던 차의 트렁크가 열려서 그 안에 있던 물건들이 길바닥에 흩어져 있는 모습을 보았다. 랜들스는 이런 현상이 많은 사례들에서 흔하게 재현되는 주제라고 말한다. 토네이도를 다룰 때 이야기했지만, 이 현상은 잠금장치의 금속이 잠시 물렁해져서 트렁크가 열렸고 뒤따른 중력 차단 효과로 물건들이 바깥으로 나온 것일 수도 있다.[33]

1974년 7월 28일 영국 서머셋의 피터 윌리엄슨도 이와 비슷한 사건을 겪었다. 심한 뇌우(雷雨)가 들이닥치자 겁에 질린 피터의 개가 나무 밑에 웅크렸다. 피터가 개를 구하러 갔을 때, 엄청나게 큰 불빛이 번쩍하고 빛났다. 그리고 다른 모든 사람들이 보기에는 피터가 사라졌다. 경찰은 그것이 번갯불일 뿐이라고 해명했다. 피터는 3일 후 아침 8시에 문이 잠겨 있는 근처의 정원 안에서 발견됐다. 하나뿐인 열쇠는 정원사가 가지고 있었으므로, 피터가 그 안으로 들어갈 방법은 없었다. 그는 회복차 병원에서 며칠을 보냈는데, 낯선 정원에 서 있던 것으로 기억되는 꿈들을 꾸기 시작했다. 물에 흠뻑 젖어서 말이다. 꿈속에서 피터는 어리둥절한 상태로 돌아다니다가 마침내 발견되어서 병원으로 보내졌다. 그는 의사와 수간호사, 그리고 여러 간호사들의 이름은 물론 그 병실의 이름도 기억해냈다. 깨어 있는 삶에서는 전혀 모르던 내용들이었다. 피터는 이 꿈들이 진짜로 일어났던 일일지도 모른다고 의심하기 시작했다. 꿈들이 길고도 일상적이었기 때문이었다.

피터는 이 꿈 속에서 자신의 주위가 때때로 "희미하게 일렁이는" 것을 알아챘고, 아무것도 없던 자리에 가구들이 나타나곤 했다. 그 다음 병실은 평상시의 상태로 재빨리 돌아갈 뿐이었다. 이런 모든 상황들은 이 일이 시공간이 아니라 타임스페이스에서 일어났다는 생각과 들어맞는다. 피터는 또 말을 하려 하면, 목소리가 "느린 동작"처럼 들린다는 것도 알게 되었다. 몸이 회복되자, 그는 걸어 다녀도 된다는 허락을 받았고, 바깥의 길을 걸어 내려가며 다시 정상적으로 느끼기 시작했다. 이것이 그가 정원에서 깨어나기 전의 마지막 기억이었다. 콜린 파슨스*Colin Parsons*라는 연구자가 피터의 집에서 3일을 머무르면서 근처의 작은 병원에 같은 이름의 병실이 있다는 사실을 확인했다. 같은 이름을 가진 의사와 수간호사도 있었다. 그러나 이 의사는 피터를 알아보지 못했고, 피터가 그곳에 있었다는 아무런 기록도 없었다.[34]

세 가지 놀라운 사례들

《시간폭풍》을 읽으면서 세 가지 사례가 내 눈에 확 들어왔다. 첫 번째 사례에서, 1996년 한 TV 방송국에 비디오테이프 한 개가 익명으로 도착했다. 정신과 의사인 존 카펜터*John Carpenter*, 물리학자 테드 필립스*Ted Phillips*, 범죄학자인 윌리엄 쉬나이드*William Schneid*와 댄 아렌스*Dan Ahrens*, 그리고 한 컴퓨터 분석 전문가를 포함한 조사관들이 이 사례를 검토했는데, 이들 대부분이 세계적인 UFO 연구단체인 뮤폰*MUFON*에 소속되어 있었다. 그들은 모두 이 비디오테이프가 실제로 일어난 일을 기록한 진짜 비디오이며 조작될 수 없는 것이라고 느꼈다. 그 테이프는 플로리다에 있는 한 작은 공장의 보안카메라가 찍은 장면을 담았고, 여러 대의 카메라가 찍은 장면들을 모두 보여주고 있었다. 밤 11시 16분에 찍힌 장면에서 한 노동자가 뭔가를 바라보는 듯한 자세로 뒷문을 향해 걸어가고 있었다. 흐릿한 흰색 불빛이 그 남자가 서 있는 곳에 나타났고, 전자파 장애가 화면을 잠깐 방해했다.

흰 불빛이 몇 초 동안 있다가 없어지자 카메라들은 모두 정상적으로 작동했지만 그 남자는 사라져버렸다. 필름을 한 프레임씩 분석해보니, 남자는 거의 순간적으로 사라졌다. 사라진 남자를 찾는 일이 허사로 돌아간 뒤인 밤 1시 6분에 그 불빛은 돌아왔다. 공장의 조명들은 모두 나가버렸고, 그 남자가 빛 속에 다시 보였다. 그것도 눈 깜짝할 사이였다. 그는 이제 엎드려 고통스러워하면서 토하기 시작했다. 경비원들이 남자를 도우려 뛰어나갔지만, 그는 일어난 일을 아무것도 기억하지 못하고, 그 두 시간을 잃어버렸다. 그는 쇼크 상태로 집으로 갔고, 다음 날 너무 아파서 출근하지 못하겠다고 했다. 남자는 다시는 공장으로 돌아오지 않았다.[35]

다음 사례는 무척 흥미진진하다. 영국 북부의 버너드라는 남자가 페나인즈에서 일어난 해괴한 사건을 보고했다. 자신이 어렸을 때인 1942년 여름 맨체스터 동쪽의 어느 언덕에서 일어난 일이었다. 나중에 그는 행복한 가정을 꾸렸고 자신의 간호사 직업에서 중요한 지위에 올랐기 때문에 이 일을 털어놓으며 걱정했다. 버너드는 자신의 경험을 몇 사람의 현직 심리학자들에게 묘사해봤지만, 아무도 무슨 일이 일어났는지를 설명하지 못했다. 1942년의 그날, 버너드와 여자 친구는 언덕 위에서 갑자기 고요하고 조용한 느낌에 압도당했다. 두 사람의 마음이 잠들어버린 것만 같았다. 그들은 나무 옆에 누워서 깊이 이완되는 그 이상한 느낌을 즐겼다. 조금씩 두 목소리가 들리기 시작해서, 무슨 일인지 보려고 일어나 앉았을 때, 두 명의 남자가 곁에 서서 그들을 지켜보고 있었다. 두 남자는 아이들이 자신들의 목소리를 들을 수 있으리라 생각도 않는 것처럼 그들이 관찰한 바를 논의하고 있었다. 한 남자가 말했다. "애들이 여기 있군." 다른 남자는 손에 어떤 장치를 들고 있었고 거기 있는 숫자들을 계속해서 읽고 있었다. 두 남자는 시간이 마치 우리가 돌아다닐 수 있는 풍경인 것처럼 이야기하고 있었고, 때때로 말을 멈추고 아이들에 관해 긍정적인 것들을 말했다.

그들은 인간과 똑같이 생겼고 특이하고 밝은 옷들을 입고 있었는데, 전쟁이 한창이던 영국에는 전혀 어울리지 않는 옷들이었다. 마침내 두 사람은 아이들에게 직접 말하기 시작했고, 아이들의 삶에서 일어날 사건들을 마치 이미 일어난 것인 양 말해주었다. 버너드가 그들이 누군지, 또 어디서 왔는지 묻자, 한 사람이 빙그레 웃으며 하늘을 올려다보고는 말했다. "아주 멀리서 왔단다." 그들은 또 아이들에게 이 일을 비밀인 것처럼 아무에게도 말하지 말라고 했다. 아이들이 언덕 아래로 내려왔을 때, 한 농부가 그들을 반기면서 이름을 물었다. 아이들이 이름을 말하자, 농부는 어서 빨리 집으로 가보라고 했다. 집에서는 친척들이 모여서 그들을 몹시 걱정하고 있었다. 아이들은 그 일이 겨우 두 시간쯤 이어졌다고 느꼈지만, 사실 하루가 넘도록 사라졌었다. 자기들이 내내 언덕 위에 있었다고 말하기는 했지만, 가족들은 그곳 또한 샅샅이 뒤졌었고 아무도 아이들을 찾지 못했었다.[36]

《시간폭풍》에 나오는 세 번째이자 마지막으로 이야기하고픈 사례는 완전히 새로운 연구 분야를 열어준다. 영국 도들스톤과 올트링엄 사이의 M56 고속도로에 있는 헬스비힐이라는 지역과 관련이 있는데, 이곳은 석영이 풍부한 사암의 노두(露頭)가 있는 지역이다. 놀랄 만큼 많은 수의 흔치 않은 사건들이 이 지역에서 생겼는데, 초록색 불빛들, 커튼 형태의 빛들, 폴터가이스트, 시간을 잃어버리는 현상, 차가 멈춰버리는 것과 함께 저절로 나타나는 시간과 공간의 여행, 흰색 불빛과 고음의 윙윙거리는 소음이 그 지역에 가득한 뒤에 이상한 하얀 가루가 땅에 뿌려져 있는 현상뿐만 아니라, 60분의 시간이 통째로 사라져버리는 일들이 그것이다. 그리고 반짝이는 불빛들과 함께 시간과 공간의 비슷한 왜곡이 생긴 여섯 사례들도 있었다. 프레스턴브룩과 데어스베리 사이의 M56 고속도로 나들목을 차로 지나던 한 여성이 1988년 3월에 머리 위로 불빛을 본 뒤로 여섯 시간을 잃어버린 일이 있었다.

석 달 뒤, 랜들스는 이 일과 정확히 같은 시간에 스티브 윈스탠리와 프레드 탤보트라는 두 명의 TV 리포터들이 운하의 바지선을 다룬 지역 뉴스를 취재하다가 이상한 소음을 들었다는 사실을 알게 되었다. 그때, 빈 깡통 두 개가 놀랍게도 보트에서 솟아오르더니 잠깐 맴돌다가 물로 떨어졌다. 이들은 시간이 사라지는 다른 타임슬립 사례가 막 일어났던 바로 같은 볼텍스 아래를 실제로 지나고 있었던 것이다. 토지 소유자인 빌 위틀로*Bill Whitlow*는 운하에서 사람들이 이상한 소음들을 들은 많은 사례들을 이야기했고, 이런 사실은 그곳에 유령이 있다는 소문을 만들어냈다. 1990년 8월에는 위틀로의 땅에 크롭서클*crop circle*이 하나 나타났는데, 2년 전 이곳에서 100미터도 되지 않는 거리에 같은 사건이 일어났었다. 목격자들은 서클이 나타나던 밤에 고음의 윙윙거리는 소음을 들었고, 랜들스는 위틀로가 곡식을 수확하기 전에 그것의 사진을 찍었다. 랜들스가 거기에 서서 사진을 찍던 바로 그때, 차 한 대가 길 위에서 통제를 잃었다. 운전자가 주장하기로는 자신의 차가 도로를 가로질러 들판 쪽으로 끌려갔다는 것이다. 그가 크롭서클을 볼 수 없었는데도 말이다. 그 남자는 타이어의 펑크로 그랬다고 느꼈지만, 경찰은 차에서 아무런 문제도 찾아내지 못했고, 위험하게 운전했다는 증거 또한 없었다. 불행히도 길을 벗어난 이 차는 랜들스의 부모님이 길가에 세운 최신형 차를 들이받아서, 랜들스의 모친이 차를 절단하고서야 구조될 만큼 심각한 부상을 당했다. 이때부터 같은 지역에서 여러 사건들이 생겼다.[37]

크롭서클과 신비로운 존재들

이 일들은 적어도 A. D. 815년부터 보고되어온 크롭서클의 미스터리를 되새겨보게 하는데, 그때 프랑스 리용의 대주교 아고바르*Agobard*는 현지인들에게 들녘에 생긴 서클들에서 곡식의 수확을 금지하는 포고령을 내려야 했다. 현지인들은 이 곡식들을 풍작을 기원하는 의식에 쓰려고 했었는데, 어쩌면 그들이 서클에서 보기 드문 에너지 효과를 느꼈기 때문일 것이다. 농부들은 손실을 입은 데 분개했다. 이 이야기에서 재미있는 부분은 아고바르가 그 서클들의 존재를 부인한 적은 없다는 사실이다. 그는 농부들이 그 안에 있는 곡식들을 모두 베어내고 있었기 때문에 사람들을 쫓아 나갔을 뿐이었다. 자크 발레*Jacques Vallée*는 저서 《차원들*Dimensions*》에서 이 이야기의 배경을 더 자세하게 전해주는 9세기 프랑스의 한 문서를 인용한다.

추정하기로는, 세 남자와 한 여자가 요정으로 불리는 존재들이 타고 다니는 "하늘의 배들"에서 나오는 모습이 목격되었는데, 이들은 목격자들에게 많은 놀라운 이적을 보여주었다. 목격자들은 그 인간처럼 생긴 존재들이 "마고니아*Magonia*"에서 왔다고 들었다. 이 말을 전해 듣고 두려워진 현지인들이 목격자들에게 달려들었고 이젠 그들을 사악한 마법사들이라고 생각했다. 그들이 산 채로 불에 타버리기 직전에 아고바르는 요정들은 있지도 않을뿐더러, 누군가가 마법사가 될 수도 없다고 하면서 그들의 목숨을 살려주었다. 이 사건을 두고 아고바르가 쓴 글은 1,200년 뒤인 오늘날의 회의론자들에게나 들을 법한 것과 같은 수준의 비아냥거림을 보여준다.

> 우리는 그렇게 우매하기 짝이 없고 멍청하기 그지없는 많은 사람들을 보고 들어왔다. 그들이 말하는 마고니아라는 곳이 있어서, 우박과 폭풍으로 파괴된 지구의 열매들을 그곳으로 가져가기 위해 배들이 구름 속을 날아다닌다고 믿고 있으니 말이다.[38]

리처드 톰슨의 방대한 연구인《외계인의 정체: 현대의 UFO 현상을 보는 고대의 통찰*Alien Identities : Ancient Insights into Modern UFO Phenomena*》에서, 우리는 크롭서클로 보이는 '요정의 고리*fairy rings*'를 다룬 유럽의 전설들에 대해 듣는다.[39] 그러나 이 전설들에서 요정의 고리들은 그저 곡물에 나타난 흥미로운 패턴들이 아니다. 이들은 타임스페이스로 직접 들어가는 입구들과도 닮았다. 켈트족의 한 전설에서는, 오시안*Ossian*이라는 영웅이 아름다운 요정 공주에게 유혹당해 신비의 땅에 들어갔다. 그는 공주와 결혼해서 티르나녹*Tir na nog*이라는 그 신비의 땅에서 300년을 보냈다. 마침내 아일랜드로 돌아가고 싶다는 생각이 든 오시안은 타고 왔던 말을 타고 여행을 떠났고 그의 아내는 절대로 땅을 밟으면 안 된다고 주의를 주었다. 고국에 돌아와 보니 오시안의 친구들은 모두 저세상으로 간 지 오래되었고, 세상도 사뭇 달라 보였다. 오시안은 결국 사고 때문에 말에서 내려 땅을 딛게 되었고, 그러자마자 눈이 멀고 곧 쓰러질 듯한 노인이 되어버렸다.[40]

또 다른 사례다. 1800년대 초에 웨일스의 니스밸리에서 리스*Rhys*와 르웰린*Llewellyn*이라는 두 농장 인부가 집에 가고 있었다. 리스는 얼핏 이상한 음악을 듣고서 남아서 그것을 알아보기로 했지만, 르웰린은 아무 소리도 듣지 못했다. 리스는 그 뒤로 돌아오지 않았고, 르웰린은 수사 끝에 살인 혐의를 쓰고 감옥에 갇혔다. 2주일이 지나서 요정 전설을 잘 아는 한 남자가 이 사건을 설명할 수 있을 거라 생각했다. 그는 사람들에게 리스가 마지막으로 있었던 곳으로 돌아가서 요정의 고리를 찾아보라고 말해주었다. 르웰린은 풀밭에서 정말로 그런 원을 찾아냈고, 발이 원에 닿자 하프 연주 소리가 들렸다. 함께 간 사람들이 하나하나 발을 대자 모두가 음악 소리를 들을 수 있었고, 키는 작지만 인간과 같은 모습을 한 다양한 사람들이 원 안에서 춤추는 모습이 보였다. 그곳에 리스가 자신의 키 그대로 이 작은 사람들과 춤을 추고 있었고, 르웰린은 리스를 끌어냈다. 리스는 자기가 거기 5분밖에 안 있었다고 했다. 하지만 자신이 얼마나 오랫동안 사라져 보였는지를 알고 난 리스는 시무룩해졌고, 앓아누웠다가 곧이어 세상을 떠났다.[41]

톰슨은 켈트족 구비 설화에 나타난 이 평행현실을 자세하게 다뤘다.

> 켈트족의 별세계는 아발론*Avalon*, 티르나녹(젊음의 땅), 기쁨의 평원과 같이 여러 이름들을 가졌다. 설화들을 연구해보면 이 영역이 상위 차원에 존재해야 한다는 점이 확실해진다. 그곳에 가려면 3차원 공간의 적당한 장소

【그림 45】 프랑스, 독일, 아일랜드, 스코틀랜드, 웨일스, 영국, 스칸디나비아와 필리핀에는 모두 "요정의 고리"에 대한 전설들이 있다. 평행현실로의 입구를 표시하는 곳으로 신비한 능력들을 가진 작은 사람들이 산다.

> 에 가야 하고, 거기서 우리가 이해하지 못하는 신비한 방법으로 여행해야 한다.[42]

적어도 지금까지는 이해하지 못했다.

톰슨은 또 곡식의 수확이 대개 요정들과 관련되어 있었다고 말하면서, 로버트 리처드*Robert Richard*가 한 말을 인용한다. "인도유럽어족 문화들을 통틀어, 요정들은 그들이 주재해서 수확한 옥수수와 우유의 십일조를 받았다."[43] 이런 사실은 어떤 사람들이 여기 시공간보다는 타임스페이스의 평행 현실 속에서 평범한 일상처럼 실제로 살고 있으며, 또 그들만의 전통과 관습들을 가졌는지도 모른다는 가능성을 보여준다. 세월이 가면서, 이런 보고들은 근거 없는 믿음이 되었고, 그 이야기들은 갈수록 더 낯설어져간다. 그러나 이들 안에 진실의 씨앗이 있을 법도 하다.

시간을 여행하는 공룡들

이 시간의 문들이 때때로 수백만 년의 시간을 잇는 다리를 만들어내면서, 그곳으로 살아 있는 생물들이 지나다닐 수도 있을까? 어쩌면 그럴지도. 멸종했던 종들이 화석 기록에 느닷없이 다시 나타나는 ―때로는 수백만 년이 흐른 뒤에― '라자루스 효과'를 우리는 1부에서 이미 살펴봤다. 이 효과는 이미 있는 유기체들을 더 초기의 형태로 재배열하거나, 또는 무생물인 물질에서 생명을 창조하는 DNA 파동 효과의 결과인지도 모른다. 그러나 또한 이 생물들이 한 시간대에서 다른 시간대로 곧바로 지나도록 하는 시간의 문이 있기 때문일 수도 있다.

호수에 긴 목과 긴 꼬리, 그리고 다리 대신 지느러미발이 있는 괴물들이 산다는 보고들은 많이 있어왔다. 목격되었다는 이런 생물들의 해부학적 특징들은 플레시오사우루스*plesiosaurus*의 화석 기록들과 거의 일치한다. 가장 유명한 예는 단연 네스 호*Loch Ness*의 괴물로, 7세기 성 콜럼바*St. Columba*와 관련된 전설이 그 기원이다. 많은 목격담들이 보고되는데, 1933년부터 3,000건이 넘는 것으로 추정하기도 한다.[44] 2010년 영국의 〈더 타임스〉는 최고위직 경찰이었던 윌리엄 프레이저가 1930년대에 네시*Nessie*의 존재를 "의심의 여지가 없는" 것으로 생각했다고 주장하는 기사를 실었다.[45] 조지 스파이서와 그의 아내는 1933년 7월 22일 그들의 차 앞에서 도로를 가로질러 가는 공룡 형태의 생물을 보았다. 그 길이는 7미터 남짓 되었고 코끼리의 코보다 좀 더 굵은 긴 목을 가졌었다. 다리는 보이지 않았다. 그 생물은 20미터가량 떨어진 곳에서 갈지자로 도로를 건너 호수 쪽으로 갔다.[46] 흥미진진한 사진들과 비디오 증거물들이 광범위하게 분석되었다.[47] 네스 호는 '그레이트 글렌*Great Glen*'이라는 중요한 지질 단층선 바로 위에 있기도 하다.[48] 지진 활동 지역과 관련된 폴터가이스트 사례들과 볼텍스 활동을 우리는 이미 살펴봤다.

1993년 브리티시컬럼비아 대학의 P. 르블롱*LeBlond* 교수는 캐나다 브리티시컬럼비아 주 해안과 멀리는 남쪽으로 오리건 주까지 내려가는 해안에서 "캐디*Caddy*"—카드보로사우루스*Cadborosaurus*의 줄임말—를 보았다는 많은 목격담들을 보고했다. 포획된 고래 한 마리의 위장에서 길이 3미터의 어린 캐디가 발견되었다고 한다. 이 이야기는 〈사이언스 프런티어스〉와 〈뉴사이언티스트〉에서 다뤘다.[49] 2010년 러시아의 어부들은 네스 호의 괴물과 묘사가 일치되어 보이는, 러시아에서 가장 큰 호수의 하나인 시베리아 호수에 꾸준히 나타나는 한 생물의 조사를 요구하고 나섰다. 배고픈 이 괴물은 2007년에서 2010년 사이에만 19명의 사람들을 해친 주범으로 보인다.[50] 2011년 2월 〈데일리 메일*The Daily Mail*〉은 영국 윈더미어*Windermere* 호에서 "보네시*Bownessie*"라는 길고 등이 튀어나온 생물이 지난 5년 동안 목격된 여덟 번의 사례를 보도하면서, 새로운 사진 증거를 제시했다.[51]

콩고에서는 모켈레-음벰베*Mokele-Mbembe*를 보고하는 많은 목격담과 목격자들이 있다. 이것은 네 발이 달린 공룡 형태의 생물로 브론토사우루스*brontosaurus*와 비슷하지만 훨씬 더 작은 용각류*sauropod*의 일종이다.[52] 대부분 리코우알라 늪지에서 목격되는데, 이곳은 아직 80퍼센트가 조사되지 않았다고 공식적으로 발표된 곳으로, 대부분 피그미족 원주민들이 살고 있다. 비슷한 생물이 적도 기니, 중앙아프리카공화국, 가봉과 카메룬을 포함하는 콩고 인접 국가들에서 보고되어왔다.[53] 이와 비슷하거나 똑같은 생물들은 호주 북쪽에 있는 파푸아뉴기니에서도 발견되어왔다.[54][55] 아홉 사람이 웨스트뉴브리튼*West New Britain*의 움붕기 섬에서 공룡처럼 생긴 생물을 보았다.[56] 지구격자 위의 주요 볼텍스 포인트들 가운데 하나가 이곳과 같은 지역인 파푸아뉴기니의 바로 아래에 있다. 〈차이나 투데이〉는 1993년 신장(新絳)에 있는 사일리무(塞里木) 호 주위에서 공룡 모습의 괴물을 천 명 이상이 보았다고 보도했다.[57] 그리고 캐나다에서는, 뉴펀들랜드의 메모리얼 대학교에서 온 과학자들과 일하던 한 젊은 이누이트 에스키모가 바일롯 섬에서 오리주둥이공룡 아래턱의 일부로 판명된 신선한 뼈를 발견했다.[58] 미국지질학협회*Geological Society of America*와 〈고생물학저널*The Journal of Palontology*〉은 둘 다 알래스카에서 발견된 신선한 뼈들이 20년이 지나서 뿔룡류, 오리주둥이공룡들, 그리고 작은 육식 공룡들의 것으로 확인되었다고 보고했다.[59]

마르코 폴로가 1200년대 말에 중국을 탐사하고 적은 기록들에는 중국의 왕실이 특별한 행사들을 위해 살아 있는 용들을 잡아두고 있었으며, 지금의 카자흐스탄 카라잔*Karazhan* 지방에서는 용들을 사냥해서 고기를 먹고 약으로 쓰기도 했다고 나와 있다. 폴로는 이 위협적인 생물들을 실제로 봤다고 적었다.[60] 그리스의 역사가 헤로도토스와 유대인 역사가 요세푸스*Josephus*는 두 사람 모두 고대 이집트와 아라비아에서 날아다니는 파충류들에 대해 적었다. 그리스, 로마와 이집트 신화들을 비롯한 많은 고대의 전설들은 이 생물들을 무찌르는 영웅들을 이야기한다.

> 공룡 같은 생물체들이 바빌로니아의 랜드마크, 로마의 모자이크, 아시아의 도자기와 왕실 예복, 이집트의 수의와 정부 국새, 페루의 무덤돌과 태피스트리, 마야의 조각품, 호주 원주민들과 아메리카 인디언들의 암각화, 그리고 고대 문화들을 통틀어 그 밖의 많은 의례용품들의 특징으로 나타난다.[61]

용들은 영국, 아일랜드, 덴마크, 노르웨이, 스칸디나비아, 독일, 그리스, 로마, 이집트와 바빌론뿐만 아니라 크리, 알곤킨, 오난다가, 오지브웨이, 휴런, 치누크, 쇼쇼니족을 비롯한 아메리카 인디언의 전설들과 알래스카 에스키모들의 기록에 나온다.[62] 다른 흥미로운 실마리는 1600년대의 지도에서도 미지의 지역들에 용처럼 생긴 괴물들을 그려 넣었다는 사실이다.[63]

현대에도 익룡, 곧 프테로사우루스*pterosaurus*로 보이는 동물을 목격한 놀라울 만큼 많은 믿을 만한 증인들이 있다.[64][65][66] 아메리카 인디언들의 천둥새 전설들은 현대의 프테로사우루스 목격담과도 무척 비슷하다. 범죄 수사 비디오그래퍼인 조나단 휘트콤*Jonathan Whitcomb*은 1980년대 초부터 2008년 사이에 적어도 1,400명의 미국인들이 살아 있는 프테로사우루스인 듯한 생물을 봤다는 결론을 내렸다. 휘트콤은 미국 19개 주의 목격자들과 면담했다. 그 날개 길이의 통계적 평균 추정치는 2.5~3미터였지만, 25퍼센트의 추정치는 5미터가 넘어서, 지금 세상에 있는 어떤 형태의 새라고 하기에는 날개가 너무나 크다.[67] 휘트콤은 파푸아뉴기니에서도 주민들이 "로펜*Ropen*"이라고 부르는 프테로사우루스의 목격담들을 광범위하게 조사했고, 그 결과를 많은 웹사이트들과 저서 《로펜을 찾아서*Searching for Ropen*》에 발표했다.[68]

데이비드 우첼*David Woetzel*과 같은 목격자들은 처음 나타날 때 붉은 오렌지색 불빛이 나던 로펜을 봤다고 증언했고, 다른 사람들이 그런 '생물발광

bioluminescent 불빛'의 목격담을 확인해주었다. 2007년에 휘트콤은 폴 네이션 *Paul Nation*이 2006년에 두 마리의 프테로사우루스를 14초 동안 비디오에 담았다는 주장을 언론에 발표했다. 그 비디오테이프를 분석한 결과는 두 개의 작은 점들이 정말로 빛을 내면서 천천히 깜박거리고 있었다. 서던캘리포니아에서 일하는 미사일방어 물리학자 클리프 파이바*Cliff Paiva*는 그 장면에 나오는 것에 대해 그 어떤 통상적인 해석도 하지 못했다.[69] 천천히 움직이는 붉은 오렌지색의 이 불빛이 고대의 문화들에서는 쉽사리 불로 해석될 수도 있었다. 그래서 이것이 불을 뿜는 용의 전설들의 기원이 되었는지도 모르겠다. 이 생물들이 타임스페이스로부터 우리의 현실에 처음 나타날 때는, 그들

【그림 46】 많은 이집트 신들은 힘과 사후 세계로의 안내를 상징하는 와스 지팡이를 가졌다. 지팡이의 머리 부분은 프테로사우루스와 뚜렷하게 비슷한데, 실제로 그것을 목격하고서 본뜬 것일 수도 있다.

은 아직 완전히 물질화되지 않았던 것으로 보이고, 이들이 여전히 부분적으로는 파동 상태에 있기 때문에 몸에서 빛이 난 것일 수도 있다.

이집트인들도 프테로사우루스를 보고서, 불의 베누 새, 또는 불사조의 전설들을 만들어냈는지도 모른다. 이집트의 와스*Was* 지팡이는 매우 잘 알려진 힘과 권위의 상징으로, 신들이 들고 있으며 고대 이집트 예술의 수백 가지 사례들에 특징적으로 나타난다. 와스 지팡이 끝의 머리 부분은 그 모습과 구조로 보아 프테로사우루스와 거의 일치하고, 머리의 뒤로 튀어나온 독특한 뾰족한 부분 때문에 알려진 다른 살아 있는 생명체와 관련되지가 않는다.[70]

1993년 러시아 과학자들은 3,700년밖에 되지 않은 소형 매머드의 시체를 시베리아 해안에서 떨어진 브랑겔랴 섬에서 찾아냈다.[71] 영국의 〈선데이 메일〉은 같은 해에 영국의 탐험가 존 블라쉬포드-스넬*John Blashford-Snell* 대령이 네팔의 한 외딴 골짜기에서 멸종된 것으로 알려진 살아 있는 매머드, 곧 스테고돈*stegodon*으로 보이는 동물의 사진을 찍었다고 보도했다.[72] 윌리엄 버드*William Byrd* 제독이 1930년대에 남극 상공을 날 때 푸른 초원과 마스토돈*mastodon*을 보았다고 보고하면서 지구공동설을 부채질했지만, 남극은 샌더슨의 12개 주요 볼텍스들의 하나이므로 이 일은 제독이 볼텍스를 통해 과거를 들여다본 경우일지도 모른다.

캄보디아의 타프롬*Ta Prohm* 사원은 1186년에 완성된 뒤 헌정되었는데, 많은 사람들이 사원의 외벽에 새겨진 완벽한 스테고사우루스*stegosaurus*의 문양이 있다고 믿는다. 이것은 같은 원형 디자인에 살아 있는 생물들을 끼워 넣은 다양한 문양들의 하나일 뿐이지만, 다른 모든 생물들은 이것과 비교했을 때 무척 전통적인 것들이다. 한 창조론자가 이 수수께끼 같은 형태를 가장 포괄적으로 분석했지만, 그럼에도 다음과 같은 사실을 비롯한 몇 가지 흥미로운 점들을 제기해준다. 곧, 사원의 외벽을 보다 근래에 살짝 윤택을 냈음

【그림 47】 이 조각은 1186년에 헌정된 캄보디아 타프롬 사원 외벽에 있다. 이와 비슷한 다른 조각들은 새, 물고기, 물소, 원숭이, 사슴, 도마뱀 같은 전통적인 동물들을 표현했지만, 이것은 스테고사우루스처럼 보인다.

에도, 건축 당시의 원래 녹청(綠靑)이 틈새에 여전히 남아 있는 것으로 보아, 이 조각이 나중에 첨가되었다는 주장은 잘못되었다는 것이다.[73]

마지막으로, 1922년 3월 21일, 〈보스턴 트랜스크립트*Boston Transcript*〉는 이런 기사를 실었다. "최근 알프스에서 심한 눈보라가 몰아치는 동안에, 거미를 닮은 색다른 곤충들, 애벌레들과 커다란 개미들 수천 마리가 산비탈에 떨어지더니 곧바로 죽었다. 지역의 박물학자들은 이 현상을 설명하지 못 한다."[74]

18장

기상 이변은 공해 탓만이 아니다
: 은하시계의 경종과 니네베 상수

> 1998년 이후, 지구는 적도 지역이 불룩해지고 극지역은 수축하고 있다.
> 만년설과 빙하가 녹아서라고 하기에는 그 규모가 너무 크다.
> 지구 자기장에서의 이상 현상들은
> 자극(磁極)의 이동이 이미 진행되고 있음을 말해준다.

우리는 이제 양자 영역과 생물학, 그리고 지구와 태양계뿐만 아니라 초은하단과 우주 머나먼 곳의 가스와 먼지에도 기하 구조가 있음을 보았다. 그러면 은하계 자체에 있는 기하 구조는 또 어떨까? 단순 논리로 볼 때, 태양계에 깃든 기하학 법칙들은 하나의 항성과 그 행성들 너머로 충분히 확장될 법도 하다. 은하계도 기하학적 힘의 장들을 가지고 있다면, 우리는 어쩌면 한순간에 수백만 년을 가로지를 수도 있다. 그것들에 접근하는 방법만 안다면 말이다. 많은 과학자들은 은하가 한 번의 회전을 마치는 데는 2억 5천만 년 남짓 걸린다고 추정한다.[1] 박테리아의 미화석 기록들이 보여주듯이, 지구 위에 생명이 대략 35억 년 전에 나타났다고 한다면,[2] 지구 위에서의 생명의 역사 전체가 오로지 은하가 14번 회전하는 동안 나타난 것이다.[3] 이것은 우리의 일반적인 생각보다도 한결 더 짧은 시간처럼 보이게 한다. 지구 자체는 45억 4천만 년 이전에는 존재하지 않았고,[4] 이것은 18번의 회전을 조금 넘는 세월일 뿐이다. 139억 년 전이라고 추정되는 우주의 기원[5]도 은하가

55번가량 회전하는 데 걸리는 세월에 불과하다. 지구 위의 모든 생명의 나이가 은하년으로 겨우 14살밖에 되지 않는다면, 이 회전들이 타임스페이스 속에서 어떻게 서로 뒤섞여서 하나의 거대한 반복 주기를 만들어낼 수 있는지를 상상해보기는 훨씬 쉬워진다. 우리가 은하에서 전에 있었던 같은 자리로 올 때마다, 똑같은 에너지적 조건들은 다시 우리에게 영향을 줄지도 모른다.

리처드 뮬러와 로버트 로드가 찾아낸 진화의 주기를 잠깐 다시 생각해보자(1부 10장). 6,200만 년마다 우리는 대대적으로 폭발적인 진화가 지구에 생기는 것을 본다. 그리고 이것은 우리 태양계가 은하를 가로질러 오르락내리락하는 운동과 직접적인 상호 관계가 있고, 이 운동의 주기는 6,400만 년으로 믿고 있다. 은하의 회전에 어림잡아 2억 5,000만 년이 걸린다고 한다면, 은하가 한 번 회전하는 데 이 6,200만 년 주기가 정확히 네 번 있다는 것을 사석에서 내게 처음 지적해준 사람은 리처드 호글랜드였다. 원에서 네 개의 등간격 지점들은 사각형을 이루므로, 우리는 지구 위의 진화를 실제로 이끄는 은하계의 8면체(또는 정6면체)를 보고 있는 것일 수도 있다. 이것은 놀라운 발전이었다. 한스 예니가 유체에 나타나는 이들 기하학적 볼텍스들의 안과 주위에, 그리고 그것을 통과하는 꾸준한 흐름 운동이 있음을 보여줬기 때문에, 은하 평면을 따라 오르락내리락하는 우리 태양계의 운동은 이 기하 구조의 모서리들 주위에서 일어나는 인력 흐름의 직접적인 결과일 수도 있다. 따라서 우리가 모서리 하나에 다가갈 때, 우리는 상승 운동을 하고 있고, 그 모서리를 지나면 또 다른 모서리로 옮겨 가면서 하향 운동으로 끌려 들어간다.

은하계의 또 다른 기하 구조는 어떨까? 지구 위에서 샌더슨의 20면체가 북회귀선과 남회귀선 근처에서 10개의 볼텍스 포인트들을 만들어냈다는 내용을 기억해보라. 이들은 모두 등거리로 떨어져 있다. 은하의 2억 5,000만 년 궤도를 10개의 등거리로 나누면 그 하나하나는 2,500만 년이 되는데, 이것은 데이비드 롭과 존 셉코스키가 찾아낸 2,600만 년 주기에 꽤 가깝다. 사실,

이 새로운 기하학의 영역이 작용하면서 태양 복사의 수준이 현저하게 늘었다고 한다면, 이것은 화석 기록에 저장되고 있는 복사량을 증가시킬 수 있었고, 그러면 실제로 2,500만 년에 가까웠을 때마다 매번 2,600만 년이 가버린 것에 더 가까워 보이도록 만들었을 수도 있을 것이다.

오래지 않아 나는 이중 4면체에는, 2차원 평면의 '다윗의 별'과도 같이, 적도를 따라 여섯 개의 등거리 점들이 있음을 깨달았지만, 그 내부에 여섯 개의 등거리 점들이 더 있다. 이 말은 하나의 에너지 영역*sphere* 안에는 적도를 따라 모두 12개의 등거리 지점들이 있다는 뜻이다. 이제 이것이 1년에 달의 궤도 주기가 12번인 배경뿐만 아니라 황도에 있는 12개 별자리들의 심오한 의미도 설명해줄지도 모른다. 게다가 황도의 12시대들은 우리를 25,920년 주기로 나아가게 하는 더 큰 이중4면체의 기하 구조를 나타낼 수도 있다. 우리는 이제 왜 이 주기들에 12라는 숫자가 그토록 거듭해서 나타나는지에 대한 기하학적 근거를 가진 것 같다.

우리는 이들 보이지 않는 에너지장들의 작용을 바탕으로, 은하 8면체와 은하 20면체 둘 다에는 그것들을 둘러싸고 함께 여행하는 에너지 영역들도 있으리라는 점을 안다. 또한 리우와 스필하우스가 지구의 성장에서 관측한 것처럼, 더 복잡한 기하 구조는 더 높은 주파수에서 진동하리라는 것도 안다. 그러므로 6,200만 년의 주기 동안에, 은하 에너지의 더 낮은 주파수를 가진 영역이 태양계를 지나고 있었던 듯하다. 이 영역은 시간이 가면서 8면체 또는 6면체의 기하 구조를 가졌었을 것이다. 각각의 영역은 은하의 중심으로부터 느리고 일정한 속도로 물결처럼 퍼져나가는 것 같다. 은하 8면체가 지나가자, 태양계는 은하 20면체의 영향 아래로 들어갔다. 뮬러와 로드가 발견한 것처럼 8면체의 그림자가 여전히 우리를 조금 잡아당기고 있기는 하지만 말이다.

그때 더 높은 주파수의 에너지 영역이 우리 태양계로 밀려 들어왔다. 이것은 화석 기록이 2,500만 년 패턴보다는 2,600만 년 주기로 나타나도록 하기에 충분할 정도로 태양 복사량을 증가시켰을지도 모른다. 탄소 연대 측정법은 우리가 보는 결과를 만들어내기 위해 태양 복사가 부드럽고 변함없이 흐른다는 것에 바탕을 둔다. 새로운 2,500만 년 주기는 2억 5,000만 년쯤 전에 화석 기록에 나타나기 시작했는데, 이것은 그 주기가 시작된 뒤로 우리가 지금 10개의 주기들을 거쳤고, 또는 은하가 완전히 한 번 회전했다는 의미다. 우리가 원 한 바퀴를 다 돌았다는 것은, 다음번의 어마어마한 에너지 거품으로 우리가 지금 들어가고 있다는 의미일지도 모른다. 한결 더 높은 수준의 결맞음 상태로 들어가는 것이다. 또한, 지구 본래의 단단한 지각이 2억 2,000만 년 전 무렵에 4면체를 형성했던 등거리 지점들을 따라 깨지기 시작했다는 점을 잊지 않길 바란다. 이것은 어쩌면 이 새로운 에너지 영역이 도착하면서 나타나기 시작한 점진적이고 오랜 기간의 지구적 영향들을 보여주는 것이다. 지구격자는 바로 지금 새로운 형태로 옮겨 가고 있는지도 모른다. 이것으로 꿀벌들과 이동성 동물들이 갈수록 길을 잃고 헤매는 이유를 설명할 수 있을지도 모르겠다.

외부 은하들의 에너지 영역

우리가 다루고 있는 이것이 정말로 보편적인 조화 시스템이라면, 이 팽창하는 에너지 영역들은 다른 은하계들에서도 탐지되어야만 한다. 소스필드는 흔히 자외선과 같은 보이지 않는 전자기 주파수들로 우리의 시공간으로 흘러 들어온다는 점을 우리는 기억한다. 따라서 은하들에서 나오는, 물결치면서 양파처럼 둥글고 동심원인 층들에서의 전자기 스펙트럼 변화들을 찾아보면 된다. 그리고 우리는 정확히 이런 형태를 찾게 되었다. 이 놀라운 이야기가 1993년 4월에 〈디스커버〉지의 한 호에서 다뤄졌다.[6]

【그림 48】 다른 많은 은하계들에도 이런 패턴들이 있다는 윌리엄 티프트 박사의 발견을 토대로, 우리 은하계의 마이크로파 에너지 구역들을 표현한 가설적인 그림.

윌리엄 티프트*William Tifft* 박사는 적색편이*redshift*를 연구하고 있었는데, 이것은 가시스펙트럼을 벗어나 마이크로파의 범위에 있는 전자기파가 우주로부터 방사되는 것이다. 일반적으로 천문학자들은 어떤 대상이 얼마나 멀리 있는지를 이 주파수들이 말해준다고 본다. 티프트의 발견들은 소중하게 지켜져왔던 천문학 모형에 중대한 도전장을 던졌다. 적색편이가 한 은하계에서 똑같이 있지 않고 동심원의 층들로 나뉘어 있음을 티프트가 발견했기 때문이다. 주파수는 중심으로 갈수록 더 높아졌고, 언제나 같은 크기만큼 바뀌었다. 다시 나오지만, 티프트도 이 나누어진 층들을 설명하는 데 "양자화되었다."라는 말을 썼다. 〈디스커버〉지의 기사는 이 은하계적 현상을 '원자의 에너지 상태들'에 비교했다. 니콜라이 코지레프도 충돌시킨 물체의 원자 일부가 타임스페이스로 건너가 버리면서 무게에 양자화된 변화가 있음을 발견했었다는 사실을 기억하기 바란다. 원자들은 15분에서 20분이 지나서 한 번에 하나씩 다시 나타나는 기하 구조의 층들을 통해 돌아온 듯했다.

가장 멋진 일은, 우리가 화석 기록을 기초로 기대했던 대로, 이 에너지 영역들이 계속 움직이고 있었다는 것이다.

> 더 최근에 티프트는 10년이 넘도록 같은 은하들을 관측한 결과, 은하들의 적색편이가 시간이 지나면서 바뀐다는 증거를 확보했다고도 주장했다. 그는 우리가 어떤 형태로 은하가 진화하고 있는 모습을 바로 눈앞에서 보고 있는지도 모른다고 말한다.[7]

이런 결과가 적색편이라는 철옹성을 무너뜨려버리기 때문에 사이비 천문학이라고 외면당하고 있음에도, 신뢰할 만한 다양한 연구들은 양자화된 적색편이 효과가 정말로 있다는 결론을 내렸다. 2006년에 이루어진 한 연구에서는 티프트의 적색편이 값들의 하나를 95퍼센트 신뢰 수준에서 탐지했다.[8] 2007년의 연구는 1970년대부터 그때까지의 이 주제를 다룬 모든 연구 활동들의 역사를 검토하고 나서 이 효과가 정말로 일어날 수 있다는 결론을 내렸다.[9] 2003년에는 벨*Bell*과 코모*Comeau*가 무려 91개의 은하들에서 양파 속의 동심원들과 같은 에너지의 양자화된 층들을 찾아냈다.[10] 1997년 〈천체물리/천문학저널〉에 실린 한 연구는 250개가 넘는 은하들을 조사한 결과 모든 은하들 하나하나에서 이와 같은 에너지층들을 찾아냈다. 그 효과는 너무도 명백해서 주파수 도표들에서 "눈에 쉽게 보일" 정도였고, 연구자들은 신뢰 수준이 "지극히 높다."고 말했다.[11]

해럴드 애스든의 증거

해럴드 애스든 박사는 자신의 '에너지과학*Energy Science*' 웹사이트에 믿기지 않으면서도 방대한 양의 연구 결과들을 올렸다. 1960년대부터 애스든은 모든 물질이 에테르로 만들어진다는 생각을 탐구했으며, 에테르에는 다른 수준들의 밀도 또는 농도가 있다고 결론지었다. 이 발견들은 전기용품을 설계하고 구성하기 위한 계산에 지금도 쓰이는 맥스웰 방정식*Maxwell equation*을 조작해서 나왔다. 맥스웰 방정식은 자동적으로 에테르가 존재한다고 추정한다. 그리고 이것이 들어맞기 때문에 아무도 의문을 던지지 않는다. 이 방정식을 모두 논리적인 방식으로 재배열할 수 있음을 맨 처음 알아낸 사람이 애스든이었고, 그는 이 에테르가 여러 수준의 밀도를 가져야 한다는 결론을 내렸다. 방정식은 또 이 에테르의 층들이 우리 현실로 흘러 들어올 때 정확히 어떤 전자기 주파수를 가지는지를 보여주었다. 애스든은 자신이 이 방정식에서 이론적으로 도출한 숫자들이 티프트가 구형의 동심원 층들—또는 "공간 영역들*space domains*"—에서 측정했던 실제 주파수들과 같다는 것을 알고는 그야말로 충격받았다. 티프트는 250개가 넘는 은하들에서 이 층들을 확인해왔었다.[12]

> 이 뚜렷한 결과를 가지고 도달할 수 있는 결론은, 그 주파수들이 일차적으로 방사되는 서로 다른 공간 영역에 관한 한, 은하들이 기본 물리상수들의 아주 조금씩 다른 조합들과 맞물릴 수 있다는 것이다. 티프트는 1972년의 저서 16장에서 우리의 은하에도 그런 "공간 영역들"이 있음을 받아들일 필요가 있다고 인식하고 있었다. 그 영역들은 인접한 공간 영역들을 가르는 경계들을 태양계가 통과하면서 일어나는 지자기장의 역전과 같은 지질학적 사건들에 영향을 준다.[13]

이야말로 내가 기대했던 것을 직접 확인해주는 내용이다. 곧, 은하계에는 우리가 그것들을 스쳐 지나갈 때 엄청난 변화들을 초래하면서 지구와 태양계를 완전히 뒤바꿔 놓을 에너지의 층들이 있음을 증명할 수 있다는 것이다. 지자기 역전은 우리가 생각하는 대로는 아니다. 진화상의 많은 사건들에는 어떤 대격변도 들어 있지 않았기 때문에, 이것은 우리에게는 아주 분명해 보이는 생명에의 영향들이라고 하겠다.

타우스페이스

티프트 자신도 무엇이 이런 희한한 효과들을 만드는지를 이론화했는데, 우리가 살펴왔던 모든 내용들로 볼 때, 그 결과는 놀랍다. 티프트가 듀이 라슨의 물리학을 읽어보지 않았음이 확실하지만, 그는 자신의 눈에 보이는 것을 설명하는 데 정확히 같은 것을 찾아냈다. "요컨대, 우리는 두 개의 공존하는 3차원 공간을 바탕으로 하나의 모형을 연구했다. 하나는 시간의 공간이고 하나는 공간의 공간이다."[14] 나는 티프트가 이것을 독자적으로 찾아냈음을 깨닫고 전율을 느꼈다. 조금 더 읽어보자.

> 양자물리학은 타우스페이스*tau-space*에 속해 있고, 전통적인 역학은 시그마스페이스*sigma-space*에서 작동한다. 이들 두 공간을 연결하는 공식적인 수학적 틀은 아직 없지만 [적어도 티프트가 그 무렵에 알고 있던 것은 없지만], 관측 결과들에는 실증적인 일관성이 아주 많다. 기초적인 입자 수준에서의 질량들과 힘들에서부터, 적색편이 양자화를 지나서, 극대 수준에서의 우주론적 효과들에까지 나타나는 속성들이 여기에 들어간다. 3차원적인 양(量)으로서의 시간은 유망한 연구 주제로 보인다.[15]

'타우*tau*'라는 단어는 '시간'이라는 뜻이다. 따라서 티프트는 시간을 말하는 그리스 문자를 대신 썼을 뿐, 대체로 '타임스페이스'라는 용어와 정확히 같은 언어를 쓰고 있는 것이다. 같은 논문에서 티프트는 말한다. "타우스페이스의 어느 주어진 우주 구역에서, 하나의 은하는 하나의 특정한 임시 상태를 차지한다. 이것은 불연속 단계들에서는 그 현재 상태를 바꿔야 한다."[16] 나는 이 모두가 서로 얼마나 잘 들어맞는지를 보고 놀랐다. 이 모형은 지극히 명쾌하다. 티프트와 애스든의 결론들을 조합해보면, 적어도 어떤 점에서는, 우리가 타우스페이스의 한 새로운 공간 영역으로 들어갈 수 있음을 알게 된다. 이곳에서는 우리가 알듯이 물질과 에너지가 "기본 물리상수들의 아주 조금씩 다른 조합들과 맞물릴 수 있고", 어느 "불연속 단계"에서 "그 현재 상태를 바꾼다". 이 두 위대한 과학자들 모두 자신들의 모형을 확장하면 화석 기록에서 발견된 2,600만 년과 6,200만 년 주기들을 얼마나 잘 설명해주는지를 알지 못했던 듯하다. 시간흐름에서의 이 변화들이 또한 생물학적 생명뿐만 아니라 물질과 에너지의 "기본 물리상수들"에도 영향을 준다는 것을 말이다.

태양계의 변화들

이 지점에서 우리는 하나의 완벽한 모형을 거의 손에 쥐었다. 우리가 마지막으로 찾아내야 할 것은 우리 태양계가 현재 상태에서 아주 조금 다른 기본 물리상수들의 한 조합과 맞물릴 하나의 새로운 공간 영역으로 정말로 들어가는 변화를 이미 겪고 있는지의 여부다. 쉽게 말해, 우리가 바로 지금 이 영역들 하나의 경계에 있어서 결맞음이 늘어나고 그것에 뒤따르는 DNA 진화의 가능성들을 모두 갖추고 있다면, 우리는 태양과 그 행성들에서의 상당한 변화들을 보게 될 것이다. 그러면 이것은 고대의 예언들이 정말로 맞았다는 "명백한 증거"를 보여줄 것이다. 드미트리에프가 이미 제시했듯이, 이 변화들은 태양계 전체의 시간흐름이 늘어난 직접적인 결과일 것이다. 아니면 드미트리에프가 말한 진공 영역들 또는 타임스페이스로 들어가는 볼텍스들의 수가 늘어나고 있기 때문일 것이다. 자, 보시라. 우리가 행성들의 기후 변화에 대한 증거를 찾아보기만 하면, 저 유명한 NASA와 유럽우주기구(ESA)의 과학자들에게서 나온 엄밀한 자료들이 많이 있다.

_태양

적어도 1970년대 말부터 태양의 전반적인 복사량이 10년마다 0.5퍼센트씩 늘었다.[17] 1901년에서 2000년 사이에 태양 자기장의 크기와 세기가 230퍼센트 증가했다.[18] 1999년에는 태양에서 나오는 헬륨과 중하전입자들이 크게 증가했음이 관측되었다.[19] NASA의 어느 과학자는 2003년에 태양이 "기억할 수 있는 그 어느 때보다도 더 활동적이다."라고 했다.[20] 주류의 어느 지구물리학 연구진은 최근 태양이 1940년대부터 이에 앞선 1,150년 동안보다 더 활발해지고 있다는 사실을 증명했다.[21] 밝기의 새로운 증가가 지난 150년 동안 모두 시작됐다.[22] 2004년 12월 무렵, 같은 연구진은 태양 활동이 적어도 지난 8,000년 동안 그랬던 것보다 더 왕성함을 증명했다.[23][24]

다음으로 2006년에는 NASA가 태양의 "거대한 컨베이어 벨트", 곧 고온의 플라스마가 순환하는 거대한 흐름이 정상적인 속도인 초당 1미터에서 북쪽에서는 0.75미터로, 그리고 남쪽에서는 겨우 0.25미터로 느려졌다고 발표했다.[25] 근래 이전에는 이 속도가 19세기부터 일정하게 유지되었었고, 한 바퀴를 도는 데는 40년 남짓 —2카툰— 걸렸었다. 앞에서 알아봤듯이 이것은 태양 안에서 '시간흐름'이 바뀌고 있다는 신호일지도 모른다. 2008년에 NASA는 이것이 "상당한, 그리고 역사적이고 중요한" 변화이며, "태양 표면의 흐름이 극적으로 늦춰졌다."고 말했다. 2009년에는 또 표면의 흑점들과 플레어들이 느닷없이 적어진 현상 때문에 "거의 1세기 동안 보아온 모습 가운데 가장 조용한 태양"이라고 보고했다.[26][27] 'BBC뉴스'는 천문학자들이 이 현상으로 당혹스러워한다고 밝혔는데, 특히 마이크 락우드*Mike Lockwood* 박사의 설명처럼, 태양의 전체적인 활동이 1985년쯤에 정점에 올랐다가 그 뒤로 눈에 띄게 내려가고 있기 때문이다. 지구의 전반적인 기온은 올랐음에도 나타나는 현상이다. 락우드는 이렇게 말한다. "태양광의 감소가 지구를 식히는 효과가 있는 것이라면, 우리는 지금쯤 이미 그것을 봤을 것이다."[28] 이와 함께, 과학자들은 또 지구의 전자 장치들을 새까맣게 태워버릴 가능성이 있는 태양 활동의 거대한 새로운 정점이 생길지도 모른다고 걱정한다. 그리고 이 일이 일어날 수 있는 시점으로 놀라울 만큼 익숙한 2012년 10월을 제시했다.[29] 2007년 〈라이브사이언스〉의 한 기사는 화성, 목성, 해왕성의 위성 트리톤*Triton*과 명왕성은 물론 지구에서의 주목할 만한 "행성 온난화"의 원인이 태양일 수도 있다는 사회인류학자 베니 페이저*Benny Peiser* 박사의 의견을 진지하게 다뤘다.[30] 놀랍게도 이 기사는 이런 분명한 연관성을 다뤘던 아주 드문 주류 언론의 기사들 가운데 하나다. 그러나 페이저의 분석으로 드러난 데이터는 빙산의 일각일 뿐이다.

_수성

표면 온도가 매우 높을 것으로 추정됨에도, 수성의 극지역에는 얼음이 있는 듯하다.[31] 수성은 또 예상외로 고밀도의 핵과 강한 자기장을 가졌다. 과학자들은 어떻게 이런 이상 현상들이 가능한지 알고 싶어 한다.[32] 2008년에는 수성에서 1970년대에는 없었던 "자기권 안에 큰 압력이 있음을 보여주는 몇 가지 조짐들"이 발견되었다.[33] 이듬해에는 그 압력이 더더욱 강렬해졌다. 메신저 탐사선은 이제 '자기 회오리바람들'을 관측하고 있었고, 과학자들은 그것이 얼마나 강력하게 변했는지를 보고 놀랐다.[34] 이 토네이도들은 지구

에서 지금껏 목격된 것보다 10배나 더 강했다.[35]

_금성

1978년에서 1983년 사이에 금성 대기에 있는 유황의 양이 극적으로 줄었다.[36] 암흑면*night-side*의 전체 밝기는 1975년부터 2001년까지 무려 2,500퍼센트나 증가했다.[37] 과학자들은 이것이 금성 대기의 산소 함량이 크게 늘었을지도 모른다는 점을 암시하는데도, 이 느닷없는 밝기 변화를 설명하지 못 한다.[38][39] 1997년에 금성의 뒤로 자취를 남기는 하전플라스마의 꼬리가 1970년대 말보다 60,000퍼센트 길어진 것으로 측정되었다.[40] 2007년 1월에는 북반구와 남반구 모두 극적으로 밝아졌고, 이상하고 흔치 않으며 또 신비스러운 밝은 반점이 2009년 7월에 나타났다.[41] 갑자기 나타난 이 새로운 밝은 반점을 두고 샌제이 라마예*Sanjay Lamaye* 박사는 이렇게 말했다. “뭔가 보기 드문 일이 금성에서 일어난 것이 맞다. 유감스럽게도 우리는 무슨 일이 일어났는지를 모른다.”[42]

_화성

1970년대 중엽부터 1995년까지, 화성에서는 구름들이 만들어졌고, 대기의 먼지 함량이 전체적으로 감소했으며, 대기 속에 오존이 “놀랄 만큼 풍부하게” 나타났다.[43] 마스서베이어*Mars Surveyor* 탐사선은 1997년에 화성의 대기 밀도가 예상치 못하게 200퍼센트나 증가하는 바람에 손상을 입었다.[44] 1999년에는 20년 이상의 기간 동안 처음으로 허리케인이 나타났고, 이전에 관측된 것보다 300퍼센트나 더 컸다.[45] “몇십 년”에 걸쳐 가장 큰 먼지폭풍이 2001년 화성 전역을 아주 빠르게 휩쓸었는데, “전에는 듣도 보도 못했던 현상”이었다.[46]

흥미로운 점은 이 폭풍이 9·11 직전에 최고에 다다랐다는 것인데, 이 사실

【그림 49】 화성의 대기는 2001년 7월부터 9월까지 전에 없던 전역에 걸친 먼지폭풍을 일으켜서 NASA 과학자들에게 충격을 주었다.

은 아무리 멀리 떨어져 있어도, 그 사건으로 지구 위의 모든 사람들이 느꼈던 집단적인 스트레스가 실제로 타임스페이스에 반향을 일으키고, 우리와 가장 가까운 이웃 행성에 에너지적으로 깊은 영향들을 주었을 가능성을 보여준다. 같은 해에 주류 언론은 화성의 남극에 있는 눈이 해마다 크게 줄어들고 얼음 지형들이 빠르게 침식되는 현상을 비롯한 화성 전역의 온난화에 대해 발표했다.[47] NASA는 2003년에 이것을 "최근의 행성 기후온난화"로 묘사했다. 2005년에는 유럽의 천문학자들이 화성의 암흑면에서 처음으로 불빛을 관측했다.[48]

_목성과 그 위성들

1974년에는 보이지 않았던 고온의 플라스마가 1979년 목성의 자기장에서 관측되었다.[49] NASA 과학자들은 목성의 대기가 예측보다 수백 도가 더 뜨겁다는 사실을 발견했다.[50] 대기의 무거운 성분들(산소와 같은)의 양이 1979년에서 1995년 사이에 10퍼센트나 줄었는데, 이것은 지구가 가진 산소의 20배가 되는 양이 16년 만에 "당혹스럽게" 사라져버리는 것과도 같다.[51][52] 방사선은 1973년부터 1995년까지 25퍼센트 남짓 늘었다.[53] 2004년 4월, 비중 있는 한 새로운 연구에서 과학자들은 목성의 대기에서 세 개의 달걀형 형성물들이 갑자기 나타났으며, 그 둘은 무척 컸다고 발표했다. 이런 볼텍스들이 제자리에 없었다면, 열은 효율적으로 발산되지 못했을 것이며, 목성은 이어지는 10년 안에 섭씨 10도나 올라가는 엄청난 기온 상승으로 행성온난화를 겪었을지도 모른다.[54] 같은 과학자는 또 대적점*great red spot*이 원래의 붉은색에서 "연어살색에 더 가까운" 색으로 바뀌었고, 이 변화는 기온의 전반적인 상승 때문일 수도 있다고 말한다.[55] 이러한 변화들은 세 개의 가장 큰 달걀 형태들이 처음 나타났던 1939년에 시작된 것으로 믿어지는 70년 주기의 일부인 것으로 이론화되었다.

2006년, 2년 전에 함께 나타났던 세 달걀 형태들이 이제는 대적점에 맞먹을 정도로 거대한 폭풍이 되고 있어서, 목성의 기후에 "행성 규모의 변화"가 있다는 조짐을 더 많이 보여주었다.[56] 2008년에는 지금껏 관측된 것보다 더 고온인 두 개의 거대한 폭풍들이 목성의 대기에 새로 나타났다. NASA는 이 폭풍들이 "목성에서 진행되고 있는 극적이면서 행성 규모로 일어나는 교란의 일부이며, 이 교란의 원인은 아직 밝혀지지 않았다."고 발표했다.[57] NASA의 과학자들은 이 "행성 규모의 격변"을 컴퓨터 시뮬레이션에서 정확하게 모형화하기 위해서는, 목성 대기의 수증기를 "아주 높은 수준으로, 곧 1995년에 갈릴레오 탐사선이 측정한 것의 300배 정도로" 늘려야 했다.[58]

1995년, 목성의 위성 이오*Io*에 불과 16개월 만에 나타난 거대하고 밝은 320킬로미터 넓이의 형상은, "이전 15년 동안 보였던 것보다 더 극적인 변화"였다.[59] 이오의 이온권의 높이는 1973년부터 1996년까지 1,000퍼센트 더 높아졌다.[60] 이오의 표면 전체는 1979년에서 1998년 사이 200퍼센트 이상 더 뜨거워졌다.[61] 1998년 오로라에 새로운 색깔들이 나타났고,[62] 거기에 추가된 새로운 색깔들이 2001년에 발견됐다.[63] 도넛 모양을 한 빛나는 플라스마 에너지의 튜브가 목성을 도는 이오의 궤도 전체를 채우고 있다. 과학자들은 이 튜브가 이오의 화산들로부터 뿜어져 나오는 하전입자들 때문이라고 생각한다. 이 하전입자들의 밀도가 1979년부터 1995년 사이에 50퍼센트 더 높아졌고,[64] 튜브의 전반적인 밀도는 200퍼센트 증가했다.[65] 리본 모양의 차가운 부분은 1999년부터 2000년 사이에 분리되었고 크게 밝아졌다.[66]

주류 과학계의 모형들이 틀렸음을 입증하는 또 다른 "놀라울 만큼 밀도가 높은" 플라스마 튜브가 2003년에 발견되었는데, 이번에는 유로파*Europa* 위성의 궤도를 공유하고 있다. 유로파에는 하전입자들이 나오는 곳을 설명해줄 화산들이 없다.[67] 2003년쯤에 유로파의 오로라가 1998년 모형으로 예측했던 밝기보다 크게 더 밝아진 것으로 관측되었다.[68] 세 번째로 큰 위성 가니메데의 오로라가 1979년과 1990년대 중반 사이에 200퍼센트 밝아졌다.[69] 이 밝기의 증가는 1979년부터 가니메데의 대기밀도가 1,000퍼센트 늘어난 것에서 비롯된다고 믿고 있다.[70] 가니메데는 또 자기장도 가지고 있는데 이것은 기존의 모든 예측들을 무시하는 것이다.[71] 네 번째로 큰 위성인 칼리스토는 최근 그 지역에서의 목성의 자기장보다 무려 100,000퍼센트나 높은 강도의 오로라를 가진 것으로 관측되었다.[72] 이오와 유로파의 궤도에 있는 것보다도 더 큰 세 번째 플라스마 튜브가 1998년에 발견되었다. 주류 과학계의 모든 예측을 무시하고서, 이 튜브는 목성과 반대쪽으로 회전한다.[73] 내 '신성한 우주' 웹사이트에 있는 다른 온라인 책들에 쓴 것처럼, 반대로 회전하는 장들은 시공간과 타임스페이스의 회전하는 장들 사이를 흐르는 상호작용의 기본 속성 가운데 하나다. 이와 비슷하게 2007년에는 이탈리아 과학자들이 우리의 은하계 전체에는 다른 형태의 별들로 이루어진 두 개의 헤일로가 있음을 찾아냈는데, 이들은 서로 겹쳐서 반대로 회전하고 있다. 우리의 태양은 1초에 20킬로미터 정도의 속도로 여행하는 납작한 헤일로에 들어 있다. 이것과는 화학적으로 다르게 구성된 구형 헤일로는 1초에 70킬로미터의 속도로 반대로 회전하고 있다.[74]

_토성

토성이 가진 튜브 형태의 플라스마 에너지 구름이 1981년과 1993년 사이에 예측보다 1,000퍼센트 더 밀도가 높아졌다.[75] 밝은 오로라가 토성의 극지들에서 1995년에 처음으로 관측됐다.[76] 2008년, NASA는 토성의 북극에서 "밝은 오로라가 광활한 지역을 덮고 있다. 우리는 이 지역이 비어 있을 거라고 생각하므로, 여기서 그런 밝은 오로라를 발견한 것은 엄청나게 놀라운 일이다."라고 발표했다.[77] 적도에서의 구름들이 1980년부터 1996년 사이에 58.2퍼센트 줄어들었는데,[78] 태양에서와 비슷하게 '시간흐름'이 감소되었음을 다시 한 번 보여준다. 적도 지역에서의 "대규모" X선 방사가 2004년에 처음으로 탐지되었다.[79] 이런 변화들은 토성 안에서 근본적인 전환이 일어났음을 시사한다. 그뿐만 아니라, "스포크*spoke*" 형성물들이라고 부르는 희한한 어둠의 지역들이 1980년 토성 고리들에서 처음 관측되었고, 고리 자체보다도 더 빠르게 회전하는 모습을 보였다.[80] 2003년 12월에 카시니 탐사선—1980~1981년의 보이저*Voyager*호 이후로 토성에 다시 간 첫 번째 탐사선 이름—분야에서 일하던 과학자들은 토성 고리들에서 스포크 형성물들을 다시 보게 되리라는 기대로 벌써부터 흥분하고 있었다.[81] 그러나 다음 해 2월, 과학자들은 스포크가 더 이상 보이지 않음을 알게 되었다.[82] 2006년에는 지구에서 보였던 그 어떤 것보다 1,000배나 강한 "거대한 폭풍"이 번개와 함께 생겼다고 발표했다.[83]

토성의 위성 타이탄*Titan*의 대기권이 1980년에서 2004년 사이에 10~15퍼센트 더 커진 것으로 보인다.[84] 하지만, 타이탄 대기권의 이전 크기가 400킬로미터였다고 발표된 NASA의 좀 작게 잡은 추정치가 맞다면,[85] 타이탄의 대기권은 그 전체적인 높이가 실제로 200퍼센트만큼이나 확장되었는지도 모른다. 타이탄 남반구에서 빠르게 움직이는 밝은 구름들이 관측되어왔는데, 이것은 주류의 모형들로는 설명되지 않는다.[86] 토성의 위성 디오네*Dione*와 레아*Rhea*에서 오존 원자들이 —이 또한 이온화된 플라스마의 표시인데— 1997년에 감지되었다.[87] 2008년 4월에는 타이탄의 적도 근처에서 "극심한 폭풍"이 처음으로 관측되었고, 이것은 NASA의 모형들을 대놓고 반박하는 것으로 과학자들을 당혹스럽게 했다.[88]

_천왕성

1986년만 해도 천왕성은 "당구공처럼 아무런 특색 없는" 행성으로 보였지만,[89] 현저하게 밝은 구름들이 적어도 1996년 무렵부터 나타나기 시작했다. 1998년에 허블망원경은 거의 천왕성의 역사를 통틀어 관측되어왔던 만큼의 많은 구름들이 짧은 기간에 형성된 모습을 발견했다.[90] NASA에서 1999년에 나온 기사들은 천왕성이 "거대한 폭풍들"로 "강타"당하고 있어서 "우리 태양계에서 가장 밝은 구름들이 있는 역동적인 세계"로 만들어놓는다고 언급했다.[91][92] 갈수록 더 밝아지고 활동적으로 되는 이 구름들을 NASA의 수석과학자는 천왕성에서의 "정말로 크고 큰 변화들"이라고 말했다. NASA는 2000년 10월의 한 브리핑에서 "장기간의 지상 관측 결과로 볼 때 그 기원이 잘 이해되지 않는 계절적인 밝기 변화들이 나타난다."고 인정한다.[93]

2004년 11월에 천왕성은 또다시 화제가 되었다. 2000년 이전에 기록된 구름들의 총량보다도 많은 30개의 뚜렷하고 커다란 구름들이 보였고, 이들은 그 전 어느 때보다도 더 밝았다.[94] 버클리의 한 NASA 과학자의 말을 빌리면, "남반구에서 그런 활발한 활동을 전에는 본 적이 없다. 높은 고도까지 올라가는 이 구름들의 활동은 전에 없던 일이다".[95] 여기에 덧붙여서, 천왕성의 대기에서 일산화탄소 가스가 2003년 12월에 처음 감지되었고, 과학자들은 이 가스가 태양계를 걸쳐 흐르는 우주먼지에서 온다고 생각한다.[96] 천왕성의 고리들에서의 밝기의 증가, 잠재적인 새로운 고리, 그리고 고리 체계 전체에 널리 퍼져 있는 먼지입자들의 구름을 비롯한 "극적인 변화들"이 2007년에 발표되었다.[97]

_해왕성

1994년 6월, 해왕성의 대암점*great dark spot*—해왕성 남반구에 있는 목성의 대적점과 같은 원형의 형상—이 사라졌다. 그리고 1995년 3월이나 4월에 북반구에 다시 나타났다. NASA는 이 새로운 반점이 "보이저 2호가 촬영했던 첫 번째 반점의 거울상*mirror image*에 가깝다."고 했다. 이것으로 NASA의 과학자들은 "해왕성이 1989년 이래로 급격하게 변했다."는 결론을 내리게 되었다.[98] 2년 뒤에 NASA는 한 "심상치 않은 미스터리"에 대해 썼다. 새로 옮겨간 반점이 북반구의 새로운 위치에서 "고정된 위도에 갇힌 듯이 보인다."는 것이었다.[99] 새로운 위치의 북위도가 남쪽에 있던 위도와 같은 것으로 보아, 이것은 완벽한 기하학적 위치 변동으로 생긴 듯하다. 1996년, 그 "초차원적 극이동"이 있은 지 채 1년이 안 돼서, 로렌스 스로모프스키*Lawrence Sromovsky* 박사는 해왕성이 전체적으로 더 밝아지고 있음에 주목했는데, 이것은 2002년까지 극적으로 계속해서 늘어났다. 청색광은 3.2퍼센트, 적색광은 5.6퍼센트 더 밝아졌고, 근적외선은 40퍼센트나 더 늘었다. 어느 지역들은 무려 100퍼센트나 더 밝아졌다.[100]

해왕성이 "에너지가 거의 바닥나는 것으로" 보이기 때문에,[101] 전통적인 모형들에는 그런 밝기의 변화를 설명할 물리학이 전혀 없다. 2007년에는 해왕성의 남극이 행성의 나머지보다 18도가 더 따뜻한 것으로 발견되었다.[102]

해왕성의 위성 트리톤은 1989년에서 1998년 사이에 "매우 큰" 5퍼센트의 기온 상승을 겪었다. 이것은 지구의 대기가 겨우 9년 사이에 5.5도 더 더워

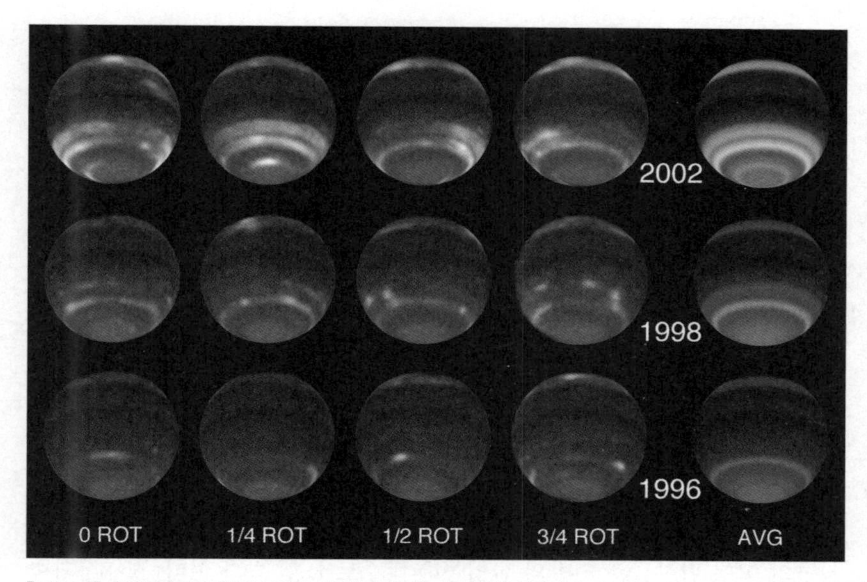

【그림 50】 1996년에서 2002년 사이에 해왕성의 밝기는 근적외선 영역에서 40퍼센트가 증가했다. 맨 오른쪽의 이미지들은 합성된 것이다.

진 것에 맞먹는다.[103] 트리톤의 대기압은 "보이저가 지나친 때(1989년)부터 적어도 두 배가 된" 것으로 믿고 있다.[104]

_명왕성

명왕성이 1989년 이후로 태양에서 멀어지고 있음에도, 1989년부터 2002년 사이에 그 대기압은 300퍼센트가 늘어나서 표면 온도를 뚜렷하게 올라가게 했다. 이번에도 이 변화는 "계절적인 변화" 탓으로 돌려진다.[105] NASA를 이끄는 한 과학자의 말로는, "명왕성의 대기에서 관측된 변화들은 트리톤에서보다 훨씬 더 심각하다. 우리는 이 결과들이 왜 생기는지 전혀 모른다".[106] 그리고 "이 변화들은 뚜렷하다".[107] 정말이지 그런 "심각한" 증가의 원인이 "계절적인 변화"라는 생각은 "직관에 어긋나는 것"이라고 한다.[108]

NASA의 연구진은 명왕성의 이 예기치 않은 "행성온난화"를 인정하기는 하지만, "태양의 방출량이 너무도 꾸준"하므로 그것이 "지구의 온난화와 연관될 듯하지는 않다."고 말한다.[109] 과학자들은 "지구의 장기적인 기후 변화와 유사한 어떤 장기간의 변화"가 명왕성의 대규모 행성온난화의 원인이 될 수도 있다고 제안한다.[110] 2010년 2월, AP는 명왕성의 색깔이 1954년부터 2000년까지 바뀌지 않았지만 2002년에 적색광역이 20~30퍼센트 더 세졌다고 보도했다.[111] 그뿐 아니라, "질소얼음의 크기와 밀도가 놀라운 방식으로 바뀌고 있다."[112]

산업공해와 관계없는 지구의 변화들

지구의 어떤 변화들은 인간의 산업공해 탓으로 돌릴 수가 없다. NASA 과학자들의 말에 따르면, "알려진 두 개의 밴앨런복사대에서의 활동이 1998년 5월에 무척 강렬해져서 새로운 복사대가 하나 만들어졌다. 과학계에 흥분과 놀라움을 불러일으키고 있다".[113] 이 새로운 복사대에는 주로 이온화 질소, 네온과 산소 입자들이 들어 있는데, 내부 복사대 자체는 주로 양성자들로 이뤄지므로 이것은 새롭고도 뜻밖의 일이다.[114] 그 원자들의 근원은 국부 성간물질*local interstellar medium*, 곧 별들 사이의 가스, 먼지와 에너지들인 것으로 믿고 있다.[115] 1996년 2월, NASA의 "줄을 매단 인공위성*Tethered Satellite*" 실험은 우주 공간으로부터 3,500볼트의 전기를 이용할 목적으로, 초강력 케이블을 연결한 인공위성을 우주왕복선으로부터 멀리 떨어지게 하고 케이블이 에너지를 모으는 동안 붙잡아 두는 실험이었다. 그러나 인공위성은 지구의 대기권 상층에서 NASA가 생각했던 것보다 대단히 많은 에너지와 마주친 듯했다. 먼저, 인공위성은 여러 가지 이해가 안 되는 문제들에 부딪혔다. 위성의 "컴퓨터와 네 개의 자이로스코프 가운데 두 개가 작동을 멈춰버렸다. 게

다가 두 개의 스러스터*thruster**가 모두 알 수 없는 이유로 열려서 질소 가스를 뿜어냈다."[116] 이 문제들은 실험을 연기하게 만들었는데, 이것은 타임스페이스로 들어가는 볼텍스로 보이는 것이 가져오는 전기적 영향들과 완전히 일치한다. 마침내 인공위성이 제자리에 배치되었을 때, 문제가 생길 수 없을 걸로 생각했던 케이블은 실제로 파손되었고 인공위성은 우주 공간으로 풀려나가고 있었다. NASA는 이 파손의 원인이나, 또는 앞서 생긴 컴퓨터, 자이로스코프, 스러스터의 문제들이 이 파손 자체와 관계가 있는지에 대해서도 깊이 생각해보기를 꺼려했다.[117] [118] 우주비행사들은 케이블 "바깥쪽의 나일론과 테플론 코팅이 새까맣게 타서 녹아버린 듯했다."고 설명했다.[119] 따라서 지구 대기권의 상층에는 그 전의 측정치들이 보여준 것보다 엄청나게 더 많은 에너지가 있었던 것으로 보인다.

1990년대 중반부터 후반까지, 지구 대기권의 중층에서는 예상치보다 무려 5,060퍼센트가 더 많은 오존이 감지되고 있었다. 공해가 오존을 증가시키는 것이 아니라 감소시키는 것으로 예상되는데도 말이다.[120] 이 지역은 "오존홀들"이 있는 곳보다 더 높은 곳이다. 대기권의 상층에는 전통적인 과학자들이 설명할 수 있는 것보다 더 많은 수산기(OH) 분자들도 나타난다.[121] 더욱이, 지구의 오로라에서 "비활성 기체 원소인 네온, 아르곤, 크세논으로부터의 강한 방사"가 2001년에 처음으로 관측되었다고 한다.[122] 전체적으로 지구는 1950년대부터 10년마다 3퍼센트씩의 햇빛을 잃어오고 있다. 지구의 표면에 닿는 햇빛이 지난 30년 동안 10퍼센트가 줄었고, 지난 50년 동안에는 15퍼센트가 줄어든 점으로 볼 때, 이 효과는 가속화되고 있다.[123] 이런 사실은 대기권 자체가 현저하게 밀도가 높아졌음을 말해준다. 대부분의 과학자들은 대기가 더 두꺼우면 지구가 더워지는 대신 식으리라고 생각할 것이기 때

---

* 위성의 자세 또는 궤도를 제어하기 위한 추진력 발생 장치.

문에, 이 "충격적인" 발견은 모든 과학적인 사고방식에 맞지 않았고 그 결과로 "무시"되었다. "맨 처음 반응은 언제나 '그 효과가 너무 크게 나와. 난 믿지 않아', '그게 정말이라면 전에는 왜 아무도 보고 안 했겠어?'이다."[124]

2009년, NASA는 지난 25년 동안 지구 대기권의 상층에 있는 야광운(夜光雲)들이 갈수록 더 자주 나타나고, 극지에서 아래로 옮겨 가고 있으며, 과거 어느 때보다 더 밝게 빛나고 있다고 발표했다.[125] 이 현상이 기온의 변화 때문이라고 할 수는 없으며, 대기과학자인 빈센트 위크워*Vincent Wickwar* 박사의 말을 빌리면 이렇다. "우리들 가운데 많은 사람들이 느끼듯이, 나는 이것이 지구적인 변화라고 의심하고 있지만, 우리가 그 변화를 이해하지 못한다는 것이 나는 두렵다. 기온 변화처럼 단순한 문제가 아니다."[126]

세상의 바다들은 지난 1940년대부터 두드러지게 따뜻해졌고, 흥미롭게도 늘어난 열함량의 거의 절반이 해저 300미터 이하에서 생기고 있다.[127] 이런 빠르고 예측할 수 없는 수온의 변화는, 햇빛이 이 깊이까지는 닿지 못하기 때문에 전에는 불가능하다고 생각되었다.[128] 수면 아래에서의 이런 온도 변화는 몇 달 뒤 수면 위 날씨의 추이에 영향을 줄 수 있다.[129] [130] [131] 느린 시계 방향의 순환 운동을 보이는 태평양 심해에서 온도 이상 현상들이 나타나고,[132] 이 현상들은 태양 에너지 방출량의 변화와 밀접한 상호관계가 있다. 이런 사실을 이용해서 엘니뇨*El Niño*와 라니냐*La Niña*를 미리 예측하기 위한 성공적인 모델이 만들어졌다.[133]

지진의 활동도 늘어난 듯하다. 미국지질조사국(USGS)은 1973년 1월 1일에 지진들을 높은 신뢰도로 목록화하는 전 세계적인 데이터베이스 시스템을 구축했다.[134] USGS의 발표로는, 지진들의 98퍼센트가 리히터 규모로 진도 3 미만이고,[135] "대략 3 이상의 지진들은 대개가 진원지에 가까운 사람들이 느낄 수 있으므로"[136] 쉽게 감지된다. 이와 같은 이유로 3.0 이상으로 보고되는 지진들의 수가 실제로 크게 증가한 것이 감지 기술의 개선이나 지진

관측소의 수가 늘어난 때문일 것 같지는 않다. 그럼에도, 세계적으로 리히터 규모 3.0 이상인 지진이 1973년에는 4,517건이었던 데 비해, 2003년에는 17,443건으로 기록됐다. 이 수치는 1973년과 2003년 사이에 3.0 이상인 지진 활동이 모두 386퍼센트나 증가했음을 말해준다.[137] 이처럼 크고 꾸준하게 늘어가는 지진 활동의 추이가 있음에도, USGS의 웹사이트에서는 이 현상을 상투적으로 지진관측소의 수가 늘어난 탓으로 돌리려 한다.[138] 그러나 주의 깊게 읽어보면 이 "책임 회피" 문서는 7.0 이상의 지진들만을 논의하면서, 1년에 20건 이하의 보다 쉽게 다룰 수 있는 데이트세트를 만들어내고 있다. 만일 당신이 정치적인 안목이 있다면, USGS가 지진의 전반적인 증가 추세를 실제로 인정도 부정도 하지 않고 있음을 알 수 있다. 그들이 말한 것은 "진도 7.0 이상의 지진들이 아주 일정하게 유지됐다."가 전부다. (이 말은 가장 파괴적인 지진들의 빈도가 늘지 않고 있다는 뜻이므로 사실 좋은 일이다.) 더욱이, 진원을 찾아내는 능력이 늘었다는 것은 지진 활동이 치솟고 있다고 대중들이 자주 느끼는 데에 대한 "부분적인 설명"만을 해줄 뿐이다.[139] 1998년 이전에는 지구가 적도에서는 점차 좁아지고 극지역에서는 더 늘어나고 있었다. 그러나 1998년 이후로는 이 추이 자체가 뒤바뀌었다. 지구는 적도 지역이 불룩해지고 극지역은 수축하고 있는 것이다. 만년설과 빙하가 녹으면서 생기는 무게 손실의 추정치는 이 효과의 규모를 설명하기에는 너무도 작다.[140] 지구 자기장에서의 이상 현상들은 자극(磁極)의 이동이 이미 진행되고 있음을 말해주며, 기존의 모형들에는 이 현상이 정확히 얼마나 가까운 미래에 끝나게 될지를 예측할 확실한 방법이 없다.[141] [142] 흥미롭게도 2004년 3월에 지구 남반구에서 허리케인이 처음으로 관측되었다.[143]

지구온난화

이제 '기후 변화'의 영향들은 명백하기 그지없어서 U.N.세계기상기구가 "20세기의 기온 상승이 과거 1,000년 동안의 그 어느 때보다도 가장 컸던 것으로 보이므로" 세계는 이 변화들을 당장 인식해야만 한다고 느낄 정도다.[144] 여기에 더하여, 1990년대가 지난 1,000년 동안 가장 따뜻했던 10년이었던 듯하다.[145] 북반구 대기 중의 수증기량이 지난 25년 동안 늘어났다.[146] 여름 북극해 얼음의 평균 두께는 지난 30년 동안 40퍼센트가 줄었다.[147] 북반구의 일반적인 호수나 강은 이제 1년에 얼음으로 덮이는 기간이 100년 전보다 2주일 남짓 더 짧아질 것이다.[148] 1966년부터, 북반구에서의 총 적설량은 10퍼센트가량 줄어들었다.[149] 아르헨티나와 칠레 지역의 빙하들은 2003년 현재 1975년보다 무려 200퍼센트나 빨리 녹고 있다.[150] NASA마저도 "남극 반도가 과거 50년 동안 섭씨 2~3도가 더 따뜻해지면서 빙붕이 빠르게 얇아지고 더 빨리 녹으면서 붕괴되고 있다."고 인정했다.[151] 끝으로 한 추정치에 따르면, "1950년부터 60만 종의 동식물들이 사라졌고, 지금은 거의 4만 종이 더 위협받고 있다. 이것은 공룡들이 사라진 이후 가장 빠른 멸종 속도다".[152] 지구 상에 알려진 모든 생물종들의 40퍼센트가 지금 멸종 위기에 있다. 날마다 2.7~270종들이 사라진다. 가장 적게 잡아도 지금의 멸종 속도는 정상적인 속도보다 100배가 빠르기는 하지만, 하버드 대학의 생물학자 에드워드 윌슨*Edward O. Wilson*은 실제 속도가 정상 수준보다 무려 1만 배만큼이나 더 빠를 수도 있다고 계산했다. 윌슨은 동식물 전체의 절반이 2100년쯤이면 멸종하게 되리라고 내다봤다.[153]

국부 성간물질

티프트와 애스든의 모형과 함께 화석 기록에 대한 연구 덕분에 지금까지 살펴본 모든 변화들은, 우리 태양계가 은하계의 더욱 고도로 하전된 에너지 구역으로 들어가면서 생기는 것일 수도 있다. 고도로 하전된 에너지 구역으로 들어가는 일이 우리 행성들과 그 위성들의 활동에 직접 영향을 주고 있는 듯하다. 물질 그 자체가 상태의 변화를 겪으면서 전체적인 에너지가 늘어나고, 시간의 흐름이 양자 수준에서 빨라지면서 말이다. 우리가 정말로 은하계의 그런 새로운 구역으로 옮아가고 있다면, 우리의 국부 성간물질—우리 태양의 자기장을 바로 둘러싼 은하계의 지역—에 있는 먼지와 하전입자들이 늘어나는 것을 보게 될 것이다. NASA의 과학자 돈 쉐만스키*Don Shemansky* 박사는 NASA가 국부 성간물질에서의 가능한 변화들을 연구하려는 연구자들에 대해 "고집스럽고 해로운 편견"을 가졌었음을 보여준다.[154] NASA가 대중들로부터 비밀로 지키고 싶어 하는 무언가를 알고 있는 것일까? 그들이 이 행성 간 기후 변화를 조용히 기록하면서, 조각들을 짜 맞추고 있지는 않았을까? 또 그들은 이 큰 그림을 다루기에는 인류가 너무 미숙하다고 판단한 것은 아닐까? 틀림없이 가능한 이야기다.

하지만 이 연구들의 어떤 것들은 그 갈라진 틈을 넘어섰다. 1993년에 NASA의 한 탐사선은 국부 성간물질에서 이온화된 헬륨과 극한 영역의 자외선 방사를 처음으로 감지했다. 이 일로 천문학자들은 "국부 성간물질의 고온이면서 이온화된 가스가 이전의 생각보다 훨씬 빠르게 확장하고 있다"는 점을 깨달았다.[155] 2000년에 ESA와 NASA는 태양 자기장의 바깥 지역에서 헬륨의 밀도와 온도가 증가한다고 보고했다. 한 과학자는 이렇게 말했다. "헬륨이 국부 성간물질에서 비롯된 것인지는 아직 확실치 않다. 그러나 우리가 태양의 자기장 안에서 원인이 될 수 있는 것들을 제거하려고 할 수 있는 모든 일들을 했지만 밀도는 여전히 높아지고 있다."[156] 그가 계속 말한다. "이 꾸준한 증가는 우리 태양의 영향권 바로 밖에서 무슨 일이 일어나고 있는지 흥미로운 질문들을 던져줄 것이다."

2003년에 율리시스 탐사선은 성간물질에서 이전의 지상 관측에서 보아온 것보다 "4~5배 더 많은"(400~500퍼센트 더 많은) 먼지를 측정했는데, 이것으로 NASA와 제트추진연구소는 "국부 성간물질에서 성간먼지가 증가"했을지도 모른다는 의견을 냈다.[157] 2003년 8월에는 ESA와 NASA가 1990년에 발사한 율리시스와 함께 시작한 "더스트*DUST*"라는 실험에서 2000년에서 2003년 사이에 태양계를 흐르는 은하먼지가 1990년대를 통틀어 생겼던 양보다도 300퍼센트가 더 많다는 사실이 발견되었다.[158] 2009년에 NASA는 우리 태양계 바깥에 있는 '국부 성간구름*Local Fluff*'에서 진행되고 있는 이 변화들에 대해 깜짝 놀랄 만한 발표를 했다.

> 물리학에서는 존재하지 않는다고 말하는 성간구름을 태양계는 지나고 있다. 보이저에서 받은 데이터를 이용해서 우리는 태양계 바로 밖에서 강력한 자기장을 찾아냈다. 이것은 과거에 추측했던 그 어느 것보다 훨씬 강한 자기—4~5 마이크로가우스—를 띠고 있다.[159]

NASA의 과학자 리처드 메왈트*Richard Mewaldt*는 이런 발표를 했다. "2009년, [태양계 밖에서 오는] 은하 우주선*cosmic ray*의 강도는 우리가 지난 50년 동안 보아온 것들보다 19퍼센트가 늘어났다. 이런 증가는 중대한 일이다."[160] 2008년에 NASA는 명왕성의 궤도 너머까지 뻗는 태양의 자기장이 지난 10년 동안 25퍼센트가 줄었고, 50년 전에 우주 경쟁이 시작된 뒤로 지금 가장 낮은 수준에 있다고 발표했다.[161]

이 결과는 NASA의 과학자들을 당혹스럽게 했지만, 우리가 국부 성간물질의 더 압력이 높은 구역으로 움직이고 있다면, 태양의 자기장은 분명 이것의 압력을 받을 수도 있다. 과학자들은 이것을 어떤 자연 법칙의 일부가 아닌 "순전히 우연의 일치로" 생각하기는 하지만, 국부 성간물질의 모든 에너지와 먼지구름들은 바깥쪽으로 팽창하고 있다. 은하의 중심으로부터 멀어지면서 말이다. "태양에서 본다면, 성간물질의 바람은 은하계의 중심부(궁수자리 지역)로부터 흘러나오는 것으로 보인다."[162]

이렇게 유입되고 있는 에너지는 생체활성의 특징들을 가진 듯하다. 2007년에 애리조나 주립대학교의 과학자들은 살모넬라 박테리아가 NASA의 우주왕복선 아틀란티스를 타고 비행한 뒤로 300퍼센트 더 강해졌다고 발표했다. 무려 167개의 유전자들이 바뀌었고, 이것으로 질병을 일으킬 가능성은 세 배가 되었다.[163] 중국인들은 9.5킬로그램이나 나가는 토마토와 같은 거대한 크기의 과일과 채소들을 길렀다. 단지 식물의 씨앗을 먼저 우주 공간에 다녀오게 했을 뿐이었다.[164] 제임스 스파티스우드 박사는 지구가 은하계와 정렬되면 정신 능력의 정확도가 날마다 —지방항성시*local sidereal time*로 13시 30분의 1시간 안에— 450퍼센트까지 늘어날 수 있음을 알아냈는데 이 효과는 20년 동안의 실험에서 사실로 드러났다.[165]

다윈의 진화 모형은 어디를 보나 맞지 않는 것으로 증명되어왔다. 화석 기록이 보여주는 바는 외골격을 가진 단순한 조개류가 내골격을 가진 복잡한 경골(硬骨)어류로 바뀌는 경우처럼, 한 형태에서 다른 형태로 갑자기, 자발적으로 바뀌어갔다는 것이다. 이 경우는 물론이고 지느러미를 가진 생명체에서 팔다리를 가진 생물로 옮겨 간 것처럼 다른 많은 비슷한 사례들을 다 뒤져봐도 중간 형태의 화석은 발견되지 않았다. 이뿐만 아니라 데이비드 롭과 존 셉코스키 두 박사들은 이 대규모 진화 사건들이 마치 시계장치처럼 2,600만 년마다 화석 기록에 나타난다는 점을 찾아낸 한편, 뮬러와 로드는 6,200만 년의 주기를 발견했었다. 이것은 우리 식으로 말해 은하계의 기하학적 힘들에 의해 생기는 듯하다. 은하 에너지의 높은 주파수가 존재한다는 것이 어떻게 DNA에 영향을 줄 수 있을까? 10장에서 살펴봤듯이, 페테르 가리아에프 박사는 개구리의 배아를 도롱뇽의 배아로 완전히 바꿔 버리면서, 어떤 종류의 전통적인 유전자 절개 없이도 완전하고 빠른 속도의 돌연변이를 만들었다. 다름 아닌 레이저빔을 썼을 뿐이었다. 가리아에프의 실험에서 DNA를 변형시키는 데 필요했던 모든 것은 충분한 에너지원—이 경우에는 레이저 빛—뿐이었다. 이제, 우리의 태양계 전체에는 이와 비슷하게 거대한 에너지원이 은하계의 자연적인 에너지장들로부터 흘러 들어오고 있다. 이 에너지는 지구와 태양, 행성들과 그 위성들을 활발하게 변형시키고 있는지도 모르겠다. 우리는 지구에 살고 있으므로, 또한 이 변형의 영향을 느끼고 있는지도 모른다. 우리의 의식뿐만 아니라 생물과 물질의 변형을 겪으면서 말이다. 존 혹스 박사는 인간의 진화가 지금 과거 5,000년 전보다 100배나 빠르게 이루어지고 있다는 유전적 증거를 보여주었다. 이 기간 동안 우리 유전물질은 7퍼센트나 바뀌었고, 그 속도는 계속 더 빨라지고 있다.[166]

니네베 상수

마지막 마무리를 위해 최고의 내용을 아껴뒀다. 국방 및 항공우주산업의 중요 도급자인 노스아메리칸*North American*에서 일하는 동안 NASA 아폴로 프로그램의 통신부장을 맡았던 모리스 채틀레인은 고전적인 저서《외계에서 온 우리 조상들》에 믿기지 않는 주기에 관한 자신의 연구를 실었다. 25,920년 세차운동의 240주기를 모두 더하면 얼마가 나오는가? 또 누가 그것에 대해 알고 있었을까? 채틀레인은 B. C. 700년에 새겨진 것이 틀림없는 수메르의 점토판들을 연구했고, 이것들이 새겨지기 전의 3,000년 동안 일어났던 사건들을 기술했다. 수메르 점토판들은 영국의 젊은 아시리아학자인 조지 스미스*George Smith*가 1872년에 처음 번역했다. 채틀레인은 스미스가 같은 점토판들에서 굉장히 큰 새 주기를 어떻게 찾아냈는지 설명했다.

> 스미스가 번역한 점토판들 가운데는 오로지 숫자들만 들어 있는 판들이 있었는데, 매우 복잡한 계산들로부터 나온 듯한 엄청나게 거대한 숫자들이었다. 우리의 10진법으로 옮긴 번역본이 몇 년 전 마침내 출판되었는데, 수(數) 하나가 두드러져 보였다. 그 수는 열다섯 자리 숫자로 이뤄진 195,955,200,000,000이었다. 여러 나라들의 많은 전문가들이 3,000년 전의 아시리아인들—위대한 수학자 아니면 천문학자들로는 알려지지 않았던—에게 이 엄청난 수가 무엇을 의미할 수 있었는지 알아내려고 했다. 아시리아의 왕 아슈르바니팔*Assurbanipal*은 이 수를 어디선가, 어쩌면 이집트나 칼데아*Chaldea** 아니면 페르시아에서라도 찾아냈음이 틀림없다.
> 개인적으로 나는 이 수가 있다는 것을 캘리포니아에 막 도착했던 1955년에 알았다. 다음으로 1963년 파리에서, 마찬가지로 엄청나게 큰 수를 계산했던 마야력에 대해 들었을 때, 나는 니네베*Nineveh***의 이 수를 기억해냈고 이것이 아시리아와 마야 문명 사이에 관계가 있었음을 어떻게든 증명해줄 수 있을 거라는 의문을 품기 시작했다. 그때 나는 계산을 해보았는데, 그 결과 니네베의 수는 70에 60을 일곱 번 곱한 것과 같았다. 그러다가 하루는 수메르인들이 적어도 3,000년 전에 60의 배수를 기초로 하는 계산법을 사용했음을 기억해냈다. 우리는 지금도 수메르인들이 누구였는지 그리고 어디서 왔는지 확실히 알지 못하지만, 그들이 천왕성과 해왕성을 비롯한 모

---

* 바빌로니아 남부지방의 고대왕국.

** 고대 아시리아의 수도.

> 든 태양계 행성들의 회전주기를 알았던 정말로 위대한 천문가들이었음을 알아냈다. 수메르인들은 하루가 60초×60분×24시간인 86,400초로 이루어짐을 알았던 사람들이었다.
> 곧바로 나는 니네베의 수가 아주아주 긴 세월을 수치로 나타낸 것임을 깨달았다. 초 단위로 말이다. 이 열다섯 자리의 니네베 수가 하루 86,400초인 22억 6,800만 일과 정확히 같다는 계산이 나오는 데는 얼마 걸리지 않았다. 좋은 출발이었지만, 가장 큰 의문에 답해주지는 않았다. 이 600만 년[정확히는 620만 년] 이상의 기간이 어떤 의미인지를.[167]

느낌이 오는가? 수메르인들의 주기는 620만 년의 길이다. 이 주기가 열 번이면 6,200만 년이다. 정확히 뮬러와 로드가 화석 기록에서 찾아냈던 종들의 진화가 갑자기 일어난 시간의 길이다. 지금 우리는 고대인들이 —은하적인 수준에서도— 이 주기들을 알고 있었음을 보여주는 또 하나의 정보를 보고 있는지도 모른다. 이 수메르의 주기가 우리가 화석 기록에서 보는 진화와 잘 들어맞는 것을 처음 알았을 때 나는 정말 깜짝 놀랐다. 이것은 정말로 우리 고대 조상들이 얼마나 총명했었는지, 그리고 2012년의 예언들 뒤에 얼마나 많은 이야기들이 있는지를 보여준다.

이런 사실이 우리가 이 주기에서 발견한 내용의 반도 채 되지 않으므로, 채틀레인의 말을 더 들어보도록 하자.

> [이 620만 년 주기의 기간은] 분명 지구 위에서 인류가 살았던 기간보다 더 길다. 그때, 영리한 수메르인들이 다른 천문학적인 일들 가운데서도 분점 세차를 잘 알고 있었다는 생각이 번쩍 떠올랐다.[168]

내가 이 부분을 1993년에 처음 읽었을 때는 세차가 무엇인지 이해하지 못했고, 그래서 모두가 답답하기 그지없었다. 그러나 이젠 안다. 또 이것은 무척 흥분되는 내용이다.

> 세차운동의 주기는 어림잡아 26,000년, 또는 하루 86,400초인 9,450,000일이다. 니네베 수를 "대년"이라고도 하는 분점세차주기로 나누었더니, 내 인생 최대의 놀라운 일이 벌어졌다. 니네베의 신성한 수는 9,450,000일이 1년인 240대년으로 거의 정확히 나누어졌다.

수메르인들—고대의 문화—은 화석 기록에서의 6,200만 년을 세분한 주기를 추적하고 있었다. 이 6,200만 년 주기는 우리의 태양계가 시소운동을 하며 여행하는 은하계의 8면체 또는 6면체에서도 나타난다. 더 재미있는 일은 이 수메르의 주기—6,200만 년 화석 주기의 10분의 1—는 240이라는 인수에 의해 분점세차주기로 바로 나뉜다는 점이다. 여기서 0을 빼면 12의 두 배인 24가 나오는데, 우리는 이미 12면체 기하 구조가 얼마나 널리 퍼져 있는지를 이미 보았다. 우리는 이제 세차주기와 6,200만 년 진화주기를 바로 잇는 하나의 통일 모형을 가진 듯하다.

수메르인들은 이것을 어떻게 이해했을까? 그리고 이 수가 해(年)도, 달(月)도, 주일도, 일도, 시간도, 분도 아닌, 초로 표현됐음을 잊지 말자. 그 복잡성은 놀라울 지경인데도 또 모두가 잘 맞아떨어진다. 그것은 이 주기에 숨은 모든 멋진 것들의 시작일 뿐이다.

태양계의 대상수

채틀레인은 깊은 연구로 고대인들이 그들만의 성배(聖杯), 곧 모든 행성들의 모든 궤도를 비롯하여 모든 다른 주기들을 이끄는 진정한 '마스터 넘버'를 찾고 있었음을 알아냈다.

> 그때 나는 이 엄청난 니네베의 수가 "태양계의 대(大)상수"라고 불렀던 오랫동안 잃어버린 마법의 숫자일 가능성이 아주 크다는 결론을 내렸는데, 이 수는 3,000년도 더 전의 그들 조상들이 잘 알고 있었음에도 연금술사들, 점성가들과 천문학자들이 아주 오랫동안 찾아왔던 바로 그 수다.[169]

이제 채틀레인은 이 대상수가 어떻게 작동하는지의 규칙을 마련한다.

> 니네베의 수가 정말로 태양계의 대상수라면, 태양계의 모든 행성, 혜성 또는 위성의 회전 아니면 합의 주기의 정확한 배수가 되어야만 했다. 이 작업을 하는 데는 시간이 좀 걸렸고 많은 수들을 다뤄야 했지만, 생각했고 또 기대했던 대로, 니네베 상수로 계산한 태양계 모든 천체들의 회전 또는 합의 주기 모두가 미국 천문학자들이 제시한 현대의 표들에 나온 수치들과 소수점 몇 자리까지 정확히 일치했다. 그리고 천왕성, 해왕성, 명왕성에 대한 숫자들이 조금 다른 프랑스의 표들과는 거의 일치했다.
> 소수점 넷째 자리까지 태양계 대상수의 정확한 분수가 되지 않는 행성이나 위성의 회전 또는 합의 주기는 단 하나도 없었다. 내게 이것은 니네베 상수가 진정한 태양계 상수이며, 몇천 년 전 그것이 계산되었을 때와 같이 오늘날에도 전적으로 유효하다는 충분한 증거가 된다.[170]

태양계의 바깥쪽 끝에서 너무도 천천히 움직이는 명왕성마저도 겨우 아주 작은 차이로 이 주기와 완벽하게 맞는다.

미국의 천문학자들은 명왕성의 항성년을 90,727태양일로 추정해왔다. 하지만 때로는, 1975년의 코호테크*Kohoutek* 혜성의 경우에서처럼 천문학자들도 실수를 저지른다. 처음 발견된 뒤로도 명왕성은 태양을 도는 항해를 겨우 5분의 1 정도밖에 하지 못했으므로, 관측상의 작은 실수는 가능한 일이다. 명왕성의 계산된 긴 항성년에서 7일이라는 무시해도 좋을 오차는 전적으로 용납이 될 것이다. 따라서 명왕성의 항성년을 실제로는 90,720 태양일로 생각해보자. 이제 니네베 상수는 명왕성이 정확히 25,000번 회전하는 기간을 나타낸다. 그리고 이 수가 240번의 분점세차주기를 나타내기도 한다는 사실과 마찬가지로 이것도 우연의 일치일 수가 없다.[171]

퍼즐의 조합

명왕성은 이 620만 년의 니네베 상수가 흐르는 동안 25,000번의 주기를 거친다. 이 상수의 네 주기를 더하면 2,480만 년인데, 이것은 룹과 셉코스키의 화석 기록에 나타난 2,500만~2,600만 년 주기에 비슷해 보인다. 니네베 상수의 40주기의 정확한 수치는 2억 4,800만 년이기는 하지만 은하의 궤도주기인 2억 5,000만 년과 조화된다. 정말이지 모든 것들이 맞아 들어가는 듯하다. 마야력은 비슷한 목적을 위해 260일의 쫄킨을 이 큰 주기의 훨씬 작은 버전으로 사용했을지도 모른다. 같은 책에서 채틀레인은 고대 마야 문명도 태양계의 대상수를 계산할 수 있는 수를 가졌었다는 뜻밖의 증거를 보여준다.[172] 마야력의 주기들은 그러므로 양자 수준에서 시작하여, 지구의 활동과 12면체 형태의 핵의 회전에까지 확장되고, 태양계에서의 관계들을 넘어, 이제 은하계 전체까지 확장하는 것으로 보이는 기하학적 현상들과 확실한 상관성을 가져왔다. 이 기하 구조들은 결맞음을 만들어내고, 또 이들이 시간상의 구조들이기 때문에 겉으로 보기엔 엄청나게 많은 시간을 순간적으로 가로지르게 해주는지도, 그리고 공룡들이 오늘날의 지구에 나타나도록 하는

지도 모른다. 이것은 또한 우리가 비로소 은하 에너지의 새로운 권역으로 들어갈 때, 시간의 문들이 더욱더 많이 우리에게 열릴 것임을 말해준다. 갈수록 빨라지고 있는 인간 진화의 수수께끼들과 마찬가지로, 태양계에서의 변형은 커다란 변화가 지금 진행되고 있음을 보여준다.

미국 건국의 아버지들은 베르길리우스의《제4 전원시》에 나오는 신비적인 시빌린의 신탁서를 우리에게 말해주면서 정확한 예언을 인용하고 있던 것일까? "영웅들과 신들이 합쳐지고" 우리 모두가 초자연적인 능력들을 얻어서 "황금사람이 전 세계에서 다시 솟아오르게" 될 황금시대의 예언을? 우리가 은하적인 진화를 거쳐가도록 이끌리고 있으면서도, 자신이 누가 될지 그리고 무엇이 될지의 큰 그림을 아직 보지 못한 것은 아닐까? 이제 나는 고대의 전통들을 당신과 조금 더 나누면서 당신 스스로가 결정하도록 하려고 한다.

19장

황금시대의 예언은 진행되고 있다
: 황금인종의 출현과 무지개 몸

티베트의 수행자들은 오랜 기간 동굴 속에서 명상함으로써
자신의 육체를 무지개 몸, 즉 에너지 형체로 변형시킨다.
그들은 자신의 손과 발을 바위 속에 집어넣을 수 있는데,
바위에는 그 자국이 선명히 남는다고 한다.

이 책을 통틀어서 우리는 황금시대를 둘러싼 예언들이 정말인지를 알아보려고 시도해오면서, DNA와 의식의 진화에 대한 아주 분명한 내용뿐만 아니라 어떤 형태의 차원 이동이 일어날지도 모른다는 가능성 또한 찾아냈다. 그러므로 황금시대의 전설들을 이해하려는 우리의 탐구를 이제 마무리 짓도록 하자. 서구 문화에서 이 전통이 어떻게 시작됐는지 알고 싶다면, 그것을 서술했던 서구 세계에서 가장 오래된 문헌들—그리스와 로마 시대의 고전적인 문헌들—로 돌아가서 이 황금시대 예언들의 더 오래된 뿌리를 드러내줄 실마리들을 찾아볼 필요가 있다.

1952년에 해럴드 발드리*Harold C. Baldry*는 그야말로 아주 진지한 학술지인 〈클래시컬 쿼털리*Classical Quarterly*〉 저널에 "누가 황금시대를 지어냈는가?"라는 글을 썼는데, 여기서 그는 자주 번역의 필요성마저도 제안하지 않으면서 여러 언어를 구사하는 유창함을 과시한다. 당신이 번역자의 도움 없이 이 논문을 읽으려면 그리스 문자와 언어를 읽을 수 있어야 함은 물론 전

문 지식을 갖춘 학자가 되어야 한다. 이런 지적인 허풍 속에서도 발드리는 황금시대라는 발상이 어떻게 태어났는지를 아주 철저하게 분석한다.

> 고대 문헌에는 현실 세계의 쓰라림과는 다른 가상의 존재 상태를 묘사하는 많은 구절들이 있는데, 이 상태는 자연의 풍요로움으로 축복이 넘치고 다툼이나 결핍으로 생기는 근심걱정 없이 존재하는 것이다. 자연스레 이 행복한 상태는 그곳이 지도에도 안 나오는 세상의 외딴곳이든, 죽은 뒤에 가는 극락이든, 아련한 미래나 먼 과거든 간에 언제나 일상적 인간 경험 밖의 어느 장소나 시간에 있다. 과거나 미래의 그런 가상적인 지복의 시대가 황금시대로 알려지게 되었다.
> 우리는 다음의 사실들을 알고 있다. (i) 일상적인 삶에서 멀리 떨어진 행복한 존재 상태의 심상은 현존하는 어떤 그리스와 로마의 문헌들보다도 앞선 기원들로부터 왔다. (ii) 로마제국에 앞선 고대에 이 전통적인 심상은 일반적으로 크로노스*Kronos*[시간] 또는 사투르누스*Saturnus*의 시대로 알려졌었다. (iii) 전통적인 심상에서는 황금과 황금의 이용이 아무런 가치가 없었다. 헤시오도스*Hesiod*의 《노동과 나날*Works and Days*(42~46)》에서 처음 언급되었을 때는 설명되지 않았지만, 간단하게 인간은 신들이 인간들로부터 삶의 수단들을 감춰버리지 않았다면 이제는 즐기게 되는 상태라고 넌지시 말한다.[1]

헤시오도스는 B. C. 800년경에 살았던 것으로 믿어지므로, 이 인용문은 특히나 매우 흥미로운 내용이다. 여기서는 인간으로서 우리는 한때 지금 경험하는 것보다 훨씬 더 나은 상태에서 살았음을 암시한다. 발드리의 연구는 황금시대 —시간의 시대*the age of Time*— 동안에 지금은 신들이 "우리에게서 감춰버린" 존재의 상태를 우리가 경험하게 됨을 암시하고 있다. 이것이 고대의 정보를 신화적으로 다시 만든 이야기이므로, 이 경우에 신들이란 다름 아닌 우리의 존재 상태와 진화의 수준에 영향을 주는 지구와 태양과 은하의 자연 주기들을 나타낼 수도 있음을 기억하기 바란다.

> 나중에 나온 참고문헌들은 이 행복한 삶의 시간과 장소를 둘러싼 엄청나게 다양한 믿음들—헤시오도스나 다른 기원들까지는 거슬러 올라갈 수 없는—을 보여주지만, 오래되고 널리 퍼진 하나의 전통이 다른 시간대와 장소들에서, 그리고 다른 저자들에 의해, 다른 많은 방식으로 다루어졌음을 말해준다. 동양의 문헌들, 특히 [조로아스터교의] 아베스타*Avesta*에 나오는 이마*Yima*와 [힌두교] 베다*Vedas*에 나오는 야마*Yama*가 같은 기원을 가졌었음이 틀림없는 인도이란어의 신화에 들어 있는 여러 유사점들로부터 더 확인할 수 있을지도 모르겠다. 이 공통된 이야기는 과거에 있던 행복의 시대를 다룬 것으로, 이 시대가 끝나면서 축복받은 이들의 영혼들이 사는 천국의 주인이 된 통치자가 다스리는 시대를 이야기한다.[2]

황금시대는 "축복받은 이들의 영혼들이 사는 천국"을 상징했다. 발드리는 우리가 황금시대를 둘러싼 모든 예언들을 거꾸로 추적해볼 수 있는 하나의 공통된 기원, 곧 조로아스터교와 힌두교 모두를 낳은 시원적인 "인도이란어 신화"를 언급하고 있다. 두 종교 모두는 종교에 따라 이름만 조금 바뀐 같은 영웅적인 왕을 이야기하고 있는 듯하다. 그 이름이 조로아스터교에서는 이마이고 힌두교에서는 야마다.

조로아스터교

우리는 1부에서 황금시대에 관한 힌두교의 전설들을 유심히 살펴봤지만,

조로아스터교는 전혀 탐색해보지 않았었다. '전통 조로아스터교*Traditional Zoroastrianism*' 웹사이트는 이 주제를 다룬 연구 논문들을 지극히 포괄적으로 모아놓았고, 포러스 호미 하베왈라*Porus Homi Havewala*의 "고대 아리안*Aryans*의 역사"[3]에서는 나중에(아마도 훨씬 더 나중에) 조로아스터교와 힌두교로 갈린 이 시원적인 인도이란 문명에 대한 더 많은 것들을 찾아본다.

> 고대 조로아스터의 모든 경전들은 우리들의 출신지인 오래전의 본향, 곧 잃어버린 '아이르야네 바에자이*Airyane Vaejahi*', 또는 아리안들의 고향을 말한다. 이 본향으로부터 인도유럽인들 또는 아리안들이 인도 위쪽, 이란, 러시아와 그리스, 이탈리아, 독일, 프랑스, 스칸디나비아, 영국, 스코틀랜드와 아일랜드 같은 유럽 나라들로 옮겨 갔다. '벤디다드*Vendidad*'는 조로아스터의 고대 경전들 가운데 하나다. 첫 번째 '파가드*Fargad*' 또는 장(章)에서는, 고대 아리안들의 황금시대가 늙음과 죽음을 내쫓아버린 그들의 가장 위대한 왕 '이마 크샤에타*Yima Kshaeta*'(인도 베다의 얌 라즈*Yam Raj*)와 함께 그려진다.
>
> 그때 빙하 시대가 고대의 고향을 파괴했고, 아리안들은 남쪽으로, 남동과 남서쪽으로 이주해야만 했다. 지난 세기 인도의 위대한 브라만(인도아리안) 학자인 발 강가다르 틸락*Bal Gangadhar Tilak* 씨는 아리안들의 고대 본향을 찾기 위해 베다와 벤디다드를 연구했다. 베다는 그들이 인도로 옮겨 간 뒤로 인도유럽인들 또는 아리안들이 쓴 경전들이다. 베다에 나오는 날씨 패턴들을 묘사한 것들로부터, 틸락은 고대의 본향이 북극 지방, 곧 지금의 러시아 위에 있었음이 틀림없다는 결론을 내렸다. 아리안들은 고대의 본향에서 이란으로, 그리고 이곳에서 인도와 그리스와 유럽으로 이주했다. 틸락은 또한 가장 오래된 역사적 경전은 이란의 벤디다드라고 말했는데, 이것은 실제로 아리안들의 고대 본향에 대해 서술한다.[4]

19세기 인도의 위대한 학자 발 강가다르 틸락은 조로아스터의 벤디다드가 세상에서 "가장 오래된 역사적인 경전"이라고 결론지었다. 조로아스터*Zoroaster*라는 이름은 사실 '자라투스트라*Zarathustra*'의 그리스어 발음이므로, 두 이름 다 같은 사람을 가리킨다. 자라투스트라는 조로아스터교의 '하느님*God*'인 아후라 마즈다*Ahura Mazda*와 접촉했다고 하지만, 벤디다드에서 말하기로는 이것은 더 최근에 다시 관련시킨 것이었을 뿐이다.

> 자라투스트라가 아후라 마즈다에게 물었다. "물질세상의 의로운 창조자이신, 오 아후라 마즈다시여, 당신께서 가르침을 주신 첫 번째 사람은 누구였나이까?" 그때 아후라 마즈다가 말했다. "오 의로운 자라투스트라여, 그의 백성들을 보살폈던 눈부신 이, 이마*YIMA*로다. 그대보다 앞서 그에게 아리안의 종교를 처음 가르쳤노라."[5]

다음으로 저자는 "찬바람도 뜨거운 바람도 없고(극심한 겨울이나 여름이 없는), 질병도 죽음도 없는" 이곳에서 사람들이 "죽지 않고 결핍되지도 않으며 즐겁고 행복한" 이전의 황금시대를 묘사한다. 다음에는 시간에 대한 무척 흥미로운 내용을 만난다. "첫 천 년을 다스리는 동안 눈부신 이, 이마는 자신의 아리안 백성들에게 의로운 질서를 명령했도다. 그는 보이지 않는 시간 그 자체를 조절해서, 의로운 법을 칭송하고 널리 퍼지게 하려고 시간의 크기를 더더욱 크게 만들었나니."[6] "보이지 않는 시간 그 자체를" 조절했다는 말의 의미를 곰곰이 생각해보면 무척 흥미롭다. 이제 우리가 아는 것들로 비추어 볼 때, 이 말은 대부분의 사람들이 알아차리는 것보다도 훨씬 더 많은 잠재된 영향력을 가지고 있다. 그레이엄 핸콕은 이 책의 추천사에서 《피라미드 텍스트*Pyramid Texts*》에 나오는 비슷한 내용, 곧 생명은 "시간이 진행하고 움직이면서" 유지된다는 점을 지적하는데, 이 말은 이제 가장 앞서 가는 것으로 들린다.

벤디다드를 읽어나가다 보면, 마지막 대빙하 시대의 도래를 아주 분명하게 서술하는 듯한 내용을 만난다.

> 오 자라투스트라여, 아리안들의 아름다운 시대는 영원하지 못했노라. 그때는 사악한 자가 공격해오는 시기였도다. 나 아후라 마즈다는 이마 크샤에타에게 말했었다. "오 눈부신 이, 이마여, 성스러운 아리안의 땅으로 사악한 자가 혹독하고 치명적인 겨울로 오리라. 사악한 자는 갈수록 깊게 쌓이는 두꺼운 눈송이가 되어 밀어닥치리니. 가장 끔찍한 곳들로부터 당도하는 거칠고 흉포한 짐승들이 세 방향에서 공격해오리라. 이 겨울이 오기 전에는, 떨어지는 눈은 모두 녹아 물이 되어 멀리 흘러갈 것이라. 이제 눈은 녹지 않고 만년설이 되리라. 이제 만들어질 단단한 얼음의 다져진 바닥 위에는 알아볼 수 있는 발자국이 하나도 남지 않으리라."[7]

이런 이유로 마지막 대빙하기가 오기 전의 고대 아리안 문명이 지금은 북부 러시아인 얼어붙은 불모지에 기원을 두었다고 보는 것이다. 그레이엄 핸콕과 여러 사람들의 모든 연구들로 보아, 우리는 이것을 아틀란티스 문명으로 일컫는 시대와 충분히 연관 지을 수 있다.

보이스와 그레닛의 선구적인 연구

이 내용을 읽자마자 나는 조로아스터가 전해준 고대의 예언들에 대해 할 수 있는 한 많은 것을 알고 싶었다. 이것은 우리의 역사 기록에서 2012년과 황금시대가 정말로 무엇을 의미하는지에 대한 원래의 가르침들에 가닿을 수 있을 만큼 가까이에 있는 것인지도 모른다. 이렇게 해서 우리는 1991년에 발표된 메리 보이스*Mary Boyce*와 프란츠 그레닛*Frantz Grenet*의 광범위하고 학술적인 연구인《조로아스터교의 역사 3권: 마케도니아와 로마 통치하의 조로아스터교 *A History of Zoroastrianism: Zoroastraianism Under Macedonian and Roman Rule* (Religion)》[8]를 만나게 된다. 학자들 사이에서 조로아스터교에 대한 모든 연구의 범위를 한정하는 기준으로 여겨지는 이 책에서, 우리는 조로아스터교라는 그림을 그려내는 데 사용된 문학적, 고고학적, 그리고 화폐(동전) 증거들 일부가 최근에 와서야 밝혀졌음을 알게 된다. 내가 이 책에서 흥미로웠던 부분은 시대의 끝을 다룬 조로아스터의 원래 개념에는 다른 많은 예언들에 포함된 종말론적 내용들이 없다는 점이다.

조로아스터는 인간들이 천국으로 들어 올려져서 사라져버린다는 생각을 옹호하지 않았다.

> 조로아스터의 미래에 대한 전망은 이곳 사랑스럽고 친숙한 지구 위에 고정되었다. 본래의 완벽함으로 되돌아가서, 아후라 마즈다의 왕국이 오고, 축복받은 이들이 여기 존재하면서 굳은 땅 위에서 육체를 지니고 영원히 사는 곳은 바로 지상 위다. 그가 예언한 것은 세상의 끝이 아니라 역사의 끝이었다.[9]

책의 382쪽에는 황금시대로의 이 전이가 어떻게 일어날 것인지를 다룬 더 자세한 내용이 있다. 곧, 진리를 드러내 보이는 많은 사람들의 노고 덕분에 우리는 악이 "점차 약해지는" 모습을 보게 된다는 것이다.

> 지난 시대의 비통함과 사악함에 대한 예언들은 정통 조로아스터교에는 낯선 것들인데, 그 이유는 조로아스터의 근본적인 메시지는 정의로운 이들이 함께 기울인 노력들로 악이 점차 약해질 때 선함이 승리하게 되리라는

> 것이었기 때문이다. 정의, 믿음, 너그러움, 즐거움과 같은 인간의 미덕들이 그때 전 세계에 늘어가고, 폭압, 증오, 반론과 부당함은 갈수록 줄어들 것이다.[10]

조로아스터는 "세상의 구원이 우주적인 노력과 개개인의 선택들의 총합 두 가지 모두에 달려 있다고 보았으며, 그의 가르침들을 결합한 이 두 가지 측면들 —개인의 책임과 우주 전체의 관심을 강조하는— 때문에 그의 교리들은 헬레니즘 시대의 상황들과 문제들에 뚜렷하게 관련된다".[11]

물론 헬레니즘 시대는 모든 종교들이 그랬듯이 이런 가르침들을 전해 받았다. 이것이 보이스와 그레닛이 그토록 효과적으로 강조하는 것들의 하나다. 모든 것들은 정보와 통찰력의 근원으로 거슬러 올라간다. 그리고 조로아스터는 시간에 있어서 가장 먼 과거에 있으므로 그 본래의 정수에 가장 가까이에 있는 듯하다.

악의 진정한 본성에 대한 무척 흥미로운 내용이 443쪽에 나온다. "조로아스터교는 태초에 아후라 마즈다가 고의적으로 짧은 기간 동안 지상을 다스렸다고 가르쳤는데, 그것은 그가 자신의 적수인 사악한 영이 침입해오고, 그래서 자신이 물리치고 압도해버리기를 바랐기 때문이었다."[12] 당연히 이 내용은 부정적인 힘들의 진짜 목적은 단지 우리 의식의 진화를 돕기 위한 것이지, 그들이 이기도록 의도된 것이 결코 아니며 또 결코 이길 수도 없음을 말해준다. 그 힘들은 우주 자체의 기본적인 본성, 곧 애정 어린 다정함에 순응할 수만 있을 뿐이다.

위대한 심판

427~428쪽에서는 황금시대가 당도하면 시간 자체가 —지금 우리가 아는 대

로 존재하기를 근본적으로 멈추면서— 바뀌게 되리라는 내용이 나온다. 이 구절에서는 "위대한 심판"에 대해서도 말하는데, 이것은 분명 많은 사람들을 불안하게 할 수 있는 것으로, 본래의 가르침들이 어떻게 희석되고 변질되기 시작했었는지를 이미 보여주는지도 모르겠다. 내가 알게 된 다른 많은 예언들을 기초로, 이런 모든 심판이 정말로 뜻하는 것은 우리가 환생을 거듭하면서 같은 교훈들을 배우기를 바라는지, 아니면 시공간과 타임스페이스를 —근본적으로 '상승한*Ascended*' 경지에서— 똑같이 경험하면서 오갈 수 있는 상태로 옮겨 가기를 바라는지를 선택하게 되리라는 것으로 보인다. 우리가 그 "위대한 초대"를 받아들이지 않기로 결정했다 해도 벌을 받지는 않는다. 다만 우리는 삶을 살아가고, 정상적이고 올바른 때에 죽고, 한 육체를 가지고 미래의 삶이 우리에게 줄 수 있는 성장의 기회들을 계속 거쳐나간다.

이 구절은 오래된 조로아스터교의 경전에 있는 《에녹*Enoch* 2서》에 나오는 내용이다.

> 모든 것들이 있기 전에, 모든 피조물들이 생기기 전에, 주께서는 창조의 아이온*Aion**을 여셨다. 그 뒤로 주께서는 보이는 것과 보이지 않는 모든 피조물들을 창조하셨다. 마침내 그는 당신의 형상대로 사람을 만드셨다. 다음으로 사람을 위해 주께서는 아이온을 나타나게 하시고는, 그것을 시대들*times*와 시간들*hours*로 나누셨다. 주께서 창조하신 모든 피조물이 끝날 때, 모든 사람은 주님의 위대한 심판을 받을 것이며, 그때 시간들은 사라지리라. 더 이상 해(年)도, 달(月)도, 날짜도 없을 것이며, 시각도 더 이상 헤아려지지 않겠지만, 아이온만이 유일하리라. 주님의 위대한 심판을 피할 모든 의로운 자들이 위대한 아이온과 함께하고, 이와 함께 아이온은 의로운 자

* 그리스어로 아이온은 영원 또는 시대를 이르는 말이다.

들과 함께할 것이며, 그들은 영원하리.[13]

이 내용은 모두 마치 시공간과 타임스페이스가 함께 뒤섞인다는 말처럼 들린다. 따라서 우리가 동시에 두 세상에서 활동하도록 말이다. 444~445쪽에서 보이스와 그레닛은 같은 내용을 다룬 다른 자료들로부터 유용한 맥락을 제시해준다.

또 다른 구절(고린도전서 7장 29절과 31절)에서 "약속된 때가 단축되었다"고 믿는 바울*Paul*은 "이 세상의 형태가 끝나가고 있다."고 선언했다. 몇 세기가 지나 아우구스티누스*Augustine*는 세상 "형태"의 이 변화를 보았다. "우주도 또한 시간이 끝나고 영원으로 들어가며, 능력에 따라 불변의 진리라는 영원성을 함께하리라. 그러므로 모든 것들이 이윽고 완성될 때, 시간은 더 이상 없으리라. 모든 것이 영원하리라. 하느님도, 사람도, 세상도." 바울에 이어 아우구스티누스가 펼친 이 가르침은 놀라운 것으로 여겨져왔지만, 사실 그것은 조로아스터가 가르쳐온 것이었고, 세대를 이어 그의 추종자들이 믿어왔다.[14]

365~366쪽에서는 우리가 어떻게 "완벽함으로의 회귀"인 "미래의 몸"을 갖게 될지를 듣는다.

조로아스터의 종말론적인 사상들에는 '마지막 날'에 죽은 자의 뼈들이 살갗을 다시 입고 영혼(죽은 뒤에 개별적으로 받은 심판에 따라 천국, 지옥 또는 연옥에 따로 떨어져 있던)에 의해 다시 소생한다는 "미래의 몸"에 대한 그의 가르침이 있었다. 조로아스터의 말에 따르면, 생물이든 무생물이든 창조된 존재 모두는 고유의 내재하는 힘 또는 영을 가지고 있으며, 아후라 마

> 즈다가 먼저 이 영들을 창조하고서 물질 형태를 입힌다. 시간의 끝에 그 완벽함으로의 회귀가 있을 것이며, 이와 함께 축복받은 이들은 불멸이자 썩지 않는 순결한 몸을 입은 그저 영혼의 이상적인 형태로 아후라 마즈다의 왕국으로 들어간다.[15]

이 이야기가 한 사람의 메시아적인 인물에 대한 것이 아님을 명심하기 바란다. "축복받은 자들"이 이 놀라운 일을 성취할 것임을 말하고 있다. 이것은 많은 사람들이 될 수도 있다.

보이스와 그레닛은 로마와 마케도니아의 지배가 가져온 고난들이 어떻게 조로아스터의 예언들에도 영향을 미쳤는지를 세심하게 추적한다. 이것은 후대의 작가들이 훨씬 더 비관적이고 암울한 접근 방식을 선택하게 한 원인이 되었고, 다시 다른 모든 서구 종교들로 퍼져갔다. 그럼에도, 우리가 가장 오래되고 가장 덜 훼손된 가르침들에서 보게 되는 것은 변형된 세상의 모습으로, 여기서 우리가 아는 시간은 끝났지만, 대재앙의 모습으로는 아니다. 악은 드러나서 사라져가며, 지상의 인류는 "불멸이자 썩지 않는 순결한 몸"으로 바뀐 듯하다.

황금인종

황금시대를 다룬 로마의 기록들에 대한 열정적이고 여러 언어를 구사하는 발드리의 학문으로 돌아가 보면, 발드리는 로마의 시인들이 'saecula'와 'aetas'를 모두 '시대*age*'로 번역하는 실수를 저질렀다는 결론을 내렸다. 사실 'saecula'는 '인종*race*'이나 '시대'를 의미할 수도 있으며, 'aetas'는 '인종'으로 번역되어야 한다는 것이다.

이제 모두가 하나로 이어진다. 모든 사람들이 고전적인 예언들이 황금시대에 대해 말하고 있다고 생각한다. 이것은 분명히 그 한 부분이기는 하지만, 또한 오역이기도 하다. 이상적이고 썩지 않는 몸을 가진 불멸성에 대한 조로아스터의 예언은 그리스의 사상 속에 '황금인종*Golden Race*'으로 스며들어갔지만, 이것은 그 무렵의 로마인들이 '황금시대*Golden Age*'라는 생각으로 잘못 옮겼고, 그들은 우리가 거기에 이르면 무슨 일이 일어나는지 설명해주지도 않았다. 'Novus Ordo Seclorum'의 마지막 단어는 'saecula'에서도 파생되었다. 따라서 이것은 시빌린의 예언들뿐만 아니라 미국의 국새와도 직접 연결되는 것으로, 이들에 더 큰 맥락을 부여해준다.

이 황금인종은 금발에 푸른 눈을 가진 신동들을 꿈꾸면서, 다른 사람들은 양보를 위해 모두 죽어야 한다는 좀 해괴하고 병적인 히틀러주의의 망상, 또는 니체 철학의 초인이 아님을 말해두는 일이 지극히 중요하다. 케이시 리딩에서 "다섯 번째 뿌리 인종"을 말했던 것처럼, 이 황금인종은 한정된 기간 안에 있는 지구 위의 모든 사람들일 수도 있는 것이지, 특정 국적이나 피부색을 말하는 것이 아니다. 우리가 막 배웠듯이, 조로아스터는 이것을 "미래의 몸"이라 불렀다. 이 황금인종이라는 것을 더 알아보기 위해 다시 발드리에게 귀를 기울여보자.

> 헤시오도스가 황금인종이라 불렀던 사람들의 일반적으로 받아들여지는 심상에서 황금은 아무런 관계도 없다. 헤시오도스처럼 이 그리스의 저술가들은 모두가 황금인종을 언급한다. 라틴어 시에서만 이것이 때때로 황금시대로 바뀌어 쓰인다. 전통적인 심상에서는 전혀 중요시되지 않았던 황금은 그런 행복한 상태로부터 타락하게 하는 원인의 하나로 여겨졌다. 황금인종에서 황금시대로 바꿔버린 사람들은 로마의 작가들이었고, 그들로부터 이 개념이 보다 현대의 문학에까지 이어져 내려왔다.[16]

이 내용은 정말로 나를 짜릿하게 만들었다. 2012년 무렵의 물병자리 시대의 도래는 전에도 이미 일어났던 주기가 반복되는 것으로, 이 주기에서는 지구 위의 모든 사람이 지금 우리 대부분이 가진 것보다 분명 훨씬 더 큰 신비로운 능력들을 갖게 되었고, 영구적인 풍요로움과 "다툼이나 결핍으로 생기는 근심걱정이 없는, 축복받은 이들의 영혼들이 사는 천국"의 삶을 살도록 이끌어주었다. 황금을 추구하는 일은 "그런 행복한 상태로부터 타락하게 하는 원인의 하나"로 여겨졌다. 불행하게도, 지금 우리의 과학 모형들은 이런 일들이 어떻게 가능한지를 설명하기에는 몹시도 불충분하다. 그렇다고 해서 이런 일이 실제로 일어날 수 없음을 뜻하지는 않는 것이다.

아포시오시스 2012

시빌린의 예언들은 조로아스터교 전통에서의 황금시대의 도래를 이야기하고, 이 시대가 "황금사람이 전 세계에서 다시 솟아오를" 시간이 되리라고 분명하게 말하는데, 이 말은 여기 있는 모든 사람을 뜻하는 것이다. 흥미진진하게도 미합중국 국새의 피라미드에는 13개의 층이 있고, 1776년이 맨 밑에 새겨져 있다. 스페인 정복자들이 메소아메리카에 왔던 시절에, 원주민들은 "우 칼라이 카투놉*U Kahlay Katunob*"이라 불렀던 시간—더하면 거의 256년인—을 헤아리는 데 13카툰의 체계를 이용하고 있었다.[17] 1카툰은 7,200일로 20년이 조금 못 된다. 미국의 건국(1776년)은 마야력이 새로운 카툰으로 옮겨 가는 때에 이루어졌고, 이것은 의도적인 일이었을 지도 모른다.

1776년에 256년을 더하면 2032년이 나오지만, 국새에 나오는 피라미드의 첫 번째 층을 1754년~1776년으로 잡으면, 맨 위층에서는 2012년으로 끝난다. 레이먼드 마딕스*Raymond Mardyks*가 처음 주창하고 다른 저자들이 사용했듯이 말이다. 꼭대기의 눈은 2012년에서 2032년까지의 마지막 20년의 카툰

【그림 51】 미합중국 국새의 피라미드는, 1756~1776년 주기로 시작하여, 2012년에 시작될 것으로 믿었던 황금시대가 오기까지 19.7년으로 이루어진 마야의 13개 카툰을 거치리라는, 시간이 새겨진 예언을 보여주는지도 모른다.

에 솔방울샘이 열리면서 나타난다. 이제는 우리가 알듯이, 불사조의 상징은 타임스페이스를 여행하게 되는 능력과 직접적으로 관련되며, 또 지구의 변형을 나타내는 것이기도 하다.

이뿐만 아니라, 워싱턴 D. C.에 있는 국회의사당 돔의 안쪽 천장에는 '워싱턴의 아포시오시스*The Apotheosis of Washington*'라는 그림이 있는데, 여기서 조지 워싱턴이 무지개 위에 있는 모습으로 묘사된 것은 그가 스스로 신성한 상태로 변형했음을 말해주는 것으로, 이것을 '아포시오시스' 곧 '신격화'라고

【그림 52】 미국 국회의사당의 돔형 천장에 있는 '워싱턴의 아포시오시스'. 이 사진은 의사당 영선국에서 얻은 원본 이미지로부터 잘라낸 것이다.

도 한다.[18]

이 이미지는 다섯 개의 꼭짓점을 가진 오각형별들 72개가 고리를 이루어 둘러싸고 있다. 윌리엄 헨리*William Henry*와 마크 그레이*Mark Gray* 박사는 이 수들을 곱하면 모두 360개의 별점들이 나오고, 이 수에 다시 별들의 숫자 72를 곱하면 25,920이 나온다는 점을 지적한다. 이 사실은 미국 건국의 아버지들이 세차주기와 그것이 인류에게 어떤 일을 하게 되는지의 예언들을 잘 알고 있었음을 다시 한 번 보여준다.[19] 고리를 이룬 별들은 하나 걸러 하나씩 솔방울들이 바깥쪽에서 별들을 가리키고 있다.

솔방울샘의 형태를 닮게 했을 수도 있는 의사당의 돔은 프리메이슨의 벌집 상징과도 비슷한데, 이곳에서는 "안에 있는 벌들만이 롯지*lodge*/벌집 안의 활동들을 안다"[20]는 글이 새겨져 있다.

의사당 돔의 더 아래쪽을 보면, 안벽을 따라 있는 프리즈*frieze*에 코르

【그림 53】 '아포시오시스'는 '인간이 신이 된다'는 뜻이다. 워싱턴은 고대의 신들과 여신들 사이에서 살면서 무지개 위에 걸쳐 있는 것으로 묘사되었는데, 이것은 워싱턴이 '무지개 몸'이라고 하는 '승천한' 경지에 이르렀다는 믿음을 보여주는지도 모르겠다.

테스*Cortès*가 아즈텍족*Aztecs*을 정복하는 장면이 표현되어 있다. 몬테수마 *Montezuma* 왕의 뒤로 아즈텍력—이것도 2012년에 끝난다—이 뚜렷하게 보이고, 불꽃이 이는 단지를 감고 있는 뱀의 모습도 보이는데, 이 또한 솔방울샘을 상징하는지도 모른다.[21]

지금 세상의 많은 정부들이 그토록 드러내놓고 거짓과 부패에 젖어 있기는 하지만, 나는 그들이 물려받은 긍정적인 전통들이 바탕에 살아 있다고 느낀다. 그 의미들은 잊힌 지 오래되었거나, 더 나중의 가르침들과 혼동되었는지도 모르지만, 미국은 이 고대 예언들의 실현을 돕기 위해 비밀스럽게 세워진 듯하다. 나는 결코 엘리트들이 모든 사람을 어떤 종류의 세계적인 독재

【그림 54】 이 프리즈도 의사당의 돔에 있다. 여기에는 코르테스가 몬테수마를 처음 만나는 장면을 그렸다. 아즈텍력이 두드러지게 묘사되어 있는데, 이것 또한 2012년에 끝난다.

체제에 동조하게 할 신세계 질서를 만들 수 있으리라고는 믿지 않는다. 이 책에서 우리가 살펴봤던 과학과 예언들의 진수는 우리가 거쳐가고 있는 변화가 바로 우리들 DNA에 직접 짜여 있음을 보여준다. 어떤 정부도 이 과정에 끼어들거나 그것을 통제하지 못한다. 미국은 언론의 자유, 종교의 자유, 그리고 폭압으로부터의 자유를 보장하는 법률 제도를 만들었던 것과 같이, 이 변형 과정을 위한 길을 닦는 데 도움을 주려는 의도를 가졌을지도 모른다. 그러나 궁극적으로 이 진화의 과정을 이끄는 것은 은하계와 태양과 지구 그 자체일 뿐만 아니라 우리가 연결되어 있는 듯한 많은 우주의 친척들이다.

무지개 몸

조로아스터, 미국 건국의 아버지들과 여러 사람들의 신비적인 예언들이 보여주었을지도 모르는 어떤 종류의 '빛의 몸*light body*'으로 인류는 옮겨 갈 준비를 할 수 있는 것일까? 윌리엄 헨리와 마크 그레이 박사는 고대의 많은 전통들에서 인간의 몸이 새로운 형태로 변모하는 빛의 몸에 대해 널리 퍼져 있는 참고 사례들을 보여준다.

> 수피즘*Sufism*에서는 이것을 "가장 신성한 몸", "천상의 몸"이라 불렀다. 도교에서는 "금강체"라 했고, 이 경지를 이룬 사람들을 "불사신", "구름을 걷는 사람"으로 불렀다. 요가와 탄트라에서는 "신성한 몸"이다. 크리야요가에서는 "지복의 몸", 베단타에서는 "초전도체"라고 불렀다. 고대 이집트인들은 "빛나는 몸 또는 존재"(아크*akh*)나 "카라스트*karast*"로 불렀다. 이 개념은 영지주의로 진화했고, 여기서는 "빛을 내뿜는 몸"이라고 했다. 미트라교*Mithra*의 예배에서는 "완벽한 몸"이라고 불렀다. …… '헤르메스 대전*Hermetic Corpus*'은 그것을 "불사의 몸"이라고 했다. 연금술 전통의 '에메랄드 태블릿*Emerald Tablet*'은 "황금의 몸"이라 불렀다.[22]

티베트 불교에서는 지금까지도 '무지개 몸*Rainbow Body*'에 대한 보고들이 이어지고 있는데, 오랫동안의 수행으로 이 경지에 오른 사람들은 육체를 새로운 무지개 빛깔의 에너지 형체로 변형한다. 많은 경우에 그들은 동굴 속에서 명상함으로써 이 변형의 과정을 끝마친다. 마침내 그들이 나와서 이 진화의 다음 수준으로 옮아갈 준비가 되면, 자신의 손이나 발을 바위 속으로 곧장 밀어 넣기도 한다. 그들은 이제 바위의 분자들을 타임스페이스로 쉽게 들여보내고, 거기에 자국을 남길 수도 있는데, 몇몇의 손자국과 발자국들이 사진에 찍혀 온라인에 공개되기도 했다.[23] 티베트와 인도에서만 무지개 몸을 다룬 무려 16만 건의 기록된 사례들이 있다.

> 쓰촨(四川)성 캄 동쪽의 카톡*Kathok* 사원에는 12세기에 사원이 세워진 뒤로 법문(法門)에서 이 경지에 오른 10만 명 이상의 승려들을 적은 기록들이 남아 있는 한편, 인근의 족첸*Dzogchen* 사원에는 사원이 세워진 17세기부터 그 경지를 이룬 6만 명의 법문 제자들이 있었다. 두 사원은 모두 닝마*Nyingma* 종파에 속해 있다.[24]

【그림 55】 이 그림은 티베트의 무지개 몸을 묘사한 많은 그림들의 하나다. 티베트와 인도에서만 무지개 몸을 기록한 사례들이 16만 건이 넘는다.

나는 남카이 노르부 린포체*Namkhai Norbu Rinpoche*의 저서 《꿈 요가와 빛의 수행*Dream Yoga And The Practice Of Natural Light*》을 읽으면서 이 내용을 처음 알았다. 여기에 이 과정을 특히 잘 서술해놓은 부분이 있다.

> 빛의 몸: 티베트어로 알루스*ja-lus*이다. '무지개 몸'이라고도 한다. 어떤 깨달은 존재들은 자신의 평범한 몸을 '빛의 몸'으로 바꾸는 일을 성취한다. 이 과정에서 육체는 그 자연스러운 상태, 곧 '투명한 빛'의 몸으로 사라진

> 다. 몸의 구성 요소들이 정화되면서, 그것들은 총체적인 현현(신체, 살, 뼈 등)으로부터 다섯 가지 색깔로 —파랑, 초록, 하양, 빨강과 황금색— 나타나는 그 순수한 정수로 변형한다. 몸이 다섯 색깔로 사라질 때 무지개가 만들어지고, 육체가 남는 것은 손톱과 머리카락뿐이다. '빛의 몸'을 이룬 20세기 족첸의 수행자들에는 남카이 노르부 린포체의 스승들과 가족들이 있다. 예컨대, 그의 삼촌 우르곈 단진(독댄), 두 스승인 창춥 도르제와 아유 칸드로, 그리고 창춥 도르제의 스승인 냘라 페마 댄둘이 그들이다.[25]

2002년에 보고된 대로, 베네딕트회 수도사인 데이비드 스타인들라스트 *David Steindl-Rast*는 노에틱사이언스연구소*Institute of Noetic Sciences*와 함께 무지개 몸 현상에 대한 과학적인 조사를 제안했고, 열렬한 반응과 함께 승인을 받았다. 스타인들라스트는 이 현상이 연구되고 실제로 일어나는 일로 널리 인정받는다면 이것이 가져오게 될 영향을 설명한다.

> 예수의 부활을 두고 묘사되는 내용이 옛날에만 일어났던 일이 아니라 지금도 일어나고 있음을 인류학적인 사실로 확립할 수만 있다면, 이것은 인간의 잠재력을 보는 우리 관점을 완전히 다르게 해줄 것이다.[26]

그래서 스타인들라스트는 티베트를 자주 방문했던 가톨릭 사제 프란시스 티소*Francis Tiso* 신부에게 일을 맡겨서 무지개 몸의 최근 사례들을 찾아 기록하도록 했다. 티소는 1998년에 죽은 티베트 캄의 겔룩파*Gelugpa* 승려 켄포 아초스*Khenpo A-chos*의 사례를 조사했다. 티소는 이 승려가 죽었던 마을을 찾아냈고, 켄포 아초스가 죽는 모습을 지켜봤던 여러 사람들의 증언을 녹취했다. 목격자들은 켄포 아초스가 만나는 모든 사람들의 마음을 움직이는 따뜻하고 영적인 자질을 가졌었다고 말했다.

> 이 사람은 그가 죽은 방식을 빼고는 무척 재미있는 인물이었다. 자신의 서약을 지키는 그의 신심과 삶의 순수함, 그리고 켄포 아초스가 자비심을 기르는 일을 얼마나 자주 강조했었는지를 모든 사람들이 언급했다. 그는 가장 난폭하고 거친 사람들마저도 조금 더 온화해지고 조금 더 마음을 모으도록 가르칠 정도의 능력을 가졌었다. 이 사람과 함께 있는 것만으로도 사람들이 바뀌었다.[27]

목격자들은 켄포 아초스가 죽기 며칠 전에 그의 오두막 위로 무지개 하나가 나타났고, 그가 죽은 뒤로는 "수십 개의 무지개들"이 나타났다고 말했다. 켄포 아초스는 아프지 않았고 아무런 잘못된 일도 생기지 않았다. 그저 만트라만 염송했다.

> 목격자들의 말로는, 켄포 아초스의 숨이 멈춘 뒤로 그의 살갗이 분홍색 비슷하게 되었다. 한 사람은 그것이 아주 밝은 흰색으로 바뀌었다고 했다. 모든 목격자들이 그의 몸이 빛나기 시작했다고 말했다. 라마 아초스는 친구의 몸을 모든 겔룩 승려들이 입는 노란 법복으로 싸자고 제안했다. 몇 날이 지나도록 그들은 법복 속에서 켄포 아초스의 뼈와 몸이 오그라드는 모습을 지켜보고 있었다. 그들은 또 하늘에서 들려오는 아름답고 신비로운 음악을 들었고, 향기도 맡았다. 7일이 지나서 노란 옷을 벗기자 육체는 남아 있지 않았다. 라마 노르타와 몇몇 다른 사람들은 켄포 아초스가 죽은 뒤로 자신들의 환영과 꿈속에 나타났다고 주장했다. 라마 아초스는 티소에게 무지개 몸을 성취하는 데는 60년 동안의 집중적인 수행이 필요하다고 했다. "언제나 그만큼의 오랜 시간이 걸리는지는 잘 모르겠다." 티소는 인정한다. "하지만 우리가 이 수행법들의 일부를 정중한 방식으로 우리의 서구 철학과 종교 전통들에 짜 넣을 수 있었으면 좋겠다." 티소는 우리가 알기

로 대부분의 기독교 성인들의 몸은 죽고 나서 사라지거나 오그라들지 않았다고 말한다. 티소가 덧붙이기를, 성경과 여러 전통 문헌들은 육신의 승천을 언급하는데, 에녹, 성모 마리아, 엘리야, 그리고 어쩌면 모세가 그들이다. 그리고 죽은 뒤로 체현(體現)한 성자들의 이야기가 많이 있는데, '빛의 몸'이라는 널리 알려진 현상과도 비슷하다.[28]

신성한 통합

우리가 알아본 모든 것들로 볼 때, 우리는 어떻게 그런 놀라운 많은 예언들을 과학적으로 분석하고 이해할 수 있는 걸까? 분명히 고대인들은 우리가 물병자리 시대로 옮겨 가는 동안 대규모 사건들이 우리를 이끌 것임을 절대적으로 확신하고 있었다는 많은 증거들이 있다. 마야력이 은하계가 이끌어 가는 태양계에서의 실제 주기들과 일치한다는 증거를 우리는 보았고, 이 주기들은 우리가 물병자리 시대로 들어가면서 지금 행성 간의 기후 변화를 겪게 하고 있다. 인간이 다시 신들처럼 되리라는 황금시대의 도래를 이야기하는 고대의 많은 예언들을 우리는 보았다. 2012년을 연구하는 그토록 많은 학자들이 결론 내린 대로, 이것은 그저 대규모 재앙이 아닌 훨씬 더 많은 일들이 지금 벌어지고 있음을 명백하게 보여준다. 사실 나는 이런 재앙의 예언들은 잘못 이해된 것이며, 우리는 이미 최악의 지구 변화들을 바로 지금 목격하고 있다고 굳게 믿는다. 우리는 안전하게 보호받고 있는 듯하다. 우리가 진화의 여정을 헤쳐나가도록 우리 대부분이 헤아릴 수 있는 것보다도 훨씬 더 큰 힘들의 안내를 받으면서 말이다.

이 고대의 예언들은 하나같이 인류가 어떤 형태의 진화적인 사건을 겪어 가고 있음을 보여준다. 티베트에서의 무지개 몸에 대한 보고들은 우리가 어떤 종류의 에너지적 몸, 곧 '완전해진 몸*Perfected Body*'으로 변형될 수 있음을 말해주는 성경의 예언들을 지지하는 강력한 근거가 된다. 이런 이유로 미국 건국의 아버지들과 여러 사람들이 스스로를 "완전하게 될 수 있는 사람들 *Perfectibilists*"이라고 자주 불렀던 것이다.

우리가 어떤 형태의 빛의 몸으로 변형하게 될 것인지를 알 수 있는 길은 분명히 없다. 그러나 우리가 직접적이고 생물학적인 수준에서 빠른 진화 단계를 거치고 있음은 이제 안다. 우리의 문명은 지난 몇백 년 동안 급격하게 성장했고, 우리가 지금 아는 것보다도 고대인들이 훨씬 더 많이 알고 있었을 더 큰 힘들이 작용하고 있는 듯하다. 한 가지는 확실하다. 인간의 몸을 오로지 다윈의 돌연변이에 의해서만 지상에 나타난 무작위적인 유전적 사고로 보는 낡은 모형들은 내버려야만 한다는 것이다. 사실 우리는 자신이 누구이고 또 무엇인지에 대해 우리를 물질주의적 사고방식의 감옥 속에 옭아맸던 많은 환상들로 고통받았다. 우리의 몸은 서구의 주류 과학계가 모르는 보이지 않는 에너지장으로 성장하고, 또 보살핌을 받는다. 이 에너지장은 궁극적으로 우리의 모든 생각들을 함께 '하나'로 통합한다. 직접 측정하고 증명할 수 있는 방식으로 그렇게 한다. 이것을 알면 의식 있는 존재들로서의 우리 진화를 돕는 강력한 새로운 도구들을 갖게 된다. 우리는 아주 짧은 시간 안에 자신을 치유하고 우리의 진화를 확장시킬 놀라운 새 방법들을 얻는다. 잃어버린 황금시대의 고대 거석 유적들이 이 에너지장들을 정교하고 기술적으로 이용하는 법을 어떻게 알려주고 있는지를 우리는 분명하게 보았다. 2012년은 우리가 집단적으로 이 잃어버린 과학을 다시 발견하기 시작하는 때를 나타내는지도 모른다. 그래서 이 과학을 우리 자신과 우리의 행성을 치유하는 데 쓰기 시작하도록 말이다.

성경에 나오는 함께 나누고 싶은 흥미진진한 구절들이 있는데, 우리가 나눴던 다른 모든 것들과 함께 맥락으로 보면 이것들을 음미해보는 일은 꽤나 흥미롭다. 이 구절들은 조로아스터 경전들로부터 물려받았던 '위대한 심판'과 같은 전통의 영감을 받았을 수 있다. 그리고 그것이 정확한 예언이라고 널리 믿어졌다.

첫 아담은 생령으로 만들어졌고, 마지막 아담은 되살리는 영이 되었노라. (고린도전서 15장 45절)

첫 사람은 땅에서 났으나, 나중 사람은 하늘에서 나셨느니라. (고린도전서 15장 47절)

우리는 하늘에 속한 이의 형상을 입으리라. 내가 그대들에게 비밀을 말하노니, 우리는 눈 깜짝할 사이에 모두 다 바뀌리라. 썩어 없어질 것이 썩지 아니함을 입겠고, 죽어 없어질 것이 죽지 아니함을 입으리라. (고린도전서 15장 49절~53절)

우리는 의로움이 있는 곳에서 새로운 하늘과 새로운 땅을 바라보노라. (베드로후서 3장 13절)

보라, 내가 새 하늘과 새 땅을 창조하나니. 앞의 세상은 기억나지 않을 것이요, 떠오르지도 아니할 것이다. (이사야 65장 17절)

내가 지을 새 하늘과 새 땅이 언제나 내 앞에 있는 것과 같이, 너희 자손과 너희 이름이 언제나 있으리라. (이사야 66장 22절)

해와 달과 별들[행성들?]에 조짐이 있을 것이요, 땅에서는 나라들이 당황 속에서 고통스러울 것이며, 바다와 파도는 울부짖으리라. 사람들은 두려움으로, 그리고 지상에 앞으로 닥칠 일들을 보고 심장이 멎으리니, 이는 하늘의 권능이 흔들릴 것이기 때문이라.
그때 사람들은 인자가 구름 속에서 권능과 큰 영광으로 오는 것을 보리라.
이런 일이 일어나기 시작하거든, 고개를 들고 일어서라. 그대들의 구원이 가까웠느니. (누가복음 21장 25절~28절)

20장

우리는 곧 외계 존재와 재회하게 될 것이다
: 평행우주로의 여행과 불멸의 삶

> 우리는 지금도 여러 개의 평행우주들에 속해 있으며,
> 물리적 몸이 물리적 우주에 있는 동안에도 자신들과 소통한다.
> 우리가 죽는다는 것은 물리적 우주에서 물러나는 것뿐이며,
> 평행우주들에서의 삶은 계속 이어진다.

나는 외계 존재와 UFO 현상에 대한 공식적이고 숨김없는 진실의 공개가 황금시대로 가는 우리의 행보에 있어 필수적인 측면이라고 믿는다. 이 책에서는 UFO와 관련지어 설명하는 데 기대지 않으려고 노력했지만, 고대에 인간처럼 생긴 외계 존재들이 우리를 찾아왔었고 또 바로 오늘날까지도 이어졌다는 부인하지 못할 증거가 있다고 느낀다. UFO와 그들이 우리의 기술과 고대인들 그리고 2012년의 예언들에 미친 영향을 검토하지 않고서는 소스필드에 대한 논의가 결코 완결되지 못한다.

2009년 카네기과학협회*Carnegie Institution of Science*의 앨런 보스*Alan Boss* 박사는 우리 은하계에만 지구와 같은 행성이 1,000억 개가 있을 수 있다고 추정했다. 이 추정치는 지금껏 발견되어온 광범위하게 퍼져 있는 태양계 밖 행성들을 바탕으로 한 것으로, 보스 박사는 이것으로 항성마다 평균 한 개의 지구와 같은 행성이 있을 수 있다고 추론하게 되었다. 그는 또한 이 행성들에는 아마도 생명이 있을 거라고 —적어도 미생물이라도— 믿었다.[1] 같은 기

간에 에든버러 대학교의 과학자들은 수많은 항성들과 행성들이 있는 합성 은하계를 구축하고 컴퓨터 시뮬레이션을 돌렸다. 멸종 사건들도 들어가 있는 이 데이터로부터 과학자들은 "우리 은하계가 생성된 때로부터 적어도 361개의 지적인 문명이 나타났고, 38,000개까지도 형성되었을 수도 있다."는 결론을 내렸다.[2]

2009년 12월에 〈디스커버〉지는 남아프리카의 보스콥이라는 마을에서 1913년 가을에 시작된 일련의 고고학적 발견들이 들어 있는 "논쟁의 여지가 많은 연구"를 실었다. 두 명의 농부들이 "비정상적"으로 보이는 호미니드 *hominid**의 머리뼈 조각들을 파냈다. 정규 교육을 받은 고생물학자인 S. H. 호튼*Haughton*은 마침내 보스콥의 머리뼈에는 우리보다 아마도 25퍼센트 이상 더 큰 뇌가 들어 있었다는 결론을 내렸다.

> 보스콥인의 얼굴은 머리뼈 크기의 겨우 5분의 1 정도만을 차지하는데, 어린아이들의 비례에 가깝다. 뼈들 하나하나를 조사한 결과 코, 뺨과 턱이 모두 아이들과 비슷하다고 확인되었다. 보스콥인의 뇌 크기는 우리 것보다 거의 30퍼센트가 더 컸다. 다시 말해 우리의 뇌가 평균 1,350시시(cc)인 데 비해 이것은 1,750시시였다. 그리고 이런 구조는 전전두엽피질을 무려 53퍼센트나 더 크게 해준다.[3]

전전두엽피질은 우리의 고등 인지 기능들을 처리하는 곳이며, 우리의 직관력을 다스리는 곳으로 추정된다.

> 어쩌면 그들은 놀라운 통찰력으로 말 그대로 우리가 상상할 수 있는 모든

* 인류의 조상을 통틀어 부르는 용어.

것을 넘어서는 내적인 정신생활로 공상가 종족이 되었을지도 모른다. 큰 머리와 아기의 얼굴을 가진 35명의 보스콥 아이들이 있는 교실에 가면, 거기서 인류의 역사에서 기록되어온 상위권의 IQ를 가진 아이들을 5~6명쯤 만나게 될지도 모른다. 그들은 죽었고 우리는 살았지만, 그 이유를 알 수가 없다. 왜 그들은 우리처럼 더 작은 뇌를 가진 호미니드를 앞질러서 이 행성 전역으로 퍼지지 않았던 것일까? 아마도 그들이 원치 않았으리라. [그럼에도] 인류학자들은 보스콥인의 특징들이 가끔씩 살아 있는 부시먼*Bushman* 집단에서 아직도 나타난다고 보고하면서, 이 종족의 마지막 남은 사람들이 그리 멀지 않은 과거에 먼지투성이의 트란스발*을 걸어 다녔을지도 모른다는 가능성을 제기한다.[4]

사람들이 우주선에 타고 있는 이런 존재들을 만났다고 생각한다면 그들이 "미쳤다고" 묵살해버리는 일은 그렇다 치자. 하지만 이런 존재들이 여기서 살다가 죽었다는 고고학적인 증거를 찾았다는 것은 전혀 말이 안 되는 일이고, 〈디스커버〉지는 이 기사를 실을 정도로 진지하게 받아들였다. 보스콥인들이 위험한 악당들이었을까? 이들이 함께 살았던 사람들을 보면 그것과는 정반대다.

보스콥인의 유골이 처음 발견된 장소에서 160킬로미터쯤 떨어진 곳에서, 프레드릭 피츠사이먼스*Frederick FitzSimons*가 추가로 발굴 작업을 했다. 그는 자신이 찾아낸 것이 무엇이었는지를 알았고 더 많은 머리뼈들을 찾아내려고 힘을 쏟고 있었다. 새로운 발굴지에서 피츠사이먼스는 뚜렷한 유적을 찾아냈다. 그 장소는 수만 년 전에 한때 공동거주지로 쓰였던 곳이었

* 남아프리카공화국에 있는 세계 제1의 금 산지.

다. 모아놓은 많은 돌들이 있었고 뼈들이 남았으며, 보통의 사람처럼 보이는 뼈들이 대충 묻혀 있었다. 그러나 그 한쪽에는 한 사람을 위해 꼼꼼하게 만들어진 무덤이 뚜렷하게 드러났는데, 아마도 지도자나 존경받았던 현자의 무덤인 듯했다. 그의 유해는 떠오르는 태양을 보도록 자리 잡았다. 잠든 그 사람은 모든 면에서 특별한 것이 없어 보였다. 커다란 머리뼈만 빼면 말이다.[5]

닥터 스티븐 그리어*Steven Greer*는 지칠 줄 모르는 노력으로 UFO와 외계 존재들을 직접 다루는 비밀 프로그램들에서 일했던 560명 이상의 증인들을 모았다. '디스클로저*Disclosure*'는 세상의 정부들이 수거한 외계 기술을 비롯해 UFO 관련 지식을 다룬 비밀스러운 성과들을 숨김없이 공개하거나, 또는 우리가 외계 존재들을 직접 만나게 해줄지도 모르는 가상의 순간을 묘사하는 데 그리어와 여러 사람들이 쓰는 용어다. 우리는 이 일이 진정으로 투명하게 이뤄지는 데 더욱 가까이 다가가고 있고, 정부들은 이런 접촉을 다룬 비밀 내용들을 점점 더 공개하고 있다. 정부들이 이런 내용들을 오랫동안 감춰왔던 이유는 이 정보가 공개되면 전 세계가 공포에 사로잡힐 거라는 생각으로 두려워했기 때문으로 보인다. 그러나 나는 황금시대의 도래와 함께 대중들은 혼란과 공황이 아닌 경외와 수용과 같은 반응을 보이게 되리라고 믿는다. 필요한 것은 의회의 소환장뿐이다.

닥터 그리어의 증인들은 의회에서의 공개적인 공청회에서 정확히 자신들이 아는 것들을 증언할 준비가 되어 있다.

나는 2001년 5월 10일에 그리어가 의회 의원들과 여러 고위 인사들을 위해 마련한 "비공개 주요인사 요약브리핑"에 운 좋게도 참석하게 되었는데, 그 방 분위기는 긴박했다. 가장 눈에 띄었던 증인은 클리포드 스톤*Clifford Stone* 하사로, 추락한 UFO를 수거하는 프로젝트들에서 일했다고 했다. 스톤은 임무를 수행하는 과정에서 목격한 것들로 입었던 정신적 외상으로 흐느꼈고 자신의 증언을 끝맺지 못할 정도였다. 다른 많은 흥미진진한 내용들 가운데, 스톤은 자신이 지금 지구에 오고 있는 다양한 외계 지적 생명체들 57종을 기술한 현장지침서를 가지고 있었다고 밝혔다. 이 57가지 종족들은 겉모습이 모두 인간과 같았고, 차이가 있다면 우리가 지구에서 보는 것과는 다른 피상적인 차이들뿐이었다. 증인들 가운데 다른 사람들은 핵미사일 저장시설들의 동력을 꺼버리든지, 또는 날아가는 미사일들을 적극적으로 무력화시켜서 지상에 떨어졌을 때 철저히 비방사성으로 만들어버렸던 외계 존재들의 직접적인 개입들을 보고했다. 이 증인들과 몇 명의 추가된 증인들은 2010년 9월 27일 내셔널프레스 클럽에서의 대규모 공개 콘퍼런스에 나섰고,[6] 주류 언론은 이를 크게 다뤘다.[7] 군산복합체는 외계 존재들의 이런 행동을 적대적인 행위로 볼 수밖에 없었겠지만, 다른 한편으로는 우리가 오랫동안 잊어왔던 친척들이 우리를 핵무기의 대참사로부터 보호하고 있다고도 볼 수 있다. 이 방문자들을 다양한 고대의 문화들에서는 흔히 천사들과 신들로 보고했었을 법도 하다. 그리고 우리는 지금 진정한 '가족의 재회'를 맞을 문 앞에 서 있는지도 모르겠다.

서클 메이커

2009년 10월 20일 영국의 〈텔레그래프*Telegraph*〉지는 한 경찰관이 목격한 세 남자들의 이야기를 실었는데, 이들은 모두 금발에 180센티미터가 넘는 키였고 한 크롭서클 근처에서 판독 계기들을 가지고 있었다. 경찰관은 정전기와 비슷한 지지직거리는 소리를 들었고, 이 소리는 또한 곡물을 부드럽게 움직이게 하면서 온 들판에 퍼지는 것처럼 보였다. 그는 남자들에게 소리를 질렀지만 그들은 자신의 목소리를 듣지 못하는 듯했다. 하지만, 경찰관이 밀밭으로 들어서자 세 남자들 모두 그를 보더니 달리기 시작했다.

> "그들은 내가 봤던 그 누구보다도 더 빠르게 달렸어요. 나도 굼벵이는 아니지만 그들이 너무 빨랐어요. 잠깐 먼 곳을 봤다가 다시 보니 사라지고 없더라고요."[8]

영국 정부가 공식적으로 UFO 파일들 다수를 공개한 뒤인 2009년 3월 22일에 비슷한 사례가 공개되었다. 1989년 11월 20일, 어느 익명의 여성이 영국 서퍽 주의 워티샴*Wattisham* 공군 기지에 전화해서 자신이 개를 데리고 산책하다 생긴 이상한 경험을 이야기했다. 그녀는 비행복과 비슷한 밝은 갈색의 통옷을 입은 남자를 보았는데, "스칸디나비아 말 같은 억양"이 있었다. 남자는 그녀에게 밀밭에 나타나는 커다랗고 편평한 원들에 대해 들었던 적이 있느냐고 물었다. 10분 정도 이야기를 나누면서, 남자는 자신이 지구와 비슷한 다른 행성에서 왔으며, 자신처럼 지구로 여행 와서 이런 형태들을 만드는 사람들이 더 있다고 했다. 이 방문자들은 이곳에 우호적인 목적으로 있지만, "자신들이 위협으로 여겨지는 것을 우려해서 인간들과 접촉해서는 안 된다는 주의를 받았다."고 말했다.[9] 남자는 누가 그들에게 우리와 접촉하지 말라고 했는지는 결코 말하지 않았다고 한다. 이 여성은 "완전히 겁에 질려서" 집으로 뛰어가는 동안 등 뒤로 "시끄럽게 윙윙거리는 소음"을 들었고, 밝은 오렌지색으로 빛나는 커다란 구체가 나무들 뒤에서 똑바로 솟아오르는 모습을 보았다. 공군 관계자는 이 여성이 한 시간가량을 이야기했는데, 정말로 경험한 것을 말하고 있었음을 의심치 않는다고 했다.[10]

'크롭서클 커넥터*Crop Circle Connector*' 웹사이트는 1978년부터 영국에 나타난 모든 형태의 크롭서클은 물론, 세계 여러 나라의 많은 사례들의 기록을 가지고 있다. 명목상의 이용료를 내고 방대한 양의 자료들을 찾아볼 수 있는데, 우리가 논의해온 것들처럼 3차원의 기하학적 패턴들을 보여주는 많은 형태들에 깜짝 놀랄 것이다. 어떤 것들은 의심할 필요도 없이 가짜이기는 하지만, 나는 그 서클메이커*circlemaker*들이 우리가 황금시대로 옮겨 가는 일을 돕는 다양한 상징적인 메시지들을 이런 형태들로 주고 있다고 느낀다. 나에게 가장 호소력 있는 하나의 크롭서클은 2008년 7월 15일 윌트셔의 에이브버리 장원에 나타난 것이다. 이 패턴은 같은 지역에서 발견된 정교한 입석군들—스톤헨지와 다를 바 없는—의 북서쪽 바로 옆에 나타났다. 여기서 우리는 뚜렷하고 분명하게 우리 태양계를 표현한 모습을 보는데, 한가운데에 태양을 나타내는 커다랗고 평평한 원을 행성들의 궤도를 보여주는 여러 원형의 고리들이 둘러싸고 있다. 이 고리들 하나하나에는 행성들의 정확한 위

【그림 56】 이 크롭서클은 2008년 7월 15일 에이브버리 거석 유적 옆에 나타났다. 2012년 12월 21일의 행성 정렬을 정확하게 그리고 있다.

치를 표시한 작은 원이 있다. 앙드레아스 뮐러*Andreas Müller*와 레드 콜리*Red Collie*는 각자 천문학 소프트웨어를 이용해 이 패턴을 분석하고서, 이 정렬이

미래의 어떤 날짜를 묘사했다는 결론을 내렸다. 2012년 12월 21일이었다.[11]

물론 어느 형태가 진짜인지 아닌지를 확실하게 알 방법은 없다. 높은 품질의 거짓 형태들이 일상적으로 만들어지고 있다. 하지만 1,200년쯤 전에 아고바드가 기술했던 크롭서클들마저도 사기꾼들이 만들었을 가능성은 있을 법하지 않다. 1600년대에 로버트 플랏이 애써 기록했던 크롭서클들도 그들이

【그림 57】 이 줄리아 집합 프랙털 형태의 크롭서클은 1996년 7월 7일 스톤헨지 근처에서 한낮에 나타났다. 목격자들은 이것이 15분 이내에 생겼음이 틀림없다고 밝힌다.

만들었다고는 생각하지 않는다. 나는 2010년 8월에 이 현상을 내 눈으로 직접 보려고 영국에 가서 네 개의 서클들 속을 걸어봤다. 가장 흥미진진했던 부분은 그것들 모두가 구릉에 만들어졌다는 점이었는데, 땅의 형태 때문에 지상의 어느 한 곳에서는 전체 모습을 볼 수가 없다. 이 패턴들은 공중에서 보도록 고안된 것들이었다. 어떤 경우들에는 하늘에서 똑바로 보이도록 지상의 기하 구조가 조금 늘어나게 나타나기도 했다. 지상에서는 이 형태들 어떤 것도 실제로 어떻게 생겼는지를 말하기가 아주 어려웠다. 그리고 진짜 크롭서클들은 느닷없이 나타난다.

1996년 7월에는 복잡한 줄리아 집합*Julia Set* 패턴이 오후 5시 반에서 6시 15분 사이의 오후에 바로 스톤헨지 근처에 나타났는데, 모두 151개의 원들로 만들어졌다. 파리들이 마치 날개가 녹아버린 것처럼 곡물에 달라붙은 채로 발견되었다. 정상보다 76퍼센트 높은 방사능 수치가 측정되었고, 얼마 지나지 않아 수수께끼처럼 사라져버렸다. 곡물 줄기의 성장마디들은 흔히 늘어나 있는데, 이것은 마이크로파의 영향과 일치하고, 세포들에는 미세한 구멍들이 나타나는 것으로 보아 1마이크로초 안에 섬광으로 가열되었음을 보여준다. 어떤 식물들에는 얇은 탄소층이 덮여 있기도 한다. 크롭서클의 90퍼센트는 대수층 위에 생기는데, 이것은 어떤 기술로 지면으로부터 물을 끌어 올려서 곡물이 타버리는 것을 막았을 수도 있음을 시사한다. 서클들의 안에서는 전기 장치들이 오작동하고 나침반은 비정상적으로 움직인다. 두 가지 실험에서 한 크롭서클의 안에서는 시간의 속도가 조금 바뀐 것으로 측정되었다.[12]

휴 매니스트리*Hugh Manistre*의 책 《크롭서클: 초보자를 위한 지침서*Crop Circles: A Beginner's Guide*》[13]를 적극 추천한다. 그리고 데이비드 프랫*David Pratt*의 '크롭서클과 그 메시지*Crop Circles and their Message*'에는 다양한 놀라운 사진들과 함께 굉장한 자료들이 많이 들어 있다.[14] 프랫의 글 1부에서는 크롭서클 아래의 토양이 정상보다 훨씬 덜 단단하고 더 건조하며, 결정화가 더 많아졌고, 순철*pure iron*의 흔치 않은 미세한 구체들이 특징적으로 나타난다는 사실을 알게 된다. 씨앗이 만들어지고 있는 아직 어린 곡물들의 씨앗은 설사 여문다고 해도 발아가 잘 되지 않는 반면, "씨앗이 충분히 만들어진 성숙한 식물들의 씨앗들은 대개 활력이 큰 폭으로 늘었고 생장률이 대조군보다 다섯 배까지 더 높게 나왔다".[15] 2부에서 프랫은 크롭서클이 나타나는 지역들에서 공들, 원반들 또는 빛의 기둥들이 목격되었다는 많은 보고가 있음을 밝힌다. 수십 명의 사람들이 크롭서클이 나타나기 전에 고음의 떨리는 소음을 들었다. 거의 70명의 사람들이 바로 그들의 눈앞에서 크롭서클이 생기는 모습을 목격하기도 했다. 그들은 모든 과정이 10초에서 20초 사이에 아주 빠르게 이뤄졌고, 다는 아니지만 몇몇 경우에는 이 일이 일어나면서 눈에 보이는 회오리바람이 공중에 생기는 듯하다고 말한다.

> 1981년 7월의 어느 저녁, 레이 반즈*Ray Barnes*는 윌트셔에서 곡물의 이삭 위로 움직이는 물결 아니면 선을 보았다. 호를 그리며 들녘을 가로지른 다음에, 그 선은 땅바닥으로 떨어지더니 시계 방향으로 돌면서 방사상으로 23미터가량의 원을 만들었다. 지지직거리는 소음과 함께 단 한 번의 움직임으로 4초 정도밖에 걸리지 않았다. 곡물은 마치 파이를 자르는 거대한 커터로 잘린 듯이 깔끔하게 쓰러졌고, 한 포기도 튀어 올라오지 않았다.[16]

2008년 7월 15일에 나타난 크롭서클로 되돌아가 보자. 에이브버리의 농부는 이것을 달가워하지 않았고, 자신의 트랙터를 타고 세 개의 선을 그어서 그것을 망쳐버리려고 했다. 서클메이커들은 다시 돌아왔고, 처음 것만큼이나 큰 두 번째 서클을 바로 옆에 만들면서 몇 가지를 수정했다. 두 번째 크롭서클은 안쪽이 텅 비어 있지만, 주위엔 희한하고 작은 그림들이 함께 나타났다.

【그림 58】 2008년 7월 22일에 이 형태는 농부가 원래 패턴에 세 개의 선을 그어버린 뒤로 크게 수정되었다. 태양의 크기가 극적으로 커졌다.

내가 발표자로 참석했던 2009년의 한 콘퍼런스에서 비벌리 루빅*Beverly Rubik* 박사는 이 작은 상징들이 모두 여러 유형의 세포 기관들처럼 보인다고 지적했다. 그렇다면 큰 원은 세포막을 나타낼 수도 있지만, 그 안에는 아무것도 없었다. 아무도 그 숨겨진 의미를 확신할 수 없기는 하지만, 이 상징은 2012년 12월 21일 이후로 일어나기 시작할 수도 있는 생물학적 생명의 어떤 근본적인 변형을 보여주는지도 모르겠다. 무지개 몸을 이야기하는 티베트의 전설들과 비슷하게도. 더더욱 흥미로웠던 점은 서클메이커들이 태양계 그림에서도 태양의 지름을 금성의 궤도에까지 더 넓혔다는 사실이다. 이것은 2012년 12월 21일이 태양계에서 이미 일어나고 있는 이 심오한 에너지적 변화를 위한 티핑포인트*tipping point*를 대표할 수도 있음을 암시한다.

【그림 59】 이 사진에서 우리의 최종적인 2012년 크롭서클 바로 위의 에이브버리 거석들을 둘러싼 원형의 해자(垓子)가 뚜렷하게 보인다.

크롭서클들은 또한 소스필드 안에서 시간여행을 하는 데 참조점들로 이용되었을 수도 있다. 이들은 오늘날에도 타임스페이스로 여행하는 입구들의 기능을 하는지도 모르는 고대의 볼텍스 포인트들과 기념물들 바로 근처에서 흔하게 나타난다. 어떤 형태가, 그리고 언제 위치해 있는지 포괄적인 기록을 가지고 있으면, 시간상으로 다른 지점들의 커다란 데이터뱅크를 빠르게 훑어볼 수 있다. 찾고 있던 형태를 보기만 하면, 시간의 그 지점으로 들어갈 수가 있다. 이렇게 하면 우리가 방문하기를 바라는 어떤 시간의 창을 찾아내는 과정을 극적으로 단순화시킬 수도 있다.

솔방울샘을 역설계하다

'루킹글래스 프로젝트*Project Looking Glass*'는 솔방울샘을 역설계하여 그것을 더 큰 규모에서 실용 기술로 발전시킨 우리의 고대 조상들과 관련된다고 하는 프로그램이었다. 그 발상은 정신증폭기로서 가동하는 거대한 기계 앞에서서 가장자리에 어안렌즈의 왜곡이 있는 노란 빛깔의 거대한 둥근 덮개에 생각을 투사한다는 것이었다. 이렇게 하면 가능성 있는 미래의 사건들을 일어나기 전에 미리 알 수 있지만, 일어날 수도 있는 다양한 개연성들과 타임라인들은 언제나 있다. 나는 비밀연구 프로젝트들에서 일했다고 하는 많은 내부자들과 이야기해봤는데, 루킹글래스는 그들이 가장 자주 이야기하는 것들의 하나다. 로버트 루씨엔 호우*Robert Lucien Howe*는 영국 정부에서 일할 때 기밀문서들을 읽었다고 하면서 이 장치에 대해 설명했는데 이 내용은 온라인에서 읽을 수 있다. 나는 호우가 자신의 포스트에 쓴 내용들 모두에 동의하지는 않지만, 그 가운데 일부는 다른 사람들이 내게 말해준 것들과 아주 잘 들어맞는다. 그가 말해주는 것을 이해하려면, 내부자들이 우리의 에너지 복체를 "과도체*transient body*"로, 그리고 소스필드에 접속하는 일을 "과도 상태*transience*"라고 부른다는 사실에 유념하기 바란다. 다른 글들에서 호우는 이 프로그램들에서 솔방울샘을 "트랜지에이터*transiator*"로 부른다고 말했다.

> 모든 사람들은 우리의 미래를 더 나아지게 하고 우리를 위협하는 것들을 찾아서 경고해주고 있는 트랜지에이터 센서를 하나씩 가지고 있다. 우리

는 자신을 엔트로피로부터 지켜서 더 오래 살 수 있도록 이것을 이용한다. 트랜지에이터가 전혀 없는 사람은 고작해야 5~10년 정도나 살지도 모른다. 슬픈 일이지만, 이런 능력 대부분이 옛날 일이 되어버린 것은 인간의 트랜지에이터에서는 기껏해야 5~10와트밖에 (보통은 5~10밀리와트) 나오지 않는 반면에 어떤 기계들은 수십 킬로와트를 만들어내기 때문이다. 가끔은 5밀리와트가 5킬로와트를 능가할 수 있으므로 우리는 여기서도 여전히 기계들을 이길 수 있는데, 그것은 '과도 상태'가 따르고 있는 복잡한 규칙들 때문이다.

그 기계는 사실 시간가속기다. 슈뢰딩거 상자*Schrodinger box* 안에 있는 물질의 운동량 또는 에너지의 변화를 일으켜서 작동한다. 이 상자는 사실 만들기가 아주 간단하다. 매우 강한 전자파 차단 효과가 핵심이다. 이것은 전기로 차단된다. 내부에는 체온과 비슷한 섭씨 35도의 따뜻한 물을 채운 특수한 상자가 있다. 이것은 비전도성, 비금속이며 자기장이 0또는 0에 가까워야 한다. 마지막으로 이것은 음향 진동이 거의 없거나 전혀 없어야만 하고, 대개는 기계가 어떤 식으로든 움직여서는 안 된다.

어떤 종류든 외부적인 맥동*pulsation*이 있으면 기계 작동이 멈추기 쉽다. 일반 기계들의 형태가 기능을 좌우하는 것과 같은 방식으로 이 기계의 형태가 그 하는 일을 결정짓는다. 그렇기는 하지만 이 기계의 핵심은 이것이 미래에도 남아 있어야 한다는 점이다. 미래에 누군가가 기계를 망가뜨린다면 이것은 지금 작동을 멈출 것이다. 또 이 기계들은 오래될수록 더 작동이 잘된다. 비록 CIA가 만든 것에서는 이 부분이 빠진 걸로 보이기는 했지만 말이다.[17]

호우가 상자라고 부르는 것을 그들은 내게 흔히 솔방울샘처럼 생긴 물이 가득 찬 통으로 설명했었다. 이 통은 그 주위를 회전하면서 전자파 차단 효과를 만드는 세 개의 고리가 둘러싸고 있다고 한다.

개인적인 만남에서 여러 내부자들이 이것을 내게 설명해주면서 그것의 모습을 대충 그려 보여주었을 때, 나는 영화 「컨택트*Contact*」에서 이것과 무척 비슷한 회전하는 고리들이 나왔다는 사실을 깨닫고 소스라치게 놀랐다. 칼 세이건*Carl Sagan*이 루킹글래스에 대해 귀띔을 받았을 법도 하지만, 영화의 시나리오 작가인 제임스 하트에게는 그 줄거리에 어떤 진실이 있는지 결코 말해주지 않았다. 여러 증언들을 들어보면, 전자기 차단이 완전 가동되고 나면 통 안의 물은 타임스페이스로 바로 들어가는 입구를 만들어낸다고 한다. 우리가 쓰고 있는 이름 '루킹글래스'는 이 기술의 한 형태로, 여기서는 타임스페이스의 장소들을 멀리 떨어져서 들여다볼 수만 있다. 또 다른 버전의 이 기술은 암호명으로 '방주*the Ark*'인데, 이것은 물리적으로 여행하고 한 공간과 시간에서 다른 공간과 시간으로 순간이동하는 데 이용하는 실제 스타게이트를 만든다. 이 기술의 비밀은 이번에도 한가운데의 전자파가 차단되고 전화(電化)된 물이 담긴 통에 있다. 솔방울샘이 사람의 몸을 공간과 시간을 넘어 순간이동시킬 정도로 강력한 스타게이트를 만들 수 있는지도 모른다고 생각해보면 무척이나 흥미롭다 — 그것이 온몸이 들어갈 만큼 충분히 커진다면 말이다.

호우는 이에 대해 설명해나가면서 이 책에서 우리가 이야기해온 내용과 무척 비슷해 보이는 많은 물리학 개념들을 논의한다. 원자에서의 광속의 주파수를 "크레센도 포인트*Crescendo point*"라고 부른다고 한다. 여기서는 보통의 물질을 "타돈*tardon* 물질"이라 부른다고 하는데, 그것이 광속을 넘어가지 않도록 스스로 늦추는 상태에 존재하기 때문이다. 내부자들의 이론에서는 물질이 끊임없이 광속의 경계 또는 크레센도 포인트를 뒤어 넘어가는 양자 중첩 상태에 있다고도 말한다. 그 지점을 넘어가게 되면, 호우는 이것을 "그 중첩 상태의 광속보다 빠른 부분"에 있다고 말한다.

【그림 60】 여러 명의 내부 증인들이 루킹글래스 프로젝트가 존재한다고 밝혔다. 이것은 고대인들이 시간과 공간을 넘어 들여다보기 위해 솔방울샘을 역설계해서 건설한 거대한 기계다.

그런 기계들은 예고 없이 엄청난 양의 방사선과 에너지를 내뿜을 수도 있기 때문에 매우 위험해질 가능성이 있다. 기계 내부의 공간이 크레센도의 90퍼센트까지 이를 수 있기에 그렇다. '크레센도 이론'은 모든 타돈 물질이 특수한 종류의 중첩 상태에서는 자발적으로 광속으로 뛰어오르려 한다고 말한다. 물질은 광속에 이르기에 충분한 에너지를 가질 때 '크레센도' 상태에 있으며, 그 중첩 상태의 광속보다 빠른 부분은 타돈 상태보다도 더 낮거나 같은 에너지를 갖는다.

물질이 크레센도에 이르는 데는 두 가지 경로가 있다. 제로(0) 에너지와 토털*total* 에너지가 그것이다. 제로 에너지 상태는 이미 광속에서 움직이고 있는 에너지를 건드림으로써 작동한다. 크레센도 이론의 가장 난해한

> 부분들 가운데 하나가, 크레센도 물질이 원자 수준에서 공간을 완전히 변형시킬 수 있기 때문에 물질은 움직이지 않는 동안 (광속에서) 과도 상태*transient*로 있을 수 있다는 점이다(이것은 모순이 아니다).
>
> 이 이론은 공간이 휘지 않도록 한정된 힘을 부여하는 "공통 원자*common atom*"라는 더 큰 이론의 일부다. 작은 규모에서의 공간은 더 작으므로 에너지를 덜 갖는다. 원자 규모에서 공간은 완전히 변형된다. 원자 하나하나는 독자적인 내부의 타임스페이스를 가진 하나의 아주 작은 덩어리로 된 특이성*singularity*이다. 한 원자의 세계는 겨우 몇 초 동안 지속될 뿐이다. 하지만 시공간곡률이 있어서 그것의 시간은 우리 시간에 비해 정적이기 때문에 문제 되지 않는다.
>
> 같은 이론은 광자들이 실재 입자들과 파동들로 병존하도록 해주며, 모든 다른 이론들을 함께 병립하도록 해줌으로써 양자역학과 상대성 이론을 크게 단순화한다. 중력자*graviton* 입자는 물리적 물질 그 자체로 드러난다.
>
> 당신이 위의 내용들을 이해할 수 있다면, 군대가 물리학에 했던 검열의 80~90퍼센트가량의 뼈대를 이해한 셈이다.[18]

중력자 입자는 물리적 물질 그 자체로 드러난다. 광자들은 실재 입자들과 파동들로 병존한다. 공간은 스스로 구부러지고 말려서 원자를 만들어낼 수 있고, 원자의 내부는 바깥의 지역과는 많이 다른 시간의 속도로 움직이고 있다. 원자들을 광속을 넘어 가속하면 크레센도에 이르게 되고 평행현실로 튀어 들어간다. 용어들이 조금씩 다르기는 하겠지만, 이런 개념들 모두가 지금쯤은 무척 익숙하게 들릴 것이다. 이것이 함축하는 의미는 아주 놀라운 것인데, 왜냐하면 이와 같은 원리들을 기초로 솔방울샘이 온전히 활성화되기만 하면 말 그대로인 스타게이트의 기능을 할지도 모르기 때문이다. 그리고 이 스타게이트가 우리 몸 크기만큼이나 넓어지면, 우리는 빛으로 눈부셔 보이게 된다. 고대인들이 그렇게 많은 신화들, 상징들과 은유들을 만들어서 우리더러 이 주제를 연구해보도록 한 이유가 이것일지도 모른다. 우리 모두는 우리 몸 안에 내장된 이 솔방울샘의 기술을 이미 가졌고, 전 세계적으로 많은 문화들에 찾아왔던 고대의 신들은 그 기술의 스위치를 켜고 황금시대의 창조를 돕는 방법을 우리에게 가르치려고 주도면밀했었던 것 같다. 일부 부정적인 집단들이 이 개념들을 함부로 독점하고 있기는 하지만, 거의 대다수의 영적 전통들은 우주의 본성이 사랑임을 강조한다. 그리고 소스필드에 대한 우리의 연구는 이것이 사실이라는 강력한 증거를 내보여준다.

인도의 외계와의 접촉

〈인디아 데일리*India Daily*〉의 웹사이트에는 "기술" 분야가 있다. 여기에 올라와 있는 글들 절반 이상이 인도 정부의 부서들로부터 새어나온 것으로 보인다. 이 보고들에서는 내가 세상에서 본 다른 어떤 것과도 다르게 진실의 공개가 이루어지도록 아주 큰 노력을 기울이고 있는 듯하다. 당연히 글을 쓴 사람들 대부분은 익명이고 따라서 그들은 자료의 출처를 증명할 수 없으므로, 대부분의 사람들은 이 내용들을 쉽사리 무시해버릴 수도 있다. 그러나 이 글들의 전문적인 수준은 ―그리고 우리가 이 책에서 이야기해온 것들과 잘 연결된다는 점에서― 놀랍다고 하기에 손색이 없다.

2006년 4월 29일에 나온 기사는 인도가 1970년대 초에 처음으로 핵실험을 한 뒤로 외계 존재들이 접촉해왔고, 1998년 5월 11일과 13일에 새로운 실험들을 했을 때 다시 나타났다고 밝혔다.[19] 인도의 NASA와 같은 조직은 인도우주개발기구*ISRO*이다. 2008년 〈인디아 데일리〉는 ISRO의 의장 마다반 나이르*G. Madhavan Nair*가 "U.N.의 비밀스러운 노력들에 통제받으면서, ISRO의 UFO 파일들을 비밀로 지키는 극비 임무를 맡고 있다."고 밝혔다.[20] 이 기사는 계속해서 U.N.의 관료들은 인도가 이 비밀들을 더 오래 지키지 않을지도 모른다고 무척 우려한다고 말한다. ISRO 내부의 어떤 구역들은 기밀로 지켜지고 있지만, 〈인디아데일리〉의 기사대로라면 모든 사람들이 침묵을 지키고 있지는 않다.

> 이 폐쇄된 구역 안에서 일하는 한 과학자는 인도가 U.N.안전보장이사회의 통제를 받으면서 외계의 UFO들로부터 역설계된 기술들을 얻기 시작하고 있다고 말했다. 그 대신 인도는 우주 탐사 과정에서 UFO들에 대해 배운 것들을 비밀로 지켜야 한다.[21]

이 기사는 이어서 인도 인민당이 U.N.을 놀라게 할 결정을 내리고 있다고 알려져 있으며, UFO에 관한 진실의 공개가 또 하나의 예가 될지도 모른다고 말한다.

> 온갖 어려움은 물론 미국과 여러 나라들의 협박을 무릅쓰고, 인민당이 이끄는 인도 정부는 여러 번의 핵무기 실험들을 추진했었다. 이번에 인도 정부는 세상이 어떻게 지난 100년 동안을 든든한 조직의 국제 비밀 포럼을 거쳐 UFO에 대한 비밀을 지켰는지를 밝힐 것이다. 그러나 걸림돌이 하나 있다. 인도가 UFO에 대한 진실의 공개를 추진한다면 U.N.안전보장이사회의 여섯 번째 상임이사국이 되는 기회를 박탈당할 것이다. 인민당은 진실을 밝히고 그다음으로 안전보장이사회에서의 인도의 입지를 위해 싸울 가능성이 크다.[22]

2004년 〈인디아데일리〉는 인도에서 이 일이 집중되어 있는 푸네*Pune*의 국방연구과학자들과 공학자들이 자신들은 이 비밀 프로젝트들로부터 알아낸 것들을 2012년까지는 세상에 밝혀서는 안 된다는 말을 들어왔다고 발표했다.

> 이 속삭임들에 조심스럽게 귀를 기울여보면 인도가 아무도 말하려 하지 않는 무언가를 실험했다는 점을 깨닫게 될 것이다. 그것은 물리학과 전통 역학과 항공공학에서의 돌파구다. 그 속삭임들이 옳다면, 인도는 세상을 영원히 바꿔놓을지도 모른다. 하지만 마법의 해 2012년은 어떤 의미인가? 그때까지는 왜 모든 것들을 비밀로 지켜야만 하는가?[23]

인도는 이미 우주 경쟁에 들어갔다. 그리고 2008년에 〈인디아데일리〉는 인도가 달에 있는 외계 존재의 기지들에 대해 이미 알고 있다고 보고했다.

> 인도가 세상을 놀라게 할지도 모른다. 그 일은 언제든 생길 수 있다. 인도는 UFO 기지들에 있는 지하 구조물의 존재를 밝혀야 한다.[24]

2005년 7월 4일에 나온 보고에서는 이 외계 존재들이라고 하는 사람들이 인도 정부와 군대에 말해주고 있다고 하는 것들을 밝혔는데, 지금쯤이면 무척 익숙하게 들릴 것이다.

> 평행우주들의 하나에 있으면, 우리가 길이, 높이, 너비를 구분할 수 있는 것과 같은 방식으로 시간과 공간을 볼 수 있다. 미래 인류로부터의 시간여행자들과 외계 문명들이 UFO를 이용해서 웜홀의 네트워크를 거쳐 우리를 찾아온다. 웜홀들을 거쳐서 하는 여행은 흥분되는 일이다. 시간과 공간을 따로따로 계획하고 프로그램을 짤 수 있다. 그러면 시간과 공간의 참조점들과 일치하도록 웜홀의 입구와 출구 지점들을 적용한다. 여행자는 평

행우주에 있는 고차원들을 이용해서 시간과 공간의 참조점을 계산해야 한다. 웜홀들의 입구와 출구 지점들을 조정하는 일은 하나의 평행우주에 있는 하나의 고차원에서 하면 비교적 쉽다. 우리의 물리적인 우주에서 시도한다면 이 일은 극도로 어려운 수치 해석 문제가 될 수도 있다.[25]

시간을 "우리가 길이, 높이, 너비를 구분할 수 있는 것과 같은 방식으로" 볼 수도 있다는 발상은 정확히 우리가 이 책의 2부를 통틀어 이야기해온 것이다. 〈인디아데일리〉의 이들 많은 기사들에 나타나는 전문적인 상세함의 수준은 깜짝 놀랄 만한 정도로, 적절히 설명하려면 이 책의 지면을 훌쩍 넘어간다. 한 기사는 아주 높은 강도의 에너지로 이온권에 충격을 주면 시간의 문들이 생길 수 있다고 말한다.[26]

웜홀들을 특수하게 처리하고 조작하지 않으면, 물리적 개체*entity*는 중심이 되는 모든 물리적 속성들을 잃게 된다. 그럼에도 평행우주를 거쳐서 개체는 순간적으로 시간과 공간을 가로지를 수 있다. 그러면 외계 존재들은 우리의 문명을 정말로 앞서 있다는 진정한 도전 과제가 생긴다. 그들은 다른 웜홀에서 다시 개체들로 변형해서 우리의 물리적인 우주에 나타날 수 있는 방법을 알고 있다. 몇몇 연구자들의 말로는 웜홀이 한 개체를 어느 평행우주로 실어 나르도록 프로그램화되면 물리적 개체들에서 평행우주 개체들로의 변형은 자동적으로 일어난다.
하나의 웜홀을 프로그램화하기는 쉽지 않다. 평행우주에서는 쉽게 프로그램화할 수 있지만, 이쪽에서는 수치 해석의 문제에서 전형적인 도전 과제가 되어버릴 것이다. 하지만 계산 알고리즘들과 처리 능력의 발전이 복잡한 방정식들을 풀어내고 웜홀들을 프로그램화하도록 해줄 것이다.[27]

2006년 10월 7일에 나온 한 기사는 시간을 공간으로부터 떼어내서 나중에 시간의 다른 지점에 붙일 수 있는 보류 구역*holding zone*을 초공간*hyperspace* 속에 만들어낼 수 있다고 했다. "공간과 시간의 분리는 중력 방사*gravitational radiation*를 조작함으로써 이루어진다."[28] 다른 기사들에서는 타임스페이스에 많은 평행현실들이 있으며, 역설적으로 보일지도 모르지만, 우리는 사실 많은 다른 장소들에 동시에 존재할 수 있음을 보여준다.[29] "우리는 꿈을 꿀 때 분리된 개체로 병존하는가? 전문가들은 아니라고 한다. 같은 개체가 여러 개의 시간 차원들에 병존한다. 우리가 누군가를 생각하면서 정신적으로 그들이 무언가를 하게 할 때도 이것은 사실이다."[30]

평행우주로의 여행

〈인디아데일리〉의 기술팀은 2005년 7월 9일에 이 스타게이트 여행을 가능하게 하는 열쇠가 음의 질량*negative mass*을 만들어내는 것이라고 말했다. 이 말은 우리가 여기서 논의하고 있는 것과 정확히 같은 개념으로 보인다. 곧, 내부 운동이 광속을 넘도록 가속될 때 음의 질량으로 변환되는 질량 말이다.

> 음의 질량이 만들어지면, 시간여행, 공간과 시간의 휨, 평행우주를 드나드는 운동 따위의 모든 퍼즐들이 순식간에 해결될 수 있다. 블랙홀로 들어갈 때, 음의 질량을 만들어내는 과정을 가속할 수만 있다면, 우리는 쉽게 블랙홀을 통과할 수 있다. 우주선에 탑재된 컴퓨터들은 마치 비행기들이 이륙하고 비행하고 착륙하는 동안에 무게의 균형을 잡듯이 질량 요소를 양에서 음으로 조절하는 등의 일을 할 수 있다. 개체의 질량이 조작될 수 있게 되면, 웜홀들을 거치는 여행은 쉬워질 것이다. 이렇게 되면 우리는 다른 시간 차원들뿐만 아니라 평행우주들과 그 너머로도 여행할 수 있을 것이다.[31]

이 기술을 갖추면, 우리는 미래의 가능성 있는 부정적인 사건들을 먼저 보고, 그 결과를 바꾸기 위해 미리 예방하는 조치들을 내릴 수 있을 것이라고 한다.[32]

또한 어느 문명이 미래를 미리 보고 시간축을 교체해서 그 미래를 바꿀 수 있다면, 그들은 속세적인 의미에서 불사의 경지에 이를 것이다. 진보한 외계 존재들이 성취한 것이 정확히 이것이다. 그리고 우리가 다음 1, 2백 년 안에 성취하게 될 것이 바로 이것이다.[33]

2005년 7월 22일에는 3차원적 시간이라는 생각을 다룬 추가 정보를 내놓았는데, 무척 친숙하게 들린다.

평행우주에서 일어나는 일은 하나의 차원으로서의 시간이 존재하지 않는다. 그 환경에서 사는 일은 물리적인 우주와는 많이 다르다. 물리적 우주에서 우리가 A지점에서 B지점으로 돌아다닐 수 있는 것처럼, 평행우주에서는 시간의 한 지점에서 다음 지점으로 돌아다니는 것이 가능하다.[34]

평행우주의 개념은 그다음 날에 더 설명되었다.

고차원들의 초공간*superspace*은 물리적 우주에서 유효한 알려진 모든 물리학 법칙들을 무시한다. 그곳은 하나의 차원으로서의 시간이 존재하지 않는 우주다. 그곳은 우리가 평행시간 차원들을 창조할 수 있는 우주다. 물리적 객체*object*들은 다개체*multi-entity* 객체들로 붕괴된다. 우리는 바로 이 순간 여러 개의 평행우주들에 속해 있다. 물리적인 몸이 물리적인 우주에 있는 동안에도, 우리는 그 평행우주에 있는 우리 자신들과 소통하면서, 뇌가 일하도록 이끌고 우리의 삶들을 살아간다. 우리가 죽고 나면, 몸이 쓸모가 없으므로 물리적 우주로부터 물러난다는 점을 빼고, 우리는 삶을 이어간다. 우리는 평행우주들에서 삶을 이어간다.[35]

2005년 7월 26일 〈인디아데일리〉의 기술팀은 내가 이 책을 쓰려고 독자적으로 이해했던 과학과 똑같은 내용을 발표했다. 나는 이 연관성을 보고서 할 말을 잃었다.

시간의 차원이 광속으로 움직일 뿐만 아니라 사실 더 가속될 수 있다면 광자에게는 무슨 일이 일어날까? 그 최종적인 결과는 한 개체가 물리적 우주로부터 물러나서 평행우주로 섞여 들어갈 수 있다는 것이다. 이것은 매혹적인 일이다. 왜냐하면 평행우주에서 불사의 삶을 살아가면서 가끔은 물리적 우주를 돌아다닐 줄 아는 진보한 문명들에 생기는 일이 그것이기 때문이다. 몇몇 과학자들은 이제 우리가 죽은 뒤에, 전자기적이고 공간적인 에너지원 또는 영혼이 시간의 속도를 줄이는 터널을 지나 마침내 하얀 빛에 이르게 된다고 믿는데, 이것은 평행우주로의 입구를 나타낸다.
이 분야의 연구자들이 말하기로는, 진보한 문명은 물리적인 우주와 평행우주를 언제든지 오갈 수 있는 것으로 불멸성을 이루게 된다. 우리가 태어나고 죽을 때 일어나는 일이 이것일 가능성이 크다. 그러나 시간을 가속하거나 감속하는 기술은 물리적 우주에서 우리가 평행우주에 다가가서 그곳을 드나들게 해줄 것이다.[36]

그다음 날 기술팀은 생물학의 관점에서 이 과학을 논의하는데, 이번에도 우리가 살펴본 내용들과 무척 비슷하게 들린다.

> 우리 뇌의 3분의 2는 우리의 통제를 벗어나 있다. 이것은 평행우주에 있는 개체들의 안내를 받는다. 우리는 보통 텔레파시로 알려진 마음이 생성하는 신호들을 사용해서 다른 많은 개체들과, 평행우주의 상위 공간 차원들에 있는 우리 자신들과도 소통한다. 우리는 물리적 우주를 물리적으로 떠나지 않고도 우리 마음으로 언제나 평행우주들을 가로지른다. 뇌의 그 부분은 우리의 통제마저도 벗어나 있다. 그러므로 우리는 물리적 우주에서 평행우주를 언제나 오갈 수 있는 일부 진보한 생명 형태들과 유전적으로 연결되어 있는 듯하다.[37]

다른 기사들은 많은 외계 존재들이 M15 성단으로부터 우리를 찾아오고 있다고 말하는데, 이곳은 우리의 국소 우주에서 가장 밀도가 높은 부분이며, 또 많은 블랙홀들이 있어서 외계 문명들에 거대한 환승역이 되어주고 있다고 한다.[38] 이 외계 존재들은 지구에 자신들을 드러내려고 준비하고 있다고 한다. 2005년 8월 10일 기사는 이렇게 말했다. "보고되는 많은 UFO들은 사실 수백 년 뒤의 우리 미래 세대들이 만드는 시간 역행 현상이다. 그들은 와서 우리를 방문하고, 지켜볼 수는 있지만, 그 어떤 사건도 바꾸지는 못한다."[39]

"은하가족의 재회"를 위한 준비

2006년의 한 보고에서는 UFO들과 외계 문명들이 인류에게 자신들을 알릴 것이며, "세상이 그 일을 서서히 준비하도록 한다는 것이 전반적인 합의 사항"이라고 밝혔다.[40] 2006년 12월 29일에 나온 기사는 세상의 정부들이 수십 년 동안 UFO와 외계 존재들의 진실을 감춰왔지만, 진실을 밝힐 준비들이 은밀하게 이루어지고 있다고 했다. 이 기사는 또한 "브라질, 인도, 중국

이 이 문제에서 앞장서고 있으며", 세상은 이 이행 과정으로 생길 수도 있는 잠재적인 재앙들을 피하는 데 외계 존재들의 도움을 비밀스레 이용할 것이라고도 말한다.[41] 2005년 5월 12일 〈인디아데일리〉는 2012년 말쯤에 밤하늘의 88개 별자리 모두에서 온 대표들이 우리를 방문할 것이라고 했다. 이때가 되면 우리는 "진화의 실제 과정, 시간과 공간이 휘는 과정, 중력이 힘이 아닌 파동이라는 사실과 그 밖의 훨씬 더 많은 것들을 드디어 이해할" 것이다.[42]

2007년 1월 4일의 다른 기사는 '은하적인 정렬'이 정점에 오를 때 어떤 일이 일어나게 될지를 밝힌다.

> 은하 정렬은 세상을 바꾼다. 문명들은 환생한다. 지구는 다시 새롭게 된다. 그것은 중력파*gravity wave*의 작용이다. 고차원들에서의 중력파는 지구를 다시 태어나게 하기 위해 이 은하 정렬을 창조하도록 프로그램화된다. 중대한 은하 정렬은 전에도 있었다. 어떤 이들은 공룡들이 수백만 년 전에 큰 은하 정렬이 생기는 동안 사라졌다고 믿는다. 베다 문학은 은하 정렬을 이야기한다. 아틀란티스는 은하 정렬이 생긴 동안 사라졌다. 흥미롭게도, 고대의 문헌들은 또한 은하 정렬이 일어나는 동안과 그 뒤에 외계 존재들이 공식적으로 방문했음을 암시한다. 은하 정렬이 있기 거의 100년 전에, 진보한 외계의 문명들이 지구에 오기 시작한다. 재미있게도 현대의 UFO 목격담은 1911년 독일에서 처음 기록되었다는 점이다. 외계 존재들은 자신들이 공식적으로 방문할 수 있는 환경을 조성한다. 이것은 그때와 다를 바가 없을지도 모른다. 우리는 2012년 이후로 외계의 문명들을 보게 될 수도 있다. 빅뱅의 장본인들인 IV 유형의 진보한 외계인들을. 과학, 역사, 철학과 인간 삶의 모든 측면들이 그날 우리가 놀라움으로 지켜보는 가운데 바뀔지도 모른다.[43]

통틀어 보면 〈인디아데일리〉의 "기술" 분야에서 나온 이 내용들이 무척 많고 구체적이며 계속 진행되고 있는 것이라, 나는 그들이 정말로 진실을 말해주고 있을 가능성이 아주 크다고 느낀다. 또 이 자료들은 미국과 여러 나라들의 군산복합체에서 일했던 일부 증인들이 말한 내용들을 입증해준다.

"X씨"의 증언

이 내용은 카멜롯 프로젝트가 맨 처음 대담했던 인물인 "X씨"가 한 이야기를 떠오르게 한다. 그는 앞으로 나서서 자신의 신분을 밝히고 비밀 프로젝트들에서 보고 들었던 것들 그 이상을 말할 준비를 하고 있을 때 심각한 뇌졸중으로 갑자기 사망했다. 그럼에도, 우리는 그가 읽었던 극비 문서들에 대해 글로 쓴 증언을 가지고 있는데, 이 문서들에는 이미 1950년대에 우리 세계의 지도자들이 받은 메시지들이 적혀 있었다. 제리 피핀*Jerry Pippin*은 이 증인과 직접 대담했고, 그때 들은 것을 글로 적었다.

> 외계 존재들은, 우리의 지도자들이 좋아하거나 싫어하거나에 관계없이, 2012년 이후에 전 세계에 대규모로 착륙할 것이라고 말했다. 우리의 언론 매체들이 이 정보를 전 세계에 실어 나르는 데 이용될 것으로 보인다(또는 비슷한 어떤 세계적인 방법으로, 텔레파시가 사용될 가능성이 더 크다). 모든 사람들이 이 사실을 알게 될 것이다. 사람들에게는 영적으로 진화해서 외계 존재들과 함께 여행하기를 원하는지 아니면 그렇지 않은지를 선택할 기회가 주어질 것이다.
>
> X씨: "우리에겐 선택권이 주어질 겁니다."
>
> 질문: "무얼 선택하는 겁니까?"
>
> X씨: "그들이 어디서 왔는지를 알고 싶어 하는지, 또 더 영적으로 진화하

는 법을 배우고 싶어 하는지 아닌지를 선택하게 됩니다. 그래서 우리 또한 우주를 여행하면서 생명을 만들 수 있도록 말이에요."[44]

"X씨"가 우리는 "더 영적으로 진화할지"의 선택을 하게 되리라고 말했을 때 그 말이 정말로 의미하는 것의 영향을 못 보고 지나치기가 쉽다. 그들의 대담을 적은 구술 기록에는 더욱 많은 내용들이 나온다. 이런 일이 실제로 일어날지 나는 모르겠지만, 흥미롭게 음미해볼 만하다는 점은 확실하다.

우리의 깊은 신념들 대부분을 산산조각 내버릴 많은 정보들이 공개될 겁니다. 어떤 사람들은 자신의 신념 체계가 깨져버리기 때문에 공황 상태가 되겠죠. 누군가는 자신이 그토록 오랫동안 속아왔다는 생각에 화가 날 겁니다. 또 어떤 이들은 세상의 종말이 왔다고 생각할 거예요. 대부분은 기껏해야 종교적인 문제들로 혼란스러울 겁니다. 진실이 알려질 거고 그 진실이 '모든' 종교적 신념들을 무너뜨릴 것이기 때문에요. 인간의 진정한 역사를 외계 존재들과 정부 당국을 통해 배울 겁니다. 피할 수 없는 일입니다. 만일 세상이 지금 가는 길에 남고자 하더라도 —저는 세상이 바뀌는 이유를 모르겠지만— 우린 진실을 볼 수밖에 없을 겁니다. 그리고 세상을 움직이는 사람들이 그 일을 하지 않으면, 외계 존재들이 할 겁니다.[45]

옛말에 "진실이 너희를 자유롭게 하리라."라는 말이 있다. 내가 전념했던 30년 동안의 연구로부터 최고의 자료들을 정선해서 이 책을 엮은 것은 바로 그 이유 때문이다. 그리고 이 지식들을 알게 되면 우리는 황금시대를 창조하는 도구들을 가진 셈이다. 우리는 무한하고, 깨끗하고, 오염 없는 프리에너지를 만들어낼 수 있다. 극적으로 치유하는 새로운 기술들을 만들어낼 수 있다. 중력과 공간과 시간을 극복하고, 손쉽게 은하계를 여행할 수도 있다. 우리에게 놀랍게도 새로운 직관력을 주는 —어쩌면 빛의 몸으로 옮겨 가게도 해줄— 솔방울샘의 깨어남을 지구적인 규모로 경험하게 될지도 모른다. 위대한 심판이라는 조로아스터교의 전설이 정말 사실이라면, 그때 우리가 아는 '시간'은 어떤 근본적인 방식으로 바뀔 수도 있다. 이로써 우리는 비국소적이고 비선형적인 시간—타임스페이스의 영역—으로 훨씬 더 쉽게 들어가는 능력을 갖게 될지도 모르겠다.

긍정적이고 희망적이며 영감 어린 정보를 전해주는 다른 많은 것들과 함께, 나는 우리가 이 책에 담긴 지식들을 사용하라는 초대를 받고 있다는 생각이 든다. 황금시대는 참여하는 사건이지, 그저 물러나 앉아서 기다릴 무엇이 아니다. 이 책에서 소개한 기술들은 실재한다. 이들은 발전될 수 있다. 그리고 이 기술들은 우리 사회를 우리가 보통 공상과학소설이라고나 생각할 수준으로 변형시킬 수가 있다. 우리가 지구 변화들과 어둠의 준정치집단인 세계 권력들의 문제에 대해 아무런 도움을 받을 수 없는 것은 아니다. 우리가 집단적인 수준에서 지금은 이해하지 못하는 방식으로, 우리의 마음은 우리 서로와 그리고 지구와 서로 의존하고 있다. 우리 인류의 친척들은 지구 위의 모든 큰 종교들의 씨앗을 뿌렸던 것으로 보이며, 또 서로를 사랑하고 존중하라는 그들의 메시지는 지구 위 모든 사람들에게 전해졌었다. 우주에너지의 본질은 분명 사랑이며, 이것으로 지구와 태양계에서 지금 일어나는 모든 사건들이 집단적이고 대규모로 인간의 진화와 깨어남을 북돋우려는 긍정적인 목적을 가지고 있다고 생각할 만하다. 비록 이 변화들이 많은 사람들에게는 불길한 징조로 보이겠지만 말이다. 우리의 삶들에서 일구어내는 사랑은 인간으로 산다는 것의 의미가 완전하게 진화하는 데까지 줄곧 이어져나가는지도 모른다. 우리는 복잡한 것과 정신적인 퍼즐들을 떠받드는 경향이 있지만, 여기서 진실은 아주 단순할지도 모른다. 곧 지구는 영적인 배움을 위한 학교이며, 우리는 모두가 학생들이라는 사실이다. 그리고 이제 졸업식이 우리 앞에 와 있다. 우리는 우리 자신과 더 높은 수준에 있는 모든 이들에게, 생을 끝없이 거듭하면서 똑같은 교훈을 배우고 집단적인 악몽을 만들어내는 일을 되풀이할 필요가 없음을 증명해 보임으로써 졸업장을 받게 된다. 우리가 살아 있으면서 의식을 가지고 있다는 것의 본질이 그렇게 급격히 변화하는 문턱에 정말로 와 있다면, 곧이어 우리는 이 장엄한 변형을 바로 '지금' 경험하게 될 것이다. 이 일은 살아 숨 쉬는 생생하게 놀라운 경험으로 즉시 일어날 것이다. 우리는 세상이 거대한 환영, 곧 우리가 창조하는 모든 것들이 끊임없이 우리에게 되비치는 자각몽이었음을 깨닫게 될 수도 있다. 그리고 이전에는 결코 진정으로 깨어 있지 못했음을 비로소 깨닫게 된다.

이제 사실들이 눈앞에 놓여 있다. 소스필드는 현실이다. 우리 모두는 이 세상을 더 나은 곳으로 만들기를 바라며, 우리가 그 일을 하는 데 도움이 될 새로운 도구들을 이제 가지고 있다. 우리는 희생자들이 아니며 절대로 혼자이지도 않다. 의식을 가진 초월 존재임이 틀림없는 우주 자체가, 우리가 누구이고 또 무엇인지를 양자도약적으로 이해하도록 우리를 북돋고 있으며, 그 상태에 이르는 데 필요한 태양계 너비만큼의 은하 에너지를 쏟아붓고 있다. 실제로 어떤 일이 일어나고 있는지 우리를 이해시키고, 이 일을 끝맺는 데 필요한 과학을 다시 일으켜 세우도록, 세상의 모든 큰 문명들에서 수천 년 동안의 예언들이 주어졌다. 우리는 황금시대를 스스로 창조하며 —이것은 우리 삶 속에서 시작된다— 그 결과는 거의 상상을 초월하는 것이다. 자기혐오와 두려움을 버리고, 힘은 들겠지만 우리 자신과 다른 사람들 모두를 받아들이고 용서하게 될 때, 우리는 세상을 치유한다. 그 방법은 이것이다.

사랑합니다. 미안합니다. 용서해주세요. 감사합니다.

⋮ 후기 ⋮

1996년 1월, 무척 진보한 외계 존재들로부터 텔레파시로 전해졌다고 하는 다섯 권의 시리즈 《하나의 법칙》을 읽기 시작했다. 이 존재들은 원래 긍정적인 목적으로 대피라미드의 건설을 도왔지만, 그것이 부정적으로 왜곡되어 쓰이게 되면서 지구에서 떠날 수밖에 없었다고 말했다. 그들은 또한 오늘날에 와서 인류와 접촉했던 큰 이유가 자신들이 한 일을 사과하고, 무심결에 자신들이 만들어낸 절망적인 상황을 돌이키기를 바라면서 이 새로운 선물을 우리에게 주기 위해서였다고 했다. 이 책에서 내가 강조했던 놀랄 만큼 많은 것들이 1981년에 그 대부분의 내용이 전해진 《하나의 법칙》에 나온다. 그들은 마음이 정말이지 무한한 것이지만, 그러면서도 광대한 우주적 수준에서는 유일한 하나의 본질을 가졌음을 밝힌다. 그들은 이것을 "하나인 무한한 창조자*One Infinite Creator*"라고 부른다. 우리 모두는 '하나인 무한한 창조자'의 완벽하고도 홀로그램과 같은 반영들이며, 다시 태어나서 영적인 교훈들을 배우고는 마침내 우리 본래의 본질로 되돌아갈 것이라고 들었다. 또 "25,000년의 주기"가 우리를 생물학적이고 영적으로 갑자기 도약하면서 진화하게 만들고, 이 주기는 어림잡아 2011년에서 2013년 무렵에 완결되면서 이미 잘 진행되고 있는 공간, 시간, 물질, 에너지, 생명과 의식의 양자적 변형을 이끌고 있다고 들었다. 《하나의 법칙》 시리즈는 또한 지구격자에 대해서도 설명하고, 시공간과 타임스페이스의 물리학을 아주 자세하게 이야기해주며, 무지개 색깔의 스펙트럼을 바탕으로 영적인 진화의 수준들을 논의하고, 은하계가 인간의 형태를 생명이 있는 수백만 개의 행성들에 나타나도록 설계한 하나의 지적인 초월 존재임을 보여줄 뿐만 아니라, 우리가 이 변형을 거쳐가면서 완전히 새로운 수준의 존재로 진화할 잠재력을 가지고 있다고 말한다.[1] 그들이 "하나의 무한한 창조자를 위해 일하는 행성 연합"*이라고 말하는 자애로운 집단은 모든 진화 과정을 통틀어 지구를 지원해오고 있으며, 특히 우리가 이 변화를 순조롭고 안전하게 거쳐가도록 돕는 데 초점을 두고 있다고 한다. 이 책들은 내 연구의 많은 부분의 토대가 되었고, 나중에 과학적으로 탐구되고 입증될 수 있는 많은 구체적인 내용들을 전해주었다. 내가 아는 모든 내부자들은 비록 이 책들을 아무도 읽어보지 않았지만 《하나의 법칙》 시리즈의 구체적인 내용들을 놀라울 만큼 확인해주었다. 내가 개인적으로 했던 많은 놀라운 경험들은 이 책들이 그야말로 정확하고 진실하다는 것을 믿게 해주었다. 따라서 나는 이 책들이 채널링으로 얻었다고 하는 다른 대부분의 가르침들과는 전혀 다르다고 생각하는데, 채널링으로 얻었다는 가르침들은 예외 없이 서로가 모순되고 내가 이 책에서 공개한 과학들과는 대개가 맞지 않는다.

여기에 해당되지 않는 또 하나의 눈에 띄는 자료는 '세스*Seth*'라는 존재가 제인 로버츠*Jane Roberts*와 로버트 버츠*Robert Butts*에게 전해준 《세스 매트리얼(한국어판)》인데, 특히 초기의 것이 그렇다. 이 책의 결론부에서는 세스가 "의식의 단위들*consciousness units*"이라고 부른 것을 길게 설명하고 있는데, 이 자

---

* The Confederation of Planets in Service of the One Infinite Creator

료는 내가 이 책에서 보여준 모든 것들에 아주 잘 들어맞는다.

내가 이 책을 쓰면서 느꼈던 만큼이나 여러분도 이 소스필드 연구가 무척 흥분되고 유익하다는 점을 찾아냈기를 바란다. 이 책은 내가 지금껏 진실이 공개되는 일을 돕기 위해 기울였던 노력들 가운데 가장 중요한 것이다. 따라서 이 진보한 기술들과 과학들을 믿는 일이 더 이상 그다지 불가능해 보이지는 않는다. 나는 지금 일어나는 이 변화들을 두려워할 아무런 이유가 없다고 느낀다. 우리는 우리 진화를 촉진하기 위해 지적으로 마련되었을 법한 하나의 과정을 지나고 있다. 우리는 다른 이들을 더 사랑하고, 포용하고, 용서하는 법을 배움으로써 자신의 결맞음을 더 늘릴 수 있는 힘을 가졌다. 다른 이들을 용서하면 우리 자신을 용서하게 되기 때문이다.

이 책이 만들어질 수 있게 해준 많은 영웅들과 선구자들, 그리고 같은 분야에서 일하고 있는 그토록 많은 분들께 감사드리고 싶다. 그분들의 숭고하고 천재적인 놀라운 노력들이 없다면, 우리는 우리의 진정한 잠재력을 결코 알지 못했을 것이다. 내 어머니와 아버지와 형제, 내 아름다운 인생 동반자, 그리고 여러 가지 방식으로 오랫동안 삶을 나와 함께 나누어주고, 내게 사랑과 안내를 베풀어준 많은 분들께 감사드린다. 또 브라이언 타트, 그레이엄 핸콕, 제임스 하트, 듀튼북스의 직원들과 이 작업이 온전히 실현되도록 도와준 다른 많은 분들께도 감사드린다. 시간의 밖에 있으면서, 이러한 생각들을 연구하고 발전시키고 이 책을 쓰도록 폭넓은 지원을 해준 분들께도 감사드린다. 내 꿈을 계속해서 피드백해주고, 비평과 새로운 돌파구가 되는 생각들을 주었고, 개인적으로나 지구에 대해서나 믿기 어려울 만큼 많은 놀랍도록 정확한 예언들을 준 일들이 그것이었다. 우리가 오래지 않아 직접, 또는 몸을 대신하여 에너지적으로 만나게 되길 바란다. "은하가족의 재회"라는 무척이나 영감 어린 개념처럼 말이다.

⁝ 그림 차례 ⁝

그림 1. 백스터의 마음을 읽은 식물의 그래프 36
출처: 클리브 백스터(primaryperception.com)
그림 2. 솔방울 모습을 강조하기 위한 솔방울샘의 그림 66
출처: 탐 데니
그림 3. X선에 나타난 솔방울샘의 석회화 66
출처: dusan964(shutterstock.com)
그림 4. 솔방울이 새겨진 교황의 지팡이 68
출처: Getty Images / 카스텐 코울(저널리스트)
그림 5. 께찰꼬아뜰의 조각상 69
출처: 탐 데니
그림 6. 독수리 대신 불사조가 그려진 미합중국 국새 70
출처: 미합중국 정부
그림 7. 독수리와 옴팔로스 석이 있는 그리스 동전들 72
출처: 탐 데니가 복원한 포토리얼리스틱 이미지
그림 8. 솔방울 위에 앉은 아폴로가 그려진 세 개의 동전 73
출처: 가운데는 키쓰 휘틀리(Fotolia.com). 왼쪽과 오른쪽 동전은 탐 데니가 복원한 이미지
그림 9. 거대한 솔방울과 그 뒤에 있는 석관 74
출처: 힐데 헤이베르트(houseofsecretsincorporate.be)
그림 10. 솔방울과 중정 한가운데의 기이한 청동조형물 '눈' 75
출처: 코노발로프 파벨(Fotolia.com)
그림 11. 바티칸 솔방울 중정에 있는 '눈'의 클로즈업 모습 76
출처: 코노발로프 파벨(Fotolia.com)
그림 12. 세차운동의 신화들을 보여주는 옥수수 맷돌 140
출처: 레이우(Fotolia.com)
그림 13. 분점세차 141
출처: NASA / Lineart, 데이비드 윌콕이 내용 추가
그림 14. 피라미드의 통풍구들과 통로들 162
출처: 댄 데이비슨
그림 15. 피라미드 대각거리는 25,826.4피라미드인치(세차주기 숫자)로 귀결된다. 166
출처: 플린더스 피트리 / 데이비드 윌콕이 정리
그림 16. 피라미드와 "Perennis"가 있는 1778년의 50달러 지폐 — '대년(大年)'의 상징 169
출처: 미국 외교센터(국무부) 제공
그림 17. 헬리콥터에서 본 보스니아 피라미드의 모습 186
출처: Mr.Video36(www.youtube.com)

그림 18. DNA 유령효과 — DNA의 소용돌이치는 에너지에 둘러싸인 사람 209
출처: 채드 베이커(jupiterimages.com)

그림 19. DNA 모습을 한 이중나선 성운 237
출처: NASA

그림 20. 저절로 발생한 잎 246
출처: 이그나시오 파체코 교수

그림 21. 저절로 발생한 발달과정의 소라껍데기 246
출처: 이그나시오 파체코 교수

그림 22. 저절로 발생한 가시 돋친 미생물 247
출처: 이그나시오 파체코 교수

그림 23. 2,600만 년과 6,200만 년의 진화주기들 250
출처: 데이비드 월콕

그림 24. 태양의 주기들과 사회불안 — 치예프스키 293
출처: 롤린 맥크래티(HeartMath.com)

그림 25. 지구의식 프로젝트의 9·11 그래프 301
출처: 지구의식 프로젝트 로저 넬슨(noosphere.princeton.edu)

그림 26. 1896년 세인트루이스 토네이도가 지나간 뒤 강철교에 박힌 각재 360
출처: 미국해양대기관리처(NOAA) 상업사진 라이브러리 부서
윌리스 루터 무어의 1922년 책 《The New Air World》에 나온 국립기상국의 사료집

그림 27. 1925년 트라이스테이트 토네이도가 지나간 뒤 나무기둥을 뚫은 나무각재 361
출처: NOAA 상업사진 라이브러리 부서 국립기상국의 사료집

그림 28. 티베트의 음향 부양 370
출처: 헨리 켈슨

그림 29. 그레베니코프의 부양장치 376
출처: 빅토르 그레베니코프

그림 30. 오티스 카르의 유트론 광고용 삽화 380
출처: 오티스 카르 / 랄프 링의 양해를 얻음

그림 31. 오티스 카르의 유트론 — 비행디스크에 유트론이 들어가는 모습 382
출처: 오티스 카르 / 랄프 링의 양해를 얻음

그림 32. 샌더슨이 찾아낸 12개의 볼텍스 포인트들 391
출처: 아이반 샌더슨 / 미스터리조사협회

그림 33. 20면체와 12면체가 이루는 이중 쌍 392
출처: 존 마티노의 《태양계의 우연》/ Walker & Company의 허락으로 재인쇄

그림 34. 러시아 학자들의 세계 격자 393
출처: 곤차로프, 모로조프, 마카로프

그림 35. 현재 대륙들의 12면체 배열 399
출처: NOAA / 애덜스턴 스필하우스

그림 36. 지구 팽창의 단계들 401
출처: 제임스 맥슬로

그림 37. 지구의 12면체 핵 402
출처: NASA / 글라츠마이어–로버츠, 데이비드 윌콕이 12면체 삽입

그림 38. 목성의 대적점과 4면체 패턴 403
출처: NASA / 리처드 호글랜드가 4면체 삽입

그림 39. 진동하는 유체에 나타난 기하패턴의 사이매틱스 이미지 405
출처: 한스 예니

그림 40. 양성자의 기하학을 다루는 데 있어서 기본 형태의 플라톤 입체들 410
출처: 로버트 문 — 21세기 과학기술매거진(www.21stcenturysciencetech.com)

그림 41. 아미노산 합성이 단백질들을 만드는 12면체 패턴 419
출처: 마크 화이트(codefun.com)

그림 42. 행성 궤도들을 표현한 케플러의 기하학적 모형 422
출처: 요하네스 케플러

그림 43. 수성과 금성 궤도들 사이의 4면체 관계 426
출처: 존 마티노

그림 44. 다리 건설을 위해 캐낸 바위 속의 살아 있는 개구리 459
출처: 〈포틴타임즈〉

그림 45. 요정의 고리 — 평행현실로 들어가는 볼텍스 포인트 475
출처: 작자 미상

그림 46. 이집트의 와스지팡이와 프테라노돈의 머리 480
출처: Zanoza–Ru(Fotolia.com)

그림 47. 11세기에 조각된 캄보디아의 스테고사우루스 482
출처: 앙토아네타 줄리아(galipetteparis.com)

그림 48. 은하의 에너지 영역들 487
출처: NASA의 이미지에 데이비드 윌콕이 영역들을 그려 넣음

그림 49. 화성 전역의 먼지폭풍(2001년 7월~9월) 495
출처: NASA

그림 50. 해왕성의 밝기 증가(1996~2002) 501
출처: NASA / L. 스로모프스키와 P. 프라이(위스콘신 대학교–매디슨)

그림 51. 미합중국의 국새 — 1756년부터 2012년까지를 기입한 피라미드 530
출처: 미합중국 정부 / 데이비드 윌콕이 수정

그림 52. 미국 국회의사당에 있는 '조지 워싱턴의 아포시오시스' 531
출처: 의사당 영선국

그림 53. '워싱턴의 아포시오시스' — 전체 모습 532
출처: 의사당 영선국

그림 54. 아즈텍력을 배경으로 한 코르테스와 몬테수마 — 미국 국회의사당의 프리즈 533
출처: 의사당 영선국

그림 55. 티베트의 무지개 몸 535
출처: 《Sacred Tibetan Artwork》, 작가 미상

그림 56. 2012년의 행성 정렬을 보여주는 2008년의 에이브버리 장원의 크롭서클 548
출처: 스티브 알렉산더(temporarytemples.co.uk)
그림 57. 줄리아 집합 프랙털을 가진 1996년의 스톤헨지 크롭서클 549
출처: 스티브 알렉산더(temporarytemples.co.uk)
그림 58. 2008년 에이브버리 장원 크롭서클 — 태양이 넓어진 뒤의 모습 552
출처: 루시 프링글(lucypringle.co.uk)
그림 59. 2008년 에이브버리 장원 크롭서클 — 에이브버리와 함께 찍은 태양이 넓어진 뒤의 모습 553
출처: 루시 프링글(lucypringle.co.uk)
그림 60. 루킹글래스 프로젝트의 그림 557
출처: 댄 버리쉬 박사의 이미지로부터 탐 데니가 수정

: 인용문헌 :

추천의 글

1. Walter Scott (ed.). Hermetica: The Ancient Greek and Latin Writings which Contain Religious or Philosophic Teachings ascribed to Hermes Trismegistus, vol.1 New York: Shambala, 1985. p. 327.
2. 같은 책. p. 351.
3. 같은 책. p. 351.
4. 같은 책. p. 355.
5. 같은 책. p. 425.
6. 같은 책. p. 387.
7. 같은 책. pp. 387-389.

서문

1. Wilcock, David. The 2012 Enigma (Documentary). DivineCosmos.com, March 10, 2008. http://video.google.com/videoplay?docid=-4951448613711060908#. (2010년 12월 접속)
2. Wilcock, David. Divine Cosmos Web site. http://www.divinecosmos.com.
3. Akimov, A. E. and Shipov, G. I. "Torsion Fields and their Experimental Manifestations." Proceedings of International Conference: New Ideas in Natural Science, 1996. http://www.eskimo.com/~billb/freenrg/tors/tors.html.(2010년 12월 접속)

1장

1. Backster, Cleve. Primary Perception: Biocommunication With Plants, Living Foods and Human Cells. Anza, CA: White Rose Millennium Press, 2003. http://www.primaryperception.com.
2. 같은 책. p. 12.
3. 같은 책. p. 12.
4. 같은 책. p. 14.
5. Sherman, Harold. How to Make ESP Work For You. DeVorss & Co., 1964. http://www.haroldsherman.com. (2010년 12월 접속)
6. 같은 책. pp. 165-166.
7. 마이클 탤보트(이균형 옮김), 홀로그램우주The Holographic Universe, 정신세계사, 1999. p. 202.
8. Backster, Cleve. 앞의 책. p. 17.
9. 같은 책. p. 18.
10. 같은 책. p. 22.
11. 같은 책. p. 23.
12. 같은 책. pp. 23-24.
13. 같은 책. p. 24.
14. 같은 책. p. 25.
15. 같은 책. p. 25.
16. 같은 책. p. 31.
17. 같은 책. p. 32.
18. 같은 책. p. 34.
19. 같은 책. p. 48.
20. 같은 책. p. 51.

21. 같은 책. p. 52.
22. 같은 책. pp. 54-55.
23. 같은 책. p. 55.
24. 같은 책. p. 57.
25. 같은 책. p. 59.
26. 같은 책. p. 59.
27. 같은 책. p. 73.
28. 같은 책. pp. 76-77.
29. 같은 책. p. 79.
30. 같은 책. pp. 40-41.
31. 같은 책. pp. 110-111.
32. 같은 책. p. 127.
33. 같은 책. p. 127.
34. 같은 책. pp. 127-128.
35. Backster, Cleve와의 개인 대화, 2006.
36. Bailey, Patrick G. and Grotz, Toby. "A Critical Review of the Available Information Regarding Claims of Zero-Point Energy, Free-Energy, and Over-Unity Experiments and Devices." Institute for New Energy, Proceedings of the 28th IECEC, April 3, 1997. http://padrak.com/ine/INE21.html. (2010년 12월 접속)
37. Aftergood, Steven. "Invention Secrecy Still Going Strong." Federation of American Scientists, October 21, 2010. http://www.fas.org/blog/secrecy/2010/10/invention_secrecy_2010.html. (2011년 1월 접속)
38. O'Leary, Brian; Wilcock, David; Deacon, Henry and Ryan, Bill. "Brian O'Leary and Henry Deacon at Zurich Transcript." Project Camelot, July 12, 2009. http://projectcamelot.org/lang/en/Zurich_Conference_Brian_O_Leary_12_July_2009_en.html.
39. Mallove, Eugene. "MIT and Cold Fusion: A Special Report." Infinite Energy Magazine, 24, 1999. http://www.infinite-energy.com/images/pdfs/mitcfreport.pdf. (2010년 12월 접속)
40. Infinite Energy: The Magazine of New Energy Science and Technology. http://www.infinite-energy.com/.
41. Wilcock, David. "Historic Wilcock/Art Bell/Hoagland Show!" Divine Cosmos, June 21, 2008. http://divinecosmos.com/index.php?option=com_content&task=view&id=391&Itemid=70.
42. 같은 글.

2장

1. Hermans, H. G. M. Memories of a Maverick. Chapter 9. The Netherlands: Pi Publishing, 1998. http://www.uri-geller.com/books/maverick/maver.htm.
2. Rueckert, Carla; Elkins, Don and McCarty, Jim. The Law of One, Book I: The Ra Material. Atglen, Pennsylvania: Whitford Press, 1984.
3. Hermans, H. G. M. Memories of a Maverick. 앞의 책.
4. 같은 책.
5. 같은 책.
6. Quinones, Sam. "Looking for Doctor Grinberg." New Age Journal, July/August 1997. http://www.sustainedaction.org/Explorations/professor_jacobo_grinberg.htm. (2010년 12월 접속)
7. Grinberg-Zylberbaum, Jacobo. (1994) "Brain to Brain Interactions and the Interpretation of Reality." Universidad Nacional Autonoma de Mexico and Instituto Nacional Para el Estudio de la Conciencia, Project: D6APA UNAM IN 500693 and IN 503693. http://www.start.gr/user/symposia/zylber4.htm. (2010년 12월 접속)
8. Grinberg-Zylberbaum, Jacobo and Ramos, J. "Patterns of interhemisphere correlations during human communication." International Journal of Neuroscience, 36: 41-53, 1987.; Grinberg-Zylberbaum, J., et

al. "Human Communication and the electrophysiological activity of the brain." Subtle Energies, 3 (3): 25-43, 1992.

9. Grinberg-Zylberbaum, Jacobo. "The Einstein-Podolsky-Rosen Paradox in the Brain; The Transferred Potential." Physics Essays, 7 (4), 1994.

10. Jacobo Grinberg-Zylberbaum Facebook page. http://www.facebook.com/group.php?gid=25113472687. (2010년 12월 접속)

11. Quinones, Sam. "Looking for Doctor Grinberg." New Age Journal, July/August 1997. http://www.sustainedaction.org/Explorations/professor_jacobo_grinberg.htm. (2010년 12월 접속)

12. Tart, Charles. "Physiological Correlates of Psi Cognition." International Journal of Parapsychology, 5: 375-86, 1963.

13. 린 맥타가트(이충호 옮김), 필드The Field, 무우수, 2004. pp. 126-127.

14. Institute of Transpersonal Psychology. William Braud's Faculty Profile. http://www.itp.edu/academics/faculty/braud.php. (2010년 12월 접속)

15. Institute of Transpersonal Psychology. William Braud: Publications. http://www.itp.edu/academics/faculty/braud/publications.php. (2010년 12월 접속)

16. Braud, W. and Schlitz, M. J. "Consciousness interactions with remote biological systems: anomalous intentionality effects." Subtle Energies, 2 (1): 1-46, 1991.

17. Schlitz, M. and La Berge, S. "Autonomic detection of remote observation: two conceptual replications." In Bierman (ed.), Proceedings of Presented Papers: 465-78.

18. Braud, W., et al. "Further Studies of autonomic detection of remote staring: replication, new control procedures and personality correlates." Journal of Parapsychology, 57: 391-409, 1993.

19. Sheldrake, Rupert. "Papers on the Sense of Being Stared At." Sheldrake.org. http://www.sheldrake.org/Articles&Papers/papers/staring/index.html. (2010년 12월 접속)

20. Braud, W. and Schlitz, M. "Psychokinetic influence on electrodermal activity." Journal of Parapsychology, 47 (2): 95-119, 1983.

21. Braud, W., et al. "Attention focusing facilitated through remote mental interaction." Journal of the American Society for Psychical Research, 89 (2): 103-15, 1995.

22. Braud, W. G. "Blocking/shielding psychic functioning through psychological and psychic echniques: a report of three preliminary studies." In White, R. and Solfvin, I. (eds.), Research in Parapsychology, 1984 Metuchen, NJ: Scarecrow Press, 1985. pp. 42-44.

23. Braud, W. G. "Implications and applications of laboratory psi findings." European Journal of Parapsychology, 8: 57-65, 1990-91.

24. Braud, W., et al. "Further studies of the bio-PK effect: feedback, blocking, generality/specificity." In White, R. and Solfvin, I. (eds.), Research in Parapsychology, 45-8.

25. Andrews, Sperry. "Educating for Peace through Planetary Consciousness: The Human Connection Project." Human Connection Institute. http://www.connectioninstitute.org/PDF/HCP_Fund_Proposal.pdf. (2010년 12월 접속)

26. 같은 글.

27. Schlitz, M. J., Honorton, C. "ESP and creativity in an exceptional population." Proceedings of Presented Papers: 33rd Annual Parapsychological Association Convention; Washington, D. C.; 1990. In Andrews, Sperry (ed.). "Educating for Peace through Planetary Consciousness: The Human Connection Project." Human Connection Institute. http://www.connectioninstitute.org/PDF/HCP_Fund_Proposal.pdf. (2010년 12월 접속)

28. Jahn, R. G., Dunne, B. J. Margins of Reality: The Role of Consciousness in the Physical World. New York: Harcourt Brace Jovanovich, 1987.

29. Bisaha, J. J., Dunne, B. J. "Multiple subject and long-distance precognitive remote viewing of geographical

locations." In Tart C., Puthoff, H. E., Targ, R., eds. Mind at Large. New York: Praeger, 1979: 107-124.
30. Kenny, Robert. What Can Science Tell Us About Collective Consciousness? Collective Wisdom Initiative. 2004. http://www.collectivewisdominitiative.org/papers/kenny_science.htm. (2010년 12월 접속)
31. Henderson, Mark. "Theories of telepathy and afterlife cause uproar at top science forum." The Sunday Times, September 6, 2006. http://www.timesonline.co.uk/article/0,2-2344804,00.html. (2010년 12월 접속)
32. Carey, Benedict. "Journal's Paper on ESP Expected to Prompt Outrage." The New York Times, January 5, 2011. http://www.nytimes.com/2011/01/06/science/06esp.html?_r=2&hp. (2011년 1월 접속)
33. 같은 글.

3장

1. Johnston, Laurance. "The Seat of the Soul." Parapalegia News, August 2009. http://www.healingtherapies.info/PinealGland1.htm. (2010년 12월 접속)
2. Mabie, Curtis P. and Wallace, Betty M. "Optical, physical and chemical properties of pineal gland calcifications." Calcified Tissue International, 16: 59-71, 1974.
3. Wilcock, David. The 2012 Enigma (Documentary). DivineCosmos.com, March 10, 2008. http://video.google.com/videoplay?docid=-4951448613711060908#. (2010년 12월 접속)
4. Bay, David and Sexton, Rebecca. "Pagans Love Pine Cones and Use Them In Their Art." The Cutting Edge. http://cuttingedge.org/articles/RC125.htm. (2010년 12월 접속)
5. Wilcock, David. The 2012 Enigma. 앞의 글.
6. Palmgren, Henrik. "Biscione — Italian Serpent Symbolism strikingly similar to Quetzalcoatl in Mayan Mythology." Red Ice Creations. http://www.redicecreations.com/winterwonderland/serpentman.html. (2010년 12월 접속)
7. Komaroff, Katherine. Sky Gods: The Sun and Moon in Art and Myth, New York: Universe Books, 1974. p. 52. In Amazing Discoveries. Serpent and Dragon Symbols. http://amazingdiscoveries.org/albums.html?action=album&aid=5426353352209572785 (2010년 12월 접속)
8. Olson, Kerry. "Temple of Quetzalcoatl (Plumed Serpent) at Teotihuacan." Webshots American Greetings. http://travel.webshots.com/photo/1075984150033121848BHPuxi. (2010년 12월 접속)
9. Thorsander, Glen. "The Tree of Life Omphalos and Baetyl Stone." FirstLegend.info. 2008. http://firstlegend.info/3rivers/thetreeoflifeomphalos.html (2010년 12월 접속)
10. Ryewolf. "The Legend and History of the Benu Bird and the Phoenix." The White Goddess, 2003. http://web.archive.org/web/20041119225528/http://www.thewhitegoddess.co.uk/articles/pheonix.asp?SID=Egypt. (2010년 12월 접속)
11. Thorsander, Glen. "The Tree of Life Omphalos and Baetyl Stone." 앞의 글.
12. Ryewolf. "The Legend and History of the Benu Bird and the Phoenix." 앞의 글.
13. 같은 글.
14. 같은 글.
15. 같은 글.
16. Thorsander, Glen. "The Tree of Life Omphalos and Baetyl Stone." 앞의 글.
17. 같은 글.
18. Palmer, Abram Smythe. "Jacob at Bethel: The Vision — the Stone — the Anointing." In Lexic.us, Literary Usage of Baetyls, 1899. http://www.lexic.us/definition-of/baetyls. (2010년 12월 접속)
19. Thorsander, Glen. "The Tree of Life Omphalos and Baetyl Stone." 앞의 글.
20. 같은 글.
21. Papafava, Francesco (ed.). Guide to the Vatican Museums and City. Vatican City: Tipografia Vaticana, 1986. In Peterson, Darren (ed.). Vatican Museum-Court of the Pigna. Tour of Italy for the Financially Challenged. http://touritaly.org/tours/vaticanmuseum/Vatican06.htm. (2010년 12월 접속)

22. 성경. 마태복음 6장 22절. 킹제임스판.
23. Thorsander, Glen. "The Tree of Life Omphalos and Baetyl Stone." 앞의 글.
24. Blavatsky, Helena. "Ancient Landmarks: The Pythagorean Science Of Numbers." Theosophy, 27 (7), May 1939. pp. 301-306. http://www.blavatsky.net/magazine/theosophy/ww/additional/ancientlandmarks/PythagScienceOfNumbers.html. (2010년 12월 접속)
25. Hall, Manly Palmer. The Secret Teachings of All Ages. The Philosophical Research Society Press, 1928.
26. Hall, Manly Palmer. The Occult Anatomy of Man. Los Angeles: Hall Pub. Co; 2nd ed. 1924. pp. 10-12.
27. Hall, Manly Palmer. The Secret Teachings of All Ages. The Philosophical Research Society Press, page facing XCVII, 1928. In (ed.) Kundalini Research Foundation, The Philosopher's Stone. http://www.kundaliniresearch.org/philosophers_stone.html. (2010년 12월 접속)
28. Steiner, Rudolf and Barton, Matthew. The Mysteries of the Holy Grail: From Arthur and Parzival to Modern Initiation. Rudolf Steiner Press, 2010. p. 147. http://books.google.com/books?id=EeIPM9oGx70C&pg=PA171&lpg=PA171. (2010년 12월 접속)
29. 같은 책. p. 158.
30. Hall, Manly Palmer. The Orphic Egg: From Bryant's An Analysis of Ancient Mythology. Philosophical Research Society. http://www.prs.org/gallery-classic.htm. (2010년 12월 접속)
31. Hall, Manly Palmer. The Secret Teachings of All Ages. 앞의 책.
32. Lokhorst, Gert-Jan. Descartes and the Pineal Gland. Stanford Encyclopedia of Philosophy, April 25, 2005, revised November 5, 2008. http://plato.stanford.edu/entries/pineal-gland/. (2010년 12월 접속)
33. EdgarCayce.org. True Health Physical-Mental-Spiritual: The Pineal. October 2002. http://web.archive.org/web/20080319233929/http://www.edgarcayce.org/th/tharchiv/research/pineal.html. (2010년 12월 접속)
34. Cox, Richard. "The Mind's Eye." USC Health & Medicine, Winter 1995. In Craft, Cheryl M. (ed.), EyesightResearch.org. http://www.eyesightresearch.org/old/Mind%27s_Eye.htm. (2010년 12월 접속)
35. 같은 글.
36. Miller, Julie Ann. "Eye to (third) eye; scientists are taking advantage of unexpected similarities between the eye's retina and the brain's pineal gland." Science News, November 9, 1985. http://www.highbeam.com/doc/1G1-4016492.html. (2010년 12월 접속)
37. NIH/National Institute Of Child Health And Human Development. Pineal Gland Evolved To Improve Vision, According To New Theory. ScienceDaily. August 19, 2004. http://www.sciencedaily.com/releases/2004/08/040817082213.htm. (2010년 12월 접속)
38. Wiechmann, A. F. "Melatonin: parallels in pineal gland and retina." Exp. Eye Res. 42 (6): 507-27, Jun 1986. http://www.ncbi.nlm.nih.gov/pubmed/3013666. (2010년 12월 접속)
39. Lolley, R. N., C. M. Craft, and R. H. Lee. "Photoreceptors of the retina and pinealocytes of the pineal gland share common components of signal transduction." Neurochem. Res., 17 (1): 81, 1992. http://www.springerlink.com/content/uj3433344j061353.
40. Max, M., et al. "Light-dependent activation of rod transducin by pineal opsin." Journal of Biological Chemistry, 273 (41): 26820, 1998. http://www.ncbi.nlm.nih.gov/pubmed/9756926. (2010년 12월 접속)
41. Baconnier, S. S., Lang, B., et al. "Calcite microcrystals in the pineal gland of the human brain: first physical and chemical studies." Bioelectromagnetics, 23 (7): 488-95, 2002.
42. Field, Simon Quellen. Science Toys You Can Make With Your Kids. Chapter 4: Radio. Sci-Toys.com. http://sci-toys.com/scitoys/scitoys/radio/homemade_radio.html. (2010년 12월 접속)
43. Harvey, E. Newton. The Nature of Animal Light. (Triboluminescence and Piezoluminescence.) Project Gutenberg, November 26, 2010. http://www.gutenberg.org/files/34450/34450.txt. (2010년 12월 접속)
44. Bamfield, Peter. Chromic Phenomena: The Technological Applications of Colour Chemistry. The Royal Society of Chemistry, Cambridge, U.K., 2001. p. 69. http://www.scribd.com/doc/23581956/Chromic-Phenomena-Bamfield-2001. (2010년 12월 검색)

45. Johnston, Laurance. "The Seat of the Soul." Parapalegia News, August 2009. http://www.healingtherapies.info/PinealGland1.htm. (2010년 12월 접속)
46. Hanna, John. Erowid Character Vaults: Nick Sand Extended Biography. Erowid.org. November 5, 2009. http://www.erowid.org/culture/characters/sand_nick/sand_nick_biography1.shtml. (2010년 12월 접속)
47. Baconnier, S. S., Lang, B., et al. "Calcite microcrystals in the pineal gland of the human brain: first physical and chemical studies." Bioelectromagnetics, 23 (7): 488-95, 2002.
48. Baconnier Simon, Lang, B., et al. "New Crystal in the Pineal Gland: Characterization and Potential Role in Electromechano-Transduction." Experimental Toxicology, 2002. http://www.ursi.org/Proceedings/ProcGA02/papers/p2236.pdf. (2010년 12월 접속)
49. Johnston, Laurance. "The Pineal Gland, Melatonin & Spinal Cord Dysfunction." Parapalegia News, August 2009. http://www.healingtherapies.info/PinealGland1.htm. (2010년 12월 접속)
50. Luke, J. The Effect of Fluoride on the Physiology of the Pineal Gland. Ph.D. Thesis. University of Surrey, Guildford, 1997. In Fluoride Action Network. Health Effects: Fluoride & the Pineal Gland. http://www.fluoridealert.org/health/pineal/. (2010년 12월 접속)
51. Bob, P. and Fedor-Freybergh, P. "Melatonin, consciousness, and traumatic stress." Journal of Pineal Research, 44: 341-347, 2008. http://onlinelibrary.wiley.com/doi/10.1111/j.1600-079X.2007.00540.x/full. (2010년 12월 접속)
52. Groenendijk, Charly. "The Serotonergic System, the Pineal Gland & Side-Effects of Serotonin Acting Anti-Depressants." Antidepressants Facts, October 9, 2001. (Updated March 11, 2003). http://www.antidepressantsfacts.com/pinealstory.htm. (2010년 12월 접속)
53. 같은 글.
54. 같은 글.
55. Price, Weston A. Nutrition and Physical Degeneration. La Mesa, CA: Price Pottenger Nutrition, 8th Edition, 1998.

4장

1. Kevin Kelly and Steven Johnson, "Where Ideas Come From." Wired, September 27, 2010. http://www.wired.com/magazine/2010/09/mf_kellyjohnson/. (2010년 12월 접속)
2. Gladwell, Malcolm. "In the Air: Who says big ideas are rare?" The New Yorker, May 12, 2008. http://www.newyorker.com/reporting/2008/05/12/080512fa_fact_gladwell?currentPage=all (2010년 12월 접속)
3. Laszlo, E. The interconnected universe: Conceptual foundations of transdisciplinary unified theory. River Edge, NJ: World Scientific, 1995. pp. 133-135.
4. Sheldrake, R. The presence of the past: Morphic resonance and the habits of nature. New York: Times Books, 1988.
5. Pearsall, Paul; Schwartz, Gary and Russek, Linda. "Organ Transplants and Cellular Memories." Nexus Magazine, April-May 2005. pp. 27-32, 76. http://www.paulpearsall.com/info/press/3.html.(2010년 12월 접속)
6. 같은 글.
7. The Co-Intelligence Institute. Morphogenetic Fields. 2003-2008. http://www.co-intelligence.org/P-morphogeneticfields.html. (2010년 12월 접속)
8. The Co-Intelligence Institute. More on Morphogenetic Fields. 2003-2008. http://www.co-intelligence.org/P-moreonmorphgnicflds.html. (2010년 12월 접속)
9. Combs, Allan; Holland, Mark and Robertson, Robin. Synchronicity: Through the Eyes of Science, Myth, and the Trickster. New York: Da Capo Press, 2000. pp. 27-28. http://books.google.com/books?id=ONXhD2NZtJgC&pg=PA27&lpg=PA27 (2010년 12월 접속)
10. Stafford, Tom. "Waking Life Crossword Experiment." Mind Hacks, January 16, 2007. http://mindhacks.com/2007/01/16/waking-life-crossword-experiment. (2010년 12월 접속)

11. Sheldrake, Rupert. In Ted Dace (ed.). Re: Dawkins etc. Journal of Memetics discussion list, September 11, 2001. http://web.archive.org/web/20070302014159/http://cfpm.org/~majordom/memetics/2000/6425.html. (2010년 12월 접속)

12. Swann, Ingo. The Ingo Swann 1973 Remote Viewing Probe of the Planet Jupiter. Remoteviewed.com, December 12, 1995. http://www.remoteviewed.com/remote_viewing_jupiter.htm. (2010년 12월 접속)

13. Morehouse, David. Psychic Warrior: The True Story of the CIA's Paranormal Espionage Programme. New York: St. Martin's Press, 1996. http://davidmorehouse.com/. (2010년 12월 접속)

14. Joe McMoneagle's books include Mind Trek (1997), The Ulitmate Time Machine with Charles T. Tart (1998), Remote Viewing Secrets: A Handbook (2000), The Stargate Chronicles (2002), and Memoirs of a Psychic Spy with Edwin C. May and L. Robert Castorr (2006). http://www.mceagle.com/. (2010년 12월 접속)

15. McMoneagle, Nancy. Remote Viewing in Japan. McEagle.com. http://www.mceagle.com/remote-viewing/Japan2.html. (2010년 12월 접속)

16. 딘 라딘(유상구·전재용 옮김), 의식의 세계The Conscious Universe, 양문, 1999. p. 105. www.boundary institute.org/ or www.psiresearch.org. (2010년 12월 접속)

17. 린 맥타가트(이충호 옮김), 필드The Field, 무우수, 2004. p. 160.

18. Utts, J. "An assessment of the evidence for psychic functioning." Journal of Scientific Exploration, 10: 3-30, 1996.

19. Putoff, H. & Targ, R. "A perceptual channel for information transfer over kilometer distances: historical perspective and recent research." Proceedings of the IEEE, 64 (3): 329-353, 1976. 린 맥타가트(2004, p. 158) 앞의 책에서 인용.

20. Jahn, R. G., Dunne, B. J. Margins of Reality: The Role of Consciousness in the Physical World. New York: Harcourt Brace Jovanovich, 1987.

21. Bisaha, J. J., Dunne, B. J. Multiple subject and long-distance precognitive remote viewing of geographical locations. In: Tart, C., Puthoff, H. E., Targ, R. (eds.). Mind at Large. New York: Praeger, 1979. pp. 107-124.

22. Osis, K., McCormick, D. "Kinetic Effects at the Ostensible Location of an Out-of-Body Projection during Perceptual Testing," Journal of the American Society for Psychical Research, 74: 319-329, 1980.

23. PRC, Chinese Academy of Sciences, High Energy Institute, Special Physics Research Team. "Exceptional Human Body Radiation." PSI Research, 1 (2): pp. 16-25, June 1982.

24. Yonjie, Zhao and Hongzhang, Xu. "EHBF Radiation: Special Features of the Time Response." Institute of High Energy Physics, Beijing, People's Republic of China, PSI Research, December 1982.

25. Hubbard, G. Scott, May, E. C., Puthoff, H. E. (1986) Possible Production of Photons During a Remote Viewing Task: Preliminary Results. SRI International, in D. H. Weiner and D. I. Radin (eds.). Research in Parapsychology, Metuchen, NJ: Scarecrow Press, 1985. pp. 66-70.

26. MacDougall, Duncan, M. D. "Hypothesis Concerning Soul Substance Together with Experimental Evidence of the Existence of Such Substance." American Medicine, April, 1907; also in Journal of the American Society for Psychical Research, 1(1907), pp. 237-244.

27. Carrington, Hereward. Laboratory Investigations into Psychic Phenomena. Philadelphia: David McKay Company, ca 1940.

28. Williams, Kevin. The NDE and the Silver Cord. Near-Death.com. 2007. http://www.near-death.com/experiences/research12.html. (2010년 12월 접속)

29. 성경. 전도서 12장 6절. New International Version. http://www.biblegateway.com/passage/?search=Eccl.%2012:6-7&version=NIV. (2010년 12월 접속)

30. University of Southampton, "World's Largest-ever Study Of Near-Death Experiences." ScienceDaily. September 10, 2008. http://www.sciencedaily.com /releases/2008/09/080910090829.htm.

31. Van Lommel, Pim. "About the Continuity of our Consciousness." In Brain Death and Disorders of

Consciousness. Machado, C. and Shewmon, D. A. (eds.). New York, Boston, Dordrecht, London, Moscow: Kluwer Academic/Plenum Publishers; "Advances in Experimental Medicine and Biology." Adv. Exp. Med. Biol., 550: 115-132, 2004. http://www.iands.org/research/important_studies/dr._pim_van_lommel_m.d._continuity_of_consciousness_3.html. (2010년 12월 접속)

32. "Near Death Experiences & The Afterlife." Scientific evidence for survival of consciousness after death. 2010. http://www.near-death.com/evidence.html. (2010년 12월 접속)

33. 같은 글.

34. 마이클 뉴턴(김지원·김도희 옮김), 영혼들의 운명Destiny of Souls, 나무생각, 2011. http://www.spiritualregression.org/. (2010년 12월 접속)

35. 마이클 뉴턴(김지원·김도희 옮김), 영혼들의 여행Journey of Souls, 나무생각, 2011. http://www.spiritualregression.org/. (2010년 12월 접속)

36. 마이클 뉴턴, 영혼들의 운명, 앞의 책. pp. 5-8.

37. Backman, Linda. Bringing Your Soul to Light: Healing Through Past Lives and the Time Between. Llewellyn Publications. 2009. http://www.bringingyoursoultolight.com. (2010년 12월 검색)

38. Stevenson, Ian. Twenty Cases Suggestive of Reincarnation: Second Edition, Revised and Enlarged. University of Virginia Press, October 1, 1980.

39. Penman, Danny. "'I died in Jerusalem in 1276,' says doctor who underwent hypnosis to reveal a former life." Daily Mail Online, April 25, 2008. http://www.dailymail.co.uk/pages/live/articles/news/news.html?in_article_id=562154&in_page_id=1770.

40. Tucker, Jim. Life Before Life: Children's Memories of Previous Lives. New York: St. Martin's Press, April 1, 2008.

5장

1. 스티븐 라버지(이경식 옮김), 루시드 드림Lucid Dreaming, 북센스, 2008. http://www.lucidity.com/. (2010년 12월 접속)

2. 스티븐 라버지(김재권 옮김), 꿈: 내가 원하는 대로 꾸기Exploring the World of Lucid Dreaming. 인디고블루, 2003. http://www.lucidity.com/. (2010년 12월 검색)

3. Ullman, Montague; Krippner, Stanley and Vaughan, Alan. Dream Telepathy: Experiments in Nocturnal Extrasensory Perception. Hampton Roads Publishing, 2003. http://www.siivola.org/monte/. (2010년 12월 검색)

4. 스티븐 라버지, 루시드 드림, 앞의 책.

5. 로버트 왜거너(허지상 옮김), 자각몽 꿈속에서 꿈을 깨다Lucid Dreaming, 정신세계사, 2010. http://www.lucidadvice.com/. (2010년 12월 검색)

6. 스티븐 라버지, 루시드 드림, 앞의 책.

7. Brooke, Chris. "Czech speedway rider knocked out in crash wakes up speaking perfect English." UK Daily Mail, September 14, 2007. http://www.dailymail.co.uk/news/article-481651/Czech-speedway-rider-knocked-crash-wakes-speaking-perfect-English.html.

8. "Croatian Teenager Wakes from Coma Speaking Perfect German." Telegraph, April 12, 2010. http://www.telegraph.co.uk/news/worldnews/europe/croatia/7583971/Croatian-teenager-wakes-from-coma-speaking-fluent-German.html

9. Leaman, Bob. Armageddon: Doomsday in Our Lifetime? Chapter 4. Australia: Greenhouse Publications, 1986. http://www.dreamscape.com/morgana/phoebe.htm.

10. 스티븐 라버지, 루시드 드림, 앞의 책.

11. 같은 책. pp. 12-13.

12. Journal of Offender Rehabilitation, 36 (1/2/3/4): 283-302, 2003. http://proposal.permanentpeace.org/research/index.html.

13. Social Indicators Research 47: 153-201, 1999. http://proposal.permanentpeace.org/research/index.html
14. 같은 글.
15. Orme-Johnson, D. "The science of world peace: Research shows meditation is effective." The International Journal of Healing and Caring On-Line, 3 (3): 2, September 1993.
16. St. John of the Cross. The Collected Works of St. John of the Cross. Washington, D.C.: ICS Publications, 1979, in Aron, Elaine and Aron, Arthur, (eds.), The Maharishi Effect: A Revolution Through Meditation. Walpole, NH: Stillpoint Publishing, 1986.
17. Wolters, C. (ed.). The Cloud of Unknowing and Other Works. New York: Penguin, 1978, in Aron, Elaine and Aron, Arthur. The Maharishi Effect. 앞의 책.
18. Van Auken, John. Soul Life: Destiny, Fate & Karma. Association for Research and Enlightenment, 2002. http://www.edgarcayce.org/ps2/soul_life_destiny_fate_karma.html.
19. Edgar Cayce Reading 3976-28, June 20, 1943. http://www.edgarcayce.org/are/edgarcayce.aspx?id=2473.
20. Edgar Cayce Reading 3976-27, June 19, 1942. http://www.edgarcayce.org/are/edgarcayce.aspx?id=2473
21. Edgar Cayce Reading 3976-8, January 15, 1932. http://www.edgarcayce.org/are/edgarcayce.aspx?id=2473
22. Len, Ihalekala Hew. IZI LLC/Ho'oponopono. http://www.hooponoponotheamericas.org/.
23. Vitale, Joe and Len, Ihaleakala Hew. Zero Limits. New York: Wiley Publishing, 2007. http://www.zerolimits.info/.
24. 같은 책.
25. 같은 책.
26. Len, Ihalekala Hew. IZI LLC/Ho'oponopono. 앞의 글.
27. Commentary on Vitale, Joe, I'm Sorry, I Love You. http://www.wanttoknow.info/070701imsorryiloveyoujoevitale.
28. Ostling, Richard N. "Researcher tabulates world's believers." Salt Lake Tribune, May 19, 2001. http://www.adherents.com/misc/WCE.html.
29. Edgar Cayce Reading 281-16, March 13, 1933. http://www.edgarcayce.org/ps2/mysticism_interpretating_revelation.html.
30. 같은 글.

6장

1. Flem-Ath, Rand and Flem-Ath, Rose. When the Sky Fell. New York: St. Martin's Press, 1995, p. 33.
2. Wilson, Colin. From Atlantis to the Sphinx: Recovering the Lost Wisdom of the Ancient World. New York: Fromm International, 1996, pp. 278-279.
3. Bulfinch, Thomas. Bulfinch's Mythology: The Age of Fable, or Stories of Gods and Heroes. Chapter XL. 1855. http://www.sacred-texts.com/cla/bulf/bulf39.htm. (2010년 12월 접속)
4. StateMaster Encyclopedia. Great Year. http://www.statemaster.com/encyclopedia/Great-year.
5. 같은 글.
6. 같은 글.
7. 같은 글.
8. Mahabharata, Book 3: Vana Parva: Markandeya-Samasya Parva: Section CLXXXVII. http://www.sacred-texts.com/hin/m03/m03187.htm.
9. Mahabharata, Book 3: Vana Parva: Markandeya-Samasya Parva: Section CLXXXIX and CLXL. http://www.sacred-texts.com/hin/m03/m03189.htm and http://www.sacred-texts.com/hin/m03/m03190.htm.
10. 같은 글.
11. Edgar Cayce Reading 281-28, October 26, 1936. http://www.edgarcayce.org/ps2/mysticism_

interpretating_revelation.html.
12. Blavatsky, H. P. The Secret Doctrine, Vol. 1, Book 2, p. 378. http://www.sacred-texts.com/the/sd/sd1-2-07.htm.
13. 같은 책.
14. Van Auken, John. "Ancient Mysteries Update: Pyramid Prophecy." Venture Inward Magazine, March-April 2009. http://www.edgarcayce.org/are/pdf/membership/VentureInwardMarApr2009.pdf.
15. Blavatsky, H. P. The Secret Doctrine, 앞의 책.
16. Stray, Geoff. Beyond 2012: Catastrophe or Awakening? Rochester, Vermont: Bear and Company, 2009. p. 54. http://www.diagnosis2012.co.uk.
17. Lemesurier, Peter. The Great Pyramid Decoded. Boston, MA: Element Books, 1977.
18. Stern, David P. Get a Straight Answer. NASA Goddard Space Flight Center. http://www-istp.gsfc.nasa.gov/stargaze/StarFAQ21.htm#q374.
19. 같은 글.
20. Burchill, Shirley. History of Science and Technology: Hipparchus (c. 190-c. 120 B.C.) The Open Door. http://www.saburchill.com/HOS/astronomy/006.html.
21. 같은 글.
22. D'Zmura, David Andrew. U.S. Patent 676618 — Method of determining zodiac signs. Issued on August 17, 2004. http://www.patentstorm.us/patents/6776618/description.html.
23. Mead, G. R. S. Thrice-Greatest Hermes, Vol. 2. 1906. http://www.sacred-texts.com/gno/th2/th252.htm.
24. Edgar Cayce Readings. Edgar Cayce Great Pyramid and Sphinx Reading from 1932. Cayce.com. http://www.cayce.com/pyramid.htm.
25. 같은 글.
26. Sanderfur, Glen. Lives of the Master: The Rest of the Jesus Story. Virginia Beach, VA: A. R. E. Press, 1988. http://www.edgarcaycebooks.org/livesofmaster.html.
27. Mead, G. R. S. Thrice-Greatest Hermes, 앞의 글.
28. Copenhaver, Brian P. Hermetica: The Greek Corpus Hermeticum and the Latin Asclepius in a New English Translation, with Notes and Introduction. Cambridge University Press, 1995. pp. 81-83.
29. Scott, Walter. Hermetica, Vol. 1: The Ancient Greek and Latin Writings Which Contain Religious or Philosophic Teachings Ascribed to Hermes Trismestigus. New York: Shambhala, 2001.
30. Prophecies of the Future. Future Prophecies Revealed: A Remarkable Collection of Obscure Millennial Prophecies. Hermes Trismestigus (circa 1st century CE). http://futurerevealed.com/future/text-date-1.htm.

7장

1. Gray, Martin. Giza Pyramids. World-Mysteries.com, 2003. http://www.world-mysteries.com/gw_mgray5.htm.
2. 같은 글.
3. Lemesurier, Peter. The Great Pyramid Decoded. Rockport, MA: Element Books, 1977. p. 8.
4. Zajac, John. "The Great Pyramid: A Dreamland Report." After Dark Newsletter, February 1995. http://www.europa.com/~edge/pyramid.html.
5. Gray, Martin. Giza Pyramids. 앞의 글.
6. Zajac, John. "The Great Pyramid: A Dreamland Report." 앞의 글.
7. Gray, Martin. Giza Pyramids. 앞의 글.
8. 같은 글.
9. Lemesurier, Peter. The Great Pyramid Decoded. 앞의 책. pp. 3-4.
10. Tompkins, Peter. Secrets of the Great Pyramid. New York: Harper and Row, 1971, 1978.
11. 같은 책.

12. 같은 책. p. 1.
13. 같은 책. p. 2.
14. 같은 책.
15. Gray, Martin. Giza Pyramids. 앞의 글.
16. Tompkins, Peter. Secrets of the Great Pyramid. 앞의 책. p. 3.
17. 같은 책.
18. Pietsch, Bernard. The Well-Tempered Solar System: Anatomy of the King's Chamber. 2000. http://sonic.net/bernard/kings-chamber.html.
19. Christopher Dunn, The Giza Power Plant: Technologies of Ancient Egypt. Santa Fe, NM: Bear & Company, 1998. URL: http://www.gizapower.com
20. 같은 책.
21. Gray, Martin. Giza Pyramids. 앞의 글.
22. Lemesurier, Peter. Gods of the Dawn. London: Thorsons/HarperCollins, 1999. p. 84.
23. 같은 책. p. 85.
24. Jochmans, Joseph. The Great Pyramid — How Old is it Really? Forgotten Ages Research, 2009. http://www.forgottenagesresearch.com/mystery-monuments-series/The-Great-PyramidHow-Old-is-It-Really.htm. (2010년 5월 접속)
25. Cayce, Edgar. Reading 5748-5. Association for Research and Enlightenment, June 30, 1932. http://arescott.tripod.com/EConWB.html.
26. Tompkins, Peter. Secrets of the Great Pyramid. 앞의 책. p. 17.
27. Gray, Martin. Giza Pyramids. 앞의 글.
28. Tompkins, Peter. 앞의 책. p. 18.
29. 같은 책. p. 17.
30. 같은 책. p. 67.
31. 같은 책. p. 68.
32. 같은 책. p. 69.
33. 같은 책. p. 72.
34. 같은 책. p. 73.
35. 같은 책. p. 74.
36. Lemesurier, Peter. The Great Pyramid Decoded. 앞의 책. p. 309.
37. 같은 책.
38. Spenser, Robert Keith. The Cult of the All-Seeing Eye. California: Christian Book Club of America, April 1964.
39. Monaghan, Patricia. The New Book of Goddesses and Heroines. St. Paul, MN: Llewellyn, 1997. http://www.hranajanto.com/goddessgallery/sibyl.html.
40. Fish Eaters. The Sybils (Sybils). http://www.fisheaters.com/sibyls.html. (2010년 5월 접속)
41. 같은 글.
42. Roach, John. "Delphic Oracle's Lips May Have Been Loosened by Gas Vapors." National Geographic News, August 14, 2001. http://news.nationalgeographic.com/news/2001/08/0814_delphioracle.html.
43. Fish Eaters. The Sybils (Sybils). 앞의 글.
44. Morgana's Observatory. The Cumaean Sibyl — Ancient Rome's Great Priestess and Prophet. 2006. http://www.dreamscape.com/morgana/desdemo2.htm.
45. 같은 글.
46. "Cumaean Sibyl." Wikipedia. http://en.wikipedia.org/wiki/Cumaean_Sibyl.
47. "Royal76." December 21, 2012... The End... or just another beginning. Above Top Secret Forum, May 22, 2007. http://www.abovetopsecret.com/forum/thread283740/pg1.

48. Friedman, Amy and Gilliland, Jillian. "The Fire of Wisdom (an ancient Roman tale)." Tell Me a Story, UExpress.com, August 25, 2002. http://www.uexpress.com/tellmeastory/index.html?uc_full_date=20020825.
49. The Ion. Sybilline Oracles: Judgment of the Tenth Generation. Hearth Productions, January 21, 1997.
50. Lorre, Norma Goodrich. "Priestesses." Perennial, November 1990. http://www.dreamscape.com/morgana/desdemo2.htm.
51. Mayor, Joseph B., Fowler, W. Warde and Conway, R. S. Virgil' s Messianic Eclogue: Its Meaning, Occasion and Sources. London: John Murray, Albemarle Street, 1907. http://www.questia.com/PM.qst?a=o&d=24306203.
52. Tompkins, Secrets of the Great Pyramid, 앞의 책. p. 38.
53. Spenser, Robert Keith. The Cult of the All-Seeing Eye. California: Christian Book Club of America, April 1964.
54. Fish Eaters. The Eclogues by Virgil (37 B.C.). http://www.fisheaters.com/sibyls8.html. (2010년 5월 접속)
55. Still, William T. New World Order: The Ancient Plan of Secret Societies. Lafayette, LA: Huntington House, 1990.

8장

1. Laigaard, Jens. "excerpt from Chapter Eight of Pyramideenergien–kritisk undersøgelse (1999)." Translation by Daniel Loxton and Jens Laigaard. Skeptic.com. http://www.skeptic.com/junior_skeptic/issue23/translation_Laigaard.html. (2010년 5월 접속)
2. 같은 글.
3. 같은 글.
4. 같은 글.
5. Ostrander, S. and Schroeder, L. Psychic Discoveries Behind the Iron Curtain. Englewood Cliffs, NJ: Prentice-Hall, 1971.
6. 라이얼 왓슨(박광순 옮김), 초자연, 자연의 수수께끼를 푸는 열쇠Supernature, 물병자리, 2001. p. 88.
7. Krasnoholovets, Volodymyr. On the Way to Disclosing the Mysterious Power of the Great Pyramid. Giza Pyramid Research Association, January 24, 2001. http://www.gizapyramid.com/DrV-article.htm. (2010년 5월 접속)
8. 같은 글.
9. 라이얼 왓슨(박광순 옮김), 앞의 책. p. 89.
10. 같은 책. p. 90.
11. Osmanagic, Semir. Bosnian Pyramid. http://www.bosnianpyramid.com/. (2010년 5월 접속)
12. Lukacs, Gabriela. World Pyramids Project. http://www.world-pyramids.com. (2010년 5월 접속)
13. Krasnoholovets, Volodymyr. On the Way to Disclosing the Mysterious Power of the Great Pyramid. 앞의 글.
14. Gorouvein, Edward. Golden Section Pyramids. Pyramid of Life. http://www.pyramidoflife.com/eng/golden_section.html. (2010년 5월 접속)
15. DeSalvo, John. Russian Pyramid Research: Introduction. Giza Pyramid Research Association. http://www.gizapyramid.com/russian/introduction.htm. (2010년 5월 접속)
16. Gorouvein, Edward. Golden Section Pyramids. 앞의 글.
17. DeSalvo, John. 앞의 글.
18. Krasnoholovets, Volodymyr. On the Way to Disclosing the Mysterious Power of the Great Pyramid. 앞의 글.
19. Gorouvein, Edward. Golden Section Pyramids. 앞의 글.
20. 같은 글.
21. Krasnoholovets, Volodymyr. On the Way to Disclosing the Mysterious Power of the Great Pyramid. 앞의 글.
22. 같은 글.

23. 같은 글.
24. 같은 글.
25. 같은 글.
26. 같은 글.
27. 같은 글.
28. 같은 글.
29. 같은 글.
30. 같은 글.
31. 같은 글.
32. 같은 글.
33. 같은 글.
34. Gorouvein, Edward. Tests and Experiments. Pyramid of Life. http://www.pyramidoflife.com/eng/tests_experiments.html#3. (2010년 5월 접속)
35. Krasnoholovets, Volodymyr. On the Way to Disclosing the Mysterious Power of the Great Pyramid. 앞의 글.
36. Gorouvein, Edward. Tests and Experiments. 앞의 글.
37. Yakovenko, Maxim. Nakhodka, the city of prehistoric times. World Pyramids. http://www.world-pyramids.com/nakhodka.html. (2010년 5월 접속)
38. DeSalvo, John. Press Release: "International Partnership for Pyramid Research." Giza Pyramid Research Association. http://www.gizapyramid.com/russian/press-release.htm. (2010년 5월 접속)
39. 같은 글.
40. 데살보 박사는 이전에 러시아어를 영어로 바꾼 것을 잘못 이해했고 화강암(granite)을 비슷한 단어인 "소금과 후추(salt and pepper)"로 생각한 나머지, 수감자들이 피라미드에 넣어두었던 소금과 후추를 먹은 것으로 받아들였다.

9장

1. Beloussov, Lev V. "Biofield as Engendered and Currently Perceived in Embryology." In Savva, Savely (ed.). Life and Mind: In Search of the Physical Basis. Victoria, BC, Canada: Trafford Publishing, Victoria, 2006.
2. Driesch, Hans. Philosophie des Organischen. Engelmann, Leipzig, 1921.
3. Gurwitsch, A. G. Das Problem der Zellteilung (The Problem of Cell Division), 1926.
4. Lillge, Wolfgang M. D. "Vernadsky's Method: Biophysics and the Life Processes." 21st Century Science & Technology Magazine, Summer 2001. http://www.21stcenturysciencetech.com/articles/summ01/Biophysics/Biophysics.html.
5. 린 맥타가트(이충호 옮김), 필드The Field, 무우수, 2004. p. 48.
6. 같은 책. p. 55.
7. Gariaev, P. P., Friedman, M. J. and Leonova-Gariaeva, E. A."Crisis in Life Sciences: The Wave Genetics Response." Emergent Mind, 2007. http://www.emergentmind.org/gariaev06.htm.
8. 같은 글.
9. 같은 글.
10. Stevenson, Ian. Twenty Cases Suggestive of Reincarnation: Second Edition, Revised and Enlarged. Charlottesville, VA: University of Virginia Press, 1980.
11. Tucker, Jim. Life Before Life: Children's Memories of Previous Lives. New York: St. Martin's, 2008.
12. Zuger, Abigail. "Removal of Half the Brain Improves Young Epileptics' Lives." New York Times, August 19, 1997. http://www.nytimes.com/yr/mo/day/news/national/sci-brain-damage.html.
13. Johns Hopkins Medical Institutions. "Study Confirms Benefits Of Hemispherectomy Surgery." ScienceDaily, October 16, 2003. http://www.sciencedaily.com/releases/2003/10/031015030730.htm. (2010년 5월 접속)
14. Lewin, Roger. "Is Your Brain Really Necessary?" Science, December 12, 1980. pp. 1232-1234.

15. 같은 글.
16. 같은 글.
17. Lorber, J. The family history of 'simple' congenital hydrocephalus. An epidemiological study based on 270 probands. Z Kinderchir, 39 (2): 94-95, 1984.
18. Edwards J. F., Gebhardt-Henrich S., Fischer K., Hauzenberger A., Konar M., Steiger A. "Hereditary hydrocephalus in laboratory-reared golden hamsters (Mesocricetus auratus)." Vet. Pathol. 43 (4): 523-9, Jul 2006.
19. 린 맥타가트(이충호 옮김), 필드, 앞의 책.
20. 같은 책.
21. 같은 책.
22. 같은 책.
23. Rein, Glen. Effect of Conscious Intention on Human DNA. Denver, CO: Proceeds of the International Forum on New Science, October 1996. http://www.item-bioenergy.com/infocenter/ConsciousIntentiononDNA.pdf. (2010년 6월 접속)
24. 같은 책.
25. Rein, Glen and McCraty, Rollin. Local and Non-Local Effects of Coherent Heart Frequencies on Conformational Changes of DNA. Institute of HeartMath/Proc. Joint USPA/IAPR Psychotronics Conference, Milwaukee, Wisconsin, 1993. http://appreciativeinquiry.case.edu/uploads/HeartMath%20article.pdf. (2010년 6월 접속)
26. Rein, Glen. Effect of Conscious Intention on Human DNA. 앞의 책.
27. Choi, Charles Q. "Strange! Humans Glow in Visible Light." LiveScience, July 22, 2009. http://www.livescience.com/health/090722-body-glow.html. (2010년 5월 접속)
28. 린 맥타가트, 앞의 책.
29. 같은 책.
30. 같은 책.
31. 같은 책.
32. Gariaev, Peter P., Friedman, M. J. and Leonova-Gariaeva, E. A. Crisis in Life Sciences: The Wave Genetics Response. 앞의 글.
33. Kaznacheyev, Vlail P., et al. "Distant intercellular interactions in a system of two tissue cultures." Psychoenergetic Systems, March 1976. pp. 141-42.
34. Gariaev, Peter P., Friedman, M. J., and Leonova-Gariaeva, E. A. Crisis in Life Sciences: The Wave Genetics Response. 앞의 글.
35. 같은 글.
36. Gariaev, Peter P. "An Open Letter from Dr. Peter Gariaev, the Father of 'Wave-Genetics'." DNA Monthly, September 2005. http://potentiation.net/DNAmonthly/September05.html. (2010년 5월 접속)
37. 같은 글.
38. Lillge, Wolfgang M. D. "Vernadsky's Method: Biophysics and the Life Processes." 21st Century Science & Technology Magazine, Summer 2001. http://www.21stcenturysciencetech.com/articles/summ01/Biophysics/Biophysics.html.
39. 같은 글.
40. 같은 글.
41. Kaivarainen, Alex. New Hierarchic Theory of Water and its Role in Biosystems. Bivacuum Mediated Time Effects, Electromagnetic, Gravitational & Mental Interactions. Institute for Time Nature Explorations. http://www.chronos.msu.ru/EREPORTS/kaivarainen_new.pdf. (2010년 5월 접속)
42. Benor, Daniel. "Spiritual Healing: A Unifying Influence in Complementary/Alternative Therapies." Wholistic Healing Research, January 4, 2005. http://www.wholistichealingresearch.com/spiritualhealingaunifyinginfluence.html.

43. 알렉산드라 다비드 넬(김은주 옮김), 티베트 마법의 서With Mystics and Magicians in Tibet, 르네상스, 2004. http://www.scribd.com/doc/21029489/With-Mystics-and-Magicians-in-Tibet.

10장

1. Choi, Charles Q. "DNA Molecules Display Telepathy-Like Quality." LiveScience, January 24, 2008. http://www.livescience.com/health/080124-dna-telepathy.html. (2010년 5월 접속)
2. Institute of Physics, "Physicists Discover Inorganic Dust With Lifelike Qualities." ScienceDaily, August 15, 2007. http://www.sciencedaily.com/releases/2007/08/070814150630.htm. (2010년 12월 접속)
3. Melville, Kate. "DNA Shaped Nebula Observed at Center of Milky Way." Scienceagogo, March 16, 2006. http://www.scienceagogo.com/news/20060216005544data_trunc_sys.shtml. (2010년 12월 접속)
4. Dunn, John E. "DNA Molecules Can 'Teleport', Nobel Winner Says." Techworld.com, January 16, 2011. http://www.pcworld.com/article/216767/dna_molecules_can_teleport_nobel_winner_says.html. (2011년 1월 접속)
5. Fredrickson, James K. and Onstott, Tullis C. "Microbes Deep Inside the Earth." Scientific American, October 1996. http://web.archive.org/web/20011216021826/www.sciam.com/1096issue/1096onstott.html. (2010년 5월 접속)
6. McFadden, J. J. and Al-Khalili. "A quantum mechanical model of adaptive mutations." Biosystems, 50: 203-211, 1999.
7. Milton, Richard. Shattering the Myths of Darwinism. Rochester, VT: Park Street Press, 2000. http://web.archive.org/web/20040402182842/http://www.newsgateway.ca/darwin.htm. (2010년 5월 접속)
8. McFadden, J. J. and Al-Khalili. 앞의 글.
9. Milton, Richard. 앞의 책.
10. Keim, Brandon. "Howard Hughes' Nightmare: Space May Be Filled with Germs." Wired, August 6, 2008. http://www.wired.com/science/space/news/2008/08/galactic_panspermia.
11. Gruener, Wolfgang. "We may be extraterrestrials after all." TG Daily, June 13, 2008. http://www.tgdaily.com/trendwatch-features/37940-we-may-be-extraterrestrials-after-all.
12. Mustain, Andrea. "34,000-Year-Old Organisms Found Buried Alive!" LiveScience, January 13, 2011. http://www.livescience.com/strangenews/ancient-bacteria-organisms-found-buried-alive-110112.html. (2011년 1월 접속)
13. Hoyle, F. "Is the Universe Fundamentally Biological?" in F. Bertola, et al. (eds.). New Ideas in Astronomy. New York: Cambridge University Press, 1988. pp. 5-8.
14. Suburban Emergency Management Project. Interstellar Dust Grains as Freeze-Dried Bacterial Cells: Hoyle and Wickramasinghe's Fantastic Journey. Biot Report #455, August 22, 2007. http://www.semp.us/publications/biot_reader.php?BiotID=455. (2010년 5월 접속)
15. 같은 글.
16. Strick, James. Sparks of Life: Darwinism and the Victorian Debates Over Spontaneous Generation. Cambridge, MA: Harvard University Press, October 15, 2002.
17. Flannel, Jack. The Bionous Nature of the Cancer Biopathy. Report on Orgonon conference. 2003. URL: http://www.jackflannel.org/orgonon_2003.html.
18. 같은 글.
19. Crosse, A. The American Journal of Science & Arts, 35: 125-137, January 1839. http://www.rexresearch.com/crosse/crosse.htm.
20. Edwards, Frank. "Spark of Life." from Stranger than Science, 1959. http://www.cheniere.org/misc/sparkoflife.htm.
21. 같은 글.

22. 같은 글.
23. "What is Orgone Energy & What is an Orgone Energy Accumulator?" Orgonics. http://www.orgonics.com/whatisor.htm. (2010년 5월 접속)
24. Wilcox, Roger M. "A Skeptical Scrutiny of the Works and Theories of Wilhelm Reich as related to SAPA Bions." February 23, 2009. http://pw1.netcom.com/~rogermw2/Reich/sapa.html (2010년 5월 접속)
25. Pacheco, Ignacio. "Ultrastructural and light microscopy analysis of SAPA bions formation and growth in vitro." Orgone.org, January 31, 2000. http://web.archive.org/web/20051108193642/http://www.orgone.org/articles/ax2001igna01a.htm. (2010년 5월 접속)
26. 같은 글.
27. Bounoure, Louis. The Advocate, March 8, 1984, p. 17. In Luckert, Karl W. (ed.) Quotations on Evolution as a Theory. 2001. http://web.archive.org/web/20011126101316/http://www.geocities.com/Area51/Rampart/4871/images/quotes.html.
28. Smith, Wolfgang. Teilhardism and the New Religion: A Thorough Analysis of the Teachings of de Chardin. Tan Books & Publishers, 1998. pp. 1-2. In Luckert, Karl W. (ed.) Quotations on Evolution as a Theory. 2001. http://web.archive.org/web/20011126101316/http://www.geocities.com/Area51/Rampart/4871/images/quotes.html.
29. Eldredge, Niles. The Monkey Business: A Scientist Looks at Creationism. New York: Washington Square Press, 1982. p. 44. In Luckert, Karl W. (ed.) Quotations on Evolution as a Theory. 2001. http://web.archive.org/web/20011126101316/http://www.geocities.com/Area51/Rampart/4871/images/quotes.html.
30. Norman, J. R. "Classification and Pedigrees: Fossils. A History of Fishes," Dr. P. H. Greenwood (ed.). British Museum of Natural History, 1975. p. 343. In Luckert, Karl W. (ed.) Quotations on Evolution as a Theory. 2001. http://web.archive.org/web/20011126101316/http://www.geocities.com/Area51/Rampart/4871/images/quotes.html.
31. Swinton, W. E. Biology and Comparative Physiology of Birds. A. J. Marshall (ed.). Vol. 1, New York: Academic Press, 1960. p. 1. In Luckert, Karl W. (ed.) Quotations on Evolution as a Theory. 2001. http://web.archive.org/web/20011126101316/http://www.geocities.com/Area51/Rampart/4871/images/quotes.html.
32. Ager, Derek. The Nature of the Fossil Record. Proc. Geological Assoc., Vol. 87, 1976. p. 132. In Luckert, Karl W. (ed.) Quotations on Evolution as a Theory. 2001. http://web.archive.org/web/20011126101316/http://www.geocities.com/Area51/Rampart/4871/images/quotes.html.
33. Zuckerman, Lord Solly. Beyond the Ivory Tower. New York: Taplinger Publishing Company, 1970, p. 64. In Luckert, Karl W. (ed.) Quotations on Evolution as a Theory. 2001. http://web.archive.org/web/20011126101316/http://www.geocities.com/Area51/Rampart/4871/images/quotes.html.
34. Raup, David M. and Sepkoski, J. John Jr. "Mass Extinctions in the Marine Fossil Record." Science, March 19, 1982. pp. 1501-1503. http://www.sciencemag.org/cgi/content/abstract/215/4539/1501.
35. Raup, David M. and Sepkoski, J. John Jr. "Periodicity of extinctions in the geologic past." Proc. Natl. Acad. Sci. USA, Vol. 81, pp. 801-805, February 1984. http://www.pnas.org/content/81/3/801.full.pdf.
36. Rohde, Robert A. & Muller, Richard A. "Cycles in fossil diversity." Nature, March 10, 2005. http://muller.lbl.gov/papers/Rohde-Muller-Nature.pdf.
37. Roach, Joan. "Mystery Undersea Evolution Cycle Discovered." National Geographic News, March 9, 2005. http://news.nationalgeographic.com/news/2005/03/0309_050309_extinctions.html.
38. Kazan, Casey. "Is There a Milky Way Galaxy/Earth Biodiversity Link? Experts Say 'Yes'." Daily Galaxy, May 15, 2009. http://www.dailygalaxy.com/my_weblog/2009/05/hubbles-secret.html. (2010년 5월 접속)
39. Evans, Mark. "Human genes are helping Texas A & M veterinarians unlock the genetic code of dolphins." NOAA Oceanographic and Atmospheric Research, 2000. http://web.archive.org/web/20030421105717/www.oar.noaa.gov/spotlite/archive/spot_texas.html. (2010년 5월 접속)
40. Kettlewell, Julianna. "'Junk' throws up precious secret." BBC News Online, May 12, 2004. http://news.bbc.co.uk/2/hi/science/nature/3703935.stm.

41. Fosar, Grazyna and Bludorf, Franz. "The Living Internet (Part 2)." April 2002. http://web.archive.org/web/20030701194920/http://www.baerbelmohr.de/english/magazin/beitraege/hyper2.htm. (2010년 5월 접속)
42. 같은 글.
43. 같은 글.
44. Choi, Charles Q. "Spider 'Resurrections' Take Scientists by Surprise." National Geographic News, April 24, 2009. http://news.nationalgeographic.com/news/2009/04/090424-spider-resurrection-coma-drowning.html. (2010년 5월 접속)
45. Rockefeller University. "Parasite Breaks Its Own DNA To Avoid Detection." ScienceDaily, April 19, 2009. http://www.sciencedaily.com/releases/2009/04/090415141210.htm. (2010년 5월 접속)
46. Wade, Nicholas. "Startling Scientists, Plant Fixes its Flawed Gene." New York Times, March 23, 2005. http://www.nytimes.com/2005/03/23/science/23gene.html.
47. 같은 글.
48. Hitching, Francis. The Neck of the Giraffe — Where Darwin Went Wrong. Boston: Ticknor & Fields, 1982. pp. 56-57.
49. Hitching, Francis. The Neck of the Giraffe — Where Darwin Went Wrong. 같은 책, p. 55.
50. McFadden, Johnjoe. Quantum Evolution: Outline2. http://www.surrey.ac.uk/qe/Outline.htm. (2010년 5월 접속)
51. Milton, Richard. Shattering the Myths of Darwinism. Rochester, VT: Park Street Press, 2000. http://web.archive.org/web/20040402182842/http://www.newsgateway.ca/darwin.htm. (2010년 5월 접속)
52. McFadden, Johnjoe. Quantum Evolution: Outline2. 앞의 글.
53. Sato, Rebecca, University of Massachusetts. "'Hyper-Speed' Evolution Possible? Recent Research Says 'Yes'." The Daily Galaxy, April 21, 2008. http://www.dailygalaxy.com/my_weblog/2008/04/scientists-disc.html. (2010년 5월 접속)
54. 같은 글.
55. Amazon.com Reviews on Jonathan Weiner. The Beak of the Finch: A Story of Evolution in Our Time. http://www.amazon.com/gp/product/product-description/067973337X/ref=dp_proddesc_0?ie=UTF8&n=283155&s=books. (2010년 5월 접속)
56. Milius, Susan. "Rapid Evolution May Be Reshaping Forest Birds' Wings." Science News, September 12, 2009. http://www.sciencenews.org/view/generic/id/46471/title/Rapid_evolution_may_be_reshaping_forest_birds%E2%80%99_wings. (2010년 7월 접속)
57. Eichenseher, Tasha. "Goliath Tiger Fish: 'Evolution on Steroids' in Congo." National Geographic News, February 13, 2009. http://news.nationalgeographic.com/news/2009/02/photogalleries/monster-fish-congo-missions/index.html. (2010년 5월 접속)
58. Than, Ker. "'Immortal' Jellyfish Swarm World's Oceans." National Geographic News, January 29, 2009. http://news.nationalgeographic.com/news/2009/01/090130-immortal-jellyfish-swarm.html.z(2010년 5월 접속)
59. Chen, Lingbao, et al. "Convergent evolution of antifreeze glycoproteins in Antarctic notothenoid fish and Arctic cod." Proc. Natl. Acad. Sci. USA, Vol. 94, pp. 3817-3822, April 1997. http://www.life.illinois.edu/ccheng/Chen%20et%20al-PNAS97b.pdf.
60. National Geographic Society. PHOTOS: Odd, Identical Species Found at Both Poles. February 15, 2009. http://news.nationalgeographic.com/news/2009/02/photogalleries/marine-census-deep-sea. (2010년 5월 접속)
61. Pasichnyk, Richard Michael. The Vital Vastness, Volume 1: Our Living Earth, iUniverse/Writers Showcase, 2002. p. 360. http://www.livingcosmos.com.
62. Dawson, Mary R., Marivaux, Laurent, Li, Chuan-kui, Beard, K. Christopher and Metais, Gregoire. "Laonastes and the 'Lazarus Effect' in Recent Mammals." Science, March 10, 2006, pp. 1456-1458. http://www.sciencemag.org/cgi/content/abstract/311/5766/1456.

63. Carey, Bjorn. "Back From the Dead: Living Fossil Identified." LiveScience, March 9, 2006. http://www.livescience.com/animals/060309_living_fossil.html. (2010년 6월 접속)
64. Van Tuerenhout, Dirk. "Of gompotheres, early American Indians, the Lazarus effect and the end of the world." Houston Museum of Natural Science Website, December 17, 2009. http://blog.hmns.org/?p=5922. (2010년 6월 접속)
65. Associated Press. "'Living fossil' found in Coral Sea." MSNBC Technology & Science, May 19, 2006. http://www.msnbc.msn.com/id/12875772/GT1/8199/.
66. United Press International. "A Jurassic tree grows in Australia." PhysOrg, October 17, 2005. http://www.physorg.com/news7303.html.
67. 같은 글.
68. Dzang Kangeng Yu. V. "Bioelectromagnetic fields as a material carrier of biogenetic information." Aura-Z, 1993, N3, pp. 42-54.
69. Gariaev, Peter P., Tertishny, George G. and Leonova, Katherine A. "The Wave, Probabilistic and Linguistic Representations of Cancer and HIV." Journal of Non-Locality and Remote Mental Interactions, 1 (2). http://www.emergentmind.org/gariaevI2.htm. (2010년 5월 접속)
70. Brekhman, Grigori. "Wave mechanisms of memory and information exchange between mother and her unbord child (Conception)." International Society of Prenatal and Perinatal Psychology and Medicine, 2005. http://www.isppm.de/Congress_HD_2005/Brekhman_Grigori-Wave_mechanisms_of_memory.pdf. (2010년 5월 접속)
71. Dzang Kangeng Yu. V., "A method of changing biological object's hereditary signs and a device for biological information directed transfer. Application N3434801, invention priority as of 30.12.1981, registered 13.10.1992."
72. Gariaev, Peter P., Tertishny, George G. and Leonova, Katherine A. The Wave, Probabilistic and Linguistic Representations of Cancer and HIV. 앞의 글.
73. Vintini, Leonardo. "The Strange Inventions of Pier L. Ighina." The Epoch Times, September 25-October 1, 2008. p. B6. http://epoch-archive.com/a1/en/us/bos/2008/09-Sep/25/B6.pdf. (2010년 6월 접속)
74. 같은 글.
75. 같은 글.
76. Zajonc, R. B., Adelmann, P. K., Murphy, S. T. and Niedenthal, P. M. "Convergence in the physical appearance of spouses." Motivation and Emotion, 11(4): 335-346, 1987. http://www.spring.org.uk/2007/07/facial-similarity-between-couples.php.
77. Baerbel-Mohr. DNA. (Summary of the book Vernetze Intelligenz by von Grazyna Fosar and Franz Bludorf.) http://web.archive.org/web/20030407171420/http://home.planet.nl/~holtj019/GB/DNA.html.
78. Lever, Anna Marie. "Human evolution is 'speeding up'." BBC News, December 11, 2007. http://news.bbc.co.uk/2/hi/science/nature/7132794.stm.
79. Kazan, Casey and Hill, Josh. "Is the Human Species in Evolution's Fast Lane?" Daily Galaxy, April 17, 2008. http://www.dailygalaxy.com/my_weblog/2008/04/is-the-human-sp.html.
80. Heylighen, F. "Increasing intelligence: the Flynn effect." Principia Cybernetica, August 22, 2000. http://pespmc1.vub.ac.be/FLYNNEFF.html.
81. Smith, Lewis. "Swimming orang-utans' spearfishing exploits amaze the wildlife experts." UK Times Online, April 28, 2008. http://www.timesonline.co.uk/tol/news/environment/article3828123.ece.
82. Silberman, Steve. "Placebos Are Getting More Effective. Drugmakers Are Desperate To Know Why." Wired, August 24, 2009. http://www.wired.com/medtech/drugs/magazine/17-09/ff_placebo_effect.
83. 같은 글.
84. "Despite Frustrations, Americans are Pretty Darned Happy." ScienceDaily, July 1, 2008. http://www.sciencedaily.com/releases/2008/06/080630130129.htm.

85. "Happiness Lengthens Life." ScienceDaily, August 5, 2008. http://www.sciencedaily.com/releases/2008/08/080805075614.htm.
86. "'Happiness Gap' in U.S. Narrows." ScienceDaily, January 28, 2009. http://www.sciencedaily.com/releases/2009/01/090126121352.htm.
87. Jenkins, Simon. "New evidence on the role of climate in Neanderthal extinction." EurekAlert, September 12, 2007. http://www.eurekalert.org/pub_releases/2007-09/uol-neo091107.php.
88. 같은 글.
89. Rincon, Paul. "Did Climate Kill Off the Neanderthals?" BBC News, February 13, 2009. http://news.bbc.co.uk/2/hi/science/nature/7873373.stm.
90. LiveScience Staff. "Humans Ate Fish 40,000 Years Ago." LiveScience, July 7, 2009. http://www.livescience.com/history/090707-fish-human-diet.html.
91. Britt, Robert Roy. "Oldest Human Skulls Suggest Low-Brow Culture." LiveScience, February 16, 2005. http://www.livescience.com/health/050216_oldest_humans.html.
92. 같은 글.
93. Lewis, James. "On Religion, Hitchens is Not So Great." American Thinker, July 15, 2007. http://www.americanthinker.com/2007/07/on_religion_hitchens_is_not_so_1.html.
94. Ward, Peter. "The Father of All Mass Extinctions." Society for the Conservation of Biology/Conservation Magazine, 5 (3), 2004. http://www.conservationmagazine.org/articles/v5n3/the-father-of-all-mass-extinctions/.
95. Britt, Robert Roy. "Oldest Human Skulls Suggest Low-Brow Culture." 앞의 글.
96. 같은 글.

11장

1. Tennenbaum, Jonathan. "Russian Discovery Challenges Existence of 'Absolute Time'." 21st Century Science and Technology Magazine, Summer 2000. http://www.21stcenturysciencetech.com/articles/time.html.
2. S. E., Namiot V. A., Khohklov N. B., Sharapov M. P., Udaltsovan B., Dansky A. S., Sungurov A. Yu., Kolombet V. A., Kulevatsky D. P., Temnov A. V., Kreslavskaya N. B. and Agulova L. P. (1985). Discrete Amplitude Spectra (Histograms) of Macroscopic Fluctuations in Processes of Different Nature. Preprint IBF AN SSSR. Pushchino. p. 39 (in Russian). In Levich, A. P. (ed.) A Substantial Interpretation of N. A. Kozyrev's Conception of Time. Singapore, New Jersey, London, Hong Kong: World Scientific, 1996, pp. 1-42. http://www.chronos.msu.ru/EREPORTS/levich2.pdf.
3. Tennenbaum, Jonathan. "Russian Discovery Challenges Existence of 'Absolute Time'." 앞의 글.
4. Jones, David. "Israel's Secret Weapon? A Toronto inventor may hold the key to Entebbe." Vancouver Sun Times, Weekend Magazine, December 17, 1977. p. 17. http://www.rexresearch.com/hurwich/hurwich.htm.
5. 같은 글.
6. 같은 글.
7. 같은 글.
8. Folger, Tim. "Newsflash: Time May Not Exist." Discover Magazine, June 12, 2007. http://discovermagazine.com/2007/jun/in-no-time.
9. Hafele, J. C. and Keating, Richard E. "Around-the-World Atomic Clocks: Predicted Relativistic Time Gains." Science, July 14, 1972, pp. 166-168. http://www.sciencemag.org/cgi/content/abstract/177/4044/166/.
10. Rindler, Wolfgang. Essential Relativity: Special, General, and Cosmological. New York: Springer-Verlag, 1979. p. 45.

11. Youngson, Robert. Scientific Blunders: A brief history of how wrong scientists can sometimes be. London: Constable & Robinson Publishing, 1998. http://www2b.abc.net.au/science/k2/stn/archives/archive53/newposts/415/topic415745.shtm.
12. Einstein, Albert. Dialog über Einwande gegen die Relativitätstheorie. Die Naturwissenschaften, 6: 697-702, 1918. In Kostro, Ludwik (ed.). Albert Einstein's New Ether and his General Relativity. Proceedings of The Conference of Applied Differential Geometry — General Relativity and The Workshop on Global Analysis, Differential Geometry and Lie Algebras, 2001. pp. 78-86. http://www.mathem.pub.ro/proc/bsgp-10/0KOSTRO.PDF.
13. Einstein, Albert. Aether und Relativitätstheorie, Berlin: Verlag von J. Springer, 1920, In Kostro, Ludwik (ed.). Albert Einstein's New Ether and his General Relativity. Proceedings of The Conference of Applied Differential Geometry — General Relativity and The Workshop on Global Analysis, Differential Geometry and Lie Algebras, 2001. pp. 78-86. http://www.mathem.pub.ro/proc/bsgp-10/0KOSTRO.PDF.
14. Tennenbaum, Jonathan. "Russian Discovery Challenges Existence of 'Absolute Time'." 앞의 글.
15. Whitehouse, David. "Mystery force tugs distant probes." BBC News, May 15, 2001. http://news.bbc.co.uk/2/hi/science/nature/1332368.stm.
16. Choi, Charles Q. "NASA Baffled by Unexplained Force Acting on Space Probes." SPACE.com, March 3, 2008. http://www.space.com/scienceastronomy/080229-spacecraft-anomaly.html.
17. 같은 글.
18. Moore, Carol. "Sunspot cycles and activist strategy." Carolmoore.net, February 2010. http://www.carolmoore.net/articles/sunspot-cycle.html.
19. Gribbin, John and Plagemann, Stephen. "Discontinuous Change in Earth's Spin Rate following Great Solar Storm of August 1972." Nature, May 4, 1973. http://www.nature.com/nature/journal/v243/n5401/abs/243026a0.html.
20. Mazzarella, A. and Palumbo, A. "Earth's Rotation and Solar Activity." Geophysical Journal International, 97 (1): 169-171. http://www3.interscience.wiley.com/journal/119443769/abstract.
21. R. Abarca del Rio, et al. "Solar Activity and Earth Rotation Variability." Journal of Geodynamics, 36: 423-443, 2003. http://www.cgd.ucar.edu/cas/adai/papers/Abarca_delRio_etal_JGeodyn03.pdf.
22. 같은 글.
23. 같은 글.
24. Djurovic, D. "Solar Activity And Relationships Between Astronomy And The Geosciences." Belgrade, Yugoslavia: Publications of the Department of Astronomy — Beograd, no. 18, 1990. http://elib.mi.sanu.ac.rs/files/journals/pda/18/broj18_clanak2.pdf.
25. Terdiman, Daniel. "Uh-Oh, Mercury's in Retrograde." Wired, September 15, 2003. http://www.wired.com/culture/lifestyle/news/2003/09/60424.
26. Terdiman, Daniel. "Tech problems due to Mercury in retrograde?" CNet News Blog, June 28, 2007. http://news.cnet.com/8301-10784_3-9737163-7.html
27. O' Neill, Ian. "Is the Sun Emitting a Mystery Particle?" Discovery News, August 25, 2010. http://news.discovery.com/space/is-the-sun-emitting-a-mystery-particle.html. (2010년 12월 접속)
28. Spottiswoode, S., James P. "Anomalous Cognition Effect Size: Dependence on Sidereal Time and Solar Wind Parameters." Palo Alto, CA: Cognitive Sciences Laboratory. http://www.jsasoc.com/docs/PA-GMF.pdf.
29. Nelson, Roger. "GCP Background." Institute of Noetic Sciences. http://noosphere.princeton.edu/science2.html.
30. 같은 글.
31. 같은 글.
32. Nelson, R. D., Bradish, J., Dobyns, Y. H., Dunne, B. J., and Jahn, R. G.. "Field REG Anomalies in Group Situations." Journal of Scientific Exploration, 10: 111-42, 1996.

33. Nelson, Roger. "Consciousness and Psi: Can Consciousness Be Real?" Utrecht II: Charting the Future of Parapsychology, October 2008, Utrecht, The Netherlands, in Global Consciousness Project, July 29, 2008. http://noosphere.princeton.edu/papers/pdf/consciousness.real.pdf.
34. Radin, Dean I., Rebman, Jannine M., and Cross, Maikwe P. "Anomalous Organization of Random Events by Group Consciousness: Two Exploratory Experiments." Journal of Scientific Exploration, 10 (1): 143-168, 1996.
35. Nelson, Roger. "Consciousness and Psi: Can Consciousness Be Real?", 앞의 글.
36. 같은 글.
37. Radin, Dean. "Global Consciousness Project Analysis for September 11, 2001." Institute of Noetic Sciences, 2001. http://noosphere.princeton.edu/dean/wtc0921.html.
38. Radin, Dean. "Terrorist Disaster, September 11, 2001: Exploratory Analysis." Institute of Noetic Sciences, 2001. http://noosphere.princeton.edu/exploratory.analysis.html.
39. 같은 글.
40. 그렉 브레이든(김형준 옮김), 2012: 아마겟돈인가, 제2의 에덴인가Fractal Time, 물병자리, 2009. p. 226
41. Radin, Dean. "Formal Analysis, September 11, 2001." Institute of Noetic Sciences, 2001. http://noosphere.princeton.edu/911formal.html.
42. Nelson, Roger. "Barack Obama Elected President." Institute of Noetic Sciences, 2008. http://noosphere.princeton.edu/obama.elected.html.
43. Nelson, Roger. "Barack Obama Inaugurated as President." Institute of Noetic Sciences. http://noosphere.princeton.edu/obama.inauguration.html.
44. Nelson, Roger. "Global Harmony." Global Consciousness Project. http://noosphere.princeton.edu/groupmedit.html.
45. Williams, Brian. "GCP Technical Note: Global Harmony Revisited." Global Consciousness Project, 2004. http://noosphere.princeton.edu/williams/GCPGlobalHarmonyBW.pdf.
46. Swanson, Claude V. The Synchronized Universe: New Science of the Paranormal. Tucson, AZ: Poseidia Press, 2003. p. 102.

12장

1. Puthoff, Hal. Institute for Advanced Studies. Austin, Texas. http://www.earthtech.org/iasa/index.html.
2. Haramein, Nassim. "Haramein Paper Wins Award!" The Resonance Project. http://theresonanceproject.org/best_paper_award.html. (2010년 6월 접속)
3. Crane, Oliver; Lehner, J. M. and Monstein, C. "Central Oscillator and Space-Quanta Medium." June 2000. http://www.rqm.ch, http://www.rexresearch.com/monstein/monstein.htm. (2010년 6월 접속)
4. Overbye, Dennis. "A Scientist Takes On Gravity." New York Times, July 12, 2010. http://www.nytimes.com/2010/07/13/science/13gravity.html?_r=2. (2010년 12월 접속)
5. Wright, Walter. Gravity is a Push. New York: Carlton Press, 1979.
6. Aspden, Harold. "Discovery of Virtual Inertia." New Energy News, 2: 1-2, 1995. http://www.aspden.org/papers/bib/1995f.htm. (2010년 12월 접속)
7. 라이얼 왓슨(박광순 옮김), 초자연, 자연의 수수께끼를 푸는 열쇠Supernature, 물병자리, 2001. p. 90.
8. Grebennikov, Viktor. "Cavity Structural Effect and Insect Antigravity." Rex Research, November 2001. http://www.rexresearch.com/grebenn/grebenn.htm. (2010년 6월 접속)
9. Akimov, A. E. and Shipov, G. I. "Torsion Fields and their Experimental Manifestations." Proceedings of International Conference: New Ideas in Natural Science. 1996. http://www.amasci.com/freenrg/tors/tors.html.
10. Levich, A. P. A Substantial Interpretation of N. A. Kozyrev's Conception of Time. Singapore, New Jersey, London, Hong Kong: World Scientific, 1996. pp. 1-42. http://www.chronos.msu.ru/EREPORTS/levich2.pdf.
11. Kozyrev, Nikolai. "Possibility of Experimental Study of Properties of Time." September 1967. http://

www.astro.puc.cl/~rparra/tools/PAPERS/kozyrev1971.pdf.
12. 같은 글.
13. 같은 글.
14. DePalma, Bruce. "On the Nature of Electrical Induction." July 28, 1993. http://depalma.pair.com/Absurdity/Absurdity09/NatureOfElectricalInduction.html. (2010년 6월 접속)
15. Müller, Hartmut. Global Scaling Theory. http://globalscalingtheory.com/. (2010년 5월 접속)
16. Baerbel-Mohr. "The free of charge bio-mobile phone." May 6, 2001. http://web.archive.org/web/20021018142034/http://baerbelmohr.de/english/magazin/beitraege/20010506_bio_mobile.htm. (2010년 5월 접속)
17. Levich, A. P. A Substantial Interpretation of N. A. Kozyrev's Conception of Time." 앞의 책.
18. Kozyrev, N. A. "Astronomical observations using the physical properties of time." In Vspykhivayushchiye Zvezdy (Flaring Stars). Yerevan, 1977. pp. 209-227. See also: Kozyrev N. A. Selected Works. Leningrad, 1991. pp. 363-383. From: Levich, A. P., A Substantial Interpretation of N. A. Kozyrev's Conception of Time. 앞의 책.
19. Nachalov, Yu. V. Theoretical Basis of Experimental Phenomena. http://www.amasci.com/freenrg/tors/tors3.html.
20. Kozyrev, Nikolai. "Possibility of Experimental Study of Properties of Time.", 앞의 글.
21. Dong, Paul and Raffill, Thomas E. China's Super Psychics. New York: Marlowe and Company, 1997.
22. Swanson, Claude V. The Synchronized Universe: New Science of the Paranormal. Tucson, AZ: Poseidia Press, 2003. pp. 116-117.
23. 같은 책. p. 204.

13장

1. Saetang, David. "Great Scott! Scientists Claim Time Travel is Possible." PCWorld, January 18, 2011. http://www.pcworld.com/article/216946/great_scott_scientists_claim_time_travel_is_possible.html?tk=mod_rel. (2011년 1월 접속)
2. Nairz, Olaf; Zeilinger, Anton and Arndt, Markus. "Quantum interference experiments with large molecules." American Association of Physics Teachers, October 30, 2002. http://hexagon.physics.wisc.edu/teaching/2010s%20ph531%20quantum%20mechanics/interesting%20papers/zeilinger%20large%20molecule%20interference%20ajp%202003.pdf. (2010년 6월 접속)
3. Markus Arndt, Olaf Nairz, Julian Voss-Andreae, Claudia Keller, Gerbrand van der Zouw and Anton Zeilinger. "Wave-particle duality of C60." Nature, 401: 680-682, October 14, 1999.
4. 같은 글.
5. Olaf Nairz, Björn Brezger, Markus Arndt, and Anton Zeilinger. "Diffraction of the Fullerenes C60 and C70 by a standing light wave." October 2001. http://www.univie.ac.at/qfp/research/matterwave/stehwelle/standinglightwave.html. (2010년 6월 접속)
6. Olaf Nairz, Björn Brezger, Markus Arndt, and Anton Zeilinger, "Diffraction of Complex Molecules by Structures Made of Light", Physical Review Letters, 87, 160401 (2001).
7. Folger, Tim. "Newsflash: Time May Not Exist." Discover Magazine, June 12, 2007. http://discovermagazine.com/2007/jun/in-no-time.
8. 같은 글.
9. Nehru, K. "'Quantum Mechanics' as the Mechanics of the Time Region." Reciprocity, Spring 1995, pp. 1-9; revised February 1998. http://library.rstheory.org/articles/KVK/QuantumMechanics.html. (2010년 6월 접속)
10. Nehru, K. "Precession of the Planetary Perihelia Due to Co-ordinate Time." Reciprocal System Theory Library, March 16, 2009. http://library.rstheory.org/articles/KVK/PrecPlanetPeri.html. (2010년 6월 접속)
11. Peret, Bruce. "Frequently Asked Questions — Reciprocal Theory." http://rstheory.org/faq/9. (2010년 6

월 접속)
12. Ashley, Dave. "Dave Ashley's House o' Horrors." April 29, 1998. http://www.xdr.com/dash/. (2010년 6월 접속)
13. Ashley, Dave. "Law of One Material and Dewey B. Larson's Physics." James Randi Educational Foundation, January 30, 2008. http://forums.randi.org/showthread.php?t=105001. (2010년 6월 접속)
14. Peret, Bruce. "Frequently Asked Questions — Reciprocal Theory." 앞의 글.
15. Berlitz, Charles. The Bermuda Triangle. New York: Avon Books, 1974. pp. 124-125.
16. Caidin, Martin. Ghosts of the Air. Lakeview, MN: Galde Press/Barnes and Noble, 2007. original edition 1991. p. 223.
17. 같은 책. pp. 223-226.
18. Peret, Bruce. RS Theory Website. International Society for Unified Science. http://rstheory.org. (2010년 6월 접속)
19. Julien, Eric. The Science of Extraterrestrials. Fort Oglethorpe, GA: Allies Publishing, October 10, 2006.
20. Ginzburg, Vladimir B. "About the Paper." Spiral Field Theory Website, 2000. http://web.archive.org/web/20010217014501/http://www.helicola.com/about.html.
21. Levich, A. P. A Substantial Interpretation of N. A. Kozyrev's Conception of Time. Singapore, New Jersey, London, Hong Kong: World Scientific, 1996. pp. 17-18. http://www.chronos.msu.ru/EREPORTS/levich2.pdf.
22. 같은 책.
23. 같은 책. p. 32.
24. "Spinning Ball Experiment." Bruce DePalma Website. 2010. http://www.brucedepalma.com/n-machine/spinning-ball-experiment/. (2010년 6월 접속)
25. 같은 글.
26. 같은 글.
27. DePalma, Bruce. "Understanding the Dropping of the Spinning Ball Experiment." Simularity Institute, May 3, 1977. http://depalma.pair.com/SpinningBall%28Understanding%29.html. (2010년 6월 접속)

14장

1. Yam, Philip. "Bringing Schrödinger's Cat to Life." Scientific American, June 1997. p. 124.
2. 린 맥타가트(이충호 옮김), 필드The Field, 무우수, 2004. p. 28.
3. MacPherson, Kitta. "Princeton scientists discover exotic quantum states of matter." News at Princeton, April 24, 2008. http://www.princeton.edu/main/news/archive/S20/90/55G21/index.xml?section=topstories. (2010년 12월 접속)
4. Dmitriev, A. N., Dyatlov, V. L. and Merculov, V. I. "Electrogravidynamic Concept of Tornadoes." The Millennium Group. http://www.tmgnow.com/repository/planetary/tornado.html. (2010년 6월 접속)
5. 같은 글.
6. Cerveny, Randy. Freaks of the Storm — From Flying Cows to Stealing Thunder, The World's Strangest True Weather Stories. New York: Thunder's Mouth Press, 2006. p. 31.
7. Dmitriev, A. N., Dyatlov, V. L. and Merculov, V. I. "Electrogravidynamic Concept of Tornadoes.", 앞의 글.
8. National Weather Service. "Grand Rapids, MI: The April 3, 1956 Tornado Outbreak." NOAA, May 20, 2010. http://www.crh.noaa.gov/grr/science/19560403/vriesland_trufant/eyewitness/. (2010년 6월 접속)
9. Blozy, Stephanie. "Can a Tornado Drive a Piece of Straw Into a Tree?" WeatherBug, July 2005. http://web.archive.org/web/20060523120043/http://blog.weatherbug.com/Stephanie/index.php?/stephanie/comments/can_a_tornado_drive_a_piece_of_straw_into_a_tree/. (2010년 6월 접속)
10. 같은 글.
11. Cerveny, Randy. Freaks of the Storm, 앞의 책. p. 30.
12. 같은 책. p. 33.

13. 같은 책. pp. 35, 44.
14. 같은 책. p. 35.
15. 같은 책. pp. 36-37.
16. Washburn University/KTWU. Stories of the '66 Topeka Tornado — Personal Topeka Tornado Stories. http://ktwu.washburn.edu/productions/tornado/stories.htm. (2010년 6월 접속)
17. San, Vee and Pean, Yoke. "Pictures of Things From the Sky." Oracle ThinkQuest Education Foundation. http://library.thinkquest.org/C004978F/arrivals_pics.htm. (2010년 6월 접속)
18. Hannah, James. "Odd items populate museum exhibit." The Beacon Journal, June 20, 2004. http://web.archive.org/web/20041031125254/http://www.ohio.com/mld/beaconjournal/news/state/8973306.htm. (2010년 6월 접속)
19. National Weather Service. "Grand Rapids, MI: The April 3, 1956 Tornado Outbreak." 앞의 글.
20. Alexandersson, Olof. Living Water: Viktor Schauberger and the Secrets of Natural Energy. Houston, TX: Newleaf, 1982, 1990, 2002. p. 22.
21. 같은 책. p. 23.
22. Wagner, Orvin E. "Dr. Ed Wagner." Wagner Research Laboratory, July 2007. http://home.budget.net/~oedphd/Edbio.html. (2010년 6월 접속)
23. Wagner, Orvin E. "A Basis for a Unified Theory for Plant Growth and Development." Physiological Chemistry and Physics and Med. NMR, 31: 109-129, 1999. http://home.budget.net/~oedphd/plants/unified.html. (2010년 6월 접속)
24. 같은 글.
25. Grebennikov, Viktor. "Cavity Structural Effect and Insect Antigravity." Rex Research, November 2001. http://www.rexresearch.com/grebenn/grebenn.htm. (2010년 6월 접속)
26. "An anti-gravity platform of V. S. Grebbenikov." New Energy Technologies, 3(22): 58-74, 2005. http://www.rexresearch.com/grebenn2/greb2.htm. (2010년 6월 접속)
27. Davidson, Dan. "Free Energy, Gravity and the Aether." KeelyNet, October 18, 1997. http://www.keelynet.com/davidson/npap1.htm. (2010년 6월 접속)
28. Cathie, Bruce. "Acoustic Levitation of Stones." In Childress, David Hatcher (ed.). Anti-Gravity and the World Grid. Kempton, IL: Adventures Unlimited Press, 1987, 1995. pp. 211-216.
29. Alexandersson, Olof. Living Water: Viktor Schauberger and the Secrets of Natural Energy. 앞의 책.
30. Cook, Nick. The Hunt for Zero Point: Inside the Classified World of Antigravity Technology. New York: Broadway Books, 2002. pp. 228-229, 234.
31. Grebennikov, Viktor. "Cavity Structural Effect and Insect Antigravity." 앞의 글.
32. 같은 글.
33. 같은 글.
34. 같은 글.
35. 같은 글.
36. 같은 글.
37. "An anti-gravity platform of V. S. Grebbenikov." 앞의 글.
38. Cassidy, Kerry; Novel, Gordon and Ryan, Bill. "Renegade: Gordon Novel on Camera." Project Camelot, Los Angeles, December 2006. http://projectcamelot.org/lang/en/gordon_novel_interview_transcript_en.html. (2010년 6월 접속)
39. Kirkpatrick, Sidney. Edgar Cayce: An American Prophet. New York: Riverhead Books, 2000. pp. 123-124.
40. Cayce, Edgar. Reading 195-54. Association for Research and Enlightenment, January 13, 1929. http://all-ez.com/nofuel2.htm. (2010년 6월 접속)
41. Kirkpatrick, Sidney. Edgar Cayce: An American Prophet. 앞의 책. pp. 123-124.
42. "Tesla's New Monarch of Machines." New York Herald. October 15, 1911. http://www.tfcbooks.com/tesla/1911-10-15.htm.

43. Vassilatos, Gerry. Lost Science. Bayside, CA: Borderland Sciences Research Foundation, 1997, 1999. http://www.hbci.com/~wenonah/history/brown.htm. (2010년 6월 접속)
44. Cassidy, Kerry; Ring, Ralph and Ryan, Bill. "Aquamarine Dreams: Ralph Ring and Otis T. Carr." Project Camelot, Las Vegas, August 2006. http://projectcamelot.org/ralph_ring.html. (2010년 6월 접속)
45. 같은 글.
46. 같은 글.
47. 같은 글.
48. Cassidy, Kerry; Ring, Ralph and Ryan, Bill. "Ralph Ring Interview Transcript." Project Camelot, Las Vegas, August 2006. http://projectcamelot.org/lang/en/ralph_ring_interview_transcript_en.html. (2010년 6월 접속)
49. 같은 글.
50. Spiegel, Lee. "Nuclear Physicist Describes Vast UFO Cover-Up." AOL News, June 7, 2010. http://www.aolnews.com/weird-news/article/stanton-friedman-a-scientist-searches-for-the-truth-of-ufos/19503350. (2010년 6월 접속)
51. Roschin, V. and Godin, S. "Magneto-Gravitational Converter. (Searl Effect Generator)" Summary/List of Technical Papers. Rex Research. http://www.rexresearch.com/roschin/roschin.htm. (2010년 6월 접속)
52. Moore, Terry. "SEG Voltage Controlled Demonstration." YouTube, March 26, 2007. http://www.youtube.com/watch?v=z8qvSNkiB9M. (2010년 6월 접속)
53. 알렉산드라 다비드 넬(김은주 옮김), 티베트 마법의 서With Mystics and Magicians in Tibet, 6장: 기적의 비법, 르네상스, 2004. http://www.scribd.com/doc/21029489/With-Mystics-and-Magicians-in-Tibet.
54. 같은 책.
55. Swanson, Claude V. The Synchronized Universe: New Science of the Paranormal. Poseidia Press, Tucson, AZ: Poseidia Press, 2003. pp. 105-111.
56. 같은 책. p. 108.

15장

1. Caidin, Martin. Ghosts of the Air. Lakeview, MN: Galde Press/Banes and Noble, 1991, 2007. p. 206.
2. Quasar, Gian J. Into the Bermuda Triangle. New York: International Marine/McGraw Hill, 2004. p. 1.
3. Grigonis, Richard. Ivan T. Sanderson. Chapter 13: Downfall. Richard Grigonis/Society for the Investigation of the Unexplained, 2009, 2010. http://www.richardgrigonis.com/Ch13%20Downfall.html. (2010년 6월 접속)
4. 같은 책.
5. 같은 책.
6. 같은 책.
7. Paranormal Encyclopedia. "Vile Vortices." http://www.paranormal-encyclopedia.com/v/vile-vortices/. (2010년 6월 접속)
8. Grigonis, Richard. Ivan T. Sanderson. 앞의 책.
9. Jochmans, Joseph. "Earth: A Crystal Planet?" Atlantis Rising, Spring 1996. http://web.archive.org/web/19990128233845/http://atlantisrising.com/issue7/ar7crysp1.html. (2010년 6월 접속)
10. 같은 글.
11. 같은 글.
12. Becker, William and Hagens, Bethe. "The Planetary Grid: A New Synthesis." Pursuit Journal of the Society for the Investigation of the Unexplained, 17 (4), 1984. http://missionignition.net/bethe/planetary_grid.php.
13. 같은 글.
14. Wood, Dave; Piper, Anne and Nunn, Cindy. "Gloucestershire's ley lines." BBC Gloucestershire History, June 29, 2005. http://www.bbc.co.uk/gloucestershire/content/articles/2005/06/29/ley_lines_feature.shtml.

(2010년 6월 접속)
15. Jochmans, Joseph. "Earth: A Crystal Planet?" 앞의 글.
16. "Athelstan Frederick Spilhaus: Lieutenant Colonel, United States Army. American Memory obituary. Died March 30, 1998." Arlington National Cemetery. http://www.arlingtoncemetery.net/spilhaus.htm. (2010년 6월 접속)
17. Manbreaker, Crag. "Glossary of Physical Oceanography: Sn-Sz, Spilhaus, Athelstan (1912-1998)." UNESCO, August 17, 2001. http://web.archive.org/web/20030916211451/http://ioc.unesco.org/oceanteacher/resourcekit/M3/Data/Measurements/Parameters/Glossaries/ocean/node36.html. (2010년 6월 접속)
18. 같은 글.
19. University of California Museum of Paleontology. "Plate Tectonics: The Rocky History of an Idea." University of California at Berkeley, August 22, 1997. http://www.ucmp.berkeley.edu/geology/techist.html. (2010년 6월 접속)
20. Luckert, Carl W. Plate Expansion Tectonics. http://www.triplehood.com/expa.htm. (2010년 6월 접속)
21. Maxlow, James. "Quantification of an Archean to Recent Earth Expansion Process Using Global Geological and Geophysical Data Sets." Curtin University of Technology Ph.D. Thesis, 2001. http://espace.library.curtin.edu.au/R?func=dbin-jump-full&local_base=gen01-era02&object_id=9645. (2010년 6월 접속)
22. Maxlow, James. Global Expansion Tectonics. November 1999. http://web.archive.org/web/20080801082348/http://www.geocities.com/CapeCanaveral/Launchpad/6520/. (2010년 6월 접속)
23. Ollier, Cliff. "Exceptional Planets and Moons, and Theories of the Expanding Earth." New Concepts in Global Tectonics Newsletter, December 2007. http://www.ncgt.org/newsletter.php?action=download&id=52.
24. Roehl, Perry O. "A Commentary. Let's Cut to the Chase: Plate Tectonics Versus Expansion of the Planet." Society of Independent Professional Earth Scientists/SIPES Quarterly, February 2006. http://www.sipes.org/Newsletters/NewsltrFeb06.pdf. (2010년 6월 접속)
25. Schneider, Michael. "Crystal at the Center of the Earth: Anisotropy of Earth's Inner Core." Projects in Scientific Computing, Pittsburgh Supercomputing Center, 1996. http://www.psc.edu/science/Cohen_Stix/cohen_stix.html. (2010년 6월 접속)
26. Glatzmaier, Gary A., Coe, Robert S., Hongre, Lionel and Roberts, Paul H. "The role of the Earth's mantle in controlling the frequency of geomagnetic reversals." Nature, October 28, 1999, pp. 885-890. http://www.es.ucsc.edu/~rcoe/eart110c/Glatzmaieretal_SimRev_Nature99.pdf. (2010년 6월 접속)
27. Buffett, Bruce A. "Earth's Core and the Geodynamo." Science, June 16, 2000. pp. 2007-2012. http://www.sciencemag.org/cgi/content/abstract/288/5473/2007. (2010년 6월 접속)
28. Singh, S. C., Taylor, M. A. J., Montagner, J. P. "On the Presence of Liquid in Earth's Inner Core." Science, 287, pp. 2471-2474. http://bullard.esc.cam.ac.uk/~taylor/Abstracts/SCIENCE_Published_InnerCore.pdf. (2010년 6월 접속)
29. U.S. Geological Survey. "Inner Core." U.S. National Report to IUGG, 1991-1994. Rev. Geophys. Vol. 33, Suppl., © 1995 American Geophysical Union. http://web.archive.org/web/20071009130628/http://www.agu.org/revgeophys/tromp01/node2.html. (2010년 6월 접속)
30. Jacobs, J. A. "The Earth's inner core." Nature,172 (1953): 297-298. http://www.nature.com/nature/journal/v172/n4372/pdf/172297a0.pdf. (2010년 6월 접속)
31. Levi, Barbara Goss. "Understanding Why Sound Waves Travel Faster along Earth's Axis in the Inner Core." Physics Today Online, Search & Discovery, November 2001. p. 17. http://web.archive.org/web/20050213235821/http://www.physicstoday.org/pt/vol-54/iss-11/p17.html. (2010년 6월 접속)
32. Hoagland, Richard C. The Monuments of Mars: A City on the Edge of Forever. Berkeley: North Atlantic Books, 1992.
33. Hoagland, Richard C. and Torun, Erol O. "The 'Message of Cydonia': First Communication from an Extraterrestrial Civilization?" The Enterprise Mission, 1989. http://www.enterprisemission.com/message.htm.

(2011년 1월 접속)
34. Jenny, Hans. "Cymatics — A Study of Wave Phenomena." MACROmedia. (2010년 6월 접속) 린 맥타가트(이충호 옮김), 필드The Field, 무우수, 2004.
35. Nehru, K. "The Wave Mechanics in the Light of the Reciprocal System." Reciprocal System Library, August 19, 2008. http://library.rstheory.org/articles/KVK/WaveMechanics.html.
36. 같은 글.
37. Wilcock, David. The Divine Cosmos — Convergence Volume Three. Chapter 4: The Sequential Perspective. http://divinecosmos.com/index.php?option=com_content&task=view&id=98&Itemid=36. (2010년 6월 접속)
38. Carter, James. Absolute Motion Institute. http://www.circlon-theory.com/HTML/about.html. (2010년 6월 접속)
39. Hecht, Lawrence. "Who Was Robert J. Moon?" 21st Century Science and Technology. http://www.21stcenturysciencetech.com/articles/drmoon.html. (2010년 6월 접속)
40. Hecht, Lawrence. "The Moon Model of the Nucleus." 21st Century Science and Technology. http://www.21stcenturysciencetech.com/moonsubpg.html. (2010년 6월 접속)
41. Moon, Robert J. "Robert J. Moon on How He Conceived His Nuclear Model." Transcript of a Presentation in Leesburg, VA, September 4, 1987. 21st Century Science and Technology, Fall 2004. pp. 8-20. http://www.21stcenturysciencetech.com/Articles%202005/moon_F04.pdf. (2010년 6월 접속)
42. Hecht, Laurence. "Advances in Developing the Moon Nuclear Model." 21st Century Science and Technology, 2004. http://www.21stcenturysciencetech.com/articles/moon_nuc.html
43. Wilcock, David. The Divine Cosmos — Convergence Volume Three. Chapter 4: The Sequential Perspective. 앞의 글.
44. Mallove, Eugene. "MIT and Cold Fusion: A Special Report." Infinite Energy, 24, 1999. http://www.infinite-energy.com/images/pdfs/mitcfreport.pdf. (2010년 6월 접속)
45. Hecht, Laurence. "Advances in Developing the Moon Nuclear Model." 앞의 글.
46. Hecht, Laurence. "The Geometric Basis for the Periodicity of the Elements." 21st Century Science and Technology, May-June 1988. p. 18. http://www.21stcenturysciencetech.com/Articles%202004/Spring2004/Periodicity.pdf. (2010년 6월 접속)
47. Duncan, Michael A. and Rouvray, Dennis H. "Microclusters." Scientific American, 261 (6): 110-115, 1989. http://www.subtleenergies.com/ormus/research/research.htm.
48. Sugano, Satoru and Koizumi, Hiroyasu. Microcluster Physics: Second Edition. Berlin, Heidelberg, New York: Springer-Verlag, 1998.
49. Gardner, Lawrence. "Ormus Products & M-State Elements." Graal.co.uk. http://graal.co.uk/whitepowdergold.php. (2010년 12월 접속)
50. 같은 글.
51. 같은 글.
52. Fouche, Edgar. "Secret Government Technology." 2000. http://web.archive.org/web/20001202132200/http://www.fouchemedia.com/arap/speech.htm. (2010년 6월 접속)
53. 같은 글.
54. Vassilatos, Gerry. Lost Science. Bayside, CA: Borderland Sciences Research Foundation, 1997, 1999. http://www.hbci.com/~wenonah/history/brown.htm. (2010년 6월 접속)
55. 같은 책.
56. 같은 책.
57. 같은 책.
58. 같은 책.
59. White, Mark. "Introducing: The Perfect Code Theory." Rafiki Incorporated Website. http://www.

codefun.com/Genetic.htm. (2010월 12월 접속)
60. 같은 글.

16장

1. 존 마티노(김영태 옮김), 태양계의 우연A Little Book of Coincidence, 시스테마, 2010.
2. "Prince Charles Explores 'Mysterious Unity' of the Universe in New Book." The Huffington Post. November 24, 2010. http://www.huffingtonpost.com/2010/11/24/prince-charles-harmony_n_786565.html. (2010년 12월 접속)
3. 존 마티노(김영태 옮김), 앞의 책. p. 12.
4. 같은 책. p. 14.
5. "Prince Charles Explores 'Mysterious Unity' of the Universe in New Book." 앞의 글.
6. Wilcock, David. "The 'Matrix' is a Reality." Divine Cosmos, April 10, 2003. http://divinecosmos.com/index.php/component/content/49?task=view. (2010년 12월 접속)
7. Battaner, E. and Florido, E. "The rotation curve of spiral galaxies and its cosmological implications." Fund. Cosmic Phys., 21: 1-154, 2000. http://nedwww.ipac.caltech.edu/level5/March01/Battaner/node48.html. (2010년 12월 접속)
8. Battaner, E. "The fractal octahedron network of the large scale structure." Astronomy and Astrophysics, 334 (3): 770-771. http://arxiv.org/pdf/astro-ph/9801276. (2010년 12월 접속)
9. Haramein, Nassim. "A Scaling Law for Organized Matter in the Universe." American Physical Society, October 4-6, 2001. http://adsabs.harvard.edu/abs/2001APS..TSF.AB006H. (2010년 12월 접속)
10. Whitehouse, David. "Map Reveals Strange Cosmos." BBC News Online, March 3, 2003. http://news.bbc.co.uk/2/hi/science/nature/2814947.stm. (2010년 12월 접속)
11. Dumé, Belle. "Is the Universe a Dodecahedron?" PhysicsWorld.com, October 8, 2003. http://physicsworld.com/cws/article/news/18368. (2010년 12월 접속)
12. "Veintena." Wikipedia. http://en.wikipedia.org/wiki/Veintena. (2010년 6월 접속)
13. "Mayan Calendar." Wikipedia. http://en.wikipedia.org/wiki/Mayan_calendar. (2010년 6월 접속)
14. Miller, Mary and Taube, Karl. The Gods and Symbols of Ancient Mexico and the Maya: An Illustrated Dictionary of Mesoamerican Religion. London: Thames & Hudson, 1993. pp. 48-50.
15. Peden, Robert. "The Mayan Calendar: Why 260 Days?", 1981, Updated May 24 and June 15, 2004. Robert Pendon Website. http://www.spiderorchid.com/mesoamerica/mesoamerica.htm. (2010년 6월 접속)
16. 같은 글.
17. 같은 글.
18. Chatelain, Maurice. Our Ancestors Came from Outer Space. New York: Dell Books, 1977.
19. Van Flandren, Thomas. "The Exploded Planet Hypothesis 2000." Meta Research. http://www.metaresearch.org/solar%20system/eph/eph2000.asp. (2010년 12월 접속)
20. 같은 글.
21. "Core Spins Faster Than Earth, Scientists Find." National Science Foundation. Press Release 96-038, July 17, 1996. http://www.nsf.gov/news/news_summ.jsp?cntn_id=101771&org=NSF.
22. "Core Spins Faster Than Earth, Lamont Scientists Find." Lamont-Doherty Earth Observatory, 2005. http://www.columbia.edu/cu/record/archives/vol22/vol22_iss1/Core_Spin.html. (2010년 6월 접속)
23. 같은 글.
24. Yukutake, Takesi. "Effect on the Change in the Geomagnetic Dipole Moment on the Rate of the Earth's Rotation." In Melchior, Paul J. and Yumi, Shigeru (eds.). Rotation of the earth: International Astronomical Union Symposium no. 48, Morioka, Japan, May 9-15, 1971. p. 229.
25. Niroma, Timo. "One Possible Explanation for the Cyclicity in the Sun: Sunspot cycles and supercycles, and their tentative causes." June-December 1998. http://personal.inet.fi/tiede/tilmari/sunspots.html. (2010

년 6월 접속)
26. 같은 글. http://personal.inet.fi/tiede/tilmari/sunspot4.html#bassuper. (2010년 6월 접속)
27. 같은 글. http://personal.inet.fi/tiede/tilmari/sunspot5.html. (2010년 6월 접속)
28. Fosar, Graznya and Bludorf, Franz. "The TLR Factor: Mysterious temporal and local patterns in aircraft crashes." http://www.fosar-bludorf.com/archiv/tlr_eng.htm. (2010년 6월 접속)
29. N. Capitaine, et al. "Expressions for IAU 2000 precession quantities." Astronomy & Astrophysics, 412: 567-586, 2003. http://www.aanda.org/articles/aa/abs/2003/48/aa4068/aa4068.html.
30. Holland, Earle. "Major Climate Change Occurred 5,200 Years Ago: Evidence Suggests that History Could Repeat Itself." Ohio State University Research News, December 15, 2004. http://researchnews.osu.edu/archive/5200event.htm. (2010년 6월 접속)
31. 같은 글.
32. Wilcock, David. The Shift of the Ages — Convergence Volume One. Chapter 16: Maurice Cotterell and the Great Solar Cycle. 2000. http://divinecosmos.com/index.php/start-here/books-free-online/18-the-shift-of-the-ages/72-the-shift-of-the-ages-chapter-16-maurice-cotterell-and-the-great-sunspot-cycle. (2010년 12월 접속)
33. "Calendar Round." Wikipedia. http://en.wikipedia.org/wiki/Calendar_Round. (2010년 6월 접속)
34. "Mayan Calendar." Wikipedia. http://en.wikipedia.org/wiki/Mayan_calendar. (2010년 6월 접속)
35. "Magnetic Portals Connect Sun And Earth." Science@NASA (November 2, 2008). ScienceDaily. http://www.sciencedaily.com/releases/2008/11/081101093713.htm. (2010년 12월 접속)
36. "Clumps And Streams Of Dark Matter May Lie In Inner Regions Of Milky Way." University of California-Santa Cruz (August 7, 2008). ScienceDaily. http://www.sciencedaily.com/releases/2008/08/080806140124.htm. (2010년 12월 접속)
37. Zyga, Lisa. "Million-Degree Plasma May Flow throughout the Galaxy." PhysOrg.com, February 7, 2008. http://www.physorg.com/news121602545.html. (2010년 12월 접속)

17장

1. Laursen, Chris. "Rock the House." Sue St. Clair and Matthew Didier's Paranormal Blog, June 20, 2007. http://seminars.torontoghosts.org/blog/index.php/2007/06/20/weird_wednesday_with_chris_laursen_29. (2010년 6월 접속)
2. 같은 글.
3. 같은 글.
4. Walsh, Dave. Blather.com, October 8, 1998. http://www.blather.net/blather/1998/10/super_sargasso_surfin.html.
5. Gudger, E. W. "Rains of Fishes." Natural History, November-December 1921. http://web.archive.org/web/20040423135240/http://www.naturalhistorymag.com/editors_pick/1921_11-12_pick.html.
6. 같은 글.
7. UPI. "Fish rain on Australian town." March 1, 2010. http://www.upi.com/Odd_News/2010/03/01/Fish-rain-on-Australian-town/UPI-83001267492501/.
8. Cremo, Michael A. and Thompson, Richard L. Forbidden Archeology. Los Angeles, CA: Bhaktivedanta Book Publishing, 1998. http://www.forbiddenarcheology.com/anomalous.htm.
9. Twietmeyer, Ted. "How Solid Matter Can Pass Through Rock." Rense.com, June 19, 2005. http://www.rense.com/general66/solid.htm.
10. Bondeson, Jan. "Toad in the Hole." Fortean Times, June 2007. http://www.forteantimes.com/features/articles/477/toad_in_the_hole.html.
11. 같은 글.
12. 같은 글.
13. Krystek, Lee. "Entombed Animals." The Museum of Unnatural Mystery. http://www.unmuseum.org/

entombed.htm. (2010년 6월 접속)
14. 같은 글.
15. 같은 글.
16. 같은 글.
17. Bondeson, Jan. "Toad in the Hole." 앞의 글.
18. 같은 글.
19. Dmitriev, A. N., Dyatlov, V. L., Tetenov, A. V. "Planetophysical Function of Vacuum Domains." The Millennium Group. http://www.tmgnow.com/repository/planetary/pfvd.html. (2010년 6월 접속)
20. Gearhart, L. and Persinger, M. A. Geophysical variables and behavior: XXXIII. (2010년 6월 접속) "Onsets of historical and contemporary poltergeist episodes occurred with sudden increases in geomagnetic activity." Perceptual and Motor Skills, 62 (2): 463-466, 1986.
21. Ruffles, Tom. "Fields and Consciousness." Society for Psychical Research, Winter 1992. http://www.spr.ac.uk/main/page/online-library.
22. Kundt, Wolfgang. "The Search for the Evasive 1908 Meteorite Continues." Tunguska 2001 Conference Report. http://lists.topica.com/lists/tunguska/read/message.html?mid=801582031&sort=d&start=25. (2010년 6월 접속)
23. Natural Resources Canada. "The Atlas of Canada: Location of Kimberlites." March 11, 2009. http://atlas.nrcan.gc.ca/site/english/maps/economic/diamondexploration/locationofkimberlites/1.
24. Dmitriev, A. N., Dyatlov, V. L., Litasov, K. D. "Physical Model of Kimberlite Pipe Formation: New Constraints from Theory of Non-Homogenous Physical Vacuum." Extended Abstract of the 7th International Kimberlite Conference, Cape Town, South Africa, 1998. pp. 196-198. http://www.tmgnow.com/repository/planetary/kimberlite.html.
25. Dmitriev, A. N., Dyatlov, V. L., Tetenov, A. V. "Planetophysical Function of Vacuum Domains." 앞의 글.
26. Dmitriev, A. N. "Planetophysical State of the Earth and Life." IICA Transactions, Volume 4, 1997. http://www.tmgnow.com/repository/global/planetophysical.html. (2010년 6월 접속)
27. 같은 글.
28. 같은 글.
29. Randles, Jenny. Time Storms: Amazing Evidence for Time Warps, Space Rifts and Time Travel. New York: Piaktus/Berkeley, 2001, 2002.
30. 같은 책. pp. 49-50.
31. 같은 책. pp. 51-53.
32. 같은 책. pp. 54-55.
33. 같은 책. pp. 70-71.
34. 같은 책. pp. 77-78.
35. 같은 책. pp. 167-168.
36. 같은 책. pp. 172-174.
37. 같은 책. pp. 188-191.
38. Vallee, Jacques. Dimensions: A Casebook of Alien Contact. Chicago: Contemporary Books, 1988. p. 84.
39. Thompson, Richard. Alien Identities: Ancient Insights into Modern UFO Phenomena. Alachua, FL: Govardhan Hill, Inc., 1993, Revised Second Edition 1995.
40. 같은 책. p. 282.
41. 같은 책. pp. 282-283.
42. 같은 책. p. 283.
43. 같은 책. p. 289.
44. Essortment. "The Loch Ness Monster of Scotland." http://www.essortment.com/loch-ness-monster-scotland-33544.html. (2011년 1월 접속)

45. Malvern, Jack. "Archives reveal belief in Loch Ness Monster." The Times, April 27, 2010. http://www.timesonline.co.uk/tol/news/uk/scotland/article7109019.ece. (2010년 6월 접속)
46. Dinsdale, Tim. Loch Ness Monster, 1961. p. 42. In Wikipedia. "Loch Ness Monster." http://en.wikipedia.org/wiki/Loch_Ness_Monster. (2010년 6월 접속)
47. Bauer, Henry H. "The Case for the Loch Ness Monster: The Scientific Evidence." Journal of Scientific Exploration, 16 (2): 225-246, 2002. http://henryhbauer.homestead.com/16.2_bauer.pdf. (2011년 1월 접속)
48. Mystical Blaze Website. "The Loch Ness Monster." http://www.mysticalblaze.com/MonstersNessie.htm. (2011년 1월 접속)
49. "Is Caddy a mammal?" Science Frontiers, May-June 1993, p. 2; Park, Penny. "Beast from the Deep Puzzles Zoologists." New Scientist, January 23, p. 16.
50. "Russian fishermen demand an investigation into killer Nesski's 19 lake deaths in three years." Daily Mail, July 12, 2010. http://www.dailymail.co.uk/news/worldnews/article-1293955/Russian-fishermen-demand-investigation-killer-Nesski.html. (2010년 12월 접속)
51. Collins, Nick. "New photo of 'English Nessie' hailed as best yet." Daily Mail, February 18, 2011. http://www.telegraph.co.uk/news/newstopics/howaboutthat/8332535/New-photo-of-English-Nessie-hailed-as-best-yet.html. (2011년 2월 접속)
52. Petsev, Nik. "Mokele-Mbembe." Cryptozoology.com, 2002. http://www.cryptozoology.com/cryptids/mokele.php. (2010년 6월 접속)
53. Unknown Explorers. "Mokele-Mbembe." 2006. http://www.unknownexplorers.com/mokelembembe.php. (2010년 6월 접속)
54. Irwin, Brian. "Theropod and Sauropod Dinosaurs Sighted in PNG?" Creation Ministries International. http://creation.com/theropod-and-sauropod-dinosaurs-sighted-in-png. (2010년 6월 접속)
55. The Independent (Papua New Guinea), December 30, 1999. p. 6. In Creation Ministries International (ed.). "A Living Dinosaur?" Creation, 23 (1): 56, December 2000. http://creation.com/a-living-dinosaur. (2010년 6월 접속)
56. Irwin, Brian. "Theropod and Sauropod Dinosaurs Sighted in PNG?", 앞의 글.
57. Lai Kuan and Jian Qun, "Dinosaurs: Alive and Well and Living in Northwest China?", China Today, February 1993. p. 59. In Doolan, Robert (ed.). "Are dinosaurs alive today? Where Jurassic Park Went Wrong." Creation, 15 (4): 12-15, September 1993. http://www.answersingenesis.org/creation/v15/i4/dinosaurs.asp.
58. 같은 글.
59. Davies, Kyle L. "Duckbill Dinosaurs (Hadrosauridae, Ornithischia) from the North Slope of Alaska", Journal of Paleontology, 61 (1): 198－200.
60. All About Creation. Marco Polo in China FAQ. http://www.allaboutcreation.org/marco-polo-in-china-faq.htm. (2010년 6월 접속)
61. All About Creation. "Dragon History." http://www.allaboutcreation.org/dragon-history.htm. (2010년 6월 접속)
62. All About Creation. "Dragon History 3." http://www.allaboutcreation.org/dragon-history-3.htm. (2010년 6월 접속)
63. All About Creation. "Dragon History 4." http://www.allaboutcreation.org/dragon-history-4.htm. (2010년 6월 접속)
64. All About Creation. "Dinosaur Sightings." http://www.allaboutcreation.org/dinosaur-sightings-faq.htm. (2010년 6월 접속)
65. Conger, Joe. "Sightings of mysterious bird continue in San Antonio." MySanAntonio.com, July 28, 2007. http://web.archive.org/web/20071011031437rn_1/www.mysanantonio.com/news/metro/stories/MYSA072707.mysterybird.KENS.ba5c450e.html. (2010년 6월 접속)

66. 같은 글.
67. Whitcomb, Jonathan. "Apparent Living Pterosaurs Seen By 1400 Americans, According To Author Jonathan Whitcomb." 24-7 Press Release, Long Beach, CA, August 19, 2009. http://www.24-7pressrelease.com/press-release/apparent-living-pterosaurs-seen-by-1400-americans-according-to-author-jonathan-whitcomb-112924.php.
68. Whitcomb, Jonathan. "Searching for Ropens: Nonfiction book on living pterosaurs in Papua New Guinea." http://www.searchingforropens.com/. (2010년 6월 접속)
69. Whitcomb, Jonathan. "Author Jonathan Whitcomb Reports Glowing Creatures Videotaped in Papua New Guinea." Long Beach, CA/Eworldwire, February 7, 2007. http://www.eworldwire.com/pressreleases/16421.
70. Parker, Chris. "Pteranodon on a Stick: Egyptian 'Was' Scepter Creature No Mystery Without Darwinian History." S8int.com, September 28, 2009. http://s8int.com/WordPress/?p=1433.
71. "Reassessing the marvellous mammoths." The Age (Melbourne), March 29, 1993.
72. "The elephant that time forgot." The Mail on Sunday, May 23, 1993.
73. "Dinosaurs in ancient Cambodia temple." The Interactive Bible. http://www.bible.ca/tracks-cambodia.htm. (2011년 1월 접속)
74. Fort, Charles. New Lands. Part II, 1925. p. 535. http://www.sacred-texts.com/fort/land/land38.htm. (2011년 1월 접속)

18장

1. Smith, Eugene. "Gene Smith's Astronomy Tutorial: The Structure of the Milky Way." University of California, San Diego Center for Astrophysics & Space Sciences, April 28, 1999. http://casswww.ucsd.edu/public/tutorial/MW.html.
2. Speer, B. R. "Introduction to the Archaean — 3.8 to 2.5 billion years ago." Berkeley UCMP, March 9, 1997. http://www.ucmp.berkeley.edu/precambrian/archaean.html.
3. Charity, Mitchell N. "Geologic Time Scale — as 18 Rotations." http://www.vendian.org/mncharity/dir3/geologic_time_galactic/.
4. Dalrymple, G. B. The Age of the Earth. Palo Alto, CA: Stanford University Press, 1991.
5. "The Big Bang." Wikipedia. http://en.wikipedia.org/wiki/The_Big_Bang.
6. Sobel, Dava. "Man Stops Universe, Maybe." Discover Magazine, April 1993. http://discovermagazine.com/1993/apr/manstopsuniverse206.
7. 같은 글.
8. Godlowski, W., Bajan, K. and Flin, P. "Weak redshift discretization in the Local Group of galaxies?" Astronomische Nachrichten, January 16, 2006. pp. 103-113. http://www3.interscience.wiley.com/journal/112234726/abstract?CRETRY=1&SRETRY=0.
9. Bajan, K., Flin, P., Godlowski, W. and Pervushin, V. N. "On the investigations of galaxy redshift periodicity." Physics of Particles and Nuclei Letters, February 2007. http://www.springerlink.com/content/qt7454133824p423/.
10. Bell, M. B. and Comeau, S. P. "Further Evidence for Quantized Intrinsic Redshifts in Galaxies: Is the Great Attractor a Myth?" May 7, 2003. http://arxiv.org/abs/astro-ph/0305112.
11. Napier, W. M. and Guthrie, B. N. G. "Quantized redshifts: A status report." Journal of Astrophysics and Astronomy, December 1997. http://www.springerlink.com/content/qk27v4wx16412245/.
12. Aspden, Harold. "Tutorial Note 10: Tifft's Discovery." Energy Science, 1997. http://web.archive.org/web/20041126005134/http://www.energyscience.org.uk/tu/tu10.htm.
13. 같은 글.
14. Tifft, W. G. "Three-Dimensional Quantized Time in Cosmology." SASTPC.Org, January 1996. http://articles.adsabs.harvard.edu/cgi-bin/nph-iarticle_query?db_key=AST&bibcode=1996Ap%26SS.244..187T&le

tter=.&classic=YES&defaultprint=YES&whole_paper=YES&page=187&epage=187&send=Send+PDF&filetype=.pdf.

15. 같은 글.

16. 같은 글.

17. "NASA Study Finds Increasing Solar Trend that can Change Climate." NASA Goddard Space Flight Center, March 20, 2003. http://www.gsfc.nasa.gov/topstory/2003/0313irradiance.html.

18. Suplee, Curt. "Sun Studies May Shed Light on Global Warming." Washington Post, October 9, 2000. p. A13. http://www.washingtonpost.com/wp-dyn/articles/A35885-2000Oct8.html.

19. Bartlett, Kristina. "ACEing the sun." American Geophysical Union/Geotimes News Notes, April 1999. http://www.geotimes.org/apr99/newsnotes.html.

20. Whitehouse, David Ph.D. "What is Happening to the Sun?" BBC News Online, November 4, 2003. http://news.bbc.co.uk/2/hi/science/nature/3238961.stm.

21. Hogan, Jenny. "Sun More Active than for a Millennium." New Scientist, November 2, 2003. http://www.newscientist.com/article/dn4321-sun-more-active-than-for-a-millenium.html.

22. Leidig, Michael and Nikkah, Roya. "The truth about global warming: it's the Sun that's to blame." The Telegraph, July 18, 2004. http://www.telegraph.co.uk/science/science-news/3325679/The-truth-about-global-warming-its-the-Sun-thats-to-blame.html.

23. Solanki, et al. "Carbon-14 Tree Ring Study" Max Planck Institute, November 2004. http://www.mpg.de/495993/pressRelease20041028.

24. Phillips, Tony. "Long Range Solar Forecast." Science@NASA, May 10, 2006. http://science.nasa.gov/science-news/science-at-nasa/2006/10may_longrange/. (2010년 12월 접속)

25. "Changes in the Sun's Surface to Bring Next Climate Change." NASA Space and Science Research Center. Press Release SSRC-1-2008. January 2, 2008. http://web.archive.org/web/20080106054533/http://www.spaceandscience.net/id16.html.

26. Phillips, Tony. "Deep Solar Minimum." Science@NASA, April 1, 2009. http://science.nasa.gov/science-news/science-at-nasa/2009/01apr_deepsolarminimum/. (2010년 12월 접속)

27. Spinney, Laura. "The sun's cooling down — so what does that mean for us?" The Guardian, April 23, 2009. http://www.guardian.co.uk/science/2009/apr/23/sun-cooling-down-space-climate. (2010년 12월 접속)

28. Ghosh, Pallab. "'Quiet Sun' baffling astronomers." BBC News, April 21, 2009. http://news.bbc.co.uk/2/hi/science/nature/8008473.stm. (2010년 12월 접속)

29. Hanlon, Michael. "Meltdown! A solar superstorm could send us back into the dark ages — and one is due in just THREE years." Mail Online, April 19, 2009. http://www.dailymail.co.uk/sciencetech/article-1171951/Meltdown-A-solar-superstorm-send-dark-ages-just-THREE-years.html. (2010년 12월 접속)

30. Than, Ker. "Sun Blamed for Warming of Earth and Other Worlds." LiveScience, March 12, 2007. http://www.livescience.com/environment/070312_solarsys_warming.html. (2010년 12월 접속)

31. Jong, Diana. "Mysteries of Mercury: New Search for Heat and Ice." Space.com, December 31, 2002. http://web.archive.org/web/20090523002302/http://www.space.com/scienceastronomy/mysteries_mercury_021231.html.

32. 같은 글.

33. Campbell, Paulette. "NASA Spacecraft Streams Back Surprises from Mercury." NASA, April 29, 2008. http://www.nasa.gov/mission_pages/messenger/multimedia/jan_media_conf.html. (2010년 6월 접속)

34. Bates, Claire. "Mysterious Mercury: Probe reveals magnetic twisters and mammoth crater on hottest planet." Mail Online, May 5, 2009. http://www.dailymail.co.uk/sciencetech/article-1176069/Mysterious-Mercury-Probe-reveals-magnetic-twisters-mammoth-crater-hottest-planet.html. (2010년 6월 접속)

35. Grossman, Lisa. "This Just In: Mercury More Exciting than Mars." Wired Science. April 30, 2009. http://www.wired.com/wiredscience/2009/04/messengermercury/. (2010년 12월 접속)

36. Bullock, Mark, et al. "New Climate Modeling of Venus May Hold Clues to Earth's Future." University of Colorado at Boulder News, February 18, 1999. http://www.colorado.edu/news/r/ceo3b3e37c81eod2649470f69ec1056a.html.
37. Resnick, Alice. "SRI International Makes First Observation of Atomic Oxygen Emission in the Night Airglow of Venus." SRI International, January 18, 2001. http://www.sri.com/news/releases/01-18-01.html.
38. "Night-time on Venus." Physics Web. January 18, 2001. http://www.physicsweb.org/article/news/5/1/10.
39. Perew, Mark. "Evidence of Atomic Oxygen Challenges Understanding of Venus." Universe Today, January 19, 2001. http://www.universetoday.com/html/articles/2001-0119a.html.
40. Hecht, Jeff. "Planet's Tail of the Unexpected." New Scientist, May 31, 1997. http://web.archive.org/web/19970605230452/http://www.newscientist.com/ns/970531/nvenus.html. (also see http://www.holoscience.com/news/balloon.html).
41. Courtland, Rachel. "Mysterious bright spot found on Venus." New Scientist, July 29, 2009. http://www.newscientist.com/article/dn17534-mysterious-bright-spot-found-on-venus.html. (2010년 12월 접속)
42. 같은 글.
43. Savage, Don, et al. "Hubble Monitors Weather on Neighboring Planets." HubbleSite News Center, March 21, 1995, no. 16. http://hubblesite.org/newscenter/newsdesk/archive/releases/1995/16/text.
44. Wheaton, Bill. "JPL and NASA News." November 1997. http://www.wwheaton.com/waw/canopus/canopus_9711.html.
45. Villard, Ray, et al. "Colossal Cyclone Swirls Near Martian North Pole." HubbleSite News Center, May 19, 1999. no. 22. http://hubblesite.org/newscenter/newsdesk/archive/releases/1999/22/.
46. Savage, Don; Hardin, Mary; Villard, Ray; Neal, Nancy. "Scientists Track 'Perfect Storm' on Mars." Hubble Site NewsCenter, October 11, 2001. no. 31. http://hubblesite.org/newscenter/archive/releases/2001/31/text/.
47. Britt, Robert Roy. "Mars Ski Report: Snow is Hard, Dense and Disappearing." Space.com, December 6, 2001. http://web.archive.org/web/20100820112631/http://www.space.com/scienceastronomy/solarsystem/mars_snow_011206-1.html.
48. Mullen, Leslie. "Night-side glow detected at Mars." Astrobiology Magazine/SPACE.com, January 31, 2005. http://www.space.com/737-night-side-glow-detected-mars.html.
49. NASA/JPL. "Voyager Science at Jupiter: Magnetosphere." Jet Propulsion Laboratory, California Institute of Technology. http://voyager.jpl.nasa.gov/science/jupiter_magnetosphere.html.
50. Bagenal, Fran, et al. "Jupiter: The Planet, Satellites and Magnetosphere, Chapter 1: Introduction." 2004. http://dosxx.colorado.edu/JUPITER/PDFS/Ch1.pdf.
51. 같은 글.
52. Guillot, Tristan, et al. "Jupiter: The Planet, Satellites and Magnetosphere, Chapter 3: The Interior of Jupiter." 2004. http://dosxx.colorado.edu/JUPITER/PDFS/Ch3.pdf.
53. Bolton, Scott J.. et al. "Jupiter: The Planet, Satellites and Magnetosphere, Chapter 27: Jupiter's Inner Radiation Belts." 2004. http://dosxx.colorado.edu/JUPITER/PDFS/Ch27.pdf.
54. Yang, Sarah. "Researcher predicts global climate change on Jupiter as giant planet's spots disappear." UC Berkeley Press Release, April 21, 2004. http://www.berkeley.edu/news/media/releases/2004/04/21_jupiter.shtml.
55. Britt, Robert Roy. "Jupiter's spots disappear amid major climate change." USA TODAY/Tech/Space.com, April 22, 2004. http://www.usatoday.com/tech/news/2004-04-22-jupiter-spots-going_x.htm.
56. Goudarzi, Sara. "New Storm on Jupiter Hints at Climate Change." Space.com, May 4, 2006. http://www.space.com/scienceastronomy/060504_red_jr.html. (2010년 12월 접속)
57. Shiga, David. "Jupiter's raging thunderstorms a sign of 'global upheaval'." New Scientist, January 23, 2008. http://space.newscientist.com/article/dn13217-jupiters-raging-thunderstorms-a-sign-of-global-upheaval.html. (2010년 12월 접속)

58. 같은 글.
59. Spencer, J. (Lowell Observatory) and NASA. "Hubble Discovers Bright New Spot on Io." Hubble News Center, October 10, 1995. No. 37. http://hubblesite.org/newscenter/newsdesk/archive/releases/1995/37/.
60. Murrill, Mary Beth and Isabell, Douglas. "High-Altitude Ionosphere Found at Io by Galileo Spacecraft." NASA/Goddard Space Flight Center, Release 96-216, October 23, 1996. http://nssdc.gsfc.nasa.gov/planetary/text/gal_io_ionosphere.txt.
61. Morton, Carol. "Scientists find solar system's hottest surfaces on Jupiter's moon Io." NASA/The Brown University News Bureau, July 2, 1998. http://www.brown.edu/Administration/News_Bureau/1998-99/98-001.html.
62. "PIA01637: Io's Aurorae." NASA/JPL Planetary Photojournal. Oct. 13, 1998. http://photojournal.jpl.nasa.gov/catalog/PIA01637.
63. Porco, Carolyn, et al. "Cassini Imaging of Jupiter's Atmosphere, Satellites, and Rings." Science, 299 (5612): 1541-1547, 2003. http://www.sciencemag.org/content/299/5612/1541/suppl/DC1.
64. Russell, C. T., et al. "Io's Interaction with the Jovian Magnetosphere." Eos, Transactions, American Geophysical Union, 78 (9): 93, 100, 1997. http://www-ssc.igpp.ucla.edu/personnel/russell/papers/Io_Jovian/.
65. Saur, Joachim, et al. "Jupiter: The Planet, Satellites and Magnetosphere, Chapter 22: Plasma Interaction of Io with its Plasma Torus." http://dosxx.colorado.edu/JUPITER/PDFS/Ch22.pdf.
66. Schneider, N. M., et al. "Substantial Io Torus Variability 1998-2000." NASA Planetary Astronomy Program, DPS 2001 meeting, November 2001. http://www.aas.org/arhcives/BAAS/v33n3/dps2001/513.htm?q=publications/baas/v33n3/dps2001/513.htm.
67. Buckley, Michael, et al. "Johns Hopkins Applied Physics Lab Researchers Discover Massive Gas Cloud Around Jupiter." JHU Applied Physics Laboratory, February 27, 2003. http://www.jhuapl.edu/newscenter/pressreleases/2003/030227.htm.
68. McGrath, Melissa, et al. "Jupiter: The Planet, Satellites and Magnetosphere, Chapter 19: Satellite Atmospheres." 2004. http://dosxx.colorado.edu/JUPITER/PDFS/Ch19.pdf.
69. 같은 글.
70. 같은 글.
71. Stenger, Richard. "New revelations, riddles about solar system's most intriguing satellites." CNN.com/Space, August 23, 2000. http://archives.cnn.com/2000/TECH/space/08/23/moons.of.mystery/index.html.
72. McGrath, Melissa, et al. "Jupiter: The Planet, Satellites and Magnetosphere, Chapter 19: Satellite Atmospheres." 앞의 글.
73. Platt, Jane. "New Class of Dust Ring Discovered Around Jupiter." NASA/JPL Press Release, April 3, 1998. http://www.jpl.nasa.gov/releases/98/glring.html.
74. Merali, Zeeya. "Milky Way's two stellar halos have opposing spins." NewScientist.com, December 12, 2007. http://space.newscientist.com/article/dn13043-milky-ways-two-stellar-halos-have-opposing-spins.html. (2010년 12월 접속)
75. Sittler, Ed, et al. "Pickup Ions at Dione and Enceladus: Cassini Plasma Spectrometer Simulations." NASA/Goddard Space Flight Center/Journal of Geophysical Research, Vol. 109: January 20, 2004. http://caps.space.swri.edu/caps/CAPS_Publications/Sittler.pdf.
76. Trauger, J. T., et al. "Hubble Provides the First Images of Saturn's Aurorae." HubbleSite NewsCenter, October 10, 1995. no. 39. http://hubblesite.org/newscenter/newsdesk/archive/releases/1995/39/. -- see also http://hubblesite.org/newscenter/newsdesk/archive/releases/1998/05/.
77. "Mysterious glowing aurora over Saturn confounds scientists." Mail Online, November 13, 2008. http://www.dailymail.co.uk/sciencetech/article-1085354/Mysterious-glowing-aurora-Saturn-confounds-scientists.html. (2010년 12월 접속)

78. Hill, Mary Ann. "Saturn's Equatorial Winds Decreasing: Spanish-American Team's Findings Raise Question About Planet's Atmosphere." Wellesley College News Release, June 4, 2003. http://www.wellesley.edu/PublicAffairs/Releases/2003/060403.html.
79. Roy, Steve and Watzke, Megan. "X-rays from Saturn pose puzzles." NASA/Marshall Space Flight Center News Release #04-031, March 8, 2004. http://www.nasa.gov/centers/marshall/multimedia/photos/2004/photoso4-031.html.
80. "Overview: Saturn." NASA Solar System Exploration. http://solarsystem.nasa.gov/planets/profile.cfm?Object=Saturn&Display=OverviewLong.
81. Finn, Heidi. "Saturn Details Become Visible to Cassini Spacecraft." NASA GISS Research News, December 5, 2003. http://ciclops.lpl.arizona.edu/PR/2003L05/NR2003L05A.html.
82. Porco, Carolyn. "Approach to Saturn Begins." Cassini Imaging Central Laboratory for Observations News Release. February 27, 2004. http://www.ciclops.org/index/54/Approach_to_Saturn_Begins.
83. Associated Press. "Scientists Studying Saturn Lightning Storm." February 15, 2006. http://web.archive.org/web/20060217224253/http://apnews.myway.com/article/20060215/D8FPC9K8B.html. (2010년 12월 접속)
84. Harvard-Smithsonian Center for Astrophysics. "Titan Casts Revealing Shadow." Chandra X-Ray Observatory Photo Album Web site of NASA/SAO. April 05, 2004. http://chandra.harvard.edu/photo/2004/titan/.
85. "A dense, hazy atmosphere at least 400 kilometers (250 miles) thick obscures the surface [of Titan]." In Woodfill, Jerry. The Satellites of Saturn: Titan. NASA JSC Space Educator's Handbook, Last Updated February 11, 2000. http://web.archive.org/web/20060827091938/http://vesuvius.jsc.nasa.gov/er/seh/satsaturn.html.
86. Brown, Michael E., et al. "Direct detection of variable tropospheric clouds near Titan's south pole." Nature, December 2002. http://www.gps.caltech.edu/~mbrown/papers/ps/titan.pdf.
87. Sittler, Ed, et al. "Pickup Ions at Dione and Enceladus: Cassini Plasma Spectrometer Simulations." NASA/Goddard Space Flight Center/Journal of Geophysical Research, Vol. 109: January 20, 2004. http://caps.space.swri.edu/caps/publications/Sittler.pdf.
88. Moskowitz, Clara. "Tropical Storm Spotted on Saturn's Moon Titan." LiveScience, August 12, 2009. http://www.livescience.com/space/090812-titan-clouds.html. (2010년 12월 접속)
89. NASA/Karkoschka, Erich, et al. "Huge Spring Storms Rouse Uranus from Winter Hibernation." HubbleSite NewsCenter, March 29, 1999. no. 11. http://hubblesite.org/newscenter/archive/releases/1999/11/text.
90. Karkoschka, Erich, et al. "Hubble Finds Many Bright Clouds on Uranus." HubbleSite NewsCenter, October 14, 1998. no. 35. http://hubblesite.org/newscenter/archive/releases/1998/35/.
91. NASA/Karkoschka, Erich, et al. "Huge Spring Storms Rouse Uranus from Winter Hibernation." 앞의 글.
92. NASA. "Huge Storms Hit the Planet Uranus." Science@NASA Web site, March 29, 1999. http://science.nasa.gov/science-news/science-at-nasa/1999/ast29mar99_1.htm.
93. McLachlan, Sean. "UA scientists look closely at Uranus." University of Arizona Daily Wildcat, March 30, 1999. http://wc.arizona.edu/papers/92/123/01_3_m.html.
94. "1.29 Completed WF/PC-2 8634 (Atmospheric Variability on Uranus and Neptune)." Period Covered: 09/29/00-10/02/00. Hubble Space Telescope Daily Report #2719. http://www.stsci.edu/ftp/observing/status_reports/old_reports_00/hst_status_10_02_00.
95. Sromovsky, Lawrence A., et al., Press Release, University of Wisconsin-Madison, November 2004. http://www.news.wisc.edu/10402.html.
96. de Pater, et al., Press Release, UC Berkeley, November 2004. http://www.berkeley.edu/news/media/releases/2004/11/10_uranus.shtml.
97. Encrenaz, T., et al. "First detection of CO in Uranus." Observatoire de Paris Press Release, SpaceRef.com, December 17, 2003. http://www.spaceref.com/news/viewpr.html?pid=13226.
98. Perlman, David. "Rare edge-on glimpse of Uranus' rings reveals graphic changes." San Francisco Chronicle, August 24, 2007. http://www.sfgate.com/cgi-bin/article.cgi?f=/c/a/2007/08/24/MNS5RNAVQ.

DTL&type=science. (2010년 12월 접속)
99. Savage, Don, et al., "Hubble Discovers New Dark Spot on Neptune." HubbleSite NewsCenter, April 19, 1995. http://hubblesite.org/newscenter/newsdesk/archive/releases/1995/21/text/.
100. Sromovsky, Lawrence, et al., University of Wisconsin-Madison. "Hubble Provides a Moving Look at Neptune's Stormy Disposition." Science Daily Magazine, October 15, 1998. http://www.sciencedaily.com/releases/1998/10/981014075103.htm.
101. Sromovsky, Lawrence, A., et al., "Neptune's Increased Brightness Provides Evidence for Seasons." University of Wisconsin-Madison Space Science and Engineering Center, April 22, 2002. http://www.ssec.wisc.edu/media/Neptune2003.htm.
102. Associated Press. "Scientists: Cold Neptune has a warm spot." CNN.com, September 21, 2007. http://web.archive.org/web/20071005070400/http://www.cnn.com/2007/TECH/space/09/21/neptune.ap/index.html. (2010년 12월 접속)
103. Halber, Deborah. "MIT researcher finds evidence of global warming on Neptune's largest moon." MIT News, June 24, 1998. http://web.mit.edu/newsoffice/1998/triton.html.
104. Savage, Don; Weaver, Donna and Halber, Deborah. "Hubble Space Telescope Helps Find Evidence that Neptune's Largest Moon Is Warming Up." HubbleSite NewsCenter, June 24, 1998. no. 23. http://hubblesite.org/newscenter/newsdesk/archive/releases/1998/23/text/.
105. Britt, Robert Roy. "Puzzling Seasons and Signs of Wind Found on Pluto." Space.com, 2003. http://web.archieve.org/web/20090629054158/http://www.space.com/scienceastronomy/pluto_seasons_030709.html.
106. Halber, Deborah. "Pluto is undergoing global warming, researchers find." MIT News, October 9. 2002. http://web.mit.edu/newsoffice/2002/pluto.html.
107. Britt, Robert Roy. "Global Warming on Pluto Puzzles Scientists." Space.com, October 9, 2002. http://www.space.com/scienceastronomy/pluto_warming_021009.html. (2010년 12월 접속)
108. Halber, Deborah. "Pluto's Atmopshere is Expanding, Researchers Say." Massachusetts Institute of Technology Spaceflight Now News Release, July 9, 2003. http://www.spaceflightnow.com/news/n0307/09pluto/.
109. Halber, Deborah. "Pluto is undergoing global warming, researchers find." 앞의 글.
110. Britt, Robert Roy. "Puzzling Seasons and Signs of Wind Found on Pluto." 앞의 글.
111. Associated Press. "Hubbles sees Pluto changing color, ice sheet cover." February 4, 2010. http://current.com/news/92072563_hubble-sees-pluto-changing-color-ice-sheet-cover.htm. (2010년 12월 접속)
112. 같은 글.
113. Baker, Daniel, et al. "Radiation Belts Around Earth Adversely Affecting Satellites." American Geophysical Union/University of Colorado at Boulder News, December 7, 1998. http://www.scienceblog.com/community/older/1998/C/199802852.html.
114. Schewe, Phillip F. and Stein, Ben. "Physics News Update." The American Institute of Physics Bulletin of Physics News, May 27, 1993. http://www.aip.org/enews/physnews/1993/split/pnu130-1.htm.
115. "Explorers: Searching the Universe Forty Years Later." NASA Goddard Space Flight Center. October 1998: FS-1998(10)-018-GSFC. http://www.nasa.gov/centers/goddard/pdf/106420main_explorers.pdf.
116. "Wayward satellite can be seen from Earth: CNN Interviews Columbia Astronauts." CNN Interactive/Technology News Service, Feburary 27, 1996. http://web.archive.org/web/20080614225049/http://www.cnn.com/TECH/9602/shuttle/02-27/index.html.
117. "Shuttle Astronauts Lament Loss of Satellite." CNN Interactive/Technology News, Feburary 27, 1996. http://www.cnn.com/TECH/9602/shuttle/02-26/crew_reax/index.html.
118. "Wayward satellite can be seen from Earth: CNN Interviews Columbia Astronauts." 앞의 글.
119. "Failed satellite experiment a devastating blow: A probe into the Columbia mission is under way." CNN Interactive/Technology News Service, Feburary 26, 1996. http://web.archive.org/web/20080614224953/

http://www.cnn.com/TECH/9602/shuttle/02-26/index.html.
120. Day, Charles. "New Measurements of Hydroxyl in the Middle Atmosphere Confound Chemical Models." Physics Today Online, 53 (11): 17, 2001. http://web.archive.org/web/20071030074008/http://www.aip.org/pt/vol-53/iss-11/p17.html.
121. 같은 글.
122. Osterbrock, Don, et al., "Telescope Studies of Terrestrial and Planetary Nightglows." SRI International, July 23, 2001. http://www-mpl.sri.com/projects/pyu02424.html.
123. Adam, David. "Goodbye Sunshine." Guardian Unlimited, December 18, 2003. http://www.guardian.co.uk/science/2003/dec/18/science.research1.
124. 같은 글.
125. Madrigal, Alexis. "Mysterious, Glowing Clouds Appear Across America's Night Skies." Wired Science, July 16, 2009. http://www.wired.com/wiredscience/2009/07/nightclouds/. (2010년 12월 접속)
126. 같은 글.
127. UNEP/WMO Intergovernmental Panel on Climate Change. Climate Change 2001: Working Group I: The Scientific Basis. Chapter 2: Observed Climate Variability and Change, Executive Summary. UNEP/WMO/IPCC, 2001. http://www.grida.no/climate/ipcc_tar/wg1/049.htm.
128. Levitus, Sydney. "Temporal variability of the temperature-salinity structure of the world ocean." NOAA/NWS, The 10th Symposium on Global Climate Change Studies. Rutgers University. http://marine.rutgers.edu/cool/education/Sydney.htm.
129. Piola, A. R., Mestas Nunez, A. M. and Enfield, D. B. "South Atlantic Ocean Temperature Variability: Vertical Structure and Associated Climate Fluctuations." International Association for the Physical Sciences of the Oceans, IC02-49 Oral. http://web.archive.org/web/20060925034528/http://www.olympus.net/IAPSO/abstracts/IC-02/IC02-49.htm.
130. National Academy of Sciences. "El Niño and La Niña: Tracing the Dance of Ocean and Atmosphere." March, 2000. http://web.archive.org/web/20050516054542/http://iceage.umeqs.maine.edu/pdfs/PDFelnino2.pdf.
131. National Weather Service. "Weekly ENSO Update." NOAA/NWS Climate Prediction Center. http://www.cpc.ncep.noaa.gov/products/precip/CWlink/MJO/enso.shtml.
132. Zhang, Rong-Hua and Levitus, Sydney. "Structure and Cycle of Decadal Variability of Upper-Ocean Temperature in the North Pacific." NOAA/AMS Journal of Climate, September 9, 1996. pp. 710-727. http://journals.ametsoc.org/doi/abs/10.1175/1520-0442%281997%29010%3C0710%3ASACODV%3E2.0.CO%3B2.
133. Landscheidt, Theodor. "Solar Activity Controls El Niño and La Niña." Scrhoeter Institute for Research in Cycles of Solar Activity, Nova Scotia, Canada. http://web.archive.org/web/20011116200002/http://www.vision.net.au/~daly/sun-enso/sun-enso.htm.
134. USGS Earthquake Hazards Program. "Global Earthquake Search." U.S. Geological Survey National Earthquake Information Center, July 10, 2003. http://www.archive.org/web/20030628162258/http://neic.usgs.gov/neis/epic/epic_global.htm.
135. Baxter, Stefanie J. "Earthquake Basics." USGS/Delaware Geological Survey, Special Publication no. 23, University of Delaware, 2000. http://www.dgs.udel.edu/sites/dgs.udel.edu/files/publications/SP23.pdf.
136. Watson, Kathie. "Volcanic and Seismic Hazards on the Island of Hawaii: Earthquake Hazards." U.S. Geological Survey, July 18, 1997. http://pubs.usgs.gov/gip/hazards/earthquakes.html.
137. 이 수치들은 아래의 USGS 웹사이트에 있는 'USGS/NEIC(PDE)의 1973~현재 데이터베이스'에서 나온 것이다. 이 데이터베이스에서 1973년부터 2003년까지 매년 1월 1일부터 12월 31일까지의 진도 3.0~10인 지진 기록들을 개별적으로 검색했다. 그 결과들은 콤마 디리미티드 스프레드쉬트 포맷(comma-delimited spreadsheet format)으로 다운로드했고 마이크로소프트 엑셀 2003으로 불러와서, 입력된 행들(지진 1건마다 1행)의 정확한 수를 매년마다 자동적으로 셀 수 있었다. 이 연구를 복사하려면 다음의 링크를 참고하기

바란다. USGS Earthquake Hazards Program. "Global Earthquake Search." U.S. Geological Survey National Earthquake Information Center, July 10, 2003. http://web.archive.org/web/20030628162258/http://neic.usgs.gov/neis/epic/epic_global.htm.
138. USGS Earthquake Hazards Program. "Are Earthquakes Really on the Increase?" U.S. Geological Survey National Earthquake Information Center, June 18, 2003. http://web.archive.org/web/20051214124438/http://neic.usgs.gov/neis/general/increase_in_earthquakes.html.
139. 같은 글.
140. Chandler, Lynn. "Satellites Reveal a Mystery of Large Change in Earth's Gravity Field." NASA/Goddard Space Flight Center, August 1, 2002. http://www.gsfc.nasa.gov/topstory/20020801gravityfield.html.
141. Jones, Nicola. "Anomalies hint at magnetic pole flip." New Scientist, April 10, 2002. http://www.newscientist.com/article/dn2152-anomalies-hint-at-magnetic-pole-flip.html.
142. Whitehouse, David. "Is the Earth preparing to flip?" BBC News Online World Edition, March 27, 2003. http://news.bbc.co.uk/2/hi/science/nature/2889127.stm.
143. Radowitz, Bernd. "Powerful Storm Hits Southern Brazil Coast." AP News, March 27, 2004. http://highbeam.com/doc/1P1-92767036.html.
144. "Reaping the Whirlwind: Extreme weather prompts unprecedented global warming alert." The Independent. July 3, 2003. http://www.independent.co.uk/environment/reaping-the-whirlwind-585577.html.
145. UNEP/WMO Intergovernmental Panel on Climate Change. Climate Change 2001: Working Group I: The Scientific Basis. Chapter 2: Observed Climate Variability and Change, Executive Summary. UNEP/WMO/IPCC, 2001. http://www.grida.no/climate/ipcc_tar/wg1/049.htm.
146. 같은 글.
147. 같은 글.
148. 같은 글.
149. 같은 글.
150. Press Association. "Warming doubles glacier melt." The Guardian Unlimited, October 17, 2003. http://www.guardian.co.uk/climatechange/story/0,12374,1064991,00.html.
151. Buis, Alan. "NASA Study Finds Rapid Changes in Earth's Polar Ice Sheets." NASA/JPL, August 30, 2002. http://www.jpl.nasa.gov/releases/2002/release_2002_168.html.
152. Hinrichsen, Don. "Hopkins Report: Time Running Out for the Environment." Population Reports Press Release, Johns Hopkins University/Bloomberg School of Public Health Information and Knowledge for Optimal Health Project, January 5, 2001. http://info.k4health.org/pr/press/010501.shtml.
153. Whitty, Julia. "Animal Extinction—the greatest threat to mankind." The Independent, April 30, 2007. http://news.independent.co.uk/environment/article2494659.ece. (2010년 12월 접속)
154. Shemansky, D. E., Ph.D. Curriculum Vitae. University of Southern California. http://ame-www.usc.edu/bio/dons/ds_biosk.html.
155. Cleggett-Haleim, Paula and Exler, Randee. "New Discoveries by NASA's EUV Explorer Presented." NASA Science Blog, Release 93-105, June 7, 1993. http://www.scienceblog.com/community/older/archives/D/archnas1848.html.
156. ESA. "Third day brings bonanza of new results." European Space Agency Science and Technology, October 5, 2000, Last Updated June 10, 2003. http://sci.esa.int/science-e/www/object/index.cfm?fobjectid=24680.
157. NASA/JPL. "6. Theme 4: The Interstellar Medium." NASA/JPL/Ulysses, 2003. http://web.archive.org/web/20060107084150/http://ulysses.jpl.nasa.gov/5UlsThemes3-4.pdf.
158. Clark, Stuart. "Galactic Dust Storm Enters Solar System." New Scientist, August 5, 2003. http://www.newscientist.com/article/dn4021-galactic-dust-storm-enters-solar-system.html.
159. Phillips, Tony. "Voyager Makes an Interstellar Discovery." Science@NASA, December 23, 2009. http://

science.nasa.gov/headlines/y2009/23dec_voyager.htm. (2010년 12월 접속)
160. Cooney, Michael. "NASA watching 'perfect storm' of galactic cosmic rays." Network World, October 1, 2009. http://www.computerworld.com/s/article/9138769/NASA_watching_perfect_storm_of_galactic_cosmic_rays?taxonomyId=17. (2010년 12월 접속)
161. Gray, Richard. "Sun's Protective Bubble is Shrinking." The Telegraph, October 18, 2008. http://www.telegraph.co.uk/news/worldnews/northamerica/usa/3222476/Suns-protective-bubble-is-shrinking.html. (2010년 12월 접속)
162. Lallement, Rosine. "The interaction of the heliosphere with the interstellar medium." In The Century of Space Science, Chapter. 50, pp. 1191-1216. 2001. http://www.springer.com/?SWGID-4-102-45-132575-0.
163. "Trip to outer space makes nasty bacteria nastier." September 24, 2007. http://www.cbc.ca/technology/story/2007/09/24/spacebug.html?ref=rss. (2010년 12월 접속)
164. Derbyshire, David. "Anyone for rocket salad? How the Chinese are now growing mega veg from seeds they sent into space." Mail Online, May 12, 2008. http://www.dailymail.co.uk/pages/live/articles/news/worldnews.html?in_article_id=565766&in_page_id=1811. (2010년 12월 접속)
165. Spottiswoode, S. J. P. "Apparent association between anomalous cognition experiments and local side real time." Journal of Scientific Exploration, II (2), summer, 1997. pp. 109-122. http://www.jsasoc.com/docs/JSE-LST.pdf.
166. Kazan, Casey and Hill, Josh. "Is the Human Species in Evolution's Fast Lane?" Daily Galaxy, April 17, 2008. (Adapted from a University of Wisconsin press release.) http://www.dailygalaxy.com/my_weblog/2008/04/is-the-human-sp.html.
167. Chatelain, Maurice. Our Ancestors Came from Outer Space. New York: Dell 1977.
168. 같은 책. pp. 26-28.
169. 같은 책. p. 28.
170. 같은 책. pp. 28-29.
171. 같은 책. p. 37.
172. 같은 책. p. 49.

19장

1. Baldry, H. C. "Who Invented the Golden Age?" The Classical Quarterly, January-April, 1952. pp. 83-92. http://www.jstor.org/stable/636861.
2. 같은 글.
3. Havewala, Porus Homi. "History of the Ancient Aryans: Outlined in Zoroastrian scriptures." Traditional Zoroastrianism, 1995. http://tenets.zoroastrianism.com/histar33.html.
4. 같은 글.
5. 같은 글.
6. 같은 글.
7. 같은 글.
8. Boyce, Mary and Grenet, Frantz. A History of Zoroastrianism. Volume Three: Zoroastrianism Under Macedonian and Roman Rule. Leiden, Netherlands: E. J. Brill, 1991. http://books.google.com/books?id=MWiMV6llZesC.
9. 같은 책. p. 366.
10. 같은 책. p. 382.
11. 같은 책. p. 400.
12. 같은 책. p. 443.
13. 같은 책. p. 428.
14. 같은 책. pp. 444-445.

15. 같은 책. pp. 365-366.
16. Baldry, H. C. "Who Invented the Golden Age?", 앞의 글.
17. Finley, Michael J. "U Kahlay Katunob—The Maya short count and katun prophecy." Maya Astronomy, February 2004. http://web.archive.org/web/20040305155540/http://members.shaw.ca/mjfinley/katun.html. (2010년 12월 접속)
18. Henry, William and Gray, Mark. Freedom's Gate: The Lost Symbols in the U.S. Capitol. Hendersonville, TN: Scala Dei, 2009. http://www.williamhenry.net. (2010년 12월 접속)
19. 같은 책. p. 222.
20. 같은 책. p. 119.
21. 같은 책. pp. 143-147.
22. 같은 책. p. 25.
23. Foulou.com. http://www.folou.com/thread-88064-1-1.html. (2010년 5월 접속)
24. Zhaxki Zhuoma.net. "Rainbow Body." (2010년 5월 접속) http://www.zhaxizhuoma.net/SEVEN_JEWELS/HOLY%20EVENTS/RAINBOW%20BODY/RBindex.html. (2010년 5월 접속)
25. Norbu, Namkhai. Dream Yoga and the Practice of Natural Light. Ithaca, NY: Snow Lion Productions, 1992. p. 67.
26. Holland, Gail. "The Rainbow Body." Institute of Noetic Sciences Review, March-May 2002. http://www.snowlionpub.com/pages/N59_9.html.
27. 같은 글.
28. 같은 글.

20장

1. "Galaxy has 'billions of Earths'." BBC News. February 15, 2009. http://news.bbc.co.uk/2/hi/science/nature/7891132.stm. (2010년 12월 접속)
2. Pawlowski, A. "Galaxy may be full of Earths, alien life." CNN, February 25, 2009. http://www.cnn.com/2009/TECH/space/02/25/galaxy.planets.kepler/index.html. (2009년 12월 접속)
3. Lynch, Gary and Granger, Richard. "What Happened to the Hominids Who May Have Been Smarter Than Us?" Discover Magazine, December 28, 2009. http://discovermagazine.com/2009/the-brain-2/28-what-happened-to-hominids-who-were-smarter-than-us.
4. 같은 글.
5. 같은 글
6. "Witness Testimony — UFO's at Nuclear Weapons Bases." National Press Club. September 27, 2010. http://press.org/events/witness-testimony-ufos-nuclear-weapons-bases. (2011년 1월 접속)
7. "Ex-Air Force Personnel: UFOs Deactivated Nukes." CBS News. September 28, 2010. http://www.cbsnews.com/stories/2010/09/28/national/main6907702.shtml. (2011년 1월 접속)
8. Jamieson, Alastair. "UFO alert: police officer sees aliens at crop circle." The Telegraph, October 20, 2009. http://www.telegraph.co.uk/news/newstopics/howaboutthat/ufo/6394256/UFO-alert-police-officer-sees-aliens-at-crop-circle.html. (2010년 12월 접속)
9. Knapton, Sarah. "Dog walker met UFO 'alien' with Scandinavian accent." The Telegraph, March 22, 2009. http://www.telegraph.co.uk/news/newstopics/howaboutthat/5031587/Dog-walker-met-UFO-alien-with-Scandinavian-accent.html. (2009년 12월 접속)
10. 같은 글.
11. "Crop Circle at Avebury Manor (2), nr Avebury, Wiltshire." Crop Circle Connector, July 15, 2008. http://www.cropcirclearchives.com/archives/2008/aveburymanor/aveburymanor2008a.html. (2010년 12월 접속)
12. Stray, Geoff. "Crop Circle Anomalies." Diagnosis 2012. http://mmmgroup.altervista.org/e-ancrops.html. (2010년 12월 접속)

13. Manistre, Hugh. "Crop Circles: A Beginner's Guide." Scribd.com, 1997. http://www.scribd.com/doc/211243/Crop-circles. (2010년 12월 접속)
14. Pratt, David. "Crop Circles and their Message." Part One. June 2005. http://web.archive.org/web/20071116163223/http://ourworld.compuserve.com/homepages/dp5/cropcirc1.htm. (2010년 12월 접속)
15. 같은 글.
16. Pratt, David. "Crop Circles and their Message." Part Two. June 2005. http://web.archive.org/web/20071117174652/ourworld.compuserve.com/homepages/dp5/cropcirc2.htm. (2010년 12월 접속)
17. Howe, Robert Lucien. "The Science Behind Project Looking Glass." End Secrecy discussion forum, May 23, 2002. http://www.stealthskater.com/Documents/LookingGlass_2.pdf. (2010년 12월 접속)
18. 같은 글.
19. India Daily Technology Team. "In 1998 near the nuclear testing site when Indian Air Force encountered hovering extraterrestrial UFOs." India Daily, April 29, 2006. http://www.indiadaily.com/editorial/8306.asp. (2010년 12월 접속)
20.Staff Reporter from Bangalore. "The secret UFO files inside Indian Space Research Organization – when will India reveal the existence of UFOs or become the member of the US Security Council?", India Daily, May 26, 2008. http://www.indiadaily.com/editorial/19513.asp.
21. 같은 글.
22. 같은 글.
23. Singhal, Juhi. "A secret project in India's Defense Research Organization that can change the world as we know it—anti-gravity lifters tested in Himalayas?" India Daily, December 4, 2004. http://www.indiadaily.com/editorial/12-04e-04.asp. (2010년 12월 접속)
24. India Daily Technology Team. "Will India reveal the existence of the UFO bases in the moon?" India Daily, October 25, 2008. http://www.indiadaily.com/editorial/20219.asp.
25. India Daily Technology Team. "Not all UFOs are extraterrestrials – some are time travelers from future human civilization using the same network of wormholes." India Daily, July 4, 2005. http://www.indiadaily.com/editorial/3439.asp.
26. India Daily Technology Team. "Achieving technical capabilities of alien UFOs—creating artificial wormholes in ionosphere to traverse into the parallel universe." India Daily, July 8, 2005. http://www.indiadaily.com/editorial/3499.asp.
27. 같은 글.
28. India Daily Technology Team. "Detaching 3D space from time is the techniques extraterrestrial UFOs use for stealth, propagation and communication." India Daily, October 7, 2006. http://www.indiadaily.com/editorial/13657.asp. (2010년 12월 접속)
29. India Daily Technology Team. "Time is multidimensional—a new concept from Extraterrestrial UFOs allows coexistence of one entity in many different time dimensions." India Daily, July 9, 2005. http://www.indiadaily.com/editorial/3509.asp. (2010년 12월 접속)
30. 같은 글.
31. India Daily Technology Team. "Creation of 'negative' mass is the key to success for advanced alien and future human civilizations." India Daily, July 9, 2005. http://www.indiadaily.com/editorial/3510.asp. (2010년 12월 접속)
32. India Daily Technology Team. "Using multidimensional time dimensions to change the future." India Daily, July 13, 2005. http://www.indiadaily.com/editorial/3568.asp. (2010년 12월 접속)
33. 같은 글.
34. India Daily Technology Team. "The concept of negative time—common in the parallel universes and fascinating to live through." India Daily, July 22, 2005. http://www.indiadaily.com/editorial/3726.asp. (2010년 12월 접속)

35. India Daily Technology Team. "The parallel universe exists within us — it is closer to you than you can ever imagine." India Daily, July 23, 2005. http://www.indiadaily.com/editorial/3728.asp. (2010년 12월 접속)
36. India Daily Technology Team. "Advanced alien civilizations are capable of traveling from physical to parallel universes by artificially accelerating the time dimension." India Daily, July 26, 2005. http://www.indiadaily.com/editorial/3780.asp. (2010년 12월 접속)
37. India Daily Technology Team. "The fact that our mind can traverse the spatial dimensions of the parallel universe shows we are genetically connected to the aliens." India Daily, July 27, 2005. http://www.indiadaily.com/editorial/3818.asp. (2010년 12월 접속)
38. India Daily Technology Team. "2012 — official revealing visit from M15 Globular Star Cluster." India Daily, July 29, 2005. http://www.indiadaily.com/editorial/3835.asp. (2010년 12월 접속)
39. India Daily Technology Team. "Halting and reversing time—reverse engineered technologies from extraterrestrial UFOs." India Daily, August 10, 2005. http://www.indiadaily.com/editorial/4041.asp. (2010년 12월 접속)
40. India Daily Technology Team. "International Space Agencies getting ready for accepting the inevitable — UFOs and Extraterrestrial civilizations exist." India Daily, April 12, 2006. http://www.indiadaily.com/editorial/7976.asp. (2010년 12월 접속)
41. Sen, Mihir. "December 21, 2012 the world will change forever as major Governments are forced to confess the existence of advanced extraterrestrial UFOs." India Daily, December 29, 2006. http://www.indiadaily.com/editorial/14929.asp. (2010년 12월 접속)
42. Staff Reporter. "An orderly visit of Extraterrestrial Federation in 2012 representing 88 star constellations — the world is getting ready for the most spectacular event." India Daily, May 12, 2005. http://www.indiadaily.com/editorial/2656.asp. (2010년 12월 접속)
43. India Daily Technology Team. "Galactic alignment and formal extraterrestrial visitation — the history tells us they will expose their existence in December 2012 or after." India Daily, January 4, 2007. http://www.indiadaily.com/editorial/15022.asp. (2010년 12월 접속)
44. Pippin, Jerry. "Jerry Pippin Interviews Mr. X." http://www.jerrypippin.com/UFO_Files_mr_x.htm. (2010년 6월 접속)
45. 같은 글.

후기

1. Elkins, Don; Rueckert, Carla and McCarty, Jim. The Law of One Study Guide. Compiled by Bob Childers, Ph.D. and David Wilcock. The Divine Cosmos. http://divinecosmos.com/index.php/start-here/books-free-online/23-the-law-of-one-study-guide. (2011년 1월 접속)

◇ 당신은 언제나 옳습니다. 그대의 삶을 응원합니다. — 라의눈 출판그룹

소스필드

초판 1쇄 2013년 11월 22일
7쇄 2024년 4월 11일

지은이 데이비드 윌콕 옮긴이 박병오
펴낸이 설응도 편집주간 안은주
영업책임 민경업

펴낸곳 라의눈

출판등록 2014 년 1 월 13 일 (제 2019-000228 호)
주소 서울시 강남구 테헤란로 78 길 14-12(대치동) 동영빌딩 4 층
전화 02-466-1283 팩스 02-466-1301

문의 (e-mail)
편집 editor@eyeofra.co.kr
마케팅 marketing@eyeofra.co.kr
경영지원 management@eyeofra.co.kr

ISBN : 979-11-86039-76-2 03400

•잘못 만들어진 책은 구입하신 서점에서 교환해드립니다.
•책값은 뒤표지에 있습니다.